普通高等院校地理信息科学系列教材

地理信息系统应用概论

崔铁军 等 编著

天津市品牌专业经费资助

科学出版社
北京

内 容 简 介

应用信息技术解决人们认识和改造世界中的实际问题是地理信息系统发展的驱动力，由此成为地理信息科学最活跃的研究领域之一。本书首先介绍了地理信息系统应用理论与方法、应用分类、过程和特点、研究内容、发展趋势及与其他学科关系，研讨了地理信息系统应用模型、构建过程及地理信息系统与应用业务模型集成方法；然后分章详细论述了地理信息系统在城市规划、土地管理、环境、交通、水利、地质、林业、农业、地下管线、公共安全（警用）、数字城市和智慧城市中的应用系统概念、应用概况、系统架构及功能。

本书条理清晰、叙述严谨、实例丰富，既适合作为地理信息科学专业或相关专业本科生、研究生教材，也可供信息化建设、信息系统开发等有关科研、企事业单位的科技工作者阅读参考。

图书在版编目（CIP）数据

地理信息系统应用概论 / 崔铁军等编著. —北京：科学出版社，2017.8
普通高等院校地理信息科学系列教材
ISBN 978-7-03-054069-0

Ⅰ. ①地… Ⅱ. ①崔… Ⅲ. ①地理信息系统-高等学校-教材 Ⅳ. ①P208

中国版本图书馆 CIP 数据核字（2017）第 185151 号

责任编辑：杨 红 程雷星/责任校对：王 瑞
责任印制：徐晓晨/封面设计：陈 敬

科学出版社出版
北京东黄城根北街 16 号
邮政编码：100717
http://www.sciencep.com
北京教图印刷有限公司 印刷
科学出版社发行 各地新华书店经销
*
2017 年 8 月第 一 版 开本：787×1092 1/16
2018 年 1 月第二次印刷 印张：24 1/4
字数：606 000

定价：69.00 元

（如有印装质量问题，我社负责调换）

前　言

需求是科学与技术发展的动力。地理信息系统（geographic information system，GIS）是以应用为目的，以技术为引导，为社会各行各业服务中逐步从地理学、测绘学和信息学中自然形成的一门边缘学科，广泛应用于资源调查、环境评估、灾害预测、国土管理、城市规划、邮电通信、交通运输、军事公安、水利电力、公共设施管理、农林牧业、统计、商业金融等领域。早期 GIS 应用主要以数据的采集、存储、管理、查询检索及简单的空间分析功能为主，可称为管理型 GIS。随着应用领域的拓展，领域问题复杂性的逐渐提高，GIS 空间分析功能已经不能满足解决复杂领域问题的需求，GIS 向空间信息的知识表现和推理、自动学习的智能化决策工具发展。为解决复杂的空间决策问题，在 GIS 基础上开发了空间决策支持系统，充分发挥其模拟、评估、科学预测和目标决策的功能，使之成为提高现代化城市管理、规划和决策水平的有效手段。为了解决一类或多类实际应用的问题，依据应用部门的业务需求和应用目的，空间分析功能与部门专业应用模型完全集成成为构建 GIS 应用的主要模式，实现了部门专业应用系统分析、模拟和推理等方面的功能。GIS 应用模型具有综合性、复杂性和多层次性特点，其自身往往是一种逻辑框架、一种集成模式，或者是一种解决方案。部门专业应用系统的空间性和动态性决定了空间分析为复杂的 GIS 空间模型建立提供基本的分析工具。GIS 在专业领域应用的深度，取决于对 GIS 应用模型研究的深度。GIS 应用模型研究成为提高 GIS 辅助决策水平和拓展 GIS 应用领域的关键。

根据地理信息系统应用需求，应研究专业领域业务模型和空间分析模型的有效集成，构建各种专业应用系统，以解决地理空间实体空间分布规律、分布特征及其相互依赖关系和发展过程的科学问题。这些应用系统除了具备 GIS 技术的强大空间分析功能外，还具有应用模型数值求解、预测预报和过程模拟等功能。这些应用系统构建方法成为地理信息系统应用的重要内容。

参与本书编写的有天津师范大学地理信息科学专业的崔铁军、宋宜全、张虎、郭鹏、李静和王倩等，其中，宋宜全负责第 2 章 GIS 应用模型、第 3 章城市规划管理信息系统和第 12 章警用地理信息系统；张虎负责第 7 章水利信息系统；李静负责第 9 章林业资源管理信息系统；王倩负责第 8 章地质信息系统；郭鹏负责第 11 章地下管线管理信息系统；其他章节由崔铁军负责。宋宜全对全书进行了修改和校对，最终由崔铁军定稿。本书撰写过程中，在读研究生协助完成了插图绘图和初稿校对等工作。在此向他们表示衷心的感谢！还需要说明的是，本书在编著过程中吸收了国内外大量有关论著的理论和技术成果，书中仅列出了部分参考文献，未公开出版的文献没有列在书后参考文献中，部分资料可能来自于某些网站，但未能够注明其出处，在此向被引用资料的原作者表示感谢。

值此成书之际，感谢天津师范大学城市与环境科学学院领导和老师的支持；感谢历届博士生、硕士生在地理信息科学研究方面所作出的不懈努力。

GIS 应用研究还处于初级阶段，编著本书就是为了抛砖引玉，旨在引起国内学者对地理信息系统应用方法的探讨和思考，关注地理信息系统应用研究，推动地理信息科学的发展。由于本人水平有限，加上地理信息系统应用还处在不断发展和完善的阶段，书中不足之处在所难免，希望相关专家学者及读者给予批评指正。

作　者

2017 年 4 月 21 日于天津

目　录

第1章　绪　　论

地理信息系统应用是其发展的动力。人口、资源、环境和灾害是当今人类社会可持续发展所面临的四大问题。GIS 为人类社会的持续发展提供了信息技术手段，被广泛应用于国民经济的众多领域，如城市规划、资源环境管理、生态环境监测与保护、灾害监测防治等，成为信息产业的重要支柱，越来越受到人们的重视。

1.1　概　　述

1.1.1　地理信息基本概念

1. 地理信息

1）信息概念

世界是由物质组成的，物质是运动变化的。信息是指运动变化的客观事物所蕴含的内容；是事物运动的状态与方式，是物质的一种属性。信息以物质介质为载体（文字、图形、图像、声音、影视和动画等不是信息，而文字、图形、图像、声音、影视和动画等承载的内容才是信息），传递和反映世界各种事物存在的方式和运动状态的表征。

信息具有主观和客观两重性。信息的客观性表现为信息是客观事物发出的信息，信息以客观为依据；信息的主观性反映在信息是人对客观的感受，是人们感觉器官的反应和在大脑思维中的重组。人的五官生来就是为了感受信息的，它们是信息的接收器，时刻在感受来自外界的信息。人们能感受到各种信息，然而，还有大量信息是人们五官不能直接感受的，人类正通过各种手段，发明各种仪器来感知它们，发现它们。人们需要对获得的信息进行加工处理，并加以利用。人们通过获得、识别自然界和社会的不同信息来区别不同事物，得以认识和改造世界。

2）地理信息概念

位置与时间是人类活动中信息的基本属性。地理是研究地球表面的地理环境中各种自然现象和人文现象，以及它们之间相互关系及其发展规律的学科。地理信息是指与地球表层各种自然和人文现象的空间分布、相互联系和发展变化有关的信息，是表示地表物体和环境固有的数量、质量、分布特征，相互联系和发展规律的文字、图形、语音、图像和数字等的总称。

2. 地理信息表达

对复杂对象的认识是一个从感性认识到理性认识的抽象过程。对于同一客观世界，不同社会部门或学科领域的人群，往往在所关心的问题、研究的对象等方面存在着差异，这就会产生不同的环境映象。人类对地理环境的认知主要通过两种途径：一种是实地考察，通过直接认知获得地理知识，但世界之大，人生有限，一个人在有限的生命里不可能阅历地球的方方面面；另一种是通过阅读文字资料，获得地理知识。

1）地理语言

人们在认识自然和改造自然活动中，长期以来用语言、文字、地图等手段表示自然现象和人文社会文化的发生和演变的空间位置、形状、大小范围及其分布特征等方面的地理信息（图 1.1）。

图 1.1　地理实体的描述

地理信息传递需要载体（地理语言）。文字表达，语言交流或者地图，都是地理语言的一部分，通过真实的地理环境与人们所描述的地理环境结合，人类相互传递着所要表达的信息，从而更好地理解人类所生存的环境。

2）地理世界的地图表达

地图就是人类表达地理知识的图形语言，是客观存在的地理环境的概念模型。它具有严格的数学基础、符号系统、文字注记，并能用地图概括原则，按照比例建立空间模型，运用符号系统和最佳感受效果表达人类对地理环境的科学认识，是“空间信息的载体”和“空间信息的传递通道”。地图在抽象概括表达过程中应用两种观点描述现实世界。

（1）场的观点。地理现象在空间上是连续的充满地球表层空间的。地球表面的任何一点都处于三维空间，如果包含时间，就是四维空间离散世界，如大气污染、大气降水、地表温度、土壤湿度及空气与水的流动速度和方向等。场的思想是把地理空间的事物和现象作为连续的变量来看待，借助物理学中场的概念表示一类具有共同属性值的地理实体或者地理目标的集合，根据应用的不同，场可以表现为二维或三维。一个二维场就是在二维空间中任何已知的点上，都有一个表现这一现象的值；而一个三维场就是在三维空间中对于任何位置来说都有一个值。一些现象，如空气污染在空间中本质上是三维的。基于场模型在地理空间上任意给定的空间位置都对应一个唯一的属性值。

（2）对象观点。地理对象指自然界现象和社会经济事件中不能再被分割的单元，它是一个具有概括性、复杂性、相对意义的概念。对象之间具有明确的边界，每一个对象都有一系列的属性。对象的思想是采用面向实体的构模方法，将地球表面的现实世界抽象为点、线、面、体的基本单元，每个基本单元表示为一个实体对象。每个对象由唯一的几何位置形态来表示，并用属性表表示对象的质量和数量特征。几何位置形态用来描述实体的位置、形状、大小等信息，在地理空间中可以用经纬度、坐标表达。属性是描述空间对象的质量和数量特性，表明其“是什么”，是对地理要素的语义定义，它包括各个地理单元中社会、经济或其他专题数据，是对地理单元（实体）专题内容的广泛、深刻的描述，如对象的类别、等级、名称、数量等。

3）地理世界数字化表达

计算机的引进标志着地图学进入了信息时代，为了使计算机能够识别、存储和处理地理现象，人们把地理实体数字化，表示成计算机能够接受的数字形式。地理世界数字化表达经历了计算机辅助制图和地理信息系统两种不同的发展思路：①基于图形可视化的地图数据。地图数据是一种通过图形和样式表示地理实体特征的数据类型，其中图形是指地理实体的几何信息，样式与地图符号相关。②基于空间分析的地理数据。这种数据主要通过属性数据描述地理实体的定性特征、数量特征、质量特征、时间特征和地理实体的空间关系（拓扑关系）。

（1）地图数据。早期的计算机制图（地图制图自动化）只是把计算机作为工具来完成地图制图的任务。计算机辅助制图的迅速发展，从试验阶段过渡到了应用阶段，它利用软件系统解决了地图投影变换、比例尺缩放和地图地理要素的选取与概括，实现了地图编辑的自动化。地图在抽象概括表达过程中应用场和对象两种观点描述现实世界。地图数据描述地图要素也有两种形式：①基于对象观点，表达地理离散现象的矢量数据；②基于场的观点，表达连续现象的栅格数据。

矢量数据就是在直角坐标系中，用 X、Y 坐标表示地图图形或地理实体的位置和形状的数据。通过记录实体坐标及其关系，尽可能精确地表现点、线、多边形等地理实体，其坐标空间设为连续，允许任意位置、长度和面积的精确定义。地理实体在矢量数据中是一种在现实世界中不能再划分为同类现象的现象。地理实体的表示方法随比例尺、目的等情况的变化而变化。地理实体通常抽象为点状实体、线状实体、面状实体和体状实体，复杂的地理实体由这些类型的实体构成。

栅格数据就是按栅格阵列单元的行和列排列的有不同“值”的数据集。它将地球表面划分为大小、均匀、紧密相邻的网格阵列。每个单元（像素）的位置由它的行列号定义，所表示的实体位置隐含在栅格行列位置中，数据组织中的每个数据表示地物或现象的非几何属性或指向其属性的指针。

（2）地理数据。随着信息技术的发展和地图数据应用的深入，地图数据仅把各种空间实体简单地抽象成点、线和面，这远远不能满足实际需要，地图数据应用已不再局限于地图生产，而是广泛应用于环境监测、社会管理、公共服务、交通物流、资源考察和军事侦察等。地图数据与其他专题地理信息结合产生各种地理数据，包括资源、环境、经济和社会等领域的一切带有地理坐标的数据，用于研究解决各种地理问题，由此产生了反映自然和社会现象的分布、组合、联系及其时空发展和变化的地理数据。地理数据利用计算机地理数据科学、真实地描述、表达和模拟现实世界中地理实体或现象、相互关系及分布特征。空间关系是通过一定的数据结构来描述与表达具有一定位置、属性和形态的空间实体之间的相互关系（图1.2）。

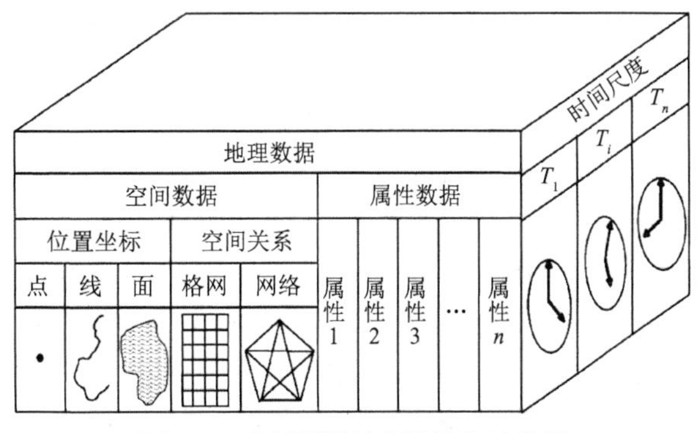

图1.2 地理数据的多维结构示意图

地理数据是一类具有多维特征，即时间维、空间维及众多属性维的数据。其空间维决定了空间数据具有方向、距离、层次和地理位置等空间属性；属性维则表示空间数据所代表的空间对象的客观存在的性质和属性特征；时间维则描绘了空间对象随着时间的迁移行为和状态的变化。

（3）地理空间数据。地图数据和地理数据是地理空间信息两种不同的表示方法，地图数据强调数据可视化，采用“图形表现属性”的方式，忽略了实体的空间关系，而地理数据主要通过属性数据描述地理实体的数量和质量特征。地图数据和地理数据所具有的共同特征就是地理空间坐标，统称为地理空间数据。地理空间数据代表了现实世界地理实体或现象在信息世界的映射，与其他数据相比，地理空间数据具有特殊的数学基础、非结构化数据结构和动态变化的时间特征，为人们提供多尺度地图和各种应用分析。

1.1.2　地理信息系统

地理信息系统（GIS）是多种技术交叉的产物，它以地理空间数据为基础，采用地理模型分析方法，适时地提供多种空间的和动态的地理信息，是一种为地理研究和地理决策服务的计算机技术系统，实现了地理空间数据的采集、储存、管理、运算、分析、显示和描述等功能。GIS 的本质是以测绘技术获取地理信息为基础；以数据库储存和管理地理数据；以可视化为地理信息表达的主要手段；运用不同的地理空间分析方法满足应用需求。

1. 地理信息系统产生

1）以地图制图为目的催生了数字地图制图

20 世纪 50 年代，人们把计算机引入地图制图产生了计算机辅助地图制图技术。1964 年英国牛津自动制图系统研制成功；20 世纪 70 年代中国科学院地理科学研究所研制了专题制图自动化系统；20 世纪 70 年代末解放军测绘学院实现了地形图自动化绘制；20 世纪 90 年代中国地质大学（武汉）研制出地图编辑出版系统 MapCAD，实现了地图制图与地图制印一体化（编印一体化），通过激光照排系统输出把计算机编绘的地图成果输出成高精度的分色胶片，直接制版印刷，走上了全数字化生产的发展道路。早期地图数字化的主要驱动力是地图制图。地图数据是某一特定比例尺的地图经数字化而产生的，以相应的图式、规范为标准，依然保留着地图的各项特征。地图数据强调可视化，忽略了实体的空间关系。

2）以应用分析为目的催生了地理信息系统

几乎与计算机制图同时，人们用计算机来收集、存储和处理各种与地理空间分布有关的属性数据，并希望通过计算机对数据的分析来直接为管理和决策服务。1956 年，奥地利测绘部门利用计算机建立了地籍数据库，逐步发展土地信息系统（land information system，LIS）用于地籍管理。1963 年加拿大测量学家 R.F.Tomlinson 提出了地理信息系统术语，并建立了加拿大地理信息系统用于自然资源的管理和规划。1981 年 Esri 公司发布了 ArcInfo 商业软件，2001 年推出了 ArcGIS 8.1，提供了对地理数据的创建、管理、综合、分析能力。2000 年我国超图公司推出了 SuperMap 软件。这些 GIS 软件为单机和分布式网络的用户提供了地理数据的处理和发布能力。研究 GIS 主要是为了解决各种地理问题。

3）以多技术集成构建了地理信息服务

地理信息服务是为了实时回答“在哪里”和“周围是什么”两个与人类生活劳动息息相关的基本问题，是为了吸引更多潜在的用户，提高地理信息数据与系统的利用率，所建立的一种面向服务的商业模式。用户可以通过互联网按需获得和使用地理数据及计算服务，如地图服务、空间数据格式转换等，让任何人在任何时间任何地点获取任何空间信息，即 4A（anybody、anytime、anywhere、anything）。

地理信息服务是把实时空间定位技术[惯性导航定位、无线电定位导航、全球导航卫星系统（global navigation satellite system，GNSS）、北斗、移动通信定位和室内定位等]、网络 GIS、移动无线通信技术（无线电专网、蜂窝移动通信和卫星通信等）、计算机网络通信技术及数据库技术等现代高新技术有机地集成在一起，实现地理信息收集、处理、管理、传输和分析应用的网络化，在网络环境下为地理信息用户提供实时、高精度和区域乃至全球的多尺度地理信息，对移动目标实现实时动态跟踪和导航定位服务的系统。

地图数据和地理数据共同支撑了地理信息服务。地图数据主要用于可视化，地理数据主要用于各种查询和分析。

4）以多学科融合催生了地理信息学科

随着地理信息系统应用的深入，人们开始关注地理信息表达（如地理空间理解、地图结构表达和空间语言理解）的合理性、地理建模分析（如地理对象建模、空间尺度分析和空间决策过程）的科学性，以及 GIS 技术（如人机交互界面、地理数据共享和 GIS 互操作）的智能性。为了解决时空分布的地球表层地理现象、社会发展及外层空间整个环境及其动态变化的过程在计算机中的表示，人们创造和发展了一系列理论成果。发展过程中以测绘为基础，以数据库作为数据储存和使用的数据源，以计算机编程为平台逐步完善了地理信息的获取、处理、存储、管理、提取、可视化和分析等技术体系，使地理信息学科不仅包含了现代测绘科学的所有内容，而且研究范围较之现代测绘学更加广泛。同时，地理信息学科也如饥似渴地吸收着信息科学的精华，与计算机技术结合，形成了网络、嵌入式和组件式等各种 GIS，也推动了计算机信息科学与技术的发展。地理信息学科是以应用为目的，以技术为引导，在为社会各行各业服务中逐步从地理学、测绘学和信息学中形成的一门边缘交叉学科，内容涵盖了基础理论、技术体系、软件系统、工程质量标准和应用领域。

2. 地理信息系统组成

GIS 主要由四部分组成：计算机硬件系统、计算机软件系统、地理空间数据及系统的组织、使用与维护人员即用户，其核心内容是计算机硬件和软件。地理空间数据反映了应用地理信息系统的信息内容，用户决定了系统的工作方式。

（1）计算机硬件系统。计算机硬件系统是计算机系统中实际物理设备的总称，主要包括计算机主机、输入设备、存储设备和输出设备。

（2）计算机软件系统。计算机软件系统是 GIS 运行时所必需的各种程序，包括：①计算机系统软件。②GIS 软件及其支撑软件，包括 GIS 工具或 GIS 实用软件程序，以完成空间数据的输入、存储、转换、输出及用户接口功能等。③应用程序。这是根据专题分析模型编制的特定应用任务的程序，是 GIS 功能的扩充和延伸。

（3）地理空间数据。地理空间数据是 GIS 的重要组成部分，是系统分析加工的对象，是 GIS 表达现实世界的经过抽象的实质性内容。它一般包括三个方面的内容：空间位置坐标数据，地理实体之间空间拓扑关系及相应于空间位置的属性数据。通常，它们以一定的逻辑结构存放在地理空间数据库中。地理空间数据来源比较复杂，随着研究对象不同、范围不同、类型不同，可采用不同的空间数据结构和编码方法，其目的就是更好地管理和分析空间数据。

（4）用户。GIS 必须要有系统的使用管理人员。其中包括具有 GIS 知识和专业知识的高级应用人才，具有计算机知识和专业知识的软件应用人才及具有较强实际操作能力的硬软件维护人才。

3. 地理信息系统功能

GIS 的主要功能包括：地理空间数据获取与处理、地理空间数据存储与管理、地理空间数据查询与分析、地理空间数据可视化与制图。

1）地理空间数据获取与处理

数据采集、监测与编辑主要用于获取数据，保证 GIS 数据库中的数据在内容与空间上的完整性、数值逻辑一致性与正确性等。一般而论，GIS 数据库的建设占整个系统建设投资的70%或更多，并且这种比例在近期内不会有明显的改变。因此，信息共享与自动化数据输入成为 GIS 研究的重要内容。

对数据处理而言，初步的数据处理主要包括数据格式化、转换、概括。数据的格式化是指不同数据结构的数据间变换，是一种耗时、易错、需要大量计算量的工作，应尽可能避免；数据转换包括数据格式转化、数据比例尺的变化等。在数据格式的转换方式上，矢量到栅格的转换要比其逆运算快速、简单。数据比例尺的变换涉及数据比例尺缩放、平移、旋转等方面，其中最为重要的是投影变换；制图综合包括数据平滑、特征集结等。目前，GIS 所提供的数据概括功能极弱，与地图综合的要求还有很大差距，需要进一步发展。

2）地理空间数据存储与管理

数据存储与组织是建立 GIS 数据库的关键步骤，涉及空间数据和属性数据的组织。栅格模型、矢量模型或栅格/矢量混合模型是常用的空间数据组织方法。空间数据结构的选择在一定程度上决定了系统所能执行的数据与分析的功能；在地理数据组织与管理中，最为关键的是将空间数据与属性数据融合为一体。目前，大多数系统都是将二者分开存储，通过公共项（一般定义为地物标识码）来连接。这种组织方式的缺点是数据的定义与数据操作相分离，无法有效记录地物在时间域上的变化属性。

3）地理空间数据查询与分析

空间查询与分析是 GIS 最核心的功能。空间查询是 GIS 及 GIS 应用系统应具备的最基本的功能，而空间分析是 GIS 的核心功能，也是 GIS 与其他计算机系统的根本区别。GIS 的空间分析可分为三个层次：首先是空间检索，包括从空间位置检索空间物体及其属性和从属性条件集检索空间物体。“空间索引”是空间检索的关键技术，能否有效地从大型的 GIS 数据库中检索出所需信息，将影响 GIS 的分析能力。另外，空间物体的图形表达也是空间检索的重要部分。其次是空间拓扑叠加分析。空间拓扑叠加实现了输入要素属性的合并（union）及要素属性在空间上的连接（join）。空间拓扑叠加本质是空间意义上的布尔运算。最后是 GIS 应用模型分析，目前多数研究工作的重点在于如何将 GIS 与 GIS 应用模型分析相结合。

4）地理空间数据可视化与制图

图形与交互显示同样是一项重要功能。GIS 为用户提供了许多用于地理数据表现的工具，其形式既可以是计算机屏幕显示，也可以是诸如报告、表格、地图等硬拷贝图件，尤其要强调的是 GIS 的地图输出功能。一个好的 GIS 应能提供一种良好的、交互式的制图环境，以供 GIS 的使用者设计和制作出高质量的地图。

4. 地理信息系统结构

目前，GIS 总体上呈现出网络化、开放性、虚拟现实、集成化、空间多维性等发展趋势。

1）桌面 GIS

桌面 GIS，就是运行于桌面计算机（图形工作站及微型计算机的统称）上的地理信息系统，也可理解为是运行于较低硬件性能指标上的较为大众化、普及化的 GIS（图 1.3）。

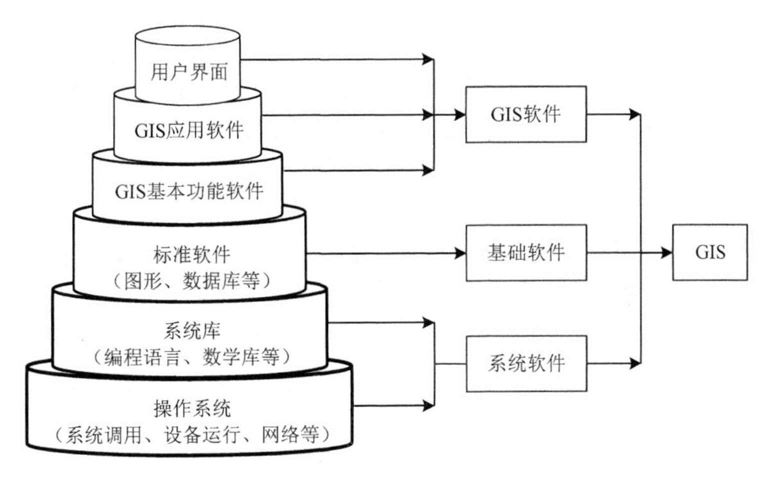

图 1.3 桌面 GIS 系统架构

2）网络 GIS（WebGIS）

计算机网络技术的最新发展使得在网络上实现 GIS 应用日益引起人们的关注。WebGIS 是指在 Internet 和 Intranet 进行信息发布、数据共享、交流协作基础之上实现 GIS 在线查询和业务处理等功能。分布式交互操作是 WebGIS 的重点。由于速率、安全性及面向业务处理等关键要素，网络 GIS 获得广泛应用，可实现编辑修改、检索查询、信息分析、制图输出等 GIS 基本功能。与传统的 GIS 相比，WebGIS 具有以下特点：①适应性强。WebGIS 是基于互联网的，因而是全球或区域性的，能够在不同的平台运行。②应用面广。网络功能将使 WebGIS 应用到整个社会，真正实现 GIS 的无所不能、无处不在。③现势性强。地理信息的实时更新在网上进行，人们能得到最新信息和最新动态。④维护社会化。数据的采集、输入、空间信息的分析与发布将是在社会协调下运作，可采用社会化方式对其维护以减少重复劳动。⑤使用简单。用户可以直接从网上获取所需要的各种地理信息，方便地进行信息分析，而不用关心空间数据库的维护和管理。

3）开放式 GIS（OpenGIS）

OpenGIS 是指在计算机和通信环境下，根据行业标准和接口所建立起来的 GIS。它使数据不仅能在应用系统内流动，还能在系统间流动。OpenGIS 是使不同的 GIS 软件之间具有良好的互操作性，以及在异构分布数据库中实现信息共享的途径。OpenGIS 规范是由开放地理信息系统协会（Open Geospatial Consortium，OGC）制定的一系列开放标准和接口。OGC 由商业部门、政府机构、用户及数据提供商等多个领域的成员组成，以获取地理信息处理市场最大的互操作。OGC 的目的是通过信息基础设施，把地理空间数据资源集成到主流的计算技术中，促进可互操作的商业地理信息处理软件的广泛应用。OpenGIS 规范提供了地理信息及处理标准，按照该规范开发的各个系统之间可以自由地交换地理信息和处理功能。OpenGIS 具有下列特点：①互操作性。不同 GIS 软件之间连接、信息交换没有障碍。②可扩展性。硬件方面可在不同软件、不同档次的计算机上运行，软件方面增加新的地学空间数据和地学数据处理功能。③技术公开性。开放思想主要是对用户公开，公开源代码及规范说明是重要的途径之一。④可移植性。独立于软件、硬件及网络环境，不需修改便可在不同的计算机上运行。除此之外，还有诸如兼容性、可实现性、协同性等特点。

4）虚拟 GIS（VGIS）

VGIS 就是 GIS 与虚拟现实（virtual reality，VR）技术的结合。VR 技术是当代信息技术高速发展，并与其他技术集成的产物，是一种最有效地模拟人在自然环境中视、听、动等行为的高级人机交互技术。VR 的一个特点是将过去认为只擅长于处理数字的单维信息的计算机发展成也擅长于处理适合人的特性的多维信息的计算机。

VR 技术的基础是高级的三维图形技术、问题求解工具、多媒体技术、网络通信技术、数据库、信息系统、专家系统、面向对象技术和智能决策支持系统等技术的集成。GIS 与 VR 技术相结合将使 GIS 更加完美，用户在计算机上就能观察到真三维的客观世界，可在虚拟环境中更有效地管理、分析空间数据。目前 VGIS 的研究主要集中在虚拟城市。

5）多媒体 GIS（MGIS）

多媒体（multia-media）技术是一种集声、像、图、文、通信等为一体，并以最直观的方式表达和感知信息，以形象化的、可触摸（触屏）的甚至声控对话的人机界面操纵信息处理的技术。多媒体技术对 GIS 的系统结构、系统功能及应用模式的设计产生极大影响，使得 GIS 的表现形式更丰富、更灵活、更友好。

MGIS 将文字、图形（图像）、声音、色彩、动画等技术融为一体，为 GIS 应用开拓了新的领域和广阔的前景。它不仅能为社会经济、文化教育、旅游、商业、决策管理和规划等提供生动、直观、高效的信息服务，还将使电脑技术真正走进人类社会生活。

6）三维 GIS（3DGIS）

在许多地学研究中，人们所要研究的对象是充满整个 3D 空间的，如大气污染、洋流、地质模型等，必须用一个（X，Y，Z）的 3D 坐标来描述。在 3D GIS 中，研究对象是通过空间 X、Y、Z 轴进行定义的，描述的是真 3D 的对象。随着许多行业，如城市地下管网、空间规划、景观分析、地质、矿山、海洋等对 3D GIS 的需求日益迫切，3D GIS 的理论和应用近年来受到许多学者的关注。

7）时态 GIS（TGIS）

记录历史数据有时候是非常重要的。在 GIS 中也要经常查询历史，最典型的例子就是宗地，一块宗地可能经过许多次的买卖或变化。在土地纠纷中，人们需要详细的历史记录作为法律依据。GIS 在环境应用中，也经常需要用到多时态的信息对环境进行综合评价。因此，研究 GIS 的时态问题成为当今 GIS 领域的一个重要方向。TGIS 不仅应包括回顾过去的历史数据，还应包括展望未来的规划数据。

TGIS 的组织核心是时空数据库，其概念基础是时空数据模型。时空数据结构的选择应以不同类型的时空过程和应用目的为出发点。虽然，人们已分别在时态数据库和空间数据库研究方面取得很大进展，但是“时态”+“空间”≠“时空”，两者难以简单地组合起来，这导致了 TGIS 研究与应用的困难。

8）组件式 GIS（ComGIS）

GIS 软件属大型软件，开发一套功能完备的 GIS 软件是一项极其复杂的工程。如何合理地组织 GIS 软件的结构，一直是 GIS 软件技术专家们研究的问题。它的发展大体经历了如下历程：GIS 模块、集成式 GIS、模块化 GIS 和核心式 GIS。当前计算机软件控件技术（ActiveX 控件，其前身为 OLE 控件）为 GIS 软件提供了一种新的开发模式。

ComGIS 基于标准的组件式 GIS 平台，各组件之间不仅可以自由、灵活地重组，而且具有可视化的界面和方便的标准接口。其特征主要体现在：①高效无缝的系统集成，允许将专业模型、GIS 控件、其他控件紧密地结合在统一的界面下。②无须专门的 GIS 开发语言，只要掌握基于 Windows 开发的通用环境，以及组件式 GIS 各控件的属性、方法和事件，就能完成应用系统的开发。③大众化的 GIS 用户可以像使用其他 ActiveX 控件一样使用 GIS 的控件，使非专业的 GIS 用户也能胜任 GIS 应用开发工作。④开发成本低，非 GIS 功能可以利用非专业控件，降低了系统的成本。

1.1.3 地理信息系统应用

GIS 在近年来已广泛应用于资源调查、环境评估、灾害预测、国土管理、城市规划、邮电通信、交通运输、军事公安、水利电力、公共设施管理、农林牧业、统计、商业金融等领域，且其应用领域呈现不断扩展趋势。

1. 地理信息系统应用概念

地理信息系统应用就是根据具体的应用目标和问题，借助于 GIS 自身的技术优势，使观念世界中形成的概念模型，具体化为信息世界中可操作的机理和过程，目的是解决实际复杂问题，也是 GIS 取得经济和社会效益的重要保证。

2. 地理信息系统应用分类

GIS 在应用领域沿着两个方向发展：其一仍是在专业领域（如测绘、环境、规划、土地、房产、资源、军事等应用系统）的深化，由数据驱动的空间数据管理系统发展为模型驱动的空间决策支持系统，主要包括资源开发、环境分析、灾害监测；其二就是作为基础平台和其他信息技术相融合（如物流信息系统、智能交通和城市管理信息系统等），通过分布式计算等技术实现和其他系统、模型及应用的集成而深入行业应用中，如电子政务、电子商务、公众服务、数字城市、数字农业、区域可持续发展及全球变化等领域。

1）用户类型分析

（1）强 GIS 需求用户。以规划、国土、测绘等传统 GIS 应用领域的用户为主。这些单位的业务应用都离不开 GIS，都建立了自己的 GIS 应用系统，并且自己生产基础测绘数据；其对平台的主要需求是各类专题图层数据，并且这些专题数据主要用于分析，通常不会直接应用到业务系统中。

（2）中 GIS 需求用户。以环保、公安、城市建设等行业用户为主。这些单位的业务应用不直接与 GIS 应用打交道，但是其管理决策都需要 GIS 的支撑。这些单位积累有自己的专题图层数据，但迫切需要统一的标准底图进行可视化叠加，或结合空间基础数据进行分析。

（3）弱 GIS 需求用户。以工商、民政、统计、教育、园林绿化、卫生、旅游、招商等行业用户为主，这些用户的业务不涉及 GIS 应用，对 GIS 的了解也比较少。通常没有 GIS 应用系统及专题数据，但是需要将自己的业务统计分析数据通过 GIS 进行空间可视化展现。

2）按研究对象性质和内容分类

按研究对象性质和内容又可分为专题 GIS 和区域 GIS。

（1）专题 GIS。由于 GIS 强有力的数据管理、处理、显示和制图功能，测绘制图部门可利用 GIS 技术实现计算机制图设计、数据存储、编辑加工及自动化生产，GIS 技术便于地图修改、更新，缩短成图周期，大大提高劳动部门生产率。

专题 GIS 是具有有限目标和专业特点的 GIS，为特定目的服务，如水资源管理信息系统、矿产资源信息系统、农作物估产信息系统、水土流失信息系统、地籍管理系统、土地利用信息系统、环境保护和监测系统、城市管网系统、通信网络管理系统、配电网管理系统、城市规划系统、供水管网系统等。

（2）区域 GIS。区域 GIS 主要以区域综合研究和全面信息服务为目标。可以是不同的规模，如国家级、地区或省级、市级和县级等为各不同级别行政区服务的区域信息系统，也可以是以自然分区或流域为单位的区域信息系统。例如，加拿大国家地理信息系统、日本国土信息系统等面向全国，属于国家级的系统；黄河流域地理信息系统、黄土高原重点产沙区信息系统等面向一个地区或一个流域，属于区域级的系统；北京水土流失信息系统、铜山县土地管理信息系统等面向地方，属于地方一级的系统。

3）按应用服务领域分类

与空间位置有关的领域都是 GIS 的重要应用领域。GIS 主要应用服务领域如下。

（1）电子政务中的地理信息应用。在电子政务中，往往需要提供各级政府所管辖的行政空间范围，以及所管辖范围内的企业、事业单位甚至个人家庭的空间分布，所管辖范围内的城市基础设施、功能设施的空间分布等信息。另外，政府各职能部门也需要提供其部门独特的行业信息，如城市规划、交通管理等。电子政务中信息应用（地理信息服务是其中一个重要的组成部分）的主要目的是加强政府与企业、政府与公众之间的联系与沟通。

（2）电子商务中的地理信息应用。在电子商务中，企业往往需要向客户（企业或个人）提供销售、配送或服务网点的空间分布等空间信息，同时允许客户在电子地图上标注自己的位置或输入门牌号等信息，这样可以准确定位客户的位置。为了使电子商务得以高效实施，企业往往还配备了相应的信息管理系统，以对客户、销售点、配送中心、服务网点等信息加以管理，并实现最近配送点搜索、路径规划、配送车辆监控等功能。电子商务中的地理信息应用是以提高电子商务的效率、增加销售额和降低成本为主要目的的。

（3）面向公众的地理信息应用。向公众提供与之衣食住行密切相关的各类地理信息，如购物商场、旅游景点、公共交通、休闲娱乐、宾馆饭店、房地产、医院、学校等空间查询服务。从服务的空间范围来说，有的覆盖全国，有的覆盖全省，有的覆盖某个地区，也有的覆盖某个城市。面向公众的地理信息应用正在以迅猛的速度发展。

（4）辅助政府和企业决策的综合地理信息应用。政府和企业在进行决策时，往往需要 GIS 作为辅助支持的工具。例如，企业往往非常关注经济状况、投资资讯、合作对象、企业形象、产品宣传、市场分析、客户分布、交通信息，以及其他相关信息；政府部门非常关注基础设施、交通信息、投资环境、行业分布、企业信息、经济状况、房地产、人口分布等信息。

（5）地学研究与应用。GIS 在地学中的应用主要解决四类基本问题：①与分布、位置有关的基本问题，一是对象（地物）在哪里；二是哪些地方符合特定的条件。②各因素之间的相互关系，即揭示各种地物之间的空间关系，如交通、人口密度和商业网点之间的关联关系。③事物发展动态过程和发展趋势，表示空间特征与属性特征随时间变化的过程，回答某个时间的空间特征与属性特征，从何时起发生了哪些变化。④模拟问题。利用数据及已掌握的规律建立模型，就可以模拟某个地方如具备某种条件时将出现的结果。

3. 地理信息系统应用过程

GIS 以数字世界表示自然界，具有完备的空间特征，可以存储和处理大量的空间数据，并具有极强的综合分析能力。因此从应用角度看，GIS 不仅要完成管理大量复杂的地理数据的任务，更为重要的是要实现对空间数据的分析、评价、预测和辅助决策。GIS 应用过程如图 1.4 所示。

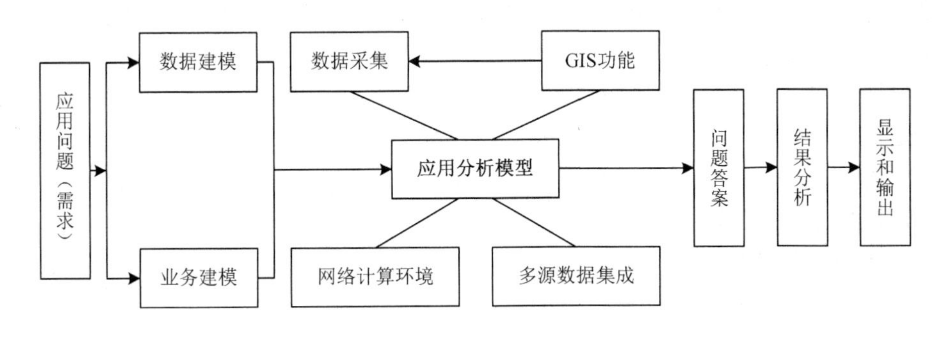

图 1.4 GIS 应用过程框架

1）业务建模

GIS 应用的开发都是基于部门的功能而建立的，这种方式建立的应用系统是针对特定的功能区域的。至于无法实现多个应用系统共同运作的问题，解决之道就是从业务建模入手，建立用户的业务模型，进行适当的切割，选取稳定的软件架构，分析出用户的业务实体，描述用户管理和业务所涉及的对象和要素，以及它们的属性、行为和彼此关系。业务建模强调以体系的方式来理解、设计和构架企业信息系统。这方面的工作可能包括了对业务流程建模、对业务组织建模、改进业务流程、领域建模等。它反映了业务组织静态的和动态的本质抽象特征。业务分析的目的就是构建原始的业务模型。因此，业务建模是对业务组织的静态特征和动态特征进行抽象化的过程。静态特征包括业务目标、业务组织结构、业务角色、业务成果等；动态特征主要指业务流程。

业务建模的结果并不是需求，需求分析有自己独立的流程。业务建模并不一定需要与信息化或计算机技术硬扯上关系，除非想把流程的某些环节或所有流程进行自动化运作，但这也只是业务模型中的一种手段或优化，不应喧宾夺主。

业务建模的思路与步骤：①明确业务领域所在的业务体系，业务领域在体系中的作用，与其他业务领域的关系；②明确业务领域内的主要内容、业务目标、服务对象，构建领域内的业务层次；③明确各业务的背景、目标、内容；④明确各业务的流转顺序；⑤明确各业务节点的职能；⑥明确各业务中业务规则的算法；⑦明确各业务输入、输出的数据及参考的资料；⑧明确各业务的业务主角与业务角色。

2）数据建模

数据建模是一个用于定义和分析在组织的信息系统的范围内支持商业流程所需的数据要求的过程。对现实世界进行分析、抽象，并从中找出内在联系，进而确定数据库的结构并使用计算机以数学方法描述物体和它们之间的空间关系，依据它们相互之间及与所在的二维或三维空间的关系精确放置。建模过程中的主要活动包括：①确定数据及其相关过程（如实地销售人员需要查看在线产品目录并提交新客户订单）。②定义数据（如数据类型、大小和默认值）。③确保数据的完整性（使用业务规则和验证检查）。④定义操作过程（如安全检查和备份）。⑤选择数据存储技术（如关系、分层或索引存储技术）。

4. 地理信息系统应用模式

目前，基于 GIS 应用系统开发主要有四种模式。

（1）独立开发。完全从底层开始，不依赖于任何 GIS 平台，从空间数据的采集、编辑到数据的处理分析及结果输出，所有的软件功能都由开发者独立设计开发。这种方式开发难度大、周期长、重复投资大。

（2）单纯的二次开发。基于国内外先进的 GIS 平台，利用其提供的二次开发语言进行开发，如 ArcInfo 提供的 AML 语言、MapInfo 提供的 MapBasic 等，开发出具有特定应用功能的 GIS。在这种开发模式下，通用的 GIS 软件功能可以直接从原有的平台软件中引用过来，但其开发环境独特，软件不能脱离原系统单独运行。

（3）SDK 或组件式应用开发。这种方式是目前 GIS 应用系统开发的主流。该方式使用通用的可视化开发环境（如 VisualC++、Delphi 等），在应用系统中调用某一 GIS 平台二次开发 API 或嵌入控件实现一般 GIS 功能。同时，利用开发语言实现专业应用功能。该模式较单纯的二次开发可缩短程序开发周期，但仍存在只能应用在特定 GIS 平台下，移植性、互操作性差等问题。

（4）基于模型驱动应用开发。模型驱动架构是一种通过用于定义模型和推动不同模型类型之间的转换实现系统与平台无关性的设计和实现方法。基于模型驱动架构进行 GIS 应用系统开发的思想是用模型驱动的原理隔离 GIS 应用系统的系统设计和系统实现来独立建模业务行为和领域元素，使二次开发者关注系统应用的本身，而不是将特定的 GIS 基础平台作为系统开发的中心。

传统 GIS 技术体系面临着严峻的挑战，其中最为突出的问题是：二次开发负担过重、应用系统集成困难及难以适应遗留系统、业务逻辑的迅速变更等，这些问题成为 GIS 应用推广和进一步发展的绊脚石。为了给使用地理数据进行各种应用开发提供标准框架，OGC 正在致力于制定一个地理空间数据与地理信息处理资源合作开发互操作技术规范——OpenGIS。按照 OGC 的技术开发计划，OGC 正逐步开发支持 OpenGIS 有关地理空间技术与数据互操作思想体系结构的抽象规范及为了实现工业标准和软件应用编程接口的实现规范，以使与 OpenGIS 规范一致的地理数据能被与 OpenGIS 规范一致的软件访问。然而，OpenGIS 规范从本质上讲是静态的，它不能与软件系统的动态性相适应。OpenGIS 不能从软件工程的角度对应用系统的设计和构建给出指导性原则。

5. 地理信息系统应用特点

（1）GIS 应用领域不断扩大。GIS 在许多领域得到广泛应用，目前已涉及农业、林业、地质、水利、能源、气象、旅游、海洋、电力、通信、交通、军事及城市规划与管理、土地管理、资源与环境评价等。

（2）GIS 应用研究不断深入。GIS 早期应用强调制图和空间数据库管理，这些应用逐渐发展为强调制图现象间相互关系的模拟，大多数应用包括了制图模拟，如地图再分类、叠加和简单缓冲区的建立等。新的应用集中体现在空间模拟上，即利用空间统计和先进的分析算子进行应用模型的分析和模拟。

（3）GIS 应用社会化。由于重视对 GIS 人才的培养，GIS 的用户数量每年以 2～6 倍的速度增长，呈现社会化应用趋向，成为人们科研、生产、生活、学习和工作中不可缺少的工具和手段。

（4）GIS 应用全球化。继美国之后，日本、英国、德国、澳大利亚等国及亚洲、非洲的许多国家相继宣布了自己在信息领域的发展规划和蓝图，GIS 技术应用正席卷全球。美国、西欧和日本等发达国家及地区，已建立了国家级、洲际之间及各种专题性的 GIS，GIS 应用国际化、全球化已成为一种趋势。

（5）GIS 应用环境网络化、集成化。在 GIS 中有很多基础数据，它们是社会共享资源，如基础地形库，人口、资源库，经济数据库，因此必须建立国家及省、市地区级基础数据库。在发达国家，常由政府投资建立实用基础数据库，由应用部门投资建立专业数据库。用户可通过网络及时地获取正确的基础数据。显然，网络化能提高这些数据的利用率，这是发展的必然趋向。此外，由于各行各业中信息数量的日益增长，信息种类及其表达的多样化，各种集成环境对 GIS 的推广应用十分重要，如 3S[GNSS，GIS 和 RS（remote sensing，遥感）]集成系统等。

（6）GIS 应用模型多样化。GIS 在专业领域中的应用，需开发本专业模型，随着专业的不断发展，GIS 应用模型越来越多，既有定量模型，又有定性模型；既有结构化模型，又有非结构化模型。GIS 在专业中的应用能否成功与模型开发的成败息息相关。

1.2　研究内容

GIS 为人类由客观世界到信息世界的认识、抽象过程及由信息世界返回客观世界的利用改造过程的发展和转化，创造了空前良好的条件和环境。GIS 研究内容主要包括基础理论、系统集成、行业应用三个层次：首先是关于地理信息的基础理论研究，包括空间关系理论、地理空间分析、空间认知、地理建模、地图学、制图理论、地理计算等；其次是关于系统集成的方法研究，融合 3S 技术、计算机信息技术，建立一个性能优异的 GIS；最后就是 GIS 在各行业中的应用。

1.2.1　GIS 应用模型研究

早期 GIS 的领域应用以数据的采集、存储、管理、查询检索及简单的空间分析功能为主，可称为管理型 GIS。随着应用领域的拓展，领域问题复杂性的逐渐提高，GIS 本身的空间分析功能已经不能满足解决复杂领域问题的需求，直接影响了 GIS 的应用效益和生命力。因此，将 GIS 与领域应用模型集成建立 GIS 应用模型成为提高 GIS 辅助决策功能和拓展 GIS 应用领域的主要方式。许多 GIS 领域应用都增加了对 GIS 应用模型的研究，从而使 GIS 的应用广度和深度得到极大拓展，应用水平也得到较大的提高，这种 GIS 可称为辅助决策型 GIS。随着决策支持系统、专家库、知识库和数据挖掘等理论与技术的发展，辅助决策型 GIS 对 GIS 应用模型所具有的空间分析优势、专题预测预报、过程模拟功能的依赖更为明显。GIS 应用模型的研究与实践，已成为当前 GIS 研究与应用的一个热点领域。

1. GIS 应用模型实现技术

鉴于 GIS 应用模型具有空间性、动态性、多元性、复杂性和综合性等特点，实现 GIS 应用模型还存在较多问题。

1）GIS 应用模型的实现是一个跨学科的问题

人们希望能够像利用数据库系统管理数据那样方便地管理模型，模型库系统早年就是适应这种需要提出的。但模型远比数据复杂，若建立一个通用的应用模型库系统平台，则更加困难，且存在着跨学科的问题。由于不同的学科和研究领域所涉及的研究内容不同，相应的应用模型也截然不同。应用模型库系统通用平台的建设所涉及的模型标准化问题，不仅是纯技术问题，还涉及学科、部门的协调合作及行政管理部门的参与和支持等诸多问题，这些问题在一定意义上说更具有挑战性。

2）GIS 应用模型的管理问题

从 GIS 应用模型的建立和使用过程看，还存在不少值得注意的问题。模型建立在整个 GIS 研制所投入的精力中占的比重过大，模型相互重复、使用率不高的现象比较严重。在很多情况下，模型都是被作为应用程序的组成部分，嵌入应用程序。在这种管理下的模型，其共享性和灵活性都很差。随着对 GIS 应用模型需求量的不断增大，上述问题将表现得越来越突出。

3）GIS 应用模型标准化问题

GIS 中引入模型库和模型管理系统等概念，导致了空间决策支持系统（spatial decision support system，SDSS）的发展。这种发展使 GIS 驱动机制从数据库及其管理系统的驱动机制转变成了模型库及其管理系统的驱动机制，模型成为了系统的驱动核心，从而使 GIS 不仅可为用户提供各种所需的空间信息，即数据级支持，还可提供实质性的决策方案。为了有效地管理和使用模型，首先需解决模型的标准化问题，如同数据标准化对 GIS 技术发展所起的重要作用一样，模型的标准化对 GIS 的空间决策技术的发展也有着十分重要的意义，这一问题已引起国内外有关学者的重视。但总的看来，模型标准化问题的研究仍是一个薄弱环节，研究进展还很难满足 GIS 的空间决策技术的迫切需要。

4）GIS 应用模型共享和安全问题

模型库是将众多的模型按一定的结构形式组织起来，通过模型库管理系统对各个模型进行有效的管理和使用。通常模型库由字典库和文件库组成，利用字典库对模型的名称、编号、模型的文件等进行说明。模型文件中主要是源程序文件和目标程序文件，模型文件以文件形式直接存放在外存的某一目录下。显然，这种方法存在如模型共享、安全等问题。

5）GIS 与应用模型集成方式

GIS 应用系统中应用分析功能的不足已经直接影响 GIS 应用的进一步推广和深化。有效地重用已开发的各类专业应用模型，将其与应用 GIS 系统集成，同时在今后的模型开发中，解决模型与 GIS 系统的易集成性，以提高 GIS 应用系统的开发效率、缩短开发周期，已成为 GIS 应用系统开发工作者广泛面临的问题。

6）GIS 应用模型表达语言接口问题

GIS 模型表达有三个层次的语言，即自然语言、数学逻辑语言和计算机语言。它们之间的差异造成了很大的信息损失和误差。在 GIS 模型库系统中建立三者之间的良好接口，增强模型的生命力，是 GIS 模型库系统研究中必须关注的问题。

7）GIS 应用模型库与数据库的通信机制问题

GIS 应用模型的运行，需要地理信息基础数据和模型数据的支撑。模型库管理系统中，模型库和数据库是相对独立的，但模型和数据之间存在一对一、一对多和多对一的对应关系。模型和数据之间的通信机制将直接影响模型运行的速度。

8）GIS 应用模型的交互操作问题

与 GIS 分析功能不足相对的另一方面问题是，在各个专业应用领域，都有许多具有很大使用价值的应用模型，如水文研究领域使用的众多产汇流模型、水质模拟模型等。但这些模型往往缺乏直观、友好的图形界面及对空间数据分析显示等方面的支持，尤其是较早时期开发的基于 DOS 环境的模型与现在的 GIS 相比，在图形数据的查询、显示、输出等方面往往相形见绌。

2. GIS 应用模型构建技术

GIS 组件分为基础组件、高级通用组件和应用组件三种，组件封装的粒度依次由小到大，所提供功能逐渐增强。但 GIS 组件对专业应用问题的解决支持不够，都没有在其特定应用领域提出成熟通用的解决方案。构建成熟可靠的 GIS 应用模型组件，使其既具有组件 GIS 无缝集成、扩展性强的优点，又具有专业模型数值计算快、预测预报等特点，成为 GIS 应用模型构建最常见的标准。

1）GIS 应用模型组件的构建

GIS 应用模型组件的设计首先要坚持 GIS 组件的设计原则，要进行良好的接口和功能划分，要采用可靠高效的算法，注重组件的效率、稳定性和适用范围。GIS 应用模型的综合性、复杂性的特点，决定了 GIS 应用模型组件的设计较低层次 GIS 组件的设计要求要高。各领域特点使得研制通用的 GIS 应用模型组件和模型组件库的技术目前还不现实，因此 GIS 应用模型组件设计要以领域专题应用为首要原则，设计在本领域内具有高内聚性和高复用性的高级应用模型组件，同时要根据模型的适用范围提供尽可能多的模型组件功能接口，这样就在很大程度上增强了模型组件的通用性和可维护性。

GIS 应用模型组件的构建分为三个步骤:①根据需求进行 GIS 应用模型的逻辑层次设计，设计其相应的实现算法和流程图。②根据 GIS 应用模型的逻辑模型，应用 UML 统一建模语言进行软件构件层次的设计。③应用组件开发方法在可视化开发环境中选取合适的专业模型组件和 GIS 组件进行 GIS 应用模型的构建。

2）基于组件式 GIS 应用模型的系统开发框架

组件式 GIS 应用系统不依赖于某种特定的开发语言，在通用的开发环境下（如 Visual Basic、Delphi）可以将 GIS 应用模型组件、GIS 功能组件及其他应用工具组件无缝集成起来，借助空间数据引擎可实现组件 GIS 应用系统的开发（图 1.5）。

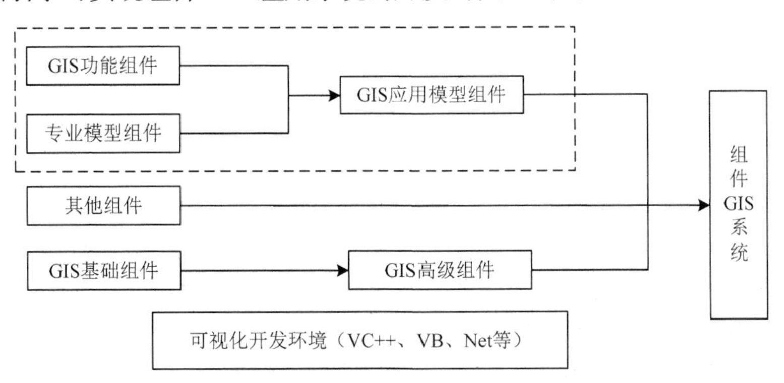

图 1.5　基于 GIS 应用模型组件与 GIS 组件的 GIS 应用系统开发

图 1.5 中 GIS 功能组件与专业模型组件无缝集成构建 GIS 应用模型组件，这里的 GIS 功能组件指的是传统 GIS 组件（基础组件、高级通用组件和应用组件）的一种，而具体 GIS 功能组件的选取由 GIS 领域应用需求决定。GIS 高级组件是实现高级 GIS 功能而又不能单独解决领域问题的 GIS 组件，如 MapX、MapObjects 等，GIS 高级开发组件仅具备通用的 GIS 数

据管理和基本空间分析功能。它与 GIS 应用模型组件的区别在于，GIS 应用模型组件面向的是领域应用，而 GIS 高级组件面向的是通用 GIS 功能划分和模块封装。

应用模型的组件化，将极大地促进 GIS 应用模型的集成应用。尽管现有一些 GIS 工具软件不支持使用软件组件进行二次开发，但 GIS 应用系统开发者可以使用可视化编程工具，如以 VisualC++、Delphi 等作为开发平台，利用 GIS 工具组件与模型组件，开发出高效无缝而且适应未来网络环境需要的集成系统。

3）模型可视化及其互操作

对于 GIS 应用模型来讲，空间分析和交互操作应是其重要的功能，而可视化是其不可缺少的组件之一。应用模型可交互性的设计可分三个层次：数据参数层次、变量层次和模型结构层次。可采用面向对象的处理方法实现应用模型的互操作：①根据应用模型基类定义模型的对外接口，各个模型重载这个接口，完成模型的具体操作。②系统对应用模型的操作则主要借助于对象之间发送消息来进行。消息常被设计成一组标准的相关消息（协议），每一类都用这种协议来生成、修改、删除、存取与测试，结构化模型对象能够响应任何子类所能响应的协议。模型管理系统还可以把参数作为消息传递给模型类，使模型根据传来的消息创建实例，并作为一个对象继承模型类的所有属性操作，经过实例化，满足用户的需要。③模型对数据库的访问也可以按继承关系处理，在事先定义一个数据访问类的基础上，提供模型对数据库中数据存取的标准方法。一般模型通过继承该类来存取所需的数据，特殊模型可通过重载其中的访问来完成特殊的数据存取访问。

3. GIS 应用模型复杂性评价

1）应用模型复杂性描述

GIS 应用模型复杂性是应用模型的重要属性，由所处理的数据的复杂性、函数的复杂性决定，一般来说，模型的复杂性越高，模型的应用范围越广。应用模型复杂性评价是应用模型选择的关键，影响模型匹配与模型综合，同时也是应用模型组件划分定义、应用模型元数据定义的基础。GIS 应用模型复杂性可以从时间维、空间维、决策支持维三个方面描述。应用模型的时间复杂性、空间复杂性、决策支持复杂性可以分别用一维坐标表示，低点代表简单的处理过程，而高点表示复杂行为与交互。

（1）应用模型时间复杂性。低时间复杂性对应于静态、少量时间片断，以及短周期；中时间复杂性对应于较多时间段及较长周期；高时间复杂性对应于大量时间段及长时间周期，并具有处理时间滞后与反馈的能力，以及处理变时间步长的能力。

（2）应用模型的空间复杂性。模型空间复杂性反映空间清晰度，对应于空间表示与空间交互两种类型。空间表示不具有处理空间关系与空间交互的能力，而空间交互具备该功能。低空间复杂性指基本不具备显示空间数据的能力；中空间复杂性指能够表示空间数据；高空间复杂性指能在二维或三维空间内进行交互。

（3）应用模型决策支持复杂性。决策支持复杂性用于描述决策支持模型处理决策支持过程的能力，应用模型决策支持复杂性可以分为时间复杂性、空间复杂性及决策支持复杂性。

2）应用模型复杂性评价

基于应用模型复杂性描述方法，应用模型复杂性评价采用定量统计分析方法，即通过对时间、空间、决策支持复杂性评价指标的定量化，采用加权平均的方法，分别确定应用模型的时间、空间、决策支持复杂性；按照已经定义的时间、空间、决策支持的复杂性级别，分别确定应用模型时间、空间、决策支持的复杂性级别；应用模型的复杂性是时间复杂性、空间复杂性、决策支持复杂性的组合。进一步的研究包括两部分内容：①复杂性评价实践研究，对其他大量模型进行评价，细化与精化指标及权重，进而使指标更具合理性；②研究理论评价模型与定量统计相结合的应用模型复杂性方法。

1.2.2 GIS 应用系统研究

随着 GIS 技术的发展，GIS 应用系统研究也呈现出了新的特点。

1. 三维地理信息系统研究

传统的二维 GIS 中，通常是将垂直方向的信息抽象成一个属性值，如数字地面模型（digital terrain model，DTM）中的高程，然后进行空间操作和分析。如果在垂直方向上的采样多于一个，如资源勘探中在一个钻孔中的多个采样，二维 GIS 则难以处理。在这种情况下具有真三维（3D）处理和分析功能的 GIS 系统是必需的。而三维 GIS 就是在二维 GIS 的基础上对具有三维地理参考坐标的地理信息输入、存储、编辑、查询、空间分析和模拟操作的计算机系统。

2. GIS 时空过程系统研究

在许多应用领域中，如环境监测、地震救援、天气预报等，空间对象是随时间变化的，而这种动态变化的规律在求解过程中起着十分重要的作用。近年来，对 GIS 中时态特性的研究变得十分活跃，即“时空系统”。根据处理时间和有效时间的划分，可以把时空系统分为四类：静态时空系统、历史时态系统、回溯时态系统和双系统。时空系统主要研究时空模型，时空数据的表示、存储、操作、查询和时空分析。目前比较流行的做法是在现有数据模型基础上扩充，如在关系模型的元组中加入时间、在对象模型中引入时间属性。

3. 空间数据共享和标准研究

现有 GIS 软件与应用都有自己的数据格式和数据标准，不同 GIS 软件之间还不能直接读取和操纵其他 GIS 软件的数据，而必须经过数据转换。因此，在 GIS 的建设和发展中迫切需要对空间数据共享和数据标准化问题进行研究。一方面，国家和行业部门指定自己的外部交换数据标准，要求采用公共的数据格式，以解决不同 GIS 软件之间空间数据的转换问题。另一方面，指定空间数据相互操作协议，指定一套大家能够接受的空间数据操作函数。软件开发商必须提供与这一 API 函数一致的驱动程序，这样不同的软件就可以操纵对方的数据。目前，已有几个重要的空间数据转换标准：DIGEST——数字地理信息交换标准（digital geographic information exchange standard），由北大西洋公约组织（North Atlantic Treaty Organization，NATO）的数字地理信息工程组 DGI2WG 制定；STDS——空间数据转换标准（spatial data transfer standard）由美国地质调查局（United States Geological Survey，USGS）制定，是一种不同计算机体系中空间数据的转换标准；OpenGIS——开放地理数据互操作规范是通过各软件开发商提供的与其定义的 API 函数一致的驱动来实现的，从而使得不同软件可操纵对方的数据。

4. 组件式地理信息系统研究

GIS 组件化思想的提出是符合软件资源重组、提高软件生产效率这一思路的。ComGIS 就是把 GIS 的各个功能模块分解为若干构件或控件，每个构件具有不同的功能，不同的构件可以来自不同时间和不同的开发商。利用构件的 OLE（对象连接与嵌入）和 ActiveX（OCX）控件技术，用户在工业标准的可视化开发环境中，如 VisualBasic、VisualC++、Delphi 等，只需在设计阶段将 GIS 组件嵌入用户的应用程序中，就可以实现地图制图和 GIS 功能。

5. 万维网地理信息系统研究

WebGIS 是 Internet 技术应用于 GIS 开发的产物。从网络的任意一个节点，Internet 用户可以浏览 WebGIS 站点中的空间数据、制作专题图，以及进行各种空间检索和空间分析，从而使 GIS 进入千家万户。

1.2.3 集成应用研究

1. GIS 与 RS 的集成应用

遥感（RS）具有实时、连续、准确获取大范围地表信息的能力，而 GIS 具有强有力的地学分析手段。结合 RS 与 GIS 技术，可以把绝大部分地表信息做及时、快速、准确的动态显示，并据此做出分析。其具体操作是先利用 RS 提供的多时相遥感图像获取不同时期的相关专题数据，再结合研究区域的地形图，利用 GIS 的空间分析功能（数值计算、图形叠加等）结合数学模型来获得某类地表信息的动态变化显示并作趋势预测。可把这种技术应用于城市用地变化分析、高原冰川变化分析、土地利用动态监测、生态环境动态监测等。

GIS 与 RS 的集成模式主要有如下三种：①分开但平行的结合。主要在数据层面结合，两个数据处理系统相互独立存在，在数据层面进行数据交换。②表面无缝的结合。使用统一的用户界面，但工具和数据库不统一。③整体结合。在界面、工具和数据库方面均实现无缝的功能集成和数据集成。

2. GIS 与 GNSS 的集成应用

GNSS 的定位误差越来越小，GIS 的空间分析功能越来越完善，把 GNSS 连接到 GIS 系统中，在 GIS 可视化图形界面上实时观察 GNSS 定位点的运动过程。例如，在运钞车安全状况监视时，把 GNSS 放在该车上，然后把接收装置接到 GIS 系统中，在运钞车所经区域的交通底图上可以很方便、精确地跟踪其所处位置，一旦运钞车发生意外，可通知最近的相关部门处理。

目前来说，GIS 与 GNSS 的集成在技术层面主要有以下几种模式：①GNSS（单机定位）+栅格电子地图；②GNSS（单机定位）+矢量电子地图；③GNSS（差分定位）+栅格/矢量电子地图；④GNSS（差分定位）+动态图层。它们都是通过在 GIS 中设置动态接受 GNSS 传输的定位观测数据的动态图层实现的。

3. 三维 GIS 与虚拟现实集成应用

三维 GIS 是许多应用领域对 GIS 的基本要求。以前的三维显示只能应用在大型的主机和图形工作站上，而且只在极少数的部门如地震预测、石油勘探、航空视景模拟器中得到应用，成本动辄上百万美元。随着计算机技术的发展，硬件成本不断地降低，一台普通的 PC 机就可以很轻松地进行真三维显示和分析。以前的 GIS 大多提供了一些较为简单的三维显示和操作功能，但这与真三维表示和分析还有很大差距。现在，三维 GIS 可以支持真三维的矢量和栅格数据模型及以此为基础的三维空间数据库，解决了三维空间操作和分析问题。

4. GIS 与移动通信技术集成应用

移动通信技术已经显示了其巨大的应用前景和市场价值。移动通信技术与 GIS 技术的结合产生了移动 GIS（mobile GIS）应用和无线定位服务 LBS（location based services）。通过移动通信技术，移动用户几乎可以在任何地方、时间获得网络提供的各种服务。无线定位服务将提供一个机会使 GIS 突破其传统行业的角色而进入主流的 IT 技术领域里。大多数的分析家都认为，未来无线网络将成为全球数据传送的主要途径。

当前用于地理信息交互的语言还不足以完成真正的“设备无关接口”的互操作。各种移动设备对于从地理信息服务器所获得的信息，其表现方式是各不相同的，用户输入方式也不相同。因此，对于不同的移动设备需要一种统一的标记语言。

1.3　发展趋势

GIS 的应用日趋广泛，已成为城市规划、设施管理和工程建设的重要工具，同时进入军事战略分析、商业策划、移动通信、文化教育乃至人们的日常生活中，其社会地位发生了明显的变化。近年来 GIS 技术发展迅速，其主要的动力来自日益广泛的应用领域对 GIS 不断提升的需求。GIS 技术发展趋势主要表现在以下几个方面。

1）计算机网络与 GIS 结合

Internet 改变了世界。大量的应用正由传统的客户机/服务器（Client/Server，C/S）方式向浏览器/服务器（Brower/Server，B/S）方式转移，WebGIS 应运而生。WebGIS 具备更广泛的访问范围，客户可以同时访问多个位于不同地方的服务器上的最新数据，而这一特有的优势大大方便了 GIS 的数据管理，使分布式的多数据源的数据管理和合成更易于实现。

目前，WebGIS 的应用为典型的三层结构，三层结构包括客户机、地图应用服务器与 Web 服务器、数据库服务器。客户机负责数据结果的显示和用户请求的提交；地图应用服务器与 Web 服务器负责响应和处理用户的请求；而数据库服务器负责数据的管理工作。所有的地图数据和应用程序都放在服务器端，客户端只是提出请求，所有的响应都在服务器端完成，只需在服务器端进行系统维护即可，因此大大降低了系统的工作量。

概括起来，WebGIS 应用方向分为两类：一类为基于 Internet 的公共信息在线服务，为公众提供交通、旅游、餐饮娱乐、房地产、购物等与空间信息有关的信息服务。这些站点提供大量的与空间位置有关的各种生活类信息服务。另一类为基于 Intranet 的企业内部业务管理，如帮助企业进行设备管理、线路管理及安全监控管理等。随着企业 Intranet 应用的深入和发展，基于 Intranet 的 WebGIS 应用会有越来越大的市场，这无疑是未来发展的方向。

2）GIS 协助海量数据管理

GIS 技术的瓶颈之一就是海量空间数据管理问题，因为对于一个城市级的 GIS 系统，其数据量极其巨大，可达到数百、数千 GB 的数据量级。传统的基于文件的管理方式显然不能处理这些问题，而面向对象的大型数据库技术则能够有效地解决这一问题。在面向对象的空间数据库中，海量地图数据的使用变得更加简单。面向对象的数据库技术，可以解决海量数据的存储与管理等问题，也解决了多用户编辑、数据完整性、数据安全机制等许多问题，将给 GIS 的应用带来更广阔的前景。

3）高分辨率遥感与 GIS 结合

高分辨率的遥感影像已逐渐应用到商业领域中，其最高精度可达到 1m 左右。利用卫星拍摄的高分辨率的遥感影像，人们可以迅速得到几周前甚至几天前的最新更新数据，使得数据更加真实准确，成本还可以降低十几倍。高分辨率的遥感影像在商业领域有很多应用，如国土资源统计、灾害评估、自然环境监测及城建规划等。以 RS 为核心的高分辨率遥感影像与 GIS、GNSS 的集成，使得人们能够实时地采集数据、处理信息、更新数据及分析数据。GIS 已发展成为具有多媒体网络、虚拟现实技术及数据可视化的强大空间数据综合处理技术系统。高分辨率遥感影像是实时获取、动态处理空间信息对地观测、分析的先进技术系统，是为GIS提供准确可靠的信息源和实时更新数据的重要保证。GIS、RS和GNSS之间的集成，不但实现了互补，而且产生了强大的边缘效应，将极大地增强以GIS为核心的综合体系的功能。

4）三维GIS与虚拟现实结合

三维GIS是许多应用领域对GIS的基本要求。三维GIS和二维GIS相比，可以帮助人们更加准确真实地认识客观世界。以前的三维显示只能应用在大型的主机和图形工作站上，且只在极少数的部门如地震预测、石油勘探、航空视景模拟器中得到应用。随着计算机技术的发展，一台普通的PC机就可以很轻松地进行真三维显示和分析。

5）移动通信与GIS结合

移动通信改变了人们的生活和工作方式。随着移动通信技术的发展，形成了一种新的技术——无线定位技术。由此也衍生了一种新的服务，即无线定位服务。无线定位技术的应用很广泛。利用这种技术，人们可以用手机查询到自己所在的位置；再利用GIS的空间查询分析功能，查到自己所关心的信息。例如，走在大街上，人们就可以用手机查询离其最近的餐馆在哪里、怎么走、有什么特色菜。再如，人们来到陌生的城市，迷失了方向，就可以利用手机迅速地调出自己所在位置附近的地图，标出目标地点，手机就会自动显示出应该行走的路线，指导人们顺利地到达目的地。

1.4　与其他学科关系

GIS应用有两条路：一条是现有的GIS空间分析方法用在其他领域，如同样是费用距离，在交通研究方面，可以进行通达度的计算，在景观生态学方面，可以研究景观格局。再如Voronoi图，从地理学的角度看是泰森多边形，从城市规划的角度看，其可以用于公共设施的覆盖分析和选址。另外一条路是，把其他行业的应用模型和理论方法，特别是涉及空间概念的理论方法模型应用在GIS中，如区域经济学科的聚集经济研究、疾病学中的疾病传播扩散研究，可以把里面的理论方法整合到GIS中，挖掘各学科中的GIS应用，使GIS的应用越来越普遍，而不单纯是一个自然学科的技术工具。

1. 与地球科学的关系

地球科学是以地球系统（包括大气圈、水圈、岩石圈、生物圈和日地空间）的过程与变化及其相互作用为研究对象的基础学科，主要包括地质学、地理学、地球物理学、地球化学、大气科学、遥感科学、海洋科学和空间物理学及新的交叉学科（地球系统科学、地球信息科学）等分支学科。从历史发展的角度看，人类活动对地球生态的影响总体是向着变坏的方向发展，人口、资源、环境和灾害是当今人类社会可持续发展所面临的四大问题。地球信息科学的研究为人类监测全球变化和区域可持续发展提供了科学依据和手段。自GIS建立以来，其就与地球科学建立了紧密的联系，应用的潜力也越来越大，特别在土地利用与规划、环境监测保护与治理、灾害监测和防治、生物资源保护与利用等诸多领域得到了深入的应用。

2. 与地理学的关系

地理学是一门研究人类生存空间的学科，为GIS提供了一些空间分析的方法和观点，成为GIS的理论依托。GIS的发展也为解决地理问题提供了全新的技术手段。随着GIS在地学应用中的深入，解决地理问题成为地理信息科学研究的主要目标。

用地学处理方法得到的数据是GIS的数据源；GIS内部数据处理（分析）功能是地理学研究的主要技术方法。地理学研究的信息化是必然趋势，航空遥感、气象卫星、地球资源卫星、航天技术的地理空间信息获取与处理技术广泛应用于地理学研究，提高了野外考察的速度和精度，也为地理学研究提供了全新的技术手段。

3. 与数学的关系

数学乃理科之母，它有许多分支学科，包括几何学、统计学、运筹学、数学形态学、拓扑学、图论和分形理论等。数学是地理信息科学的基础，已经广泛应用于GIS应用建模。应用模型是联系GIS应用系统与常规专业研究的纽带，是GIS应用系统解决各种实际问题的“武器”。数学模型是应用数学的语言和工具，对部分现实世界的信息（现象、数据）加以翻译、归纳的产物，它源于现实，又高于现实。数学模型经过演绎、推导，给出数学上的分析、预报、决策或控制，再经过解释回到现实世界。最后，这些分析、预报、决策或控制必须经受实践的检验，完成实践—理论—实践这一循环。模型的建立虽然是数学或技术性的问题，但是由于许多问题十分复杂，完全靠定量方法很难圆满解决。

4. 与测绘学的关系

大地测量为GIS提供了精确定位的控制信息，特别是GNSS技术可快速、廉价地获取地表特征的数字位置信息，更具发展潜力。遥感作为空间数据采集手段，已成为GIS的主要信息源和更新途径。利用航空航天数字立体摄影测量技术获取的数据是GIS主要的地形数据来源。

测绘是指对自然地理要素或者地表人工设施的形状、大小、空间位置及其属性等进行测定、采集、表述及对获取的数据、信息、成果进行处理的活动。测绘主要成果是大地测绘控制点和各种比例尺地形图。大地测量、工程测量、矿山测量、地籍测量、航空摄影测量和遥感技术为地理实体提供各种不同比例尺和精度的定位数据；电子速测仪、GNSS、解析或数字摄影测量工作站、遥感图像处理系统等现代测绘技术的使用，可直接、快速和自动地获取地理空间目标的位置信息和几何形态，为GIS提供丰富和更为实时的信息源。

5. 与地图学的关系

GIS脱胎于地图，地图学理论与方法对GIS的发展有着重要的影响。计算机制图为地图特征的数字表达、操作和显示提供了一系列方法，为GIS的图形输出提供了技术支持。地图是地理现实世界抽象的成果，是地理信息表达、处理和传输的载体，也是地理空间信息的重要数据来源之一。地图不仅是描述和表达地理现象分布规律的信息载体，还是区域综合分析研究的成果，即GIS输出的智能化产品。GIS为地图学的区域性与综合性研究，提供了现代化的技术保证。

6. 与计算机科学的关系

计算机是GIS应用的基础和工具。计算机为地理空间信息的表达、存储、处理、分析和应用提供了技术支撑。数据库技术对数据进行管理、更新、查询和维护；计算机图形学提供算法基础；软件工程为GIS系统设计提供科学的方法；网络技术为GIS发展成为社会信息设施的重要组成部分奠定了基础。近年来，随着计算机技术的飞速发展，特别是计算机网络、面向对象数据库、计算机图形学、虚拟现实和嵌入式等前沿技术促使地理空间数据获取与处理技术发生了很大的变化，给地理空间数据获取与处理的发展提供了新的机遇。

1.5　本书阅读指南

地理信息系统应用是地理信息科学的主要内容之一，是 GIS 和专业领域业务信息化的有机结合，是在地理学、地图学、测量学、信息学、遥感、统计学、计算机和应用领域等学科基础上发展起来的。

学习本书必须了解或掌握五类学科领域的知识：第一类是数学。数学是地理信息获取与处理的基础，必须掌握高等数学、线性代数、概率论与数理统计、离散数学等数学知识。第二类是地理科学知识，如地理科学概论、自然地理、人文地理、环境与生态科学、经济地理、环境科学等。第三类是测绘学知识。测绘学是地理空间数据获取与处理的基础，包括测绘学概论、测量学基础、GNSS 原理与应用、航空摄影测量、卫星遥感图像处理、地图学、遥感图像分析等课程所讲授内容。第四类是信息科学知识和技能，主要掌握程序语言设计、数据结构算法、计算机图形学、数据库原理、计算机网络和人工智能等专业课程所讲授内容。第五类是地理信息科学基础知识，包括地理信息科学基础理论、地理信息技术（地理空间数据获取与处理、地理空间数据管理、地理空间数据可视化和空间分析）、地理信息系统和地理信息工程。每类所含学科内容如图 1.6 所示。

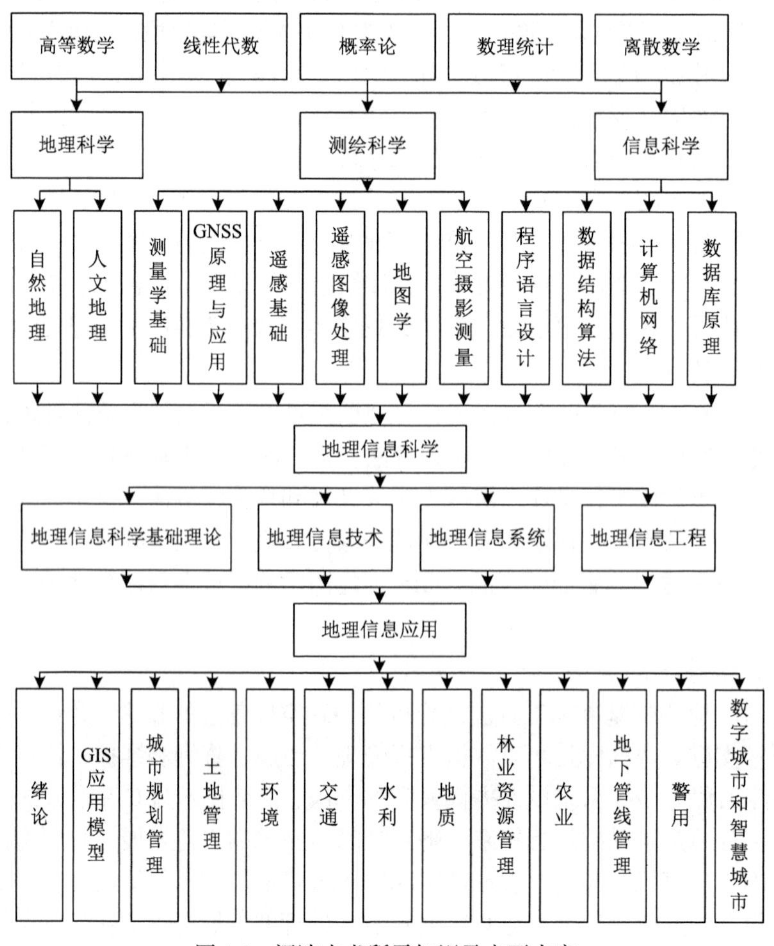

图 1.6　阅读本书所需知识及主要内容

第 2 章　GIS 应用模型

地理学定量化研究过程中，GIS 应用模型起了关键作用。它通过对地理过程的简化、抽象和逻辑演绎，去把握地理系统各要素之间的相互关系、本质特征及其可视化显示。这种模型的构建，不仅是 GIS 解决实际复杂问题的必要途径，也是 GIS 走向实用化的关键。从应用角度看，GIS 需实现对空间数据的分析、评价、预测和辅助决策，也就是根据具体的应用目标和问题，借助于 GIS 自身的技术优势，使观念世界中形成的概念模型，具体化为信息世界中可操作的机理和过程。

2.1　概　　述

2.1.1　GIS 应用模型概念

1. 模型

人们认识和研究客观世界一般有三种方法：逻辑推理法、实验法和模型法。模型法是人们了解和探索客观世界的最有力、最方便、最有效的方法。客观世界的实际系统是极其复杂的，它的属性也是多方面的。但是，建立模型决不能企图将所有这些因素和属性都包括进去，只能根据系统的目的和要求，抓住本质属性和因素，准确地描述系统。因此，模型是客观世界的近似表示，依据相似性理论，人们通过主观意识借助实体或者虚拟表现、构成客观阐述形态、结构的一种表达目的的物件。模型按构成形式可分为实体模型（拥有体积及重量的物理形态概念实体物件）及虚拟模型（用电子数据通过数字表现形式构成的形体及其他实效性表现）。

实体模型是按原客观实体比例构建的实物，如风洞实验中的飞机模型、水力系统实验模型、建筑模型、船舶模型等。

虚拟模型是系统知识的抽象表示。知识是通过某种媒介来表达的，这种媒介所表达的内容就是模型。而知识形成媒介的过程就是建模，或者称为模型化。通常模型可以使用多种不同的媒介来表达，而表达模型的体现方式也是多种多样的，常见的有图表、数据、公式、流程、文字描述等；也可能是人们依据研究的特定目的，在一定的假设条件下，再现原型客体的结构、功能、属性、关系、过程等本质特征的物质形式或思维形式。模型建模是对研究的实体进行必要的简化，并用适当的变现形式或规则把它的主要特征描述出来，所得到的是原型的仿品。

2. 虚拟模型分类

虚拟模型的类型众多，与 GIS 应用相关的模型主要有如下几种。

1）数学模型

数学是研究现实世界数量关系和空间形式的科学，其产生和发展的历史长河中，一直是与各种各样的应用问题紧密相关的。数学的特点不仅在于概念的抽象性、逻辑的严密性、结论的明确性和体系的完整性，还在于应用的广泛性。

数学模型是一种模拟，是用数学符号、数学公式、程序、图形等对实际课题本质属性的抽象而又简洁的刻画，它或能解释某些客观现象，或能预测未来的发展规律，或能为控制某一现象的发展提供某种意义下的最优策略或较好策略。数学模型一般并非现实问题的直接翻版，它的建立常常既需要人们对现实问题深入细致的观察和分析，又需要人们灵活巧妙地利用各种数学知识。这种应用知识从实际课题中抽象、提炼出数学模型的过程就称为数学建模。

2）数据模型

数据是描述事物的符号记录，模型是现实世界的抽象。数据模型是数据特征的抽象，是数据库管理的教学形式框架。数据模型包括结构部分、数据库数据的操作部分和数据约束。

数据结构主要描述数据的类型、内容、性质及数据间的联系等。数据结构是数据模型的基础，数据操作和约束都基本建立在数据结构上。不同的数据结构具有不同的操作和约束。

数据操作主要描述在相应的数据结构上的操作类型和操作方式。

数据约束主要描述数据结构内数据间的语法、词义联系、它们之间的制约和依存关系，以及数据动态变化的规则，以保证数据的正确、有效和相容。

地理空间数据模型是关于现实世界中空间实体分布、发展变化及其相互间联系的概念框架，是空间数据库系统中关于空间数据和数据之间联系逻辑组织形式的表示，它是有效地组织、存储、管理各类空间数据的基础，也是空间数据有效传输、交换和应用的基础，以抽象的形式描述系统的运行与信息流程，为描述空间数据的组织和设计空间数据库模式提供了支撑。

3）仿真模型

仿真模型是指通过数字计算机、模拟计算机或混合计算机上运行的程序表达的模型。采用适当的仿真语言或程序，物理模型、数学模型和结构模型一般能转变为仿真模型。

关于不同控制策略或设计变量对系统的影响，或是系统受到某些扰动后可能产生的影响，最好是在系统本身上进行实验，但这并非永远可行。原因是多方面的，如实验费用可能是昂贵的；系统可能是不稳定的，实验可能破坏系统的平衡，造成危险；系统的时间常数很大，实验需要很长时间；待设计的系统尚不存在等。在这样的情况下，建立系统的仿真模型是有效的。例如，生物的甲烷化过程是一个绝氧发酵过程，由于细菌的分解作用而产生甲烷。这些研究几乎不可能在系统自身上完成，因为从技术上很难保持过程处于稳态，而且生物甲烷化反应的启动过程很慢，需要几周时间。但如果利用（仿真）模型在计算机上仿真，则甲烷化反应的启动过程则只需要几分钟的时间。

4）数字模型

数字模型又称数字沙盘、多媒体沙盘、数字沙盘系统等，它以三维的手法进行建模，模拟出一个三维的建筑、场景、效果，可以在数字场景中任意游走、驰骋、飞行、缩放，从整体到局部再从局部到整体，无所限制。

数字模型通过声、光、电、图像、三维动画及计算机程控技术与实体模型相融合，可以充分体现展示内容的特点，达到惟妙惟肖、变化多姿的动态视觉效果。对参观者来说是一种全新的体验，并能产生强烈的共鸣。数字模型超越了单调的实体模型沙盘展示方式，在传统的沙盘基础上，增加了多媒体自动化程序，可充分表现出区位特点、四季变化等丰富的动态视效。

5）地学模型

目前人们所理解的地学模型，一般指地学系统模型。地学系统模型是应用计算机、数字模拟技术及综合分析的方法来模拟地理过程或现象（如沙漠化过程、河道冲淤、土壤侵蚀等）。受几个因素共同影响，要经过若干年才能完成的地理过程，采用计算机模拟模型，只需几分钟就能得出类似结果，为资源开发、水土保持、工程论证等提供了依据。

任何一个地学模型，都表征着对一个地理实体的本质描述，既标志着对实体的认识深度，也标志着对实体的概括能力，从这个意义上看，一个地理模型代表着一种地理思维。在建立地学模型时，必须遵守以下原则：①相似性，即在一定允许的近似程度内，可确切地反映地理环境的客观本质。②抽象性，即在充分认识客体的前提下，总结出更深层次的理性表达。③简捷性，既是实体的抽象，又必须是实体的简化，以便降低求解难度。④精密性，即必须使模型的运行行为具有必要的精确度，它反映了所建模型的正确精度。⑤可控性，即以地学模型所表示的地理环境，要能进行控制下的运行及模拟。

6）地理数学模型

地理数学模型是指描述地理系统各要素之间关系的数学表达式。它是实际地理过程的简化和抽象，要求以最少的变量或最小维数向量表示复杂的地理系统状态，具有严密性、定量性和可求解性。当它确切反映地理过程时，其解析解常常可以引出地理问题的正确解决方案。应用地理数学模型研究地理系统是一种经济实用的方法，并且便于交流研究成果。

地理数学模型以实地地理调查为基础，是地理调查到地理学理论表述之间的桥梁。因此，它通常作为地理学理论研究的有用工具和表达形式。建立和应用地理数学模型的过程称为地理系统的数学模拟，其步骤如图 2.1 所示。

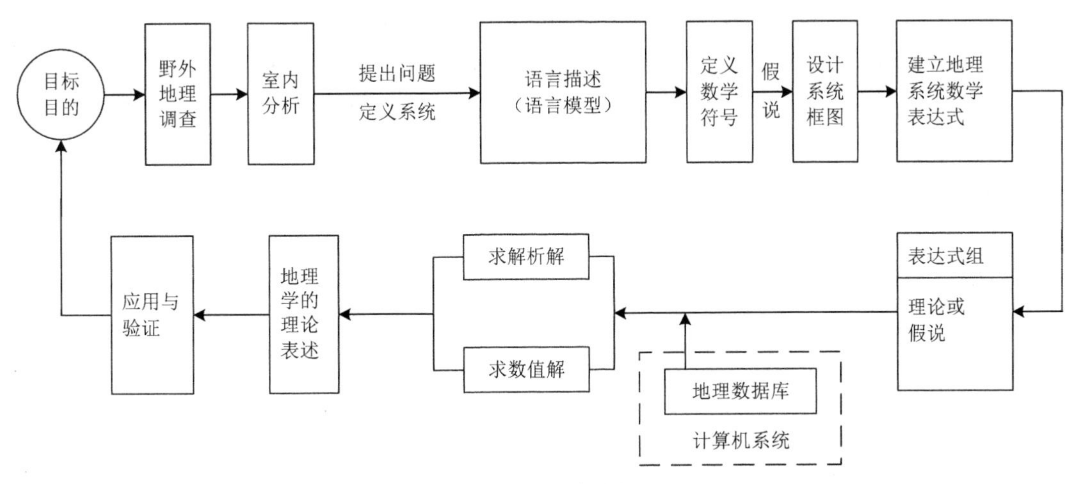

图 2.1　地理数学模型

现代地理系统研究中广泛应用地理数学模型和数学模拟方法。建立地理数学模型必须注意的中心环节是权衡模型的简化性、精确度和可求解性。地理数学模型的研究经历了单要素或少要素统计分析模型、多要素静态地理数学模型、综合线性系统地理数学模型、动态系统模型等发展阶段。建立高阶非线性动态模型和耗散结构、自组织过程模型是当前地理数学模型技术的新方向。由于地理系统的复杂性质，地理数学模型研究也面临一些问题：简化性可能使地理数学模型偏离真实的地理基础；复杂的高阶非线性动态系统数学模型难以求解；复杂的地理系统跃变过程难以用连续性数学模型描述；地理数学模型与地理调查、地理数据的契合不紧密等。这些困难必须通过定性与定量研究相结合，发展地理系统的非数学模型方法，如计算机模拟技术等才能解决。

7）软件设计模型

软件设计中最重要的概念就是抽象，或者说是采用面向对象的思想来设计软件系统，在面向对象设计方法流行之前采用的是面向过程的思想。在面向对象的设计中，几个重要的思想就是抽象、继承、封装，分析和设计时同样要遵循这些原则。分析过程是对需求进行分析，产生出概念模型，此概念模型和设计阶段的模型是不同的，概念模型停留于业务层面，而设计模型则为所设计的概念模型提出技术级别的解决方案。设计模型中又包括面向对象的域模型及面向关系数据库的数据模型。而域模型与数据模型之间的纽带则是对象-关系映射。使用统一建模语言（unified modeling language，UML）作为首选的建模符号。UML 允许开发团队在相应的模型中获取系统的各方面重要特征，从而通过需求的跟踪和模型元素之间的依赖关系来维护系统同步模型。

8）软件开发模型

软件开发模型是指软件开发全部过程、活动和任务的结构框架。软件开发包括需求、设计、编码和测试等阶段，有时也包括维护阶段。软件开发模型能清晰、直观地表达软件开发全过程，明确规定了要完成的主要活动和任务，用来作为软件项目工作的基础。对于不同的软件系统，可以采用不同的开发方法、使用不同的程序设计语言及各种不同技能的人员参与工作、运用不同的管理方法和手段等，以及不同的软件工具和不同的软件工程环境。

3. 空间分析模型

空间分析模型是指用于 GIS 空间分析的数学模型。空间分析模型是在 GIS 空间数据基础上建立起来的模型，它是对现实世界科学体系问题域抽象的空间概念模型，构成空间分析模型的空间目标（点、弧段、网络、面域、复杂地物等）的多样性决定了空间分析模型建立的复杂性；空间层次关系、相邻关系及空间目标的拓扑关系也决定了空间分析模型建立的特殊性；空间数据构成的空间分析模型也具有了可视化的图形特征；GIS 要求完全精确地表达地理环境间复杂的空间关系，因而常使用数学模型。此外，仿真模型和符号模型也在 GIS 中得到了很好的应用。

空间分析模型分为以下几种类型。

（1）空间分布分析模型。用于研究地理对象的空间分布特征。主要包括：空间分布参数的描述，如分布密度和均值、分布中心、离散度等；空间分布检验，确定分布类型；空间聚类分析，反映分布的多中心特征并确定这些中心；趋势面分析，反映现象的空间分布趋势；空间聚合与分解，反映空间对比与趋势。

（2）空间关系分析模型。用于研究基于地理对象的位置和属性特征的空间物体之间的关系，包括距离、方向、连通和拓扑等四种空间关系。其中，拓扑关系是研究较多的关系；距离是内容最丰富的一种关系；连通用于描述基于视线的空间物体之间的通视性；方向反映物体的方位。

（3）空间相关分析模型。用于研究物体位置和属性集成下的关系，尤其是物体群（类）之间的关系，目前研究最多的是空间统计学范畴的问题。统计上的空间相关、覆盖分析就是考虑物体类之间相关关系的分析。

（4）预测、评价与决策模型。用于研究地理对象的动态发展，根据过去和现在推断未来，根据已知推测未知，运用科学知识和手段来估计地理对象的未来发展趋势，并作出判断与评价，形成决策方案，用以指导行动，以获得尽可能好的实践效果。

4. GIS 应用模型

GIS 应用模型的概念目前还没有形成统一认识，国外部分学者把其称为空间模型（spatial model）或地理模型（geographical model），国内通常称其为 GIS 应用模型。部分学者对 GIS 应用模型概念的描述如下。

Wegener（2000）认为空间模型是描述空间与属性的模型，时空模型是描述空间、时间、属性三类信息的模型，可以分为尺度模型、概念模型、数学模型三类。邬伦等（1994）认为 GIS 应用模型多指地学模型，并认为地学模型是用来描述地理系统各地学要素之间相互关系和客观规律信息的、语言的、数学的或其他的表达形式，通常反映了地学过程及其发展趋势。宫辉力等（2000）认为 GIS 应用模型主要包含空间分析模型与应用数学模型两大类。空间分析模型主要用于管理决策中的半结构化和非结构化问题研究，这类模型无法用精确的数学模型表达，更多依赖于专家的知识与经验；应用数学模型用于解决结构化问题，能用精确的数学模型表达。毕硕本等（2003）认为 GIS 应用模型是对地理系统各地学要素之间的相互关系和客观规律的语言的、数学的或其他方式的表达，通常反映了地学过程及其发展趋势或结果。间国年等（2003）认为 GIS 应用模型是具有地理空间特征的仿真模型，特别是具有明显机理过程的模型。

综合以上概念，可认为 GIS 应用模型是指在 GIS 应用领域内，为完全解决领域问题，必需建立的 GIS 未提供的领域专题模型（土壤侵蚀模型、环境评价模型、城镇土地潜力评价模型、管理科学与运筹学领域各种规划模型等，GIS 本身的空间分析功能不属于应用模型范畴），该模型是对解决具体问题采用的分析方法和操作步骤的抽象，是要素之间的相互关系和客观规律的语言的、数学的或其他方式的表达，通常反映了 GIS 应用领域内相关过程及其发展趋势或结果，可表现为数学模型、结构模型、仿真模型。

GIS 应用模型多表现为数学模型。数学模型是用字母、数字和其他数学符号来描述系统的特征及其内部联系的模型，它是真实系统的一种抽象，这种抽象关系构成了建模的基础。结构模型可以转化为数学模型（用数学语言表示的结构模型），而仿真模型是用在计算机上运行的程序表达的模型，并以数学模型为基础。因此，GIS 应用模型中数学模型是其他模型的基础。

长期以来，GIS 技术与应用模型各自发展，相互独立；GIS 开发人员更多的是考虑空间数据模型的设计与建立、空间分析模型的建立与完善及空间可视化表达，缺乏对 GIS 应用领域专业模型的研究与理解。应用模型建模人员注重建立应用模型提供的预测预报、过程模拟等功能来解决领域问题，他们更多从专业角度出发进行设计与实现，建立的应用模型往往结构固化难以融入新的技术与方法。因此，研究 GIS 应用模型需要综合考虑应用模型、GIS 功能和空间数据、专题数据等多方面问题，将应用模型与 GIS 技术进行集成建立 GIS 应用模型，这样既可以充分发挥 GIS 在空间数据操作、空间分析、空间可视化方面的优势，又弥补了 GIS 在专业领域分析方面的不足。GIS 应用模型的组织结构如图 2.2 所示。

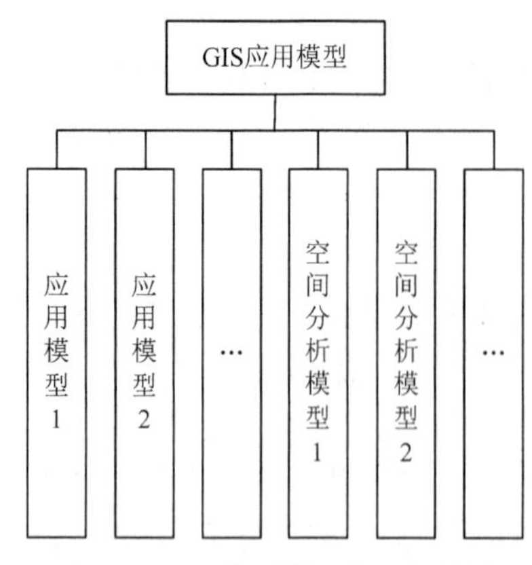

图 2.2　GIS 应用模型的组织结构

2.1.2　GIS 应用模型的特点

GIS 应用模型跨越多学科、多领域，种类繁多，并具有空间性、动态性、复杂性、多元性、综合性的特点。从 GIS 与 GIS 应用模型的关系而言其具有如下特性。

（1）应用模型是联系 GIS 应用与常规专业研究的纽带。模型的建立绝非是纯数学或技术性问题，必须以专业知识为基础，对专业研究的深入程度决定着模型的质量与效果。

（2）应用模型是综合利用 GIS 中大量数据的工具。对于大量的数据而言，对其综合处理、分析应用主要通过领域专题模型实现，数据使用效率与深度取决于应用模型的数量与质量。

（3）应用模型是 GIS 解决各类问题的有效工具。通过应用模型，结合 GIS 数据管理、空间分析功能的优势，可解决复杂地理问题。

（4）应用模型是 GIS 应用纵深发展的基础。GIS 本身不可能涵盖所有应用领域，只有有效地应用各个领域的应用模型，才能深入各个应用领域。大量应用模型的研究、开发与应用是进一步拓展 GIS 应用领域的基础。

2.1.3　GIS 应用模型的分类

根据所表达的空间对象的不同，可将 GIS 应用模型分成三类（表 2.1）：一类是基于理化原理的理论模型，又称为数学模型，是应用数学方法建立的表达式，反映地理过程本质的理化规律，如地表径流模型、海洋和大气环流模型等。一类是基于变量之间的统计关系或启发式关系的模型，这类模型统称为经验模型，是通过理化统计方法和大量观测实验建立的模型，如水土流失模型、适应性分析模型等。还有一类是基于原理和经验的混合模型，这类模型中既有基于理论原理的确定性变量，也有基于经验的不确定性变量，如资源分配模型、位置选择模型等。

表 2.1　地球科学模型分类

模型分类	理论依据	应用领域	模型
理论	物理或化学原理	地表径流	运动方程
混合	半经验性	资源分配	运输方程
经验	启发式或统计关系	水土流失	统计、回归

按照研究对象的瞬时状态和发展过程，可将模型分为静态、半静态和动态三类。静态模型用于分析地理现象及要素相互作用的格局；半静态模型用于评价应用目标的变化影响；动态模型用于预测研究目标的时空动态演变及趋势。

2.1.4　与空间分析之间的关系

空间分析和 GIS 应用模型是两个层次上的问题，空间分析为复杂的 GIS 空间模型建立提供了基本的分析工具，GIS 应用模型的空间性和动态性决定了空间分析是其建立不可或缺的基本工具。GIS 应用模型具有综合性、复杂性特点，决定其往往是一种逻辑框架、一种集成模式、一种解决方案，且建立的层次有多种。因此，GIS 应用模型是应用模型、GIS 空间分析模型的有效集成，它既具有应用模型数值求解功能、预测预报功能、过程模拟功能，也具备 GIS 技术的强大空间分析功能。GIS 应用模型与应用模型、GIS 空间分析模型是一种集成与个体的逻辑关系。例如，研究警报器选址模型既需要空间分析方法，还要结合警报器发声覆盖的声学传播模型；研究水库、湖泊、江河的洪水灾害模型既需要依靠数字高程模型分析方法，还需要水利动力学模型等。这样的例子在 GIS 应用领域有很多。

GIS 从功能上可分为工具型 GIS 和应用型 GIS。应用型 GIS 是在工具型 GIS 的基础上，根据用户的需求和应用目的而设计的一种解决一类或多类实际应用问题的 GIS。根据这种分类方法，如果说空间分析是工具型 GIS 的核心和必备功能的话，那么，GIS 应用模型则是应用型 GIS 的核心模块。空间分析方法与应用模型是 GIS 系统最重要的组成部分，这部分的好坏是衡量一个应用型 GIS 功能强弱的重要指标。

GIS 应用模型不是一成不变的，而是发展变化的。随着技术的发展成熟和实际应用需求的进一步提高，一定的 GIS 应用模型会逐渐转变为普遍的分析工具，作为一种基本的分析工具去建立更加专业化、更加复杂的 GIS 应用模型。同样，一定阶段的应用型 GIS 发展到另一阶段之后，也会转变为工具型 GIS 作为应用开发的基础平台从而为更深入的应用提供服务。所以说，它们之间并没有严格的界线，GIS 不仅是一种工具，还是一种催化剂，催化着应用领域模型的不断发展，以及在 GIS 中的应用和实现，甚至会催化两者相互结合后形成的边缘学科的发展。

GIS 与空间分析、GIS 应用模型之间的关系可用图 2.3 来表示。

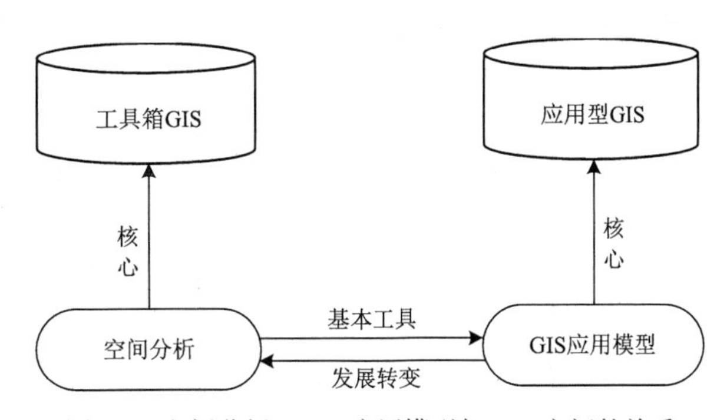

图 2.3　空间分析、GIS 应用模型与 GIS 之间的关系

2.2　GIS 应用模型构建与集成

2.2.1　GIS 应用模型构建

应用模型的构建包括目的导向（goal-driven）分析和数据导向（data-driven）操作两个过程。目的导向分析，是将要解决的问题与专业知识相结合，从问题开始，一步步地推导出解决问题所需要的原始数据、精度标准、模型的逻辑结构和方法步骤。数据导向操作，是将已经形成的模型逻辑结构与 GIS 技术相结合，从各类数据开始，一步步地将数据转换成问题的答案，必要时还需要进行反馈和修改，直到取得满意的结果，最后以图形或图表的形式输出最终结果。

1. GIS 应用模型建模过程

（1）模型准备。了解问题的实际背景，明确其实际意义，掌握对象的各种信息。以数学思想来包容问题的精髓，数学思路贯穿问题的全过程，进而用数学语言来描述问题。要求符合数学理论和数学习惯，清晰准确。

（2）模型假设。根据实际对象的特征和建模的目的，对问题进行必要的简化，并用精确的语言提出一些恰当的假设。

（3）模型建立。在假设的基础上，利用适当的数学工具来刻画各变量常量之间的数学关系，建立相应的数学结构（尽量用简单的数学工具）。

（4）模型求解。利用获取的数据资料，对模型的所有参数做出计算（或近似计算）。

（5）模型分析。对所得的结果进行数学上的分析。

（6）模型检验。将模型分析结果与实际情形进行比较，以此来验证模型的准确性、合理性和适用性。如果模型与实际较吻合，则要对计算结果给出其实际含义，并进行解释。如果模型与实际吻合较差，则应该修改假设，再次重复建模过程。

（7）模型应用。应用方式因问题的性质和建模的目的而异。

2. GIS 应用模型建模步骤

GIS 应用模型建模的步骤包括：①明确分析的目的和评价准则；②准备分析数据；③空间分析操作；④结果分析；⑤解释、评价结果（如有必要，返回第一步）；⑥结果输出（地图、表格和文档）。例如，要进行道路拓宽改建中拆迁指标的计算，首先明确分析的目的和标准：本例的目的是计算由于道路拓宽而需拆迁的建筑物的建筑面积和房产价值；道路拓宽改建的标准是，道路从原有的 20m 拓宽至 60m，拓宽道路应尽量保持直线，部分位于拆迁区内 10 层以上的建筑不拆除等。

（1）准备用于分析的数据：本例需要涉及两类数据，一类是现状道路空间分布数据；另一类为区域内建筑物空间分布数据及相关属性数据。

（2）进行空间分析操作：首先选择拟拓宽的道路，根据拓宽半径，建立道路的缓冲区。然后，将此缓冲区与建筑物层数据进行拓扑叠加，产生新的建筑物分布数据，此数据包括全部或部分位于拓宽区内的建筑物信息。

（3）进行统计分析：首先对全部或部分位于拆迁区内的建筑进行按楼层属性的选择，凡部分落入拆迁区且楼层高于 10 层以上的建筑，将其从选择组中去掉，并对道路的拓宽边界进行局部调整，然后对所有需拆迁的建筑物进行拆迁指标计算。

（4）将分析结果以地图和表格的形式打印输出。

3. 应用模型建模的途径

应用模型的构建，通常采用以下三种不同的途径。

（1）利用 GIS 系统内部的建模工具，如利用 GIS 软件提供的宏语言（VBA 等）、应用函数库（API）或功能组件（COM）等，开发所需的空间分析模型。这种模型法是将由 GIS 软件支持的功能看做模型部件，按照分析目的和标准对部件进行有机地组合。因此，这种建模方法充分利用了软件本身所具有的资源，建模和开发的效率比较高。

（2）利用 GIS 系统外部的建模工具，如利用 Matlab 和 IDL 等。

（3）独立开发实现一个 GIS 应用软件系统，如国产的 SuperMap、MapGIS 等软件就包含了很多自行开发实现的应用分析模型。

2.2.2　GIS 应用模型集成

如何有效地重用已开发的各类专业应用模型，有效地将其与应用 GIS 系统集成，以及在今后的模型开发中，如何解决模型与 GIS 系统的易集成性，以提高 GIS 应用系统的开发效率，缩短开发周期，已成为 GIS 应用系统开发工作者广泛面临的问题。一些学者对 GIS 与应用模型的集成进行了大量的研究。

（1）GIS 应用模型集成可以在两种粒度上进行，即单模型与 GIS 集成、模型管理系统（model management system，MMS）与 GIS 集成。采用单模型形式，应用模型一般内嵌到 GIS 环境中，解决领域应用问题；采用模型管理系统 MMS 与 GIS 进行集成，利用模型库管理模型、数据库管理数据、知识库管理地理知识，实现空间决策与支持，拓展 GIS 的应用范围，解决领域问题。

（2）GIS 应用模型集成可以分为三个层次：松散集成、密集集成和无缝集成。应用模型与 GIS 集成的三种模式比较如表 2.2 所示，GIS 与应用模型集成模式如图 2.4 所示。

表 2.2　应用模型与 GIS 集成的三种模式比较

集成方式	特点	优点	缺点
松散集成	模型与 GIS 各成系统，通过文件进行数据交换	实现简单，兼容性强，GIS 与应用模型可维护性强	费时耗力、空间数据冗余，运行效率低，模型复用能力较强
密集集成	模型与 GIS 共享空间数据库，具有统一的运行界面，模型有自己的数据结构	模型分析在 GIS 环境中进行，模型可以自己使用 GIS 的数据	开发成本较高，集成动态模型处理复杂，模型复用能力一般
无缝集成	模型与 GIS 共享数据与功能融为一体	没有文件交换，系统运行效率高，开发成本低	应用模型过分依赖 GIS 环境，更新与维护困难，模型复用能力差

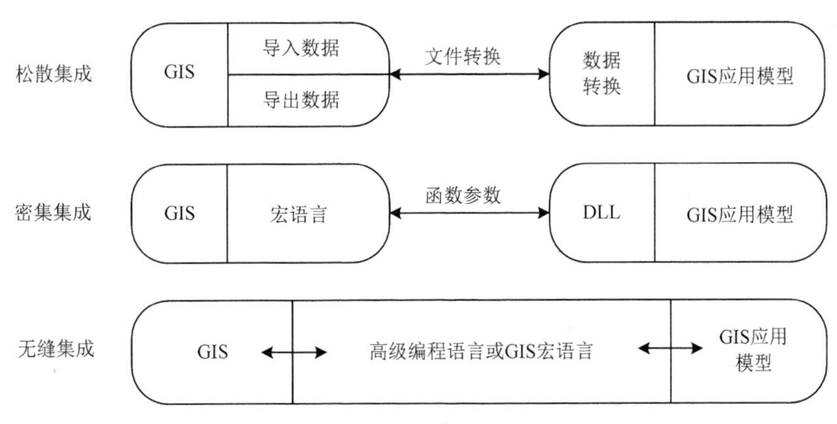

图 2.4　GIS 与地理空间过程模型集成模式

（3）按照集成环境不同，GIS 与应用模型集成可以分为两类：GIS 环境内部集成与 GIS 环境外部集成（表 2.3）。GIS 环境内部集成指应用模型在 GIS 环境内实现集成，模型可以采用松散、密集、无缝的集成方式；GIS 环境外部集成指利用 GIS 提供的功能，在应用系统中嵌入 GIS 的功能，如空间分析、数据管理、地图可视化功能等，并利用应用系统的应用模型计算功能，解决具体问题，集成可以是松散、密集或无缝的方式。目前，GIS 环境内部实现 GIS 与应用模型的集成研究较多，GIS 环境外部实现 GIS 与应用模型集成的研究较少，但已经引起关注，尤其是 WebService 技术的提出与应用。

表 2.3 GIS 环境内部集成与 GIS 环境外部集成策略对比

集成策略	优点	缺点
GIS 环境内部集成	①GIS 具有其他系统不具备的复杂的地理数据管理功能 ②模型应用的空间信息可以通过 GIS 直接得到 ③许多基本空间分析功能，在 GIS 系统中已经开发实现	①因为 GIS 应用领域广阔，不可能把所有的应用模型全部引入 GIS 环境中，所以不能改变 GIS 空间分析能力相对薄弱的现实 ②应用模型复用性差，由于在 GIS 内应用模型是通过功能模块的方式提供的，这不利于广泛应用，而且往往绑定 GIS 系统的其他功能，产生明显的功能冗余
GIS 环境外部集成	①灵活性强，可以扩展 GIS 的应用范围，提高 GIS 的空间分析功能（从应用领域来看） ②模型的复用性高，模型以组件或模型库的形式单独存在，便于应用共享，拓宽应用领域	由于 GIS 数据结构的复杂性，应用系统嵌入 GIS 功能函数技术复杂困难，而基于 WebService 技术实现 GIS 与应用模型集成可解决技术复杂的问题

从软件开发角度看，不同发展阶段 GIS 应用模型的集成开发方式概括起来主要有六种：源代码集成方式、函数库集成方式、可执行程序集成方式、DDE 和 OLE 集成方式、基于组件的集成方式、模型库集成方式。

1. 源代码集成方式

利用 GIS 系统的二次开发工具和其他的编程语言，将已经开发好的应用分析模型的源代码进行改写，使其从语言到数据结构与 GIS 完全兼容，成为 GIS 整体的一部分。这种方式是以前 GIS 与应用分析模型集成的主要方式。

源代码集成方式的优点在于：应用分析模型在数据结构和数据处理方式上与 GIS 完全一致，虽然此方式是一种低效率的集成方式，但比较灵活，也是比较有效的方式。

源代码集成方式的缺点在于：一是 GIS 的开发者必须读懂应用分析模型的源代码，并在此基础上改写源代码，在改写过程中可能会出错；二是 GIS 的开发者在对应用分析模型深入理解的基础上，编写应用分析模型的源代码。

2. 函数库集成方式

函数库集成方式是将开发好的应用分析模型以库函数的方式保存在函数库中，集成开发者通过调用库函数将应用分析模型集成到 GIS 中。现有的库函数类型包括动态链接和静态链接两种。

函数库集成方式的优点是：GIS 系统与应用分析模型可以实现高度的无缝集成。函数库一般都有清晰的接口，GIS 的开发者一般不必去研究模型的源代码，使用方便，而且函数库中的库函数是经过编译的，不会发生改写错误而使模型的运行结果不正确的情况。

函数库集成方式的缺点是应用分析模型的状态信息很难在函数库中有效地表达；由于应用分析模型的结构是一个相对封闭的体系，虽然函数库提供的一系列函数在功能上是相关的，但是函数库本身的结构却不能很好地表达这种相关性；函数库的扩充与升级也是问题，动态链接虽然可以部分地克服这一问题，但是接口的扩展仍然是困难的。静态链接依赖于编程语言和编译系统的映像文件，这就造成了很大的不方便。

3. 可执行程序集成方式

GIS 与应用分析模型均以可执行文件的方式独立存在，二者的内部、外部结构均不变化，相互之间独立存在。二者的交互以约定的数据格式通过文件、命名管道、匿名管道或者数据库进行。可执行程序集成方式分为独立方式和内嵌方式两种。

1）独立方式

独立的可执行程序集成方式是 GIS 与应用分析模型以对等的可执行文件形式独立存在，即 GIS 与应用分析模型系统两者之间不直接发生联系，而是通过中间模块实现数据的传递与转换。

独立的可执行程序集成方式的优点是：集成方便、简单，代价较低，需要做的工作就是制定数据的交换格式和编制数据转换程序，不需太多的编程工作。

独立的可执行程序集成方式的缺点是：因为数据的交换通过操作系统，所以系统的运行效率不高，用户必须在两个独立的软件系统之间来回切换，交互式设定数据的流向，自动化程度不高；由于系统的操作界面难以一致，系统的可操作性不强，视觉效果不好，同时这种方式受 GIS 的数据文件格式的制约比较大，二者的交互性和亲和性受到影响。

2）内嵌方式

内嵌的可执行程序的集成方式其实质与独立的可执行程序的集成方式是一样的。为支持驱动应用分析模型程序，GIS 与应用分析模型程序之间的集成通过共同的数据约定进行，GIS 通过对中间数据与空间数据之间的转换来实现对空间数据的操作，系统具有统一的界面和无缝的操作环境。

内嵌的可执行程序集成方式的优点是：对于开发者，集成是模块化进行的，符合软件开发的一般模式，便于系统的开发和维护。用此集成方式开发的系统其系统运行性能比独立的可执行程序的集成方式好；操作界面对于用户来说也是统一的，便于操作。

内嵌的可执行程序集成方式的缺点是：这种集成方式的开发难度很大，开发人员必须理解应用分析模型运行的全过程并对模型进行正确合理的结构化分析，以实现应用分析模型与 GIS 之间的数据相互转换及相互之间的功能调用。

4. DDE 和 OLE 集成方式

DDE 是指动态数据交换，该技术是已经被它的提出者 Microsoft 公司所淘汰的技术。OLE 本来是指对象连接和嵌入，由于 Microsoft 公司已经推出了基于 COM 的 OLE2，使得原来的 OLE 含义也变化了。虽然支持这种集成的底层技术已经落伍，但是其集成的思路还是可以借鉴的。

进行 DDE 或者 OLE 操作时必须有两个主体存在，分别是服务器和客户，就是一方主体为另一方提供服务。对于 GIS 与应用分析模型的集成来说，GIS 和模型程序互为客户和服务器。DDE 或 OLE 方式的集成属于松散的集成方式，与内嵌的可执行程序的集成方式很相似，只是系统的数据交换使用了操作系统内在的数据交换支持，使得程序的运行更加流畅。所需的编程要看功能实现的复杂程度。

DDE 或 OLE 集成方式稳定性不高，效率低，并要求应用分析模型和 GIS 软件都提供 DDE 或者 OLE 的数据操作协议。

5. 基于组件的集成方式

组件技术是现在最流行的软件系统集成方法，随着技术的发展，GIS 系统和模型系统都在争相提供尽可能多的可以方便集成的软件模块。应用这些软件模块和支持组件编程的语言，如 VC、Java 等可以很方便地开发出 GIS 与模型集成的系统。

目前的组件技术分为五大类，Microsoft 公司推出的 COM、Sun 公司的 JavaBeans、OMG 的 CORBA 技术、Microsoft 公司对 COM 技术的发展 COM+和.Net 组件技术。现在 GIS 软件已经由平台化的时代过渡到了组件化的时代，主流的 GIS 厂商都提供了组件式的 GIS 软件。

在 Internet 领域 WebGIS 成为 GIS 发展的热点，OpenGIS 成为一种潮流。WebGIS 和 OpenGIS 都是基于组件思想的。在应用模型领域，应用模型的组件化是发展的必然趋势，它将极大地促进 GIS 与应用模型集成应用的发展。

6. 模型库集成方式

模型库是指按一定的组织结构存储的模型的集合体。模型库可以有效地管理和使用模型，实现模型的重用。模型库符合客户机/服务器（C/S）工作模式，当需要模型时，模型被动态地调入内存，按照预先定义好的调用接口来实现模型与 GIS 系统的交互操作。

模型库管理系统需要实现建库和维护等诸多功能，并解决两类不同方式的存储模型管理问题。对于基础模型库，可通过模型的分类模式，来完成基础模型的物理存取；实现方式可采用类似于树形目录的文件管理方式进行管理。对于应用模型库，需解决关系的输入、存储、检索等问题，以便充分利用操作系统的文件管理功能。对于属性库和索引库可通过索引关键字进行操作，通过对属性库和索引库的操作进入相应代码库中的相应地址，达到执行所选模型的目的。

2.3 常用数学方法

当前，GIS 应用模型中的数学方法，已经涉及数学及其相关学科的各个领域，本节将对几个常用的数学方法进行介绍。

2.3.1 空间统计模型

1. 相关分析模型

相关分析模型是用来分析研究各种地理要素数据之间相互关系的一种有效手段。各种自然和人文地理要素（现象）的数据并不是孤立的，它们相互影响、相互制约，彼此之间存在着一定的联系。相关分析模型就是用来分析研究各种地理要素数据之间相互关系的一种有效手段。

地理数据间的相关关系，通常可以分为参数相关和非参数相关两大类。其中，参数相关又可分为简单（两要素）线性相关、多要素相关模型，非参数相关可以分为顺序（等级）相关和二元分类相关。

1）简单线性相关模型

一般情况下，当两种要素之间为线性相关时，就要研究它们之间的相关程度和相关方向。相关程度，指它们之间的相关关系是否密切；相关方向，就是两种要素之间相关的正负。相关程度和相关方向，可以用相关系数来衡量。

设 X 和 Y 为两种地理要素（现象），X_j 和 Y_j 分别为它们的样本统计值（j=1，2，…，n），则它们之间的相关系数模型为

$$\gamma=\frac{\sum_{j=1}^{n}\left(X_j-\bar{X}\right)\left(Y_j-\bar{Y}\right)}{\sqrt{\left[\sum_{j=1}^{n}(X_j-\bar{X})^2\cdot\sum_{j=1}^{n}(Y_j-\bar{Y})^2\right]}}=\frac{\sigma_{xy}}{\sqrt{\sigma_x^2\cdot\sigma_y^2}} \quad (2\text{-}1)$$

式中，

$$\bar{X}=\frac{1}{n}\sum_{j=1}^{n}X_j\ ,\ \bar{Y}=\frac{1}{n}\sum_{j=1}^{n}Y_j\ ,\ \sigma_x^2=\sum_{j=1}^{n}(X_j-\bar{X})^2\ ,\ \sigma_y^2=\sum_{j=1}^{n}(Y_j-\bar{Y})^2\ ,\ \sigma_{xy}=\sum_{j=1}^{n}\left(X_j-\bar{X}\right)\left(Y_j-\bar{Y}\right)$$

相关系数的取值范围为$-1\leqslant\gamma\leqslant+1$。当相关系数为正时，表示两种要素之间为正相关；反之，为负相关。相关系数的绝对值$|\gamma|$越大，表示两种要素之间的相关程度越密切，$\gamma=+1$为完全正相关，$\gamma=-1$为完全负相关，$\gamma=0$为完全线性无关。

2）多要素相关模型

（1）任意两种要素间的相关系数模型。设有一组地理要素变量X_1，X_2，…，X_n，统计n个样本，则n个样本m个指标可构成一个$n\times m$阶的原始数据矩阵。此时，任意两种要素间的相关系数模型为

$$\gamma_{ik}=\frac{\sum_{j=1}^{n}\left(X_{kj}-\bar{X}_i\right)\left(X_{kj}-\bar{X}_j\right)}{\sqrt{\left[\sum_{j=1}^{n}(X_{kj}-\bar{X}_i)^2\cdot\sum_{j=1}^{n}(X_{kj}-\bar{X}_j)^2\right]}}=\frac{\sigma_{ik}}{\sqrt{\sigma_i^2\cdot\sigma_k^2}}\tag{2-2}$$

式中，σ_{ik}、σ_k^2、σ_i^2分别为样本的协方差和方差（k和i）。

（2）偏相关系数模型。当研究某种要素对另一种要素的影响或相关程度，而把其他要素的影响完全排除在外，单独研究那两种要素之间的相关系数时，就要使用偏相关分析方法，偏相关程度用偏相关系数来衡量。

若i、j、k代表变量$\{X_1$，X_2，…，$X_m\}$中任意三种不同的变量，则所有一阶偏相关系数模型如下：

$$\gamma_{ij\cdot k}=\frac{\gamma_{ij}-\gamma_{jk}\cdot\gamma_{ik}}{\sqrt{\left[\left(1-\gamma_{jk}^2\right)\left(1-\gamma_{ik}^2\right)\right]}}\tag{2-3}$$

式中，γ_{ij}、γ_{jk}、γ_{ik}为单相关系数。

逐次使用递归公式

$$\gamma_{ij\cdot ck}=\frac{\gamma_{ij\cdot c}-\gamma_{jk\cdot c}\cdot\gamma_{ik\cdot c}}{\sqrt{\left[\left(1-\gamma_{jk\cdot c}^2\right)\left(1-\gamma_{ik\cdot c}^2\right)\right]}}\tag{2-4}$$

就可以得到任意阶的偏相关系数。其中，c为其余变量的任意子集合。

（3）复相关系数模型。以上都是在把其他要素的影响完全排除的情况下研究两种要素之间的相关关系。但是，实际上一种要素的变化往往受到多种要素的综合影响，这时就需要采用复相关分析方法。复相关，就是研究几种地理要素同时与某一种要素之间的相关关系，度量复相关程度的指标是复相关系数。

设因变量为Y，自变量为X_1，X_2，…，X_k，则Y与X_1，X_2，…，X_k的复相关系数计算公式为

$$R_{Y\cdot 1,2,\cdots,k}=\sqrt{\left[1-\left(1-\gamma_{Y\cdot 1}^{2}\right)\left(1-\gamma_{Y\cdot 2,1}\right)\cdots\left(1-\gamma_{Y\cdot k,1,2,\cdots,k-1}\right)\right]} \tag{2-5}$$

作为特例，三个变量（Y，X_1，X_2）之间的复相关系数的计算公式为

$$R_{Y\cdot 1,2}=\sqrt{\frac{\gamma_{Y1}^{2}+\gamma_{Y2}^{2}-2\gamma_{Y1}\gamma_{12}\gamma_{Y2}}{1-\gamma_{12}^{2}}} \tag{2-6}$$

2. 趋势面分析模型

GIS 应用中，经常要研究某种现象的空间分布特征与变化规律。许多现象在空间都具有复杂的分布特征，它们常常呈现为不规则的曲面。欲研究这些现象的空间分布趋势，就要用适当的数学方法将现象的空间分布及其区域变化趋势模拟出来，这就是趋势面分析方法。趋势面分析是用一个多项式对地理现象的空间分布特征进行分析，用该多项式所代表的曲面来逼近（或拟合）现象分布特征的趋势变化，也就是用数学方法把观测值分解为趋势部分和偏差部分两个部分：趋势部分反映区域性的总的变化，受大范围的系统性因素的控制；偏差部分反映局部范围的变化特点，受局部因素和随机因素的控制。

1）基本原理

设$Z_j\left(x_j,\ y_j\right)$表示所分析现象的特征值，即观测值。趋势面分析就是把观测值Z的变化分解成两个部分，即

$$Z_j\left(x_j,\ y_j\right)=f\left(x_j,\ y_j\right)+\sigma_j \tag{2-7}$$

式中，$f\left(x_j,\ y_j\right)$为趋势值；σ_j为剩余值。

可以用回归方法求得趋势值和剩余值，即根据已知数据Z的一个回归方程$f\left(x_j,\ y_j\right)$，使得

$$Q=\sum_{j=1}^{n}\left[Z_j-f\left(x_j,y_j\right)\right]^2 \tag{2-8}$$

达到极小。这实际上是在最小二乘法意义下的曲面拟合问题，即根据观测值$Z_j\left(x_j,\ y_j\right)$用回归分析方法求得一个回归曲面

$$\hat{Z}=f\left(x,y\right) \tag{2-9}$$

而以对应于回归曲面的值$\hat{Z}_j-f\left(x_j,y_j\right)$作为趋势值，以残差$Z_j-\hat{Z}_j$作为剩余值。

2）多项式趋势面的数学模型

在趋势面分析中，通常选择多项式作为回归方程，因为任何一个函数在一个适当的范围内总是可以用多项式来逼近的，而且调整多项式的次数可以使求得的回归方程适合问题的需要。

当某一地理现象的特征值在空间的分布为平面、二次曲面，即抛物曲面、三次曲面、四次曲面、五次曲面或六次曲面时，可分别用一次多项式、二次多项式、三次多项式、四次多项式、五次多项式或六次多项式来拟合。多项式数学模型中各项的排列顺序有一定规律，便于编程计算。

3）多项式趋势面数学模型的解算

多项式趋势面数学模型的解算实际上是求多项式系数的最佳无偏估值问题。最小二乘法可以给出多项式系数的最佳线性无偏估值，这些估值使残差平方和达到最小。因此求回归方程也就是要求根据观测值 $Z_j(x_j, y_j)$（j=1，2，…，n），确定多项式的系数 α_0，α_1，…，以使残差平方和最小，即

$$Q=\sum_{j=1}^{n}\left(Z_j-\hat{Z}_j\right)^2=\min \tag{2-10}$$

记 $x=x_1$，$y=x_2$，$x_2=x_3$，$x_y=x_4$，$y_2=x_5$，…，则多项式可以写为

$$\hat{Z}=\alpha_0+\alpha_1x_1+\alpha_2x_2+\alpha_3x_3+\cdots+\alpha_px_p \tag{2-11}$$

这样，多项式回归问题就可以转化为多元线性回归问题来解决。现在，残差就是

$$Q=\sum_{j=1}^{n}\left[Z_j-\left(\alpha_0+\alpha_1x_1+\alpha_2x_2+\alpha_3x_3+\cdots+\alpha_px_p\right)\right]^2 \tag{2-12}$$

根据最小二乘法原理，要选择这样的系数 α_0，α_1，…，α_p（$p<n$），以使 Q 达到极小。为此，求 Q 对 α_0，α_1，…，α_p 的偏导数，并令其等于零，得到正规方程组。解此正规方程组，即得 $p+1$ 个系数 α_0，α_1，…，α_p。

在原始数据量很大的情况下，用矩阵方法求解在计算机上实现是困难的，因为占据存储空间太大。所以，一般采用高斯主元消去法或正交变换法求解正规方程组。

4）趋势面拟合程度的检验

趋势面的拟合程度就是趋势面对原始数据面的逼近度。这里介绍两种检验方法：

（1）F-分布检验统计量为

$$F=\frac{U/P}{Q/(n-P-1)} \tag{2-13}$$

式中，U 为回归平方和；Q 为剩余平方和；P 为多项式的项数（不含常数项）；n 为观测点数。在给定置信水平 α 的条件下，若 $F>F_\alpha$，则趋势面拟合效果显著，否则不显著。

（2）拟合指数公式检验。

拟合指数公式为

$$C=\left[1-\frac{\sum\left(Z_j-\hat{Z}_j\right)^2}{\sum\left(Z_j-\bar{Z}\right)^2}\right]\times 100\% \tag{2-14}$$

式中，C 为拟合指数；Z_j 为第 j 点的观测值；$\hat{Z}_j$ 为第 j 点的趋势值；$\bar{Z}$ 为全部观测值的平均值。当 C=100%时，表明趋势值在所有观测点上都与实际值吻合，但这种情况是很少的。当 C=75%以上时，拟合误差均在 10%以下，这时可以认为趋势面的拟合效果良好。

3. 预测模型

地理数据除了反映各种自然和人文要素（现象）的空间分布特征和相互关系外，还能反映地理要素的动态发展规律，并用于预测分析。这种预测分析是建立在现象间因果关系的基础上的，即一种现象作为原因，另一种现象作为结果，原因与结果的关系可以用确定的函数来描述，函数中的参数能说明这种因果关系的本质。预测模型常用于判断结果随原因的变化而变化的方向和程度，用于推断随时间发生变化的大小。

回归模型方法，就是从一组地理要素（现象）的数据出发，确定这些要素数据之间的定量表述形式，即建立回归模型。通过回归模型，根据一个或几个地理要素数据来预测另一个要素的值。这种回归模型就是一种预测模型。

1）一元回归模型

一元回归模型表示一种地理要素（现象）与另一种地理要素之间的依存关系，另一种要素作为它的分布与发展的最重要的原因。模拟一元回归模型时，必要条件是具有两相应的变量系列，其中同一系列的每个元素完全相应于另一序列的元素，这时可以实现内插和外推两个任务。

用多项式方程作为一元回归的基本模型：

$$Y = \alpha_0 + \alpha_1 X + \alpha_2 X^2 + \alpha_3 X^3 + \cdots + \alpha_m X^m + \varepsilon \tag{2-15}$$

式中，Y 为因变量；X 为自变量；α_0，α_1，…，α_m 为回归系数；ε 为剩余误差。

式（2-15）中多项式的次数由地理要素之间的关系确定。通常是采用函数逼近的方法来确定多项式的次数，首先从一次多项式开始，直至多项式的剩余误差平方和小于某个给定的任意小数为止。

利用多项式进行预测，最主要的问题是求解方程式的系数 α_0，α_1，…，α_m。通常采用最小二乘法求解。求得系数后，就可以用这些系数来解决内插和外推的问题。

回归模型的精度，通常可通过求 ε 来确定。根据多项式有

$$E_j = Y_j - \left(\alpha_0 + \alpha_1 x_j + \cdots + \alpha_m x_j^m\right) = Y_j - \hat{Y}_j \tag{2-16}$$

式中，$\hat{Y}_j$ 为计算值。

根据最小二乘法原理，ε_j 的平方和为最小是最好的，一般采用回归方程的剩余标准差来估计，即

$$S = \sqrt{\frac{1}{n-2}\sum_{j=1}^{n}(Y_j - \hat{Y}_j)^2} \tag{2-17}$$

S 的大小反映回归模型的效果。

关于回归效果的显著性检验，可以证明它是一个具有自由度 $(1, m-2)$ 的 F 变量，即

$$F_{(1,m-2)} = \frac{\gamma^2}{1-\gamma^2}(m-2) \tag{2-18}$$

式中，γ 为相关系数。

可见，一元回归时，回归效果的好坏可以通过相关系数的检验来鉴别。

2）多元线性回归模型

多元线性回归模型表示一种地理现象与另外多种地理现象的依存关系。

设变量Y与变量X_1，X_2，…，X_m存在着线性回归关系，它的n个样本观测值为Y_j，X_{j1}，X_{j2}，…，X_{jm}（j=1，2，…，n），于是多元线性回归的数学模型可以写为

$$\begin{bmatrix} Y_1 \\ Y_2 \\ \vdots \\ Y_n \end{bmatrix} = \begin{bmatrix} 1 & X_{11} & X_{12} & \dots & X_{1m} \\ 1 & X_{21} & X_{22} & \dots & X_{2m} \\ \vdots & \vdots & \vdots & & \vdots \\ 1 & X_{n1} & X_{n2} & \dots & X_{nm} \end{bmatrix} \begin{bmatrix} \beta_0 \\ \beta_1 \\ \vdots \\ \beta_n \end{bmatrix} + \begin{bmatrix} \delta_1 \\ \delta_2 \\ \vdots \\ \delta_n \end{bmatrix} \tag{2-19}$$

可采用最小二乘法对上式中的待估回归系数β_0，β_1，…，β_n进行估计，求得β值后，即可利用多元线性回归模型进行预测。

计算了多元线性回归方程之后，为了将它用于解决实际预测问题，还必须进行数学检验。多元线性回归分析的数学检验，包括回归方程和回归系数的显著性检验。

回归方程的显著性检验，采用统计量：

$$F = \frac{U / m}{Q / (n - m - 1)} \tag{2-20}$$

式中，$U = \sum_{j=1}^{n} (\hat{Y}_j - \bar{Y})^2$，为回归平方和，其自由度为$m$；$Q = \sum_{j=1}^{n} (Y_j - \hat{Y}_j)^2$为剩余平方和，其自由度为$(n-m-1)$。

利用式（2-20）计算出F值后，再利用F分布表进行检验。给定显著性水平α，在F分布表中查出自由度为m和$(n-m-1)$的F_α，如果$F \geqslant F_\alpha$，则说明Y与X_1，X_2，…，X_m的线性相关密切；反之，则说明两者线性关系不密切。

回归系数的显著性检验，采用统计量：

$$F = \frac{(b_i - \beta_i)^2 / C_{ii}}{Q / (n - m - 1)} \tag{2-21}$$

式中，C_{ii}为相关矩阵$\boldsymbol{C} = A^{-1}$的对角线上的元素。

对于给定的置信水平α，查F分布表得$F_\alpha\,(n-m-1)$，若计算值$F_i \geqslant F_\alpha$，则拒绝原假设，即认为X_i是重要变量；反之，则认为X_i变量可以剔除。

多元线性回归模型的精度，可以利用剩余标准差

$$S = \sqrt{Q / (n - m - 1)} \tag{2-22}$$

来衡量。S越小，则用回归方程预测Y越精确；反之亦然。

2.3.2 主成分分析法

主成分分析（principal components analysis，PCA）又称主分量分析、主成分回归分析法。旨在利用降维的思想，把多指标转化为少数几个综合指标。它是一个线性变换。这个变换把

数据变换到一个新的坐标系统中，使得任何数据投影的第一大方差在第一个坐标（称为第一主成分）上，第二大方差在第二个坐标（第二主成分）上，依次类推。这是通过保留低阶主成分，忽略高阶主成分完成的。这样低阶成分往往能够保留住数据的最重要方面。但是，这也不是一定的，要视具体应用而定。

1. 基本思想

在实证问题研究中，为了全面、系统地分析问题，必须考虑众多影响因素。这些涉及的因素一般称为指标，在多元统计分析中也称为变量。因为每个变量都在不同程度上反映了所研究问题的某些信息，并且指标之间彼此有一定的相关性，因而所得的统计数据反映的信息在一定程度上有重叠。在用统计方法研究多变量问题时，变量太多会增加计算量和分析问题的复杂性，人们希望在进行定量分析的过程中，涉及的变量较少，得到的信息量较多。主成分分析正是适应这一要求产生的，是解决这类问题的理想工具。

2. 数学模型

$$\begin{cases} F_1 = a_{11}X_1 + a_{21}X_2 + \cdots + a_{p1}X_p \\ F_2 = a_{12}X_1 + a_{22}X_2 + \cdots + a_{p2}X_p \\ \vdots \\ F_k = a_{1k}X_1 + a_{2k}X_2 + \cdots + a_{pk}X_p \end{cases} \tag{2-23}$$

其中，

$$a_{jl} = \sqrt{\frac{\mu_{jl}}{\lambda_l}} (j = 1, 2, \cdots, p;\ \ l = 1, 2, \cdots, k)$$

式中，μ_{jl} 为第 j 个指标对应于第 l 个主成分的初始因子载荷；λ_l 为第 l 个主成分对应的特征值。

根据主成分表达式得出综合得分模型：

$$Y = b_1X_1 + b_2X_2 + \cdots + b_pX_p \tag{2-24}$$

式中，$b_j = \frac{a_{jl} \times \theta_t}{\sum_{t=1}^{k} \theta_t}$，$\theta_t$ 为第 t 个主成分对应的方差贡献率；b_1，b_2，…，b_p 为每个指标的权重。

3. 基本原理

主成分分析法是一种降维的统计方法。它借助于一个正交变换，将其分量相关的原随机向量转化成其分量不相关的新随机向量，这在代数上表现为将原随机向量的协方差阵变换成对角形阵，在几何上表现为将原坐标系变换成新的正交坐标系，使之指向样本点散布最开的 p 个正交方向，然后对多维变量系统进行降维处理，使之能以一个较高的精度转换成低维变量系统，再通过构造适当的价值函数，进一步把低维系统转化成一维系统。

4. 作用

概括起来，主成分分析主要有以下几个方面的作用。

（1）主成分分析能降低所研究的数据空间的维数，即用研究 m 维的 Y 空间代替 p 维的 X

空间$(m<p)$，而低维的Y空间代替高维的X空间所损失的信息很少。即使只有一个主成分Y_1（即$m=1$），这个Y_1仍是使用全部X变量（p个）得到的。例如，要计算Y_1的均值也得使用全部X的均值。在所选的前m个主成分中，如果某个X_i的系数全部近似于零，就可以把这个X_i删除，这也是一种删除多余变量的方法。

（2）有时可通过因子负荷a_{ij}的结论，明确X变量间的某些关系。

（3）多维数据的一种图形表示方法。当维数大于 3 时便不能画出几何图形，多元统计研究的问题大都多于 3 个变量，要把研究的问题用图形表示出来是不可能的。然而，经过主成分分析后，可以选取前两个主成分或其中某两个主成分，根据主成分的得分，画出n个样品在二维平面上的分布状况，由图形可直观地看出各样品在主分量中的地位，进而可以对样本进行分类处理，可以由图形发现远离大多数样本点的离群点。

（4）由主成分分析法构造回归模型，即把各主成分作为新自变量代替原来自变量x做回归分析。

（5）利用主成分分析筛选变量，可以用较少的计算量来选择变量，获得选择最佳变量子集合的效果。

5. 计算步骤

（1）原始指标数据的标准化。采集p维随机向量$\boldsymbol{x}=(x_1,x_2,\cdots,x_p)^{\mathrm{T}}$，$n$个样品$x_i=(x_{i1},x_{i2},\cdots,x_{ip})^{\mathrm{T}}$ $(i=1,2,\cdots,n，n>p)$，构造样本阵，对样本阵元进行如下标准化变换：

$$\boldsymbol{Z}_{ij}=\frac{x_{ij}-\overline{x_j}}{s_j}(i=1,2,\cdots,n;\ j=1,2,\cdots,p) \tag{2-25}$$

其中，$\overline{x_j}=\frac{\sum_{i=1}^{n}x_{ij}}{n}$；$s_j^2=\frac{\sum_{i=1}^{n}\left(x_{ij}-\overline{x_j}\right)^2}{n-1}$，得标准化阵$\boldsymbol{Z}$。

（2）对标准化阵$\boldsymbol{Z}$求相关系数矩阵：

$$\boldsymbol{R}=\left[r_{ij}\right]_p xp=\frac{\boldsymbol{Z}^{\mathrm{T}}\boldsymbol{Z}}{n-1} \tag{2-26}$$

其中，$r_{ij}=\frac{\sum z_{kj}\cdot z_{kj}}{n-1}$ $(i,j=1,2,\cdots,p)$。

（3）解样本相关矩阵$\boldsymbol{R}$的特征方程$\left|\boldsymbol{R}-\lambda I_p\right|=0$得$p$个特征根，确定主成分。

按$\frac{\sum_{j=1}^{m}\lambda_j}{\sum_{j=1}^{p}\lambda_j}\geqslant 0.85$确定$m$值，使信息的利用率达 85%以上，对每个$\lambda_j$ $(j=1,2,\cdots,m)$，解方程组$R_b=\lambda_{jb}$得单位特征向量$\boldsymbol{b}_j^o$。

（4）将标准化后的指标变量转换为主成分：

$$U_{ij}=\boldsymbol{Z}_i^{\mathrm{T}}\boldsymbol{b}_j^o\ (j=1,2,\cdots,m) \tag{2-27}$$

式中，U_1为第一主成分；U_2为第二主成分，…，U_p为第p主成分。

（5）对 m 个主成分进行综合评价。对 m 个主成分进行加权求和，即得最终评价值，权数为每个主成分的方差贡献率。

2.3.3 因子分析法

主成分分析通过线性组合将原变量综合成几个主成分，用较少的综合指标来代替原来较多的指标（变量）。在多变量分析中，某些变量间往往存在相关性。是什么原因使变量间有关联呢？是否存在不能直接观测到的，但影响可观测变量变化的公共因子？因子分析法（factor analysis）就是寻找这些公共因子的模型分析方法，它是在主成分的基础上构筑若干意义较为明确的公因子，以它们为框架分解原变量，以此考察原变量间的联系与区别。例如，随着年龄的增长，儿童的身高、体重会发生变化，具有一定的相关性，身高和体重之间为何会有相关性呢？因为存在着一个同时支配或影响着身高与体重的生长因子。那么，能否通过对多个变量的相关系数矩阵的研究，找出同时影响或支配所有变量的共性因子呢？因子分析就是从大量的数据中“由表及里”“去粗取精”，寻找影响或支配变量的多变量统计方法。因此，可以说因子分析是主成分分析的推广，也是一种把多个变量简化为少数几个综合变量的多变量分析方法，其目的是用有限个不可观测的隐变量来解释原始变量之间的相关关系。因子分析主要用于：①减少分析变量个数；②通过对变量间相关关系探测，将原始变量进行分类，即将相关性高的变量分为一组，用共性因子代替该组变量。

1. 基本模型

因子分析法是从研究变量内部相关的依赖关系出发，把一些具有错综复杂关系的变量归结为少数几个综合因子的一种多变量统计分析方法。它的基本思想是将观测变量进行分类，将相关性较高，即联系比较紧密的分在同一类中，而不同类变量之间的相关性则较低，那么每一类变量实际上就代表了一个基本结构，即公共因子。对于所研究的问题就是试图用最少个数的不可测的公共因子的线性函数与特殊因子之和来描述原来观测的每一分量。

因子分析模型描述如下：

（1）$\boldsymbol{X}=(x_1,x_2,\cdots,x_p)$ 是可观测随机向量，均值向量 $\boldsymbol{E}_{(\boldsymbol{X})}=0$，协方差阵 $\mathbf{Cov}_{(\boldsymbol{X})}=\boldsymbol{\Sigma}$，且协方差阵 $\boldsymbol{\Sigma}$ 与相关矩阵 $\boldsymbol{R}$ 相等（只要将变量标准化即可实现）。

（2）$\boldsymbol{F}=(F_1,F_2,\cdots,F_m)(m<p)$ 是不可测的向量，其均值向量 $\boldsymbol{E}_{(\boldsymbol{F})}=0$，协方差矩阵 $\mathbf{Cov}_{(\boldsymbol{F})}=I$，即向量的各分量是相互独立的。

（3）$e=(e_1,e_2,\cdots,e_p)$ 与 $\boldsymbol{F}$ 相互独立，且 $\boldsymbol{E}_{(e)}=0$，e 的协方差阵 $\boldsymbol{\Sigma}$ 是对角阵，即各分量 e 之间是相互独立的，则模型：

$$
\begin{aligned}
x_1 &= a_{11}F_1 + a_{12}F_2 + \cdots + a_{1m}F_m + e_1 \\
x_2 &= a_{21}F_1 + a_{22}F_2 + \cdots + a_{2m}F_m + e_2 \\
&\vdots \\
x_p &= a_{p1}F_1 + a_{p2}F_2 + \cdots + a_{pm}F_m + e_p
\end{aligned} \tag{2-28}
$$

称为因子分析模型，由于该模型是针对变量进行的，各因子又是正交的，所以也称为 R 型正交因子模型。其矩阵形式为

$$
\boldsymbol{X}=\boldsymbol{A}\boldsymbol{F}+e \tag{2-29}
$$

其中，$\boldsymbol{X}=\begin{cases}x_1\\x_2\\\vdots\\x_p\end{cases}$，$\boldsymbol{A}=\begin{bmatrix}a_{11} & a_{12} & \cdots & a_{1m}\\a_{21} & a_{22} & \cdots & a_{2m}\\\vdots & \vdots & & \vdots\\a_{p1} & a_{p2} & \cdots & a_{pm}\end{bmatrix}$，$\boldsymbol{F}=\begin{cases}F_1\\F_2\\\vdots\\F_m\end{cases}$，$e=\begin{cases}e_1\\e_2\\\vdots\\e_p\end{cases}$。

把 $\boldsymbol{F}$ 称为 $\boldsymbol{X}$ 的公共因子或潜因子，矩阵 $\boldsymbol{A}$ 称为因子载荷矩阵，e 称为 $\boldsymbol{X}$ 的特殊因子。

2. 模型的统计意义

模型中 $F_1,F_2,\cdots,F_m$ 称为主因子或公共因子，它们是在各个原观测变量的表达式中都共同出现的因子，是相互独立的不可观测的理论变量。公共因子的含义必须结合具体问题的实际意义而定。$e_1,e_2,\cdots,e_p$ 称为特殊因子，是向量 $\boldsymbol{X}$ 的分量 $x_i(i=1,2,\cdots,p)$ 所特有的因子，各特殊因子之间及特殊因子与所有公共因子之间都是相互独立的。模型中载荷矩阵 $\boldsymbol{A}$ 中的元素 (a_{ij}) 是因子载荷。因子载荷 a_{ij} 是 x_i 与 F_j 的协方差，也是 x_i 与 F_j 的相关系数，它表示 x_i 依赖 F_j 的程度。可将 a_{ij} 看作第 i 个变量在第 j 个公共因子上的权，a_{ij} 的绝对值越大，表明 x_i 与 F_j 的相依程度越大，或称公共因子 F_j 对于 x_i 的载荷量越大。为了得到因子分析结果的经济解释，因子载荷矩阵 $\boldsymbol{A}$ 中有两个统计量十分重要，即变量共同度和公共因子的方差贡献。

因子载荷矩阵 $\boldsymbol{A}$ 中第 i 行元素之平方和记为 h_{i^2}，称为变量 x_i 的共同度。它是全部公共因子对 x_i 的方差所做出的贡献，反映了全部公共因子对变量 x_i 的影响。h_{i^2} 大表明 $\boldsymbol{X}$ 的第 i 个分量 x_i 对于 $\boldsymbol{F}$ 的每一分量 $F_1,F_2,\cdots,F_m$ 的共同依赖程度大。

将因子载荷矩阵 $\boldsymbol{A}$ 的第 j 列 $(j=1,2,\cdots,m)$ 各元素的平方和记为 g_{j^2}，称为公共因子 F_j 对 $\boldsymbol{X}$ 的方差贡献。g_{j^2} 表示第 j 个公共因子 F_j 对于 x 的每一分量 $x_i\,(i=1,2,\cdots,p)$ 所提供方差的总和，它是衡量公共因子相对重要性的指标。g_{j^2} 越大，表明公共因子 F_j 对 $\boldsymbol{X}$ 的贡献越大，或者说对 $\boldsymbol{X}$ 的影响和作用就越大。如果将因子载荷矩阵 $\boldsymbol{A}$ 的所有 g_{j^2} $(j=1,2,\cdots,m)$ 都计算出来，使其按照大小排序，就可以依此提炼出最有影响力的公共因子。

3. 因子旋转

建立因子分析模型的目的不仅是找出主因子，更重要的是知道每个主因子的意义，以便对实际问题进行分析。如果求出主因子解后，各个主因子的典型代表变量不很突出，还需要进行因子旋转，通过适当的旋转得到比较满意的主因子。

旋转的方法有很多，正交旋转和斜交旋转是因子旋转的两类方法。最常用的方法是最大方差正交旋转法。进行因子旋转，就是要使因子载荷矩阵中因子载荷的平方值向 0 和 1 两个方向分化，使大的载荷更大，小的载荷更小。因子旋转过程中，如果因子对应轴相互正交，则称为正交旋转；如果因子对应轴相互间不是正交的，则称为斜交旋转。常用的斜交旋转方法有 Promax 等。

4. 因子得分

因子分析模型建立后，还有一个重要的作用是应用因子分析模型去评价每个样品在整个模型中的地位，即进行综合评价。例如，地区经济发展的因子分析模型建立后，人们希望知道每个地区经济发展的情况，把区域经济划分归类，哪些地区发展较快、哪些中等发达、哪些发展较慢等。这时需要将公共因子用变量的线性组合来表示，即由地区经济的各项指标值来估计它的因子得分。

设公共因子 F 由变量 x 表示的线性组合为

$$F_j = u_{j1}x_{j1} + u_{j2}x_{j2} + \cdots + u_{jp}x_{jp} \quad (j = 1,2,\cdots,m) \tag{2-30}$$

该式称为因子得分函数，由它来计算每个样品的公共因子得分。若取 $m=2$，则将每个样品的 p 个变量代入上式即可算出每个样品的因子得分 F_1 和 F_2，并将其在平面上作因子得分散点图，进而对样品进行分类或对原始数据进行更深入的研究。

但因子得分函数中方程的个数 m 小于变量的个数 p，因此并不能精确计算出因子得分，只能对因子得分进行估计。估计因子得分的方法较多，常用的有回归估计法、Bartlett 估计法、Thomson 估计法。

5. 步骤

因子分析的核心问题有两个：一是如何构造因子变量；二是如何对因子变量进行命名解释。因此，因子分析的基本步骤和解决思路就是围绕这两个核心问题展开的。

因子分析常常有以下四个基本步骤：①确认待分析的原变量是否适合作因子分析；②构造因子变量；③利用旋转方法使因子变量更具有可解释性；④计算因子变量得分。

因子分析的计算过程：

（1）将原始数据标准化，以消除变量间在数量级和量纲上的不同。

（2）求标准化数据的相关矩阵。

（3）求相关矩阵的特征值和特征向量。

（4）计算方差贡献率与累积方差贡献率。

（5）确定因子：设 $F_1,F_2,\cdots,F_p$ 为 p 个因子，其中前 m 个因子包含的数据信息总量（即其累积贡献率）不低于 80%时，可取前 m 个因子来反映原评价指标。

（6）因子旋转：若所得的 m 个因子无法确定或其实际意义不是很明显时，需将因子进行旋转以获得较为明显的实际含义。

（7）用原指标的线性组合来求各因子得分：采用回归估计法、Bartlett 估计法或 Thomson 估计法计算因子得分。

（8）综合得分：以各因子的方差贡献率为权，由各因子的线性组合得到综合评价指标函数。

$$F = (w_1F_1 + w_2F_2 + \cdots + w_mF_m)/(w_1 + w_2 + \cdots + w_m) \tag{2-31}$$

式中，w_m 为旋转前或旋转后因子的方差贡献率。

（9）得分排序：利用综合得分可以得到得分名次。

2.3.4 聚类分析

聚类分析指将物理或抽象对象的集合分组成为由类似的对象组成的多个类的分析过程。聚类与分类的不同在于，聚类所要求划分的类是未知的。聚类是将数据分类到不同的类或者簇的过程，所以同一个簇中的对象有很大的相似性，而不同簇间的对象有很大的相异性。从统计学的观点看，聚类分析是通过数据建模简化数据的一种方法。传统的统计聚类分析方法包括系统聚类法、分解法、加入法、动态聚类法、有序样品聚类法、有重叠聚类法和模糊聚类法等。

1. 主要步骤

（1）数据预处理，包括选择数量、类型和特征的标度，依靠特征选择和特征抽取。特征选择是选择重要的特征，特征抽取是把输入的特征转化为一个新的显著特征，它们经常被用来获取一个合适的特征集以避免“维数灾”进行聚类。数据预处理还包括将孤立点移出数据，因为孤立点是不依附于一般数据行为或模型的数据,所以它们经常会导致有偏差的聚类结果。因此为了得到正确的聚类，必须将它们剔除。

（2）为衡量数据点间的相似度定义一个距离函数。既然相类似性是定义一个类的基础，那么不同数据之间在同一个特征空间相似度的衡量对于聚类步骤是很重要的。由于特征类型和特征标度的多样性，距离度量必须谨慎，它经常依赖于应用。例如，通常通过定义在特征空间的距离度量来评估不同对象的相异性，很多距离度都应用在一些不同的领域，一个简单的距离度量，如 Euclidean 距离，经常被用作反映不同数据间的相异性；一些有关相似性的度量，如 PMC 和 SMC，能够被用来特征化不同数据的概念相似性；在图像聚类上，子图图像的误差更正能够被用来衡量两个图形的相似性。

（3）聚类或分组。将数据对象分到不同的类中是一个很重要的步骤，数据基于不同的方法被分到不同的类中，划分方法和层次方法是聚类分析的两种主要方法。划分方法一般从初始划分和最优化一个聚类标准开始。Crisp Clustering 和 Fuzzy Clustering 是划分方法的两种主要技术，Crisp Clustering，它的每一个数据都属于单独的类；Fuzzy Clustering，它的每个数据可能在任何一个类中。划分方法聚类是基于某个标准产生一个嵌套的划分系列，它可以度量不同类之间的相似性或一个类的可分离性用来合并和分裂类。其他的聚类方法还包括基于密度的聚类、基于模型的聚类、基于网格的聚类。层次聚类分析是创建一个层次以分解给定的数据集。该方法可以分为自上而下（分解）和自下而上（合并）两种操作方式。为弥补分解与合并的不足，层次合并经常要与其他聚类方法相结合，如循环定位。典型的这类方法包括：①BIRCH(balanced iterative reducing and clustering using hierarchies)方法，首先利用树的结构对对象集进行划分，然后利用其他聚类方法对这些聚类进行优化；②CURE(clustering using reprisentatives) 方法，利用固定数目代表对象来表示相应聚类，然后对各聚类按照指定量（向聚类中心）进行收缩；③ROCK 方法，利用聚类间的连接进行聚类合并；④CHEMALOEN 则是在层次聚类时构造动态模型。

（4）评估输出。评估聚类结果的质量是另一个重要的阶段。聚类是一个无管理的程序，也没有客观的标准来评价聚类结果，它是通过一个类有效索引来评价的。一般来说，几何性质，包括类间的分离和类内部的耦合，一般都用来评价聚类结果的质量，类有效索引在决定类的数目时经常扮演了一个重要角色。类有效索引的最佳值被期望从真实的类数目中获取，一个常用的决定类数目的方法是选择一个特定的类有效索引的最佳值，这个索引能否真实地得出类的数目是判断该索引是否有效的标准。很多已经存在的标准对于相互分离的类数据集合都能得出很好的结果，但是对于复杂的数据集，却常常行不通，如对于交叠类的集合。

2. 计算方法

（1）划分法：给定一个有 N 个元组或者记录的数据集，分裂法将构造 K 个分组，每一个分组就代表一个聚类，$K < N$，而且这 K 个分组满足下列条件：①每一个分组至少包含一个数据记录；②每一个数据记录属于且仅属于一个分组（注意：这个要求在某些模糊聚类算法中可以放宽）。对于给定的 K，算法首先给出一个初始的分组方法，然后通过反复迭代的方法改变分组，使得每一次改进之后的分组方案都较前一次好，而标准就是：同一分组中的记录越近越好，不同分组中的记录越远越好。使用这个基本思想的算法有 *K*-MEANS 算法、*K*-MEDOIDS 算法、CLARANS 算法。

（2）层次法：这种方法对给定的数据集进行层次似的分解，直到满足某种条件为止。具体又可分为“自底向上”和“自顶向下”两种方案。例如，在“自底向上”方案中，初始时每一个数据记录都组成一个单独的组，在接下来的迭代中，它把相互邻近的组合并成一个组，直到所有的记录组成一个分组或者某个条件满足为止。代表算法有 BIRCH 算法、CURE 算法、CHAMELEON 算法等。

（3）基于密度的方法：基于密度的方法与其他方法的一个根本区别是：它不是基于各种各样的距离，而是基于密度，这样就能克服基于距离的算法只能发现“类圆形”的聚类的缺点。这个方法的指导思想是，只要一个区域中的点密度大过某个阈值，就把它加到与之相近的聚类中去。代表算法有 DBSCAN 算法、OPTICS 算法、DENCLUE 算法等。

（4）基于网格的方法：这种方法首先将数据空间划分成有限个单元（cell）的网格结构，所有的处理都是以单个的单元为对象的。这么处理一个突出的优点就是处理速度很快，通常这是与目标数据库中记录的个数无关的，它只与把数据空间分为多少个单元有关。代表算法有 STING 算法、CLIQUE 算法、WAVE-CLUSTER 算法。

（5）基于模型的方法：基于模型的方法给每一个聚类假定一个模型，然后去寻找能更好满足这个模型的数据集。这个模型可能是数据点在空间中的密度分布函数或者其他。它的一个潜在的假定就是：目标数据集是由一系列的概率分布所决定的。通常有两种尝试方向：统计的方案和神经网络的方案。

2.4　常用 GIS 应用模型

从应用角度来考虑，常用的 GIS 应用模型主要有：①适宜性分析模型，从几种方案中筛选最佳或适宜的模型；②地学模拟模型，从地理过程动态演化角度对 GIS 应用进行建模；③区位选择模型，选择最佳区位或路径；④发展预测模型，对事物发展趋势进行预测的模型。

2.4.1　适宜性分析模型

适宜性分析在地学中的应用很多，如土地针对某种特定开发活动的分析，包括农业应用、城市化选址、作物类型区划、道路选线、环境适宜性评价等。因此，建立适宜性分析模型，首先应确定具体的开发活动，其次选择其影响因子，最后评判某一地域的各个因子对这种开发活动的适宜程度，以作为土地利用规划决策的依据。

1. 选址应用实例

选址问题应用很多，如辅助建筑项目选址、城市垃圾场选址、印染厂选址、超市选址、国家森林公园选址等。下面以森林公园选址为例进行说明。

（1）问题提出：森林公园候选地址。

（2）所需数据：公路、铁路分布图（线状），森林类型分布图（面状），城镇区划图（面状）。

（3）解决方案：构建空间数据库，信息提取并建模。

（4）步骤和方法见表2.4。

（5）依据应用模型出图，供决策者参考。

表2.4 选址分析模型步骤和方法

步骤	方法
确定森林分类图属性相同的相邻多边形的边界	属性再分类（聚类）、归组
找出距公路或铁路0.5km的地区（保持安静）	缓冲区分析
找出距公路或铁路1km的地区（交通方便）	缓冲区分析
找出非城市区用地	再分类
找出森林地区、非市区，且距公路或铁路0.5～1km内的地区	叠置分析

2. 道路拓宽规划

（1）问题提出：道路拓宽改建过程中的拆迁指标计算。

（2）明确分析目的和标准。目的：计算由于道路拓宽而需拆迁的建筑物的面积和房产价值。道路拓宽改建的标准：①道路从原有的20m拓宽至60m；②拓宽道路应尽量保持直线；③部分位于拆迁区内的10层以上的建筑不拆除。

（3）准备进行分析的数据。涉及两类信息：一类是现状道路图；另一类是分析区域内建筑物分布图及相关的信息。

（4）GIS空间操作。主要包含：①选择拟拓宽的道路，根据拓宽半径，建立道路的缓冲区；②将此缓冲区与建筑物层数据进行拓扑叠加，产生一幅新图。此图包括所有部分或全部位于缓冲区内的建筑物信息。

（5）统计分析。主要包含：①对全部或部分位于拆迁区内的建筑物进行选择，凡部分落入拆迁区且楼层高于10层的建筑物，将其从选择组中去除，并对道路的拓宽边界进行局部调整；②对所有需拆迁的建筑物进行拆迁指标计算。

（6）将分析结果以地图或表格的形式打印输出。

2.4.2 地学模拟模型

地学模拟模型是应用计算机、数字模拟技术及综合分析的方法来模拟许多地理过程或现象。下面，以土壤侵蚀的模拟模型为例，介绍应用GIS研究土壤侵蚀量的方法。

利用GIS的数值分析方法来估算土壤侵蚀量，首先确定土壤侵蚀的数值分析模型，根据模型确定影响土壤侵蚀的因子，这些因子必须能够反映不同的土壤性质、不同的坡面形态，以及不同的植被条件等。然后选择格网尺寸，建立各影响因子的栅格数据。最后将多种信息加以复合，确定研究地区土壤侵蚀量的各种等级，为制订区域的水土保持规划提供依据。

1）确定土壤侵蚀的数值分析模型

土壤侵蚀的数值分析模型随具体区域而不同，美国普渡大学曾根据30余个观测站的数以万计的资料，用计算机加以分析，得出下列通用的土壤流失方程：

$$A=0.224RKLSCP \tag{2-32}$$

式中，A为土壤侵蚀量；R为降雨侵蚀力；K为土壤可蚀性；L为坡长；S为坡度；C为植被覆盖度；P为土壤侵蚀控制措施。

2）设计土壤侵蚀数据处理流程

根据模型确定的土壤侵蚀因子，研究各个因子的计算或提取所根据的数据源和方法、数据组织和编码方式，然后拟定具体的数据处理流程，如图 2.5 所示。

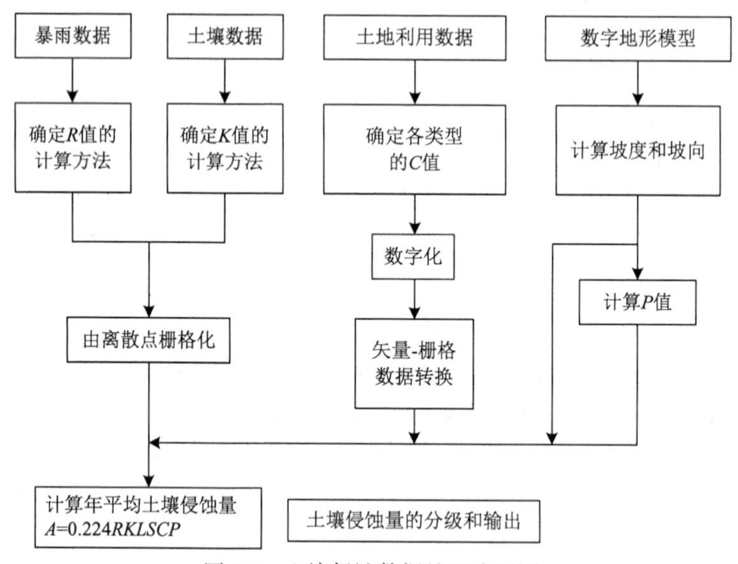

图 2.5　土壤侵蚀数据处理流程图

3）土壤侵蚀图的输出

根据计算土壤侵蚀贡献的公式，将各网格的土壤侵蚀量换算为土壤侵蚀贡献量。流域内各网格土壤侵蚀量之和等于流域年平均产沙量，并应等于流域出口断面实测的年平均输沙量。

在求取流域年平均产沙量前，首先要提取流域边界。然后将流域边界与土壤侵蚀量的栅格数据进行叠合，流域边界外的栅格值均为零，流域内的栅格值被保留，这样计算流域产沙量时不再受流域外数值的影响。最后将栅格的土壤侵蚀贡献量，按照拟定的分级方法，并且不同等级的贡献量以不同色调的符号表示。

如果根据实验区的土地利用方式、土层厚度、土壤性质和降水特点，确定区域的土壤侵蚀容许量，如设$T=0.8\text{kg}/(\text{m}^2\cdot\text{a})$，则根据区域的年平均土壤侵蚀量减去土壤侵蚀容许量，结果大于零的栅格，表示其土壤侵蚀已超过容许限度，得到土壤侵蚀超限区域分布图。这两种地图对于确定流域的主要产沙区，明确流域水土流失治理的重点区域，用来指导区域的水土保持规划，具有重要的意义。

2.4.3　区位选择模型

区位选择是指按照规定的标准，通过空间分析的方法，确定厂址、电站、管线或者交通路线等的最佳区位或路径。

区位选择考虑的标准一般包括环境、工程和经济三个方面；首先考虑的是环境标准，如

20%以上的坡度，主要的农业土壤分布区、湿地和湖区、文化活动区、国有林区、资源保护区，以及体育场和公园等。其次考虑的是工程标准，包括地形条件、土壤的性质、气候因素，以及区域的生态特点等。最后是经济标准，包括开发成本、供水条件、铁路运输、空气质量等。只有首先考虑环境标准，才能识别出一般适合的位置。然后进一步研究工程和经济因素，从中筛选出优先考虑的区位。最后通过详细的环境和工程的综合论证，确定出 1～3 个最佳的选址方案。

一般建立的区位选择模型如图 2.6 所示，分为数据准备阶段、影响因子研究和综合影响评价阶段，以及区位选择分析阶段。

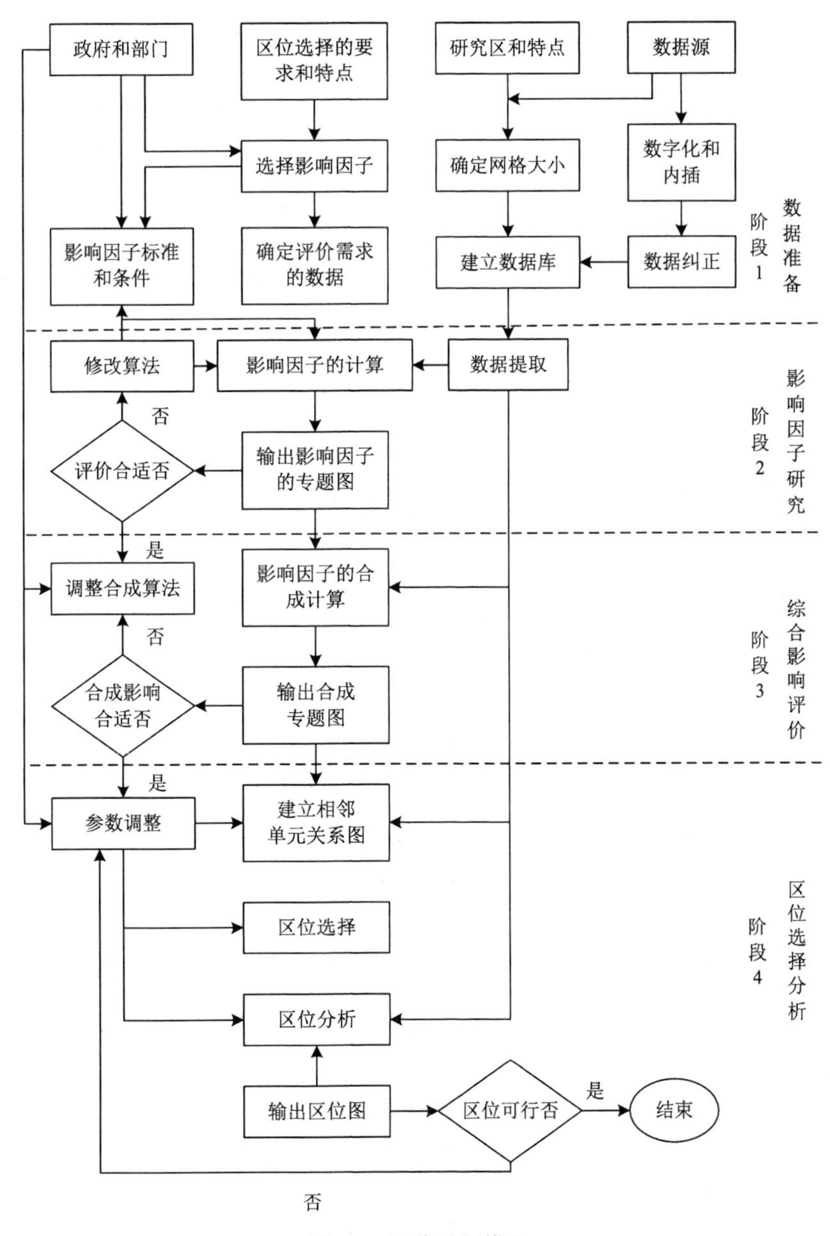

图 2.6　区位选择模型

1）数据准备阶段

在数据准备阶段，要建立专家咨询组，明确选址的要求，选择影响因子，进行区位选择的数据准备。

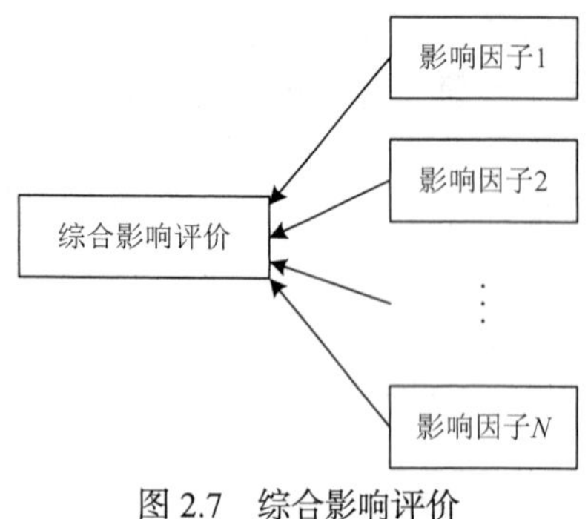

图 2.7　综合影响评价

2）综合影响评价阶段

综合影响评价阶段的任务是按照工程和经济可行性的要求，建立选址条件、综合影响评价的标准和算法，如

$$条件=(S \wedge C \wedge F \wedge L \wedge E) \qquad (2\text{-}33)$$

式中，S 为坡度<5%；C 为开发成本适宜；F 为离开居民区远近；L 为地耐力坚固；E 为环境质量优良。

于是，根据各个影响因子可以进行综合影响的评价，如图 2.7 所示。

3）区位选择分析阶段

区位选择分析阶段的任务是实施区位的选择并对结果进行分析评价。其运行过程如图 2.8 所示。

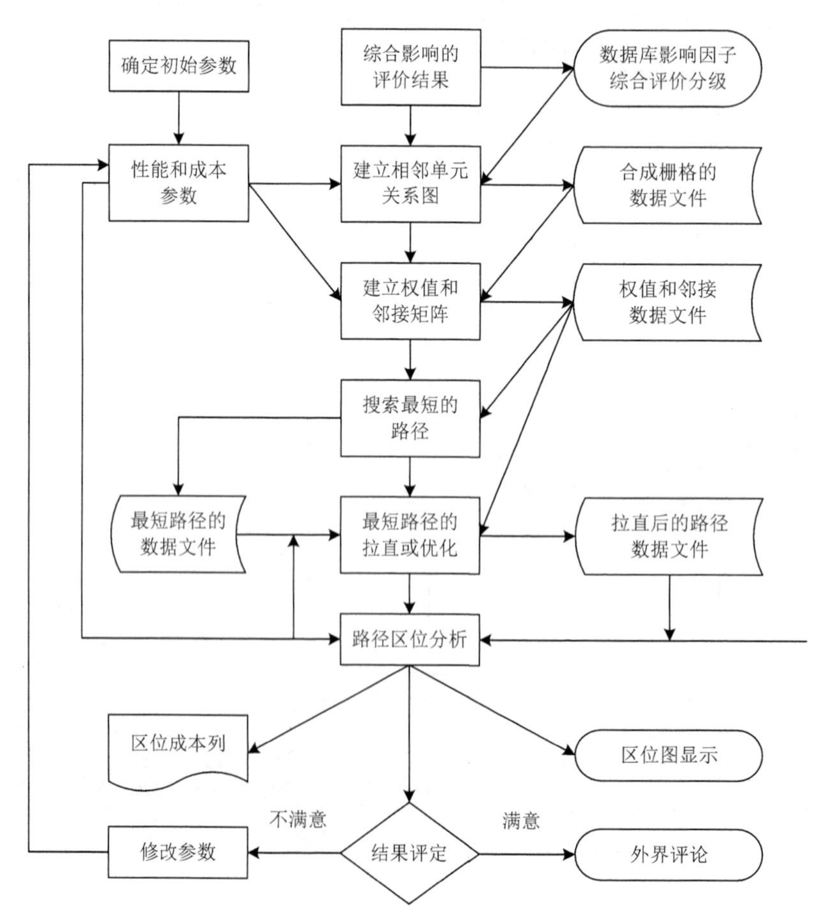

图 2.8　区位选择分析阶段的运行过程

2.4.4　发展预测模型

发展预测是运用已有的存储数据和系统提供的方法，对事物进行科学的数量分析，探索某一事物在今后的可能发展趋势，并做出评价和估计，以调节、控制计划或行动。在地理信息研究中，如人口预测、资源预测、粮食产量预测及社会经济发展预测等，都是经常要解决的问题。

预测方法通常分为定性、定量、定时和概率预测。在信息系统中，一般采用定量预测方法，它利用系统存储的多目标统计数据，由一个或几个变量的值，来预测或控制另一个研究变量的取值。这种数量预测常用的数学方法有移动平均数法、指数平滑法、趋势分析法、时间序列分析法、回归分析法，以及灰色系统理论模型的应用。下面以人口和劳动力的预测为例，说明人口统计数据在定量预测模型中的应用。

根据人口预测模型：

$$P_t = P_0 e^{(\lambda-\mu)t} \tag{2-34}$$

式中，P_t 为第 t 年人口数；P_0 为基年人口数；λ 为人口出生率；μ 为人口死亡率；t 为时间（年份）。

根据研究地区一组人口统计数据的分析，得 $\lambda = 1.25\%$，$\mu = 0.65\%$。将基年定为 2005 年，并且 $P_0 = 612.7$ 万人。设每年净迁入该研究地区的人口数为 $W = 5$ 万人，则

$$\begin{aligned} P_1 &= P_0 e^{\lambda-\mu} + W \\ P_2 &= P_1 e^{\lambda-\mu} + W \\ &\vdots \\ P_t &= P_{t-1} e^{\lambda-\mu} + W \end{aligned} \tag{2-35}$$

于是，可得到规划期的人口预测数，如表 2.5 所示。

表 2.5　规划期人口预测数

年份	2005	2006	2007	2008	2009	2010	增长速度
人口数/万人	612.7	621.4	630.1	638.9	647.7	656.6	1.43%

同理，根据劳动力预测方程

$$\boldsymbol{L}_{(t)} = \mathbf{LR}_{(t)} \cdot L_{(t-1)} + \mathbf{LW}_{(t)} \tag{2-36}$$

式中，$\boldsymbol{L}_{(t)}$ 为第 t 年劳动力状态向量，即 $\boldsymbol{L}_{(t)} = \left(L'_{18}, L'_{19}, \cdots, L'_{60}\right)$；$\mathbf{LW}_{(t)}$ 为第 t 年劳动力迁移向量，即 $\mathbf{LW}_{(t)} = \left(\mathrm{LW}'_{18}, \mathrm{LW}'_{19}, \cdots, \mathrm{LW}'_{60}\right)$；$\mathbf{LR}_{(t)}$ 为劳动力存留系数矩阵，即

$$\mathbf{LR}_{(t)} = \begin{bmatrix} r'_{18} & & & 0 \\ & r'_{19} & & \\ & & \ddots & \\ 0 & & & r'_{60} \end{bmatrix}$$

式中，下标 18～60 为劳动力的年龄；r' 为分年龄层的劳动力存留比例。

于是，得到研究地区规划期劳动力的预测数，如表 2.6 所示。

表 2.6　规划期劳动力预测数

年份	2005	2006	2007	2008	2009	2010	增长速度
人口数/万人	335.1	341.4	348.3	353.4	359.5	367.1	2.17%

有了这些预测的结果，将其与表示每个镇、市中心点的 x、y 坐标联系起来，便得到一组点的数据，这组数据加上研究地区的边界数据，输入 GIS 软件，通过使用绘制等值线，便可输出人口发展预测图，该图表示出预测年的人口密度，概括地显示出所预测的人口增长趋势，作为区域经济发展规划的依据，以便制订相应对策，使人口的增长与有效的土地面积和其他的资源相适应。

第3章　城市规划管理信息系统

城市发展与建设离不开科学规划。城市规划涉及的因素非常多，如开发新城要征用土地，改建旧城要拆迁安置，同时需要基础设施、公共服务设施的配套。如何利用现代科学技术，使城市规划管理更加科学、更加合理和更加符合现实并最大限度地满足未来形势变化的需要，是目前城市决策者们面临并需要解决的问题。由于城市规划本身的特性（收集、处理、分析、展示大量的与规划区地表空间位置相关的空间和属性信息），城市规划历史上就与信息系统密不可分。采用GIS对各种信息进行管理，并基于此进行分析和辅助决策，可以辅助规划师更好地通过对规划方案的模拟、选择和评估等进行规划决策。

3.1　概　　述

3.1.1　城市规划的概念

1. 城市规划定义

城市规划（urban planning）是指为实现一定时期内城市的经济和社会发展目标，确定城市性质、规模和发展方向，合理利用土地，对城市空间布局和各项建设的综合部署和全面安排。城市规划是处理城市及其邻近区域的工程建设、经济、社会、土地利用布局及对未来发展预测的学科。它的对象偏重于城市物质形态的部分，涉及城市中产业的区域布局、建筑物的区域布局、道路及运输设施的设置、城市工程的安排，主要内容有空间规划、道路交通规划、绿化植被和水体规划等内容。城市规划是城市建设和管理的依据，是研究城市的未来发展、城市的合理布局和综合安排城市各项工程建设的综合部署，是一定时期内城市发展的蓝图，是城市管理的重要组成部分，是城市建设和管理的依据，也是城市规划、城市建设、城市运行三个阶段管理的前提。

城市规划是以发展眼光、科学论证、专家决策为前提，对城市经济结构、空间结构、社会结构发展进行规划，具有指导和规范城市建设的重要作用，是城市综合管理的前期工作，是城市管理的龙头。城市的复杂巨系统特性决定了城市规划是随城市发展与运行状况长期调整、不断修订，持续改进和完善的复杂的连续决策过程。

目前，国内城市规划部门的主要工作内容大致分为城市规划和专项规划两大部分，城市规划又分为区域规划、市域规划、总体规划、分区规划等工作；专项规划包括交通规划、基础设施规划、服务设施规划、景观规划和历史文化保护规划等。

2. 城市总体规划

总体规划，是指都市性质、发展方向、规模大小等都市“总体布局”的规划，一般以20年为规划期。总体规划之下又可分为数期的“近期建设”，是总体规划的组成阶段，规划期一般为5年。

总体规划的任务是确定城市性质、规模和城市发展方向，对城市建设中各项建设和环境面貌进行全面安排，选定规划指标，制订规划实施步骤和措施。

总体规划的内容是确定规划期内城市人口和用地规模，辖区内城镇体系的布局；选择城市用地确定规划区的范围，划分城市用地功能分区，综合安排工业、交通（内外）运输、商服金融、仓库、生活居住、学校、科研单位、绿化用地；提出大型公共建筑物位置的规划意见，确定中心区位置；确定城市的主要广场位置，交叉口的形式，主次干道断面，主要控制点的坐标和标高；提出给排水、防洪、电力、电信、煤气、供热、弱电、公共交通设施（包括公交）等各级工程规划；制定城市园林绿地规划，综合协调环境保护等方面的规划要求；制定改造旧城区规划；郊区用地规划（包括工业、农业副食品基地、公园、道路等）；安排近期建设用地，提出近期建设主要项目，确定近期建设范围和建设步骤；估算近期建设总造价（概算）；提出远景规划目标。

3. 详细规划

详细规划是以总体规划为依据，详细规定建设用地的各项控制指标和其他规划管理要求，或直接对建设做出具体的安排和规划设计，分为控制性详细规划和修建性详细规划。控制性详细规划是以总体规划或分区规划为依据，细分地块并规定其使用性质、各项控制指标和其他规划管理要求，强化规划的控制功能，指导修建性详细规划的编制。修建性详细规划是在当前或近期拟开发建设地段，以满足修建需要为目的而进行的规划设计，包括总平面布置、空间组织和环境设计、道路系统和工程管线规划设计等。

详细规划的内容包括：确定详细规划的平面图纸；确定道路红线、道路断面、小区范围、街坊及专用地段主要控制的坐标和标高；确定居住建筑、公共建筑、公共绿地、道路广场这些项目的具体位置和用地；确定工业、仓储等项目的具体位置和用地；综合安排专用地段和各项工程管线、工程构筑物的位置和用地；主要干道和广场建筑群的平面、立面规划设计。

4. 专项规划

专项规划是指国务院有关部门、设区的市级以上地方人民政府及其有关部门，对其组织编制的工业、农业、畜牧业、林业、能源、水利、交通、城市建设、旅游、自然资源开发的有关规划。

专项规划是以国民经济和社会发展特定领域为对象编制的规划，是总体规划在特定领域的细化，也是政府指导该领域发展及审批、核准重大项目，安排政府投资和财政支出预算，制定特定领域相关政策的依据。

专项规划是针对国民经济和社会发展的重点领域和薄弱环节、关系全局的重大问题编制的规划，是总体规划的若干主要方面、重点领域的展开、深化和具体化，必须符合总体规划的总体要求，并与总体规划相衔接。

3.1.2　城市规划体系

我国城市规划体系包括三个方面的内容：法律法规体系、行政体系、工作体系（图 3.1）。在遵守法规体系的前提下，在行政体系的支撑下，规划编制、实施和监督管理构成了完整的规划工作体系。在这个体系中，法规是依据，行政是主体，而规划编制、实施和监督管理是面向客体（服务对象）的管理过程。

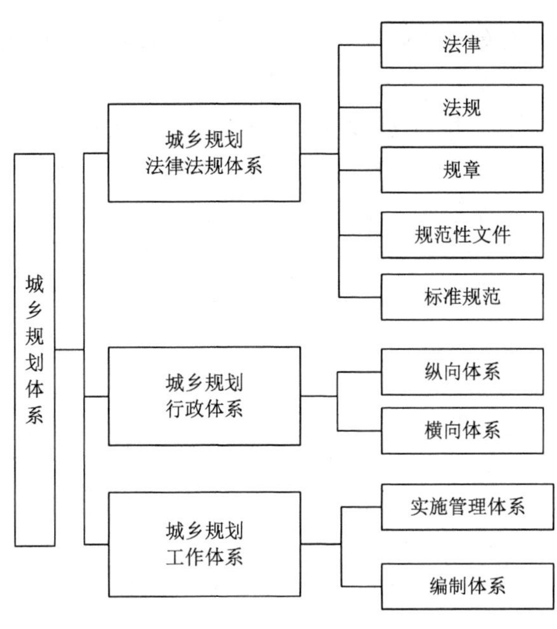

图 3.1　我国城乡规划体系

1. 法律法规体系

城市规划的法律法规体系包括法律、法规、规章、规范性文件、标准规范，根源于《宪法》，属于特别行政法，包括主干法及其从属法规、专项法和相关法。主干法确定规划工作的基本架构，如《中华人民共和国城乡规划法》和地方的城乡规划条例；主干法的实施需要制定相应的从属法规，如城乡规划管理技术规定。专项法是针对规划中特定议题的立法，如城市历史建筑和街区保护条例。相关法是规划涉及的社会各方面的法律法规。《中华人民共和国城乡规划法》是这个领域的最高法律和核心法，其他行政规章和地方法规是它的配套与完善。各省市依据《中华人民共和国城乡规划法》，结合地方具体条件制定地方性的城乡规划法实施办法或城乡规划条例；加之多项城乡规划"技术标准"和"技术规范"的公布，国务院、住房和城乡建设部等制定的《村庄和集镇规划建设管理条例》《城乡规划编制办法》《城镇体系规划编制审批办法》等多部配套法律法规的出台，使得城市规划的法制框架更加完善，城市建设和规划"有法可依"的局面基本形成。

2. 行政体系

城市规划的行政体系按照部门等级可划分为纵向体系和横向体系。纵向体系是指由不同层级的城市规划行政主管部门组成，包括国家城市规划行政主管部门，省、自治区、直辖市城市规划主管部门及城乡的规划行政主管部门。它们分别依法对各自行政辖区的城市规划工作进行管理。上级城市规划行政主管部门对下级城市规划行政主管部门进行业务指导和监督。横向体系指城市规划行政主管部门是各级政府的组成部门，对同级政府负责。城市规划行政主管部门与本级政府的其他部门一起，共同代表本级政府的立场，执行共同的政策，发挥在某一领域的管理职能。它们之间的相互作用关系应当是协同的，在决策之前进行信息互通与协商，并在决策之后共同执行，从而成为一个整体发挥作用。

城市规划的行政体系按照分管内容又分为城市规划的编制和审批两个方面。我国实行城市规划编制和审批的分级管理体制。县以上各级人民政府是组织城市规划编制的行政管理部门。编制城市规划一般分为总体规划和详细规划。根据实际需要，大、中城市在总体规划的基础上可以编制分区规划。直辖市的城市总体规划由直辖市人民政府报国务院审批；省和自治区人民政府所在地城市、城市人口在 100 万以上的城市及国务院指定的其他城市的总体规划，由省、自治区人民政府审查同意后，报国务院审批；其他城市的总体规划和县级人民政府所在地镇的总体规划，报省、自治区、直辖市人民政府审批，其中，市管辖的县级人民政府所在地镇的总体规划，报市人民政府审批。分区规划和详细规划一般由市人民政府城市规划行政主管部门审批。县级人民政府所在地镇的城市规划由县级人民政府负责组织编制。

3. 工作体系

城市规划的工作体系包括城市规划的编制体系、城市规划的实施管理体系（城市规划的实施组织、建设项目的规划管理、城市规划实施的监督检查），可分为规划研究、规划编制、规划管理和规划实施监察四个部分。规划研究即城市和区域的发展战略研究，根据城市经济、社会发展目标，确定城市发展目标及城市性质、规模和发展方向，确定城市规划区范围和城市发展的重大工程建设项目。规划编制分为总体规划（包括大、中城市的分区规划）和详细规划两个主要阶段。各个层面的区域城镇体系规划为城市总体规划提供依据，而修建性详细规划只作为特定情况下的开发控制依据，如建设计划已经落实的重要地区。规划管理是指对城市规划的组织与编制、规划的实施和实施后的监督检查等进行管理。城市规划实施管理是围绕规划选址、用地审批和建设审批的全过程展开的，具体落实在“一书三证”，即“规划选址意见书、规划用地许可证、建设工程规划许可证和村镇规划许可证”的审批执行上。规划实施监察贯穿于城乡规划实施的全过程，是城市规划实施管理工作的重要组成部分，具体包括建设活动监督检查、行政监督检查、立法机构监督检查和社会监督。建设活动的监督检查内容有建设申报条件、建设用地复检、施工前验线、施工过程现场检查和竣工验收；行政监督检查主要是各级人民政府及规划主管部门对管辖范围内的规划实施情况、规划管理执法情况和内部人员执法情况进行定期和不定期的监督检查，以及时发现问题并予以纠正；立法机构的监督检查是指有关部门对城市总体规划进行审查指正，并定期或不定期地对规划进展情况进行检查督促，促进其改正和完善。

3.1.3　城市规划管理业务

城市规划管理作为一个实践过程，包括城市规划的编制、审批和实施三个环节，是通过行政的、法制的、经济的和社会的管理手段，对城市土地的使用和各项建设活动进行控制、引导和监督，使之纳入城市规划规范化的轨道，促进经济、社会和环境在城市空间上协调、有序、可持续的发展。城市规划管理的内容主要包括：①城市规划编制和审批管理；②城市规划实施管理；③城市规划实施监督检查管理；④城市规划行业管理。城市规划行业管理包括对城市规划编制单位资格管理和规划师执业管理两方面的内容。总体看来，城市规划管理业务的流程是“规划编制管理—规划审批管理—规划监察管理”不断循环的过程。

1. 规划编制管理

城市规划的编制包括城镇体系规划、总体规划、详细规划的编制审批，其中城市总体规划中的专业规划包括道路交通、给水排水、防洪排涝、电力、邮电通信、环境保护、人防建设、防灾抗灾、供热供气、园林绿化、公共服务设施、市场建设、环境卫生、郊区农副产品基地、文化古迹保护、风景名胜区和其他特殊需要的规划。

城市规划编制管理主要是组织城市规划的编制，征求并综合协调各方面的意见，对规划成果进行质量把关、申报和管理。规划编制的一般程序为：制定规划编制计划；拟定规划编制要点；确定规划设计单位；签订技术合同（下达指令性任务单）；设计单位上报工作计划；中间指导；成果审查（初审、复审）；公示；上报审批；公布；成果发送与归档。

1）规划编制组织

规划编制组织的流程包括编制计划的拟定、任务书委托及审定、确定采购方式、编制合同审批、规划编制实施等，如图 3.2 所示。

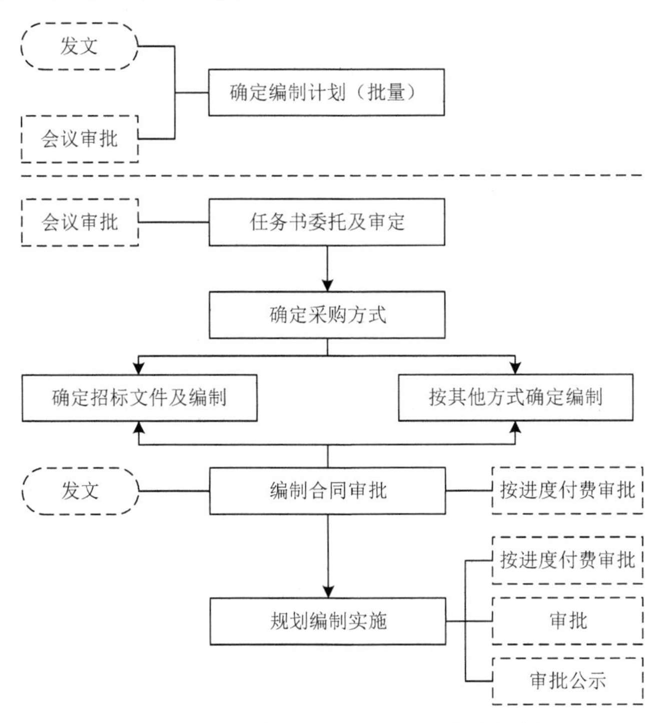

图 3.2　规划编制过程以项目为单位进行流转

2）规划编制的内容

城市规划编制分为法定性规划和非法定性规划。

（1）法定性规划。总体规划、分区规划、详细规划常放在业务审批阶段进行（图 3.3）。

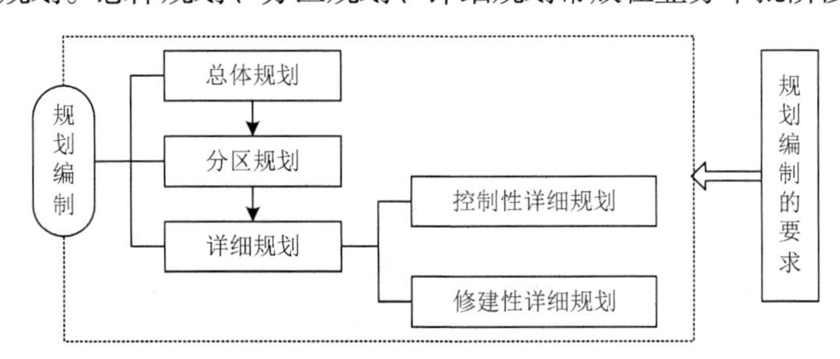

图 3.3　规划编制的主要内容

（2）非法定性规划。围绕法定性规划所做的研究，作为规划编制的支撑，包括政策法规、信息化、技术规定、规划纲要等内容的研究。

2. 规划审批管理

规划审批管理的主要业务都是围绕“一书三证”这一核心业务展开的。图 3.4 分析了城市规划行政主管部门规划审批管理的主要业务流程。图的中间部分列出了规划审批管理的主要业务和各业务之间的先后关系，图的左部为对应业务办理中需要提交的主要资料，右部为

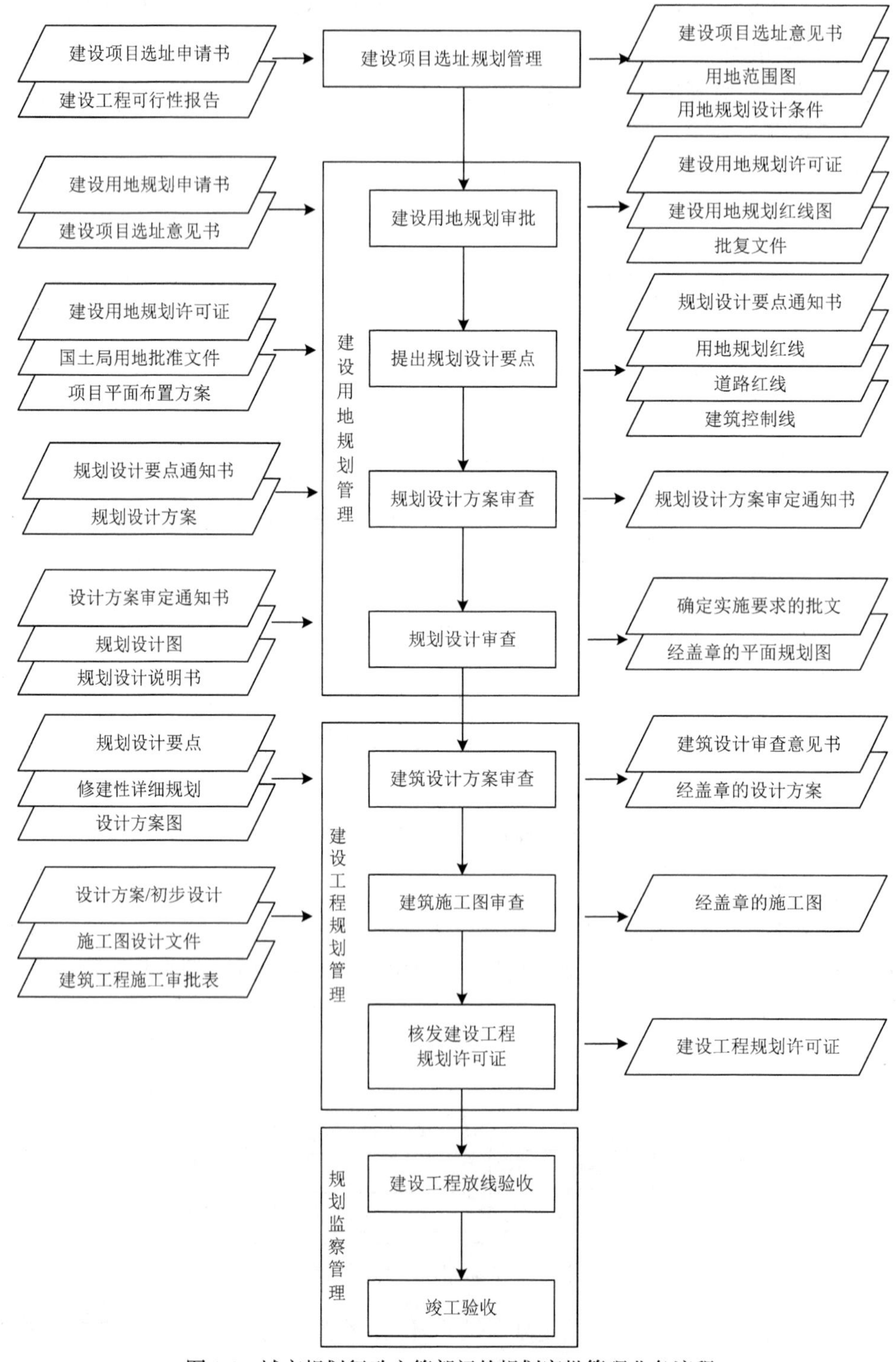

图 3.4　城市规划行政主管部门的规划审批管理业务流程

对应业务办理后的主要成果（不同的城市规划行政主管部门业务办理时所需要提交的资料及办理后的成果可能不尽相同，此处以一种情况为例说明业务流程）。

1）建设项目选址意见书

建设项目选址是指城市规划行政主管部门根据城市规划及其有关法律法规对建设项目地址进行确认或选择，保证各项建设按照城市规划安排进行，并核发建设项目选址意见书的行政管理工作。因为建设项目地址的选择与建设计划的落实、城市规划的实施和建设用地规划管理有十分密切的关系，所以从其过程和内容来看，建设项目选址管理是城市规划实施的首要环节，是建设用地规划管理的前期工作，是建设项目可行的必要条件之一。

规划区内建设工程的选址和布局必须符合城市规划，在报批建设的可行性研究报告书（或设计任务书）时，必须附有城乡规划行政主管部门的选址意见书（图 3.5）。

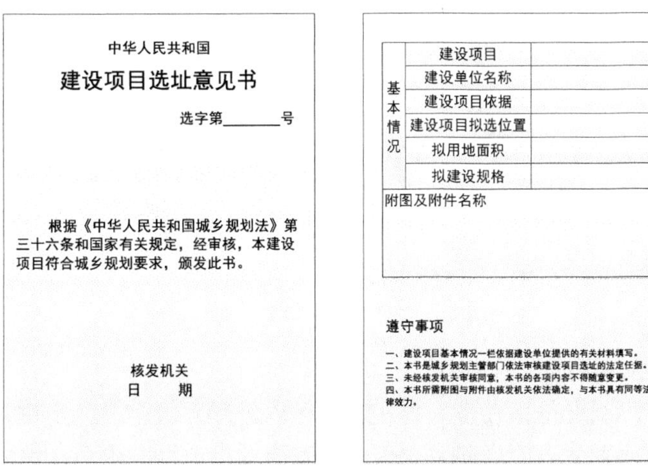
中华人民共和国

建设项目选址意见书

选字第______号

根据《中华人民共和国城乡规划法》第三十六条和国家有关规定，经审核，本建设项目符合城乡规划要求，颁发此书。

核发机关

日　　期

基本情况	建设项目	
	建设单位名称	
	建设项目依据	
	建设项目拟选位置	
	拟用地面积	
	拟建设规格	
附图及附件名称		

遵守事项

一、建设项目基本情况一栏依据建设单位提供的有关材料填写。
二、本书是城乡规划主管部门依法审核建设项目选址的法定任据。
三、未经核发机关审核同意，本书的各项内容不得随意变更。
四、本书所需附图与附件由核发机关依法确定，与本书具有同等法律效力。

图 3.5　建设项目选址意见书

2）建设用地规划许可证

建设用地规划许可证是建设单位在向土地管理部门申请征用、划拨土地前，经城乡规划行政主管部门确认建设项目位置和范围符合城乡规划的法定凭证，是建设单位用地的法律凭证。只有在取得建设用地规划许可证后，建设单位或个人方可向县级以上地方人民政府或有关部门办理申请用地手续，作为申请征用、划拨和有偿使用土地的法律凭证（图 3.6）。

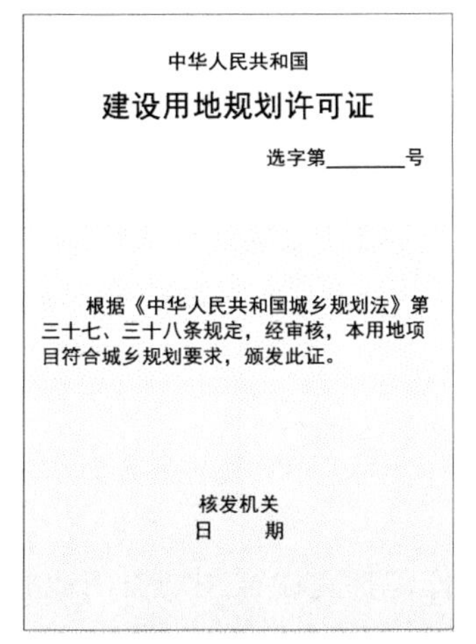
中华人民共和国

建设用地规划许可证

选字第______号

根据《中华人民共和国城乡规划法》第三十七、三十八条规定，经审核，本用地项目符合城乡规划要求，颁发此证。

核发机关

日　　期

基本情况	用地单位	
	用地项目名称	
	用地位置	
	用地性质	
	用地面积	
	建设规格	
附图及附件名称		

遵守事项

一、本证是城市规划区内，经城市规划行政主管部门审定，许可用地的法律凭证。
二、凡未取得本证，而取得建设用地批准文件、占用土地的，批准文件无效。
三、未经发证机关审核同意，本证的有关规定不得变更。
四、本证所需附图与附件由发证机关依法确定，与本证具有同等法律效力。

图 3.6　建设用地规划许可证

3）建设工程规划许可证

建设工程规划许可制度是指在规划区内新建、扩建和改建建筑物、构筑物、道路、管线和其他工程设施建设时，必须持有关批准文件向城乡规划行政主管部门提出申请，由该主管部门根据城市规划提出的规划设计要求，核发建设工程规划许可证（图 3.7）。建设单位或者个人在取得建设工程规划许可证之后，方可办理开工手续。

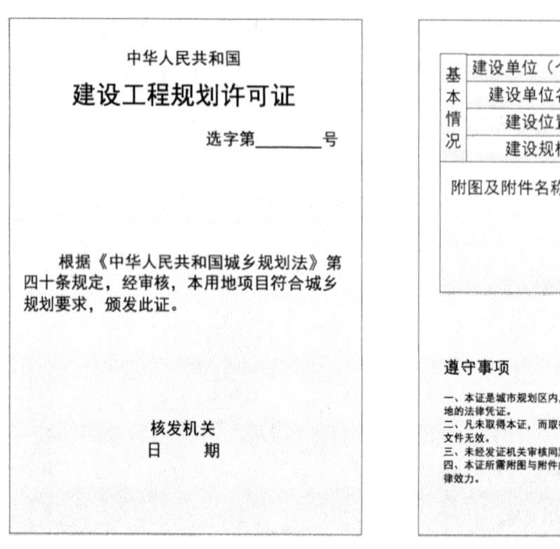

中华人民共和国

建设工程规划许可证

选字第______号

根据《中华人民共和国城乡规划法》第四十条规定，经审核，本用地项目符合城乡规划要求，颁发此证。

核发机关

日　　期

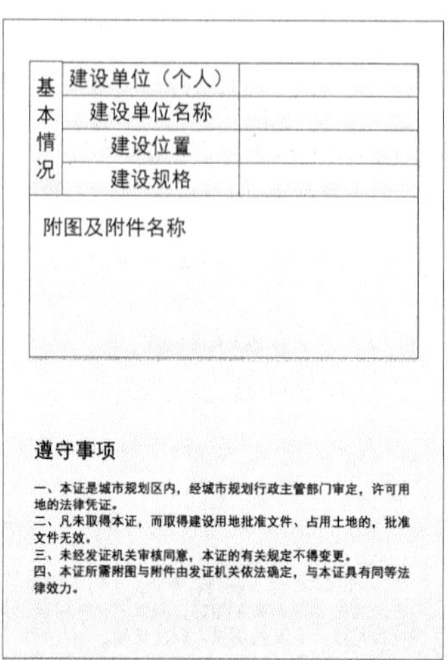

基本情况	建设单位（个人）	
	建设单位名称	
	建设位置	
	建设规格	

附图及附件名称

遵守事项

一、本证是城市规划区内，经城市规划行政主管部门审定，许可用地的法律凭证。
二、凡未取得本证，而取得建设用地批准文件、占用土地的，批准文件无效。
三、未经发证机关审核同意，本证的有关规定不得变更。
四、本证所需附图与附件由发证机关依法确定，与本证具有同等法律效力。

图 3.7　建设工程规划许可证

4）乡村建设规划许可证

乡村建设规划许可制度是指在乡、村庄规划区内进行乡镇企业、乡村公共设施和公益事业建设的，建设单位或者个人应当向乡、镇人民政府提出申请，由乡、镇人民政府报城市、县人民政府城乡规划主管部门核发乡村建设规划许可证（图 3.8）。

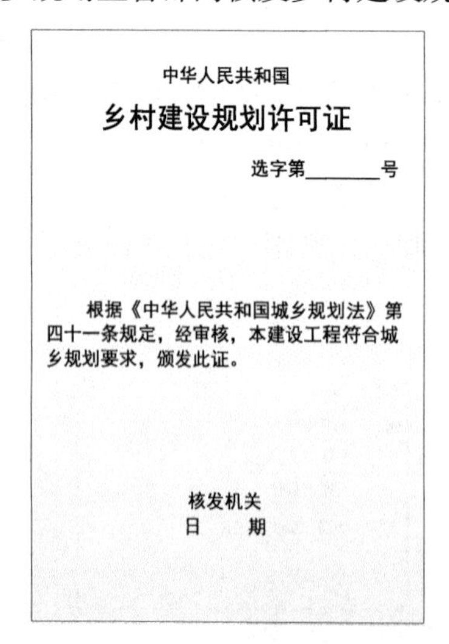

中华人民共和国

乡村建设规划许可证

选字第______号

根据《中华人民共和国城乡规划法》第四十一条规定，经审核，本建设工程符合城乡规划要求，颁发此证。

核发机关

日　　期

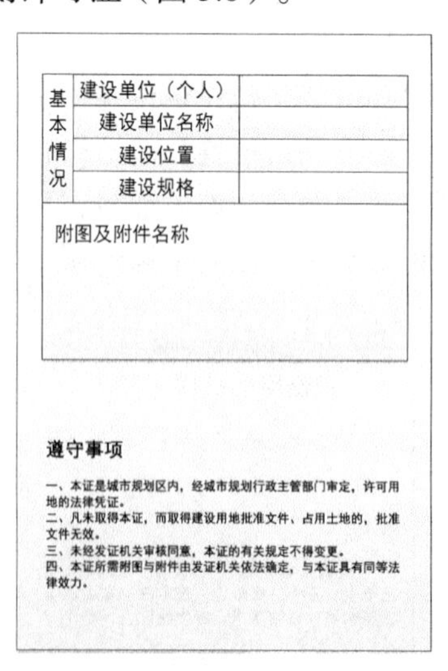

基本情况	建设单位（个人）	
	建设单位名称	
	建设位置	
	建设规格	

附图及附件名称

遵守事项

一、本证是城市规划区内，经城市规划行政主管部门审定，许可用地的法律凭证。
二、凡未取得本证，而取得建设用地批准文件、占用土地的，批准文件无效。
三、未经发证机关审核同意，本证的有关规定不得变更。
四、本证所需附图与附件由发证机关依法确定，与本证具有同等法律效力。

图 3.8　乡村建设规划许可证

3. 规划监察管理

城市建设用地规划管理的批后监督、检查工作包括建设征用划拨用地的复核、用地情况的监督检查和违章用地的检查处理等。

用地复核：在征用划拨土地的过程中进行验证。

用地检查：建设用地单位在使用土地的过程中，城市规划行政主管部门根据规划要求应进行监督、检查工作；随时发现问题，解决问题，杜绝违章占地现象。

违章处理：凡未领得建设用地许可证的建设用地、未领得临时建设用地许可证的临时用地，擅自变更核准的位置、扩大用地范围的建设用地和临时用地，擅自转让、交换、买卖、租赁或变相非法买卖租赁的建设用地和临时用地，改变使用性质和逾期不交回的临时用地等，都属于违章占地。城市规划行政主管部门发现违章占地行为，都要发出违章占地通知书，责令其停止使用土地，进行违章登记，并负责进行违章占地处理。违章占地处理包括没收土地、拆除地上地下设置物、罚款和行政处分等。

3.1.4　城市规划管理信息系统

计算机于 20 世纪 60 年代开始进入城市规划领域，相关理论的发展也为城市规划提供了新的手段和技术平台，城市规划信息化由此拉开序幕。80 年代以后，随着网络技术和 GIS 技术的迅速发展，规划管理部门开始应用 GIS 技术建立城市规划信息系统。目前，城市规划行业已成为信息技术开展应用最早、技术种类最多、构建难度最大、普及程度最高、发展速度最快的行业，率先全面实现了城市规划设计、审批管理、实施监督等主要工作环节人机互动作业的信息化工作方式变革。全国多数城市规划设计院已全面采用 GIS、计算机辅助设计等手段，实现规划基础数据管理数字化、规划设计网络化、方案展示虚拟化等。

1. 城市规划管理信息化

随着城市化进程的加速，在城市规划管理领域，传统的技术手段已不能适应城市飞速发展的需要。而多年来城市规划管理工作所面临的一个难题是，现状信息的收集、分析、整理工作相当复杂而烦琐，特别是多方案论证、城市信息的快速更新和城市突发事件的快速处理等问题难以及时得到解决。就整体而言，城市规划管理主要处理城市发展过程中的空间关系，而在信息技术中 75%的数据具有某种形式的空间信息。为适应现代城市发展的客观需求，在城市建设管理和规划中必须寻求新技术、新方法的应用。信息技术的应用使城市建设管理和规划走上了自动化、定量化、科学化和信息共享的道路。信息技术对城市规划和建设管理最突出、最直接的影响是空间数据基础设施的建设，这主要是指为获取、处理、存储、分发和提高使用城市地理空间数据所必需的技术、政策、标准和人力资源。以城市综合环境预测来确定未来城市规模、性质和区域功能；以投资环境的综合分析评价来确定城市建设项目的布局和科学论证，寻求最佳投资方案；以城市社会与经济问题的系统分析和城市基础设施优化来解决城市规划和建设管理的具体矛盾问题。信息技术作为城市信息处理和分析的工具，正逐步成为现代城市规划和建设管理的新技术手段。因此，信息技术的产生和发展，无论从城市规划与建设的理论上还是应用上而言，都具有重大的科学意义和社会经济效益，并能使城市规划、建设和管理更加适应城市化发展的新需求。在技术需求上，城市规划对信息化的技术要求主要有以下四个方面。

1）多类型数据的处理与综合

城市规划与管理涉及地理要素和资源、环境、社会经济等多种类型的数据。这些数据在时相上是多相的、结构上是多层次的，性质上又有“空间定位”与“属性”之分，既有以图形为主的矢量数据，又有以遥感图像为源的栅格数据，还有关系型的统计数据，并且随着城市社会的发展，数据之间的关系将变得更为复杂，对统计数据与现状图件的综合分析要求必然大大提高。

2）多层次服务对象的满足

对于城市规划管理信息的使用对象，不仅要考虑市政主管部门、专业部门和公众查询的需要，还要考虑管理、评价分析和规划预测的不同用户的需求，这对城市规划信息在服务对象的多层次性上提出了很高的要求。

3）时间上现势性、空间上精确性

城市规划在本质上是人类对城市发展的一种认识，城市发展对城市规划具有绝对的决定性作用。随着城市化进程的加快，城市规划也必须加快其更新速度，以适应城市的发展。此外，由于弹性规划、滚动规划模式的倡导，规划的定制与修编周期大大缩短。这些变化对城市规划管理信息提出了“逐日更新”的要求，以确保信息良好的现势性。

在空间上，要求提高规划信息空间定位的精确性。由于现代规划与规划管理结合得更加紧密，规划设计正逐渐摆脱“墙上挂挂”的窘境，而且从总体规划到详细规划层层深入、互相衔接，最终必须落实到地上，各种规划地图只有达到一定的定位精度才有可能实现规划目标。

4）信息管理规范化、智能化和可视化

从规划编制到规划实施的过程中，产生了大量的数据，包括现状的和规划的，而在规划实施后又有了新的现状数据。因而，规划信息管理任务日见繁重。将规划数据规范化并进行科学的组织与管理是现代城市规划的重要任务之一。同时，与办公自动化实现一体化，并对信息产品进行可视化处理，以便用户简单、明了地进行使用，也将是未来城市规划信息化研究的重要方向。

2. 城市规划数据

由于城市规划的综合性、系统性和复杂性，其既要充分利用来自其他行业领域的各类数据信息，也要利用自身产生的独特的城市空间数据与信息。

1）数据来源

城市规划信息可分为两类：一类是支持城市规划的信息，如基础地形、地质、社会经济统计信息等；另一类是规划产生的信息，如规划法规、规章、规范、图则等。

（1）城市规划支持数据：①基础信息或地形图数据。城市基础信息的主要内容为市（县）域的地形图。图纸比例尺为 1∶50000～1∶200000 及 1∶500～1∶50000。②地质和地震资料。包括不同工程地质条件范围，潜在的滑坡、地面沉降等地质灾害空间分布、强度划分，地下矿藏、地下文物埋藏范围等。③区域城镇体系及基础设施资料。包括主要城镇分布及用地规模，区域基础设施及公用设施等分布状况。④城市历史发展资料。包括城址变迁、市区扩展、历次城市规划的成果资料等。⑤城市土地利用资料。主要指城市规划发展用地范围内的土地利用现状，城市用地综合评价或城市土地质量的综合评价等数据。⑥城市道路交通信息。包括城市主次干道、重要对外交通位置等；人防设施、各类防灾设施及其他地下构筑物分布等资料。⑦城市风景名胜及文物保护信息。主要风景名胜、要保护的历史地段范围等。⑧工业分布信息。主要产业及工矿企业分布状况区、出口加工区、保税区等范围。⑨公共设施分布信息。行政、社会团体、经济、金融机构、体育、文化、卫生设施等分布状况，尤其是商业中心区及市、区级中心的位置等重要信息。⑩城市建筑资料。包括住宅及各项公共服务设施的建筑面积、质量和分布状况。⑪城市环境资料。城市环境的有害因素（易燃、易爆、放射、噪声、恶臭、震动）的分布及危害情况，污染源的数量和影响范围，城市垃圾站分布等情况。⑫其他专题信息。工程管线信息、电信和邮电等专题信息。

（2）城市规划成果数据：①城市总体规划数据。城市土地利用宏观控制数据，主要包括城市建设用地范围内的各类用地的空间规划布局。②控制性详细规划数据。城市地块的开发强度、建设形式等控制数据，包括容积率、绿地率等控制指标及分区界线。③区域规划数据。区域性交通设施、基础设施、工业园区、风景旅游区等各类用地的总体布局。④道路交通规划数据。包括主、次干道和支路的定向及红线规划数据，主要道路交叉口用地范围及主要广场、停车场位置和用地范围等。⑤城市中心规划布局数据。规划的市级、区级及居住区级中心的位置和用地范围。⑥城市内各种控制保护范围数据。绿地、河湖水面、高压走廊、文物古迹、历史地段的用地界线和保护范围，重要地段的高度控制等。⑦对外交通规划数据。包括铁路线路及站场、公路及货场、机场、港口、长途汽车站等对外交通设施的位置和用地范围，市际公路、快速公路与城市交通的联系等数据。⑧历史街区保护范围数据。确定文物古迹保护项目，划定保护范围和建设控制地带及近期实施保护修整项目的位置、范围。⑨园林绿化、文物古迹及风景名胜规划数据。市、区级公共绿地用地范围，如公园、动物园、植物园，较大的街头绿地、滨河绿地等用地，以及苗圃、花圃、防护林等绿地范围。⑩环境保护及环境卫生设施规划数据。环境保护规划主要包括污染源分布、污染物质扩散范围，以及垃圾堆放、处理与消纳场所的规模及布局等。⑪郊区用地规划数据。郊区主要乡镇企业、村镇居民点与农副食基地的布局及禁止建设的绿色控制范围。⑫专项规划数据。包括给水工程规划、排水工程规划、供电工程规划、电信工程规划、供热工程规划、燃气工程规划、防洪规划、地下空间开发利用及人防规划等专项规划布局要求。

2）城市规划数据库

空间数据库是 GIS 的核心，规划管理信息系统的建立，其基础离不开城市规划数据库的建设。按照内容进行区分，城市规划空间数据库包含城市基础地理数据库、城市基础地质数据库、城市规划成果数据库、城市规划管理数据库、其他专题属性数据库等（图 3.9）。

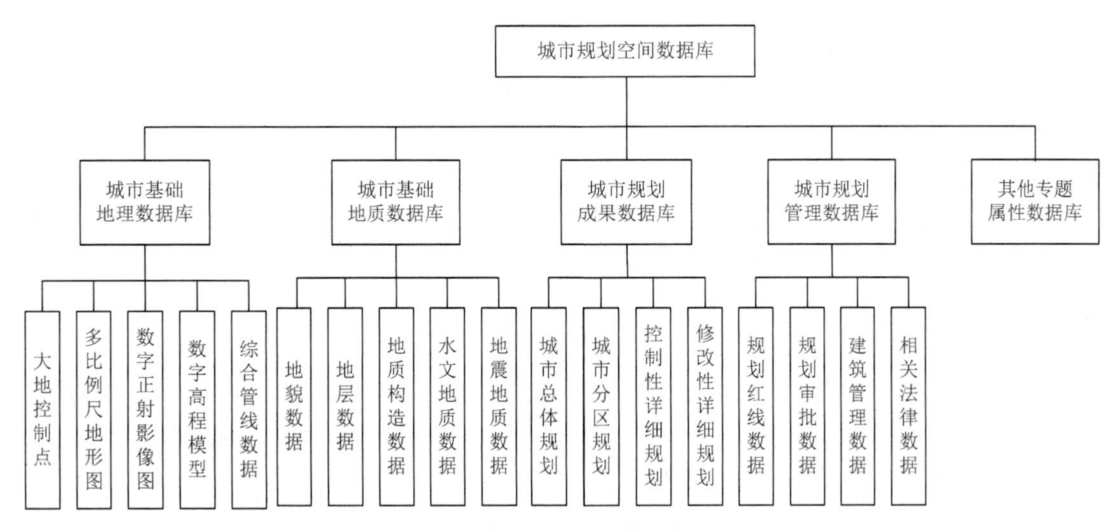

图 3.9　城市规划空间数据库组织

（1）城市基础地理数据库。城市基础地理数据是指城市地表和地下的自然地理形态和社会经济概况的基础数据，需要在统一的空间数据模型基础上，建立统一的坐标参考体系，结合多分辨率的综合，实现空间跨越、历史数据及各种专题数据间的一致。城市地理数据库主要包括以下主要大地控制测点：涵盖 1∶500、1∶2000 等多个比例尺的基础地形图；由航空影像、卫星遥感构成的高分辨率数字正射影像图；数字高程模型；包含给水、排水、通信、电力、燃气、热力、工业管道等的综合管线数据。

（2）城市基础地质数据库。城市规划与地质环境有着密切关系，任何城市都建立在特定的地质体上，地质条件是城市建设与发展的基础。地质信息作为城市规划的基础资料，是决定城市用地选择恰当与否、城市功能组织和城市规划布局是否合理的关键。城市基础地质数据库由地貌数据、地层数据、地质构造数据、水文地质数据、地震地质数据等组成。

（3）城市规划成果数据库。城市规划成果数据库是按照城市总体发展的要求，由规划设计部门（规划设计院）进行规划编制和设计，经政府或主管部门审批通过，反映城市未来建设和发展的图形和文字资料。规划成果是城市规划管理和城市建设的主要依据，具有十分重要的地位和作用。城市规划成果数据库包括总体规划、分区规划、控制性详细规划和修建性详细规划，它们之间具有一定的层次关系。总体规划是从宏观的角度确定城市的规模、性质及每块用地的性质。分区规划是在总体规划的指导下，对城市用地的性质进一步划分，确定用地性质、建筑密度、容积率、绿地率、人口容量等控制指标；控制性详细规划对城市建设用地做出更为详细的控制指标，包括开发强度、建筑形式风格、建筑高度、配套设施、出入方位等指标，直接指导城市建设；修建性详细规划是按照控制性详细规划的控制指标制定具体建设方案，包括用地环境、景观、建筑式样和层数等。

（4）城市规划管理数据库。城市规划管理数据库包括规划红线数据、规划审批数据、建筑管理数据和有关法律法规数据。规划红线数据有道路红线、建设用地界线、河道蓝线、城市绿地绿线、保护建筑紫线及其他规划控制线、高压走廊控制线、地铁隧道、微波通道、机场净空范围等。规划审批数据是指规划主管部门在规划审批过程中产生的数据，具体包括规划定点数据、规划选址数据、一书三证、规划报建数据及规划业务办公流程产生的数据等。建筑管理数据主要指报建建筑的平面图、立面图、效果图等。

（5）其他专题属性数据库。在上述数据库基础上，还需要由各专业部门添加专题应用数据，这些专题数据可以融合和集成，为各级组织和部门的应用和决策提供支持，为各学科研究提供所需专题信息。这些数据包括自然资源数据（如土壤、植被、水资源、矿产资源）、能源数据、生态环境数据、公用设施数据、人口数据和社会经济数据等。

专题数据还包括同一专题的不同历史时期的数据，这些数据组成专业部门的本地空间数据库。这些专题数据可以提供建立决策支持系统所需的信息资源。

3.1.5 GIS 与城市规划管理

随着计算机技术的发展和 GIS 技术的逐步完善,GIS 在城市规划中得到广泛深入的应用。城市规划管理与 GIS 结合的产物——城市规划地理信息系统（urban planning GIS，UPGIS）也是在此背景下产生并得以快速发展的。

1. 城市规划地理信息系统

UPGIS 是在引入 GIS 和办公自动化技术（office automation，OA）手段的基础上，构建的基于网络图文一体化的地理信息系统，是以 GIS 为核心技术，以规划业务工作为管理对象，实现城市规划管理相关信息的输入、存储、更新、查询检索和统计分析，并为城市规划管理决策提供技术支持的信息系统。UPGIS 是 GIS 应用的一个重要分支。

UPGIS 应具有什么样的内容和功能，主要取决于城市现代化的进程和社会需求的水平。从国内外 UPGIS 服务于城市建设与发展的进程看，一般分为三个阶段：首先是应用于静态的城市资源管理，如建立城市基础地理信息数据库、地籍数据库和地下管网数据库等，实现城市资源的计算机管理。其次是面向城市规划，推进办公自动化，扩大服务范围，提高城市动态模拟和监测能力，初步实现对城市的规划管理与评估分析。最后是面向城市可持续发展方面的建设，这方面目前正在探索，随着 3S 技术和计算机网络通信技术的进步，UPGIS 因其具有动态监测管理和宏观调控能力，必然在城市可持续发展方面的建设上日益发挥龙头作用。

UPGIS 的主要内容应包括：数据、软硬件和网络、规范标准、技术队伍、组织管理。就建设某 UPGIS 而言，软硬件和网络主要靠选购；规范标准主要是采用部分结合实际制订；技术队伍主要靠在实际工作中的培养和个别引进；组织管理对充分发挥系统的作用很重要，主要靠借鉴他人的成功经验和结合本地工作实践逐步摸索；唯独数据全部要靠城市本身独立解决，它是建立 UPGIS 的一项基础和最重要的工作。

UPGIS 作为 GIS 的一个应用分支，具有 GIS 通用的六种功能：数据获取、转换和编辑，数据集成，数据结构重组与数据转移，查询检索，空间分析，空间显示与成果输出。但从用户使用 UPGIS 对城市进行规划、管理和建设的角度看，UPGIS 应具有以下功能。

（1）管理功能。通过建立 UPGIS，实现各种信息的数字化、标准化和计算机化，从而达到统一管理、数据共享和促进办公自动化，实现信息的快速查询检索，实时交换及可视化表达和输出，逐步形成一个以计算机为核心的城市动态管理系统，对城市实行现代化管理。

（2）评价分析功能。通过建立不同的分析模型和辅助决策支持系统，对城市单一或综合性问题，如交通网络、投资环境、规划管理、企业选址或工程效益等，进行综合评价分析，提出方案，供主管部门决策参考；也包括应付一些突发性事件，如城市洪水、火灾等灾害，也可通过相关的分析评价，做出快速反应。

（3）规划预测功能。这是根据城市现状、发展趋势和潜在能力等因素，通过不同预测模型展现可能的前景，供中长期规划和宏观调控参考。目前 UPGIS 着力探索的正是可用于城市可持续发展建设的功能。

2. 城市规划地理信息系统应用

UPGIS 在城市规划中某些方面的应用比较成熟，某些方面相对薄弱，归纳起来主要有以下六个方面。

（1）公共设施的分布规划。公共设施的种类是多样的，大到服务于全市的市政府、博物馆、影剧院等，小到局限于某一居住小区的粮油店、幼儿园、托儿所等，因此需要考虑多方面因素。利用 GIS 的基础地理信息综合地质、水文、人口、社会经济、地区条件等确定公共设施的合理位置、服务半径、规模大小，为规划提供科学依据，并对已有规划方案进行分析评价，指导方案修改。

（2）交通规划。国内在这一方面的应用较少，而是应用其他的技术手段和模型进行交通问题分析，其应用主要集中在与城市总体规划相结合的交通分析、综合性的城市交通规划、大型建设项目的前期研究等三方面，将交通规划模型和GIS相结合的很少，并没有产生专门的交通GIS应用软件，这一点与国外有较大差距。国外已成功将GIS应用于交通网络的设计和管理、交通需求分析与预测、流量控制、交通意外分析、道路适应性鉴定、行车路径选择等方面，并把一些交通分析模型与GIS功能相结合，强化成专门的交通地理信息系统（GIS-T）。

（3）土地利用规划。利用GIS基础数据可以很容易获得工业、居住、商业、文化娱乐、公共绿地等用地的利用现状，比较土地利用所发生的变化，分析其存在的问题，变化发生的背景、原因，提出相应的解决对策。综合地质、水文、土壤、地貌、植被、人口分布、交通等多方面因素，建立适当的应用模型，确定城市土地利用的规模、发展方向，提供可供选择的土地利用方案。

（4）城市建设项目的申请与审批，即城市规划管理部门一书三证的发放，是GIS在城市规划中应用最多，也是应用较为成熟的一方面。目前，全国各大、中城市基本都建立了城市规划管理信息系统，根据各单位的不同情况各有侧重，基本实现了对历史项目的科学管理，对已批项目的登记发证，对待批项目提供辅助决策，可进行数据、图形的双向查询，以及案卷跟踪管理。但现在大多停留在办公自动化水平，缺少辅助分析决策功能，系统的通用性较差，难以推广，造成各地的重复投资建设。除了规划管理机构设置的原因外，更重要的是系统的标准不统一。

（5）工程信息管理。市政工程是城市正常运作必不可少的保证，其信息管理有重要意义。目前，许多城市正在进行市政工程信息系统的建设，如地下管网信息系统、电力电信信息系统、供水管网信息系统等，以便于进行快速统计、查询、定位，及时维修管理，对突发事故应急处理，保证各部门之间的协调合作，避免“拉链路面”的产生和不必要的经济损失，维持市政设施的最佳运行状态。但大多数城市的市政工程信息系统仅局限于一些基本功能的实现，处于办公自动化低水平的应用上，缺乏深层次功能的扩充开发，能够进行空间分析，提供辅助决策支持的系统很少。已建成的广州市地下管线信息系统做出了很好的榜样，除了办公自动化的基本功能外，还提供了管线工程规划综合、辅助设计、地图综合等功能模块，获得了良好的经济和社会效益。

（6）城市问题分析。城市不仅要遭受自然灾害的影响，如地震、洪水、台风等，而且随着城市化进程的加快，大量人口涌入城市，产生了各种社会问题，如交通拥挤、住房紧张、噪声、大气污染、地表下沉、酸雾酸雨等，城市生活质量下降。利用GIS可对这些问题进行预测、报警、救援，分析这些问题产生的原因，判断其影响的广度和深度，模拟预测可能产生的后果，以提供最佳解决方案。GIS在这一方面有广阔的应用前景，国内已有许多成功的应用。但在城市人口研究、城市发展模式和结构，以及相应模型建立方面的应用还不多，有待于进一步探索。

3. 城市规划地理信息系统的发展

国际上的UPGIS研究始于20世纪70年代初期，经过几十年的迅猛发展，目前发达国家已将它作为城市现代化的标志与重要的基础设施之一，用于城市动态管理和规划发展，并将它作为对城市重大问题和突发性事件进行科学决策的现代化手段。城市规划、建设与管理信息化的阶段划分，按照发展进程可分为三个。

（1）以管理信息系统为主体，结合GIS的静态的城市资源管理信息建设，如建立城市的基础地理信息数据库、地籍数据库等空间或非空间数据库，实现城市资源的计算机管理，在登录、查询、检索和图形输出等方面，比传统工作方式有了较大提高。

（2）以UPGIS为主体结合OA的动态规划管理信息建设：面向城市规划，推进办公自动化，加强业务运行系统的建设，扩大服务范围，提高城市动态模拟、实时监测与调控管理的能力。

（3）以“数字城市”“智慧城市”为长远目标，面向城市可持续发展的全数字化信息系统的建设目前正在探索之中。这一阶段，随着城市化进程加快，城市密集区的形成，环境、交通等日趋紧张，对网络化管理和动态调控的需求也日趋增加。遥感系统、物联网技术、云计算技术、全球定位系统、数据自动采集系统和Internet网络技术的结合应用，使城市动态监测管理、公众信息发布、自动辅助决策、宏观调控能力与城市持续发展等实现了飞跃发展。

UPGIS经过几十年的发展，已经在很多方面卓有成效，并广泛应用于城市土地和设施的管理、城市政策评价和分析等方面。UPGIS的更深层次的发展，必须以城市学和区域科学为理论基础，以计算机技术、信息技术的最新研究成果为工具，从机理上建立城市区域系统模型，对城市结构要素的相互作用、相互影响及城市要素空间格局变化和城市发展，进行多维分析和动态模拟，实现UPGIS的最大目标——城市增长预测和城市策略优化。

3.2　规划编制管理系统

3.2.1　概述

规划编制管理系统主要包括规划编制业务管理、规划编制成果管理两部分。规划编制业务管理包括年度规划编制计划制订、规划编制项目的组织管理、规划编制技术要求审批、规划调整、规划编制成果验收入库、外部条件和规划控制线入库、规划编制单位信息管理等业务；规划编制成果管理包括规划编制数据管理、规划编制数字档案管理和规划控制线审定成果、外部条件数据管理等几部分。

规划编制数据主要涉及以下几方面的内容：区域环境、历史文化环境、自然环境、社会环境、经济环境、市政公用工程系统（给水、排水、供热、供电、燃气、环卫、通信设施和管网）、城市土地使用等。

规划编制数据主要用于管理控制性详细规划和其他规划[城市总体战略研究、城市各区域土地利用规划、大交通设施规划、城市绿地系统规划、城市公共设施（包括商贸、医疗等）规划、城市市政设施规划、历史文化名城规划、城市特色地区规划、风景旅游规划等]。

城市规划编制管理系统的目标是实现信息系统和数据资源的整合，实现规划编制单位与单位内、外各部门间的信息共享、数据交换和系统互操作，并为规划审批提供规划支撑、依据和参考，从而提高办文、办案、办事效率。具体目标包括：

（1）参考城市规划及信息化建设的相关标准、规范，建立一套有弹性并适用于城市规划编制成果数据入库的城市规划编制成果数据入库标准，为测绘数据的生产、检查、入库与应用共享提供标准与依据。

（2）执行对各类规划编制成果数据的检查、验收、入库及统一管理。

（3）与规划管理办公自动化系统紧密集成，为规划编制成果档案管理与建库、规划编制成果GIS数据建库、规划审批管理及其智能检测服务提供数据与功能支撑。

（4）为规划审批提供规划支撑和依据，并为网站更新等其他系统提供数据源。

3.2.2 系统功能

1. 年度规划编制计划制定功能

制定功能包括以下八个方面。

（1）新建。新建项目立项建议书（各责任部门使用）。

（2）查询。按照年度、项目名称、责任部门、项目类型等查询立项建议书、项目范围图（各责任部门使用）。

（3）修改。修改立项建议书（各责任部门使用）。

（4）制订计划。将已审核的立项建议书转为规划编制年度项目计划（各责任部门使用）。

（5）统计。按照责任部门、计划年度、类别、组织方式等各项属性统计年度规划编制计划，按照责任部门经费安排额度表。

（6）分析。规划编制计划项目空间分布分析。根据统计结果分析年度计划项目的构成情况、经费分布等，根据项目的进度，分析年度规划编制计划的推进情况。

（7）专题图。规划编制计划项目空间分布专题地图。根据各类属性统计分析制作饼状图、柱状图等。

（8）输出报表。输出以上统计内容到 Excel 表格。

2. 规划编制项目的组织管理

规划编制项目的组织管理涉及以下八个方面。

（1）增加项目。如果需要增加项目，项目基本内容为空白，需要经办人填写，调整类型只能为增加项目。

（2）取消项目。如果已经纳入计划的项目要取消，需要选择已有项目后，执行项目取消功能，自动填写项目基本信息，调整类型只能选择项目取消选项。

（3）内容调整。如果已经纳入计划的项目要调整，需要选择已有项目后，执行项目调整功能，自动填写项目基本信息，调整类型不能选择项目增加选项。

（4）调整版本管理。调整一旦确认，相关调整的信息需要返回计划中调整相应内容，按照调整内容执行，并且保留原有版本。

（5）编制工作日志管理。在规划编制过程中根据需要记录项目工作日志，内容包括时间、地点、人物、事件。

（6）添加多媒体资料。在规划编制项目组织管理的各个阶段，可以添加相应的多媒体资料。

（7）审批流程。完成计划项目调整、工作计划认定、征集单位材料的发出、合同拟定、经费支付后，申请进行专家评审、技术委员会审查、公示。

（8）链接功能。可以将规划编制项目与公文、会议纪要、项目审批的案件号链接。

3. 规划编制单位信息管理

规划编制单位信息管理有以下两项功能：①以表单的形式为规划编制单位提供信息录入、查询和删除功能。②可查询规划编制单位基本信息和信用状况，并可实现链接到征集单位的相关工作中。

4. 规划编制数据管理

规划编制数据管理由以下十一项功能组成。

1）浏览功能

（1）图层界面默认按照各种专题的方式调入图形，如土地利用规划图、规划控制线图、土地利用现状图。

（2）任意组合要素浏览：可以选择规划控制线中的道路红线层和土地利用规划图中的居住用地层组合显示。

（3）选取相似属性（如大类、中类）的地块层显示或者不显示功能。

（4）根据用地属性条件查询显示。

（5）可以设定自己感兴趣的要素图层组合显示。

2）数据检查

主要完成按照规划制图规范及成果归档数据标准制作的规划编制项目数据的检查，提供对各种规划编制成果数据进行检查的功能。在数据进入规划编制成果数据库前，均需调用此服务的相应功能对数据进行前期检查，搜索可能隐藏的错误与数据缺陷，并形成检查报告。

检查的数据类型、格式与内容如下。

（1）各比例尺的数字线划图（digital line graphic，DLG）数据。主要检查内容为数据精度、几何图形、拓扑关系、属性等。DLG 数据的检查也可以引入更为专业的软件工具来完成。

（2）各类专题图数据。矢量与栅格均有，需根据实际情况确定。

（3）元数据。外部批量导入时，一般为文本或 Access 格式，需要对其内容的正确性、完整性进行检查。

3）数据入库

对于各类经过检查的规划编制成果数据，满足入库的数据标准后，执行入库操作。

入库时，应同时在规划编制成果元数据库中添加相关的元数据条目，如规划名称、规划类别、组织单位、编制单位、批准单位、批准情况、规划覆盖情况等，并在版本记录中进行注册，同时写入操作日志。

入库操作一般针对完全新增的数据进行，对同类同区域数据进行更新入库操作时，需调用数据更新服务，进行更多的关联处理操作。

4）数据转换

指不同文件格式、不同数据库来源或者不同分类代码数据之间的转换。

5）数据更新

当对同类同一区域不同时间的规划编制成果数据进行入库操作时，即要进行数据更新的操作。

规划编制成果数据库的更新采用四种方式进行，各类规划编制成果数据库、编制单元、图则单元（单元的合并、拆分、调整等）、规划实体要素（如道路、地块等）。根据以上内容的变化，进行数据的导入更新与版本管理。

数据更新过程中，需要进行一系列的关联处理，以满足规划编制成果数据库的版本管理与元数据管理要求，更新过程中需要进行的处理流程及相关的关联操作简述如下：①查找规划编制成果数据库中已存在的对应数据的数据标识与版本号；②在成果版本库中增加新的版本记录，版本号递增，并创建新的数据标识；③在元数据版本库中增加新的版本记录，版本号递增，并与已创建的新数据标识建立关联；④为数据源分配存储命名空间，并与已创建的新数据标识建立关联；⑤将元数据导入数据库；⑥将成果数据导入规划编制成果数据库的指定位置；⑦设定更新成功标志。

6）信息查询

信息查询服务主要可分为元数据信息查询、坐标查询、关键字查询、地名查询、注记查询、图形查询等。

（1）元数据信息查询。元数据不仅是最为详细的数据目录清单，还包含丰富、完整的数据描述信息，是用户了解规划编制成果数据库的内容，在系统中快速查找、定位需要的规划编制成果数据的重要途径。用户可以使用不同的组合条件在元数据库中进行检索，并可以单击检索结果定位到对应成果的空间范围，并调出该成果进一步查看。

（2）坐标查询。用户可以直接输入坐标值进行定位，然后查看当前窗口范围内的规划编制成果数据。坐标查询包括输入单点坐标、坐标范围定位两种方式。

（3）关键字查询。可以通过输入规划编制成果数据在规划编制成果数据库中登记的基本信息的关键字进行条件查询，可进行查询的关键字类型一般有规划名称、规划类别等。

（4）地名查询。可以叠加基础数据中的地名库，利用地名查询定位空间范围，然后可进一步查看该范围的规划编制成果数据情况。

（5）注记查询。可以叠加基础数据中的注记信息，利用注记查询定位空间范围，然后可进一步查看该范围的规划编制成果数据情况。

（6）图形查询。用户可以点击或者选择当前窗口范围内的测绘成果数据，根据图形进一步查看其相应的属性信息、元数据信息等。

7）统计分析

系统提供对各类规划编制成果数据的统计分析功能，包括按时期统计规划编制成果、按规划类别统计规划编制成果、按组织单位统计规划编制成果、按编制单位统计规划编制成果、按图幅统计规划编制成果、按版本统计规划编制成果、按项目统计测绘成果、按查询结果统计测绘成果。

8）元数据管理服务

元数据管理服务提供各类规划编制成果元数据的录入、编辑、删除等操作。

规划编制成果的元数据管理按四个层次进行，分别为各类规划编制成果数据库、编制项目、编制单元、图则单元。

元数据管理还应包含规划编制成果元数据的版本管理功能，包括版本的查看、编辑、删除等。

9）版本管理

版本管理包括元数据的版本管理及规划编制成果数据的版本管理两部分。规划编制成果数据的更新、版本管理应与元数据的版本管理操作进行关联，对规划编制成果数据的版本管理操作会影响相应版本的元数据。

规划编制成果的版本管理按五个层次进行，分别为各类规划编制成果数据库、编制项目、编制单元、图则单元、规划实体要素（如道路、地块等）。

规划编制成果版本管理包括版本的基本信息查看、成果数据浏览、删除等功能。

10）数据输出

可以按照各种专项导出 DWG 等格式数据，数据图层的标准和控制标准一致。按照编制单元导出图形，为规划编制成果数据的分发与共享提供工具与手段。绘图输出服务主要实现以下几个功能。

（1）指定矢量格式数据输出。规划编制成果的矢量数据可以按多种方式输出，如按图幅、按行政区划、按任意空间范围、按成果类别、按项目、按查询结果等固定绘图区域输出，也可按照固定比例尺输出和非固定比例尺输出。

（2）转为栅格格式数据输出。规划编制成果的栅格数据主要是 GeoTiff 或 Tif 格式，转出时也可以按多种方式进行，如按图幅、按行政区划、按任意空间范围、按成果类别、按项目、按查询结果等。

（3）输出到打印机。

（4）绘图仪输出：绘图预览、绘图仪设置。

11）可视化符号定制/配置服务

规划编制成果符号应根据建设部有关规定、规划部门的约定及各级规划图的特殊表示等因素生成相应的符号库。该服务主要包括以下功能：符号制作、符号编辑、符号保存、符号添加/删除、符号交互式配置、根据规划要素设置相应的符号组、进行多个符号组的配置。

5. 规划编制数字档案管理

规划编制数字档案管理服务可以对各种规划编制成果档案资料进行建档、归档、查询、档案维护等操作，主要功能有新建案卷、封闭案卷、销毁案卷、类目管理、案卷借阅管理、档案信息查询。

数字档案管理的对象包括项目的组织管理过程档案、成果数据档案（中间成果、验收成果）和管理规划编制项目产生的图形数据。规划编制项目形成报审成果并经局技术委员会通过、修改完善后进行成果的验收，通过验收的成果图形数据，主要包括现状图则、规划文本图则、规划技术图则等。

数字档案管理的内容包括建立档案库（编号、填写著录单、产生借阅登记表）、借阅管理、档案入库及销毁、档案的移交（移交编研中心、档案馆）、增补档案材料。

3.3　城市规划审批系统

3.3.1　概述

规划实施管理的基本内容主要是围绕核发一书三证进行的，包括一书三证管理、批后管理、数字报建等内容（图 3.10）。

城市规划审批管理系统的建立要基于各子系统和资源之间的相互关联，体现人性化及可扩展性等特点，重视系统响应速度快捷的要求。其具体目标如下。

（1）在充分考虑信息技术对业务过程变革需求的辅助支撑和新的规划管理改革举措的前提下，以核心业务一书三证为主线，优化现行业务流程，研发一套简洁、方便、稳定、高效的规划管理业务应用系统，研发包含一书三证规划审批、批后管理及审批结果的延期、变更等在内的规划实施管理系统，建立规划审批数据库、批后管理数据库和规划监察数据库。

（2）考虑好分局、区县及开发区等分区管理模式下联网办公的系统架构和资源共享方式；考虑好与规划监察大队、档案馆联网办公的系统架构和资源共享方式；考虑好与城建政务大厅之间的网上信息交换共享方式；考虑好与部委之间的网上并联审批方式；考虑好与内、外网城市规划网站信息发布的信息交换共享模式和内容；考虑好与城建档案馆档案信息系统之间的信息共享与交换方式。

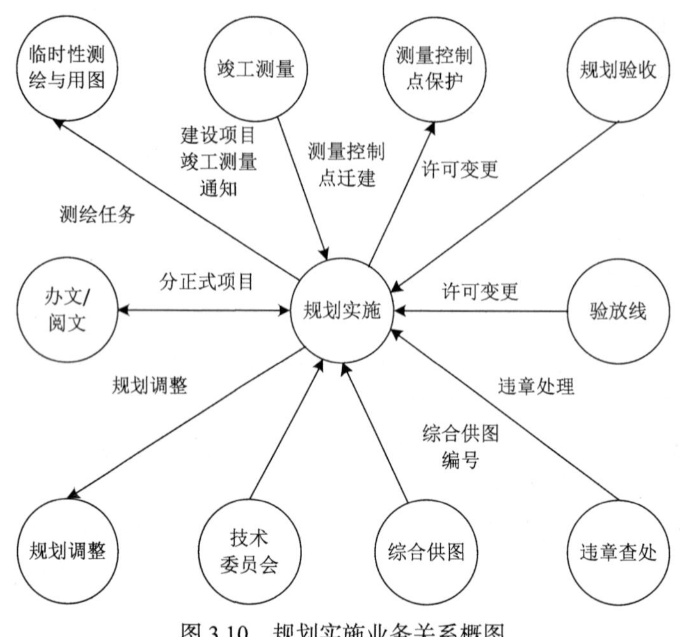

图 3.10　规划实施业务关系概图

（3）该系统建立在测绘成果数据库、基础地理信息数据库、规划编制成果数据库、规划编制成果 GIS 数据库等基础之上。

（4）完成批后管理各项业务管理功能，主要包括：①验线，开工前核验和建至 ±0 复验（建筑工程施工至底层地面设计标高；管线工程施工至覆土前），验线可能分多次进行；②规划验收（建筑、市政）。

城市规划审批管理系统的数据分别从基础地理信息数据库、规划成果数据库、规划建设用地数据库、建筑工程数据库、市政工程数据库、规划审批数据库、批后管理数据库中获取（图 3.11）。

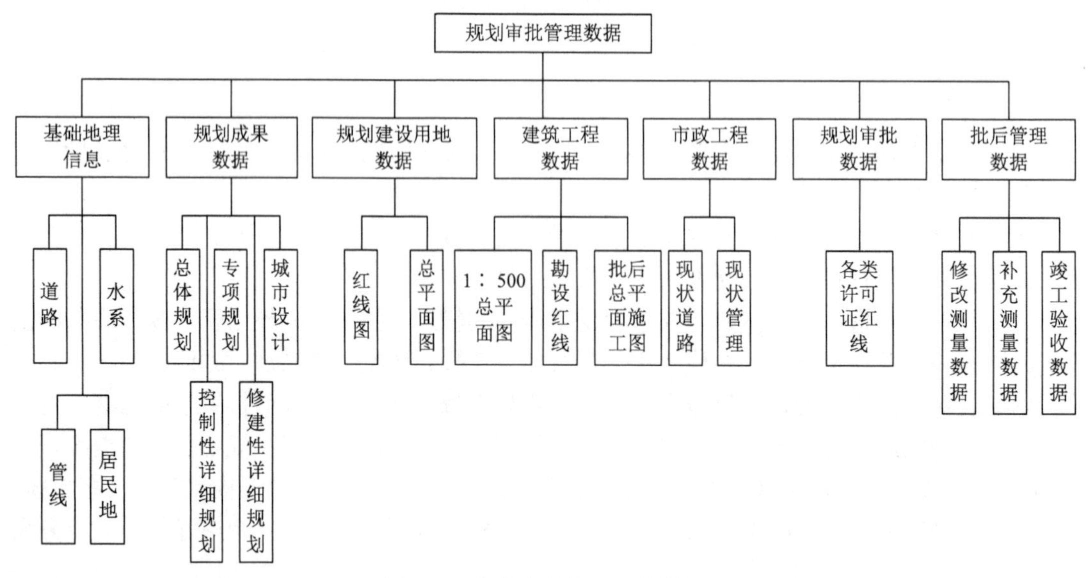

图 3.11　规划审批管理系统数据

3.3.2　系统功能

系统特有功能服务主要包括综合供图服务、数字报建服务、业务审批服务、图形审批服务、批后管理服务、网上服务（图 3.12）。

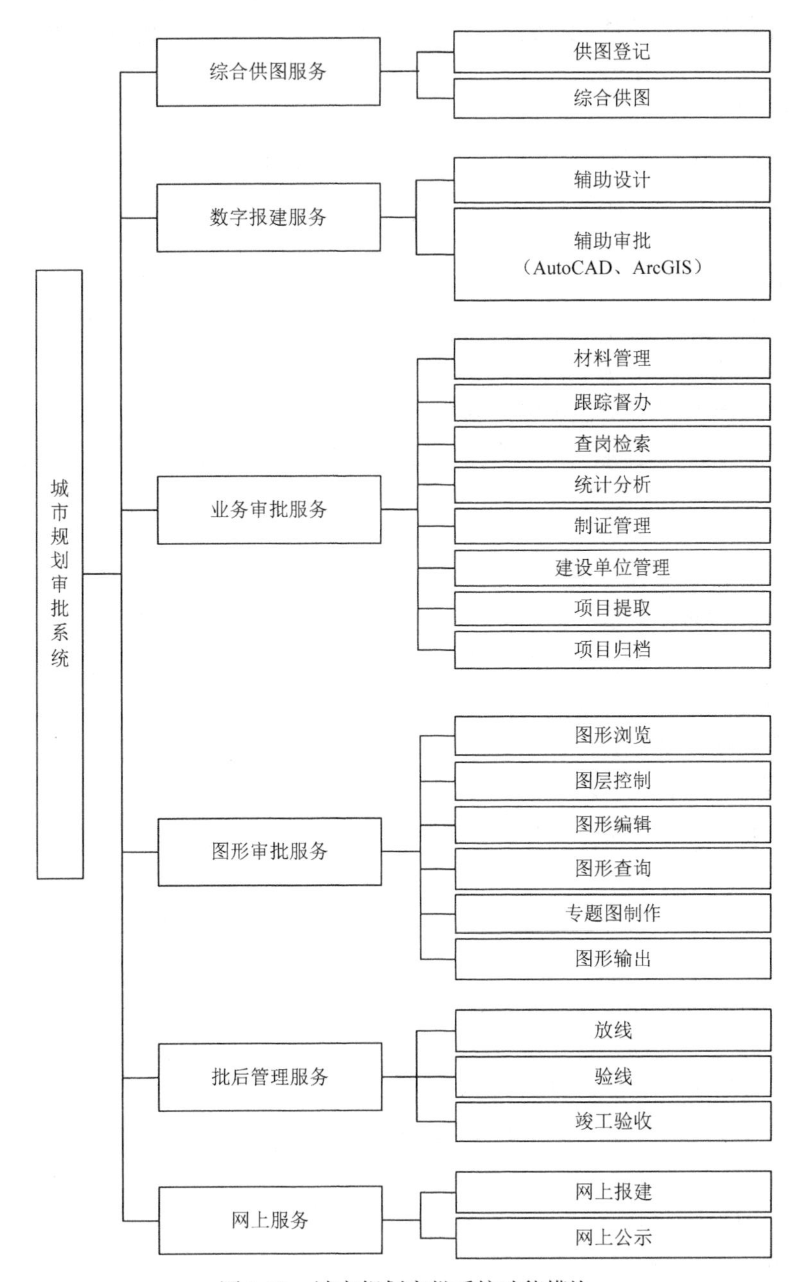

图 3.12　城市规划审批系统功能模块

1. 综合供图

建设单位在申请建设项目审批时，需购买建设项目范围内及周边的现势地形图、外部规划条件及图件，这些图件由报建窗口按建设单位申请要求提供。提供过程包括供图登记和综合供图两个环节。

（1）供图登记。实现对每次供图结果进行登记，提供唯一的综合供图编号，查询、统计供图面积及收取费用等信息，打印供图申请回执单。

（2）综合供图。对外提供综合图件（地形图、外部条件、要点红线、影像、审批结果等），提供方便地指定供图范围的功能（公里格网、缓冲区等），并裁剪输出 DWG 格式或打印绘图，在供图数据库中对供图范围要有状态标志（已申请、已更新）。

2. 数字报建

数字报建是项目报建各阶段将纸质成果转为数字成果提交规划管理部门进行审查、存档，通过统一的图形规范、属性标准，实现指标的自动计算和统计。

1）辅助设计

辅助设计模块是提供给设计单位的辅助设计工具，解决不同设计人员工作习惯差异造成的没有经过统一标准的规划草图问题。辅助设计的主要内容是根据一定的规则对草图进行技术处理，将不同标准的图纸统一成信息规范的成果图。

辅助设计主要实现度量单位设置、创建新层、图层合并、转换多义线、属性输入、对象拷贝、多义线检测、属性检测、图形检测、建筑明细表、获取最大轮廓线、释放重叠标准层等功能。

2）辅助审批

辅助审批主要用于规划审批单位计算和审核综合技术经济指标。通过一套完善的图形检测和经济指标计算体系，能够自动检测出图形的错误和计算要求的经济指标，并能自动生成文本输出。为保证指标计算的准确性，绝大多数规定图层的设计数据都要求通过属性输入功能输入属性数据。辅助审批将规划属性信息与图形结合在一起，一方面保证计算的准确性；另一方面，数据随图层的方式保证了管理与设计两个阶段数据的一致性。经济指标计算系统根据图形及其属性自动计算各项规划设计方案的综合技术经济指标，自动生成文本成果输出，快捷、准确，降低了设计人员的工作强度，同时保证了工作质量。

3. 业务审批

业务审批服务主要是为一书三证审批过程提供数据及查询、分析等服务功能。

1）材料管理

系统集成文件扫描，多页自动组合成 PDF 格式的功能。

提供“数字报建”辅助设计及审查系统间的数据接口，对报建材料、案件相关材料等多种数据文件格式（Word、Excel、3DMax、Photoshop、CorelDraw、JPEG、BMP、TIF、PDF、DWG、MP3、WAV、MPEG、RM、RMVB、WMA 等）进行管理、入库操作，并能够方便查阅、核对。

支持 AutoCAD DWG 图形数据（设计平、立、剖面图）的集成浏览、编辑、修改、保存、复制、导入、导出等功能。

2）跟踪督办

提供案件办理周期提醒功能，以不同颜色表示案卷办理的周期：红色表示超期；黄色表示警告、快超期；黑色表示正常办理。

提供跟踪督办功能。例如，局长、书记等有权随时督察全局任何案件；监察室、总工办、综合处可查看全局任何案件；规划处可查看全局用地案件；市政处可查看全局市政相关案件。

提供可视化案件运转流程状态查看功能。

3）查询检索

属性查询：提供点、矩形、线、面等几何查询和缓冲区查询方式，查询图形信息及其属性信息。

图文互查：能够通过案件的某一属性数据查询到该案件的详细信息，也能够在图形上通过空间查询，查询到某一案件的详细信息。

案件查询：对案卷（正常在办、延期在办、正常结办和延期结办的案卷）的基本情况进行查询，了解案件的基本信息、相关信息、办案记录、审批意见及图形信息。

在办案件查询：在图形数据中查看在办案件的图形数据，并可以调出其详细属性数据。审批办理人员由此可以查看自己正在办理的案件周围其他正在办理的案件信息，这样可以有效避免案件审批过程中出现错误。

历史案件查询：在图形数据中查看历史案件的图形数据，并可调出其详细属性数据。审批办理人员由此可以查看自己正在办理的案件周围其他已经办理过的案件信息，这样可以有效避免案件审批过程中出现错误。

违章查询：违章的建设单位及违章内容在规划审批中可查询和关联。如果该单位有违章，建设单位栏目中涉及该单位所有在办项目的审批表中自动标示类似“违章单位”的字样，并且可以查询违章的具体信息。

4）统计分析

统计分析包括效能的统计、分析及清单，信息来源于各相关系统。借助统计分析，纪检监察部门可以建立对审批过程的监督，会同总工办、规划处等部门建立起对全局审批管理的监管分析；局长、书记等有权随时督察全局任何案件；监察室、总工办、综合处可查看全局任何案件；规划处可查看全局用地案件；市政处可查看全局市政相关案件。

5）制证管理

规划业务的许可证有一书三证，每个许可证都有唯一的许可证编号，许可证编号来自案件编号。系统提供可视化打印制证、证号管理功能。

6）项目提取

能够重新由系统恢复“数字报建”当前及以往各阶段的申报和审批结果的“数字报建”光盘。

单个项目审批的全过程内容可单独下载并装入计算机，以便局外汇报、技术研究等。

7）项目归档

完整档案的整理（审定时本项目的地形图、规划信息、审批过程、审批结果等历史现实）和形成（图形包括 AutoCAD DWG 格式、GIS 格式两套），并列出项目报建和审批过程（如何时申报、何时出要点、何时审批方案等）的清单及案件办理过程中所有相关的会议纪要、文件、指示等，系统中未及时关联的办案记录，可人工补充；该部分的信息还要和档案管理子系统关联，数据自动归入档案管理子系统。完整档案应该包含：总档案内容列表清单、项目基本信息、申报和审批过程、申报材料（申请、证书、批文纪要、图件）、审批结果（要点、审查意见、图件、许可证书电子版）、批示、办案记录、照片、录音、录像等。

违章查处、信访接待、延期、变更的信息要和相应的审批管理信息一起归入档案管理信息。

4. 图形审批

规划报建项目审批过程中，除需要处理申报材料、填写表单外，还涉及图形的操作与审批。

1）图形浏览

系统对各种比例尺的地形图、所有规划编制成果、其他专项 GIS 数据以不同颜色进行显示，提供中心放大、中心缩小、拉框放大、拉框缩小、漫游等基本视图浏览功能，还提供快速索引定位（包含主要路网、水系、山体、地名注记等定位要素）、坐标定位、注记定位、图幅号定位等视图定位方式；允许用户自定义图层显示颜色、显示比例尺等。

打开单项案件办理时，自动定位到该案件项目的地理位置，并快速缺省显示规划路网图（该地块有外部条件，则显外部条件，否则，显示来源于控制性详细规划的规划路网）、最新大比例尺地形图、“数字报建”设计方案总平面图等，并且调出规划审批核心图形信息、所有数据资源信息，分开列表显示。核心图形信息如下。

（1）测绘成果图。包含最新的 1∶500、1∶1000 地形图；最新的高分辨率影像；验线数据；竣工测量数据。

（2）作为审批依据的规划信息图——规划编制成果。包含控制性详细规划的核心成果——应用图则部分；规划控制线数据库。

（3）作为审批辅助依据的规划信息图——规划过程成果。包含基本农田图；特定意图区分布图；建筑高度分布图；最新的尚未纳入控制性详细规划的成果（消防、绿化等）。

（4）项目周边的办结、在办案件的最新审批成果图。

依据时间段、经办处室、经办人、名称、办案阶段（要点、选址、用地、方案、许可证等）、办理状态（待办、在办、办结）等不同条件组合，自动显示各类案件的分布图，也可以按各分局只显示自己管辖范围的图。案件办理界面可以从项目列表清单选择单项案件进入，也可以直接在图形界面状态中选择特定位置进入（视个人不同权限而定）。按显示比例尺从小到大，从全局到局部，从不同颜色、形状的点状符号，从出现建设单位、项目名称、时间、申报阶段、项目轮廓到项目主要图形逐步显示细节。

违章案件查处、信访、复议、应诉等的办理可以从违章案件列表清单选择单项案件进入，也可以直接在图形状态界面中选择特定位置进入（视个人不同权限而定）。

公文、纪要办理可以从列表清单选择单项记录进入，也可以直接在图形状态界面中选择特定位置进入（视个人不同权限而定）。按比例尺从小到大，从全局到局部，从不同颜色、形状的点状符号，从出现公文、纪要的名称、日期、密级到来文单位等逐步显示细节。

2）图层控制

用户在进行图形编辑操作时，为了易于操作，需要对图形数据加载和显示进行控制。

在图形审批状态下，图层的设置除规定的缺省图层一致外，允许用户自定义添加图层，并随时调整、删除自定义的图层，自定义图层仅对该用户有效，且对该用户的任何审批项目、阶段、环节均有效。系统启用后，对各类已有缺省审批的图层设置，包括用户自定义图层设置的修改、调整及删除等，不应该影响当时使用该图层原设置进行审批形成的审批结果的表现形式（但允许用户选择按照最新缺省审批图层及用户设置图层的设置统一进行图形表达）。也就是说，审批图层的设置也需要进行历史版本管理和回溯。

系统支持在审批界面中自动叠加"数字报建"的总平面图和指标计算图（DWG 格式）到地形图上的操作。

3）图形编辑

系统提供以下两套图形编辑方式。

第一种编辑方式：系统提供 B/S 或者 C/S 架构在线图形编辑方式，类似 AutoCAD 部分功能及操作形式。退让控制线自动生成：根据规划道路红线、文物紫线、河道蓝线、绿化绿线、电力黑线、轨道交通橙线等规划控制数据及其属性信息，按照对应的规划法律、条例、细则、文件、纪要的有关控制参数规定，用户通过选择相应规划数据，将对应的控制退让指标作为参数自动生成退让控制范围线（平行线）。

第二种编辑方式：考虑规划人员的传统习惯，采用 AutoCAD 作为辅助前端数据的在线编辑和审批环境，后端采用空间数据引擎作为数据的存储管理引擎，充分利用 GIS 的数据管理功能。前端的 AutoCAD 环境连接空间数据引擎，显示背景图（地形图、规划图等），直接使用测绘成果数据库和规划编制成果数据库的原始 DWG 格式数据，新增和修改过的内容要自动上传至规划审批数据库。

4）图形查询

空间位置查询是通过空间位置的定位来浏览显示各类数据，使用户能够快速找到自己感兴趣的区域。

属性信息查询用于查询显示各类数据的属性信息。数据种类较多、格式复杂，因此，在属性查询时，将按数据集分类和按数据层分类分别进行查询，并进行相应的属性显示。

5）专题图制作

专题图模块为用户提供了一个可以扩展的、功能完备的图形显示功能。符号用来解决如何绘制单个地物的模块的问题，专题图用来解决如何渲染一个地物层的模块。用户对绘制的需求是千变万化的，系统可以实现如下几种基本的专题绘制功能，基于它们可制作各种应用专题图。

普通符号化：用户设定用来做渲染的符号，然后用这个对象渲染该图层的每一个对象。

质地填充：根据对象不同的属性值为其设定不同的表现方式。

分级颜色：根据对象属性的不同将对象分级，分级的方式不定。然后，按照不同等级使用不同的颜色进行绘制。

分级符号：根据对象属性的不同将对象分级，分级的方式不定。然后，按照不同等级使用不同的符号进行绘制。

点数法图：在一个区域内用点的密度表示一个对象各种参数的多少。

分区统计图：包括饼图和柱图，以及专题符号组件。这些组件的目的是使用户可以更加方便地使用专题符号来表现数据。

在数据库建库完成后，由于数据类型多样、用户需求多样，需要根据不同的应用制作相应的应用专题图形，使用者可以根据自己应用的不同，在空间数据库中增加自己的专题要素，如植被专题图、水系专题图等；专题图制作过程如下。

制图模板的定义、选择：制图模板是按照专题图制图的类别来分类的，系统预设了常用的几类专题制图，用户可以按照自己的专题图类别来选择模板进行制图，也可以自己定义模板来制图。

制图范围的选择：用户可以通过输入矩形的四个角点坐标、在屏幕上拉框、输入标准图号等方式来定义范围。

制图要素的选择：用户可以决定哪些数据在专题图中出现，可以选择数据的类别（如 DLG 数据、DEM 数据、DOM 数据、地名数据等），同时支持对 DLG 数据集中各层数据、地名数据进行 SQL 选择，对 DEM 数据进行晕渲设色等操作。

专题图的制作：经过模板选择、制图范围定义、要素选择等操作，进行专题图的制作。

专题图的输出：通过外设设备可以把专题图打印输出，或者把专题图输出为 BMP、TIF 等格式的图像文件。

6）图形输出

对生成的报表、专题图及对应的分布图，能够打印输出和数据导出。

基于图形数据及审批信息的专题信息查询、统计、分析及其专题成果的显示、输出和打印。

数据库的输出功能是数据库的重要功能之一，用于用户对数据库内的数据进行提取。数据的提取将按照数据的类别分别进行。数据提取时需要定义提取范围，根据各种数据的特性，有不同的范围定义方法，以尽量保证满足数据提取的需要。数据可按标准图幅、行政区划、任意区域输出交换格式数据及打印图形输出；可输出带有图廓整饰的标准图幅的 DWG 格式的基础地形数据；可输出 DXF、DWG、Coverage、Mif、国家标准交换格式 VCT 等矢量格式数据；可输出 TIF、GeoTiff、BMP、JPG、ECW、MrSID 等影像格式数据；可输出打印各种专题图。

5. 批后管理

为保证城市规划的实施，城市规划行政主管部门核发建设用地规划许可证和建设工程规划许可证后，还必须对建设用地和建设工程实行批后管理。一是对建设用地征用定桩的复验；二是对建设工程的放线、验线；三是对建设工程的竣工验收。批后管理业务关系如图 3.13 所示。这是城市规划实施监督检查管理的重要内容。《中华人民共和国城市规划法》对此也作了明确的规定。例如，第三十七条规定：“城市规划行政主管部门有权对城市规划区内的建设工程是否符合规划要求进行检查”；第三十八条规定：“城市规划行政主管部门可以参加城市规划区内重要建设工程的竣工验收”。

建设单位申请规划验收的已竣工的建设工程，包括建筑类建设工程和市政类建设工程，凡经批准并已办理的一书三证中所确定的建设项目的地点、使用性质、建筑高度和层数、建筑密度、容积率、绿地率、退线要求、停车场（库）等规划管理技术控制指标和时限要求，都属于批后管理的内容和范围。

1）放线

建设工程经规划、报建批准后，为了保证建设按规划确定红线进行，必须进行放线。

2）验线

建设工程经放线后，在运土施工之前，必须检验校核放线结果即验线，确保放线正确无误。

（1）验线申请。建设单位到窗口申请验线，提交放线成果数据等资料。

（2）验收受理。窗口核查材料，符合相关规定的，给验线申请编号，打印建设工程验放线收件单，取出定位红线图和外部条件图放到验线档案袋中，交给验线组。同时，系统需要查询是否存在放线成果图，如果不存在，则要求建设单位提供放线成果图，同时检查工程规划许可证是否过期。

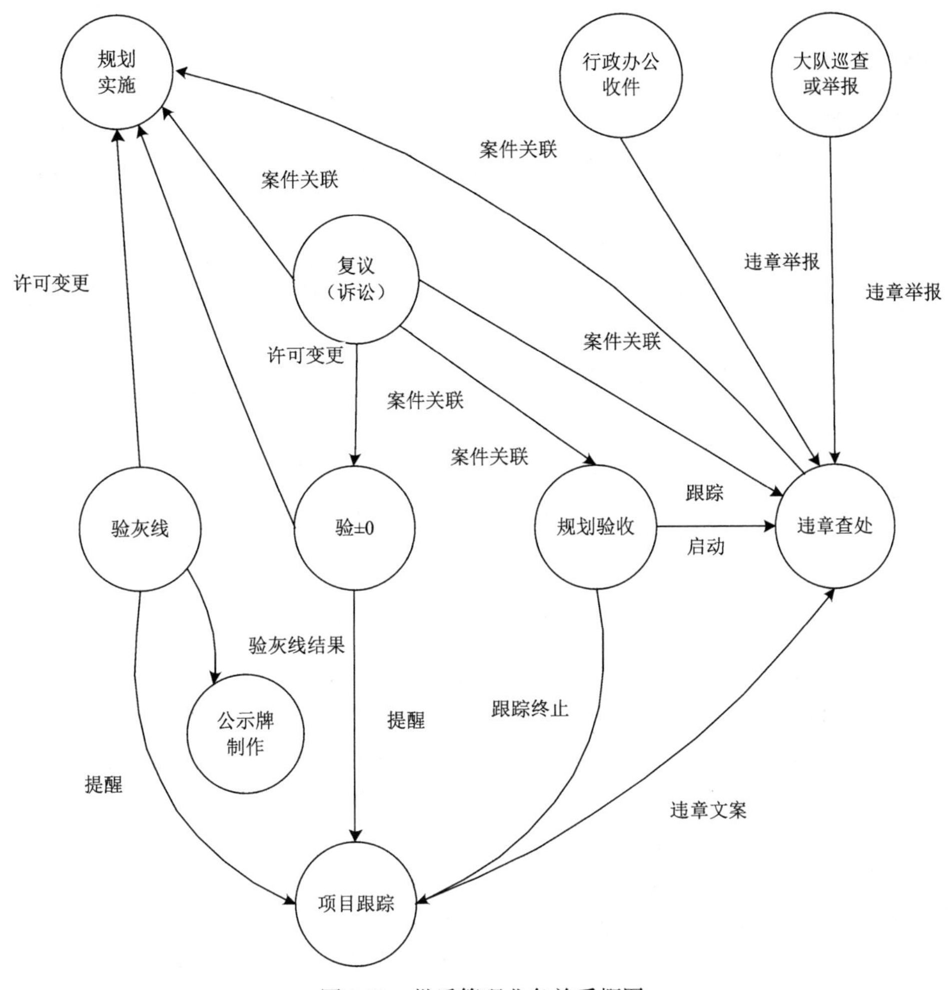

图 3.13　批后管理业务关系概图

（3）验线实施。验线经办人根据窗口或系统提供的放线成果图和总平面定位图等资料到现场完成验线工作，完成后直接将验线成果图和处理意见添加到规划局验线成果库中。

3）竣工验收

竣工验收是对建筑物竣工后的验收工作。

6. 网上服务

网上服务是规划管理部门以网站为载体，推进政务公开，打造“阳光规划”的有效方式，内容主要包括网上报建和网上公示。

（1）网上报建。在网上设置审批业务栏。所有规划审批事项均可通过该栏目进行网上报建。

（2）网上公示。在网上设置各类公示栏。公示的内容包括所有建设项目的审批状态、审批结果、违章处理信息、项目批前公示、批后公示等。所有项目在办结束后，信息自动转至网上的公示栏中。

3.4　城市规划动态监测系统

3.4.1　概述

城市规划动态监测系统是以 RS、GIS、MIS（management information system）、CAD 等为技术手段，以计算机网络为信息发布交换平台，以城市规划强制性内容为主要业务内容，建立的城市特别是重点风景名胜区的各类开发活动和规划实施情况的动态监测信息系统。其具体方法是运用遥感技术，对不同时相的高分辨率卫星遥感影像数据进行比对，提取出反映城市建设用地变化情况的变化图斑，然后结合城市规划的相关资料，对城市总体规划的实施情况进行综合评价，得到规划实施过程的结果，包括符合规划情况、用地性质变更情况、用地面积、相关规划实施管理情况等，发现违反城市规划的重大事件时，及时依法处理。

系统的目标是通过对规划监察违法案件从受理、立案、调查取证、案件审理、送达执行到结案归档各个环节的信息进行统一处理，从分析规划监察的业务流程出发，分析数据的构成及特点，并构建如图 3.14 所示的业务模型，实现违法案件从受理、立案、调查取证、案件审理、送达执行到结案归档的全过程计算机化办案。

对案件处理流程及使用的各类审批表按有关法律、法规规定和相关文件进行统一规范，用一组业务流程图描述执法监察业务办案过程的规范化工作程序及相应的审批表,实现图形、案卷简单快捷查询；受理案件及时入库及办公过程的实时监督；用直观形象、清晰整洁的界面完成办文办公的全过程，为领导提供有关信息，简化“两违”案件的办公流程，提高办公效率。动态监测系统将会与多种数据源打交道，每种数据源的数据格式也各不相同。从系统最高层次的角度，可以将动态监测系统看成是由两个逻辑层组合而成的，在各个层中并没有直接的程序接口，它们是通过数据共享产生的数据流联系在一起的（图 3.15）。

在系统的实现上，采用面向对象和组件技术结合 API 的基础上进行二次开发，同时增加变化检测模块，将整个系统按照业务流程和功能划分为图像处理与变化检测子系统、矢量数据建库与管理子系统、影像数据建库与管理子系统、GIS 分析与查违应用子系统、GNSS 应用子系统、WebGIS 应用子系统和综合应用示范子系统。

（1）图像处理与变化检测子系统。主要完成基本图像处理、几何校正、影像配准、分类和融合、变化检测功能，将得到的图像数据处理成为具有精确地理坐标的影像图。通过对比不同时相的影像，可以检测出地物的变化情况，并将相应的影像、变化矢量图斑等信息存入数据库。

（2）矢量数据建库与管理子系统。主要完成矢量数据建库、数据入库和管理功能。

（3）影像数据建库与管理子系统。主要完成多时相影像数据建库、数据入库和管理功能。

（4）GIS 分析与查违应用子系统。主要通过对变化图斑的对比分析来查处违章用地和建筑。

（5）GNSS 应用子系统。主要为野外验证提供导航服务，并为查违工作提供辅助信息。

（6）WebGIS 应用子系统。在本系统建立的审批数据库、影像数据库及变化图斑数据库的基础上，通过政府专用网络环境向相关部门进行有关信息发布。

（7）综合应用示范子系统。将利用遥感手段进行城市规划综合应用的成果进行专题项目的演示。

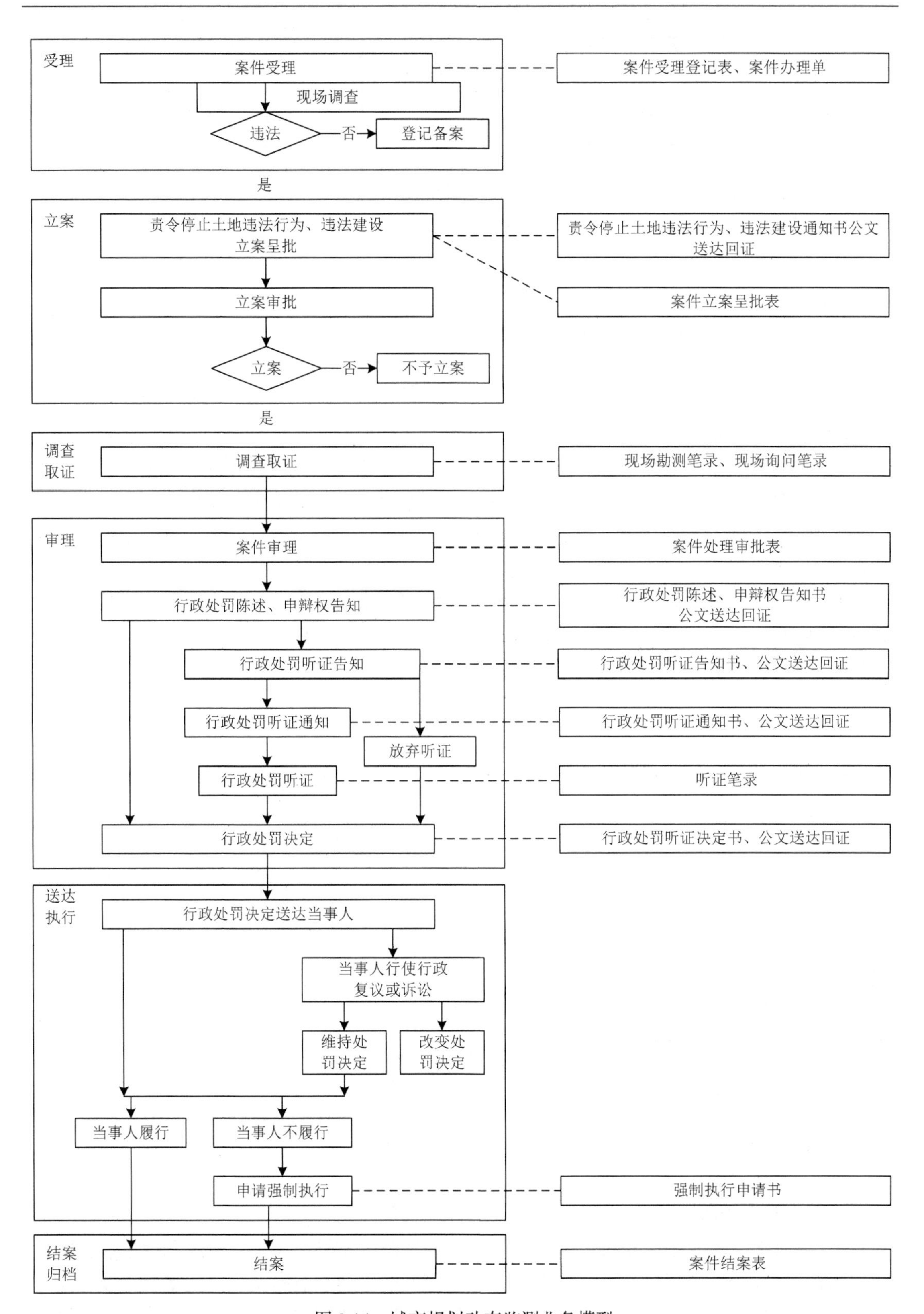

图 3.14　城市规划动态监测业务模型

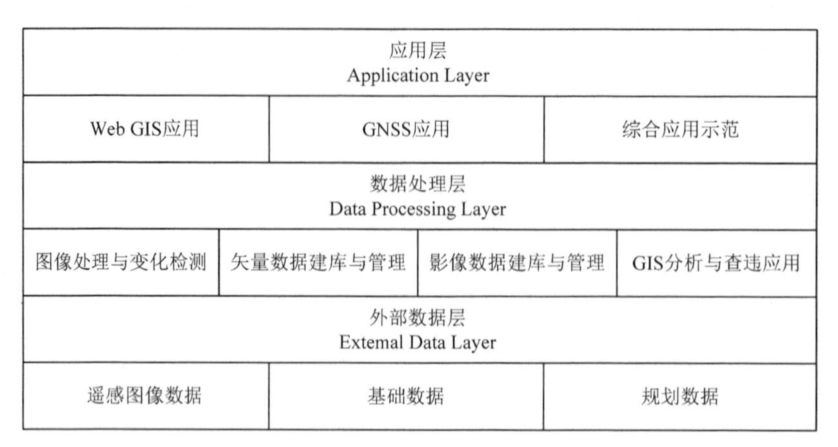

图 3.15　城市规划动态监测系统逻辑层

规划动态监测系统主要涉及多时相遥感数据、基础地形数据、规划控制数据、规划成果数据、规划管理数据、验线数据、竣工测量数据、违法建设判读核查数据、规划监察表单数据。其中，多时相遥感数据用于实时、动态监测规划建设的用地范围；基础地形数据用作规划量测的标准；规划控制数据、规划成果数据、规划管理数据是建设工程实施的依据。二者结合可作为判定工程是否违规的依据；验线数据、竣工测量数据、违法建设判读核查数据是工程进行或完工时规划监察部门量测得到的核查数据，也是规划监测的主要成果；规划监察表单数据则是监察工作涉及的各种文档数据，包括建设单位的申请表单、监察单位下发的整改意见、合格证书等，是规划监察结果的正式书面表达。

3.4.2　系统功能

按照规划监察业务流程的需要，规划动态监测系统的功能可分为以下几个部分。

1）监管审核

监管审核是整个监管系统的核心部分，主要通过对监测结果进行部级审核，将需要地方核查的监测结果及审批意见下发，实现对各城市或风景名胜区的监管，包括监管的流程化管理，监管状态的记录、查询、统计等。监管审核功能主要包括以下内容。

（1）案卷管理。建立案卷监管、案卷流转、案卷监控、案件查询统计，可以随时查询在办案件的办理状态。

（2）地图操作。地图操作主要包括图层管理、地图显示、地图编辑、地图打印输出、专题图制作。实现对监测结果数据的专题分析功能，包括生成直方图、饼图等。

（3）查询统计。主要包括标准统计、自定义查询和图斑查询统计。对图斑数据的查询和统计包括两类：一类是对违法案件办理过程中拍摄的有关照片等资料的查询；另一类是对与违法单位有关的包括用地审批情况、规划审批情况、地籍权属、红线图、分区规划、总体规划等在内的文字与图形等相关信息的查询。

2）监管核查上报

监管核查上报主要服务于被监管的地方，实现对监管差异图层及其记录和审批表格的接收，核查并填写好情况汇报后，将核查情况打包，反馈给动态监测系统进行复核。监管核查上报功能主要包括以下内容：监管包的接收、监测结果的核查和审批、地图显示、图形编辑、表格处理、监测结果的打包输出。

3）网上发布

规划动态的监察结果以网站形式公布。

（1）首页。首页涵盖了所有栏目的最新信息，是整个网上发布系统主要特点的体现。首页的页面按照各主要栏目的重要性和内容的性质排列各个板块，并适当使用客户端脚本语言来丰富页面设计，实现动态效果。

（2）新闻动态。主要分为实时新闻、公告和动态追踪三个部分。新闻主要是规划局等相关单位的新闻时事；公告就是发布各种公告；动态追踪主要是关注一些重要的建设项目和规划项目，现阶段主要追踪城市规划和风景名胜区监督管理系统的建设情况。

设计将新闻动态分为三个子栏目：新闻、公告和动态。三个子栏目都在首页具有独立的板块，提供各栏目最新的内容。点击各个板块的相关标题就可以查看具体的详细内容。各个板块的下方都有进入下级页面的链接。数据主要包括实时新闻、报道上级各主管部门的相关指示和会议、公告、动态追踪、相关法规、违规通报，以图文并茂的形式发布各种违规信息。使公众不仅能够通过文字了解基本情况，还能够通过图片查看具体的违规情况。点击违规图斑，可以查看更加具体的违规举报信息。

第 4 章　土地管理信息系统

土地是指地球表层的陆地部分及其以上、以下一定幅度空间范围内的全部环境要素，以及人类社会生产生活活动作用于空间的某些结果所组成的自然、经济综合体。在土地管理过程中，要求能够快速获取土地的数量、质量、权属、利用状况等信息。而 GIS 正是对土地进行管理的最有效工具。

4.1　概　　述

4.1.1　土地与土地管理

1. 土地

中国地理学家普遍赞成土地是一个综合的自然地理概念。土地“是地表某一地段包括地质、地貌、气候、水文、土壤、植被等多种自然要素在内的自然综合体”。作为自然物的土地是逐渐由人类生存和发展的最基本生态环境要素转化为人的劳动对象和劳动资料，是人类生活和生产活动的自然资源宝库，是一切生产资源和生产资料的源泉和依托；作为自然资源和生态环境要素的土地转化为人工自然资源和人工生态环境要素而成为自然资源综合体，使土地不仅具有使用价值，而且具有了价值（劳动价值）。

土地的自然特性是指不以人的意志为转移的自然属性。土地的自然特性有：

（1）土地的不可替代性。地表上绝对找不出两块完全相同的土地。任何一块土地都是独一无二的，又称土地性能的独特性或差异性。其原因在于土地位置的固定性及自然、人文环境条件的差异性。即使是位于同一位置相互毗邻的两块土地，由于地形、植被及风景等因素的影响，也不可能完全相互替代。

（2）土地面积的有限性。土地不像其他物品一样可以从工厂里不断制造出来。受地球表面陆地部分的空间限制，土地的面积是有限的。人类可以围湖或填海造地，但这只是对地球表层土地形态的改变。从总体看，人类只能改变土地的形态，改善或改良土地的生产性能，但不能增加土地的总量。因此，人类必须充分、合理地利用全部土地，不断提高集约化经营程度。在不合理利用的情况下，土地将出现退化，甚至无法利用。

（3）土地位置的固定性。土地位置的固定性，也称不可移动性，是土地区别于其他各种资源或商品的重要标志。人们可以把可移动的商品如汽车、食品、服装及可移动的资源如人力、矿产等，由产地或过剩地区运送到供给相对稀缺或需求相对旺盛因而售价较高的地区，但还无法把土地如此移动。

（4）土地质量的差异性。土地的特性和质量特征，是土地各构成要素（地质、地貌、气候、水文、土壤、植被等）相互联系、相互作用、相互制约的总体效应和综合反映。地理位置不同，地表的气候、水热条件不一样，地质、地貌对其具有再分配的功能，使得地表的土壤、植被类型也随之发生变化，因而造成土地巨大的自然差异性。这种差异性不仅在一个国家或一个地区存在，即使在一个基层生产单位内也同样存在。随着生产力水平的提高和人类对土地利用范围的扩大，这种差异性会逐步扩大，而不是趋于缩小。土地的空间差异性，要求人们因地制宜地合理利用各类土地资源，确定土地利用的合理结构与方式，以取得土地利用的最佳综合效益。

（5）土地永续利用的相对性。土地利用永续性有两层含义：作为自然的产物，它与地球共存亡，具有永不消失性；作为人类的活动场所和生产资料，可以永续利用。但土地的这种永续利用是相对的，只有在利用中维持了土地的功能，才能实现永续利用。

土地的经济特性指人们在利用土地的过程中，在生产力和生产关系方面表现出来的特性。包括：

（1）土地经济供给的稀缺性。两层含义：其一，供人们从事各种活动的土地面积是有限的；其二，特定地区，不同用途的土地面积也是有限的，往往不能完全满足人们对各类用地的需求。

（2）土地用途的多样性。对一种土地的利用，常常产生两个以上用途的竞争，并可能从一种用途转换到另一种用途。这种竞争常使土地趋于最佳用途和最大经济效益，并使地价达到最高。这就要求人们在利用土地时，考虑土地的最有效利用原则，使土地的用途和规模等均为最佳。

（3）土地用途变更的困难性。土地用途的变更一般要经过国土资源管理部门和城市规划部门的同意，经过一定的审查程序才能完成。

（4）土地增值性。一般商品的使用随着时间的推移总是不断地折旧直至报废，而土地则不同，在土地上追加投资的效益具有持续性，而且随着人口增加和社会经济的发展，土地投资具有显著的增值性。

（5）土地报酬递减的可能性。在技术不变的条件下对土地的投入超过一定限度，就会产生报酬递减的后果，这就要求人们在利用土地增加投入时，必须寻找在一定技术、经济条件投入下投资的适合度，确定适当的投资结构，并不断改进技术，以便提高土地利用的经济效益，防止出现土地报酬递减的现象。土地报酬递减规律是房地产开发商确定商品房开发层数的重要因素。

（6）土地的产权特性。不同的权益附加意味着土地价值巨大的差异，土地的价值更多地取决于土地上附加的权益。

（7）土地的不动产特性。与土地位置的固定性关联，且一般为刚性需求，价值量也较大。

2. 土地管理

土地管理是指国家为维护土地制度，授权予政府及其土地行政主管部门，调整土地及土地利用中产生的人与人、人与地、地与地之间的关系（土地关系），采取的行政、经济、法律和技术的综合措施，科学计划、合理组织、综合协调和控制监督土地利用。土地管理也是政府及其土地行政主管部门依据法律和运用法定职权，对社会组织、单位和个人占有、使用、利用土地的过程或者行为所进行的组织和管理活动。土地管理的基本任务是在正确调整土地关系的基础上，根据国民经济各部门及农村经济组织内部各业（农、林、牧、工、渔）综合发展的需要，合理组织土地利用，不断改善土地生态环境，提高土地生产率，使有限的土地资源更好地为社会主义现代化事业服务。

我国现行的土地管理体制，是依照新《土地管理法》有关规定，实行全国土地、城乡地政统一管理，按照土地资源与资产并重、土地市场与国家宏观调控相结合的原则，使土地得到优化配置，合理利用。从上到下建立责任制，由国务院国土行政主管部门统一负责全国土地的管理监督工作，县（市）级以上地方人民政府国土管理部门主管本行政区域内的土地管理工作，乡（镇）人民政府（通过建立国土管理所）负责本行政区域内的土地管理工作及基本农田保护工作。现在，全国已经形成从国家到乡（镇）的土地管理网络。

3. 土地管理的内容

关于土地管理的内容，目前有多种不同的观点。但综合来看，土地管理的基本内容应当包括三个方面：一是围绕土地基础数据和权属开展的地籍与土地产权管理；二是围绕土地资源开发利用开展的土地利用管理；三是对与土地资源、资产有关信息的综合管理，如土地信息管理、土地科学教育、对外交流管理等。

1）地籍与土地产权管理

地籍最初由收取赋税之需而产生，我国历来有“税有籍而来，籍为税而设之”的说法。地籍是反映土地及地上附着物的权属、位置、质量、数量和利用现状等有关土地的自然、社会、经济和法律等基本状况的资料，又称土地的户籍。地籍的核心意义在于反映土地权利之归属。随着社会的发展，现代地籍的主要功能已转变为保护土地产权和课税服务，成为国土资源管理、城市建设管理决策的依据。地籍管理是以土地产权为核心，依法实行土地登记制度、土地权属争议调处制度、土地调查制度、土地统计制度、土地动态遥感监测制度。按行政管理层次可划分为国家地籍和基层地籍。国家地籍是指县级以上集体土地所有权单位的土地和国有土地的一级土地使用权单位的土地，以及农村宅基地和乡镇村企业建设用地等，主要服务于土地权属的国家统一管理。基层地籍是指县级（包含）以下集体土地使用者的土地和国有土地的二级使用者的土地，主要服务于土地利用或使用的指导和监督。一般而言，地籍管理内容主要包括土地调查、土地登记、土地统计、土地分等定级、土地估价、地籍档案等。

（1）土地调查。包括土地利用现状调查（概查、详查及其变更调查和土地专项调查）、城镇地籍调查、土地条件调查；对土地的地类、位置、面积、分布等自然属性和土地权属等社会属性及其变化情况，以及基本农田状况进行的调查、监测、统计、分析的活动。

（2）土地登记。健全地籍管理制度。对使用国有土地的单位和个人将发放国有土地使用证，对使用集体土地搞非农业建设的单位和个人发放集体土地建设用地使用证，对集体土地所有者发放集体土地所有证。

（3）土地统计。土地调查使土地统计有了科学、准确的基础。土地统计调查分为普查、全面调查、典型调查和重点调查等多种。为了掌握土地变化动态，全国自下而上建立了土地统计信息网络，健全了统计系统。

（4）土地分等定级。指在特定的目的下，对土地的自然和经济属性等进行综合鉴定，并使鉴定结果等级化的过程。土地分等定级对于合理利用土地，特别是对于土地的有偿使用更具现实意义和应用价值。

（5）地籍档案。主要内容包括在地籍管理工作过程中形成的大量文字、数据和图件资料的整理、存档及档案的应用、更新和开发利用等。地籍档案管理和户籍一样，都有一定的规范要求和科学程序，以有利于调档查阅、开发利用，为土地管理提供基础服务。

土地产权管理是对土地所有权、使用权及土地他项权利的确立、变更、终止进行管理，并对权属争议进行调查处理。因此，土地产权管理的基本内容应当包括土地所有权的确立、变更和终止，土地使用权的确立、变更和终止，以及土地权属纠纷的查处等。在我国，土地所有权的确立包括国家土地所有权的确立和农民集体土地所有权的确立；土地所有权的变更主要指土地征用（收）；土地所有权的终止主要指土地征用（收）带来的特定土地的集体所有权终止；土地使用权的确立主要指土地使用者通过出让、租赁、作价出资（入股）、划拨、承包等方式取得国有土地或集体土地使用权；土地使用权的变更即土地使用权流转，包括国有土地使用权的转让、出租、转包和集体土地使用权的转让、出租、转包等；土地使用权的终止包括国有土地使用权的终止和集体土地使用权的终止；土地权属纠纷的查处包括土地所有权纠纷的查处和土地使用权纠纷的查处等。

2）土地利用管理

土地管理是指为了促进土地资源合理分配，优化土地资源利用结构，体现公平和效益，兼顾生态，保证土地资源的可持续利用，国家通过一系列法律的、经济的、技术的及必要的行政手段，确定并调整土地利用的结构、布局和方式，以保证土地资源合理利用与保护的一种管理。

一般而言，土地利用管理应当从土地资源的开发、利用、保护、治理出发，因此，土地利用管理的内容应当包括土地资源的开发利用规划、土地资源的开发利用、土地资源的整治与保护、土地利用的监督检查等。土地开发利用规划管理应当包括总体规划、分区规划、详细规划管理等；土地资源的开发利用管理包括农用地的利用管理、建设用地的利用管理、未利用地的开发管理等；土地资源的整治与保护管理包括农用土地整理（可分为农村土地整理和城市土地整理。农村土地整理是指对田、水、路、林、村进行综合整治，以提高耕地质量，增加有效耕地面积，改善农业生产条件和生态环境。城市土地整理主要指旧城改造）、土地复垦（指对在生产建设过程中，因挖损、塌陷、压占等造成破坏的土地，采取整治措施，使其恢复到可供利用状态的活动）、土地保护管理[对已批准的土地利用总体规划所确定各类土地资源用途、范围（面积）、布局，依据国家有关规定、法律、法规、办法、规章实行行政的、经济的、法律的管理与保护，确保各类土地资源得到合理的永续利用]等；土地利用的监督检查包括土地利用类型、土地利用程度、土地利用效益的变化情况监控等。

4.1.2　土地信息

土地信息是关于土地资源、土地权属、土地资产、土地市场、土地法规和土地监察的信息。土地管理信息极其丰富，表达方法也多种多样。

1．土地信息单元

土地信息单元是指土地信息的最小载体，是信息管理的基本空间单元。

1）地籍单元

原国家土地管理局颁发的《城镇地籍调查规程》中明确规定：地籍调查的单元是宗地。“宗地”是被权属界址线所封闭的地块。而国家测绘地理信息局颁布的《地籍测绘规范》中则明确规定：地籍调查单元是“地块”。“地块”是地球表面上连续区域的一个有统一权属和土地利用类型的最小土地单位。不管是“宗地”或是“地块”，其内涵和划分的精细程度应随着地籍管理工作的深入程度而有所不同。但这一点可以肯定：地籍单元是地籍管理工作的最小单位，也是地籍信息的最小载体。

2）土地利用现状调查单元

在土地利用现状调查工作实际中，常称“图斑”是调查和管理的基本单元，而“图斑”则是处在同一图幅、同一末级控制区内、属同种所有制性质和同一土地利用类型的相对稳定的实物界线的地块的图上表示。

3）土地利用总体规划单元

土地利用总体规划以土地统计数据为指标依据，以土地利用现状图（土地利用现状调查成果）为规划底图，采用指标控制和用地分区相结合的方法进行。从这种意义上说，土地利用总体规划单元是土地利用区，即规划控制的以某种特定土地用途为主的用地区域。当然，规划实施和落实又要归到“图斑”或“地块”这样的单元上。

4）用地管理单元

建设用地项目审批管理常以画“红线”的方式进行，用地红线是各类项目用地的使用权属范围的边界线，一个项目对应一个“红线”，“红线”也是土地信息单元的一种形态。红线内土地面积就是取得使用权的用地范围，开发建设这个地块的建筑小区时，还需要退红线2m 左右，这个数字各地不一，要看当地规划局的规定。小区的建筑必须在退红线范围内，退出的这块地不准占用。也就是说，尽管使用者已经为退出的这块地付出了土地出让金，但就是不准占用。建筑红线，也称“建筑控制线”，指城市规划管理中，控制城市道路两侧沿街建筑物或构筑物（如外墙、台阶等）靠临街面的界线。任何临街建筑物或构筑物不得超过建筑红线。建筑红线由道路红线和建筑控制线组成。道路红线是城市道路（含居住区级道路）用地的规划控制线；建筑控制线是建筑物基底位置的控制线。基地与道路邻近一侧，一般以道路红线为建筑控制线，如果因城市规划需要，主管部门可在道路线以外另订建筑控制线，一般称后退道路红线建造。任何建筑都不得超越给定的建筑红线。

一般来讲，“红线”最终要转为“宗地”，但“红线”又不可缺少。

5）土地质量调查单元

土地质量是对土地自然属性和土地社会经济属性的综合鉴定。土地质量信息可以从各种渠道获取，如从地形图获取地形地貌信息；从气象条件获取气温和降水量等信息；从农业部门获取土壤信息和农作物种植类型及产量信息；从统计部门获取区域人口信息。土地质量调查单元不可能也没有必要具体到“宗地”或“地块”，类似土地质量评价单元，要求单元内的质量相对均一，以自然区域和行政区域较多，一般是街道、乡镇、村或大的地块。

6）土地质量评价单元

我国开展的土地质量评价工作集中体现在土地定级与基准地价评估上，土地质量评价单元强调的是这样一个地块，它的质量相对均一。因而，评价单元往往表现为被自然地物（河流、道路、高地等）隔开，开发利用程度差异不明显的一个个地域。我国《城镇土地分等定级规程》和《城镇土地估价规程》中指出，土地评价单元是网格、均值地域或宗地等。

2. 土地信息基本特征

土地信息基本特征是土地本身的各种属性（土地的位置、数量、质量、利用权属等及其相关关系）及人们对土地信息的应用（传播、变更等）等多个方面表现出来的一些具有一般规律性的特性。

1）土地时空一体化特征

土地的自然因素和经济因素在自然规律和经济规律的作用下表现出来的动态性，必然通过土地信息反映出来，使土地信息具有明显的动态特征。时间和空间是土地信息的基本属性。土地信息是时间的函数，可依时段不同而异；土地信息是空间的函数，可依空间位置不同而异。

土地时空一体化特征呈现周期变化、波动性变化和渐变过程。为了研究和管理这部分土地信息，除了空间参考系以外，还应当建立时间参考系，以年、季、月、日作为时间单位，研究这些土地信息的时空变化规律。

2）土地信息密集性特征

土地信息几乎无所不在、无所不包。人们在生产、生活和工作中，自觉不自觉地都在利用各种土地信息。现在各级政府的日常工作绝大部分与土地信息有关，具体表现为一个很小的土地单元（如一个宗地）载负着大量的属性信息（几十种属性表格）。土地信息在空间上表现出庞杂集中的特征，以至于以图形管理为主的 GIS 中，这些庞杂的信息无法负载于一张地图上，不得不分成各种专题地图，负载各种不同的信息。

3）土地信息相关性特征

土地信息相关性特征主要指一块土地的各种特性之间及其与其他土地的特性之间的相互联系，其表现为空间相关和非空间相关两类情况。

土地信息的空间相关性是指相邻或不相邻的两块土地在空间上存在着某种社会联系或者经济联系，而这种联系对这两块土地的质量或价值产生了影响。狭义地讲，空间相关性是指两地之间距离的远近；广义地讲，空间相关性则是指两地之间交通和通信的便捷程度。土地信息的空间相关性主要存在于土地的区位关系中，显然，根据土地信息的空间相关性，可以很大程度上确定土地的区位关系。反过来，土地的区位关系建立之后，又可以成为确定土地信息空间相关特征的依据。

土地信息的非空间相关又表现为社会相关、经济相关、人口相关和环境相关等各种情况，比土地信息的空间相关特性更为复杂。社会相关包括土地与政府政策、政府规划、文体体育等社会活动的相关信息：政府的政策对土地的收益有明显的影响，有时起决定性作用。土地利用规划对土地的配置和利用作出了明确的规定，它对土地收益有着直接的影响。土地与各项产业经营等经济活动的相关信息：存在于经济活动之中，与经济活动相依存。土地与人口密度的关系颇为复杂。土地与人口密集度和人口素质的相关信息：土地上的人口密度越大，他们进行的社会、经济活动就越多，土地级别也就越高，相应的地价也高。土地的等级与环境质量的关系和前述各因素不同，它是通过环境质量引起的生态效应和社会效应来影响人类的社会经济活动和生活的，从而使不同环境质量的土地形成不同的等级。一般来说，土地的环境质量越好，土地级别越高；反之，土地级别越低。

所有这些土地相关信息都在土地经济规律的配置下形成，反过来它们又反映了土地经济规律。除了土地本身的特性以外，这些相关因素对土地的质量（或等级）和价值（或价格）都有十分重要的影响，有时甚至能起到决定性的作用。

3. 土地信息种类

土地信息一般包括以下四大类：环境信息、基础设施信息、地籍信息和社会经济信息。其中，环境信息包括气候、土壤、地质、地貌、河床、植被、野生动物等；基础设施信息包括公共设施、建筑物、交通运输系统等；地籍信息包括权属、测量、土地定级与估价、土地利用控制等；社会经济信息包括经济发展水平、卫生、福利和公共秩序、人口分布等。

4.1.3 土地管理信息系统简介

随着国土大面积调查工作的全面展开和城镇地籍管理工作的日趋细化，各种野外调查数据，不同比例尺图件资料急剧增加。特别是城市建设的空前发展及土地有偿使用法规的实施，使得地籍变更日益频繁、地籍信息量也越来越大，对城镇地籍管理提出了更高的要求。面对如此数量巨大、来源多样、变更频繁的信息，传统的管理方法已经不能满足现代化土地管理的需要。此外，国民经济的迅猛发展，迫切要求各级国土部门为国家提供准确的数量、质量和土地利用现状等信息。因此，应用现代先进的科学技术和手段，建立科学的土地管理体系，为合理利用土地资源，进行土地利用规划、整治、开发利用、税收等提供有关基础资料和科学依据势在必行。

土地管理信息系统就是把土地资源各要素的特性、权属及其空间分布等数据信息，存储在计算机中，在计算机软、硬件支持下，实现土地信息的采集、修改、更新、删除、统计、评价、分析研究、预测和其他应用的技术系统。土地管理信息系统按数据特征和软硬件配套系统的不同，可分为统计型和空间型两种。统计型土地管理信息系统的信息源是各种统计数据，不涉及图形等信息的存储。空间型土地管理信息系统的信息源包括图形、图像、文字、字符、数字等，它不仅可以对图像进行数据存储、处理和分析，还可以对字符、数字进行同样的工作。

土地管理信息系统能系统地获取一个区域内所有与土地有关的重要特征数据，并作为法律、管理和经济的基础。它是国家对土地利用状况进行动态检测的前提，也是保证科学管理的前提，它是高科技成果在土地管理上的成功运用。其中，土地管理的许多业务工作，如动态监测、建设用地管理、土地监察、地价评估都必须建立在地籍、土地详查系统的基础之上，或者说与其有着千丝万缕的联系。因此，土地管理信息系统的核心问题是建立地籍管理信息系统和土地详查系统，在其之上又将建的应用系统有窗口办文系统、系统管理与数据处理系统、系统管理、信息发布、地价评估、土地利用规划、档案查询及局长办公系统。

土地管理信息系统为国家、省、市和县四级政府提供服务，数据库分散在四级政府部门。为了满足四级政府宏观和微观管理与应用的需求，以县级数据库为基础，逐级集成、抽取与整合，形成市、省和国家级结构一体化的土地数据库（图 4.1），达到县、市、省和国家数据互通互联、资源共享。

4.2 土地利用调查信息系统

土地利用调查是对土地的权属、利用类型、面积、质量及分布等进行的调查。它是针对土地的自然属性（面积、位置、形状、适应性条件等）和社会属性（权属、价格、等级、其他经济关系和法律关系等）及其变化情况和趋势的调查，并将其合理组织和表达，为土地管理和资源配置服务的一种活动。同时，土地利用调查也是在各种社会经济活动中对利用和管理土地资源的状况进行综合考察的一项基础性工作，是进行土地管理工作的基本手段。土地利用调查是土地管理中最基础的环节，是一个极其复杂的工作，需要处理大量数据，提高调查数据的效率和质量，对土地管理信息化建设十分重要。

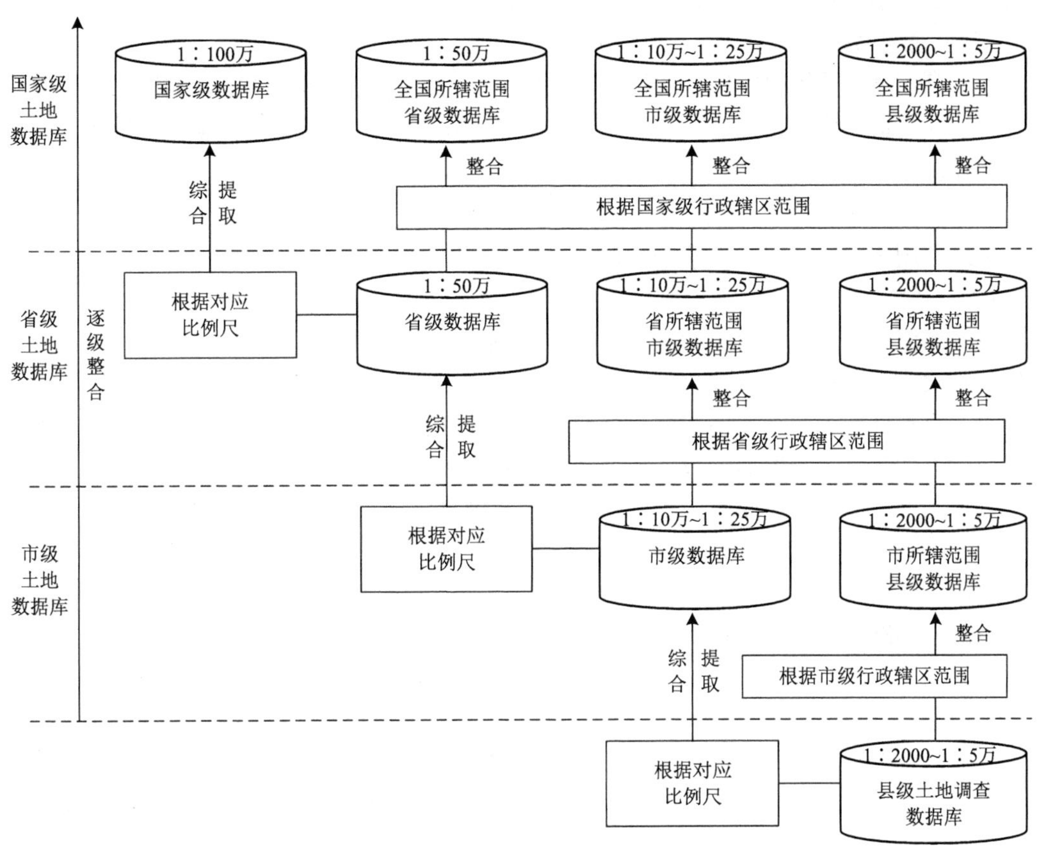

图 4.1　全国土地数据库体系

4.2.1　土地利用调查业务分析

1. 土地利用调查的类型

土地利用调查主要包括土地利用现状调查、土地条件调查和土地利用动态监测。

1）土地利用现状调查

土地利用现状调查是指在全国范围内，为查清土地的利用现状而进行的全面的土地资源普查，也是国家重要的国情、国力调查。土地利用现状调查可分为概查和详查两种。概查是为满足国家编制国民经济长远规划、制定农业区划和农业生产规划的急需而进行的土地利用现状调查。详查是为国家计划部门、统计部门提供各类土地的详细准确的数据，为土地管理部门提供基础资料而进行的调查。

土地利用现状调查还担负着为建立土地登记制度服务的任务，而土地登记的必要前提是土地权属界线清楚，因此，从我国国情出发，为节约财力、人力，在土地利用现状调查中，结合开展了土地权属界线调查的内容。土地利用现状调查，实质上又是城、镇、村庄内部以外的地籍调查。

2）土地条件调查

土地条件调查是指对土地的土壤、植被、地形、地貌、气候及水文地质等自然条件和对土地的投入、产出、收益、交通、区位等社会经济条件的调查。它是为摸清土地质量及其分布而进行的专项调查，因此也称土地质量调查。

3）土地利用动态监测

土地利用动态监测是指国家运用现代科学技术对全国的土地利用变化情况，特别是城镇建设用地和耕地的变化情况进行有组织的、连续的跟踪监测，为中央决策提供准确及时的土地利用数据。

2. 土地利用调查的流程

土地利用现状调查工作一般分为四个阶段进行。

1）准备阶段

（1）组织准备。包括建立领导班子，组建调查队伍，制定工作计划，开展技术培训，拟定技术路线，设定检查制度等。

（2）资料准备。包括收集和整理各种图件资料和背景资料等。图件资料是调查的基本资料，包括近期的航片与地形图或者影像图、像片平面图等基本图件。地形图及航片的选择要重视其比例尺。同时，应向各业务部门收集行政区划、地名、地貌、土壤、植被、交通、水文等专业调查和农田建设等方面的图件和资料，向有关单位收集土地权属的文件资料及其他社会经济方面的资料。

（3）用品准备。包括配备仪器、工具，选择和印刷记录表，购置文具纸张，以及生活、交通和劳保等方面的用品。

2）外业阶段

（1）路线调查。穿越调查区域内主要地貌类型，基本掌握土地利用类型的分布规律。

（2）土地分类。在全国统一的土地利用现状分类系统基础上，建立调查区域的土地分类系统，并建立遥感影像判读标志。

（3）室内预判。依据调查地区内的航片，按照分类系统，对土地利用类型进行判读并加以勾绘。

（4）野外调绘。运用航片或地形图在实地进行现状调查，包括境界和土地权属界的调绘，地类调绘和线性地物调绘。

（5）地物补测。将摄像后或成图后地面发生的变化，补测于航片或图件上，使航片或图上内容与实地完全一致，同时应丈量线性地物的宽度。

3）内业阶段

（1）航片转绘。将航片上调绘补测的成图要素进行纠正、归化为地形图的比例尺，并绘到地形图上。

（2）面积量算。包括控制面积量算、碎部面积量算与面积统计汇总三项工作。

（3）面积汇总。在面积量算以后进行村、乡、县级土地总面积逐级汇总和分类土地面积汇总统计。

（4）图件编绘。以行政区划单元（乡、县、市、省级）编绘土地利用现状图。

（5）报告编写。编写整个调查工作的总结和技术总结。

4）验收阶段

在作业组自检和互检的基础上接受上级验收组的检查验收。

4.2.2　土地利用调查信息

土地利用调查信息的基本单位是图斑。拐点、权属界线是构成这个基本单位的基本要素。应用 GIS 技术，图斑实际上可以用多条首尾相交的权属界线（arc）来代表，首尾相交的权属界线围成的多边形就是一个图斑（polygon），权属界线的拐点（界址点）用结点（node）来代表。界址点号为结点的属性，图斑的权属、面积、图斑编号等为图斑的属性，权属界线为弧段的属性。这样土地信息管理转化为土地空间数据的管理，图斑转化为多边形，多边形转化为结点和弧段的管理，土地信息转化为矢量，实现了计算机对土地空间数据的管理。

1. 土地利用调查数据表达

1）点状对象

（1）权属拐点：权属界线变化点的测量坐标、编号及其相关属性。

（2）零星地物：在土地利用调查中，按照成图比例尺因面积过小而不宜在图上依比例表示的土地利用现状图斑。其几何特征为点。记录零星地物坐标、分类、编码、面积和权属等。

（3）图斑标识点：它是一个地类图斑的辅佐信息，是由图斑多边形拓扑关系自动生成时产生的，它是图斑唯一标识点坐标，存放在图斑多边形拓扑关系数据结构中，可用它建立图斑与其属性的联系。

（4）高程点：记录高程点的位置和高程值。

（5）注记点：记录注记点的位置、内容和属性。

（6）结点：是建立权属界线围成的图斑多边形的拓扑关系时的辅佐信息，是一种拓扑关系的拓扑元素，只是用来表达与弧段的关联关系和几何位置。它可能是界址点，也可能不是土地资源调查空间对象。

2）线状对象

（1）行政区划界线：行政区域界线，是指国务院或者省、自治区、直辖市人民政府批准的行政区域毗邻的各有关人民政府行使行政区域管辖权的分界线。行政区域界线协议书中明确规定作为指示行政区域界线走向的其他标志物。记录行政区划界线的几何位置坐标、走向与属性。

（2）权属界线：是某一个体权属与其他个体权属之间的分界线。记录权属界线的几何位置坐标、走向与属性。

（3）地类界线：是两种地类的分界线，记录地类界线的几何位置坐标、走向与属性。

（4）线状地物：线状地物是图上宽度小于 2mm 的河流、铁路、公路、管道用地、农村道路、林带、沟渠和田坎等地物，线状地物是地类调查的重要内容。线状地物可以作为图斑的边界，也可以不作为图斑的边界。记录线状地物的几何坐标，类别、编码、宽度、权属等属性。

3）面状对象

（1）图斑：图斑是指单一地类地块，以及被行政界线、土地权属界线或线状地物分割的单一地类地块。在土地利用调查数据中，图斑是拓扑弧段构成的封闭区域，可以多重嵌套岛与孔，也可以由多个不连通的区域组成，通过目标标识码与属性表链接。

（2）行政区域：是国家为了进行分级管理而实行的区域划分，我国行政区划分为省、县、乡三级，土地利用详细调查到村级。在土地利用调查数据中，行政区域是由境界（行政区界线）组成的区域，上一级行政区域包含下一级行政区域。允许行政区域内出现飞地、插花地等特殊区域。

（3）权属区域：由权属界线组成的区域，允许权属区域内出现飞地、插花地等特殊区域。

行政区域界线和土地权属是地籍管理日常工作中经常遇到的两个概念。在实际工作中，行政区域界线和土地权属经常并不完全一致。

2. 土地利用调查数据结构

土地利用调查数据采用分层的方法进行组织管理。我国《县级土地利用数据库标准》规定了土地利用数据库的内容，包括土地利用和权属要素的分类代码、数据分层、数据文件命名规则、图形数据与属性数据的结构、数据交换格式和元数据等。层名称及各层要素见表 4.1。

表 4.1　层名称及各层要素

序号	层名	层要素	几何特征	属性表名
1	定位基础	测量控制点	Point	CLKZD
		测量控制点注记	Annotation	ZJ
2	行政区划	行政区	Polygon	XZQ
		行政界线	Line	XZJX
		行政要素注记	Annotation	ZJ
3	地貌	等高线	Line	DGX
		高程注记点	Point	GCZJD
4	土地利用	地类图斑	Polygon	DLTB
		线状地物	Line	XZDW
		零星地类	Point	LXDL
		地类界线	Line	DLJX
		土地利用要素注记	Annotation	ZJ
5	栅格数据	数字航空摄影影像	Image	—
		数字航天遥感影像	Image	—
		数字栅格地图	Image	—
		数字高程模型数据	Image/TIN	—
		其他栅格数据	Image	—

各层主要要素属性结构如表 4.2～表 4.7 所示。

表 4.2　行政区属性结构描述表（属性表代码：XZQ）

序号	字段名称	字段代码	字段类型	字段长度	小数位数	值域	备注
1	标识码	BSM	Int	10		> 0	
2	要素代码	YSDM	Char	10		见 TD/T 1016—2007	
3	行政区划代码	XZQHDM	Char	12		见 GB/T 2260	
4	行政区名称	XZQMC	Char	100		见 GB/T 2260	
5	控制面积	KZMJ	Float	15	2	> 0	单位：m^2
6	计算面积	JSMJ	Float	15	2	> 0	单位：m^2

表 4.3　行政界线属性结构描述表（属性表代码：XZJX）

序号	字段名称	字段代码	字段类型	字段长度	小数位数	值域	备注
1	标识码	BSM	Int	10		> 0	
2	要素代码	YSDM	Char	10		见 TD/T 1016—2007	
3	界线类型	JXLX	Char	6		见 TD/T 1016—2007	
4	界线性质	JXXZ	Char	6		见 TD/T 1016—2007	
5	界线说明	JXSM	Char	100		非空	

表 4.4　地类图斑属性结构描述表（属性表代码：DLTB）

序号	字段名称	字段代码	字段类型	字段长度	小数位数	值域	备注
1	标识码	BSM	Int	10		> 0	
2	要素代码	YSDM	Char	10		见 TD/T 1016—2007	
3	图斑号	TBH	Char	8		非空	
4	地类代码	DLDM	Char	4		见 TD/T 1016—2007	
5	地类名称	DLMC	Char	60		见 TD/T 1016—2007	
6	权属性质	QSXZ	Char	3		见 TD/T 1016—2007	
7	权属单位代码	QSDWDM	Char	16		见 TD/T 1016—2007	
8	权属单位名称	QSDWMC	Char	60		非空	
9	坐落单位代码	ZLDWDM	Char	16		见 TD/T 1016—2007	
10	坐落单位名称	ZLDWMC	Char	60		非空	
11	所在图幅号	SZTFH	Char	60		非空	
12	耕地坡度级别	PDJB	Char	2		见 TD/T 1016—2007	耕地必选
13	田坎系数	TKXS	Float	5	2	> 0	耕地必选
14	毛面积	MMJ	Float	15	2	> 0	单位：m^2
15	线状地物面积	XZDWMJ	Float	15	2	> 0	单位：m^2
16	零星地类面积	LXDLMJ	Float	15	2	> 0	单位：m^2
17	田坎面积	TKMJ	Float	15	2	> 0	单位：m^2
18	净面积	JMJ	Float	15	2	> 0	单位：m^2
19	变更记录号	BGJLH	Char	8		非空	
20	变更日期	BGRQ	Date	8		YYYYMMDD	

表 4.5　线状地物属性结构描述表（属性表代码：XZDW）

序号	字段名称	字段代码	字段类型	字段长度	小数位数	值域	备注
1	标识码	BSM	Int	10		>0	
2	要素代码	YSDM	Char	10		见 TD/T 1016—2007	
3	地类代码	DLDM	Char	4		见 TD/T 1016—2007	
4	地类名称	DLMC	Char	60		见 TD/T 1016—2007	
5	长度	CD	Float	15	1	>0	单位：m
6	宽度	KD	Float	15	1	>0	单位：m
7	计算面积	JSMJ	Float	15	2	>0	单位：m^2
8	线状地物名称	XZDWMC	Char	60		非空	
9	权属单位代码	QSDWDM	Char	16		见 TD/T 1016—2007	
10	权属单位名称	QSDWMC	Char	60		非空	
11	权属性质	QSXZ	Char	2		见 TD/T 1016—2007	
12	扣除系数	KCXS	Float	5	1	>0	
13	变更记录号	BGJLH	Char	8		>0	
14	变更日期	BGRQ	Date	8		YYYYMMDD	

表 4.6　零星地类属性结构描述表（属性表代码：LXDL）

序号	字段名称	字段代码	字段类型	字段长度	小数位数	值域	备注
1	标识码	BSM	Int	10		>0	
2	要素代码	YSDM	Char	10		见 TD/T 1016—2007	
3	地类代码	DLDM	Char	4		见 TD/T 1016—2007	
4	地类名称	DLMC	Char	60		见 TD/T 1016—2007	
5	权属单位代码	QSDWDM	Char	16		见 TD/T 1016—2007	
6	权属单位名称	QSDWMC	Char	60		非空	
7	权属性质	QSXZ	Char	2		见 TD/T 1016—2007	
8	坐落图斑号	ZLTBH	Char	7		非空	
9	勘丈面积	KZMJ	Float	15	2	>0	单位：m^2

表 4.7　地类界线属性结构描述表（属性表代码：DLJX）

序号	字段名称	字段代码	字段类型	字段长度	小数位数	值域	备注
1	标识码	BSM	Int	10		>0	
2	要素代码	YSDM	Char	10		见 TD/T 1016—2007	
3	界线长度	JXCD	Float	15	1	>0	单位：m

4.2.3　系统功能

1. 土地利用调查数据的获取

在土地利用调查中，GNSS 为空间数据的采集提供实时、快速的定位服务，RS 利用航空、航天提供的遥感影像，经过校正、解译得到精度较高、现势性好的空间信息，加上 GNSS 的辅助可以定位、定量到具体的地块。把利用 GNSS 和 RS 获取的地物信息，以及其他手段得到的各种数据，作为外业成果，经有关部门验收合格，转入内业数据进行处理。

2. 土地利用调查数据的处理

生成拓扑关系。对于大多数地图需要建立拓扑，以正确判别地物之间的拓扑关系和进行空间分析。在图形修改完毕之后，就意味着可以建立正确的拓扑关系，拓扑关系可以由计算机自动生成，目前大多数 GIS 软件都提供了完善的拓扑功能。

图幅拼接。图幅拼接的实质是将两张以上的地图，通过编辑手段，有机地合成为一体。图 4.2（a）为拼接前；图 4.2（b）为拼接中的边缘不匹配；图 4.2（c）为调整后的拼接结果。

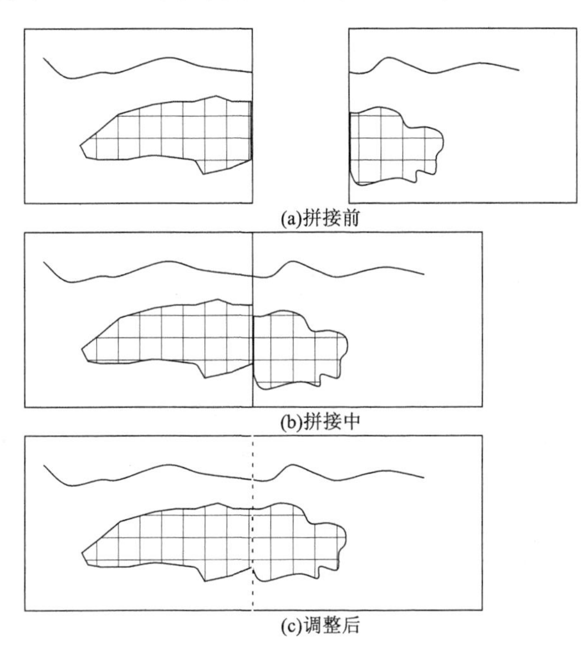

图 4.2　图幅拼接

3. 面积计算与汇总

面积计算是土地利用调查的重要成果之一，它为土地使用课税、征地、土地分等定级和土地利用规划等提供了准确的数据资料。

（1）面积计算。面积计算的对象是图斑，图斑面积计算涉及图斑原始面积、图斑内田坎、零星地物和线状地物面积、图斑净面积和平差面积等。图斑原始面积是按照图斑边界线计算得到的，即用构成图斑多边形的弧段坐标串计算的面积（已扣除多边形中的岛和孔的面积）；图斑内田坎面积一般是图斑原始面积乘以田坎系数计算得到的；图斑内零星地物面积是外业调查时每个零星地物实地丈量面积之和；图斑内线状地物面积是线状地物实地丈量宽度乘以图上线状地物长度之积。

（2）面积平差。土地利用调查数据有误差，所计算的面积也有误差，面积平差分为两级。第一级，基于我国土地利用调查基本比例尺地形图 1∶1 万图幅理论面积，对图幅内村级境界面积平差；第二级是利用图幅内村级境界平差面积，对村级境界内图斑面积进行平差，经平差配赋后得到图斑平差面积。

（3）净面积计算。图斑净面积是图斑平差面积扣除图斑内的田坎面积、零星地物面积和线状地物面积。

（4）汇总与统计。统计分析有两种方法：①地类构成分析，按行政级别对不同用地类型进行面积汇总与分析；②权属性质构成分析，按行政级别对不同权属类型进行面积汇总与分析。

汇总是对面积量算结果按照土地利用现状汇总技术规范的要求进行各种土地统计，以形成规程中要求的各种汇总表。按照行政区划和权属单位的不同权属类型进行面积汇总与分析，统计各种类型土地面积和总面积。

土地统计分析是土地利用信息的重要组成部分。具体内容包括土地的分类、面积、质量、分布、权属和利用现状等信息。通过土地统计分析了解土地数量结构、利用状况、权属状态的区域分布特征，为建立土地登记、权属单位的土地构成分析和科学管理土地提供依据。

4. 信息查询

（1）行政村信息查询。查询村级土地基本信息，村土地利用现状图、所有图斑、线状地物、零星地物、背景地物、村界等属性信息。

（2）行政乡信息查询。查询乡级土地基本信息，乡土地利用现状图，乡所辖行政村界线，所有图斑、线状地物、零星地物、背景地物等属性信息。

（3）行政县信息查询。查询县级土地基本信息，县土地利用现状图，县所辖行政乡、村界线，所有图斑、线状地物、零星地物、背景地物等属性信息。

（4）标准图幅查询。可以任意查询行政乡、村所在标准图幅的土地利用现状图，所有图斑、线状地物、零星地物、背景地物和境界等属性信息。

（5）县、乡、村结合图查询。查询县、乡、村结合图，并将不同村赋予不同的颜色。

（6）图形属性互查。以图形查属性或以属性查图形，如查询数据库中所有的道路。

5. 报表和图件制作

报表主要包括国家规定的土地统计汇总表，土地利用现状分类面积统计表，年内地类变化平衡表，土地变更调查记录一览表，还可以给用户提供土地利用调查外业记录表。这些表均按照国家的统一规定设计。

所有输出的报表可分两类：第一类是当年图斑变更记录数据库的报表，土地变更登记表，土地变更记录一览表；第二类是当年图斑变更记录数据库和上一期土地利用现状数据库生成的当年土地现状库的报表，年内地类平衡表，土地统计台账等。

图件主要包括土地利用现状图、土地权属界线图、标准分幅图、土地利用变化图等。所有图件按国家规范绘制。

4.3　地籍管理信息系统

地籍管理信息系统是以宗地（或图斑）为核心实体，实现地籍信息的输入、储存、检索、编辑、统计、综合分析、辅助决策及成果输出的信息系统。

4.3.1　地籍管理业务分析

地籍管理业务分为土地登记、土地统计、地籍档案管理等。土地登记是一种日常性业务，土地登记模块将与窗口办文子系统集成。

1. 土地登记

土地登记是国家用以确认土地所有权、使用权，依法实行土地权属的申请、审核、登记造册和核发证书的一项法律措施。

土地登记是由多人一起协同工作完成的业务过程。土地登记将采用工作流管理，与窗口办文系统集成。其审批过程是由窗口受理，检查申请资料的完备性，录入申请资料，并通过窗口办文系统传送到有关科室和部门，由部门办理，办理结果最后由窗口返回用户。根据土地登记的业务，土地登记划分为：

（1）受理。申请所需资料列表与审核、资料登记；申请表录入；打印受理回执；传递。

（2）地籍调查。地籍图显示（由宗地号、土地证号、地名、坐标、图幅定位）；查询有关宗地资料、地籍档案调查；打印实地调查用草图及资料实地调查资料录入；经办人审理意见录入传递。

（3）权属初审。地籍图显示（由宗地号、土地证号、地名、坐标、图幅定位）；查询有关宗地资料、地籍档案调阅；打印宗地示意图；经办人审理意见录入。

（4）土地测绘。地籍图、测量控制点显示（由宗地号、土地证号、地名、坐标、图幅定位）；根据宗地调查资料拟定外业地籍测绘方案，打印方案图；外业资料整理，录入地籍调查表、生成临时宗地，制作宗地草图、预编宗地号；更新地形数据；经办人审理意见录入。

（5）审核。地籍图显示（由宗地号、土地证号、地名、坐标、图幅定位）；查询有关宗地资料、地籍档案调阅；根据发证办、测绘院的资料和办理意见，录入审核意见。

（6）审批。地籍图显示（由宗地号、土地证号、地名、坐标、图幅定位）；查询有关宗地资料、地籍档案调阅；根据发证办、测绘院的资料和办理意见，录入审批意见。

（7）注册登记。根据审批意见；更新宗地数据库；打印宗地图、表、卡、册；录入办理意见传递。

（8）抵押条件审核。调入抵押登记资料及有关宗地登记资料；传递。

（9）地价评估。调入地价资料（基准地价、市场地价）；调用计算机辅助地价评估模块评估地价；确定地价、打印地价评估书；传递。

（10）公告征询。打印公告征询文件及宗地示意图。

（11）收费。打印收费单。

（12）缮证。打印证书。

（13）发证。审核办理过程和办理意见；发证；档案归档。

不同审理项目可能有所不同，因此用户可根据具体情况对某些流程进行调整。

2. 土地统计

土地统计是国家对土地的数量、质量、分布、利用和权属状况进行统计调查、汇总、统计分析和提供土地统计资料的制度。各级土地管理部门规定的各种表格，可分为初始统计、年度统计和条件统计。

3. 地籍档案管理

地籍档案管理是以地籍管理活动的历史记录、文件、图册为对象所进行的收集、整理、鉴定、保管、统计、提供利用等各项工作的总称。系统为满足日常地籍的需要，记录了边疆的历史，并且将图形与属性紧密衔接。系统可以恢复任何时候的历史，然后查询统计这一时段的数据，这样既保持了界面的一致性，又能看到历史的原貌。

4.3.2　地籍信息

1. 地籍图

地籍图是对在土地表层自然空间中地籍所关心的各类要素地理位置的描述，并用编排有序的标识符对其进行标识，标识是具有严密数学关系的一种图形，是地籍管理的基础资料之一。通过宗地标识符使地籍图与地籍数据和表册建立有序的对应关系。地籍图是土地管理的专题图，它首先要反映包括行政界线、地籍街坊界线、界址点、界址线、地类、地籍号、面积、坐落、土地使用者或所有者及土地等级等地籍要素；其次要反映与地籍有密切关系的地物及文字注记，一般不反映地形要素。地籍图是制作宗地图的基础图件。

宗地是土地使用权人的权属界址范围内的地块，是权属界址线所封闭的地块，历史上曾称宗地为“丘”。宗地图是描述宗地空间位置关系的地图，是描述宗地位置、界址点线关系、相邻宗地编号的分宗地籍图，用来作为该宗土地产权证书、土地使用合同书附图、房地产登记卡附图和地籍档案的附图（图 4.3）。它反映一宗地的基本情况，包括宗地权属界线、界址点位置、宗地内建筑物位置与性质、与相邻宗地的关系等。

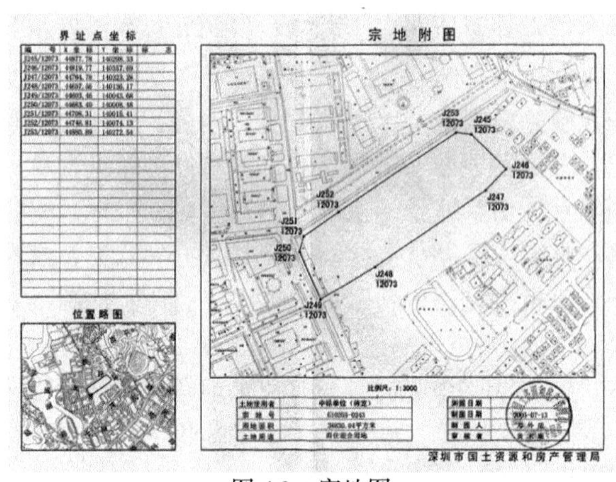

图 4.3　宗地图

（1）图幅号、地籍号、坐落。地籍号由“行政区划代码+街道号+街坊号+基本宗地号+宗地支号”组成。宗地编号由“基本宗地号+宗地支号”组成。若宗地编号无支号，则宗地支号为“000”。描述时，宗地编号可用 4 位基本宗地号表示。

（2）单位名称、宗地号、地类号和占地面积。单位名称、宗地号、地类号和占地面积标注在宗地图的中部。例如，某宗地的使用权属第六中学，宗地号为 7，地类号为 44（按城镇土地分类 44 为教育单位），占地面积 1165.6m^2。

（3）界址点、点号、界址线和界址边长。界址点以直径 0.8mm 的小圆圈表示，包含与邻宗地公用的界址点，从宗地左上角沿顺时针方向以 1 开始顺序编号，连接各界址点形成界址线，两相邻界址点之间的距离即为界址边长。

（4）宗地内建筑物和构筑物。若宗地内有房屋和围墙，应注明房屋和围墙的边长。

（5）邻宗地宗地号及界址线。应在宗地图中画出与本宗地有共同界址点的邻宗地界址线，并在邻宗地范围内注明它的宗地号。

（6）相邻道路、街巷及名称。宗地图中应画出与该宗地相邻的道路及街巷，并注明道路和街巷的名称。此外，宗地图中还应标出指北针方向，注明所选比例，还应有绘图员和审核员的签名及宗地图的绘制日期。宗地图要求必须按比例真实绘制，比例尺一般为 1∶500 或大于 1∶500。宗地图的空间集合构成地籍图。

2. 地籍信息空间表达

地籍信息一般由宗地、界址点、界址线、宗地注记、界址线注记、界址点注记组成。宗地、界址点和界址线几何空间数据按地理空间矢量数据的点、线和面表达方法描述。宗地、界址点和界址线之间拓扑关系全显式表达宗地多边形→界址线→界址点之间关系，同时还明显表达界址点→界址线→宗地多边形之间的关系（图 4.4）。

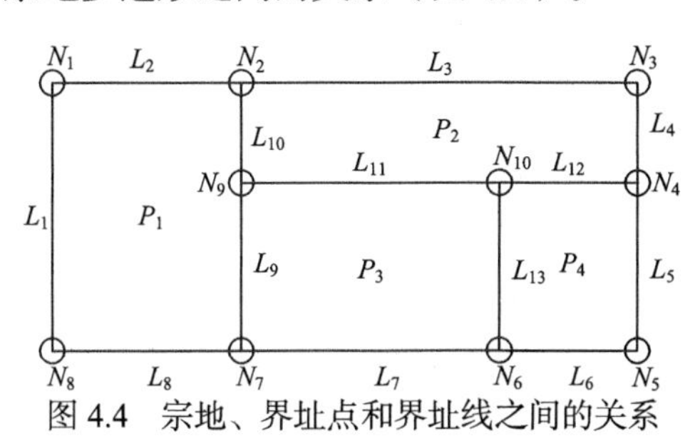

图 4.4　宗地、界址点和界址线之间的关系

图 4.4 的拓扑关系，可用关联表 4.8～表 4.11 来表示。其中，表 4.8 和表 4.9 自上到下表示基本元素之间的关联性；表 4.10 和表 4.11 自下到上表示基本元素之间的关联性。这些表的集合即为图 4.4 的拓扑关联表的全显式表示。

表 4.8　宗地多边形-界址线的拓扑关联表

宗地多边形	界址线
P_1	L_1，L_2，L_{10}，L_9，L_8
P_2	L_3，L_4，L_{12}，L_{11}，L_{10}
P_3	L_{11}，L_{13}，L_7，L_9
P_4	L_{12}，L_5，L_6，L_{13}

表 4.9　界址线-界址点的拓扑关联表

界址线	界址点
L_1	N_1，N_8
L_2	N_1，N_2
L_3	N_2，N_3
L_4	N_3，N_4
L_5	N_4，N_5
L_6	N_5，N_6
L_7	N_6，N_7
L_8	N_7，N_8
L_9	N_7，N_9
L_{10}	N_9，N_2
L_{11}	N_9，N_{10}
L_{12}	N_{10}，N_4
L_{13}	N_{10}，N_6

表 4.10　界址点-界址线的拓扑关联表

界址点	界址线
N_1	L_1，L_2
N_2	L_3，L_2，L_{10}
N_3	L_3，L_4
N_4	L_4，L_5，L_{12}
N_5	L_6，L_5
N_6	L_6，L_7，L_{13}
N_7	L_7，L_8，L_9
N_8	L_1，L_8
N_9	L_9，L_{11}，L_{10}
N_{10}	L_{11}，L_{12}，L_{13}

表 4.11　界址线-宗地多边形拓扑关联表

界址线	左宗地多边形	右宗地多边形
L_1	P_1	
L_2	P_1	
L_3	P_2	
L_4	P_2	
L_5	P_4	
L_6	P_4	
L_7	P_3	
L_8	P_1	
L_9	P_3	P_1
L_{10}	P_1	P_2
L_{11}	P_2	P_3
L_{12}	P_2	P_4
L_{13}	P_3	P_4

3. 地籍信息属性结构

地籍信息属性数据结构如表 4.12～表 4.20 所示。

表 4.12　宗地属性结构描述表（属性表代码：ZD）

序号	字段名称	字段代码	字段类型	字段长度	小数位数	值域	备注
1	标识码	BSM	Int	10		>0	
2	要素代码	YSDM	Char	10		见 TD/T 1015—2007	
3	行政区划代码	XZQHDM	Char	12		见 GB/T2260	
4	宗地号	ZDH	Char	7		非空	
5	宗地四至	ZDSZ	Char	200		非空	
6	权属单位代码	QSDWDM	Char	16		见 TD/T 1015—2007	
7	权属单位名称	QSDWMC	Char	60		非空	
8	通信地址	TXDZ	Char	100		非空	含邮政编码
9	土地坐落	TDZL	Char	60		非空	
10	坐落单位代码	ZLDWDM	Char	100		见 TD/T 1015—2007	
11	权属性质	QSXZ	Char	2		见 TD/T 1015—2007	
12	土地使用权类型	TDSYQLX	Char	2		见 TD/T 1015—2007	
13	计算面积	JSMJ	Float	15	2	>0	单位：m^2
14	发证面积	FZMJ	Float	15	2	>0	单位：m^2
15	土地级别	TDJB	Char	2		见 TD/T 1015—2007	
16	法人代表姓名	FRDBXM	Char	50		非空	
17	法人代表身份证件类型	FRDBSFZJLX	Char	1		见 TD/T 1015—2007	
18	法人代表身份证件号	FRDBSFZJH	Char	20		非空	
19	法人代表身份证明书	FRDBSFZMS	Char	100		非空	影像文件路径

续表

序号	字段名称	字段代码	字段类型	字段长度	小数位数	值域	备注
20	法人代表电话号码	FRDBDHHM	Char	15		非空	
21	代理人姓名	DLRXM	Char	50		非空	
22	代理人身份证件类型	DLRSFZJLX	Char	1		见 TD/T 1015—2007	
23	代理人身份证件号	DLRSFZJH	Char	20		非空	
24	代理人身份证明书	DLRSFZMS	Char	100		非空	影像文件路径
25	代理人电话号码	DLRDH	Char	15		非空	

表 4.13　权属来源证明扩展属性结构描述表（属性表代码：ZD_QSLYZM）

序号	字段名称	字段代码	字段类型	字段长度	小数位数	值域	备注
1	标识码	BSM	Int	10		>0	
2	权属来源证明文件类型	QSZMWJLX	Char	100		非空	
3	权属来源证明文件编号	QSZMWJBH	Char	50		非空	
4	权属来源证明文件日期	QSZMWJRQ	Date	8		YYYYMMDD	
5	权属来源证明	QSLYZM	Char	100		非空	影像文件路径

表 4.14　申请登记扩展属性结构描述表（属性表代码：ZD_SQDJ）

序号	字段名称	字段代码	字段类型	字段长度	小数位数	值域	备注
1	标识码	BSM	Int	10		>0	
2	申请书编号	SQSBH	Char	50		非空	
3	申请书	SQS	Char	100		非空	影像文件路径
4	收件人	SJR	Char	50		非空	
5	收件日期	SJRQ	Date	8		YYYYMMDD	
6	收件单	SJD	Char	100		非空	影像文件路径

表 4.15　权属调查扩展属性结构描述表（属性表代码：ZD_QSDC）

序号	字段名称	字段代码	字段类型	字段长度	小数位数	值域	备注
1	标识码	BSM	Int	10		>0	
2	调查表号	DCBH	Char	50		非空	
3	指界委托书	ZJWTS	Char	100		非空	影像文件路径
4	预编地籍号	YBDJH	Char	20		非空	
5	说明	SM	Char	200		非空	
6	权属调查记事	QSDCJS	Char	600		非空	
7	调查员	DCY	Char	50		非空	
8	调查日期	DCRQ	Date	8		YYYYMMDD	
9	宗地草图	ZDCT	Char	100		非空	影像文件路径

续表

序号	字段名称	字段代码	字段类型	字段长度	小数位数	值域	备注
10	地籍勘丈记事	DJKZJS	Char	300		非空	
11	勘丈员	KZY	Char	50		非空	
12	勘丈日期	KZRQ	Date	8		YYYYMMDD	
13	调查审核意见	DCSHYJ	Char	200		非空	影像文件路径
14	调查审核人	DCSHR	Char	50		非空	
15	调查审核日期	DCSHRQ	Date	8		YYYYMMDD	

表 4.16　权属审批扩展属性结构描述表（属性表代码：ZD_QSSP）

序号	字段名称	字段代码	字段类型	字段长度	小数位数	值域	备注
1	标识码	BSM	Int	10		>0	
2	审批表号	SPBH	Char	50		非空	
3	初审意见	CSYJ	Char	200		非空	影像文件路径
4	审查人	SCR	Char	50		非空	
5	审查日期	SCRQ	Date	8		YYYYMMDD	
6	审核意见	SHYJ	Char	200		非空	
7	审核人	SHR	Char	50		非空	
8	审核日期	SHRQ	Date	8		YYYYMMDD	
9	公告日期	GGRQ	Date	8		YYYYMMDD	
10	公告结果	GGJG	Date	100		非空	影像文件路径
11	发证机关批准意见	PZYJ	Char	200		非空	影像文件路径
12	审批人	SPR	Char	50		非空	
13	批准日期	PZRQ	Date	8		YYYYMMDD	
14	领导批示	LDPS	Char	100		非空	影像文件路径

表 4.17　注册登记扩展属性结构描述表（属性表代码：ZD_ZCDJ）

序号	字段名称	字段代码	字段类型	字段长度	小数位数	值域	备注
1	标识码	BSM	Int	10		>0	
2	登记卡编号	DJKBH	Char	50		非空	
3	登记日期	DJRQ	Date	8		YYYYMMDD	
4	登记记事	DJJS	Char	200		非空	
5	登记卡经办人	DJKJBR	Char	50		非空	
6	登记卡审核人	DJKSHR	Char	50		非空	
7	土地证号	TDZH	Char	50		非空	
8	归户卡号	GHKH	Char	50		非空	

表 4.18　界址线属性结构描述表（属性表代码：JZX）

序号	字段名称	字段代码	字段类型	字段长度	小数位数	值域	备注
1	标识码	BSM	Int	10		> 0	
2	要素代码	YSDM	Char	10		见 TD/T 1015—2007	
3	界址线长度	JZXCD	Float	15	2	> 0	单位：m
4	界线性质	JXXZ	Char	6		见 TD/T 1015—2007	
5	界址线类别	JZXLB	Char	1		见 TD/T 1015—2007	
6	界址线位置	JZXWZ	Char	1		见 TD/T 1015—2007	
7	权属界线协议书编号	QSJXXYSBH	Char	30		非空	
8	权属界线协议书	QSJXXYS	Char	100		非空	影像文件路径
9	权属争议原由书编号	QSZYYYSBH	Char	30		非空	
10	权属争议原由书	QSZYYYS	Char	100		非空	影像文件路径

表 4.19　界址点属性结构描述表（属性表代码：JZD）

序号	字段名称	字段代码	字段类型	字段长度	小数位数	值域	备注
1	标识码	BSM	Int	10		> 0	
2	要素代码	YSDM	Char	10		见 TD/T 1015—2007	
3	界址点号	JZDH	Char	10	2	非空	
4	界标类型	JBLX	Char	2		见 TD/T 1015—2007	
5	界址点类型	JZDLX	Char	2		见 TD/T 1015—2007	

表 4.20　注记属性结构描述表（属性表代码：ZJ）

序号	字段名称	字段代码	字段类型	字段长度	小数位数	值域	备注
1	标识码	BSM	Int	10		> 0	
2	要素代码	YSDM	Char	10		见 TD/T 1015—2007	
3	注记内容	ZJNR	Char	60		非空	
4	字体	ZT	Char	4		非空	
5	颜色	YC	Char	12		非空	
6	磅数	BS	Int	4		> 0	单位：磅
7	形状	XZ	Char	1		非空	
8	下划线	XHX	Char	1		非空	
9	宽度	KD	Float	15	1	> 0	
10	高度	GD	Float	15	1	> 0	
11	注记点 X 坐标	ZJDXZB	Float	15	3	> 0	
12	注记点 Y 坐标	ZJDYZB	Float	15	3	> 0	
13	注记方向	ZJFX	Float	10	6	[0，2π）	单位：弧度

4.3.3　系统功能

本系统主要是面向日益繁杂的地籍管理工作开发的，包括对各种数据、地籍图件、文件资料的管理及各种历史数据变更的处理等。

1. 图形显示与控制

可以分层叠加显示地籍图（含地形图、宗地）及测量控制点网等图形数据，并可以方便地控制这些图形的显示与否。可以开窗、放大、缩小和平移，以改变图形的显示范围。能同时显示历史和现状宗地的图形。

2. 图形与属性双向查询

可以根据属性资料查询有关的图形资料，如由宗地号、权利人名称查询宗地的属性资料，如发证资料、土地登记卡、土地归户卡资料、地籍调查表的资料（界址点坐标、界址线类型、指界人信息），并通过图形的方式自动定位显示宗地所在位置及宗地所在位置的地形、土地利用总体规划、土地分等定级、土地利用现状资料。

可以由显示的图形查询，通过点、矩形、图形和任意多边形选择图形要素（宗地、界址点、规划地块、分等定级地块、土地利用现状地块）查询有关的属性。

3. 图形空间定位显示

通过某个空间定位方式，调出所需空间范围的图形。

（1）坐标定位。已知一个点的坐标，在计算机上显示以该坐标为中心的一定范围内的地籍图。

（2）图幅定位。根据 1∶500 地籍图的图号、图名，调出相应的地籍图。

（3）分区定位。按区名、街道名、乡镇名、街坊名（或街坊号）调出相应区域的地籍图。

（4）地名定位。根据地名，调出所在位置的地籍图。

4. 可视化与图形输出

可以根据当前显示的图形，通过控制图层的显示、改变图形的显示内容（如宗地图与土地利用规划图叠加、土地利用规划图与地形图叠加）制作地图，并根据出图图纸的尺寸自动调整比例尺和制图范围，并提供所见即所得的图面整饰功能，并打印输出。

能自动生成标准的地籍图及一定比例尺和一定范围的地籍图（由用户指定，如一个街坊、一条道路范围内），能自动生成宗地图和宗地草图，宗地与相邻宗地能用不同的线型符号表示，并能进行图形整饰（注记的处理、宗地界线区分、界址点的编号、自动生成宗地图图廓）。

能定制各种专题图，具有灵活方便的专题图生成工具，如一定区域范围内已登记发证宗地和未登记发证宗地的专题图，按用地性质分类、权利人性质分类的专题图。

5. 图形操作与量算

对图形具有较强的编辑和处理功能，能够增、删、减图形要素，修改图形要素；能够精确地捕捉图形要素几何特征点坐标（如界址点）、量算图形要素的几何特征（如长度、周长、面积）；能计算任意一点的坐标、任意两点或多点间的距离、任意多边形的面积。

6. 统计分析与专题图

将统计与制图功能结合，既能生成统计报表，又能同时生成专题图。按时间（天）、时段（年、月），查询土地登记、验证等业务办理情况；按土地用途分类统计和查询（如住宅、工业、商业、办公楼），按权利人性质（个人、行政、事业、企业），按区、街道、乡镇、街坊、任意范围（沿某条街道）的各类土地面积统计和宗地分布，生成专题图和报表。

7. 办公自动化

申请表的录入，资料的录入能进行自动校验，防止非法数据的录入。审批表的录入和打印，填写审批意见时，提供审批文字模板，从审批表中提取有关信息，自动生成审批意见以减少工作人员的文字录入工作量。土地归户卡的生成和打印。土地登记卡的生成和打印。项目办理情况的追踪，工作量的自动统计。能将户籍资料输入计算机，以便在房改房和农村宅基地登记时查询。

档案室中目录项与数据库的链接（不必手工翻阅），实现地籍信息系统与档案系统的数据共享。

8. 宗地历史数据的自动保存和回溯

对变更登记所产生的历史数据能自动记录，可以在办公过程中回溯宗地的历史资料。

4.4　土地定级估价信息系统

自我国从计划经济模式转向市场经济模式以来，土地交易市场从无到有逐渐形成，土地交易体系不断完善，地产市场交易逐渐规范。土地定级估价已经作为土地行业的一门基础性工作，依托于土地定级估价信息系统，从根本上改变了过去传统的手工操作方式，提高了运算速度及精度，减少了人为干预程度，使土地定级估价信息的生产及交流与市场接轨。

4.4.1　土地定级估价业务分析

1. 土地定级与估价理论

在土地定级与估价过程中，主要应用四方面的理论，分别是地租理论、区位理论、地价理论和供求理论。

（1）地租理论。地租是直接生产者在生产中创造的剩余生产物被土地所有者占有的部分，是土地所有权借以实现的经济形式，是社会关系的反映。这种权力在经济上又表现为土地所有者只有在得到了一定收入的条件下，才肯将土地让渡给他人使用，其所得到的收入就是地租。其前提是土地所有权和使用权的分离。在这种情况下，土地所有者把土地出租，土地使用者要想取得土地使用权，必须向土地所有者缴纳一部分剩余价值即地租，而土地使用者同样要取得平均利润，地租只能从平均利润以上的那部分剩余价值（超额利润）中产生。

（2）区位理论。区位是一个综合的概念，除解释为地球上某一事物的空间位置外，还强调自然界的各种地理要素和人类社会经济活动之间的相互联系和相互作用在空间位置上的反映。换言之，区位就是自然地理区位、经济地理区位和交通地理区位在空间地域上有机结合的具体表现。

（3）地价理论。土地价格是资本化的地租、土地收益的购买价格。美国经济学家伊利认为：“土地收益是确定土地价格的基础。”以货币表示的土地价格是由于土地数量有限、土地所有权和经营权垄断而获得的地租购买价格，是社会后来赋予土地价值的货币表现。由于土地具有特殊的性质，其价格与市场上的商品价格相比具有其自身特点。

（4）供求理论。商品供给与商品需求是市场上既互相独立，又互相联系、互相制约、互为条件的两个方面。供给要需求来实现，需求要供给来满足，供给与需求均要求对方与之相适应。供求规律阐明供求决定价格，价格又决定供求。价值规律是通过价格自发地调节资源分配，使供求从不平衡趋于相对平衡的必然规律。供求平衡是相对的，不是一成不变的，当平衡条件发生变化时，均衡价格、数量将发生变化，供求平衡是在供求与价格的互相作用中实现的。

2. 土地定级估价业务模型

土地定级估价业务主要包括三部分：土地定级、基准地价评估、宗地地价评估。

1）土地定级

土地定级是根据土地的经济和自然两方面属性及其在社会经济活动中的地位、作用，对土地使用价值进行综合评定，并使评定结果级别化。城镇土地定级的目的是为全面掌握土地质量及利用状况，科学管理和合理利用城镇土地，以及为土地估价、征收土地税费和制订城镇土地利用规划、计划提供依据。

目前，土地定级方法主要有三种：①多因素综合评定法；②级差收益法；③地价分区定级方法。根据土地定级综合与主导因素相结合的原则，土地定级一般采用多因素综合评定法为主、级差收益法为辅的方法。通过系统综合分析各类因素、因子对土地作用的影响强度，初步划定土地级别，然后采用级差收益法验证并完全划分各类土地级别。

2）基准地价评估

依据《城镇土地估价规程》（GB/T18508—2014），城镇基准地价评估主要有两种技术途径：①以土地定级（或影响地价的土地条件和因素划分均质地域）为基础，用市场交易价格等资料评估基准地价；②以土地定级为基础，土地收益为依据，市场交易价格为参考评估基准地价。

土地基准地价评估一般采用多种分析方法，注重可操作性、地价更新连续性和实用性。其技术思路是：①对各城区地产市场进行宏观分析，了解地产市场的发展状况及城市空间演变过程，确定城市的发展方向，同时掌握原有基准地价应用过程中存在的问题和需要更新的内容；②调查市场交易资料，测算市场交易中各类别样点地价，先用土地区位条件、样点地价对发生变化的局部土地级别界线进行调整；③运用市场交易价格、租赁价格等资料评估路线价、级别基准地价。

估价的主要流程如下：①准备工作；②资料调查与整理；③基准地价评估；④基准地价确定；⑤编制基准地价修正系数表；⑥成果验收。

3）宗地地价评估

宗地地价是指具体宗地在某一期日的土地使用权价格。宗地地价评估是根据评估目的、待估宗地的特点和当地土地市场的状况，选择适宜的估价方法对待估宗地的权益进行分析，评估出待估宗地在某一期日的土地使用权价格。

宗地地价评估程序：

（1）确定估价基本事项。确定估价对象、估价目的、估价期日、价格类型等。

（2）拟定估价作业计划。确定估价项目、内容、资料类型及来源、调查方法、人员安排、时间与成果组成等。

（3）收集资料、实地踏勘。收集社会、经济、政治、环境等一般资料及宗地所处地区的区域因素和个别因素资料，地价地租及房地产市场交易资料。实地踏勘待估宗地位置状况、地上建筑物状况、装修、使用情况、周围环境、周围土地利用状况、基础设施配套等状况。

（4）分析整理相关资料。对所收集的相关资料进行分析整理，判断地价的走势和因素对地价的影响程度，确定估价相关参数。

（5）选定方法试算价格。同一估价对象应选用两种以上方法进行估价，得出试算价格。

（6）确定宗地估价结果。估价人员应从估价资料、估价方法、估价参数指标等的代表性、适宜性、准确性方面，对各试算价格进行客观分析，并结合估价经验对各试算价格进行判断调整，确定估价结果。方法有简单算术平均法、加权算术平均法、中位数法、综合分析法。

（7）撰写估价报告书。估价报告书包括《土地估价报告》和《土地估价技术报告》，格式为文字式和表格式。

影响土地价格的因素主要有：①一般因素。指影响城镇地价总体水平的自然、社会、经济和行政因素等，主要包括地理位置、自然条件、人口、行政区划、城镇性质、城镇发展过程、社会经济状况、土地制度、住房制度、土地利用规划及计划、社会及国民经济发展规划等。②区域因素。指影响城镇内部区域之间地价水平的商服繁华程度及区域在城镇中的位置、交通条件、公用设施及基础设施水平、区域环境条件、土地使用限制和自然条件等。③个别因素。指宗地自身的地价影响因素，包括宗地自身的自然条件、开发程度、形状、长度、宽度、面积、土地使用限制和宗地临街条件等。

4.4.2　系统功能

本系统涉及土地定级模块、基准地价评估模块、基准地价更新模块、宗地标定地价评估模块、图形编辑模块、查询统计模块、成果输出模块及系统维护模块（图 4.5）。

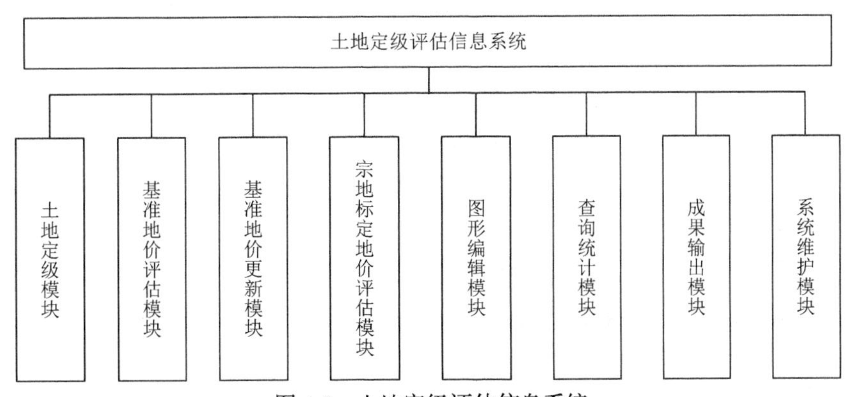

图 4.5　土地定级评估信息系统

1. 土地定级

土地定级主要实现以下几项功能：交互式的任意选择影响城镇土地级别的各项定级因素；根据因素类型，自动计算作用分值；采用多种方法交互式确定定级因素权重；自动确定土地级别；绘制土地级别图及各项定级因素作用分等值线图；对划分的土地级别进行级别检验；为用户交互式修正级别数据提供界面。其基本结构如图 4.6 所示。

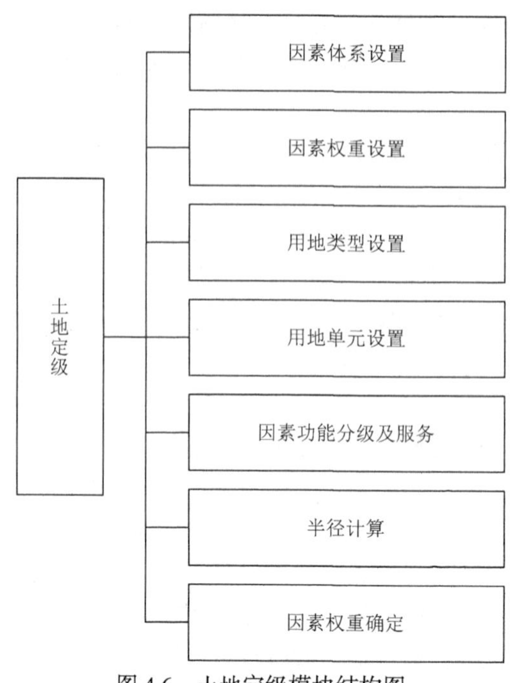

图 4.6　土地定级模块结构图

2. 基准地价评估

基准地价评估主要功能包括利用各类土地交易的数据，计算各类用地样点地价；通过级差收益测算法得出不同级别、区域或地段土地的基准地价；运用路线法测算城镇内某些极端的基准地价；利用经过检验、归类的样点数据测算出区域基准地价；建立各类用地宗地地价修正系数。

系统中城镇土地基准地价的基本思路是根据《土地定级章程》的要求，在评估区域土地定级工作完成的基础上，利用土地定级的成果数据，对调查样点地价级别分级归类，建立网格点定级分值与地价的回归关系模型。

3. 基准地价更新

基准地价更新的技术路线是以土地定级和基准地价评估为基础，以监测样点和定级因素变化资料为依据，通过建立基准地价更新模型，更新土地级别及其基准地价。主要功能包括对监测信息进行检测分析，判断是否进行更新；按某城市发展的各种信息，对土地定级评估资料进行更新；利用土地变更调查和原始数据，提取影响土地级别因素的信息，对基准地价进行更新；对更新基准地价总体水平的合理性检验。其结构如图 4.7 所示。

4. 宗地地价评估

在土地定级和基准地价评估成果建立的基础上，采用系统提供的分类基准地价修正系数对宗地地价进行评估，并提供市场比较法、收益还原法、剩余法、成本逼近法等评估方法，以保证宗地地价评估结果的客观公正。其基本功能包括：以宗地为单元，以网格或应用评价单元的土地级别和基准地价为基础，计算宗地土地级别和基准地价；通过地价修正系数进行修正计算宗地地价；通过建立评估安全，采用市场比较法计算宗地地价；采用收益还原法、成本逼近法、剩余法或其他方法计算宗地地价。宗地地价评估模块如图 4.8 所示。

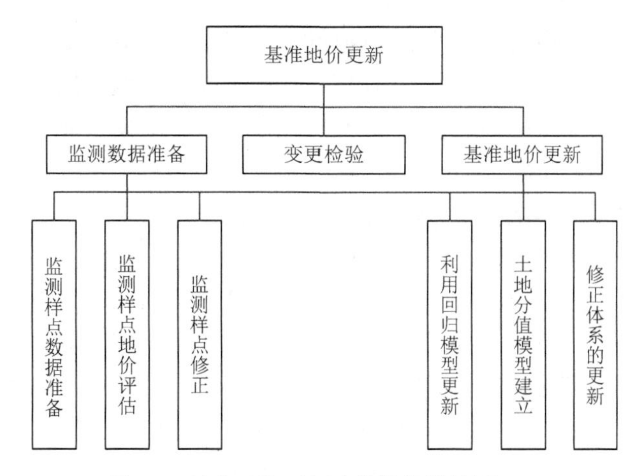

图 4.7　基准地价更新功能模块结构图

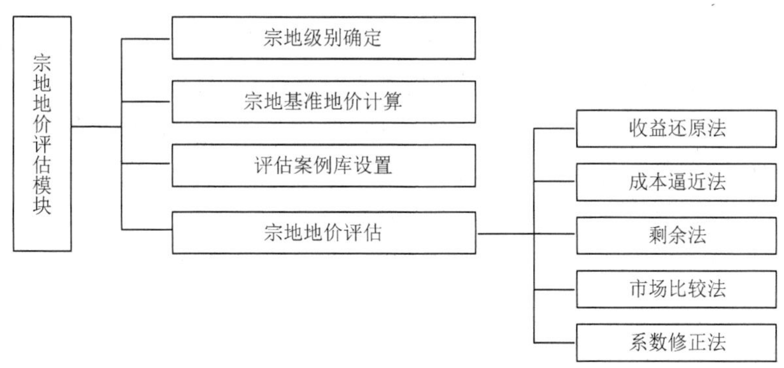

图 4.8　宗地地价评估模块图

4.5　土地利用规划信息系统

土地利用规划又称土地规划，是指在土地利用的过程中，为达到一定的目标，对各类用地的结构和布局进行调整或配置的长期计划。土地利用规划信息系统就是根据工作的具体特点，利用计算机及 GIS 技术结合土地利用规划管理工作业务，建立的集 GIS 和办公自动化为一体的专业化信息系统。基于土地利用规划管理信息系统，实现土地利用规划数据采集、处理、分析、存储、查询、输出和传输的数字化和网络化，为土地利用计划管理、建设用地预审、土地开发整理项目审查等提供技术支持。

4.5.1　土地利用规划业务分析

土地利用规划管理的主要业务包括：建设用地预审、建设用地规划审查、开发整理复垦项目规划审查、规划调整审查和规划成果管理。

1. 建设用地预审

建设项目用地预审流程需要市、县级国土管理部门进行审批，经过业务受理、项目预审、规划科项目审查、勘测定界、安置补偿等环节。业务受理环节主要是填写项目申请表，上报项目材料，打印回执单及业务流转单；项目预审环节主要进行项目的初步审查，浏览、补充项目台账，对明显不符合规划的项目进行退件；项目审查环节主要进行项目的详细审查，用大致的红线图分析出项目现状信息与规划信息，如果通过就拟定预审意见，不通过则退件；勘测定界环节主要是输入勘测定界成果；安置补偿环节主要输入征用补偿方案。

2. 建设用地规划审查

建设用地规划审查需要在市、县级国土管理部门审批后，再报市级、省级国土资源管理部门批准。县级国土资源部门审批分别需要经过组件批次、权属审核、规划审查、组织上报方案、项目报批、计划核销等环节。组件批次环节从建设用地项目集合中选取，组成新的用地批次，完成批次项目台账；权属审核环节进行项目权属审核，编制土地利用现状权属审核表；规划审查环节进行编制土地利用总体规划审查表与农地转用计划通知书；组织上报方案环节进行一书四方案的编写；项目报批环节进行材料的输出，并进行计划预核销；计划核销环节是项目报批后，如果通过审批，发出供地传递单，否则取消计划核销。

3. 开发整理复垦项目规划审查

土地开发整理复垦项目规划审查是指土地行政主管部门依据土地利用总体规划和土地开发专题规划，进行申报和组织实施土地开发整理复垦项目的过程。在县级国土管理部门分别需要经过业务受理、规划审查、立项入库、项目验收等环节。业务受理环节主要进行填写项目申请表，上载项目电子材料，打印回执单及业务流转单；规划审查环节主要进行判断是否符合专题规划，确定项目规划位置，若不符合则退件；立项入库环节主要形成项目库，改变项目状态；项目验收主要是完成项目验收，改变项目状态。

4. 规划调整审查

规划调整审查是乡镇人民政府向县级人民政府提出要求调整土地利用总体规划的报告，并按规定提交申报材料，县级人民政府国土资源部门对乡镇土地利用总体规划调整方案进行审查，符合要求的由同级人民政府上报市人民政府。规划调整审查在县级国土管理部门分别需要经过业务受理、项目初审、规划审查、项目报批、修改规划图等环节。

5. 规划成果管理

规划成果管理是指对经批准的土地利用规划成果及在规划实施中形成的相关规划成果的管理，包括图件成果管理、文档成果管理和指标管理。图件成果管理主要是对总体规划图、专题图或专项规划图的调阅；文档成果管理主要是对规划文档的查阅、存档及输出等；指标管理主要是对规划指标的年度计划管理。

4.5.2 土地利用规划信息

1. 土地利用规划数据

土地利用规划数据按其特征可分为空间数据和非空间数据两大类：①空间数据包含矢量数据和栅格数据。矢量数据包括基础地理要素、土地利用要素、土地权属要素、基本农田要素、其他要素等。栅格数据包括土地利用现状图、土地利用总体规划图、建设用地管制分区图、基本农田保护规划图、土地整治规划图、重点建设项目用地布局图、中心城区土地利用现状图、中心城区土地利用总体规划图、其他规划图件。②非空间数据主要包括元数据、规划文本、规划表格数据等。

土地利用规划成果数据，纵向上包括：①国家级土地利用总体规划纲要，主要包括全国土地利用总体规划纲要、全国土地利用总体规划图件及元数据。②省级土地利用规划成果，主要包括省级土地利用规划图件、相关文档成果及元数据。③市级土地利用规划成果，主要包括基础地理数据、土地利用规划数据及元数据三部分。④县级土地利用规划成果，主要包括基础地理信息要素、土地利用规划要素及元数据三部分。⑤乡镇级土地利用规划成果，主要包括基础地理信息要素、土地利用规划要素及元数据三部分。县（市）级土地利用规划数据类型如图 4.9 所示。

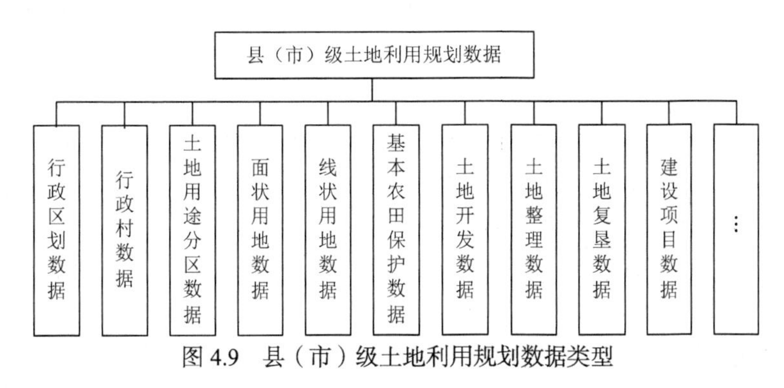

图 4.9　县（市）级土地利用规划数据类型

2. 土地利用规划数据库

土地利用规划信息系统是以数据库为核心的，完善的数据库体系是土地利用规划管理信息系统正常运行的基础。为了达到数据共享，首先要对规划所需数据进行统一分类、统一编码。另外，土地利用规划信息系统的基本要求是实现图形、属性数据统一管理的基础。因此，在分别建立空间数据库、属性数据库的基础上，将空间实体与其所对应的属性记录建立一一对应的关键字，实现空间数据与属性数据的对应，这样就可以对图形、属性数据进行统一管理，实现图形、属性数据的快速双向查询检索。

土地利用规划数据库结构，采用分层的方法进行组织管理（以乡镇土地利用规划数据库为例）。

（1）境界与行政区：行政区、行政区界线、行政区注记。

（2）地貌：等高线、高程注记点。

（3）地理注记：地理注记名称。

（4）规划基础信息：风景旅游资源、面状基础设施、线状基础设施、点状基础设施、主要矿产储藏区、蓄滞洪区、地质灾害易发区、规划基础信息注记。

（5）基期现状：基期地类图斑、基期线状地物、基期零星地物、基期地类界线、基期现状注记。

（6）目标年规划：建设用地管制区、建设用地管制区注记、土地整治重点区域、土地整治重点区域注记、村镇建设控制区、村镇建设控制区注记、基本农田整备区、基本农田整备区注记、面状土地整治重点项目、面状土地整治重点项目注记、线状土地整治重点项目、线状土地整治重点项目注记、点状土地整治重点项目、点状土地整治重点项目注记、面状重点建设项目、面状重点建设项目注记、线状重点建设项目、线状重点建设项目注记、点状重点建设项目、点状重点建设项目注记。

（7）规划栅格图：土地利用现状图、土地利用总体规划图、建设用地管制和基本农田保护图、土地整治规划图。

4.5.3　系统功能

系统的主要功能是满足土地利用规划业务中的规划、设计、实施、项目验收、监控、管理等。

1. 基本功能

建设完整的土地利用规划数据库、土地利用现状数据库和各项专题规划数据库，以及基础地图数据库，实现地图的编辑、更新、维护、面积计算与分析等基本 GIS 功能。同时，系统能够根据资料管理的实际需要，快速地生成利用规划等多种专题图。

2. 规划实施管理

系统能按流程实现建设用地预审、建设用地规划审查、开发整理复垦项目规划审查、规划调整审查等功能。系统主要包括建设用地规划预审、建设用地规划审查、规划调整审查与土地开发复垦项目规划审查四个模块。

（1）建设用地规划预审。建设用地规划预审主要包括项目收件、项目初审、项目审查、勘测定界、安置补偿几个环节。

（2）建设用地规划审查。建设用地规划审查主要审查建设占用的土地、补充耕地的位置，是否符合土地利用总体规划，是否有农地转用计划及项目报批、审批结果等几个环节。

（3）规划调整审查。规划局部调整业务主要包括业务受理、项目初审、规划审查、项目报批、确认报批结果几个环节。

（4）土地开发复垦项目规划审查。土地开发整理复垦项目规划审查主要包括项目收件、项目初审、项目报批、项目立项入库、项目验收几个环节。

3. 规划成果管理

实现对土地利用规划和在规划实施中形成的相关图件、文档、指标等成果的管理，提供查询、统计、分析、调整修改及输出等功能。成果管理子系统包括文本成果管理、图件成果管理和指标成果管理三个模块。

（1）文本成果管理。对土地利用总体规划文本、土地利用总体规划说明、土地利用规划专题研究报告及其他相关文字资料等进行存档、查询及输出。

（2）图件成果管理。图件成果包括土地利用现状（基期）图、土地利用总体规划图、土地利用规划专题图或专项规划图及土地利用规划管理中产生的其他专题图件等。系统实现对总体规划图、专题图或专项规划图的存档；规划土地利用现状（基期）图和各年度土地利用现状图的调阅、查询和统计；总体规划图、专题图或专项规划图按项目、土地用途等查阅、统计；总体规划图、专题图或专项规划图任意区域、任意比例尺的输出。

（3）指标成果管理。主要包括对年度计划指标、折抵指标、追加指标、购买指标的管理。

4. 查询统计

查询统计主要包括计划执行情况查询、规划实施情况查询和土地利用情况查询、规划项目查询。

（1）计划执行情况查询。计划执行情况是根据年度计划与年度内批准的建设项目占用耕地和整理复垦开发增加耕地统计数，得出在某一年度、某一地类面积值的年度计划与实际变化的对比。

（2）规划实施情况查询和土地利用情况查询。通过对已批准的建设项目用地的情况统计，得出各地类的变化面积；通过由规划地类面积值得到规划实施的理想变化面积值，从而实现某一年度某一地类实际面积值与理想值的对比。同时，可对土地开发复垦整理及规划局部调整业务进行相应的统计。

（3）规划项目查询。按不同业务类型和相关的查询条件，在查询过程中能得出项目编号、业务类型、所在乡镇、项目库编号、项目名称、项目面积、申请单位、联系人、处理状态、项目地点、净增耕地、拟增耕地、总面积、批复文号、批复时间、办理日期等相关信息的结果。

5. 辅助设计与决策支持

辅助设计与决策支持具有土地利用规划的辅助设计能力，有利于土地利用规划的合理布局与科学调整；提供缓冲区分析与叠置分析，以便快速理解土地利用规划的可行性等。

6. 系统维护

系统维护配置，其任务是根据工作流配置规划业务所需的工作流程，制定人员的角色权限及所在部门；对空间数据字典及元数据进行定义，完成数据的成批更新及数据的备份恢复等功能。

第 5 章　环境地理信息系统

随着全球性环境的日益恶化，环境保护在实现人类可持续发展战略过程中扮演着越来越重要的角色。而环境问题与地理因素紧密相关，通常带有很强的地理或地理分布特征。随着我国环境信息化的快速发展和计算机新技术在环境保护领域的广泛应用，环境地理信息系统在环境保护管理和决策工作中发挥着越来越重要的作用。

5.1　概　　述

5.1.1　环境与环境保护

1. 环境

地理学上所指的地理环境位于地球表层，处于岩石圈、水圈、大气圈、土壤圈和生物圈相互制约、相互渗透、相互转化的交融带上。它下起岩石圈的表层，上至大气圈下部的对流层顶，厚 10～20km，包括了全部的土壤圈，其范围大致与水圈和生物圈相当。概括地说，地理环境是由与人类生存和发展密切相关的，直接影响人类衣、食、住、行的非生物和生物等因子构成的复杂的对立统一体，是具有一定结构的多级自然系统，水、土、气、生物圈都是它的子系统。每个子系统在整个系统中有着各自特定的地位和作用，非生物环境都是生物（植物、动物和微生物）赖以生存的主要环境要素，它们与生物种群共同组成生物的生存环境。这里是来自地球内部的内能和来自太阳辐射的外能的交融地带，有着适合人类生存的物理条件、化学条件和生物条件，因而构成了人类活动的基础。

环境既包括以空气、水、土地、植物、动物等为内容的物质因素，也包括以观念、制度、行为准则等为内容的非物质因素；既包括自然因素，也包括社会因素；既包括非生命体形式，也包括生命体形式。环境是相对于某个主体而言的，主体不同，环境的大小、内容等也就不同。

通常按环境的属性，将环境分为自然环境、人工环境和社会环境。

（1）自然环境。通俗地说，自然环境是指未经过人的加工改造而天然存在的环境；自然环境按环境要素，又可分为大气环境、水环境、土壤环境、地质环境和生物环境等，主要就是指地球的五大圈（大气圈、水圈、土壤圈、岩石圈和生物圈）。

（2）人工环境。通俗地说，人工环境是指在自然环境的基础上经过人的加工改造所形成的环境，或人为创造的环境。人工环境与自然环境的区别，主要在于人工环境对自然物质的形态做了较大的改变，使其失去了原有的面貌。

（3）社会环境是指由人与人之间的各种社会关系所形成的环境，包括政治制度、经济体制、文化传统、邻里关系等。

如果按照环境要素来分类，可以分为聚落环境、大气环境、水环境、地质环境、土壤环境及生态环境。

（1）聚落环境。聚落是指人类聚居的中心，活动的场所。聚落环境是人类有目的、有计划地利用和改造自然环境而创造出来的生存环境，是与人类的生产和生活关系最密切、最直接的工作和生活环境。人工环境因素在聚落环境中占主导地位，也是社会环境的一种类型。人类的聚落环境，从自然界中的穴居和散居，直到形成密集栖息地乡村和城市。显然，随着聚居环境的变迁和发展，其为人类提供了安全清洁和舒适方便的生存环境。但是，聚落环境乃至周围的生态环境由于人口的过度集中、人类缺乏节制的频繁活动，以及人类对自然界的资源和能源超负荷索取受到巨大的压力，造成局部、区域以至全球性的环境污染。因此，聚落环境历来都引起人们的重视和关注，也是环境科学的重要和优先研究领域。

（2）大气环境，是指生物赖以生存的空气的物理、化学和生物学特性。主要包括空气的温度、湿度、风速、气压和降水。大气是混合气体，它无色无味，通常人们看不见它的存在。大气的主要成分是氧和氮，而其他气体，如氢、二氧化碳、臭氧和水汽等，只占大气体积总量的百分之一。大气是在不断变化着的，其自然的变化进程相当缓慢，而人类活动造成的变化较快，任其发展，后果有可能非常严重。大气污染对大气物理状态的影响，主要是引起气候的异常变化。这种变化有时是很明显的，有时则以渐渐变化的形式发生，一般人难以觉察，已引起世界范围的密切关注，世界各地都已动用了大量人力、物力，进行研究、防范、治理。控制大气污染，保护环境，已成为当代人类的一项重要事业。

（3）水环境，是指自然界中水的形成、分布和转化所处空间的环境。水环境是构成环境的基本要素之一，是人类赖以生存和发展的重要场所，也是受人类干扰和破坏最严重的领域。在地球表面，水体面积约占地球表面积的 71%。水是由海洋水和陆地水两部分组成的，分别占总水量的 97.28%和 2.72%。后者所占比例很小，且所处空间的环境十分复杂。水在地球上处于不断循环的动态平衡状态中。天然水的基本化学成分和含量，反映了它在不同自然环境循环过程中的原始物理化学性质，是研究水环境中元素存在、迁移、转化和环境质量（或污染程度）与水质评价的基本依据。水环境主要由地表水环境和地下水环境两部分组成。地表水环境包括河流、湖泊、水库、海洋、池塘、沼泽、冰川等，地下水环境包括泉水、浅层地下水、深层地下水等。海洋环境指地球上广大连续的海和洋的总水域，包括海水、溶解和悬浮于海水中的物质、海底沉积物和海洋生物，是生命的摇篮和人类的资源宝库。随着人类开发海洋资源的规模日益扩大，其已受到人类活动的影响和污染。水环境的污染和破坏已成为当今世界主要的环境问题之一。

（4）地质环境，主要指地表以下的坚硬地壳层，也就是岩石圈部分。它是由岩石及其风化产物——浮土两个部分组成的。岩石是地球表面的固体部分，平均厚度 30km；浮土是包括土壤和岩石碎屑组成的松散覆盖层，厚度范围一般为几十米至几千米。实质上，地理环境是在地质环境的基础上，在星际环境的影响下发生和发展起来的，地理环境、地质环境和星际环境之间，经常不断地进行着物质和能量的交换和循环。例如，岩石在太阳辐射的作用下，在风化过程中使固结在岩石中的物质释放出来，参加到地理环境中去，再经过复杂的转化过程又回到地质环境或星际环境中。如果说地理环境为人类提供了大量的生活资料，即可再生的资源，那么，地质环境则为人类提供了大量的生产资料，特别是丰富的矿产资源，即难以再生的资源，它对人类社会发展的影响将与日俱增。

（5）土壤环境，是指岩石经过物理、化学、生物的侵蚀和风化作用，以及地貌、气候等诸多因素长期作用下形成的土壤的生态环境。土壤形成的环境取决于母岩的自然环境，由于风化的岩石发生元素和化合物的淋滤作用，并在生物的作用下，产生积累，或溶解于土壤水中，形成多种植被营养元素的土壤环境。它是地球陆地表面具有肥力，能生长植物和微生物的疏松表层环境。土壤环境由矿物质、动植物残体腐烂分解产生的有机物质及水分、空气等固、液、气三相组成。固相（包括原生矿物、次生矿物、有机质和微生物）占土壤总重量的90%～95%；液相（包括水及其可溶物）称为土壤溶液。各地的自然因素和人为因素不同，形成不同类型的土壤环境。土壤污染是指污染物通过各种途径进入土壤，其数量和速度超过了土壤容纳和净化能力，而使土壤的性质、组成和性状等发生改变，破坏土壤的自然生态平衡并导致土壤的自然功能失调、质量恶化的现象。中国土壤环境存在的问题主要有农田土壤肥力减退、土壤严重流失、草原土壤沙化、局部地区土壤环境被污染破坏等。

（6）生态环境，指围绕生物有机体的生态条件的总体，由许多生态因子综合而成。生态因子包括生物性因子（如植物、微生物、动物等）和非生物性因子（如水、大气、土壤等），在综合条件下表现出各自作用。生态环境的破坏往往与环境污染密切相关。

2. 环境保护

自 20 世纪后半叶，由于人类工农业蓬勃发展，大量开采水资源，过量使用化石燃料，向水体和大气中排放大量的废水废气，造成大气圈和水圈的质量恶化，从而引起全世界的关注，环境保护由此开始受到越来越多的重视。环境保护是指人类为解决现实或潜在的环境问题，协调人类与环境的关系，保护人类的生存环境、保障经济社会的可持续发展而采取的各种行动的总称。其方法和手段有工程技术的、行政管理的，也有经济的、宣传教育的等。

现阶段我国环境管理工作是依靠健全的环保行政机构和配套的环境保护管理制度来完成的，其管理模式主要以行政命令为主。环境保护管理机构主要分为 4 级，即国家级、省级、市级、县级。国家层次的管理机构为 2008 年成立的环境保护部。

目前，环境保护的重点内容有以下几个方面。

1）大气污染与防治

人类生存离不开空气。大气污染的来源主要是燃料的燃烧、工业生产所排放的废气和粉尘、汽车尾气等，主要污染物有粉尘、SO_2、CO_2、NO_2、氟和氟化氢、碳化氢、硫化氢、氨和氯等。防治大气污染的方法有：工业企业合理布局、改善能源结构、改变燃料的燃烧方法、提高燃烧效率、绿化造林、采用南烟囱和高效除尘设备、集中供热、减少交通废气污染等。

2）水污染与防治

水是人类生存和工农业生产所必需的。水污染的来源主要是城市生活污水及工业生产废水的排放、农业污灌及化肥农药的使用、固体废弃物中有毒有害物质淋滤后流入水体、工业生产产生的有害尘粒经雨水淋洗后流入水体等。防治水体污染的措施是封闭循环、提高回用率、进行人工净化处理等。

3）固体废物污染与防治

人们在生产和生活中丢弃的固体、半固体或泥状物，统称为固体废物（简称固废），种类繁多。在一定条件下，固体废物会发生转移和各种物理、化学、生化反应，对周围环境造成影响，通过水、气、土壤流失及食物链等途径危及人体健康。防治固废污染的措施主要有减少排放量、进行无害化处理处置及资源化综合利用等。

4）土壤污染与防治

土壤是植物生长发育的基础。土壤污染不但影响植物的生长和农产品的质量，更重要的是通过食物链影响人体健康。土壤污染的途径主要是化肥农药的残留、固废中有毒有害物质的淋溶下渗、工业污废水的排放、工业废气随雨水降落到地面后淋滤进入土壤等。防治土壤污染，关键是防治大气污染、水污染和固体废物污染，合理进行污灌，合理使用化肥、农药。

5）食物污染与防治

食物污染一部分与水、大气和土壤污染有关，另一部分则是由于食品加工、运输、储藏、分配过程中混入了有毒有害物质造成的（如 1968 年发生在日本的米糠油事件）。防治食物污染的主要措施是防治水、大气及土壤污染，另外要加强食品的加工、运输等环节的卫生管理，发挥卫生检验和监督部门的作用，采取积极措施防治食物污染。

6）噪声污染与防治

目前区域环境噪声污染十分严重，据我国 39 个城市的统计，平均等效声级范围为 51.7～72.6dB（A），其中有 5 个城市高于 60dB（A）。噪声污染主要有交通噪声、工业噪声、社会噪声、建筑工地噪声等。防治噪声污染的一般原理是有效控制噪声源和传播途径（如消声、隔声等），接收者加强自身防护。

7）其他

其他污染包括微波辐射及其控制、放射性污染及其防护保护等。

3. 环境保护政策

随着环境问题的凸显，国务院于 1973 年成立了环保领导小组及其办公室，在全国开始“三废”治理和环保教育，这是我国环境保护工作的开始。经过 40 多年的发展，我国的环境保护政策已经形成了一个完整的体系，它具体包括三大政策八项制度，即“预防为主，防治结合”“谁污染，谁治理”“强化环境管理”这三项政策和“环境影响评价”“三同时”“排污收费”“环境保护目标责任”“城市环境综合整治定量考核”“排污申请登记与排污许可证”“限期治理”“污染集中控制”等八项制度。

三大政策具体如下。

（1）预防为主，防治结合政策。环境保护政策是把环境污染控制在一定范围，通过各种方式达到有效率的污染治理水平。因此，预先采取措施，避免或者减少对环境的污染和破坏，是解决环境问题的最有效的办法。我国环境保护的主要目标就是在经济发展过程中，防止环境污染的产生和蔓延。其主要措施是：把环境保护纳入国家和地方的中长期及年度国民经济和社会发展计划；对开发建设项目实行环境影响评价制度和“三同时”制度。

（2）谁污染，谁治理政策。从环境经济学的角度看，环境是一种稀缺性资源，又是一种共有资源，为了避免“共有地悲剧”，必须由环境破坏者承担治理成本。这也是国际上通用的污染者付费原则的体现，即由污染者承担其污染的责任和费用。其主要措施有：对超过排放标准向大气、水体等排放污染物的企事业单位征收超标排污费，专门用于防治污染；对严重污染的企事业单位实行限期治理；结合企业技术改造防治工业污染。

（3）强化环境管理政策。由于交易成本的存在，外部性无法通过私人市场进行协调而得以解决，而需要依靠政府。污染是一种典型的外部行为，因此，政府必须介入环境保护中来，担当管制者和监督者的角色，与企业一起进行环境治理。强化环境管理政策的主要目的是通过强化政府和企业的环境治理责任，控制和减少因管理不善带来的环境污染和破坏。其主要措施有：逐步建立和完善环境保护法规与标准体系，建立健全各级政府的环境保护机构及国家和地方监测网络；实行地方各级政府环境目标责任制；对重要的城市实行环境综合整治定量考核。

八项制度具体如下。

（1）环境保护目标责任制，是指通过签订责任书的形式，具体落实地方各级人民政府和有污染的单位对环境质量负责的行政管理制度。这一制度明确了一个区域、一个部门及至一个单位环境保护的主要责任者和责任范围，理顺了各级政府和各个部门在环境保护方面的关系，从而使改善环境质量的任务能够得到层层落实。这是我国环境保护体制的一项重大改革。

（2）城市环境综合整治定量考核。这是我国在总结近年来开展城市环境综合整治实践经验的基础上形成的一项重要制度，它是通过定量考核对城市政府在推行城市环境综合整治中的活动予以管理和调整的一项环境监督管理制度。

（3）污染集中控制，是指在一个特定的范围内，为保护环境所建立的集中治理设施和所采用的管理措施，是强化环境管理的一项重要手段。污染集中控制，应以改善区域环境质量为目的，依据污染防治规划，按照污染物的性质、种类和所处的地理位置，以集中治理为主，用最小的代价取得最佳效果。

（4）限期治理制度，是指对污染危害严重，群众反映强烈的污染区域采取的限定治理时间、治理内容及治理效果的强制性行政措施。

（5）排污收费制度，是指一切向环境排放污染物的单位和个体生产经营者，按照国家的规定和标准，缴纳一定费用的制度。我国从 1982 年开始全面推行排污收费制度到现在，全国（除台湾省外）各地普遍开展了征收排污费工作。目前，我国征收排污的项目有污水、废气、固废、噪声、放射性废物等五大类 113 项。

（6）环境影响评价制度，是指贯彻预防为主的原则，防止新污染，保护生态环境的一项重要的法律制度。环境影响评价又称环境质量预断评价，是指对可能影响环境的重大工程建设、规划或其他开发建设活动，事先进行调查，预测和评估，并提出防治环境污染和破坏的对策，以及制定相应方案。

（7）“三同时”制度，是指新建、改建、扩建项目、技术改造项目及区域性开发建设项目的污染防治设施必须与主体工程同时设计、同时施工、同时投产的制度。

（8）排污申报登记与排污许可证制度，指凡是向环境排放污染物的单位，必须按规定程序向环境保护行政主管部门申报登记所拥有的排污设施、污染物处理设施及正常作业情况下排污的种类、数量和浓度的一项特殊的行政管理制度。排污申报登记是实行排污许可证制度的基础。排污许可证制度，是以改善环境质量为目标，以污染总量控制为基础，规定排污单位许可排放污染物的种类、数量、浓度、方式等的一项新的环境管理制度。我国目前推行的是水污染物排放许可证制度。

5.1.2　环境信息

1. 环境数据源

按照习惯分类，常见的环境数据有环境监测数据、工业污染与防治数据、生活及其他污染与防治数据、自然生态环境保护数据、环境管理数据等。

（1）环境监测数据。环境监测定义为用科学的方法监视和检测反映环境质量及其变化趋势的各种数据的过程。环境监测的对象包括自然因素、人为因素和污染组分。环境监测具有综合性、连续性和追踪性的特点。环境监测按其对象可分为两类：环境质量监测和污染监督监测。环境监测技术包括采样技术、测试技术和数据处理技术。在数据内容上，环境监测数据主要包含空气质量和废气监测数据、降水监测数据、地表水和废水监测数据、土壤底质固体废弃物监测数据、生物监测数据、噪声、振动监测数据、辐射监测数据、森林生态系统监测数据、荒漠生态系统监测数据、农业系统生态监测数据、生态破坏监测数据、化学污染监测数据、淡水生态监测数据、湿地生态监测数据、海洋生态监测数据等。

（2）工业污染与防治数据。工业污染是指工业生产过程中所形成的废气、废水和固体排放物对环境的污染。工业污染主要集中在少数几个行业。造纸、化工、钢铁、电力、食品、采掘、纺织等七个行业的废水排放量占总量的 4/5。造纸和食品业的 COD 排放量占 COD 排放总量的 2/3，有色冶金业的重金属排放量占重金属排放总量的近 1/2。在数据内容上，工业污染与防治数据主要包含：工业污染企业基本情况、工业污染物排放情况、固体废物排放情况、工业污染治理设施情况、工业企业在建污染治理项目建设情况等。

（3）生活及其他污染与防治数据。主要包含生活污水排放情况、城市污水处理情况、废气排放情况、城市垃圾处理情况、规模化禽养殖场污染排放等。

（4）自然生态环境保护数据。生态环境数据是反映生态系统时空关系、数量比例、特征性质等各种复杂信息的集合。在数据内容上，自然生态环境保护数据主要包含：自然保护区建设情况、生态示范区建设情况、野生动物保护情况、生态功能保护区建设情况、农村环境污染及治理情况等。

（5）环境管理数据。环境管理是指运用计划、组织、协调、控制、监督等手段，为达到预期环境目标而进行的一项综合性活动。在数据内容上，环境管理数据主要包含：法律法规情况、环保年度计划执行情况、跨世纪绿色工程规划执行情况、建设项目环境影响评价制度执行情况、建成投产项目“三同时”制度执行情况、排污收费制度执行情况、污染源限期治理制度执行情况、环境科技工作情况、环保产业情况、环保信访工作情况、人大、政协提案情况、环保档案工作情况、环保系统自身建设情况。

2. 环境空间信息

环境信息一般是指来自环境保护和社会相关部门，采用一定的技术手段或方法采集的反映环境空间系统里环境质量状况、污染物排放、自然生态和环境保护工作等各种数据资料的总体集合。

环境信息的种类、数量及其时空分布，与人类社会的发达程度、资源开发利用水平、经济活动对环境作用的范围、程度、频次紧密相关，同时受到研究地区的自然条件、生态系统结构特征的影响。环境信息除了具有一般信息的基本属性（如事实性、等级性、传输性、扩散性、分享性）外，还特别地具有社会性、地区性、综合多样性、从量变到质变的时间连续性及变化的随机性。

在环境信息的诸多属性中还有一个非常突出和重要的特性，即空间性。据统计，环境信息 85%以上都与空间位置有关，把具有空间属性的环境信息称为环境空间信息。随着全球性环境的日益恶化和环境保护工作的不断发展，人们已经越来越认识到环境空间信息的重要性，也不断对环境空间信息的获取、传输、管理、加工等提出新的更高的要求，全面、及时、准确、客观地掌握和处理各种环境空间信息已经成为国家和全社会的迫切需要，为此需要引入专门处理环境空间信息的计算机系统。环境地理信息系统（环境 GIS）恰是分析和处理环境空间信息最有效的工具。

5.1.3　环境地理信息系统简介

环境信息系统是以遥感、GIS 和全球定位系统技术为手段，进行环境空间信息的获取、分析、处理、存储和表达并为环境保护工作提供环境空间信息支持和管理决策依据的计算机系统。

1. 我国环境信息系统的构成

基于我国环境保护管理机构的四级组成和管理工作体制的要求，我国环境信息系统也是由相对应的国家级、省级、市级和县级四级构成的。

国家级环境信息系统主要任务是为环境保护部的宏观环境管理和决策提供信息支持和服务。在环境保护部的领导下，指导全国环境信息系统的业务建设和技术管理；开展环境信息网络建设、环保电子政务建设规划并组织实施；组织开发和推广环境管理应用软件；制定和实施国家环境信息标准和规范；收集、处理、存储、分析和传递全国环境信息；实现计算机环境信息共享、发布；为省、市和县级环境信息网络建设和环境信息资源的利用、共享提供技术支持及培训全国环境信息系统的管理和技术人才等。

省级环境信息系统的主要任务是为省级环境管理和决策提供信息支持和服务。负责本省环境信息管理工作，收集、分析、处理、存储本省环境信息；向国家级环境信息系统提供标准化、规范化的各类环境信息；与本省所辖城市级环境信息系统联网，在技术和管理上对城市级环境信息系统进行指导。

市、县级环境保护管理工作是中国环境保护管理工作的基础和重点，直接担负着环境质量和污染源的监测、分析、统计和评价等任务，掌握着大量的第一手环境基础信息。因此，市、县级环境信息系统是全国环境信息系统的重要基础和主要信息源。

2. 环境地理信息系统应用需求分析

根据环境管理和应用的实际需要，环境地理信息系统的建设必须紧密结合环境保护重点工作，为环境管理、环境监测、环境规划、环境预测、污染事故应急、建设项目管理、排污申报和收费、城市环境综合治理、环境污染总量控制、环境评价、环境监理等提供 GIS 功能，包括空间查询、空间数据编辑、空间数据发布、空间分析、专题制图、模型应用等。

1）污染控制应用

污染源分布情况，排污企业基本情况、排污口、废水（废气）及污染物排放情况、固体废物产生及处置情况、企业的污染治理进度等情况的 GIS 表达与处理：能通过地图的抓取或选择方法汇总分析区域或流域内企业的排污总量，使用户可以动态查询辖区内或流域内纳污状况。

2）环境监测应用

环境质量监测点（断面）分布和环境监测质量信息的 GIS 表达与处理：在 GIS 技术支持下收集并管理环境监测信息，为环境监测点（断面）的选取和调整提供分析手段和依据；通过监测点的历年数据、现状数据、环境监测目标等数据的比较分析，反映各类监测点（包括国控、省控、一般及省、市际交界断面）水、大气、噪声等环境变化状况和目标趋势，科学地掌握监测点绝对或相对污染情况，提供监测对象的污染程度分析和专题图。

3）建设项目管理应用

建设项目管理应用包括建设项目的地理位置、排污去向、地下排水管道、所纳污水的河流污染量的影响、周围空气环境质量改变情况等空间信息的查询和管理；辅助进行建设项目审核和环境污染控制、确定建设项目影响范围、寻找废物处理最短路径、审核工业污染源达标排放等。

4）环境规划应用

通过 GIS 空间数据编辑、数据查询、专题制图等功能编辑和修改各种综合规划、区域规划、行业规划、流域规划、生态示范规划、水环境规划及自然保护区规划等，为环境规划的制定提供技术手段。

5）污染源、环境质量远程监控应用

收集“环保黑匣子”所测数据并进行识别、计算。反映监控污染源的实时污染指标信息，对实施监控的污染源进行跟踪表述，制作监控点污染指标日报表、月报表、年报表及比较分析图，动态直观地显示监控污染源的实时状态和污染物排放情况，使重点污染源的远程监控可视化。

6）环境质量现状评价应用

在区域环境质量现状评价工作中，利用环境地理信息系统有助于对整个区域的环境质量（水环境质量、大气环境质量、噪声等）进行客观的、全面的评价，直观反映出区域中受污染的程度及空间分布情况。例如，通过叠加分析可以提取行政区域内噪声网格图、噪声分布图、大气污染分布图；缓冲区分析可用来对多种图上要素进行包含或邻近分析，如显示污染源影响范围；路径分析可以分析废水排放去向等。

7）自然生态现状与变化调查分析应用

在环境地理信息系统帮助下，可方便地进行自然和生态环境现状与变化的调查分析，如对土地利用/土地覆盖、自然生态景观格局、水土流失、沙漠化、草场退化、森林砍伐等进行分类解析、面积计算和信息查询、专题制图等。

8）城市定量考核应用

城市定量考核应用指城市环境综合整治定量考核中的环境质量、污染控制和城市建设三部分指标的信息查询和专题制图，如制作地面水质监测状况、大气环境质量、区域环境噪声、主要交通干道交通噪声、饮用水源水质状况、城市绿地、工业污染源分布、烟囱分布等专题地图。

9）应急预警预报应用

对事故风险源的地理位置及其属性、事故敏感区域单位位置及其属性进行有效管理。提供污染事故的大气、河流污染扩散的模拟过程和应急方案。例如，可根据监测网络监测数据，及时了解流域洪水和污染状况，如有异常情况，系统发出警报提供应急处理方法（如打开闸坝等），并根据建立的经济模型提供经济损失费用估算。

10）流域管理应用

对整个流域的空间信息进行综合管理，对流域水质污染状况进行分析与评价，特别是根据某条河流上的监测断面的监测数据评价整条河流的水质状况及排放到该条河流的工业污染源贡献率。

5.2　环境污染扩散模拟与预测

5.2.1　大气污染物扩散模拟

大气污染扩散是指大气中的污染物在湍流的混合作用下逐渐分散稀释的现象。这种现象主要受气象条件的制约。研究不同气象条件下大气污染物扩散规律的目的在于：①根据当地气象条件，对工业规划布局提供科学依据，预防可能造成的大气污染；②根据当地的大气扩散能力和环境卫生标准，提出排放标准（排放量和排放高度）；③进行大气污染预报，以便有计划地采取应急措施，预防环境质量的恶化（长期的）和防止可能发生的污染事故（短期的）。

1. 大气污染物扩散理论

1）湍流

低层大气中的风向是不断地变化的，上下左右出现摆动。同时，风速也是时强时弱，形成迅速的阵风起伏。风的这种强度与方向随时间不规则的变化形成的空气运动称为大气湍流。湍流运动是由无数结构紧密的流体微团——湍涡组成的，其特征量的时间与空间分布都具有随机性，但它们的统计平均值仍然遵循一定的规律。近地层的大气始终处于湍流状态，尤其在大气边界层内，气流受下垫面影响，湍流运动更为剧烈。大气湍流造成流场各部分强烈混合，能使局部的污染气体或微粒迅速扩散。烟团在大气的湍流混合作用下，由湍涡不断把烟气推向周围空气中，同时又将周围的空气卷入烟团，从而形成烟气的快速扩散稀释过程。

根据湍流的形成与发展趋势，大气湍流可分为机械湍流和热力湍流两种形式。机械湍流是地面的摩擦力使风在垂直方向产生速度梯度，或者地面障碍物（如山丘、树木与建筑物等）导致风向与风速的突然改变而形成的。热力湍流主要是地表受热不均匀，或大气温度层结不稳定，在垂直方向产生温度梯度而形成的。一般近地面的大气湍流总是机械湍流和热力湍流共同作用形成的，其发展、结构特征及强弱取决于风速的大小、地面障碍物形成的粗糙度和低层大气的温度层结状况。

2）湍流扩散与正态分布的基本理论

气体污染物进入大气后，一方面随大气整体飘移，一方面由于湍流混合，污染物从高浓度区向低浓度区扩散稀释，其扩散程度取决于大气湍流的强度。大气污染的形成及其危害程度在于有害物质的浓度及其持续时间。大气扩散理论就是用数理方法来模拟各种大气污染源在一定条件下的扩散稀释过程，用数学模型计算和预报大气污染物浓度的时空变化规律。

研究物质在大气湍流场中的扩散理论主要有三种：梯度输送理论、相似理论和统计理论。针对不同的原理和研究对象，形成了不同形式的大气扩散数学模型。由于数学模型建立时作了一些假设，以及考虑气象条件和地形地貌对污染物在大气中扩散的影响而引入的经验系数，目前的各种数学模式都有较大的局限性，应用较多的是湍流统计理论体系的高斯扩散模式。

图 5.1 为采用统计学方法研究污染物在湍流大气中的扩散模型。假定从原点释放出一个粒子在稳定均匀的湍流大气中飘移扩散，平均风向与 x 轴同向。湍流统计理论认为，由于存在湍流脉动作用，粒子在各方向（如图中 y 方向）的脉动速度随时间而变化，因而粒子的运动轨迹也随之变化。若平均时间间隔足够长，则速度脉动值的代数和为零。如果从原点释放出许多粒子，经过一段时间 T 之后，这些粒子的浓度趋于一个稳定的统计分布。湍流扩散理论（K 理论）和统计理论的分析均表明，粒子浓度沿 y 轴符合正态分布。正态分布的密度函数 $f_{(y)}$ 的一般形式为

$$f_{(y)}=\frac{1}{\sqrt{2\pi}\sigma}\exp\left[\frac{-(y-\mu)^2}{2\sigma^2}\right](-\infty<x<+\infty,\ \sigma>0) \tag{5-1}$$

式中，σ 为标准偏差，是曲线任一侧拐点位置的尺度；μ 为任何实数。

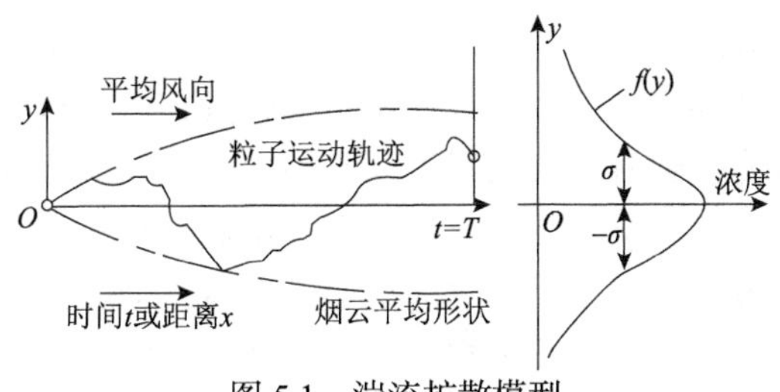

图 5.1　湍流扩散模型

图 5.1 中的 $f(y)$ 曲线即为 $\mu=0$ 时的高斯分布密度曲线。它有两个性质：一是曲线关于 $y=\mu$ 的轴对称；二是当 $y=\mu$ 时，有最大值 $f(\mu)=1/\sqrt{2\pi}\sigma$，即这些粒子在 $y=\mu$ 轴上的浓度最高。如果 μ 值固定而改变 σ 值，曲线形状将变尖或变得平缓；如果 σ 值固定而改变 μ 值，$f(y)$ 的图形沿 y 轴平移。不论曲线形状如何变化，曲线下的面积恒等于 1。分析可见，标准偏差 σ 的变化影响扩散过程中污染物浓度的分布，增加 σ 值将使浓度分布函数趋于平缓并伸展扩大，这意味着提高了污染物在 y 方向的扩散速度。

高斯在大量的实测资料基础上，应用湍流统计理论得出了污染物在大气中的高斯扩散模式。虽然，污染物浓度在实际大气扩散中不能严格符合正态分布，但大量小尺度扩散试验证明，正态分布是一种可以接受的近似。

2. 影响大气扩散的因素

大气污染物在大气湍流混合作用下被扩散稀释。大气污染扩散主要受到气象条件、地理环境状况及污染物特征的影响。

1）气象因子影响

影响污染物扩散的气象因子主要是大气稳定度和风。

（1）大气稳定度。大气稳定度随着气温层结的分布而变化，是直接影响大气污染物扩散的极重要因素。大气越不稳定，污染物的扩散速率就越快；反之，则越慢。当近地面的大气处于不稳定状态时，由于上部气温低而密度大，下部气温高而密度小，两者之间形成的密度差导致空气在竖直方向产生强烈的对流，使得烟流迅速扩散。大气处于逆温层结的稳定状态时，将抑制空气的上下扩散，使得排向大气的各种污染物质在局部地区大量聚积。当污染物的浓度增大到一定程度并在局部地区停留足够长的时间时，就可能造成大气污染。

（2）风。进入大气的污染物的漂移方向主要受风向的影响，依靠风的输送作用顺风而下在下风向地区稀释。因此，污染物排放源的上风向地区基本不会形成大气污染，而下风向区域的污染程度就比较严重。

风速是决定大气污染物稀释程度的重要因素之一。由高斯扩散模式的表达式可以看出，风速和大气稀释扩散能力之间存在着直接对应关系，当其他条件相同时，下风向上的任一点污染物浓度与风速呈反比关系。风速越快，扩散稀释能力越强，则大气中污染物的浓度也就越低，对排放源附近区域造成的污染程度就比较轻。

2）地理环境状况的影响

影响污染物在大气中扩散的地理环境包括地形状况和地面物体。

（1）地形状况。陆地和海洋，以及陆地上广阔的平地和高低起伏的山地及丘陵都可能对污染物的扩散稀释产生不同的影响。

地形的热力作用，会改变局部地区近地面气温的分布规律，从而形成前述的地方风，最终影响污染物的输送与扩散。

海陆风会形成局部区域环流，抑制大气污染物向远处扩散。例如，海岸附近的污染物从高空向海洋扩散出去，可能会随着海风的环流回到内地，这样去而复返的循环使该地区的污染物迟迟不能扩散，造成空气污染加重。此外，在日出和日落后，当海风与陆风交替时大气处于相对稳定甚至逆温状态，不利于污染物的扩散。还有，大陆盛行的季风与海陆风交汇，两者相遇处的污染物浓度也较高，如我国东南沿海夏季风夜间与陆风相遇。有时，大陆上气温较高的风与气温较低的海风相遇时，会形成锋面逆温。

山谷风也会形成局部区域的封闭性环流，不利于大气污染物的扩散。当夜间出现山风时，冷空气下沉谷底，而高空容易滞留由山谷中部上升的暖空气，因此时常出现使污染物难以扩散稀释的逆温层。若大气污染物卷入山谷风形成的环流中，则会长时间滞留在山谷中难以扩散。

如果在山谷内或上风峡谷口建有排放大气污染物的工厂，则峡谷风不利于污染物的扩散，并且污染物随峡谷风流动，从而造成峡谷下游地区的污染。

当烟流越过横挡于烟流途径的山坡时，在其迎风面上会发生下沉现象，使附近区域污染物浓度增高而形成污染，如背靠山地的城市和乡村。烟流越过山坡后，又会在背风面产生旋转涡流，使得高空烟流污染物在漩涡作用下重新回到地面，可能使背风面地区遭到严重污染。

（2）地面物体。城市是人口密集和工业集中的地区。人类的活动和工业生产中大量消耗燃料，使城市成为一大热源。此外，城市建筑物的材料多为热容量较高的砖石水泥，白天吸收较多的热量，夜间因建筑群体拥挤而不宜冷却，成为一巨大的蓄热体。因此，城市与周围郊区的气温高，年平均气温一般高于乡村 1～1.5℃，冬季可高出 6～8℃。由于城市气温高，热气流不断上升，乡村低层冷空气向市区侵入，从而形成封闭的城乡环流。这种现象与夏日海洋中的孤岛上空形成海风环流一样，所以称为城市“热岛效应”。

城市热岛效应的形成与盛行风和城乡间的温差有关。夜晚城乡温差比白天大，热岛效应在无风时最为明显，从乡村吹来的风速可达 2m/s。虽然热岛效应加强了大气的湍流，有助于污染物在排放源附近的扩散，但是，这种热力效应构成的局部大气环流，一方面使得城市排放的大气污染物会随着乡村风流返回城市；另一方面，城市周围工业区的大气污染物也会被环流卷吸而涌向市区。这样，市区的污染物浓度反而高于工业区，并久久不宜散去。

城市内街道和建筑物的吸热和放热的不均匀性，还会在群体空间形成类似山谷风的小型环流或涡流。这些热力环流使得不同方位街道的扩散能力受到影响，尤其对汽车尾气污染物扩散的影响最为突出。例如，建筑物与在其之间的东西走向街道，白天屋顶吸热强而街道受热弱，屋顶上方的热空气上升，街道上空的冷空气下降，构成谷风式环流。晚上屋顶冷却速度比街面快，使得街道内的热空气上升而屋顶上空的冷空气下沉，反向形成山风式环流。由于建筑物一般为锐边形状，环流在靠近建筑物处还会生成涡流。污染物被环流卷吸后就不利于向高空扩散。

排放源附近的高大密集的建筑物对烟流的扩散有明显影响。地面上的建筑物除了阻碍气流运动而使风速减小外，有时还会引起局部环流，这些都不利于烟流的扩散。例如，当烟流掠过高大建筑物时，建筑物的背面会出现气流下沉现象，并在接近地面处形成返回气流，从而产生涡流。结果，建筑物背风侧的烟流很容易卷入涡流之中，使靠近建筑物背风侧的污染物浓度增大，明显高于迎风侧。如果建筑物高于排放源，这种情况将更加严重。通常，当排放源的高度超过附近建筑物高度 2.5 倍或 5 倍以上时，建筑物背面的涡流才不会对烟流的扩散产生影响。

3）污染物特征的影响

实际上，大气污染物在扩散过程中，除了在湍流及平流输送的主要作用下被稀释外，对于不同性质的污染物，还存在沉降、化合分解、净化等质量转化和转移作用。虽然这些作用是中、小尺度扩散的次要因素，但对较大粒子沉降的影响仍须考虑，而对较大区域进行环境评价时净化作用的影响不能忽略。大气及下垫面的净化作用主要有干沉积、湿沉积和放射性衰变等。

干沉积包括颗粒物的重力沉降与下垫面的清除作用。显然，粒子的直径和密度越大，其沉降速度越快，大气中的颗粒物浓度衰减也越快，但粒子的最大落地浓度靠近排放源。所以，一般在计算颗粒污染物扩散时应考虑直径大于 10μm 的颗粒物的重力沉降速度。当粒径小于 10μm 的大气污染物及其尘埃扩散时，碰到下垫面的地面、水面、植物与建筑物等，会因碰撞、吸附、静电吸引或动物呼吸等作用而逐渐从烟流中被清除出来，也能降低大气中污染物浓度。但是，这种清除速度很慢，在计算短时扩散时可不考虑。

湿沉积包括大气中的水汽凝结物（云或雾）与降水（雨或雪）对污染物的净化作用。放射性衰变是指大气中含有的放射物质可能产生的衰变现象。这些大气的自净作用可能减少某种污染物的浓度，但也可能增加新的污染物。由于问题的复杂性，目前人们尚未掌握它们对污染物浓度变化影响的规律。

3. 点源大气污染的扩散可视化模拟

突发性大气污染事故时有发生，对大气污染扩散进行模拟和分析，有利于减小事故的危害，减轻人员伤亡和财产损失。高斯扩散模型是国际原子能机构推荐用于重气云扩散模拟的数学模型，该模型在非重气云扩散的应用中也日益广泛。高斯扩散模型是描述大气对有害气体的输移、扩散和稀释作用的物理或数学模型，是进行灾害预测和救援指挥的有力手段之一。

1）高斯扩散模型

高斯模型又分为高斯烟团模型和高斯烟羽模型。大气污染物泄漏分为瞬时泄漏和连续泄漏，瞬时泄漏是指污染物泄放的时间相对于污染物扩散的时间较短，如突发泄漏等的情形；连续泄漏则是指污染物泄放的时间较长的情形。瞬时泄漏采用高斯烟团模型模拟，而连续泄漏采用高斯烟羽模型模拟。高斯模型适用于非重气云气体，包括轻气云和中性气云气体。要求气体在扩散过程中，风速均匀稳定。

在高斯烟团模型中，选择风向建立坐标系统，即取泄漏源为坐标原点，x 轴指向风向，y 轴表示在水平面内与风向垂直的方向，z 轴则指向与水平面垂直的方向，具体公式如下：

$$C(x,y,z,t)=\frac{Q}{(2\pi)^{3/2}\bullet\sigma_x\sigma_y\sigma_z}\bullet e^{-\frac{(x-ut)^2}{2\sigma_x^2}}\bullet e^{-\frac{y^2}{2\sigma_y^2}}\bullet(e^{-\frac{(z-H)^2}{2\sigma_z^2}}+e^{-\frac{(z+H)^2}{2\sigma_z^2}}) \tag{5-2}$$

式中，$C(x,y,z,t)$ 为泄漏介质在某位置某时刻的浓度值；Q 为污染物单位时间排放量（mg/s）；σ_x、σ_y、σ_z 分别为 x、y、z 轴上的扩散系数，需根据大气稳定度选择参数计算得到（m）；x、y、z 为 x、y、z 上的坐标值（m）；u 为平均风速（m/s）；t 为扩散时间（s）；H 为泄漏源的高度（m）。

同理，高斯烟团模型的表达式如下：

$$C(x,y,z,t)=\frac{Q}{2\pi u\sigma_y\sigma_z}\cdot e^{-\frac{y^2}{2\sigma_y^2}}\cdot\left(e^{-\frac{(z-H)^2}{2\sigma_z^2}}+e^{-\frac{(z+H)^2}{2\sigma_z^2}}\right) \tag{5-3}$$

2）点源大气污染的扩散可视化模拟过程

若用高斯模型算出空间每一个点在一个时刻的污染浓度，这个计算量是很大的。因此，所设计的系统一般都是采用先进行图层网格化，由高斯模型计算出有限个网格点上的污染物浓度，再进行空间内插得到面上每一个点的污染物浓度，并由此得到污染物浓度的等值线。整个过程如图 5.2 所示。

（1）图层网格化。图层网格格式分为结构化网格、非结构化网格。结构化网格是指网格中每个结点都有数量相同的相邻点，如正方形格网，而非结构化网格则不同。因为结构化网格易于实现，便于进行插值处理，所以多用于实际应用。考虑气体污染物质量浓度的空间变化频繁，采用固定的结构化网格，以事故发生中心地为整个区域的几何中心，采用等间距条件将图层的二维空间离散化，计算每个网格点上面的污染物浓度，自动生成反映大气污染物质量浓度分布的等间距网格。

（2）空间插值。空间插值常用于将离散点的测量数据转换为连续的数据曲面，以便与其他空间现象的分布模式进行比较，它包括了空间内插和外推两种算法。空间插值的理论假设是空间位置上越靠近的点，越可能具有相似的特征值；而距离越远的点，其特征值相似的可能性越小。

空间插值的方法可以分为整体插值和局部插值两类。整体插值方法用研究区所有采样点的数据进行全区特征的拟合，局部插值方法仅用邻近的数据点来估计未知的值。整体插值方法一般包括边界内插方法、趋势面分析和变化函数插值。局部插值方法只使用临近的数据点来估计未知点的数值，一般包括最邻近点法（泰森多边形法）、移动平均插值法（距离倒数插值法）、样条函数插值法和空间自协方差最佳法（克里金插值法）。

（3）系统实现。ArcGIS 等软件无法直接实现大气污染物的高斯模拟，需要借助二次开发实现气体浓度值在 GIS 平台上的动态展示。ArcEngine 是 ArcGIS 的一套软件开发引擎，可以让程序员创建自定义的 GIS 桌面程序。基于 ArcEngine 研发的系统功能主要有：①空间数据库模块。主要是指地图中各个图层中的空间数据库，包含安全数据、加气站、消火栓、避难场所等应急设施信息及道路、铁路建筑物，居民点、桥梁、水系、湖泊等基础数据。②事故参数设置。包括事发地点查询和定位、事发时间参数设置、泄漏参数设置、气象参数设置等信息。③事故模拟分析模块。在高斯烟羽模型和高斯烟团模型的基础上，利用 ArcEngine 组件在电子地图上模拟毒气连续泄漏或持续泄漏的扩散过程，主要功能有动态模拟扩散过程模拟、整个扩散过程的轨迹回放、某个时刻或者某个时间段气体的扩散范围并分析该时刻或者时间段受影响单位的统计信息。④三维分析模块。利用 ArcGIS 3DAnalyst 扩展模块提供的三维数据查看环境实现系统的三维可视化。在 ArcScene 中导入城市三维数据，通过 3DViewTools 工具条实现对图层的放大、缩小、旋转等操作。调用 ISceneGraph 的 Locate 方法实现建筑物的查询。加载三维大气扩散表面图层，显示 TIN 要素中的三角面，设置要素图层的颜色、透明度等属性，显示大气扩散的三维区域。⑤文档保存输出模块，是指将事故基本信息、警戒区域的扩散图形、受影响的重要单位、城乡道路、居民建筑、水域桥梁、行政区域、消防监控等信息保存输出在 Word 文档，为应急预案提供信息支持。

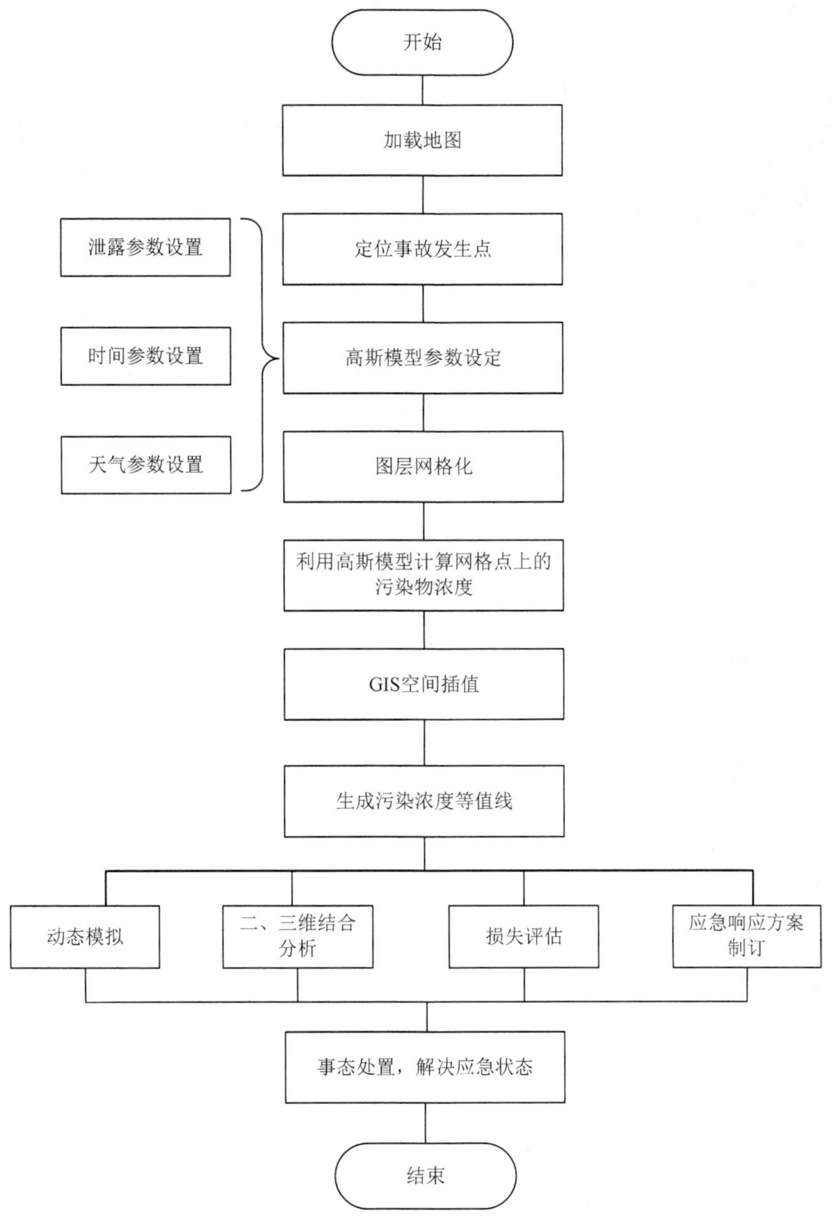

图 5.2　大气污染扩散的高斯模拟的步骤

3）实例模拟

假设一辆装载液氯的槽罐车在城市郊区发生了车祸，造成了氯气泄漏事故。事故发生时间为 2012 年 07 月 01 日 12 时，气体泄漏方式为瞬时泄漏，泄漏气体总量为 5000kg，云量为 3 成，晴天，3 级西北风。

将上述信息输入模拟系统，包括时间参数、泄露参数和天气参数。设置参数完毕后进入计算分析过程，将某时刻的计算结果导入基础地理图中进行污染影响范围绘制。设定事故发生 1 小时后，对事故影响的范围进行模拟，得到 1 小时后事故影响范围和危害程度示意图，如图 5.3 所示。

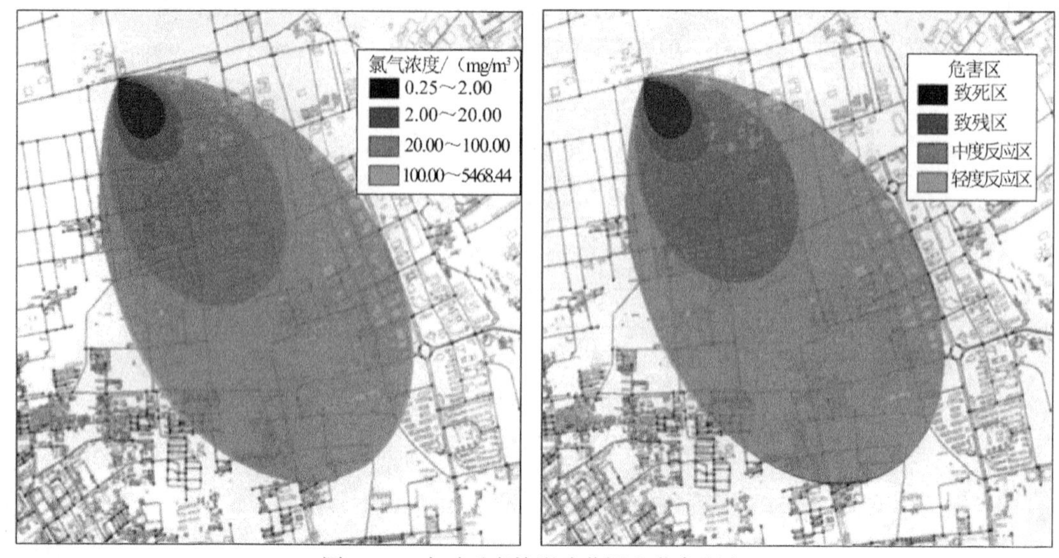

图 5.3　1 小时后事故影响范围和危害程度

图 5.4　污染物扩散的三维模拟

利用 ArcGIS 3DAnalyst 扩展模块提供的三维数据查看环境实现系统的三维可视化。如图 5.4 所示，在 ArcScene 中导入城市三维数据和实时的污染物扩散情况，可以直观形象地查看污染物的影响范围。

5.2.2　水体污染物扩散模拟

1. 水体污染物迁移模型

1）流体运动

（1）浓度。设 ΔV 是以点 (x,y,z) 为中心的微小体积，ΔM 是该微小体积内包含的污染物的质量，某时刻 t，点 (x,y,z) 的浓度定义为

$$C(x,y,z,t)=\lim_{\Delta V\to 0}\frac{\Delta M}{\Delta V} \tag{5-4}$$

某一时刻污染物质在水域中的分布，一般来说是随着空间位置的变化而变化的。某时刻水域中某点 (x,y,z) 都有一个确定的浓度 $C(x,y,z,t)$ 与之相对应，所以 $C=C(x,y,z,t)$ 确定了一个浓度场。

（2）费克扩散定律。费克扩散定律可以表述如下，在单位时间内通过单位面积的溶解质（扩散质）与溶质浓度在该面积的法线方向的梯度成正比，用数学式表示为

$$F_x=-D\frac{\partial C}{\partial x} \tag{5-5}$$

式中，F_x 为溶质在法线 x 方向的单位通量；C 为溶质浓度；D 为扩散系数；$\frac{\partial C}{\partial x}$ 为溶质浓度在 x 方向的梯度；负号表示溶质从高浓度向低浓度扩散。

一般情况下，费克定律的数学表达式为

$$\boldsymbol{F} = -D\mathrm{grad}C \tag{5-6}$$

式中，$\boldsymbol{F}$ 为通量密度向量。设 F_x, F_y, F_z 为 $\boldsymbol{F}$ 在 x, y, z 方向上的分量，则

$$F_x = -D\frac{\partial C}{\partial x}, F_y = -D\frac{\partial C}{\partial y}, F_z = -D\frac{\partial C}{\partial z} \tag{5-7}$$

（3）分子扩散方程。设静止溶液中，含有某种物质的浓度为 $C(x, y, z, t)$，以点 (x, y, z) 为中心取出一个微元六面体，六面体的各边长分别为 $\mathrm{d}x, \mathrm{d}y, \mathrm{d}z$。

设扩散通量密度矢量 $\boldsymbol{F}$ 在三个坐标方向的分量分别为 F_x, F_y, F_z。在 y 轴方向，由于分子扩散作用引起的物质质量的增量为

$$F_y(x, y-\frac{\mathrm{d}y}{2}, z, t)\mathrm{d}x\mathrm{d}z\mathrm{d}t - F_y(x, y+\frac{\mathrm{d}y}{2}, z, t)\mathrm{d}x\mathrm{d}z\mathrm{d}t = -\left.\frac{\partial F_y}{\partial y}\right|_{(x,y,z,t)}\mathrm{d}x\mathrm{d}y\mathrm{d}z\mathrm{d}t$$

同理，在 x 轴方向和 z 轴方向由分子扩散作用引起的物质质量的增量为 $-\left.\frac{\partial F_x}{\partial x}\right|_{(x,y,z,t)}\mathrm{d}x\mathrm{d}y\mathrm{d}z\mathrm{d}t$ 与 $-\left.\frac{\partial F_z}{\partial z}\right|_{(x,y,z,t)}\mathrm{d}x\mathrm{d}y\mathrm{d}z\mathrm{d}t$。

在 $\mathrm{d}t$ 时段内，由分子扩散作用引起的物质质量的增量为

$$-\left.\left(\frac{\partial F_x}{\partial x}+\frac{\partial F_y}{\partial y}+\frac{\partial F_z}{\partial z}\right)\right|_{(x,y,z,t)}\mathrm{d}x\mathrm{d}y\mathrm{d}z\mathrm{d}t = -\mathrm{div}F(x, y, z, t)\mathrm{d}x\mathrm{d}y\mathrm{d}z\mathrm{d}t$$

另外，在 $\mathrm{d}t$ 时段内微元体中因浓度增加需要的物质质量增量为

$$\left[C(x, y, z, t+\mathrm{d}t) - C(x, y, z, t)\right]\mathrm{d}x\mathrm{d}y\mathrm{d}z = \left.\frac{\partial C}{\partial t}\right|_{(x,y,z,t)}\mathrm{d}x\mathrm{d}y\mathrm{d}z\mathrm{d}t$$

根据质量守恒定律，在 $\mathrm{d}t$ 时段内微元体中因浓度增加需要的物质质量增量应与在 $\mathrm{d}t$ 时段内由分子扩散作用引起的物质质量的增量相等，即

$$\frac{\partial C}{\partial t}\mathrm{d}x\mathrm{d}y\mathrm{d}z\mathrm{d}t = -\mathrm{div}(\boldsymbol{F})\mathrm{d}x\mathrm{d}y\mathrm{d}z\mathrm{d}t$$

消去 $\mathrm{d}x\mathrm{d}y\mathrm{d}z\mathrm{d}t$，得

$$\frac{\partial C}{\partial t} + \mathrm{div}(\boldsymbol{F}) = 0 \tag{5-8}$$

将式（5-6）代入上式得

$$\frac{\partial C}{\partial t} - \mathrm{div}(D\mathrm{grad}(C)) = 0$$

或

$$\frac{\partial C}{\partial t}=\frac{\partial}{\partial x}\left(D_x\frac{\partial C}{\partial x}\right)+\frac{\partial}{\partial y}\left(D_y\frac{\partial C}{\partial y}\right)+\frac{\partial}{\partial z}\left(D_z\frac{\partial C}{\partial z}\right) \tag{5-9}$$

式中，D_x,D_y,D_z 为 D 在 x，y，z 方向上的分量。

当物质在溶液中扩散为各向同性，即 $D_x=D_y=D_z=D$ 时，可以改写为

$$\frac{\partial C}{\partial t}=\frac{\partial}{\partial x}\left(D\frac{\partial C}{\partial x}\right)+\frac{\partial}{\partial y}\left(D\frac{\partial C}{\partial y}\right)+\frac{\partial}{\partial z}\left(D\frac{\partial C}{\partial z}\right) \tag{5-10}$$

当物质在溶液中扩散为各向同性，分子扩散系数 D 为常数时，可以简化为

$$\frac{\partial C}{\partial t}=D\left(\frac{\partial^2 C}{\partial x^2}+\frac{\partial^2 C}{\partial y^2}+\frac{\partial^2 C}{\partial z^2}\right) \tag{5-11}$$

2）污染物在水体中的随流扩散方程

假设水体是层流运动，造成污染物质在水体中迁移的主要因素有随流作用、分子扩散作用。

设流速 $\vec{u}=(u_x,u_y,u_z)^{\mathrm{T}}$ 。在水体中任取一点 (x,y,z) ，以点 (x,y,z) 为中心取出一个微元六面体，六面体的各边长分别为 $\mathrm{d}x,\mathrm{d}y,\mathrm{d}z$ 。在 $\mathrm{d}t$ 时段内进行物质质量平衡分析。

（1）由于随流作用，在 $\mathrm{d}t$ 时段内微元体 $\mathrm{d}V$ 在 x 轴方向的物质的增量为

$$Cu_x\Big|_{(x-\frac{\mathrm{d}x}{2},y,z)}\mathrm{d}y\mathrm{d}z\mathrm{d}t-Cu_x\Big|_{(x+\frac{\mathrm{d}x}{2},y,z)}\mathrm{d}y\mathrm{d}z\mathrm{d}t=-\frac{\partial Cu_x}{\partial x}\Big|_{(x,y,z)}\mathrm{d}x\mathrm{d}y\mathrm{d}z\mathrm{d}t$$

同理，在 y 轴方向和 z 轴方向，$\mathrm{d}t$ 时段微元体 $\mathrm{d}V$ 内物质质量的增量为

$$-\frac{\partial Cu_y}{\partial y}\Big|_{(x,y,z)}\mathrm{d}x\mathrm{d}y\mathrm{d}z\mathrm{d}t \text{ 和 } -\frac{\partial Cu_z}{\partial z}\Big|_{(x,y,z)}\mathrm{d}x\mathrm{d}y\mathrm{d}z\mathrm{d}t$$

综合 x，y，z 方向在 $\mathrm{d}t$ 时段微元体 $\mathrm{d}V$ 内物质质量的增量为

$$-\mathrm{div}(C\vec{u})\Big|_{(x,y,z,t)}\mathrm{d}x\mathrm{d}y\mathrm{d}z\mathrm{d}t$$

（2）由于分子扩散作用，在 $\mathrm{d}t$ 时段微元体 $\mathrm{d}V$ 内物质质量的增量为

$$-\mathrm{div}(\vec{F})\Big|_{(x,y,z,t)}\mathrm{d}x\mathrm{d}y\mathrm{d}z\mathrm{d}t$$

综合上式可得，随流作用和分子扩散作用在 $\mathrm{d}t$ 时段微元体 $\mathrm{d}V$ 内物质质量的增量为

$$-[\mathrm{div}(\vec{F})+\mathrm{div}(C\vec{u})]\Big|_{(x,y,z,t)}\mathrm{d}x\mathrm{d}y\mathrm{d}z\mathrm{d}t$$

另外，在 $\mathrm{d}t$ 时段内微元体中因浓度增加需要的物质质量增量为

$$\left[C(x,y,z,t+\mathrm{d}t)-C(x,y,z,t)\right]\mathrm{d}x\mathrm{d}y\mathrm{d}z=\left.\frac{\partial C}{\partial t}\right|_{(x,y,z,t)}\mathrm{d}x\mathrm{d}y\mathrm{d}z\mathrm{d}t$$

根据质量守恒定律，得到

$$\frac{\partial C}{\partial t}\mathrm{d}x\mathrm{d}y\mathrm{d}z\mathrm{d}t=-[\mathrm{div}(\vec{F})+\mathrm{div}(C\vec{u})]\Big|_{(x,y,z,t)}\mathrm{d}x\mathrm{d}y\mathrm{d}z\mathrm{d}t$$

消去 $\mathrm{d}x\mathrm{d}y\mathrm{d}z\mathrm{d}t$ ，得

$$\frac{\partial C}{\partial t}=-[\mathrm{div}(\vec{F})+\mathrm{div}(C\vec{u})] \tag{5-12}$$

根据 Fick 定律，$\vec{F}=-D\mathrm{grad}C$ 代入上式得

$$\frac{\partial C}{\partial t}=\mathrm{div}(D\mathrm{grad}C)-\mathrm{div}(C\vec{u})$$

写成标量形式为

$$\frac{\partial C}{\partial t}=\frac{\partial}{\partial x}\left(D_x\frac{\partial C}{\partial x}\right)+\frac{\partial}{\partial y}\left(D_y\frac{\partial C}{\partial y}\right)+\frac{\partial}{\partial z}\left(D_z\frac{\partial C}{\partial z}\right)-\frac{\partial Cu_x}{\partial x}-\frac{\partial Cu_y}{\partial y}-\frac{\partial Cu_z}{\partial z} \tag{5-13}$$

假定水是不可压缩的，则 $\left(\frac{\partial u_x}{\partial x}+\frac{\partial u_y}{\partial y}+\frac{\partial u_z}{\partial z}\right)=0$ ，于是可简化为

$$\frac{\partial C}{\partial t}+u_x\frac{\partial C}{\partial x}+u_y\frac{\partial C}{\partial y}+u_z\frac{\partial C}{\partial z}=D\left(\frac{\partial^2 C}{\partial x^2}+\frac{\partial^2 C}{\partial y^2}+\frac{\partial^2 C}{\partial z^2}\right)-u_x\frac{\partial C}{\partial x}-u_y\frac{\partial C}{\partial y}-u_z\frac{\partial C}{\partial z} \tag{5-14}$$

$$\frac{\partial C}{\partial t}=\frac{\partial}{\partial x}\left(D_x\frac{\partial C}{\partial x}\right)+\frac{\partial}{\partial y}\left(D_y\frac{\partial C}{\partial y}\right)+\frac{\partial}{\partial z}\left(D_z\frac{\partial C}{\partial z}\right)-u_x\frac{\partial C}{\partial x}-u_y\frac{\partial C}{\partial y}-u_z\frac{\partial C}{\partial z} \tag{5-15}$$

式中，D_x,D_y,D_z 为 x,y,z 方向的扩散系数，若流速场均质，物质扩散各向同性，则 $D_x=D_y=D_z$（常数），此时式（5-14）可写成

$$\frac{\partial C}{\partial t}+u_x\frac{\partial C}{\partial x}+u_y\frac{\partial C}{\partial y}+u_z\frac{\partial C}{\partial z}=D\left(\frac{\partial^2 C}{\partial x^2}+\frac{\partial^2 C}{\partial y^2}+\frac{\partial^2 C}{\partial z^2}\right) \tag{5-16}$$

若随流扩散是一维情况下，则有

$$\frac{\partial C}{\partial t}+u_x\frac{\partial C}{\partial x}=D\frac{\partial^2 C}{\partial x^2} \tag{5-17}$$

3）污染物在水体中迁移解析

设水体是一条很长的渠道，在某个固定断面 $t=0$ 开始不断注入浓度为 C_0 的污水，使该处维持在一个恒定的浓度为 C_0 的断面。

设横断面位于坐标 $x=0$ 处，渠道流速为 u ，流动方向为 x 正向，流体是不可以压缩的均匀流体，则上述问题可以归纳为如下数学模型：

$$\begin{cases} \dfrac{\partial C}{\partial t} = D\dfrac{\partial^2 C}{\partial x^2} - u\dfrac{\partial C}{\partial x} \\ \text{初始条件：} \\ C\big|_{t=0} = 0(x>0) \\ \text{边界条件：} \\ C\big|_{x=0} = C_0(t>0) \\ \lim\limits_{x\to\infty} C(x,t) = 0(t>0) \end{cases} \tag{5-18}$$

利用拉普拉斯（Laplace）变换求式（5-18）的解。

2. 污染物迁移一维方程

水体污染迁移的数学模型主要是一维和二维模型，三维模型因计算工作量太大，难以用于实际模拟。这里采用经过简化处理的一维污染扩散模型，并用差分方法进行数值求解。

污染物在全断面混合后，其迁移转化过程可用一维模型来描述，基本方程为

$$\frac{\partial(AC)}{\partial t} + \frac{\partial(AUC)}{\partial x} = \frac{\partial}{\partial x}\left(A(D_x + E_x)\frac{\partial C}{\partial x}\right) - KAC + \frac{A}{h}S_r + S \tag{5-19}$$

式中，C 为污染物质的断面平均浓度；U 为断面平均流速；A 为过水断面面积；h 为断面平均水深；D_x 为湍流扩散系数；E_x 为纵向扩散系数；K 为污染物降解系数；S_r 为河床底泥释放污染物的速率；S 为单位时间内、单位河长上的污染物排放量。

式（5-19）适合于沿河各断面的断面面积是变化的河段，即非均匀河段。方程左端第一项为污染物浓度随时间的变化项；左端第二项是污染物浓度的平流扩散项。实践证明，水的纵向（x 方向）流速是引起污染物浓度变化的主要参数。因此，河流各断面的污染物浓度变化主要由这一项引起。右端第一项为纵向弥散和湍流扩散联合作用项；右端第二项为污染物降解项；右端第三项为河床底泥释放污染物的增加项；右端第四项是其他污染源排放增加项。

实际上，污染物运动的边界、浓度分布及其运动过程在应急处置过程中能引起较大关注。因此，对突发性水污染事故的预测预警模型，可以根据河床地形、水流状态、污染物状况及工程实际应用的需要作相应的简化，得到实用型的工程化模型，以满足应急模拟中快速、实时的特殊要求。在式（5-19）中，若不考虑湍流扩散、河床底泥释放污染物及沿河其他污染物排放的影响，水污染模型的基本方程可变为

$$\frac{\partial(AC)}{\partial t} + \frac{\partial(AUC)}{\partial x} = AE\frac{\partial^2 C}{\partial x} - AKC \tag{5-20}$$

3. 污染物扩散模型三维可视化

污染物分布的三维可视化主要是将污染物扩散模型计算的结果转换成图形图像，结合三维虚拟地形进行显示。其目标是实现在选定地形区域的河道上对污染物扩散的时空分布和污染物的动态演进进行模拟。在用户选定区域地形后，系统根据地形文件从污染物数据库中读取河道信息和污染物数据，采用等值面的方法进行可视化，在三维地形的河道上显示，同时

给出该地形上计算点的污染物浓度等相关数据，并为用户提供交互操作，以控制污染物的时空分布状态及污染物演进的过程（图 5.5）。

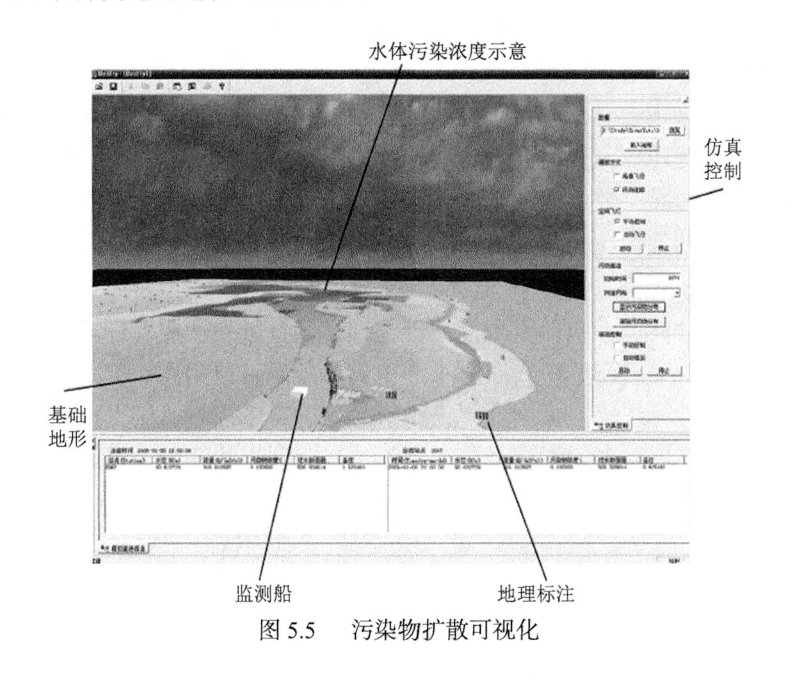

图 5.5 污染物扩散可视化

5.3 水环境管理信息系统

水环境是构成环境的基本要素之一，是人类社会赖以生存和发展的重要场所，也是受人类干扰和破坏最严重的领域。水环境的污染和破坏已成为当今世界主要的环境问题之一。随着水质的日益恶化，对水环境的管理也提出了更高的要求，各种管理信息系统技术的兴起，特别是 GIS 的发展，大大促进了水环境信息系统的发展，基于 GIS 建立水环境管理信息系统已成为当前水环境管理、规划研究中的主要课题。

5.3.1 水环境管理业务分析

水环境监测是依照水的循环规律对水的质与量及水体中影响水生态与环境质量的各种人为和天然因素进行监测，是水资源管理的一项基础性工作。水环境管理业务包括水环境规划、水环境监测、水环境模拟、水环境评价、污染源治理、污染事件应急处理、水污染纠纷调解、制定水环境政策与法规、水环境科研。

1. 水环境规划

水环境规划是水环境治理和恢复的基础，它是对水环境有关的活动和行为做出的具体安排，在水环境管理中具有重要作用，它是一种指南，指导水环境各种行为。水环境规划中需对环境现状、存在问题、未来水环境发展趋势进行预测，提出治理恢复方案，并提出方案实现的保障措施。

2. 水环境监测

水环境监测为水环境管理提供基础数据。根据水环境监测数据，人们可以清楚了解水环境现状。根据多年的监测数据，人们可以清楚地掌握水环境演变规律，并对未来进行预测，以便早采取措施，将不利影响降低到最低程度。水环境监测可以为制订水环境治理措施提供依据，为实现迅速、实时、准确反映水环境信息，为科学决策提供依据。

3. 水环境模拟

水环境模拟是对水环境变化、可能存在的各种情况进行模拟。主要有以下几种方式：物理模拟，通过模拟物理环境，探讨污染物在物理模拟环境的迁移、转化、降解等变化情况，从而判断实际水环境情况；数字模拟是近年来发展迅速的水环境模拟工具，通过计算机的模拟，可以判断水环境的各种情况，从而为多方案优化决策提供基础。

4. 水环境评价

对水环境给予各种评价，包括回顾性评价、现实性评价和预测性环境评价等三种方式。回顾性评价对水环境演变进行分析，探讨水环境演变规律；现实性评价是根据监测数据，依据相应的水环境标准进行评价；预测性评价对水环境的未来进行预测，根据产业结构、国民经济发展情况、人口发展等多因素进行判定，是水环境规划的基础，也是水环境多方案制订的依据。

5. 污染源治理

污染源治理是水环境管理的重要环节，根据污染源调查和监测，判断污染负荷，削减其排放量，或者使排放污染物达到排放标准。污染源治理很复杂，涉及众多领域，如生产工艺、污水处理能力等。污染源治理在注重点源治理的同时，面源特别是来自于农业的污染源治理是今后的重点。

6. 污染事件应急处理

对突发水污染事件的应急处理，是水环境管理的新挑战，是水环境管理的重要工作之一。水环境突发事件具有突发性特点，在短时间内对水环境造成极大破坏，甚至造成不可估量的巨大损失。为了对突发性水环境污染事故进行处理有序，避免临时出现事故慌乱，做好水环境污染事故发生处理预案是非常必要的。

7. 水污染纠纷调解

水污染纠纷调解是水环境发生变化后给相关单位或者个人造成影响需要进行调解的处理方式，可以通过诉讼或者协商的方式解决。调解是污染者和受害者达成协议的过程，妥善处理污染纠纷对于社会的稳定和水环境的保护都具有重要的意义。水环境污染具有滞后性的特点，水污染纠纷调解时，不应只考虑当前的直接损失，也要考虑污染所带来的间接或者滞后的损失。通过纠纷的调解，使污染者和受害者都受到环境教育也是很重要的。

8. 制定水环境政策与法规

制定水环境政策与法规，并且贯彻实施是水环境管理不可分割的一部分，通过制定相应的水环境政策，引导人们的行为，有利于水环境保护。法规是保证水环境治理的强制性手段。根据实际情况，制定符合实际的法规，并且根据客观需要不断地进行修正，是一个长期的过程。法规出台后重要的是实施，监督法规的实现同等重要。

9. 水环境科研

水环境科研是探索水环境问题的科学活动，包括多方面。目前，我国最需要的是在跟踪国外研究的基础上，进行创新，只有大胆的创新才能走出中国特色的水环境科研之路。

5.3.2　水环境信息

1. 水环境数据

水环境信息涉及的数据包括两大类：空间数据和属性数据。

（1）空间数据：一类是流域边界图、行政区划图、水系图（河流、湖泊、水库）、居民地分布图、数字高程模型数据、交通数据等；另一类是水环境专题图层，这一类包括水质监测站点分布图、主要工业污染源分布图、水环境质量监测断面图、水环境功能区划图等。此外，还包括区域内社会经济的空间对象分布图，如土地利用规划图、农业综合开发区域分布图、工业园区分布图等。

（2）属性数据主要是相对空间数据而言的，一般可用二维表的形式存储数据。属性数据包括：社会经济数据、水质监测站点基本信息、监测断面信息、水质动态监测数据、水质综合评价数据、环境标准数据，河流名称、监测地点、监测年月日、时间、水质 pH、氯化物、溶解氧、化学耗氧量、生化耗氧量、氨氮、亚硝氮、挥发酚、砷化物、总汞、六价铬、铜、镉、大肠菌群、氰化物、悬浮物、硬度等。

2. 水环境数据库

水环境数据库的图层包括市界、县界、河流、湖泊、水库、水文、雨量站分布等；在属性数据库方面，包括上述图层的基本信息和水资源及其开发利用综合评价过程及结论。

（1）空间数据库。空间特征数据包括基础地理信息和水环境相关信息。基础地理信息包括市界、地市行政区划、河流、湖泊、水库、雨量站、水文站、道路、居民点等。对于所有基础地理信息进行数字化处理。目前，多数 GIS 软件对空间数据采用分层管理，因此要根据需要确定分哪些图层及每个图层应包含的具体地物，空间特征数据的采集使用手扶跟踪数字化和扫描矢量化两种方式。

（2）属性数据库。属性数据不具有空间意义，相对空间数据来说数据结构要简单，通常用关系数据库来存储管理。几乎所有的关系数据库都支持标准的结构化查询语言，可以很方便地实现属性信息的复合条件查询。

所收集的属性数据具有不同的格式，主要是 dBASE 的*. dbf 格式、Excel 的*. xls 格式和 Access 的*. mdb 格式，也有的不是电子文件。因此要进行格式转换，即将不同格式的数据进行处理合并到 GIS 数据库中。

5.3.3　水环境信息系统

当前，水环境信息系统有全国水环境信息管理系统、省级系统、区域性系统，也有江河级系统。这些以 GIS 技术为支撑的信息管理系统和空间决策支持系统的功能主要有以下几个方面：①数据管理，包括自然、地理、社会经济等基础背景数据，水利工程与设施，监测站点，水质与水量的历史与实时数据，水环境评价等级，水质标准及法规和条例，决策项目和边界条件数据，水污染预测数据等。②水质参数的双向查询，即点出站点位置查询该站的基本信息、水质参数、水质等级、超标物名称、以月或年为单位的水质等级过程线；也可由水质等级或某物质超标来查（显示）测站位置，或河段。③统计某流域或区域各等级水质的测站占的比例或各等级水质的河段长等。④区域或上下游水质的空间分析，找出某水质参数严重超标的污染源。⑤各类可视化表达。⑥水质水量模拟与预测。⑦污染排放管理与控制。⑧取水口位置优化。⑨突发污染事件的处理方案及优化。⑩改善水质现状的对策及优化。

按照结构化和模块化的原则，将系统设计成多个相对独立、功能单一的功能模块。一般水环境信息管理系统的常见结构如图 5.6 所示。

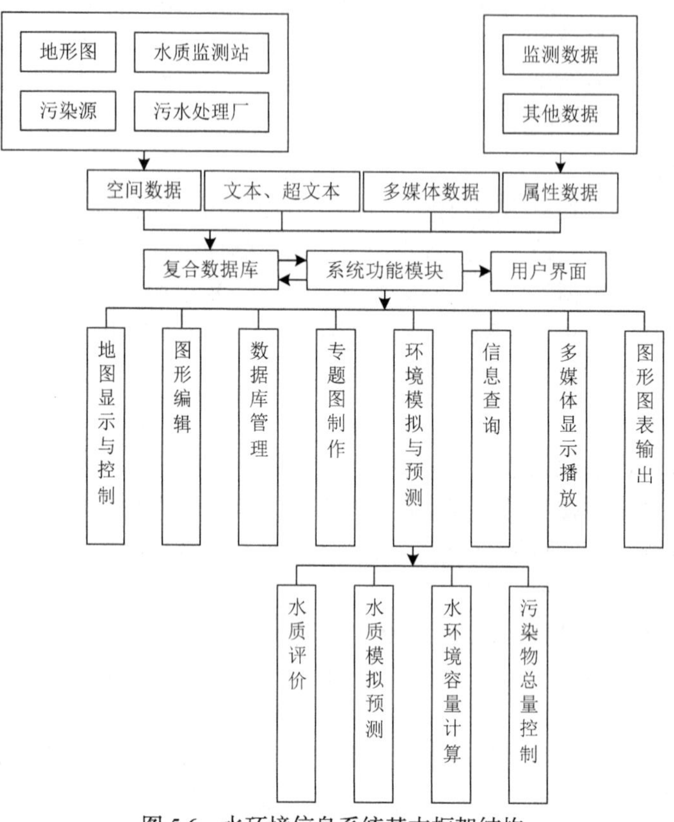

图 5.6　水环境信息系统基本框架结构

1. 水质评价

水质评价是水环境管理保护和治理的一项重要基础性工作，是根据污染源调查和水质监测资料进行的，目的是对水体的水质现状有一个明确的定量的了解，准确反映环境的质量和污染状况，预测未来的发展趋势。水质现状评价可以反映出水体各段的污染程度、主要污染物类别，也可对各断面的综合污染程度进行比较，以找出优先控制断面或优先控制指标。因此，水质现状评价是进行流域水环境管理的基础，也是进行水污染控制规划的主要依据之一。

水质现状评价就是通过一定的数理方法和其他手段，对水环境素质的优劣进行定量描述的过程。通过水环境质量评价，弄清区域水环境质量变化发展的规律，为区域水环境功能区划及水环境容量的计算提供科学依据。长期以来，环境质量评价一直是环保部门及学者关心的课题，国外于 20 世纪 60 年代中期开始出现，20 世纪 70 年代蓬勃发展。美国是世界上第一个把环境评价以法律形式肯定的国家。纵观环境评价的发展，有由单目标向多目标、由单环境要素向多环境要素、由单纯的自然环境系统向自然环境与社会环境的综合系统、由静态分析向动态分析发展的趋势。水环境质量评价可分为单项评价和多项综合评价，单项评价一般根据国家标准或本底值采用一票否决法，评价其超标程度，做起来相对容易；综合评价则要考虑水体中所有污染物的综合作用，确定水质的综合级别。我国于 1974 年提出用数学模型综合评价水污染，至今经过了 40 多年的发展。对河流水质综合评价方法的研究比较活跃，到现在为止，提出的综合评价水质的方法或指数就有几十种之多。概括起来大致分为：①指数评价法；②模糊评价法；③灰色评价法；④物缘分析法；⑤人工神经网络评价法。

水质评价基本步骤：①根据水环境质量评价的作用，明确评价目的。②选择评价范围，如全国、流域、水系、城市、湖库等水环境质量评价。③选取评价资料，现状评价一般选择最近年份或月份的资料作为现状资料，回顾评价则选择基础年份至现状年份资料，时段必须有一定代表意义；选择评价项目，一般包括自然指标、有机污染指标和有毒污染指标。④选择评价标准，可根据评价目的选择不同的水质评价标准。⑤评价结果。描述评价结果，找出主要污染因子、主要污染区域、污染趋势及变化规律、分析污染成因等。

评价项目有：pH、硫酸根、氯离子、溶解性铁、溶解氧、高锰酸盐指数、五日生化需氧量、氨氮、硝酸盐氮、亚硝酸盐氮、氟化物、挥发酚、总氰化物、总砷、总汞、总铜、总铅、总锌、总镉、六价铬、总磷、石油类、水温、总硬度等 24 项。必评项目为溶解氧、高锰酸盐指数、氨氮、挥发酚和总砷共 5 项。根据实际需要，选评五日生化需氧量、氟化物、总氰化物、总汞、总铜、总铅、总锌、总镉、六价铬等项目。

2. 水环境容量预测

一个地区或流域的水资源保护，必须首先了解该处水域的水环境容量，确定适宜的污染物排放总量（或排污标准）。这样才能制定、实施科学合理的水质管理规则，对水体污染进行有效的控制。所以，水环境容量的确定，是水资源保护规划、水环境管理、环境影响评价工作的重要前提。

水环境容量是指：对于确定的水域、一定水文条件和污染物特性，在满足有关用户使用功能和生态系统的水质要求时，可以容纳的外来物质的上限。只有当水体中外来物质危及某一用途时，才称为水污染。例如，富营养化对城市内湖水环境危害很大，而对贫瘠土地的灌溉，却是肥料资源。所以，水环境容量是建立在水域用途、体现在水质保护目标和水体稀释自净能力基础上的，它与水域功能定位、水域的空间特征、水流运动特性、水体污染物本底值、自净能力、污染物特性、排放量及排放方式等多种因素有关。

3. 水质预测

水质模型是描述物质在水环境中的混合、迁移过程的数学方程，即描述水体中污染物与时间、空间的定量关系。水质模型是水环境研究的基础，建立一个良好的水质模型对于水环境的科学管理至关重要。

水质模型自 20 世纪初诞生以来，其发展阶段可分为 5 个：1925～1960 年为水质模型发展的第一阶段，这一阶段以 Streeter-Phelps 水质模型（S-P 模型）为代表，后来在其基础上成功地发展了 BOD-DO 耦合模型，并应用于水质预测等方面：第二阶段为 1960～1965 年，在 S-P 模型的基础上又有了新的发展，引进了空间变量、物理的、动力学系数，温度作为状态变量也被引入一维河流和水库（湖泊）模型，同时考虑了空气和水表面的热交换，并将其用于比较复杂的系统；不连续的一维模型扩展到其他输入源和漏源是水质模型的第三阶段，是 1965～1970 年进行的研究，其他输入源和漏源包括氮化合物、光合作用、藻类的呼吸及沉降、再悬浮等，计算机的成功应用使水质数学模型的研究取得了突破性的进展；1970～1975年为第四阶段，水质模型已发展成相互作用的线性化体系，生态水质模型的研究初见端倪，有限元模型用于两维体系，有限差分技术应用于水质模型的计算；第五阶段已经逐渐转移到改善模型的可靠性和评价能力的研究上。

在确定了需要解决的问题后，如何建立与确定有关问题的相互关系、如何用数学方程来定量地描述这些关系，就是水质模型需要解决的核心问题。水质模型的应用可以概化为以下几个方面：①污染物水环境行为的模拟和预测；②水质管理规划；③水质评价；④水质监测网络的设计；⑤水质模型与其他学科（如模糊数学、有限元、人工神经网络、GIS等）的结合。

随着科学技术的不断发展，尤其是计算机技术的突飞猛进，水质模型的发展趋势可能是基于人工神经网络、遥感和地理信息系统等技术的应用研究。人工神经网络是模仿人脑的工作方式而设计的一种计算方法，由大量的神经元互连而成的网络，具有通过学习获取知识并解决问题的能力。随着计算机的发展，人工神经网络在人工智能模拟能力方面已经取得了巨大的进步。RS、GIS技术的综合应用在许多研究领域广泛推广并日渐成熟，表现出广阔的发展前景。将RS与GIS相结合，应用于水质模型，能充分体现其快速、经济、高效的强大优势。

第6章　交通地理信息系统

交通是人类社会生产、生活及经济发展的必要环节。交通地理信息系统（geographic information system for transportation，GIS-T）是GIS技术在交通领域的延伸，是收集、存储、管理、综合分析和处理空间信息及交通信息的计算机软硬件系统，是GIS与多种交通信息分析和处理技术的集成。

6.1　概　　述

交通是指从事旅客和货物运输及语言和图文传递的行业，包括运输和邮电两个方面，在国民经济中属于第三产业。运输有铁路、公路、水路、航空和管道五种方式，邮电包括邮政和电信两方面内容。因本章篇幅所限，这里只讨论交通道路。

6.1.1　交通道路

交通道路是指公路、城市道路和虽在单位管辖范围但允许社会机动车通行的地方，包括广场、公共停车场等用于公众通行的场所。

1. 道路

道路二字的基本意义都是由一地通往另一地的路径。道路就是供各种无轨车辆和行人通行的基础设施，按其使用特点分为公路、城市道路、乡村道路、厂矿道路、林业道路、考试道路、竞赛道路、汽车试验道路、车间通道及学校道路等，中国古代还有驿道。

1）道路分类

（1）按行政等级划分为：①国家公路，简称国道（G）。国道指在国家干线网中，具有全国性的政治、经济和国防意义的主要干线公路，包括重要的国际公路、国防公路，连接首都与各省（自治区、直辖市）首府的公路，连接各大经济中心、港站枢纽、商品生产基地和战略要地的公路。国道中跨省的高速公路由交通部批准的专门机构负责修建、养护和管理。②省公路，简称省道（S）。省道是指具有全省（自治区、直辖市）政治、经济意义，并由省（自治区、直辖市）公路主管部门负责修建、养护和管理的公路干线。③县公路，简称县道（X）。县道是指具有全县政治、经济意义，连接县城和县内主要乡（镇）、主要商品生产和集散地的公路，以及不属于国道、省道的县际间公路。县道由县、市公路主管部门负责修建、养护和管理。④乡公路，简称乡道（Y）。乡道是指主要为乡（镇）村经济、文化、行政服务的公路，以及不属于县道以上公路的乡与乡之间及乡与外部联络的公路。乡道由乡（镇）人民政府负责修建、养护和管理。⑤专用公路（Z）。专用公路是指专供或主要供厂矿、林区、农场、油田、旅游区、军事要地等与外部联系的公路。专用公路由专用单位负责修建、养护和管理。也可委托当地公路部门修建、养护和管理。一般把国道和省道称作干线，把县道和乡道称作支线。

（2）按交通量划分为：①高速公路。高速公路为专供汽车分向分车道行驶并应全部控制出入的多车道公路。②一级公路。一级公路为供汽车分向分车道行驶并可根据需要控制出入的多车道公路；连接高速公路或是某些大城市的城乡结合部、开发区经济带及人烟稀少地区的干线公路。③二级公路。二级公路为供汽车行驶的双车道公路。中等以上城市的干线公路或者是通往大工矿区、港口的公路，有供汽车行驶的双车道。④三级公路。三级公路为主要供汽车行驶的双车道公路，沟通县、城镇之间的集散公路，具有主要供汽车行驶的双车道。⑤四级公路。四级公路为主要供汽车行驶的双车道或单车道公路；沟通乡、村等地的地方公路，具有主要供汽车行驶的双车道或单车道。

（3）按建筑材料性质划分为：①铺装道路（混凝土道路及沥青道路）；②非铺装道路（沙土道路、砂石道路及碎石道路等）。

2）道路参数

（1）纵坡。道路为了适应地面大的起伏或道路的立交，往往要有上下的纵坡，同时还要限制坡长。

（2）车道净高。为了保证车辆运行，在公路上的一定高度范围内不允许有任何障碍物，此高度称为净高。高速公路和一级、二级公路为 5.0m，三、四级公路为 4.5m。

（3）分隔带。分为中间带、快慢车分隔带、人车分隔带。中间带是高速公路、一级公路及城市多幅路中间设置的分隔上下行车辆的交通设施，由两条左侧路缘带和中央隔离带组成。快慢车分隔带是分隔机动车和非机动车的交通设施，也由两侧路缘带和隔离带组成。

（4）平面线形。道路线形是道路中线的立体形状。道路中线在水平面上的投影称为平面线形，一般由直线、圆曲线和缓和曲线构成。直线是道路常用的线形，它视距好、行车通畅，但过长的直线路容易引起驾驶员的疲劳。当道路发生方向变化时，一般采用圆曲线连接两条直线，为了减小离心力突变的影响，往往在直线和圆曲线之间加一段缓和曲线，使离心力逐渐加大，从而使汽车行驶平顺而舒适。城市道路一般多采用直线的线形，而郊区公路要尽量避免采用长直线。

（5）车道宽度。汽车车道宽度以设计车速作为选择依据。

2. 道路交通要素

道路交通系统的基本要素包括：①人，包括驾驶人、行人和乘客；②车，包括机动车和非机动车；③路，包括公路、城市道路、出入口道路及相关设施；④环境，包括路外的景观、管理设施和气象条件。在四要素中，人是影响道路交通安全的最关键因素；驾驶人是系统的理解者和指令的发出者及操作者，是系统的核心，其他因素必须通过人才能起作用。四要素协调运作才能实现道路交通系统的安全性要求。

道路对汽车安全性的影响表现在道路的发展及道路网络的建设是否与人民的生活水平、生活习惯和社会的经济发展相适应。如果车多路少，道路使用寿命会降低，易出现问题，因而交通安全问题会突出。其次是道路管理设施与交通控制设施是否科学合理。如果科学合理，在交通拥堵的时候也能井井有条地疏导车辆，解决交通拥堵问题，减少交通事故的发生。再次是道路设计对交通安全的影响。往往一些道路设计不合理，致使驾驶员产生错误的判断，造成交通事故，这应该引起道路设计人员和管理人员的重视，如高速路直线过长容易使驾驶员疲劳，弯道与坡度不合理的搭配都可能引发交通事故。

3. 交通管理

交通管理就是利用工程技术、法制、教育等手段，正确处理道路交通中人、车、道之间的关系，使交通尽可能安全、通畅、公害小和能耗少。交通管理的目的在于认识并遵循道路交通流所固有的客观规律，运用现代化的技术手段和科学的原则、方法、措施，不断提高交通管理的效率和质量，以求得延误更少，运行时间更短，通行能力更大，秩序更好和运行费用更低，从而获得最好的社会经济、交通与环境效益，为国民经济发展、人民生活水平与出行质量提高服务。

交通局是主管公路、水路和铁路交通行业的政府工作机构，内设办公室、人事科、综合科、财务科、计划基建科、政策法规科等职能科室，公路管理局、航运管理局、地方铁路管理局、运输管理处、交通稽查支队、交通战备办公室、交通信息中心、市交通基本建设工程质量监督站等事业部门。

在道路交通方面，交通局主要负责：①公路规划、建设和管理。②组织公路及其附属设施的建设、养护和管理；负责路政管理，依法保护公路产权。③道路旅客运输、货物运输、客货运出租、旅游客运、汽车租赁、联运、集装箱运输及与道路运输相关的机动车维修、搬运装卸、运输服务业、汽车驾驶学校和驾驶员培训工作的行业管理。④交通稽查和管理工作。⑤指导城乡客、货运输的衔接协调工作。⑥负责交通中介组织、信息配载的行业管理工作。⑦各项交通规费的征稽、管理和使用。⑧负责道路、桥梁收费站（点）稽查站设置的审核、报批和管理；负责全市各项交通规费和建设项目的审计监督。⑨规划交通运输业市场体系布局，制定市场规则，规范和监督市场行为，维护公路、水路交通行业的平等竞争秩序。⑩建立和完善信息、服务体系，引导交通运输业优化结构、协调发展。

6.1.2　交通信息

交通信息是对道路交通管理对象、道路设施、道路交通管理设施、道路交通管理者、道路交通管理对策等与交通相关的客观要素状态的描述。

1. 交通信息的内容

交通信息主要包括交通系统中交通出行者、物流运输与经营者、交通管理者、交通规划/建设及研究者相关信息、交通工具相关信息、物流运输相关信息、道路网络相关信息。

交通信息的主要内容包括：①道路交通管理对象（车辆、行人、交通事故、社团活动、公共交通、党政首脑机关等）；②道路设施（路网分布、道路、车道、桥梁、路口区划等）；③道路交通管理设施（交通信号灯、交通流量检测器、交通意外事件检测器、交通信息动态显示标志、交通标志、交通监控电视、交通违章检测仪等）；④道路交通管理者（警力及其分布、警区划分、值勤车辆分布、警车状态等）；⑤道路交通管理对策（交通流量优化策略、交通信息方案、交通需求管理对策等）。

2. 交通信息的特征

交通信息具有动态和海量特征，还具有空间数据的特性。所有的交通信息都可以通过空间坐标系检索和存取。为了科学地管理各种交通信息必须客观地分析交通信息的特征。交通信息存在以下主要特征。

1）多源、多种性

交通信息的数据源是指应用于交通系统各个方面的数据来源。目前，交通信息采集技术发达，信息的来源渠道和种类多种多样，如来自传感器的交通流量信息，来自摄像机的视频信息，来自自动车辆定位系统（automatic vehicle location system，AVLS）、探测车辆（probe vehicle）行程时间、平均行驶速度信息，来自 GNSS 的车辆位置信息，来自电子交警的车辆违章信息，来自报警电话的交通事故信息等。

2）表现形式多样性

来自多种数据源的交通信息，由于采用不同的采集方式，表达不同的信息，其表现形式多种多样。主要为数值信息、图像信息、语音信息、视频信息和语义信息等，体现了交通信息的多样性。

3）信息量巨大

交通信息来源多种多样，每时每刻都在不停地产生大量的信息。例如，北京市的交通信号区域控制系统，遍布城区各主要交通干线上的传感器每个月所产生的数据量达到几十个GB。如果把摄像机的视频信息也包括进来，信息量将会大得无法承受。美国圣安东尼奥市附近的一条高速公路（46km）上的传感器每天产生的数据量为 120MB，每月为 3.6GB，全年为44GB。

4）空间特征

空间特征是指信息与特定空间位置具有一定联系的特征，特定的位置可以用地理坐标描述，也可以用笛卡儿坐标描述。交通系统的相关信息基本上都与空间相关。例如，车流量数据，是某特定路段/路口上的流量。交通信息的空间相关性又为进行交通信息的控制、预测、研究等提供了强大的支持，如可以利用空间相关性进行交通网络的空间分析，为实时交通控制提供参考。

5）时间特征

严格来说，交通信息总是在某一特定时间或时间段内采集得到或计算得到的。有些交通信息随时间的变化相对较慢，因而可能被忽略；有些交通信息随时间的变化相对较快，人们很容易感觉到。例如，对于一个道路交通网络中的道路来说，道路几何数据的变化比较慢，而道路交通流等属性数据的变化比较快。因此，道路几何数据的变化就有可能被忽略。针对交通信息的时间变化特征：一方面要求及时获取、长期更新交通数据；另一方面要从其变化过程中研究变化规律，从而做出交通事件的预测和预报，为科学地规划、建设、管理和决策提供依据。

6）层次特征

在交通应用信息系统中，信息可分为原始数据（第一手数据）和经过加工后的数据（第二手数据），数据具有层次特征，如表 6.1 所示。

表 6.1　不同的信息层次

项目	图形、图像信息	文本、数据值信息	多媒体信息（摄像、声音）
原始数据（第一手数据、初始采集信息）	卫星影像数据、地形测量数据等	来自传感器的交通流量等	视频采集数据等
数据分析、融合、挖掘（第二手数据）	基础 GIS 数据、网络数据等	各种分析数据	编辑采集后的视频数据等

7）主题特征

交通信息具有明显的主题相关性。信息按照主题划分为交通流信息、交通信号控制信息、交通事故信息、交通违章信息、公交调度信息、地理信息、天气信息、停车场信息、收费信息。根据这些不同的主题，可对交通信息进行分类组织。

8）分布特征

交通信息本质上是分布式的。从空间角度看，交通信息分布在整个市政区域中；从特性角度看，道路交通管理信息分布在交通管理的各个部门中，这些部门根据其分工收集、存储、分析和更新属于自己范围内的数据信息；从应用角度看，不同的用户使用不同地区和不同类型的交通信息。因此，交通信息基本上是按业务部门分布式生成、采集、存放和加工管理的。交通信息可以是数值、图形、图像、文字、声音和视频等。

3. 交通信息的分类

交通信息可以分为动态和静态两种类型。动态信息主要包括出行分布、路段与路口的流量、车道占有率、车速、拥堵分布和程度、路况视频信息、交通事故信息和 GNSS 巡逻警车信息等；静态信息主要包括道路网络、车辆保有量与构成、人口和社会经济活动分布、交通信号、交通标志、警区划分、警力分布、交通检测与监视点分布和交通法规等。交通信息按其在交通中的作用可分为交通专题信息、基础地理信息。

（1）交通专题信息。交通专题信息是交通信息的主题信息，指出行者、物流运输与经营者、交通管理者、交通规划/建设及研究者相关信息，交通工具相关信息，物流运输相关信息，道路网络相关信息。交通专题信息又可分为：交通专题空间信息、交通主题信息（属性信息）。

（2）基础地理信息。基础地理信息是为交通专题信息服务的一般性空间信息，主要包括境界、水系、居民地、地形、交通、土地利用等相关信息，是交通信息的背景信息。

6.1.3　交通信息数据模型

交通信息种类繁多，具有自身的特点，利用 GIS 进行交通道路管理有着一般 GIS 的共性，也有自己的特点。道路的属性数据具有多重性，各个属性数据集对应的路段变化点里程是不同的，传统的 GIS 数据模型只能处理一个固定属性数据集；而道路属性数据是以里程桩（线性参照系统）为参照系统来采集的，以路线编号、起点里程、止点里程来表示这些路段的属性数据变化，传统的 GIS 按拓扑关系把道路离散为路段；道路在几何上呈线性分布，附属设施是沿公路分布的，公路和附属设施之间具有自然的归属关系，传统 GIS 用坐标描述的点在和路网匹配时因精度问题通常出现偏离道路的情况。在此背景下，国内外许多政府部门和规划部门都采用线性参照模型来维护交通信息。

1. 弧段结点模型

在传统的 GIS 中，线状要素通常是以弧段结点模型表示的，以弧段为基本单位进行存储和管理的。在建立弧段空间数据库的同时，采集了描述这些弧段的属性数据库。对于空间数据库中的每条弧段，属性数据库中最多存在一条记录与它对应，也就是说，同一弧段上的所有位置都具有相同的属性特征。弧段结点模型把实际交通网络表达为弧段和结点的集合，表达了基本的交通网络，同时支持最短路径算法和空间拓扑分析等功能。弧段结点模型可以比较好地描述静态线性特征，但由于现实世界的复杂性和动态性，该数据模型在实际操作中存在明显的缺陷。

（1）线性定位。弧段结点数据模型是采用一个二维的坐标对表示某特定点的位置，但线性特征通常是采用线性系统的相对定位方法，即采用与某个参考点的相对距离来定位。例如，定位公路上某点位置，一般用里程桩而不用（X，Y）坐标表示。与公路有关的属性信息是以里程为参照系统来采集的，如果使用传统结点弧段模型建模，就需要按照里程将一条公路分成很多段。从以上分析可以看出，静态的弧段结点模型无法表达复杂、动态的线性特征。如果使用传统结点弧段模型建模就需要增加很多伪结点，不可避免地增加了道路数据采集与编辑工作量、计算机存储与计算量。

（2）多段属性。公路属性具有多重性，不严格满足要素和属性一对一的对应关系。多段属性是指线性要素在同一位置包含多种属性信息，例如在某一路段，有事故频发地段、路面质量差、易产生团雾、限速等多种属性。一对多关系是指线性要素在同一位置包含多种属性信息。在弧段结点模型中，一条弧段只与属性表中一条记录对应。如果每种属性都以一个字段记录，为了表达这种一对多关系，可能需要很多个字段，即将多个属性合并为一个大的属性集，这样可能某些字段在很多记录上都是空的，会产生严重的数据冗余。

（3）分段属性。一条道路用一条弧段表示，在该道路（弧段）上的不同部分路面质量不完全相同。分段属性是指线性地物的某一部分（段）或某几部分具有不同的属性值。如图 6.1 所示，一条道路用一条弧段表示，在该道路弧段上的不同部分路面质量并不完全相同。在弧段结点模型中，必须在属性变化处打断弧段，形成一系列新的小弧段，与每个变化的属性相对应。这样做必然增加了数据冗余，导致整个线性系统变得难以管理和更新，降低了处理效率，而且在属性段有重叠的情况下，将会更加复杂，当某一属性发生变化时，必须相应更新路段的划分，重新数字化输入。

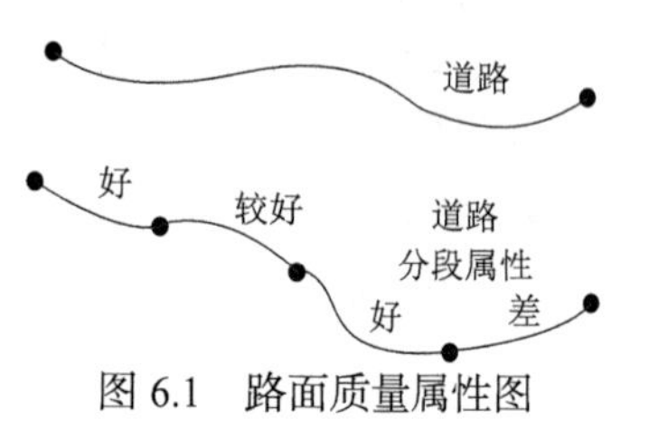

图 6.1　路面质量属性图

（4）结点概念的不匹配。在弧段结点数据模型中，结点必须是多边形的顶点或弧段的起始、终止结点，而现实世界中的结点往往是与几何特征无关的位置点，如车站、开关、阀门等。公路中的很多站点并不是正好在道路的交叉口（结点），当用弧段结点数据模型存储此类信息时，必须通过引入伪结点的方式将弧段断开。

（5）信息更新。GIS 所涉及的信息经常是海量的数据，并且其中各个对象的属性之间有着千丝万缕的联系，如果没有智能技术的帮助，则交通网络系统中某一部分信息的修改将导致大量数据的不匹配，而这种修改也是经常发生的。因此，人工更正这些数据的工作量是不可想象的。

线性参照模型可很好地解决公路的线性定位问题，在不改变原有空间数据和属性数据的基础上，可以有效地对公路线性特征进行动态显示和分析，如高速公路管制路段的动态信息显示、路段多个属性数据集的综合查询和分析等。

2. 线性参照模型

线性参照模型的理论基础包括线性参照系统（linear referencing system，LRS）和动态分段技术。线性参照系统是模型建立的基础，动态分段技术是实现模型应用的核心。

1）线性参照系统

线性参考是指根据已存在的线性要素位置的相关性来存储地理数据的一种方法。未知要素的位置信息可由已知线性要素的位置信息与其相对位置关系加以表示或量测，而不是在传统的 X、Y 平面坐标系统中表达，这样大大简化了数据记录，并且运用线性参考方法能直观看到线性要素的部分属性。

线性参考系统一般包括三个部分：路径及路径测量值、路径位置和路径事件（包括点事件、线事件、连续事件）。

（1）路径及路径测量值。路径指任意的线性物体，是指一条或多条弧段的集合，可从弧段上任意一点开始，如街道、高速公路、河流或管道，它有唯一的识别码（路径标识符）和一个测量系统。路径测量值是指在线性参考中线性要素上的值，它表示与线性要素起点位置相关的一个位置点，或线性要素上的一些点，但不是 X、Y 坐标点。测量值常用于地图事件中，如线性要素的距离、时间或地址。

（2）路径位置。描述沿着一条路径的一个离散位置（点）或者一条路径的一个部分（线）。一个点的路径位置用一个测量值（M 值）来描述，如“路径 30001 上 18m”。一条线的路径位置用两个 M 值“从”和“至”来描述，如“路径 30001 36m 至 42m 段”。

（3）路径事件。指路径的一个部分或某个点上的属性，如路面质量、限速路段、路面铺装、交通事故等，这些属性是用户定义的，并且用路径的度量来表示。事件是与路径位置相关联的属性。当路径位置及其相关联的属性被存放在一张表上时，即被称为路径事件或事件。事件存储在事件数据库表中，而不是存在于路径所赖以存在的线性要素。一个路径事件表至少包含两个字段：一个路径标识符及一个 M 值。路径事件可分为点事件、线事件和连续事件。

点事件描述路径中某个精确的点。道路上交通事故发生点、铁路线上沿路的标志点、公共汽车路线上的站点、管线上可提取的站点都是点事件的例子。点事件用一个单一的 M 值来描述它们的位置（如图 6.2 所示，Reach 表示路径标识符，Position 表示点事件位置的测量值）。

线事件是指描述路径上某一部分或某几部分的属性，道路的质量、状况、限速路段、汽车票价范围、管道宽度及交通容量都是线性事件的例子。线性事件用两个值（两端的端点值）来描述它们的位置。如图 6.3 所示，Reach 表示路径标识符，From 和 To 表示线事件起止位置的测量值。

连续事件描述覆盖整个路径的不同部分的属性，如行车时速限制。

使用线性参考系统的主要优点在于：①依靠统一的位置参考系统（非传统的 XY 坐标系统），避免不同精确度空间数据之间换算造成的误差。②所需的空间数据量小，减轻了数据输入的工作量，有利于数据的录入及维护。③查询和检索操作方便灵活，可直接通过地图数据库进行查询，也可通过空间叠加分析进行模糊查询，并且加入动态分段技术，可以同时获取更多的信息。

2）动态分段技术

为了有效地解决具有多重属性地理要素的表达问题，动态分段的思想产生了。动态分段是指在不改变要素位置描述（坐标）的前提下，即不是在线状要素沿线上某种属性发生变化的地方进行物理分段，而是将属性的沿里程变化存储为独立的属性表（事件属性表），使道路以一维线性参照系统为基础建立的各类属性集与道路以二维参照系统为基础建立的空间位置关联起来，在显示和分析过程中直接依据事件属性表中的距离值对线状要素进行动态逻辑分段，不必随每个属性集的分段不同来修改对应的二维空间中的坐标数据。这是一种新的线性特征的动态分析、查询、显示和绘图技术。它是在传统 GIS 数据模型的基础上利用线性参考系统和相应算法，对线性要素的定位不再使用 X，Y 坐标，而是动态计算出属性数据的空间位置，即一种动态地完成各种属性数据集的显示、分析及绘图的方法。动态分段如图 6.4 所示。

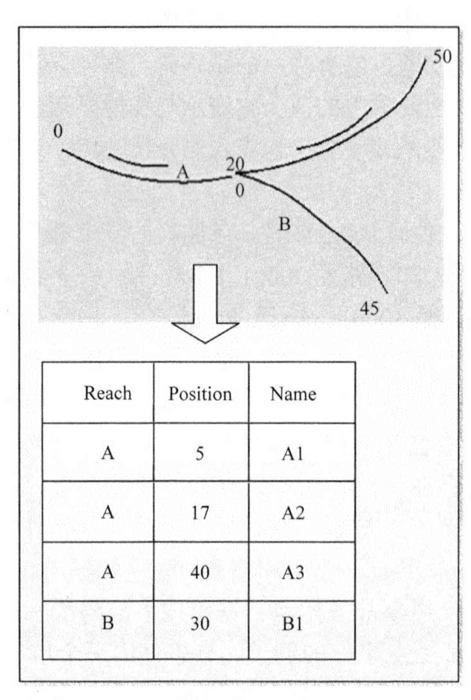

Reach	Position	Name
A	5	A1
A	17	A2
A	40	A3
B	30	B1

图 6.2　点事件

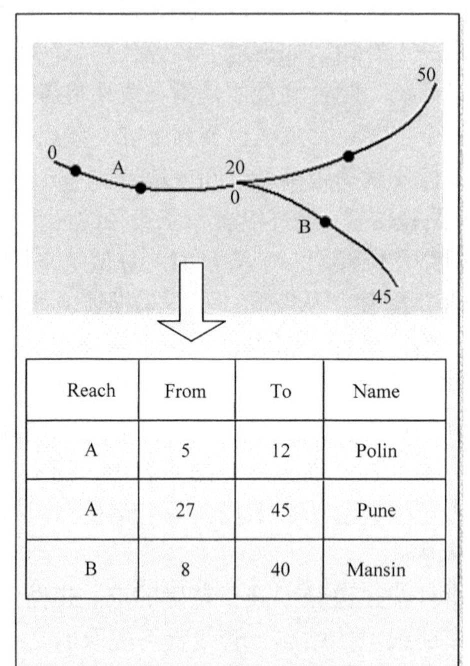

Reach	From	To	Name
A	5	12	Polin
A	27	45	Pune
B	8	40	Mansin

图 6.3　线事件

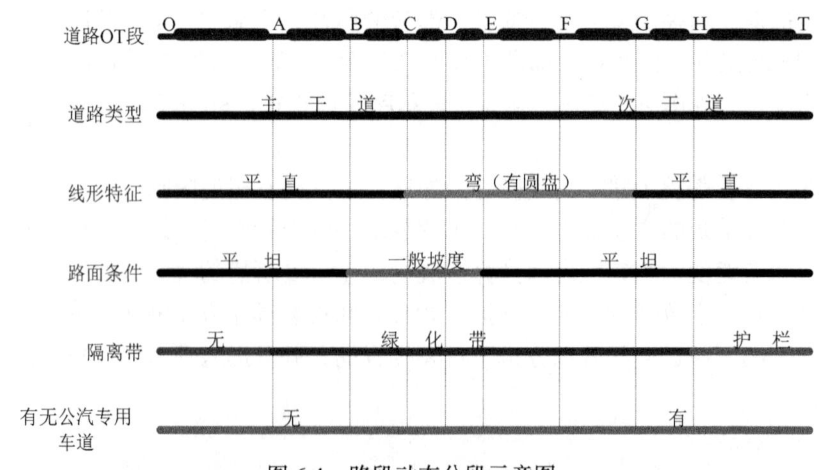

图 6.4　路段动态分段示意图

依据动态分段示意图，可以将分段的结果写入属性表，目的是实现查询、检索、分析等操作，如表 6.2 所示。

表 6.2　OT 段道路特征属性表

路段（逻辑分段）	道路类型	路面条件	线形特征	分隔带	公汽专用道
OA	主干道	平坦	平直	栅栏	无
OB	主干道	平坦	平直	栅栏、绿化带	无
OC	主干道	平坦	平直、弯道	栅栏、绿化带	无
⋮	⋮	⋮	⋮	⋮	⋮
OH	主干道、次干道	平坦、积水、平坦	平直、弯道、平直	栅栏、绿化带、无	无、有
AB	主干道	平坦	平直	绿化带	无
AC	主干道	平坦	平直、弯道	绿化带	无
⋮	⋮	⋮	⋮	⋮	⋮
HT	主干道	平坦	平直	无	有

动态分段实质上是建立在弧段结点数据模型上的一种抽象方法，通过一定的映射关系，将动态段对应到原有的 GIS 数据库。这样，可在不改变原有空间数据结构的条件下，方便地处理与表达多重数据结构。在动态分段数据结构中，空间实体类型包括结点（node）、弧段（arc）、链、环及多边形，此外还引入了点状事件、线状事件、段（section）等概念。这样，可在不改变原有空间数据结构的条件下，方便地处理与表达多重属性关系。基于拓扑矢量数据结构的动态分段数据结构如图 6.5 所示。

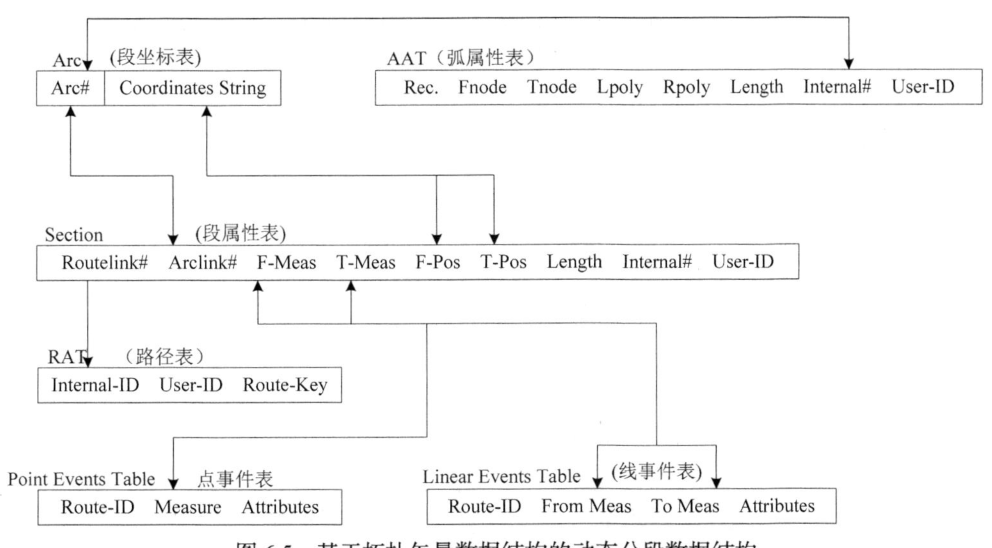

图 6.5　基于拓扑矢量数据结构的动态分段数据结构

动态分段涉及了 GIS 三方面的数据处理过程：①联结，即指建立沿线位置的非空间化数据和地理空间呈线性分布的实体间的联系，也就是建立与距离或位置对应的属性信息和在呈线性分布的地理空间实体之间的联系。②分段，即实际应用查询分析时，根据所选择的非空间化数据及满足某种应用的特定条件，生成新的点状或线状实体的过程，即依据属性信息的查询条件，将路径逻辑分段生成新的点状或线性对象。③显示和分析。显示与空间分析操作用于建立所生成的空间实体与二维坐标系间的联系，并能进行进一步的空间分析。根据点状或线性实体与属性数据的关联和动态分段结果，显示与空间分析操作用于建立所生成的线性实体与二维坐标系之间的联系，并根据要求对线性实体进行诸如线的相交、缓冲区的建立、线在多边形中的分析等。

动态分段具有如下特点：①无需重复数字化就可进行多个属性集的动态显示和分析，减少了数据冗余；②不需要按属性集对线性要素进行真正的分段，只是在需要分析、查询时，动态地完成各种属性数据集的分段显示；③所有属性数据集都建立在同一线性要素位置描述的基础上，即属性数据组织独立于线状要素位置描述，因此易于数据更新和维护；④可进行多个属性数据集的综合查询和分析。

3. 模型的相互关系

弧段结点模型、线性参照模型是两种可以较好描述交通实体空间关系的数据模型。对于交通网络的描述而言，基于绝对空间参照系的空间关系描述采用地图投影基准（欧氏空间）或采用地理参照系作为基准，空间实体关系可直接在数据模型中描述或通过空间坐标系运算建立。基于相对空间参照系的空间关系描述以线性参照系作为基准，是绝对空间的抽象。在这种相对空间中，可描述空间对象之间的序关系和尺度关系。通过拓扑空间可以建立拓扑关系，是空间关系的进一步抽象。

弧段结点模型和线性参照模型通过不同数据结构描述交通实体的空间关系。几何网络模型采用绝对空间参照系，真实反映了交通系统的空间几何位置关系，是交通系统的一级抽象；LRS 数据模型采用相对空间参照系，是对几何网络的进一步抽象，可以反映交通要素的尺度关系和序关系；逻辑网络（拓扑网络）模型采用拓扑空间作为基础，只反映交通要素的拓扑关系，是抽象程度最高的一级。抽象的结果是不断对信息进行综合的过程，交通网络及线性基本数据模型的关系如图 6.6 所示。几何网络通过综合，把二维或三维空间用一维空间描述，派生出一维的 LRS；几何网络通过简化空间（一维、二维、三维）描述，只描述交通要素的拓扑关系，派生出拓扑网络。

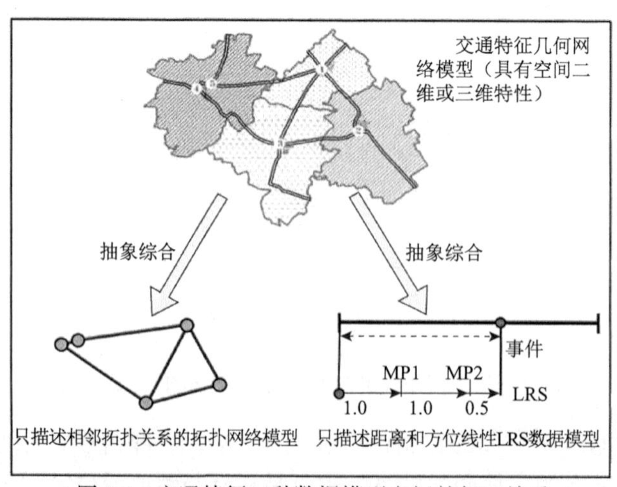

图 6.6 交通特征三种数据模型之间的相互关系

6.1.4 交通地理信息系统应用

交通信息除了具有信息量大、动态、不确定、复杂、非线性、时变等特征外，还具有明显的地理特征，这就决定了研究交通问题离不开 GIS。把 GIS 应用于交通，即把道路信息、交通信息及交通事故等与地图结合在一起,可以直观地为决策人员提供有关信息和分析结果。

1. 交通地理信息系统应用现状

GIS-T 是一种专题地理信息系统，是将 GIS 用于交通方面的一种综合技术。一般认为，GIS-T 是在传统 GIS 基础上，加入几何空间网络概念、线性参照模型和动态分段等技术，并配以专门的交通建模手段而组成的专门系统。GIS-T 通过 GIS 与多种交通信息分析和处理技术的集成，可以为交通规划、交通控制、交通基础设施管理、物流管理、货物运输管理提供操作平台。例如，运输企业可以借助路径选择功能，对营运线路进行优化选择，并根据专用地图的统计分析功能，分析客货流量变化情况，制订行车计划；运输管理部门可以利用它对危险品等特种货物运输进行路线选择和实时监控。

GIS-T 在世界许多国家交通部门得到了应用，美国几乎所有州的交通和公路部门都在使用 GIS-T。在美国公路署的倡导下，各州运输局相继展开了一系列 GIS-T 的应用研究，包括适合于 GIS-T 的交通运输建模问题、GIS-T 的数据存储方式、数据格式转换、GIS-T 应用范围、软件平台选择、GIS-T 项目可行性研究等；开发了基于 GIS 的路面管理系统、桥梁管理和维护 GIS、基于 GIS 的交通事故分析等系统。到目前为止，在发达国家 GIS-T 几乎已经渗透到交通的各个领域。GIS-T 在交通规划中主要用于交通需求分析与预测、路网方案评估、交通设施的选址与规划等；在道路设计中主要用于道路走廊选择、路权取得、道路线性仿真等；在交通管理与服务中主要用于日程养护管理、路面管理系统、交通控制及事故分析、车辆导航等；在港口方面主要涉及港口基础设施管理、船舶自动识别技术、卸载管理等；航道中主要用于航道疏浚、航标管理等。这些应用的技术手段都以 GIS-T 为中心，集成了 GNSS、RS、网络和多媒体等技术。

近年来，我国的 GIS-T 也得以快速发展，已用来解决城市交通阻塞、拥挤等问题。在国家层次，开发完成了中国国家公路地理信息系统，整合完成了路网空间数据库，搭建了全国路网综合信息平台，实现了公路数据的可视化管理，为全国路网实时监控系统和公众出行服务系统提供了基础平台。许多地方交通部门也开发了自己的应用系统，如广东省综合交通规划信息系统等。

2. 交通地理信息系统应用领域

GIS-T 的应用主要有如下几个方面。

1）交通规划、建设与综合管理

交通规划是对区域和城市交通系统的预测和优化研究，GIS 技术可用在交通规划中的路网选线，网络交通量预测、交通量分布、交通量分配等方面。公路网规划和路线选择是 GIS-T 应用发展的重点领域之一。目前，基于 GIS-T 的交通规划模型软件已经开发成功并进入商业化应用阶段，这些软件包括全部的 GIS 软件功能，其应用模型与 GIS 集成为一体，它使交通规划的手段更加强大。因为应用 GIS-T 能够更好地考虑和评估公路对环境的影响，所以在公路路线的选择和初步设计中 GIS-T 将得到广泛应用。公路建设的走向布设受多方面因素的影响，GIS-T 本身所提供的最佳路径分析功能，包括最短路径分析及最小造价路径分析等，为公路规划提供了一定的借鉴和参考。在交通规划中 GIS 很好地解决了交通建设涉及的环境分析、公路选址等问题。

2）城市交通控制与监管

红绿灯智能集群优化可以根据城市交通高峰期车流量的情况,进行智能的调度。结合 GIS

的技术可以对智能优化进行辅助决策分析，通过空间可视化方式综合比较各交叉路口的集中流量情况，结合优化模型实现智能的优化，缓解城市智能流量，降低繁忙路口的拥堵情况，为调度中心提供直观、可视化的操控窗口（图 6.7）。

交通指挥调度与监控工作及空间位置密不可分，通过 GIS 指挥人员可以随时了解各类对象的位置变化，掌握交通管理要素的空间分布规律和演进趋势，进行决策管理（图 6.8）。

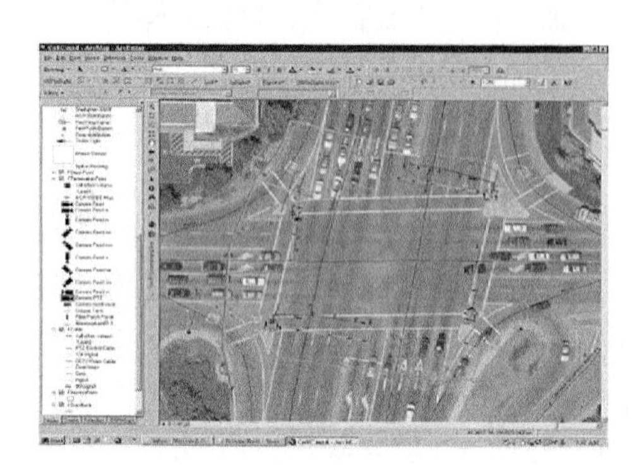

图 6.7　红绿灯智能优化

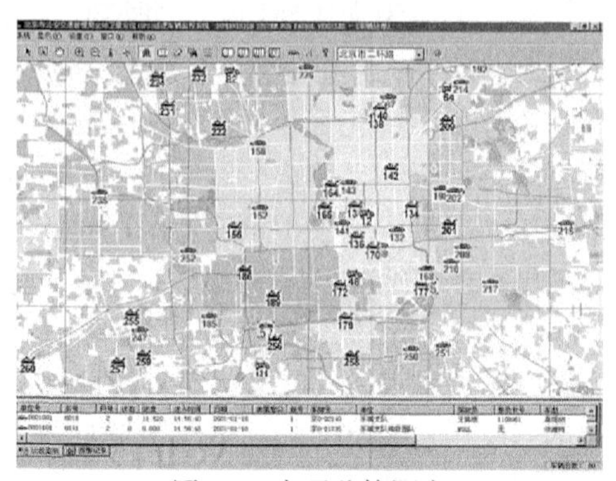

图 6.8　交通监控调度

城市交通管理的核心在于交通的安全与事故处理能力。将交通事故数据与 GIS-T 集成为一个整体，在 GIS-T 的基础上开发出事故定位系统：形象直观地报告事故地点、性质和起因；找出事故多发地段，分析可能引起事故的道路条件的缺陷；结合现有道路条件，进行事故发生情况的预测等。通过 GIS 可以分析城市交通的事故多发路段，并对事故发生原因进行分析，提供快速、有效的事故解决办法，提高道路交通的安全性。利用 GIS-T 再现事故，为事故鉴定提供有效的手段（图 6.9）。

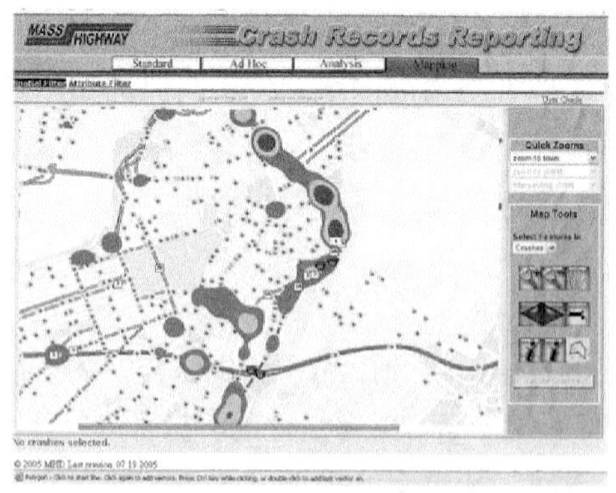

图 6.9　交通安全分析

3）交通诱导

交通诱导是实现道路交通监控指挥的重要环节，由诱导控制计算机、通信系统（交通广播电台、互联网、短消息等多种公众平台、智能多用户通信卡）、数据光端机收发装置和视频、音频信号矩阵装置、LED 显示屏等组成（图 6.10）。它是一个可变的信息系统，通常利用交通流量检测系统、交通信号控制系统、治安卡口系统、事故处理系统、GIS 系统发来的信息，结合道路堵塞程度、事故发生地点、警卫路线等具体情况，最终由指挥中心通过人工或自动方式，发送信息至室外信息提示屏幕，显示交通信息和路况等。

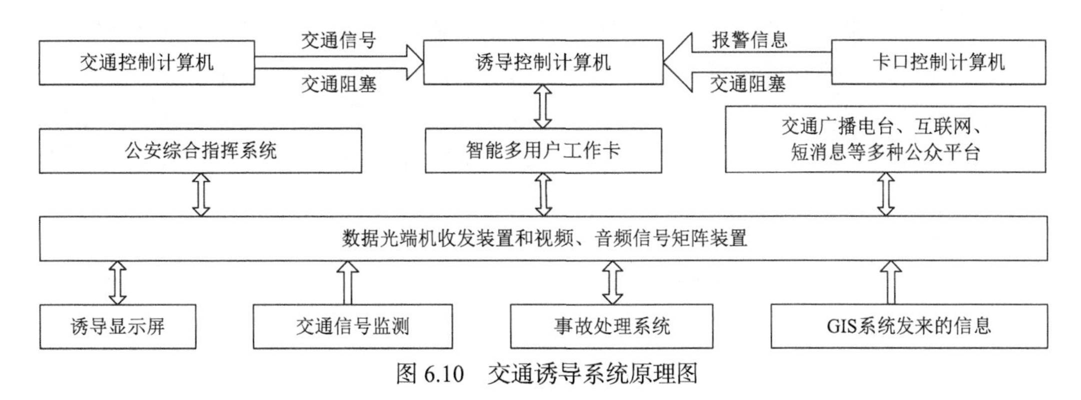

图 6.10　交通诱导系统原理图

结合交通视频监控和交通诱导系统的车辆诱导 GIS 系统，基于地图实现交通流量的动态监控和交通事故的及时管理。停车诱导系统，以空间可视化方式，实时查询各停车场的剩余车位数或客满信息，减少城市交通盲目寻找车位而造成的车流量增加。以 GIS 为支撑的车辆诱导系统可大大提高车速，减少交通堵塞程度（图 6.11）。

4）道路设施管理

交通设施维护对交通道路、轨道及相关附属设施情况、周边环境情况等进行检测，及时进行资产管理和维护，保证了交通设施路况的安全。基于 GIS 可以可视化方式对交通设施进行维护和管理。GIS 技术可以直观地反映道路设施的基本状况，反映道路的空间分布，公路 GIS 系统、公路规费征稽系统等也得到了很好应用。路面养护管理与评价系统、桥梁养护与评价系统已在多个省、自治区、直辖市推广应用，高速公路通信、监控、收费系统成为高速公路运营管理的重要手段（图 6.12）。

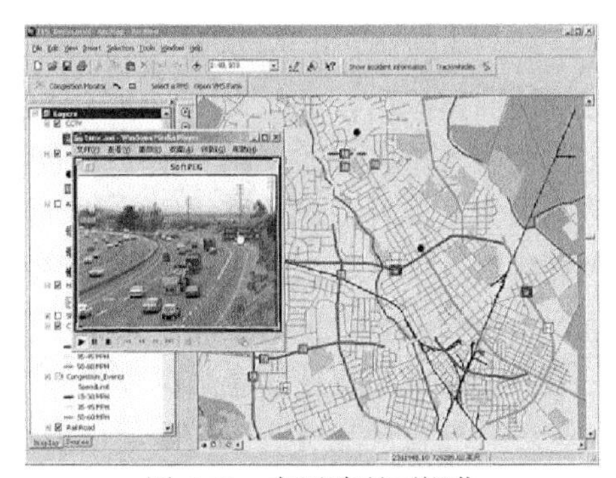

图 6.11　交通路况可视化

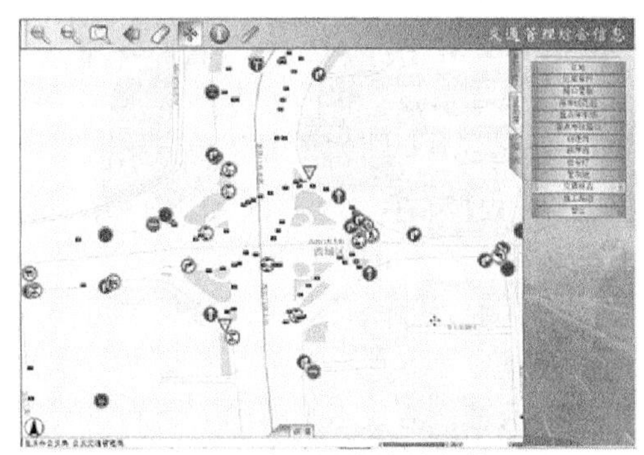

图 6.12　交通设施维护与管理

5）运输企业管理

电子商务、现代物流理念逐步渗透，计算机联网售票，车站、港口、车辆、船舶的计算机管理系统已经普遍应用，工作效率大大提高。大中型港口和大型航运企业（集团）积极开展企业信息化建设，围绕运营管理、调度指挥、运输过程控制和企业内部事务处理等业务需求，开发了企业内部管理方面的信息系统，并通过互联网开展用户服务。

GIS-T 具有地理、地形数据的查询分析和处理功能，因此在运输企业的运营管理中，可以通过建立 GIS-T 数据库，为相关部门及用户提供各种查询和分析方法。制作道路流通图、物/客流密度图等，对道路拥堵利用情况实施监测，提供统计、分析、诊治预测模块，从而为交通运输管理部门提供接侧支持服务。

此外，现代物流最显著的特征就是加强对货物运输过程的综合管理。GIS-T 结合全球卫星定位系统可以方便地进行货物调查和分与派遣、路径分析（最佳路径最短路径）、设施和仓储管理等。例如，运输行业可以运用 GIS-T 的运行路径选择功能，根据道路的限制条件，对运营公司的路线进行优化，还可以协助运输管理部门对大宗货物的运输进行监控与管理。

6）交通信息服务

利用 GIS 技术，通过网络电子地图向相关部门或公众用户发布交通路况信息，为公众提供车载智能导航和路径动态规划等（图 6.13 和图 6.14）。

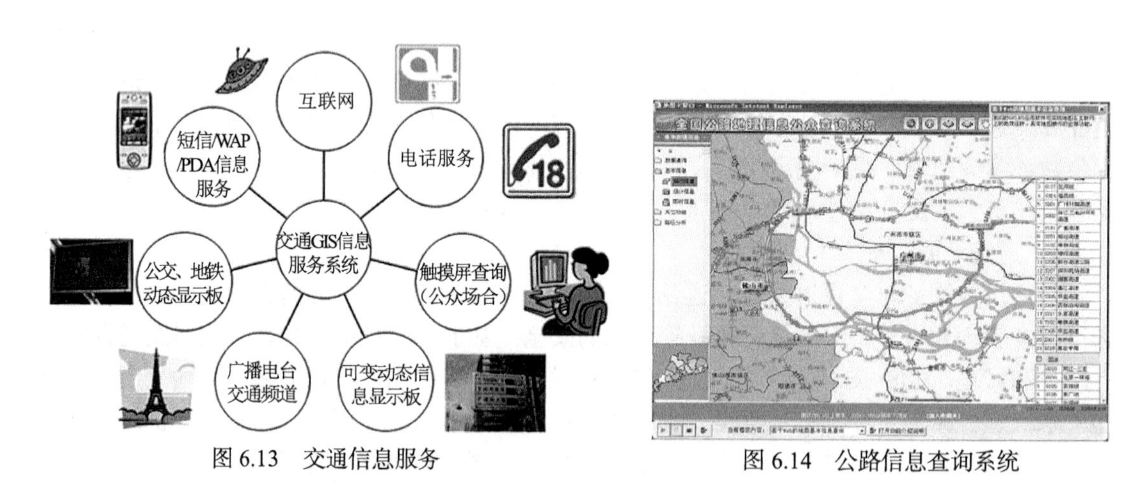

图 6.13　交通信息服务

图 6.14　公路信息查询系统

3. 交通地理信息系统应用面临的问题

1）标准化问题

交通地理信息系统的标准问题是一项既困难又迫切需要解决的任务。目前 GIS-T 所使用的数据，并不是专门为考虑交通应用要求而设计的，它们有各种各样的来源。由于交通数据尚未有统一的要求，不同部门生产的交通数据之间差别很大。此外，对道路等级的划分没有一致的标准，不同的交通数据生产者对某一道路的级别判断不同；对于应该包括到道路网络中去的最低等级道路各有不同意见；道路网络地理精度各不相同；数据的存储格式也千差万别，种种差异导致了不同部门的交通数据之间缺乏一致性，给不同交通信息数据库之间的互操作带来困难，造成不必要的人力和财力上的浪费。缺乏标准化规定所造成的交通信息数据库之间的差异是不可忽视的。

2）交通地理现象表达所存在的问题

由于交通系统自身的特性，几乎所有应用于交通系统的数据模型都没有超出网络模型和对象模型的范围。用许多具有多种属性的线段代表城市道路网，用离散点代表各种道路网中的标识性地物，用线性网络代数对交通网络进行分析，这些方法对现实道路交通系统的计算机表示起到了一定的作用。然而，现实世界中，城市交通系统越来越向复杂的方向发展，多车道、单行线、转弯限制、立交系统等交通特征变得越来越普遍，加上新的越来越复杂的交通规则，使得这种简单的线性网络越来越不适合城市交通系统的表达。解决这些复杂交通现象的表达问题，是目前 GIS-T 面临的又一重要任务。

（1）多车道。目前，由于所需存储空间少，分析算法简便，大部分 GIS-T 都采用一维线段来表示道路。然而，这种表达方法越来越显示出不足。道路并不是简单的一维线段，它是有一定宽度的面状实体，是由多个车道组成的系统。由于道路级别不同，车道的数目相差较大，宽度也为 10～100m，若均以一维线段表示不是很恰当。而且，在精度较高的地图中，如 1∶10000 幅地图中，路宽为 100m 的道路在该图上应显示为宽度为 1cm 的条带。这时若仍然用一维线段来表示也不合适。一些 GIS 专家建议将车道数目作为线性网络中一维线段的属性来表示。然而，在现实世界中，车道的情形非常复杂。在交叉路口，只有部分车道允许转弯，其他车道只能直行；在高速公路系统中，有些车道是通往出口的，其他车道则会继续前行。车道属性表只能记录车道的数目，根本不可能区分不同的车道，分别记录它们的特性。对于司机来说，了解每一车道使用的具体指示已变得越来越重要了。例如，在高速公路系统中，哪一条车道是引向公路出口的；是不是在某一车道上的车辆都必须驶离公路；何时转向某一车道通往一特定路口等。在某些道路系统中，基于车道的指示要比基于线段和结点的指示要更有用一些，这表明基于车道的表达模型更适于人类行为的体现。另外，进行有效的车道表达所需要的几何细节的精度是相当高的。虽然，50m 的精度已能满足车辆定位的要求，但是对于车道的定位则需要高于 5m 的精度，这种定位精度已经超出了许多现有空间数据库的精度，需要不同技术和高质量的大地测量控制的帮助。

（2）方向问题。现代交通系统中，交通规则变得越来越复杂。为了便于交通流的畅通运转，对道路中车流的方向作了许多限制，如某路口禁止左转、某条道路只能单向行驶、禁止逆行等。这些规定使得交通网络不只是一个简单的连通网，而成为复杂的有向网。在进行路径分析时，就不仅要考虑通过某一路径所需要的代价（如时间、距离），还要考虑路径的通行方向和路径之间的连通性。要处理这种问题，GIS 数据模型必须扩充新的结构。一些 GIS 专家通过在空间数据结构中添加转向表来解决这一问题。转向表将网络中在同一结点相连接的所有线段对（线段已经在网络系统中编号，同样一对线段不同行向按不同记录处理）进行记录，同时记录它们之间的连通性，并建立转向表中线段标识同其在线属性表中记录之间的连接。对于单行线，也可用转向表的记录来表达。可以将单行线通行方向线段对记录的通行属性设置为 Yes，而其逆行方向的线段对记录的属性设置为 No，这样就不会出现沿单行线逆行的路径了，表示了转向表对方向限制记录的示意。转向表的建立，可以较好地解决交通系统中方向的问题。

（3）道路立交。当前，城市道路交通系统逐渐由二维平面向三维空间发展，道路立体化的发展趋势越来越明显。两条道路立体交叉而互不相通的情况越来越普遍，在基于一维线性网络的网络模型中表达道路立交化也是交通信息系统中存在的问题。虽然，GIS 中三维空间表达技术和虚拟现实技术的发展逐渐成熟，但考虑三维表达的复杂性和空间分析的难度，在一段时间内许多 GIS-T 依然要采用一维线性网络来表达道路交通系统。在同一结点相遇并相互连通的线路与在空间中立体交叉的线路，若是在非平面的线性网络中，这种差别是比较容易区别的，但是在平面线性网络中就不容易区别，因为所有交叉的线路（无论是平面相交还是立体交叉）都在交叉处生成一个结点。这时，就可以利用前面提到的转向表来解决这个问题。通过设置转向表中的连通属性，限定线路的通行方向只能为直行，不可以转弯，以此来表明两条立交的路线彼此互不连通。

3）多种交通方式下实时路径查询

GIS-T 的功能不仅为政府和管理者提供了信息决策支持、管理规划，为广大市民提供交通信息、出行指导也是它的重要功能之一：乘公共交通工具出行的市民想知道如何乘车才能最快或最经济地到达目的地；自己驾车的市民在出行前都很想知道当时的路面交通是否通畅。一个城市的公共交通系统往往是由多种交通工具构成的，如火车、地下铁路、公共汽车、小型公共汽车、有轨电车、出租车等。这些公共交通工具的服务线路密如蛛网般地分布于城市道路网中，重叠交错，延伸到城市的各个角落；多种交通工具线路混合并存，各种转乘站林立，出行者很容易迷失在各种交通工具、令人眼花缭乱的指示牌中。这种情况下，人们很想知道如何选择一条“最省时间”或“最经济”的出行线路。在多类型交通系统中进行最佳路径选择是交通信息系统进行路径搜寻的一个难点。目前，GIS界的学者在创建适于多种交通类型混合表达的数据库方面所花费的努力很少，但基于多类型交通系统的路径搜寻在提供城市交通信息服务中是十分重要的组成部分。解决这一问题，会使众多的出行者受益。

6.2 交通规划信息系统

6.2.1 交通规划业务分析

交通规划是指通过对城市交通需求量发展的预测，为较长时期内城市的各项交通用地、交通设施、交易项目的建设与发展提供综合布局与统筹规划，并进行综合评价。它是解决城市交通问题的最有效措施之一。交通规划是近半个世纪逐步发展并不断完善的跨越多种传统学科的新兴学科。交通规划的空间性决定了技术应用的必然性，而技术在交通规划中的应用必须考虑交通规划的特殊性。不同层次的交通规划其规划方法不完全相同，但其规划过程是基本一致的。交通规划流程中首先要做的是总体设计，包括规划的目标、指导思想、年限、范围，成立交通规划工作的组织机构，编制规划工作大纲。在总体设计的基础上按照交通调查、交通需求预测、方案制定、方案比较、信息反馈与方案调整的流程来实施规划。

1. 总体规划

交通规划必须以城市的总体规划为基础，满足土地使用对交通运输的需求，发挥城市道路交通对土地开发强度的促进和制约作用。城市交通规划一般分为三个层次，且不同城市的交通规划有不同的年限及规划范围要求，大致分为城市交通发展战略规划、城市交通综合网络规划和城市交通近期建设规划。

2. 交通调查

交通调查是了解现状网络交通信息的必要手段，调查内容因规划层次及规划要求而异，通常来说，需进行以下调查。

（1）出行调查。出行调查包括居民出行调查、机动车出行调查、货物出行调查及公交月票调查，其目的在于找出居民出行、机动车出行、货物出行及公交客流的现状空间分布——分布规律及各交通方式的出行参数，为出行预测提供依据。出行调查在城市交通规划的交通调查中占有很重要的地位，调查与分析统计时间占的比重更大。

（2）道路交通状况调查。道路交通状况调查包括交叉口各车型的流量、流向、流速调查及路段各车型的流量、流速调查。其目的在于了解现状交通网络的交通质量，并为规划网络服务质量标准的选定提供依据。

（3）公交线路随车调查。公交线路随车调查指调查每条公交线路各站点的上下乘客量及断面流量，其目的在于了解现状公交线路的服务状况、客流分布均匀性、方向均匀性、满载率等，为公交线路的优化提供依据。

（4）社会经济调查。社会经济调查包括规划区域内各交通区的土地利用性质、各车型车辆的拥有量、工农业产值、工农业布局、人口、规划区内可能的投资与布局等。其目的在于为出行预测提供必要的参数。

3. 交通需求预测

交通需求预测是分析将来城市居民、车辆及货物在城市内移动及进出城市的信息，预测的交通需求信息是制定城市交通网络规模的依据。交通需求预测应包括城市社会经济发展预测、城市客运交通需求发展预测及城市货运交通需求发展预测。

1）城市社会经济发展预测

城市社会经济发展指标是城市交通客运、货运预测的基础。城市社会经济发展预测一般包括以下内容。

（1）城市经济发展预测。城市经济发展预测就是要确定各规划特征年（如 2005 年、2015 年、2025 年）城市经济发展指标，包括各特征年城市国内生产总量及在各交通区的分配等指标，以此作为城市客货运量预测的依据。因此，城市经济发展指标可根据已制定的城市发展纲要并结合城市总体规划、城市历年经济发展规律等情况综合确定。

（2）城市人口发展预测。同样，城市人口发展预测就是要确定各特征年的城市常住人口、暂住人口及流动人口规模，以此作为城市客运预测的依据。与经济发展指标一样，政府部门制定的城市发展纲要中已经包括了城市各特征年的人口指标。本预测中，主要任务是根据既定的人口规模及现状人口特征资料，确定各特征年的人口年龄结构及人口在各小区的分布。

（3）劳动力资源与就业岗位预测。劳动力资源指城市人口、暂住人口中具有劳动能力的人数。各特征年的劳动力资源以各特征年人口指标为基础，考虑当前劳动力资源占总人口比例、人口的年龄结构变化、未来的退休年龄等因素确定。不计未来特征年的失业率，即认为劳动力市场是平衡的，那么，就业岗位数就等于劳动力资源数。取得全市的劳动力资源数及就业岗位数之后，还需将其分配到各个交通区。劳动力资源数在各个交通区的分配，可根据各交通区人数按比例分配。就业岗位数在各交通区的分配，需根据各交通区内所包含的工业、商业、科教卫等用地的面积和密度而定。

（4）学生人数及就学岗位预测。学生总人数的确定类似于劳动力资源预测，以各特征年人口为基础，考虑当前学生人数在总人口中的比例、人口的年龄结构变化、义务教育的普及和高等教育的发展等因素综合确定。不考虑失学问题，可以认为未来各特征年的就学岗位等于学生人数。未来各特征年学生人数在各交通区的分布，可根据交通区人口数比例确定。就学岗位数在各交通区的分布，应根据各交通区科教卫用地面积及密度确定。

2）城市客运交通需求发展预测

对于交通需求预测，目前国际上比较常用的是“四阶段”模型，即把交通需求预测过程分为出行发生、出行分布、方式选择及网络分配四个阶段（图 6.15）。

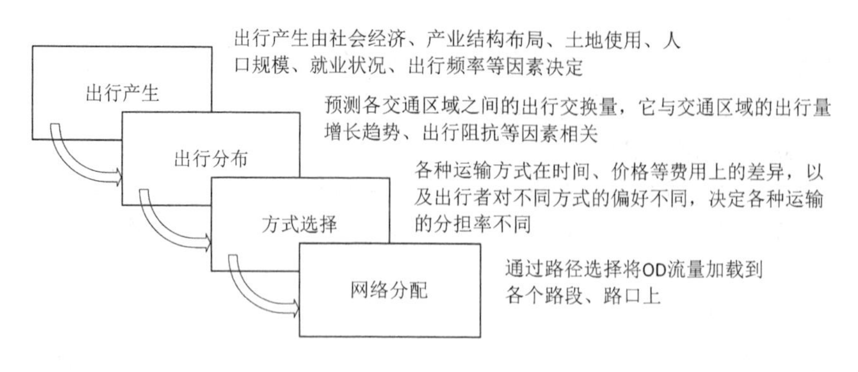

图 6.15　交通规划“四阶段”模型

（1）出行产生。通过对城市社会经济资料人口、土地利用性质等的分析，根据一定的社会经济特点将一个城区的人口划分为若干类型。然后，经验地估计每种类型的家庭或出行者的平均出行率，由此产生出行率表（OD 矩阵），预测各交通区的出行发生量及出行吸引量，即 OD 矩阵中的行和及列和。

按照现代交通规划学，OD（orignation destination）定义为 O=由家出发+非由家出发；D=回家+由家到达+非由家到达，是描述交通网络中所有出行起点（origin）与出行终点（destination）之间在一定时间范围内交通出行量的表格，反映了某城市或区域的基本交通需求。OD 矩阵是通过交通 OD 调查得到的，是交通规划和管理工作的基础数据，在交通规划和交通管理中占有极为重要的地位，为城市交通综合治理与交通规划等提供了宝贵的分析依据。

（2）出行分布。是将各个交通小区的出行发生量及出行吸引量转换成各交通区之间的 OD 分布矩阵。常用方法可以分为三类：增长系数法、重力模型法、调校重力模型。

增长系数法是通过对现有的矩阵乘以系数来实现的（增长系数由未来的出行产生量除以出行现状的产生量计算得出）。在无法获悉路网交通小区间距离、出行时间或综合费用等信息时，常常使用该方法。

重力模型的主要原理是：两个地区之间的空间交流量与出行产生量/吸引量的乘积成正比，与两地之间的交通阻抗成反比。该模型需要流量矩阵、阻抗矩阵（反映小区间的距离、时间或出行费用等），还有估算的未来出行产生量和吸引量。重力模型较清楚地表达了空间交流量与交通小区间阻抗的相互关系。

调校重力模型：根据基准年的路网状况估算阻抗函数的参数，从而尽可能使重力模型与基准年产生量／吸引量、基准年的出行距离分布相接近。

（3）方式选择。确定出行量中交通方式所占比例。方式划分通常在出行分布结束后进行，也可在出行生成后、出行分布前进行。根据出行者的特征（如收入或小汽车拥有量）或各种运输方式的特性（如出行时间或相对的出行时间），也可以根据各种运输方式的综合效用，即包含社会经济特性，计算每一类的平均分担率。一般，应用回归模型预测一种出行方式的出行率和出行数量。该模型建立出行比率（或出行量）与出行者社会经济特性、各种可择方式特性之间的统计关系。影响方式选择的因素包括各种出行方式的特性和出行者个人的属性，往往将出行决策者（个人、家庭等）选择一种出行方式的概率表述为各种运输方式的效用值分式。

（4）网络分配。把各出行方式的矩阵分配到具体的交通网络上，产生道路交通量或者公交线路乘客量。网络分配包括：①全有全无分配法（all or nothing，AON），将 OD 对间的所有交通流量都分配到OD对间最短路径上。②STOCH分配法，将每个OD对间的交通流量分配到OD对间的多条可选路径上。分配到某条路径上的流量比例是选择该路径的概率。③递增分配法，逐步分配交通流量。在每一步分配中，根据全有全无分配法分配一定比例的总流量。每步分配后，根据路段流量重新计算出行时间。当采用多次递增法时，该分配法类似于平衡分配法。④容量限制法，是一种近似的平衡法，首先进行全有全无流量分配，再根据拥挤函数（反映路段的能力）重新计算路段的出行时间，并且进行多次迭代。⑤用户平衡法，通过多次迭代过程达到收敛结果，即使出行者改变路径也不可能再改变出行时间。在每次迭代中，计算路网的路段流量，当路段通行能力不足时，将限制路段流量和出行时间（依赖于流量）。⑥随机用户平衡法（stochastic user equilibrium，SUE），是一种综合的用户平衡法，假定出行者没有较完整的路网属性信息，对出行费用的理解方式也不尽相同。SUE允许使用吸引小的路径上也加载流量。⑦系统优化分配（system optimum，SO），是一种使整个路网的出行时间达到最小的分配方法。⑧公交模型，利用独特的公交路径数据结构，分析公交路径数据，可以直接地将公交路径叠加到路网上，能够清楚地反映出汽车流量与公交流量的相互关系。⑨矩阵推算，在路段交通调查与较大规模的入户调查基础上，根据路段交通量生成基准年出行矩阵，或更新已有的OD出行矩阵，使基准年OD矩阵较准确地反映出最新的现状交通流量分布情况。

3）城市货运交通需求发展预测

城市货运是城市交通运输的组成部分之一。城市货运交通需求预测包括城市货物出行总量预测、货物出行产生预测、货物出行吸引预测及货物分布预测四个方面。

4. 方案制订

根据交通需求预测成果，确定城市交通综合网络及其他交通设施的规模及方案，进行城市交通系统的运量与运力的平衡，包括道路网络系统规划方案、公共交通线网布局方案、轻轨与地铁网布局方案、大城市自行车交通网布局方案、公共停车场布局方案和城市对外出入口布局方案等。

5. 方案评价

对交通系统设计方案的评价应从技术与经济两个方面进行。包括交通网络总体性能评价、道路交通网络流量预测及交通质量评价、公共交通网客流量预测及交通质量评价、交通网络经济效益评价、交通环境评价等。

交通系统设计方案评价的原则：①建立的评价指标必须科学地、合理地、客观地反映城市交通系统性能及其影响。②城市交通规划评价指标体系应全面地、客观地、综合地反映城市交通规划方案的性能和效果。③评价指标必须定义确切，意义明确，并且力求简明实用。现有的一些城市交通规划评价指标中有些意义含糊，难以确定，缺乏实用性、可行性。④可比性原则。评价必须在平等的、可比性价值体系下才能进行，否则就无法判断不同城市交通网络的相对优劣。同时，可比性必然要求具有可测性，没有可测性的指标是难以进行比较的。因此，评价指标要尽量建立在定量分析基础上。

6. 信息反馈与方案调整

根据方案评价结果对规划方案进行必要的调整。方案的调整可以从以下几个层次进行：①局部路段、交叉口等级及规模的调整；②网络结构调整；③交通方式结构调整；④土地利用调整。一般来说，若只进行了①、②两项调整，只需重新进行方案评价，可以不重做交通需求预测，但若进行了③、④中的任何一项调整，就需要重新进行交通需求预测。

6.2.2　GIS 在交通规划中的应用

交通规划部门在交通规划时考虑与研究的对象：一是交通设施（道路及道路上的各种设施，如站点、码头等）；二是交通工具（汽车、轮船、飞机等）；三是交通工具在道路上的运行状况（流量、运量、堵塞、事故等）。这三方面涉及的信息具有量大、复杂、面广、动态等特点，其中，交通设施和交通工具的运行状况等信息具有鲜明的地理特征。人们对这些信息的描述或分析总离不开它的地理位置，这是交通信息区别于其他领域信息的一个最为突出的特征。这种特征决定了人们在研讨、利用交通信息时，不仅需要文字与数字描述的信息及对信息的文字与数字的分析，而且需要图形描述的信息及对信息的图形化处理。传统的交通规划工作，主要是采用微软的 Office 等工具和 AutoCAD 制图软件，以及交通规划软件 TransCAD 等，但越来越难以满足需要。随着现代计算机技术和 GIS 技术的发展，GIS 技术在处理具有地理特征的交通信息时显示出其优越性。借助 GIS 技术建立、编辑、显示、查询和管理交通规划的图形数据库和属性数据库，对交通规划数据库的地理信息进行空间分析，将交通规划中具有空间特征的信息进行可视化表达，为信息利用者提供直观、清晰、全面的信息表达方式，对于提高交通规划决策的科学性和合理性有着重要作用，与其他传统的方法相比也具有无可比拟的优势。

交通规划分不同的阶段，各阶段对 GIS 需求是不同的，GIS 技术在整个流程的各个阶段都可以发挥重要作用，如图 6.16 所示。

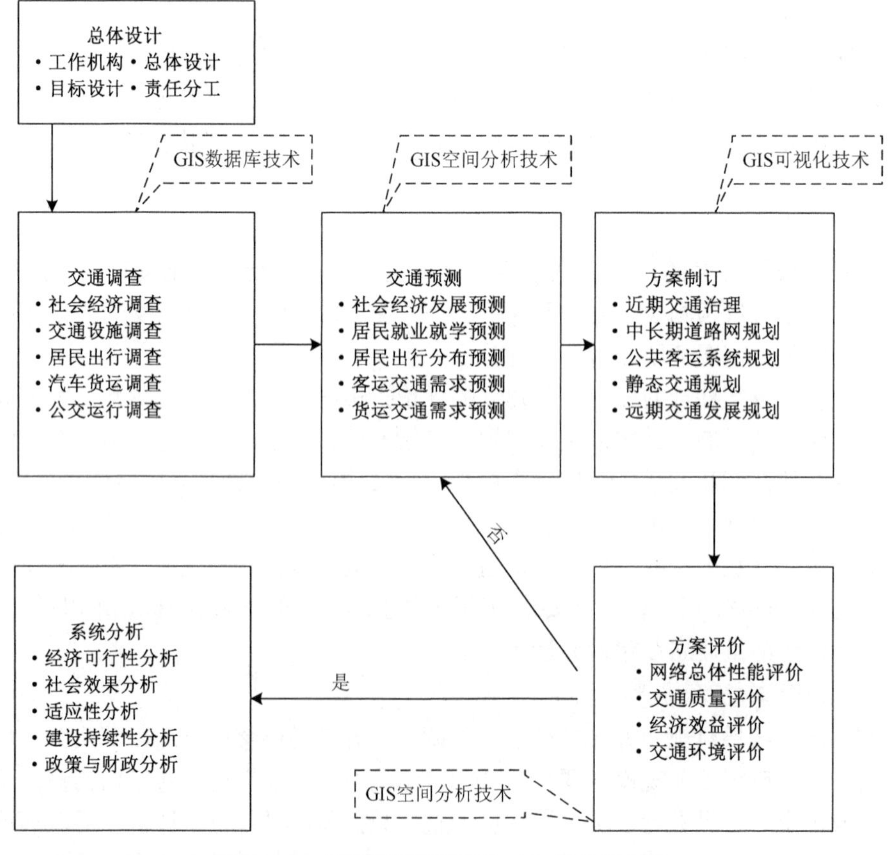

图 6.16　交通规划流程图及 GIS 技术的应用

1. 交通规划数据调查

可靠的交通数据是城市交通规划的基础。交通调查所得到的各种数据需要整理与分析，人们可以借助 GIS 强大的数据存储、管理、更新功能，将调查的数据分析整理为其所需要的数据形式，并建立数据库，将数据按照来源或者使用目的分别存储、管理与更新。

交通数据涉及面十分广泛，如公路数据（道路长度、行程公里数、高峰时期干线道路的行车道公里数、乘客客位占用等）、公共交通数据、人口统计数据（人口分布、居住分布、就业分布）、土地面积（按建成区、中心城市、中心商业区、行政区分类）、公共交通服务区范围内的各种统计数据、公共交通使用者调查等。

交通调查有多种方法：居民出行调查、车辆出行调查、路旁问卷调查、公共交通调查、车速调查、交通量调查、用地调查、重点交通线路、设施调查。任何一种典型的调查都含有空间位置的数据项。

利用 GIS 来有效地管理交通规划数据，并在各种信息之间建立相互联系，使设计人员能对各种信息进行可视化管理，能极其容易地从一种信息而获取与之相联系的另一种信息。交通规划涉及的数据可分为交通调查数据和与交通有关的数据项目。

2. 交通规划方法分析

依据交通调查的数据，利用各种空间分析工具制订各种方案，该阶段可以充分发挥 GIS 可视化技术的优势，利用一体化制图和三维可视化方法使方案制订变得方便、快捷，方案表现形式也更加直观、立体。交通方案评价也可以利用 GIS 技术计算各种评价参数，如公交站点的覆盖率等。

1）交通数据统计

对各项交通规划数据进行查询、统计分析等。例如，对居民出行进行统计分析得到各小区之间的到发交通量、出行方式的构成，以及不同的年龄、不同职业、不同出行目的、不同出行方式、不同出行时耗等的内在关系，剖析不同的出行群体的出行特征；对交叉口流量、流向统计分析可以得到不同路口、不同转向、不同车型、不同时段的车流流量大小，并可自动求出高峰小时，并对高峰小时内交叉口的交通流特征进行分析。

2）交通预测分析

交通预测涉及经济、人口、就业、客运、货运等方方面面的数据，需要依据已有的这些数据，通过空间分析技术及统计分析来预测未来的状况。预测的结果决定着交通方案制订得合理与否。

3）交通规划方案分析

交通规划中所有的数据都具有空间位置，空间分析贯穿交通规划的始终。城市交通规划和土地利用及其相互关系是城市交通规划的基础。GIS 可辅助进行交通规划，如长期的战略规划、中短期规划和交通设施规划。

（1）长期战略规划：①确定规划区的地理范围和内容；②主要交通基础设施的布局；③居住区和基础设施的布局；④根据确定的土地类型对地域的空间相互作用做出评价；⑤衡量整个规划区的可达性水平。

（2）中短期规划：①根据交通设施对特定土地利用区进行影响评价并确定影响区；②利用交通网络图的叠合，进一步规划布局交通设施，确定最便捷的客、货流集散点，并通过模型寻求特定的可达水平；③应用模型评价客、货流的空间相互联系，根据客货流的空间特点进一步规划交通网络，这是交通和土地利用优化过程中交通的供给和需求的优化；④建立综合的自然和社会经济属性数据库，作为决策思维和制定规划的依据。

（3）交通设施规划：交通中的基础设施，如公交车站、地铁站、道路干线等的选址和规划，利用 GIS 进行分析具有很强的适用性。

传统的规划方案分析大部分借助于人力和简单的电脑辅助。例如，计算轨道站点米的覆盖率，以每个站点为圆心、米为半径画圆，挨个累加包含在圆内的用地面积，再除以总的用地面积便得到覆盖率。这种方法的劣势在于：一方面，画圆和累加面积的工作量太大，也容易出现累计错误；另一方面，很多的用地不可能刚好在圆内，或刚好在圆外，大部分的情况应该是被圆切割的，这种地块的面积计算会变得复杂，工作量也大大增加。

利用 GIS 的网络分析能力，能有效解决通行路线问题：①在不限量的起点、终点和中间点间，寻求最短通行路线、最快通行路线和最廉价通行路线；如果交通研究人员给定评估模型及交通网络参数（如转向延迟、转向限制、线路允许流量及流向等），GIS 能自动计算出网络的整体通行能力。②市政设施及交通设施的配置及其服务区域分析。③储运站点选择及分部网络分析。④现有集运系统及设施的利用率和运作效率分析。⑤交通模型分析。针对交通分析中特殊的数据类-矩阵、网络，进行再开发，并根据交通分析的要求，实现包括交通产生、交通分布、方式划分、交通分配、公交模型、微观交通仿真等功能在内的交通模型宏观和微观分析。

4）交通方案评价

方案评价同样要借助于空间分析来评判其合理性，如轨道交通的覆盖率是否满足需求、公交设站是否合理等。GIS 具有强大的空间分析能力，如果应用空间分析技术，那么，计算站点的覆盖率只需要两个工具（缓冲区、切割）便可以解决了，工作量大大缩小，准确性大大提高。

3. 规划成果制图

交通规划成果主要以文字、专题图、报表的形式展示，其中，专题图和报表可以借助可视化技术，使工作变得简单、快捷、高效。

在交通规划中，经常需要制作各种各样的交通专题图，如道路分级图、交通流量图等。可基于 GIS 将交通规划各阶段的成果制作成专题地图，进行可视化的输出，如将现状调查或交通分配得到的各路段的交通量大小用路段的线宽来表示、用线条宽度或颜色表示各区交通分布情况、各交叉口流向流量数据的图形表示、各交通小区基本信息的图形表示等。交通专题图主要有以下几种类型。

（1）路段专题。路段专题是根据路段交通量、饱和度、行驶车速或者其他字段值的大小将路段进行分组，不同等级的路段用不同的宽度或者颜色加以显示。用户可以根据分析的需要，对分组条件、线条的宽度、颜色进行修改。

（2）交叉口专题。根据交叉口的饱和度、延误、总交通量等，用饼图、直方图的方式进行专题输出。

（3）交通区专题。根据各个交通区发生吸引、人口、不同性质用地面积等，以饼状图、直方图或者直接改变区域颜色、填充样式的方法来进行专题输出。

（4）OD 分布专题。以线条的颜色或宽度表示各个交通区间交通联系的大小，从中可以看出 OD 分布的主方向，能定性地判断主干道和交通流向是否吻合。

（5）用户自定义专题。前四种是城市交通规划中最常见的专题形式，还有其他未能包括在其中的专题，系统应该给用户提供开放的专题制作方法，使用户自由地选择相关地图和数据进行专题分析。

4. 交通规划成果的管理

GIS 具有强大的图形管理能力，能同时管理图形类、图像类及文本类文件，使交通规划信息成为一个有机整体，并使管理、变更及查阅都变得极为方便。

6.3　高速公路管理信息系统

高速公路管理分为建设管理和运营管理两大部分，包括高速公路管理体制、高速公路规划管理、高速公路建设投融资管理、高速公路建设管理、桥隧工程管理、高速公路收费管理、高速公路路面养护管理、高速公路路政管理及高速公路交通管理等九项内容。建立基于 GIS 的高速公路管理信息系统，可将公路的各项要素与地理要素联系起来，既可以从电子地图上的路段查询到相应对象的数字、文档、图形、图像及视频信息，也可以由路段编号等标识信息查询得到其空间地理方面的信息，可以直观地进行公路空间分析等，为公路养护管理提供可视、准确的地理数据信息，改变目前的公路养护管理方法，提高公路的运输效率；为管理决策部门提供客观的路面使用性能评价与预测，为公路养护科学管理和决策提供依据。

6.3.1　高速公路管理业务分析

1. 业务流程分析

根据现行高速公路管理体制，国内高速公路养护管理业务流程为日常巡查、养护评价、养护决策、养护计划、日常养护，业务流程详细表述如图 6.17 所示。

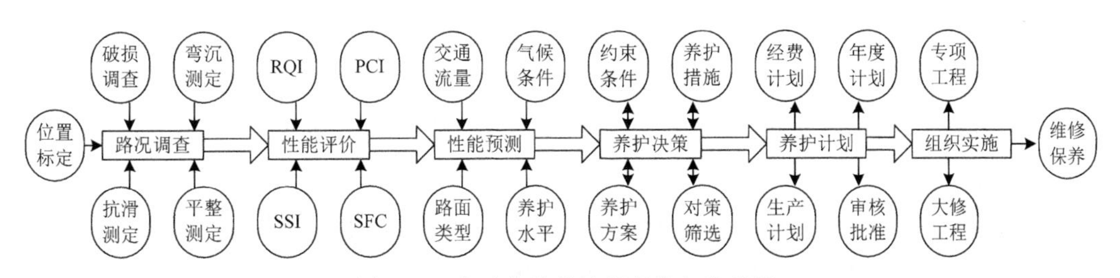

图 6.17　高速公路养护管理业务流程图

2. 业务数据流分析

与业务流程紧密联系的是高速公路管理数据流图，数据流图表达了数据和处理之间的关系，并可以描绘系统的逻辑模型。图 6.18 给出了高速公路管理从巡查数据采集到养护计划制订的数据处理流程。

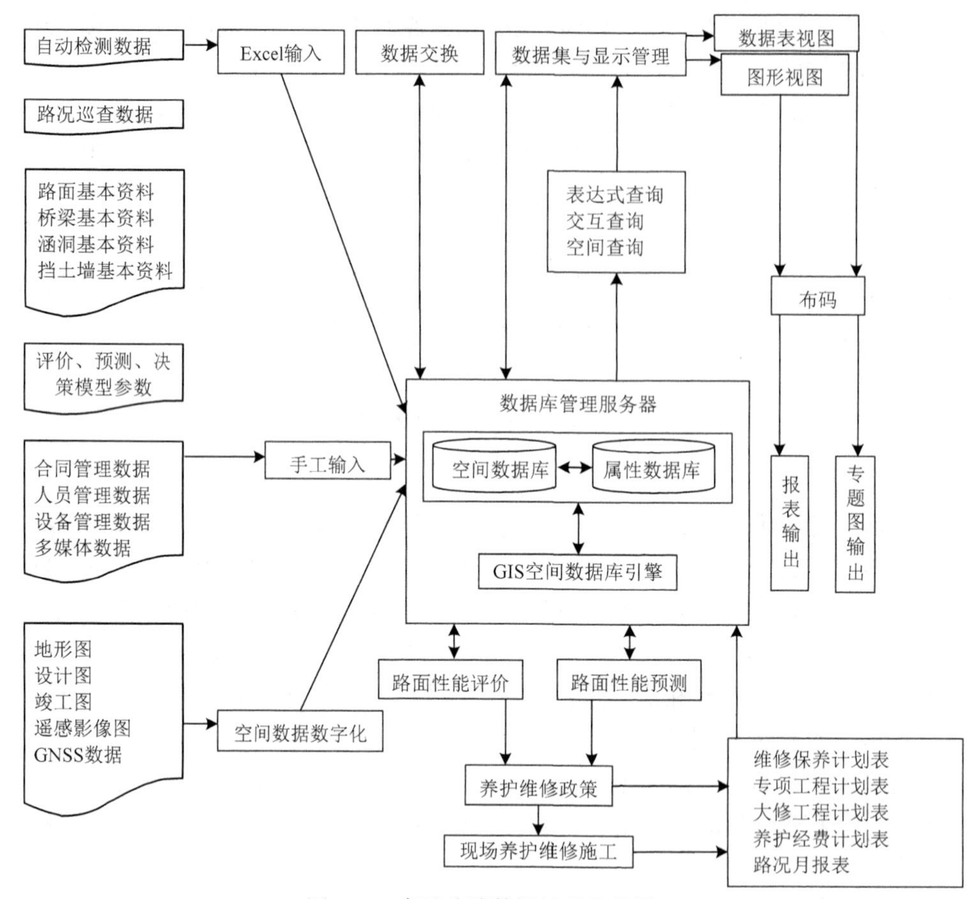

图 6.18　高速公路数据处理流程图

3. 高速公路数据模型

高速公路的数据呈线性分布，因此可以根据高速公路数据的这一特点，结合 GIS 技术，建立起高速公路综合应用数据模型（图 6.19）。

基于 GIS 的高速公路数据模型分为如下几部分。

（1）基础地理数据：组合与管理高速公路相关的基础地理信息数据，包括 DEM 数据、高速公路沿线水系数据、高速公路沿线居民点数据、高速公路沿线基础地质构造数据等。

（2）环境相关数据：包括高速公路沿线气候等方面的环境数据，如最高气温、湿度、年降水量等信息。

（3）线性要素数据：构成高速公路线性结构的线性数据，包括平曲线和竖曲线两方面，其中线性要素数据是高速公路建设和分析的数据基础。

（4）高速公路结构物数据：构成高速公路的所有结构数据，包括路基、路面、桥涵构造物、沿线设施数据等。

（5）高速公路业务数据：由高速公路运营所产生的所有数据构成，如养护、路政、机电工程等业务数据；高速公路工程资料相关数据：此类数据为高速公路所有资料数据，包括竣工资料、运营过程中参数的非结构化数据及高速公路相关的规范、标准等。

以上数据类型中，基础地理与环境数据是高速公路管理的辅助分析数据；线性要素数据和结构物数据是业务管理的对象；业务数据是管理与分析的对象；而工程资料数据为运营管理提供准确的技术支持。

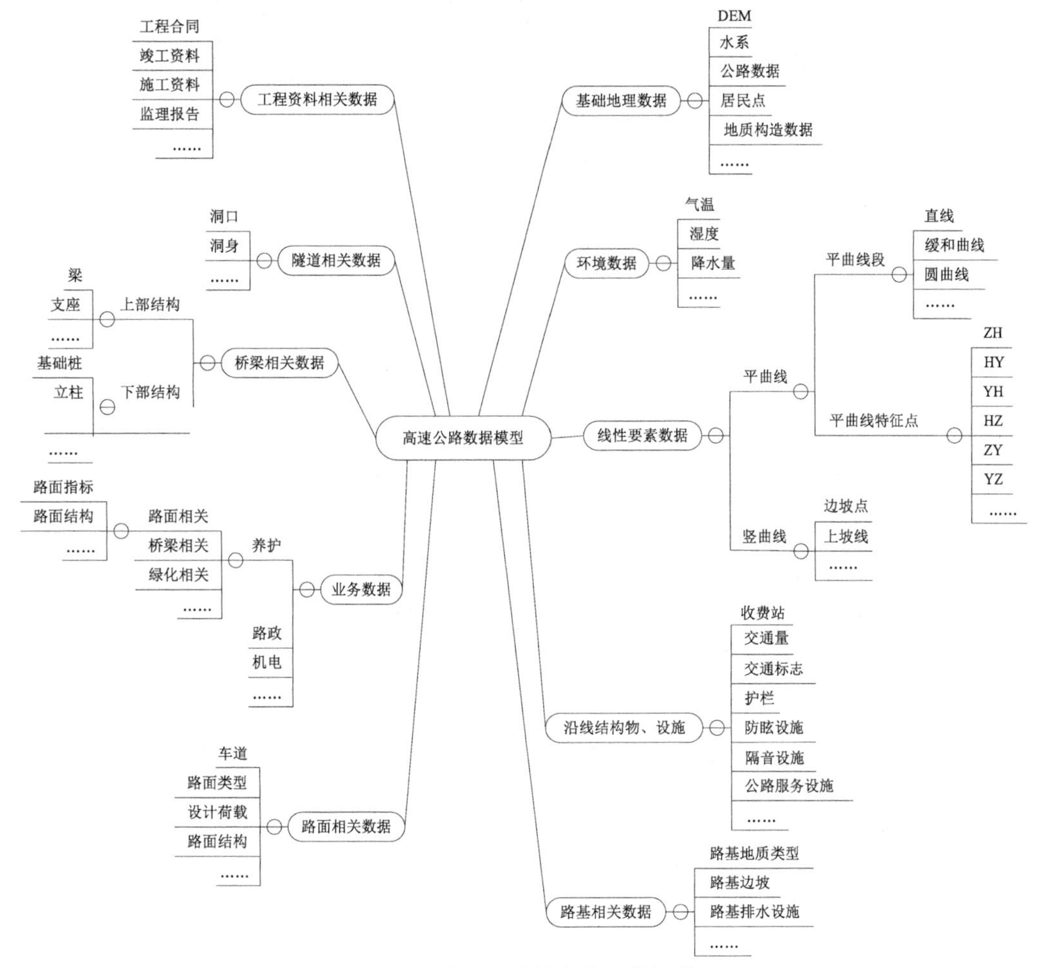

图 6.19　高速公路综合应用数据模型

6.3.2　系统架构

系统分四个层次，分别为数据存储层、技术支持层、应用功能层和用户层（图 6.20）。数据存储层将高速公路管理的数据进行逻辑划分、存储和管理。数据存储层由关系型数据库软件和空间数据库引擎接口软件两部分构成。关系型数据库软件负责进行数据的存储和管理；空间数据库引擎接口软件负责将空间数据转化为关系型数据进行存储，以及将关系型数据转化为空间数据进行分析应用。技术支持层为数据管理和功能应用提供可行高效的技术支持。技术支持层作为技术的实现手段。其中，GIS 技术作为空间数据的分析、显示与查询的支持，为业务的实现与展示提供必要的技术支持。应用功能层提供基于技术支持层的技术，建立起业务模型，实现各个部门的业务功能。用户层为系统的最顶层，系统向不同的用户提供不同的信息支持，不同的用户向系统发出不同类型的指令，达到系统与用户之间及业务部门间协调工作的目的。

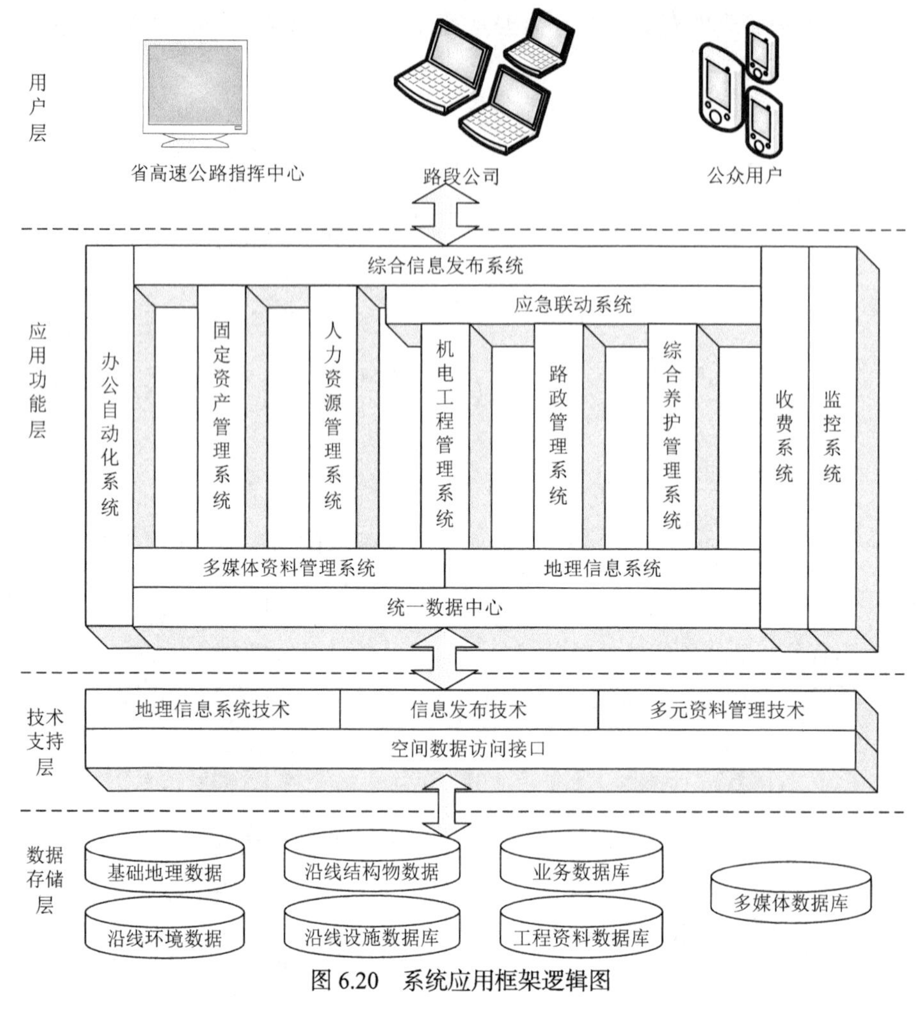

图 6.20　系统应用框架逻辑图

6.3.3　系统功能

1. 数据库管理功能

1）空间数据管理

空间数据包括了数字化的基础地图、基线网、线路网和应用图层数据。基础地图包括了描述现实实体的点、线、面空间对象和坐标系统，是实现空间表示、查询、分析和构建线路网的基本载体。基线网和线路网是 ArcGIS 中实现线性参照和动态分段的基础，公路设施的各种信息作为事件通过动态分段和线性参照定位到线路网上，继而与基础地图建立关系，基本机制如图 6.21 所示。

因为公路网和路网上的各种设施和信息是不断变化的，所以需要对基础地图、基线网、建立在基础地图之上的线路网和应用图层进行维护和更新，以保持空间数据的完整性、准确性和时效性。

（1）基础地图管理。系统采用基础地图，内容包括公路边线、水系江岸线和铁路线。在应用基础地图之前或更新地图时需要对基础地图进行处理。处理包括分幅地图的拼接、缺损地图的修补、中心线的恢复和地图的转换。因为系统采用道路的中心线来构建空间数据库，公路边线只作为背景衬托显示，所以中心线的恢复就显得尤为重要。

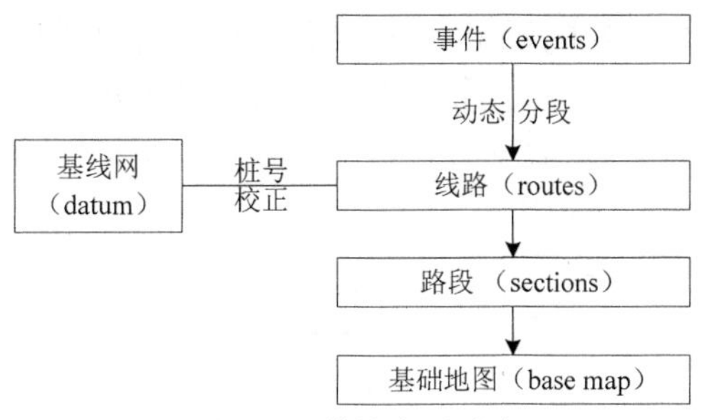

图 6.21　线性参照示意

（2）基线网管理。基线网是由锚固点（anchor point，AP）和锚固段（anchor section，AS）组成的控制网络。锚固点是可恢复的在公路上实地选取的控制点；锚固段是两锚固点之间的实地公路连线。设置基线网的主要目的是建立公路行业线性参照定位（里程桩）和基础地图的平面坐标定位之间的转换关系。设置基线网的次要目的是为以后系统拓展、数据的共享做准备。锚固点信息主要包括了位置描述信息（如 310 国道与 201 国道中线的交点）、平面坐标（可采用全球定位系统 GNSS 测设）和里程桩号（从现场量测）。其中，位置描述信息用来恢复控制点位；通过平面坐标和里程桩的一一对应关系实现平面坐标和里程桩的定位转换。锚固点中的坐标和里程桩的准确性决定了线路中的里程桩系统的精度。

（3）线路网管理。ArcGIS 中的线路由路段组成，是为了实现线性参照和动态分段而专门设立的逻辑层，同时也模拟了现实中的公路，相应的线路网模拟了公路网。线路要素主要包括了线路的起终点具体位置、线路的地图表示和与实际公路里程桩号一致的线路里程桩（图 6.22）。系统中线路通过路段与基础地图的弧段建立关系，确定组成线路的弧段和起终点在地图上的位置，使得线路中的任何一点都可以在基础地图中得到定位，线路中的任何一段都可以在地图上得到显示。同时，锚固点中的坐标和里程桩信息是线路网建立完整、准确里程桩系统的基础，从而为其他设施和信息提供线性参照定位。

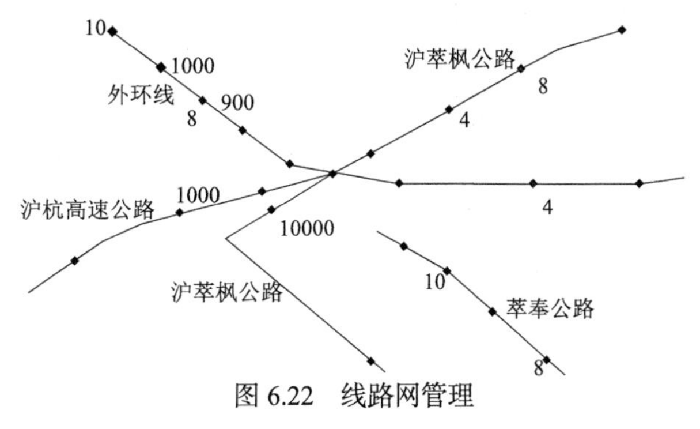

图 6.22　线路网管理

系统中设置了路线编辑模块来管理线路网，实现新线路的建立（由哪些弧段组成、起终点在哪里）、里程桩的确定及旧路线组成的编辑、里程桩的修改操作。

（4）应用图层管理。应用图层（即事件）是指具体的某一设施或信息的专题图层，如桥梁设备量图层、路面平整度图层等。应用图层的范围涉及了所有管理对象的所有信息，包括路线、路面、桥梁和附属设施的设备量、状况、评价、需求和计划信息，以及路政管理信息。公路设施的属性信息处于不断地变化之中。应用图层随着属性信息的变化而变化，是空间数据中量最大、更新最频繁的部分。系统中设置了应用图层管理模块专门对应用图层进行管理，实现图层的备份和更新。设施和信息定位的基本机制如图 6.23 所示。根据属性数据中的路线编码、桩号和偏距信息，在线路中找到对应的位置，然后通过线路和弧段的连接关系提取位置和形状信息形成新的应用图层。应用图层信息定位的精度很大程度上取决于属性信息中定位数据（主要是桩号）的准确性，这对属性数据采集提出了较高的要求。

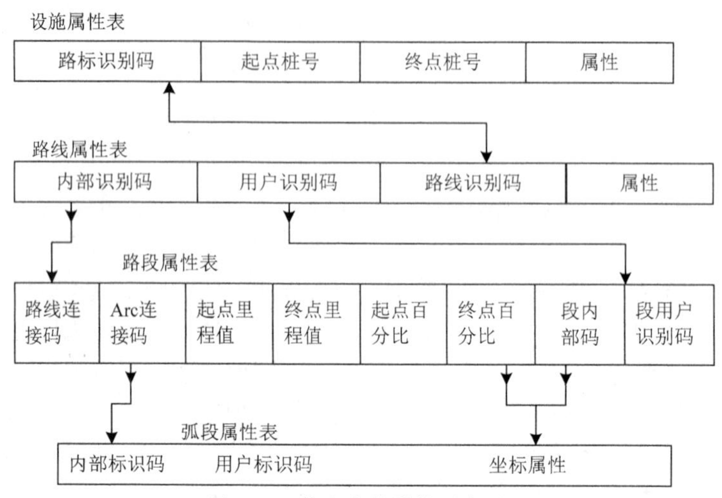

图 6.23　信息定位结构示意图

2）属性数据管理

系统中的属性数据管理部分实现对属性数据的输入、编辑、处理和文本输出。同时，针对 GIS-T 要求对属性数据项进行了完善，以保证每一项信息都有定位所必需的路线编码、桩号和偏距信息。

3）设施管理

系统设置了路基、路面、路线管理，桥梁、涵洞、交叉管理，附属设施管理和路政管理模块及专题图制作辅助模块，对公路的不同设施进行管理。

2. 图文互访查询

图文互访查询不同于传统的文本查询，从字面上理解包括了图查文和文查图双向的查询。图查文，是指根据设施的位置来查询设施的属性信息和影像信息，如在地图上选择一条公路查看它的状况信息和多媒体信息；文查图，就是通过对属性信息进行条件查询，获得符合条件的设施在地图上的分布情况，如查询被列入计划改建的桥梁在地图上的分布情况。图文互访查询拓展了对信息管理的方法，使得对信息的组织和利用更加有效，其机制如图 6.24 所示。

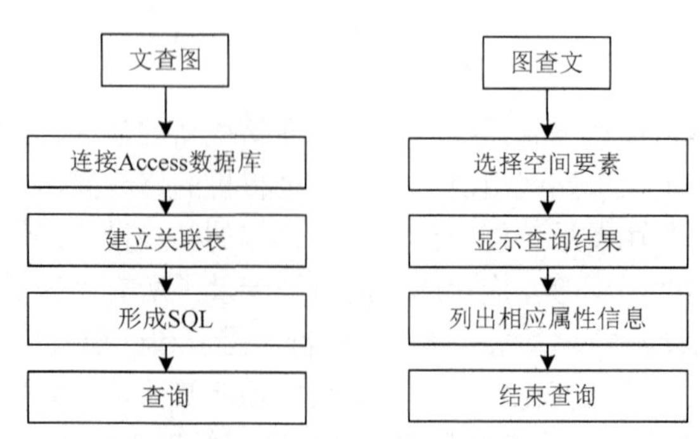

图 6.24　图文互访查询示意

3. 信息输出

系统中信息的输出包括文本、图表、专题图和综合信息输出。系统设置了专题图制作模块，用来制作和再加工需要输出的专题地图，如路面状况图、交通量图等，并且可以在专题图中插入文本、图表形成综合的专题图，专题的存在丰富了公路管理部门资料的种类，也增加了管理的可靠度。

4. 网络分析

网络分析是 GIS 的空间分析和线性运输设施综合的产物，它能为管理部门提供路径分析、物流分析、资源分配、交通模型分配等。重车荷载对桥梁的损坏远大于普通车辆荷载，选择一条重车的行驶路线，对于减少道路及桥梁的损坏、延长路面及桥梁的使用寿命具有重要意义。系统设置了网络分析模块，通过确定路线的起终点和限制条件（如桥梁的限载吨位）找出合理可行的最佳路线，为管理者进行重车路线的选择提供有效的信息及决策支持，具体表现在：①帮助管理者系统地掌握车线路起、止点的主要分布情况。②帮助管理者系统地掌握所管干线公路的桥梁承载能力信息及其现状。③帮助管理者系统地掌握已有（包括规划）线路的分布情况。④利用本系统，为管理者提供重车过桥的最佳（最短）路线。

5. 辅助决策支持

为公路设施管理提供辅助决策是建立本系统的主要目标。建立各种评价、预估、费用和决策模型，实现对路面、桥梁和附属设施的决策支持。本系统采用两种途径为辅助决策提供依据：①采用路面、桥梁和附属设施管理模块，实现设施的状况评价、需求分析、优化排序和计划制订；②采用 GIS 对决策的中间数据库和最终结果进行图形化的显示、查询和输出，其机制如图 6.25 所示。

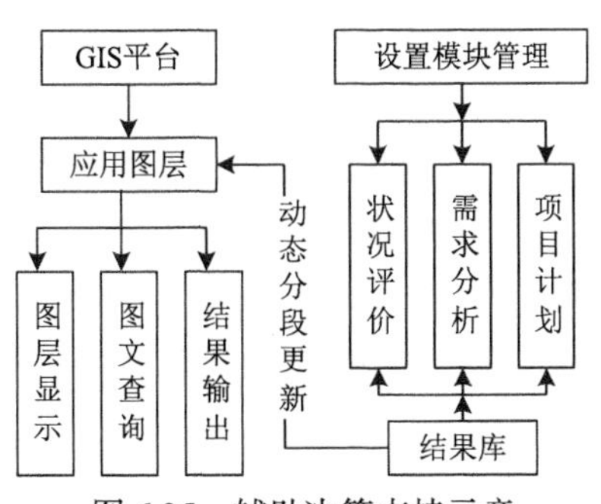

图 6.25　辅助决策支持示意

第 7 章　水利信息系统

水利信息系统是一个以空间信息为基础，融合各种水文模型和水利业务的专业化系统平台，是由各种信息的数据采集、传输、存储、模拟和决策等子系统构成的庞大系统，是对真实水文水利过程的数字化重现，它把水活动的演变搬进了实验室和计算机，成为真实水利的虚拟对照体。水利信息系统能够为防洪抗旱、流域内水量调度、水土流失监测、水质评价等提供决策支持服务；能够为水利工程运行、水利政务和水利勘测规划设计等提供信息服务；能够为人口、资源、生态环境和社会的可持续发展提供决策支持；能够为人居环境、社区规划、社会生活等提供全面的信息服务。

7.1　概　　述

7.1.1　水利与水利管理

1. 水利

“水利”一词最早见于战国末期问世的《吕氏春秋》中的《孝行览・慎人》篇，但它所讲的“取水利”系指捕鱼之利。约公元前 104～前 91 年《史记》中的《河渠书》（见《史记・河渠书》）是中国第一部水利通史，该书记述了从禹治水到汉武帝黄河瓠子堵口这一历史时期内一系列治河防洪、开渠通航和引水灌溉的史实之后，感叹道：“甚哉水之为利害也”，并指出“自是之后，用事者争言水利”。从此，“水利”一词就具有防洪、灌溉、航运等除害兴利的含义。

由于现代社会经济技术不断发展，水利的内涵也在不断充实扩大，1933 年中国水利工程学会第三届年会的决议中就曾明确指出：“水利范围应包括防洪、排水、灌溉、水力、水道、给水、污渠、港工八种工程在内”。其中的“水力”指水能利用，“污渠”指城镇排水。进入 20 世纪后半叶，水利中又增加了水土保持、水资源保护、环境水利和水利渔业等新内容，水利的含义更加广泛。因此，“水利”一词可以概括为：人类为了生存和发展的需要，采取各种措施，对自然界的水和水域进行控制和调配，以防治水旱灾害，开发利用和保护水资源。研究这类活动及其对象的技术理论和方法的知识体系称水利科学。

水利科学涉及范围较广，需要研究的课题很多。主要有两方面：一是研究自然界中水的运动规律及其与自然环境、社会环境之间的相互关系；二是研究水利事业的先进技术、经济规律和管理措施。

水利科学的研究方法主要有：总结历史和实践经验；理论分析和计算；野外查勘和定点观测；原型观测；物理模型试验等。前四者与其他相近学科的研究方法基本相同，后者应用近似模拟理论，制作水工模型，可取得原型观测或定点观测等方法难以得到的技术资料，优点很多，适用范围也广。

水利科学是一门人类社会改造自然的科学，涉及自然科学和社会科学许多门类的知识。

主要有气象学、地质学、地理学、测绘学、农学、林学、生态学、机械学、电机学及经济学、史学、管理科学、环境科学等。当代水利科学中所包含的分支学科，按性质可分为四类：基础学科包括水文学、水力学、河流动力学、固体力学、土力学、岩石力学等；专业学科包括防洪、灌溉和排水、水力发电、航道和港口、水土保持、城镇供水与排水等；按工作程序划分包括水利勘测、水利规划、水工建筑物（设计）、水利工程施工、水利管理等；综合性分支包括水利史、水利经济学、水资源等。

2. 水利管理

水利管理是指运用、保护和经营已开发的水源、水域和水利工程设施的工作。水利管理的目标是：保护水源、水域和水利工程，合理使用，确保安全，消除水害，增加水利效益，验证水利设施的正确性。实现这一目标，需要在工作中采取各种技术、经济、行政、法律措施。随着水利事业的发展和科学技术的进步，水利管理已逐步采用先进的科学技术和现代化管理手段。

水利管理的任务可以分为水源管理、水域管理和工程管理。水源管理的主要任务包括：防御洪水、海潮，排除积水，减免洪、涝灾害；合理控制、调节、分配水源，适时适量供水，合理用水，节约用水，提高水的利用率；保护水源，防止过度取用和破坏；保护生态环境，保护水质，防止进入水体的污染物含量超过水体的自净能力。水域管理的主要任务包括：管理河道，保持河道宣泄能力和河势稳定，使行洪安全、航运畅通；保护湖区和水库库区调节水量的能力不降低；保持行洪区、滞洪区、分洪区、蓄洪区的设计能力。组织区内的安全建设和限制在区内任意开发建设，以保证正常使用，保证区内人身安全，减少淹没损失；调查研究各类水域的冲刷、淤积动态变化，提出必要的防治措施；综合利用水域内的水面、土地资源，在不影响正常使用的前提下，创造财富，增加收入。工程管理的主要任务包括通过检查、观测，经常掌握工程、设备的技术状况；采取有效措施保持工程建筑物和设备的安全、完整，并使其处于良好的技术状态，随时可以投入正常使用；合理运用工程设备，充分发挥作用；正确操作闸门、阀门和各类机械、电机设备，提高效率、防止事故；进行调查研究、科学试验，不断更新改造工程设施。

7.1.2　水利信息

1. 水利信息来源

水利信息包括来源于水利行业的内部信息和来源于其他行业的外部信息。内部信息主要包括历史文献、技术档案、实时或定期监测信息、水利政务信息和各种层次的再生信息等。内部信息根据其不同的分类属性和应用需求，分别采用遥测、遥感、长期自记和人机交互技术手段实施数字化。外部信息主要包括社会经济统计信息、地理空间基础信息、国土资源信息及其他与水利业务有关的非水利部门采集的信息。外部信息通过国家信息化综合体系获取。在国家信息化综合体系还不健全时，根据水利信息化发展水平的实际需要，在不同的行政管理层次，分别通过协议方式与相关业务部门建立信息交换关系。

2. 水利信息分类

水利信息根据应用范围分为公用类信息和专用类信息。公用类信息是水利业务的基本资料，可以广泛地为各种业务应用提供服务。专用类信息通常是指某个或某类特定业务应用的信息。无论是内部信息还是外部信息，均分属公用类或专用类。公用类信息如水利政务、水文、水利工程、水利空间背景等；专用类信息如防汛抗旱、水资源、水土保持等。

（1）水利政务信息：主要包括公文文档、水利政策法规、规划计划、水行政执法、水利工程建设管理、农村水利管理、农村电气化管理、水土保持管理、水利科技管理、水利人才管理、财务管理、水利经济管理、水利档案管理、国际交流等。

（2）水文信息：主要包括水文站网基本信息、降水、蒸发、地表水、地下水、泥沙、河道观测、水质、水污染突发事件等。

（3）水利工程信息：主要包括河道、渠道、水库、湖泊、堤防、治河工程、涵闸、蓄滞（行）洪区、圩垸、机电排灌站、灌区、水利枢纽、水保工程、农村水电、水利移民管理等。

（4）水利空间背景信息：主要包括地形地貌、地质地震、土壤植被、土地利用、河流、行政区划、人口分布、社会经济、道路、空间量测信息、遥感信息等。

（5）防汛抗旱信息：主要包括实时雨水情、实时工情、险工险点、旱情、灾情、防汛物资、防汛预案、历史大洪水、雨水情预报等。

（6）水资源信息：主要包括水资源分区、水功能区划、地表水量、地下水量、固体水量、水资源需求、供用耗排、节约用水、污水处理与再利用、工程供水能力、水能资源、水资源中长期规划和水资源调查评价等。

（7）水土保持信息：主要包括水土保持监测站网基本状况、水土流失（类型、强度）分布、水土流失相关因子、水土保持治理效果监测、生态需水情况等。

7.1.3 水利信息系统概述

水利信息系统是充分利用了现代信息技术，深入开发和利用水利信息资源，实现水利信息的采集、输送、存储、处理和服务的现代化，全面提升水利事业活动效率和效能的过程。具体地讲，水利信息系统就是在水利全行业普遍应用现代通信、计算机网络等信息技术，开发与水有关的信息资源，直接为水资源的开发利用、水资源的配置与使用、水环境保护与治理等管理决策服务，提高水利行业的科学管理水平。

水利信息系统可分为基础支持系统和应用系统，其中，基础支持系统是水利信息化的基础，为各应用系统提供基础平台，主要包括通信网、计算机网络、数据存储与管理等硬件系统和基础设施；应用系统是水利信息化的目的，主要为水利业务工作服务，包括防汛减灾、水资源保护与管理、水土保持生态环境监测、水利工程建设与管理、电子政务和异地会商系统等软件系统。

GIS 能够用于承担表现水利各方面信息的工作，如数据存储、管理、分类、查询、分析、结果输出和制作专题图等，也可进行一些如洪水动态模拟或统计分析等的一些操作，最终为使用者（水利部门）提供预测预报、动态监测及决策支持等。

1）实时有效的防洪减灾

可利用 GIS 技术进行洪灾的灾前监测预测、灾害发生时的紧急预警救援方案制定、灾害发生中的实时监测和灾害发生后的损失评估、灾后重建规划方案制定。利用洪涝灾害的各项数据与历史洪灾数据建立灾害灾情数据库，再与灾害发生地的背景数据相关联，进行灾害灾情预测、监测、预警、分析评估等功能的数学模型的建立。然后利用这些数学模型结合当地的专题数据、数字高程模型等信息，实现区域灾害的灾前监测预测、预警和灾情的评估。GIS 技术在抗洪救灾中也能起到重要作用。利用 GIS 强有力的空间分析模块，可以模拟建立洪灾流域内的地表数字化模型，再结合预测和实测的水雨情信息及地表渗透等信息，通过运用产汇流模型，模拟不同级别洪水灾害一切可能的演进过程，直观地显示各种可能的淹没范围，再根据此结果进行全面的抗洪救灾规划，为政府的救灾提供科学、具体的意见，为防洪决策提供快速有效的调度预案。

2）水资源动态监测和实时管理

在 GIS 技术的支持下进行地表及地下水资源量的估算，并结合估算出的水资源的供求量等一些信息，通过流域演进和调度模型，演示水流演进的自然过程，模拟不同的调度方案，为水资源开发利用、管理提供决策依据。

3）水利工程设计规划及管理

在水利工程的勘察设计中 GIS 技术也得到了充分运用。例如，在 DEM 影像图的基础上，分析地质情况，再结合 GIS 中的有关地质环境数据为水利工程建设规划进行合理的分析。运用 GNSS 和 GIS 技术对水利工程进行观察、监测和管理，对其日常维护管理提供依据，并建立水利工程管理系统，有助于对水利工程和防洪工程的管理监测和维护。

7.2 防汛抗旱管理信息系统

防汛抗旱管理信息系统是以历史和实时雨情气象信息综合数据库为核心，以计算机网络为依托，集水文气象信息收集、处理、管理、应用为一体，为国家防汛抗旱工作及时准确地提供雨水情天气实况、历史分析和预测成果的综合信息服务业务系统。GIS 在防汛抗旱管理信息系统中的作用主要有以下几个方面：①空间数据管理，包括查询、检索、更新和维护；②利用空间分析能力为防汛指挥决策提供辅助支持；③为各类应用模型提供数据；④优化模型参数；⑤预报预测；⑥防汛信息及决策方案的可视化表达。

7.2.1 防汛抗旱管理业务分析

防汛抗旱管理业务分为水情旱情信息采集、水情分析及河道洪水预报、旱情实时动态监视、洪水调度及滞洪区洪水模拟等。

1. 水情旱情信息采集

按照日常的业务特点，采用特定的监测策略，对各个流域片内的重点测站提供动态信息监控。主要收集河道站、水库站、雨量站等提供的实时雨水情信息，并进行处理、分析和预警。另外，还需要收集卫星云图、天气预报等气象实时资料。

2. 水情分析及河道洪水预报

根据水文站点的雨水情资料，建立雨水情数据库。利用雨水情数据库，结合预报方案，对主要河流进行洪水预报和洪水模拟，并通过距平分析与历史状况比较，了解现时态势，分析发展趋势，进而推断水旱灾害影响程度，达到预警的目的。

3. 旱情实时动态监视

用气象资料计算蒸发能力，再将蒸发能力、降水量和其他水文参数输入水文模型计算土壤缺水量，并根据土壤缺水程度确定干旱等级。以逐日定时计算的方式自动获得大范围旱情分布，实现大范围旱情实时动态监视。

4. 洪水调度及滞洪区洪水模拟

根据水库水情数据，直接调入该水库的洪水预报调度成果，由此进行下游洪水预报。在河流洪水预报调度方面，采用洪水水力学理论，结合具体情况进行预报，依据调度规则或调度决策意见，模拟各种调度方案的滞洪区洪水演进过程并计算损失情况，据此对各种方案进行比较和优选，从而改善防洪调度手段，增强洪水调度的科学性和严密性，变经验决策为科学决策。

7.2.2 防汛抗旱信息

防汛抗旱信息内容十分广泛，它既包含了水情气象情灾情等实时信息，还包含了历史地理社会经济等多方面的综合信息。

1. 防汛抗旱信息

抗旱信息由旱情统计信息、实时墒情信息等组成。旱情统计信息包括水文气象、水资源、水利工程、农情、灾情、社会经济、政策法规和抗旱管理等信息。实时墒情信息包括固定墒情站采集上报的信息，移动墒情站根据旱情监测需要采集的墒情信息。

防汛信息分为雨情、水情、气象、云图、雷达、预报、灾情、险情八大类，每类信息又有若干子类，每子类信息经多年应用分析有三种属性：实时、准实时和固定特性，其分类情况如下。

（1）实时信息，指随时可能发生变化的信息，主要有：①降雨，分时段、日、旬、月降雨、暴雨加报等五类；②水位，分 8 时水位、时段水位、水位加报、旬平均水位、旬最高水位、旬最低水位、月平均水位、月最高水位、月最低水位等九类；③流量，分 8 时流量、时段流量、流量加报、旬平均流量、旬最大流量、旬最小流量、月平均流量、月最大流量、月最小流量等九类；④工情，坝前水位、入库流量、出库流量、蓄水量、开闸孔数与高度等五类；⑤云图，每日逐时云图，分红外线云图及可见光云图两类；⑥雷达回波图，每日 8 时及加测图，只有一类；⑦气象预报，气象日预报、旬预报、月预报、天气警报、长期预报、城市预报等六类；⑧洪水预报，河流和水库的洪水过程、洪峰、洪量预报三类；⑨防汛简报与通知，每日一期或随时加发，分简报与通知两类；⑩灾情信息，有数据、文字、照片三类；⑪录像信息，包含暴雨洪水情况、灾情情况和抗灾自救情况等。

（2）准实时信息，指一年发生一次变化的信息，主要有：①报讯站点信息，警戒水位、历史最高水位、发生时间、安全泄量、汛限水位 1、起止时间、汛限水位 2、起止时间、汛限水位 3、起止时间、汛限水位 4、起止时间；②防汛抗旱物资，各仓库地点、物资种类及存放量；③度汛方案，每年制定的大江大河度汛方案、城市度汛方案、水库度汛方案。

（3）固定信息，指多年不变的信息，主要有：①报讯站点信息，报讯站号、站名、站类别、水文站码、地市名、县名、水系、河流名、经纬度；②洪水传播时间信息，河段名及洪峰传播时间；③暴雨频率信息，各雨量站各段次暴雨分析统计参数；④洪水频率信息，各水文站各时段洪水分析统计参数；⑤历史水情信息，接水文数据库；⑥历史云库图，逐年逐月逐日逐时的卫星云图红外线图片；⑦工情信息，水库历年各种运行数据；⑧防汛基本知识信息，知识，法规；⑨防汛概况信息，水利防汛基本情况。

2. 防汛抗旱数据库

防汛抗旱数据库是防汛抗旱信息的存储管理实体，用于存储和管理各应用系统所需的公共数据，是决策支持系统的信息支撑层。防汛抗旱信息数据库的建设首先在需求分析、数据分析和查询应用分析的基础上，根据系统的目标、实际数据特点及查询应用方便快捷的要求进行数据库的设计。

根据数据的内容进行划分，防汛抗旱数据库主要包含基本数据库、实时气象雨量数据库、实时水文雨量数据库、地面气象数据库、高空气象数据库、热带气旋数据库、历史雨量及气象再分析格点资料数据库和历史致洪暴雨数据库。

（1）基本数据库，包含行政编码表、省简称表、流域编码表、气象基本测站表、水文基本测站表、历史雨量图列表、气象雨量均值表、水文雨量均值表共 8 个表。

（2）实时气象雨量数据库，包含时段雨量表、日雨量表、旬雨量表、月雨量表共 4 个表。

（3）实时水文雨量数据库，包含时段雨量表、日雨量表、旬雨量表、月雨量表共 4 个表。

（4）地面气象数据库，包含气象地面要素表和气象地面电码表。

（5）高空气象数据库，包含高空标准层要素表和高空特性层要素表。

（6）热带气旋数据库，包含热带气旋实时及历史统计数据表等，存放了热带气旋的国内外实时观测、预报数据和中央气象台整编发布的数据及统计特征数据。

（7）历史雨量及气象再分析格点资料数据库，包含气象、水文历史雨量表和气象再分析格点资料表等。

（8）历史致洪暴雨数据库，包含历史上暴雨事件的气象水文雨量表、暴雨特征雨量表、行政流域编码表、气象水文基本测站表等。

7.2.3　系统功能

系统具有防洪防汛指挥和决策支持功能，通过与水文实时系统、水情预报系统联网，具备实时雨情、水情信息查询和显示等功能。该系统主要为各种水文气象实时数据收集、数据库运行管理、水文气象产品加工和应用服务，包括气象卫星云图应用、全国雨水情和天气信息查询应用、旱情监视、热带气旋预报警报、致洪暴雨信息查询和降水天气信息综合分析预报等。系统采用 WebGIS 技术、B/S 结构。系统逻辑结构见图 7.1。

1. 防汛业务管理

根据防汛抗旱指挥的业务需求，提供门户框架、统一用户管理、空间分析、信息发布、搜索引擎、图形操作、报表、图表和监视告警服务等。具有以下基本功能。

（1）防汛信息查询。包括气象产品查询、雨情信息查询、水情信息查询、工情信息查询、灾情信息查询、历史洪水信息查询、社会经济信息查询、报汛管理信息查询等。实现基于 GIS 的可视化查询，包括对图形操作、地理位置空间信息查询、空间信息表达等的功能集成。

（2）水情查询。实现对各类水文要素实时和历史过程信息、预测预报信息、特征信息、属性信息、统计信息和比较信息等的查询。采用地图导航查询、菜单驱动查询等方式。表达方式采用过程线、表格、图片、示意图等。

（3）水情监视。通过地图上对应站点显示颜色的变化或以列表的形式对超过阈值或特殊的水情进行监视。监视内容包括河道超警、超保和超极值等水情；水库超汛限、超防洪高水位、超设计洪水位、超校核洪水位和低于死水位等水情；点面累计雨量监视；暴雨加报垮坝、决口等特殊水情；山洪；冰雹等。

（4）洪水预报。利用常用的洪水预报模型和方法，建设预报模型库，为中央洪水预报系

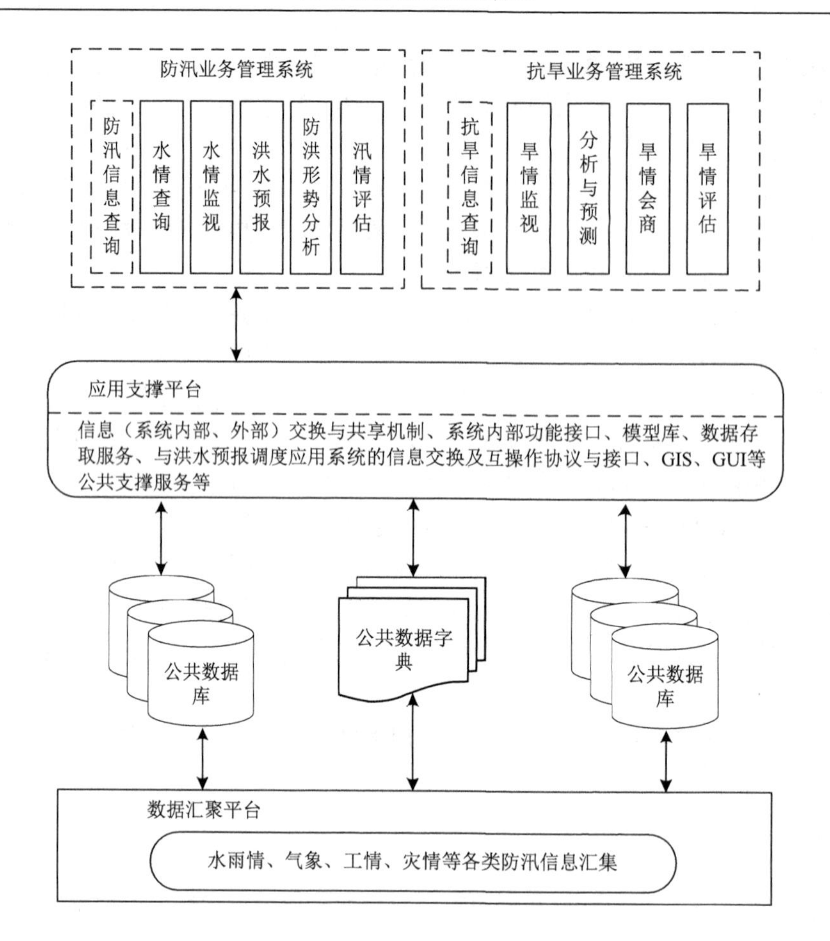

图 7.1　防汛抗旱信息系统

统和七大江河洪水预报系统提供模型支持，对假定的降雨、上游来水和工程调度运用情况进行洪水的预测计算。

（5）防洪形势分析。防洪形势分析模块的任务是为确定目前防洪目标提供支持。防洪形势分析由数据提取、雨情分析、水情分析、工情分析、灾情分析、典型历史洪水对比分析、防洪形势综合分析等七个功能模块组成。通过对实时、预报与历史的水雨情信息检索，根据实时洪水预报及考虑假拟降水预报的洪水预报成果，按照防洪调度规则以自动方式进行推理判断，初步判明需启用的防洪工程，并参考防洪工程运用现状，明确当前的调度任务与目标，编制出防洪形势分析报告。

2. 抗旱业务管理

抗旱业务管理包括抗旱信息查询、旱情监视、旱情分析与预测、旱情会商、旱情评估五部分内容，具体如下。

（1）抗旱信息查询。主要包括在全国、流域、省（自治区、直辖市）和地（市）四级图层上，实现对历史气象、水文、土壤墒情、农业旱情、城市旱情、生态旱情、水量调度、水源地水质等相关旱情信息的查询，以及抗旱基础信息、统计分析信息的查询与数据维护。

（2）旱情监视。提供抗旱会商所需的农业旱情、农村人、畜饮水困难、城市旱情、生态旱情、水量调度等旱情监视信息，及时了解和掌握全国旱情分布状况和影响程度，为抗旱工作提供实时的旱情信息。

（3）旱情分析与预测。利用遥感、水文、气象、农业等实时和预报信息，采用多种模型和方法，进行合理选择和综合判断，形成一个可监视全国旱情的人机交互分析与预测软件，并实现常年连续运转，以图表和统计数据的形式按日、旬、月、季等不同时段输出全国旱情监测和分析产品，反映全国的旱情实况和未来短期旱情发展变化趋势，进行全国或区域旱情监测预测分析，为指导抗旱工作提供科学依据和决策支持。

（4）旱情会商。旱情会商分为旱情监视、旱情信息（农业旱情、城市旱情、生态旱情、水量调度等）查询和信息发布、旱情分析与预测、旱情评估、抗旱数据库管理与维护等模块。通过旱情监视、旱情分析预测、旱情评估产品的集成，采用人机交互应用技术实现旱情监测产品信息服务、旱情分析预测产品信息服务、旱情评估产品信息服务、抗旱数据库管理与维护。

（5）旱情评估。旱情评估是依据实际发生的旱情和旱情预测结果，在社会经济数据库、GIS 和旱灾分析模型的支持下，对旱灾的发生与发展造成的损失进行评估，即对城市与农村的工农业生产、生活、生态等可能受到的损失（如农作物的减产、绝收等）做出评价，并对旱情评估成果进行 GIS 展示，提交评估综合报告。各项评估符合国家现行的有关标准、规范和规定。

7.3　水文水资源管理信息系统

水文是水利的尖兵，是防汛抗旱和环境保护的耳目和参谋，是水资源开发利用与保护及工程建设规划、设计、施工、管理、调度的依据。水资源具有自身的特征和规律，其自然属性是指本身所具有的、没施加人类活动痕迹的特征，主要表现为时空分布的不均匀性、随机性和流动性、系统性等。水资源已成为稀缺资源，对人类社会的发展乃至生存构成直接威胁，说明水资源的社会属性日益突出，即水资源已不仅是一种自然资源，更是一种社会资源，已成为人类社会的一个重要组成部分。

7.3.1　水文水资源管理业务分析

1. 水文水资源监测

水资源监测是对水资源的数量、质量、分布状况、开发利用保护现状进行定时、定位分析和观测的活动，以巡测和自动监测为主。水资源监测主要包括地表水水量监测、地下水水量监测、水质监测、水文调查、水文测量、水平衡测试、水能勘测等，为有效保护水资源、合理利用水资源、加强社会节水意识发挥了重要作用。

地表水、地下水的数量和质量是随时间与空间变化的，这种动态变化是各种自然因素和人为因素综合作用的结果。通过水资源的监测，可以及时了解水量和水质的动态变化，掌握其变化规律，从而为制订水资源的开发利用和保护方案提供科学依据。水资源的数量和质量监测是通过水资源的动态监测网点来实施的。为了使监测的结果更为准确，往往将已有的水文站、雨量站和气象站（台）列入水资源动态监测网。水量的监测方法简便易行。对于地表水资源，可以通过水位观测和测验流量来确定水量；对于地下水资源，可以通过观测孔或泉水流量的变化来进行监测。水量水位监测的频率可以根据水体的具体特性和监测的要求确定，在进行水量监测时，要尽可能利用当地气象、水文站的资料。

2. 水文水资源情报预报

水文水资源情报预报包括水文情报预报、水质预测预报、地下水预测预报。

1）水文情报预报

水文情报预报是实施防洪决策、水资源优化调度、水工程运行管理的科学依据。

水文情报预报有关资料的搜集，是水情管理的一个重要方面，它是了解过去、掌握当前和估计未来水情的基本依据。各级水情单位常把它列为一项经常工作。水情资料的搜集应紧密结合水情工作的需要进行，一般应包括下列几方面：①反映流域自然地理景观、农林水措施、江河湖库水文情势、水文气象特征及历史洪、枯水和凌汛调查资料；②记载大旱、大涝的历史文献，大暴雨洪水分析个例，重大灾情记载，水利工程资料，主要堤防失事后的灾害调查资料等；③有关的水库、闸坝、堤防、分蓄洪等工程的各项基本资料及其管理运用有关资料；④为编制预报方案而作的分析计算资料、图纸，研究成果及各项技术报告等；⑤防汛资料、水情考证资料、水情手册、图表等。

水文情报预报服务包括以下内容：①提供雨情、水情、旱（墒）情、冰情、沙情、水质、风暴潮等各项水文情报；②发布不同预见期的水情、旱（墒）情、冰情及其他水文现象的预报或展望；③提供旱涝形势的分析报告；④提供有关水情问题的咨询或参考资料。

2）水质预测预报

水质预测预报是根据水质实际资料，运用水质数学模型推断水体或水体某一地点的水质在未来的变化。在水质预测中把水体的水质看作一个系统。在这一系统中，水质的变化与排放的污水、废热水、受纳水体的水量有关。在水质预测中必须掌握：①水体污染物的初始含量或来量。这是水质系统的输入，它包括污染物的上游来量和旁侧排污量，可通过实测或预估（经济与人口的发展）获得这些量的数据。②水污染物进入水体后的变化规律。排入水体的污染物与水体中的水量、水中物质构成统一体，在一系列物理、化学反应和生物化学作用中变化。这是水质系统的运行状态，根据水质系统的输入资料和水污染物在水体中的变化规律，应用水质数学模型预测水质未来变化。这就是水质系统的输出。

水质预测内容有：①预测水体的污染状况，包括枯水期的严重污染，工矿、船舶事故排污引起的突发性严重污染；②预测拟建厂矿建成后排污可能造成的污染状况、水质的分布情况；③估计水体沿岸现有厂矿和城镇排污与水体污染的定量关系，估算水体的纳污容量；④预测水污染防治措施实行后水体水质的可能改善状况和水质分布。

水质预测方法分两大类：一类是点源污染的预测方法，其实质是水体中水质运动演化规律的研究及其演算。包括：①建立相关统计模型。例如，在河流水质预测中，建立水质与河流水文要素（如流量等）的关系。又如，根据上、下游水质间存在的关系（多元相关）和混合物质的平衡原理，建立水质预测模型。②求解确定性水质数学模型，是根据成因分析、演绎推理而得的，反映了一定物理、化学和生物化学作用的性质。模型求解后，主要用实测资料确定模型参数，进行验证和误差分析，然后用于实际预测。另一类是面源污染的水质预测。这类预测的实质在于研究降雨、径流冲刷所产生的污水及其成分。研究产流、产污、汇流、集污和污水进入水体后水质运动演化规律。这类课题研究难度大，处在探讨发展之中。

水质预报是预估未来某个实时如几小时、几天后的水质变化。除了要事先建立水质预报模式外，水质预报还需要自动化连续监测体系，以节省手工化验和分析时间，赢得预见期。

受到这种自动监测体系的限制，水质预报项目仍少，主要预报枯水期严重污染（如缺氧）和某些突发事故（如沉船或过失排污）引起的水质污染。

3）地下水预测预报

地下水资源预报是根据某一地区的地下水实际开采量，对该地区未来月、季、年或不同时间尺度的地下水资源分布情况进行预测，生成地下水等水位线、地下水埋深图、地下水降深图等。目前，国内外主要进行地下水水位动态的短期预测（2～3 年以内的变化趋势），至于长期预测和其他动态要素的预测，方法尚不成熟。地下水水位的预测因为监测数据有限，且其受降水、蒸发、温度等条件的影响，不确定性较大，很适合用数值模拟、灰色预测模型、人工神经网络模型、小波分析等方法来进行预测分析。

3. 水文测报系统设计与实施

自动测报系统是水文测报的发展方向，由采集、传递和处理水文实时数据的各种传感器、通信设备和计算机等装置组合而成。分成遥测站、信息传输通道和中心控制站（简称中心站）三部分，主要用于防汛和水利调度。在小流域范围内只需几分钟时间即能完成数据采集和处理，及时提供重点河段、水库的雨情、水情。相对于传统水文测报方式更为快捷、准确，是水文测报的发展方向。

水文自动测报系统在信息流程上分为采集层、控制层、传输层和处理层。雨量、水位、流量等数据采集传感器构成采集层，感知水文信息的变化并将其转化为数据量等信号传送给遥测终端。遥测终端作为遥测站的控制中心，控制传感器采样、采样结果处理、控制通信设备传输，能够判断通信成功与否、监控供电系统并自检工作状态。可接入目前遥测系统中使用的所有主流通信方式，可接入目前水文遥测系统中使用的绝大多数传感器，通过简单扩展，即可增加其他种类传感器的接入；具有大容量数据存储能力，可现场或远程提取；具有良好的可维护性；具有较高的可配置性；具有较强的远程可管理性。传输层担任遥测站到中心站的通信任务，可选择无线通信方式的超短波信道、GPRS 信道、卫星或有线通信方式的光缆、程控电话等。处理层负责接收水文信息，并进行解码、检错、判断、分类、存储、显示、报警等操作，验证数据的准确性、实时接收，并以直观的图表方式表达出来。遥测站采集水文数据后，通过传输层自动传输到数据接收中心站，数据在接收中心站汇集后，通过计算机网络转储到水文情报预报中心的数据库服务器上。水情信息通过数据库服务器发布。

4. 水文分析与计算

对防止水旱灾害和开发、利用、保护水资源的工程或非工程措施的规划、设计、施工及管理运用，提供符合规定设计标准的水文数据的技术。其基本任务是对所研究的水文变量或过程，做出尽可能正确的概率描述，从而对未来的水文情势做出概率性预估，以便在此基础上做出最优的规划设计和决策。这包括采用一定的数学模型及根据资料估计模型中所含的参数。由于对稀遇事件（如 1000 年一遇或 10000 年一遇的洪水）数量估计的困难，有时也采用一些非概率的设计计算方法，如可能最大暴雨和可能最大洪水的估算。

水文分析与计算的基本内容，包括设计洪水过程的分析计算、设计暴雨的分析计算和由设计暴雨推求设计洪水的计算、小流域设计洪水的计算、可能最大暴雨与洪水的估算、设计年径流及其分配的计算、设计枯水流量计算及干旱分析、排涝水量及流量的计算及水资源量的估算等。

资料的数量与质量是影响水文计算成果的重要因素。因此，应力求收集充分的资料并对其合理性进行论证。人类活动的影响，或历史上溃堤、分洪等事件的作用，同一河流同一测流断面所观测的记录，反映了不同的洪水形成条件。这时，在对资料进行统计分析之前，必须对资料进行调整，使其具有一致的基础。

除资料的数量与质量外，所用的数学模型（一般是概率分布函数）与参数估计方法是决定计算结果质量的关键。为合理地选择概率分布函数，最好能推导出有物理依据的水文概率分布函数。但由于问题复杂，至今其仍处于研究阶段。为降低由短期资料所得各种水文估计量的抽样误差，曾采用两种方法：一是设法增加本站的资料长度，主要是调查历史洪水与资料插补延长；二是利用区域综合方法。在缺乏实测水文资料时，也可应用一些简化方法，如等值线图法、水文比拟法、经验公式法等得到估算的结果，当然，这种结果的可靠性较低。

20 世纪 60 年代以来，水文随机模拟（包括年、月径流、降雨枯水径流及逐日径流与降雨的模拟）在水文分析与计算中得到越来越多的应用。应用随机模拟，可望对防洪与兴利的计算，特别是对于包括许多测站的多站问题，得到比现行方法更为合理的解决。

5. 水资源调查评价

水资源调查评价分为地表水水资源调查、地下水水资源调查和水资源评价。

地表水是按流域分布与划分的。影响水文特征的主要因素有流域基本情况、流域的气象因素。流域基本情况包括流域范围、流域平面特征、流域地形、地理位置及下垫面（地质条件、植被）、湖泊沼泽及水利工程。流域的气象要素包括降水、蒸发、气温、湿度、气压和风速等。流域的水文资料可从省、地区、县水文站收集。包括水文年鉴、水文手册和水文图集，以及前人曾进行过的各种水文调查资料。必要时进行补充调查。

地下水是储存于地表以下岩土层中的水的总称。广义地下水包括土壤、隔水层和含水层中的重力水和非重力水。狭义地下水指土壤、隔水层和含水层中的重力水。地下水资源量是某时段内地下水含水层接受降水、地表水体、侧向径流及人工回灌等项渗透补给量的总和。其中，地表水体渗透补给量由湖泊（水库、坑圹）周边渗透补给量、河道及渠系渗透补给量和田间灌溉入渗补给量组成。地下水调查是一种综合性的调查，通常叫水文地质调查。调查的内容包括地下水特征调查、地质构造、地层岩性、地貌、水文、气候、植被等的调查。

水资源评价是对某一地区或流域水资源的数量、质量、时空分布特征、开发利用条件、开发利用现状和供需发展趋势做出的分析估价。它是合理开发利用和保护管理水资源的基础工作，为水利规划提供依据。水资源评价工作要求在客观、科学、系统和实用的基础上，遵循地表水与地下水统一评价、水量水质统一评价、水资源利用和保护统一评价等原则。对一个具体的区域来说，核心是要研究计算大气降水、地表水、地下水、污水及过境或外调水等五块水，调查分析工业用水、农业用水、生活用水、环境用水和生态用水等五种需求。一个区域中只有实现五块水与五种需求的协调平衡，才可能实现水资源的可持续利用，保障社会经济的可持续发展。

7.3.2　水资源信息

1. 水资源数据

水资源数据可划分为空间数据、属性数据和水资源信息发布数据。

1）空间数据

空间数据主要包括基础地理信息和水资源专题空间数据。

基础地理信息主要包括行政区划、城市居民地（点）、道路（铁路、高速公路、其他道路等）、地形空间分布图。

水资源专题空间数据是与水资源管理相关的空间分布图，主要包括：水系图、湖泊、水库分布图、遥测站空间分布图、地表水取水口分布图、地下水取水口分布图、水资源分区图、入河排污口分布图、水功能分区图、饮用水源地分布图、水文地质单元图、含水层空间分布图、含水层富水性空间分布图、水文地质参数空间分布图、地下水超采区空间分布图、地下水位降落漏斗空间分布图、地下水动态监测井空间分布图、地下水取水口空间分布图、水利工程图等。其中，遥测站、取水口、入河排污口、水利工程数据可按站点属性数据存储，其他空间数据要求以矢量或栅格形式存储。

2）属性数据

水资源管理信息系统需要的属性数据主要包括基础信息数据、水资源业务数据和水文数据。

基础信息数据是水资源管理工作中需要的基础数据，主要包括水资源业务管理基础数据、水资源评价数据、水资源工程数据、基础水文数据、经济社会数据、生态环境数据等。

水资源业务数据是水资源业务管理所需的相关数据，根据水资源管理的具体业务，包括：取水量监测数据、取水许可管理数据、水资源费征收使用数据、入河排污口数据、水功能区数据、水源地数据、水资源论证数据、水调业务数据、节水业务数据。

水文数据是水资源管理中用到的有关水文实时数据，主要包括实时水雨情数据、旱情数据等。

3）水资源信息发布数据

水资源信息发布平台所需信息，包括与水资源管理有关的文本、图片、视频、音频、数据、表格等各种类型的信息。其中，数据类信息取自水资源数据库。信息内容需求主要包括区域水资源概况、水资源管理机构与职能、水资源管理新闻和工作动态、水资源调查评价成果、水资源丰枯形势、计划用水节约用水情况、水环境和水生态状况、水功能区及其质量状况、主要取水户取水信息、水资源论证资质单位、水资源论证报告书、取水许可及审批情况、入河排污口设置及审批情况、与水资源相关的法律和政策法规，以及有关的标准规范等。

2. 水资源数据库

1）在线监测数据库

在线监测数据库存储实时远程监测数据，包括取水、地下水和实时水雨情数据库。其中，实时水雨情数据库由水文部门接入，水资源系统建设的数据库包括取水监测数据库和地下水监测数据库（图7.2）。

（1）取水监测数据库。包括取水监测站基本信息、取水量监测数据表、取水监测命令日志表、取水监测设置日志表、取水监测召测日志表、取水口的实时流量信息，取水监测站代码及监测时间为该数据表关键字，取水监测站代码与取水许可代码关联。

（2）地下水监测数据库。包括地下水监测站基本信息、地下水取水量监测数据表、地下水水位监测数据表、地下水监测命令日志表、地下水监测设置日志表、地下水监测召测日志表。

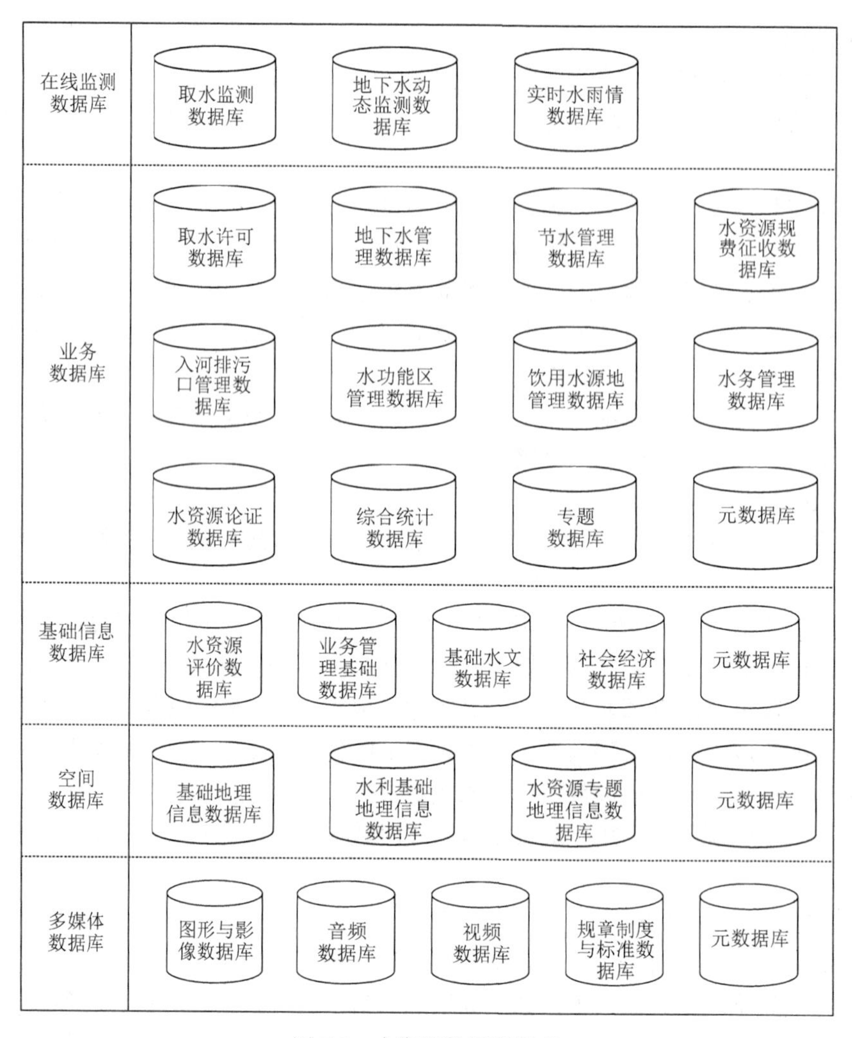

图 7.2　水资源数据库组成

2）基础信息数据库

基础信息数据库（基础库）存储水资源管理需要的基础信息，包括业务管理基础数据库、水资源评价数据库、元数据库、基础水文数据库和社会经济数据库。

（1）业务管理基础数据库。业务管理基础数据库要求建设的数据表包括取水企业基本情况表、取水工程基本情况表、计量设施基本信息表、供水企业基本情况、取水户基本资料历史表、地下水水源井基本信息表、地下水功能分区基本情况、水文地质分区基本情况、水文地质亚区含水层说明表、单个含水层基本情况表、超采区分区概况、控制性水文地质钻孔基本情况表、控制性水文地质钻孔地层结构表、污水治理工程基本情况表、排污口基本情况表、污水处理厂基本情况表、水功能区基本情况表与水源地基本情况表。

（2）水资源评价数据库。水资源评价基础数据库需建立的数据表包括水资源分区基本情况表、计算分区信息表、计算参数信息表、分区下垫面信息表、工业用水基本情况表、城镇生活用水基本情况表、过境径流量监测站信息表。

（3）元数据库。包括数据的来源、采集方式、时态、精度等信息。

3）空间数据库

空间数据库主要包括基础地理信息数据库、水利基础地理信息数据库、水资源专题地理信息数据库与元数据库。

（1）基础地理信息数据库。主要包括系统建设涉及的1：5万和1：1万基础地理数据，包括行政区划、城市居民地（点）、道路（铁路、高速公路、其他道路等）、地形空间分布图等。

（2）水利基础地理信息数据库。主要包括水系图、湖泊、水库、水利工程、水利信息监测站点等的空间分布图。

（3）水资源专题地理信息数据库。主要包括：遥测站分布图、水资源分区图、入河排污口分布图、水功能分区图、饮用水源地分布图、地表水取水口分布图、地下水取水口分布图、地表水监测站（断面）分布图、水文地质单元分布图、含水层空间分布图、含水层富水性空间分布图、水文地质参数空间分布图、地下水超采区空间分布图、地下水位降落漏斗空间分布图、地下水动态监测井空间分布图等。

（4）元数据库。空间数据库的元数据库涉及空间数据来源、时态、精度、地图投影、坐标系等信息，需参照国家元数据库建库标准建库。

4）业务数据库

水资源业务数据库（业务库）是以业务管理为目的，根据水资源业务管理实际操作中各种档案、文书、表格信息而建立的数据库，以及为水资源管理辅助决策支持需要建立的专题数据库。水资源业务数据库包括取水许可数据库，地下水管理、节水管理、水资源规费征收、入河排污口管理、饮用水源地管理、水功能区管理、水务管理数据库，水资源论证数据库、综合统计数据库、专题数据库与元数据库。

（1）取水许可数据库。包括取水许可证信息表、取水许可年审情况表、取水许可基本情况表、取用水单位信息表、取水工程信息表等。

（2）地下水管理数据库。包括地下水开采量、地下水回灌量、水井管理等。

（3）节水管理数据库。包括工业节水、农业节水、城市生活节水、地区节水指标、用水定额等信息。

（4）水资源规费征收数据库。包括水资源费实际征收信息、水资源费计划征收信息、不同行业水资源费征收信息、地表水征收信息、地下水征收信息、水资源费支出项目费用等。

（5）入河排污口管理数据库。包括退水情况、入河排污口管理、入河排污口申请、设置情况等。

（6）饮用水源地管理数据库。包括水源地面积信息、水源地编码信息、水源地与水文测站关系信息、水源地与水质测站关系信息等。

（7）水功能区管理数据库。包括水功能区编码信息、水功能区地理位置信息、水功能区面积信息、水质目标信息、水功能区功能定位信息等。

（8）水务管理数据库。包括城市供水企业、排水企业、供水状况、排水状况等。

（9）水资源论证数据库。包括论证单位、论证时间、论证项目及有效期限等信息。

（10）综合统计数据库。包括水资源管理综合统计报表信息。

（11）专题数据库。专题数据库主要是为水资源辅助决策支持系统建立的，主要包括预警信息、应急预案信息、模型参数、计算结果等。

（12）元数据库。包括涉及的数据来源、时态、精度、采集途径等信息。

7.3.3 系统功能

在水文水资源管理信息系统中，GIS 发挥的作用大致有以下几个方面：①历史数据管理和实时数据的动态加载；②信息的空间与属性双向查询；③时空统计；④以多种方式直观地可视化表达各类信息的空间分布及动态变化过程；⑤区域水资源的空间分析；⑥区域水资源管理模式区划，如地下水禁采与限采区划、水环境区划等。

根据水文水资源管理业务，系统主要包括水资源实时信息服务、水资源业务管理、水资源综合统计、水资源辅助决策支持和水资源信息发布平台五个方面；应用系统的用户主要包括水行政主管部门、政府相关职能部门、取用水户和社会公众。应用子系统结构如图 7.3 所示。

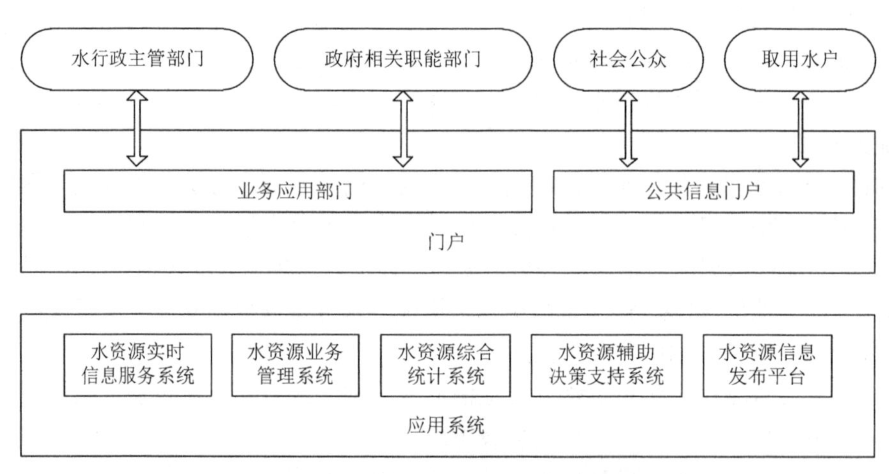

图 7.3　水文水资源管理信息系统结构图

1. 水资源实时信息服务系统

水资源实时信息服务系统主要是对遥测站的实时信息的管理和查询统计分析。主要内容包括数据接收、遥测站管理、统计分析、数据汇集。

（1）数据接收：包括实时接收遥测站发送的遥测信息并存入数据库，接受召测、设置等指令并发送遥测站。

（2）遥测站管理：对系统的遥测站进行管理，包括增加、删除等。

（3）统计分析：利用多种查询方式（GIS 分布式、属性查位置、位置查属性）查询实时信息，并进行统计分析。

（4）数据汇集：汇集各监测站数据。

2. 水资源业务管理系统

水资源业务管理系统包括取水许可管理、水资源规费征收管理、节约用水管理、地下水管理、水功能区管理、饮用水水源地管理、入河排污口管理和水务管理等八个方面的内容。

（1）取水许可管理。主要包括取水许可审批管理与取水许可监督管理两大业务。取水许可审批管理包括取水许可申请与审批、取水户资料、水资源论证成果、取水许可申请、取水登记及取水许可证等审批相关资料的管理；取水许可监督管理包括取水许可日常管理、用水计划管理、用水监督、年审管理和报表管理等。

（2）水资源规费征收管理。主要包括水资源规费征收、查询与统计业务。其中，水资源规费征收由取水口所在地水行政主管部门收取。水行政主管部门核定取水单位每个取水口在一定时间内的实际取水量，向取水单位或者个人送达水资源费缴纳通知单，按实际取水量和水价收取水资源费；如果取水单位或个人因实际困难提出缓缴申请，按实际情况办理与审批缓缴手续。

（3）节约用水管理。主要包括用水计划管理、节水载体创建管理、节水试点管理、节水技改管理、水平衡测试管理、节水科研和新技术推广、节水宣传等。

（4）地下水管理。包括基础水文地质资料管理、地下水动态监测和地下水开采管理等业务。

（5）水功能区管理。水行政主管部门对水功能区的日常管理业务主要为水功能区的水量、水质状况统一监测。分析水功能区监测断面上的水量与水质变化情况，并与水功能区监测断面上审定的水质与水量标准比较，判断水功能区水质状况及其超标程度。

（6）饮用水水源地管理。主要包括水源地安全状况评价、水源地整治管理、水源地巡检和应急调度管理。

水源地安全状况评价是根据水源地的水质监测资料，统计水源地水质达标情况，评价水源地的安全状况。水源地整治管理是对水源地整治项目的管理，主要是项目资料的管理。水源地巡检是对水源地的巡视与检查。应急调度管理主要包括制订水源应急调度预案，发生水源地污染突发事件时，根据实际情况选择水源调度方案。

（7）入河排污口管理。入河排污口管理业务主要分为三类：第一类为新增入河排污口的申请与审批；第二类为《中华人民共和国水法》实行前已经设置入河排污口的单位应当到入河排污口所在地县（市）级人民政府水行政主管部门或者流域管理机构所属管理单位进行入河排污口登记，由其汇总并逐级报送有管辖权的水行政主管部门或者流域管理机构；第三类为水行政主管部门和流域管理机构对管辖范围内的入河排污口统计管理业务。

（8）水务管理。水务管理的内容包括城市的供水和排水管理，由于供水和排水的具体实施由企业进行，水利行政部门的责任是对供水、排水信息数据的管理及对供水、排水企业的考核管理。

3. 水资源综合统计系统

利用水资源数据库对水资源管理信息进行统计分析与汇总，辅助生成水资源管理综合报表，用于发布、显示和打印。

水资源管理综合报表主要包括水资源管理报表和各类业务报表，按照报表内容，水资源管理报表包括水资源管理统计年报、水资源公报系统、水质通报、地下水统计年报、入河排污口统计年报、城市水务统计年报及其他统计报表七类。报表分省、地市、县（市）三级，省级报表的数据基本由地市级报表的数据统计汇总而成，地市报表由市本级和所辖县（市）报表的数据统计汇总而成，县（市）报表直接由数据库统计分析和填写而成。同时，对水资源公报、年报编制的具体要求和地市、县（市）的实际情况，建立网上数据填报系统，按照具体业务要求生成各种统计分析报表，辅助水资源管理季报、年报、公报的编制、发布和打印。

4. 水资源辅助决策支持系统

水资源辅助决策支持系统主要包括预警与应急服务、地下水管理空间辅助决策和水资源配置等。

水资源预警与应急服务包括超常预警、应急预案管理和应急信息服务等。通过取水、用水、地下水、排水、水功能区等监测结果与数据库中预先设定值的对比，对以下情况系统将自动给出预警信号：企业（单位）、地区取水量接近或超过分配总量、地区宏观用水指标接近或超过平均用水指标、地下水开采超过可采总量或预设水位，水资源需求量与可供水设施流量、水位、水质等出现异常，水功能区、饮用水水源地水质异常等。

应急预案管理主要是对各地制定的“饮用水源地突发性水污染事件应急预案”进行管理。应急信息服务是指当发生重大水污染、地震（破坏水源地）等事件时，为水资源管理决策提供应急信息服务。

地下水管理空间辅助决策是根据地下水动态监测成果，利用地下水模拟模型模拟地下水流动态，预报重要监控区域地下水位变化趋势，为地下水开发利用提供辅助决策支持。

此外，在取水许可审批管理、节水管理和入河排污口管理等方面也需要辅助决策支持。例如，在新设取水口或入河排污口时，利用 GIS 功能，统计分析取水口或入河排污口所属区域、河道或一定范围内的相关信息，为审批取水口、入河排污口提供辅助决策支持。

5. 水资源信息发布平台

水资源信息发布平台发布的主要内容包括：

（1）机构与职能。发布与水资源管理有关的机构设置、职能及分工等。

（2）新闻与工作动态。发布与水资源有关的行业新闻、水务改革、水资源工作动态、工作计划和工作总结等。

（3）水资源数量和质量。发布区域水资源概况、水资源调查评价成果、水资源丰枯形势、计划用水节约用水情况、水环境和水生态状况、已划定的水功能区及其质量状况等。按年、季、月、旬等不同时间段定期发布水资源公报、水功能区通报、水质简报、地下水超采区状况等。

（4）取水信息。实时发布监测系统采集的主要取水户的取水情况；定期发布分区域分时段的取水统计数据等。

（5）政务公开。发布水资源论证资质单位、评审专家、审查批复的报告书、取水许可审批、入河排污口审批等。

（6）行政公示。向社会公布报告书评审结果、新发放取水许可证、注销和吊销取水许可证情况等。

（7）政策法规。发布与水资源相关的国家和地方制定的法律、法规、规章、政策、管理制度和办法等。

（8）标准规范。发布与水资源相关的国家、行业和地方标准、规范、用水定额等。

（9）重大水资源事件。向社会发布重大水污染等突发事件及其处理情况等。

7.4 水土保持管理信息系统

我国是世界上水土流失最严重的国家之一，水土流失面广量大，危害严重。严重的水土流失造成土地生产力减退，耕地面积逐年减少，沙化面积不断扩展；也会造成生态环境恶化，加剧洪涝、干旱和风沙等自然灾害的发生。水土流失严重制约着社会经济的可持续发展，已成为我国头号环境问题。

7.4.1　水土保持业务分析

水土保持监测与管理主要内容包括：水土保持信息采集、水土保持监测、水土保持规划设计、水土保持工程管理决策支持、水土保持监督执法、水土保持效益评价、水土保持综合信息管理及滑坡泥石流预警决策等。

1. 水土保持信息采集

水土保持信息可分为背景资料信息和现状监测信息两大类。

1）水土保持背景资料信息

水土保持背景资料信息包括自然地理、土壤侵蚀和社会经济三个方面。自然地理信息有水文、地质、地貌、地面组成物质、土壤、植被、气温、降水等；土壤侵蚀信息有径流泥沙时空分布、侵蚀面积、侵蚀特点、危害、分区、侵蚀强度分级等；社会经济信息有基本情况统计、行政区划、土地利用、经济结构、农业生产、人口、群众生活状况等。水土保持政策法规信息包括水土保持法及其实施细则、国家有关法规、部委有关规章、各省区地方法规、领导指示及重要文件等。水土保持规划信息包括全国规划（如全国生态环境建设、西部开发等有关规划）、流域（如黄河水利委员会）规划、省区规划、管理条例、实施细则办法、专项规划等。技术标准信息包括国家标准和技术规范、流域技术规范、地方标准和规范等。

水土保持背景资料信息相对比较稳定，采集周期长，通常是按年度上报的，但其分类繁杂、表格众多，数据量很大，内部关系也很复杂。因此，进行科学、规范的组织是其有效采集的关键。应逐步实现对各类统计报表统一格式要求，实现网络传输上报、自动化预处理、结构化存储，建立完整的数据库。对各类非结构化的信息，实现网络传输、电子存储、信息化管理。

2）水土保持现状监测信息

水土保持现状监测信息包括水土流失面积、分布、程度、危害、发展趋势及水土保持措施的面积、效益等动态情况和重要数据。水土流失防治信息包括水土保持生态建设动态和预防监督动态两方面统计信息。水土保持生态建设动态统计信息有各省份综合治理、各个水土保持项目（骨干工程、沙棘、世行项目、试点小流域）季度或半年进展动态、年度完成统计数据和下达计划情况、封禁情况等。预防监督统计信息包括预防监督基本情况统计、三大体系建设统计、人为水土流失情况统计、重点工程和建设项目水保方案编报及执行情况统计等。

水土保持现状监测信息采集是一项涉及多学科、多专业领域的庞大系统工程，呈现出多样性和复杂性。按照《水土保持法实施条例》规定的水土保持监测公告要求，监测内容将最终转化为水土流失的面积、分布状况和流失程度，水土流失造成的危害及其发展趋势，以及水土流失防治情况及其效益。

水土保持现状监测分地面实地监测和遥感监测两个方面：一方面借鉴或直接应用传统的监测手段及监测成果，如河道水文测验、气象观测、小流域径流观测等；另一方面运用计算机、3S 技术获取宏观的监测信息。两种监测手段和监测内容相互结合、验证，从而取得客观反映实际的量化监测成果。

按照区域水土流失防治工作重点的不同，具体监测内容各有侧重。在预防保护区主要监测水土流失分布、面积与流失量的逐年变化、植被结构变化情况等，监测工程、生物、耕作等治理措施总体效益的消长演变情况及生态环境的动态变化过程；在重点监督区主要监测开发建设项目的分布、面积、对生态环境影响的动态变化，采矿、修路、城建等建设项目在开发建设过程中因开挖、占压、扰动、弃土弃渣而破坏地表植被的状况及造成的危害和开发建设单位、个人在开发建设过程中采取的水土保持措施；在重点治理区主要监测各项水土保持工程措施和生物措施的实施情况，水土保持治理的进度，措施数量、质量、分布情况，治理区综合效果的变化情况及水土保持综合效益等。

2. 水土保持监测

水土保持监测是指对水土流失发生、发展、危害及水土保持效益进行长期的调查、观测和分析工作。通过水土保持监测，摸清水土流失类型、强度与分布特征、危害及其影响情况、发生发展规律、动态变化趋势，对水土流失综合治理和生态环境建设宏观决策及科学、合理、系统地布设水土保持各项措施具有重要意义。通常包括四类：①水土流失影响因子监测，包括降水、风、地貌、地面组成物质、植被类型与覆盖度、人为扰动活动等；②水土流失状况监测，包括水土流失类型、面积、强度和流失量等；③水土流失危害监测，包括河道泥沙淤积、洪涝灾害、植被及生态环境变化，对项目区及周边地区经济、社会发展的影响；④水土保持措施及效益监测，包括对实施的水土保持设施和质量、各类防治工程效果、控制水土流失、改善生态环境的作用等。

3. 水土保持规划设计

水土保持规划是为了防治水土流失，做好国土整治，合理开发利用并保护水土及生物资源，改善生态环境，促进农、林、牧生产和经济发展，根据土壤侵蚀状况、自然和社会经济条件，应用水土保持原理、生态学原理及经济规律，制定的水土保持综合治理开发的总体部署和实施安排。

通过规划设计，调整土地利用结构，合理利用水土资源；确定合理的治理措施，有效开展水土保持工作；制定改变农业生产结构的实施办法和有效途径；合理安排各项治理措施，保证水土保持工作的顺利进行；分析和估算水土保持效益，调动群众积极性。

水土保持规划的原则：①坚持实事求是的原则；②坚持因地制宜、因害设防的原则；③坚持综合治理的原则；④坚持生态、经济和社会效益兼顾的原则。

水土保持规划设计的指导思想：①贯彻“预防为主、保护优先、全面规划、综合治理、因地制宜、突出重点、科学管理、注重效益”的水土保持方针；②在水土保持规划设计中，将水土流失治理与水土资源的开发、利用相结合，经济效益和生态效益相结合；③在治理措施规划设计中，讲求切合实际、实事求是的原则；④在水土资源的利用中，通过合理优化农、林、牧业用地比例和产业结构，提高水土资源的利用效益；⑤因地制宜、因害设防，全面统筹、科学地配置各项水土保持措施；⑥以科技为先导，提高水土流失区的人口素质；⑦建立一套完整的监督、管理体系；⑧建立资源、环境与社会经济的动态监测体系，为预防新的水土流失发生，巩固治理的效益和生态环境保护提供依据。

4. 水土保持效益评价

水土保持效益是指水土保持措施对于减弱和预防水土流失、保护和改良水土资源、促进生态系统良性循环和社会经济系统健康发展的贡献。水土保持效益评价，是对水土保持措施贡献的计算和分析。通过效益评价可查明水土保持措施实施过程中存在的问题，认识理解水土保持措施对水土流失的影响机理及其区域适宜性，为制定修编进一步的治理规划方案提供依据。

水土保持的效益是一个很复杂的问题：①水土保持的工作分散在广大面上，从点上看效益显著，从面上看并不明显。②水土保持的作用是经济、社会、生态三大效益相互结合的整体，有直接效益，有间接效益；有些可以用实物或货币表达，有些则只能加以描述，无法定量，有些生态效益与社会效益大于经济效益，更不易正确表达。③水土保持的效益不仅体现在当时当地，它既涉及远在河流中下游的泥沙沉积区，也涉及若干年后的自然与经济面貌变化，难以全面预估。④大小面积间的效益，关系泥沙的输移比、区间的产沙用沙条件。⑤气候与雨量的时空分布有一定随机性，很难以一时一地的变化，论证其水土保持效益。

建立水土保持效益评价指标体系，是一项严密的科研工作，须用科学而实用的方法做指导。常用方法包括：①理论推导法，深入认识理解研究区的自然和人文环境，掌握水土保持科学原理，制定与研究区尺度匹配，定量反映研究区治理效果及发展趋势的指标体系。②专家选取法，邀请一组对研究区实际情况比较熟悉、对水土保持相关科学原理深入了解的专家，采用问卷、会议等形式，制定指标体系。③文献频数法，分析相关文献采用指标的频数，选定频数较大的指标。由于文献提供了理论基础和实例说明，信服度增强。④主成分分析，对初步拟订的指标做主成分分析，选定累积贡献率 85%以上的指标。此法科学客观，但是对参与分析的指标个数有要求。

基于效益评价指标选取原则，根据水土保持效益多年研究成果，结合相关研究，水土保持效益评价指标体系如表 7.1 所示。

表 7.1　水土保持效益评价指标体系

效益分类	计算内容	计算具体项目
调水保土效益	增加土壤入渗	①改变微地形增加土壤入渗；②增加地面植被增加土壤入渗；③改良土壤性质增加土壤入渗
	拦蓄地表径流	①坡面小型蓄水工程拦蓄地表径流；②“四旁”小型蓄水工程拦蓄地表径流；③沟底、谷坊、坝库工程拦蓄地表径流
	坡面排水	改善坡面排水的能力
	调节小流域径流	①调节年际径流；②调节旱季径流；③调节雨季径流
	减轻土壤面蚀	①改变微地形减轻面蚀；②增加地面植被减轻面蚀；③改良土壤性质减轻面蚀
	减轻土壤沟蚀	①制止沟头前进减轻沟蚀；②制止沟底下切减轻沟蚀；③制止沟岸扩张减轻沟蚀
	拦蓄坡沟泥沙	①小型蓄水工程拦蓄泥沙；②谷坊、坝库工程拦蓄泥沙
经济效益	直接经济效益	①增产粮食、果品、饲草、枝条、木材带来的增收；②投入产出比；③投资回收期
	间接经济效益	①种基本农田比种坡耕地节约土地和劳工；②人工种草养畜比天然牧场节约土地；③水土保持工程增加蓄、饮水；④土地资源增值
社会效益	减轻自然灾害	①保护土地不遭沟蚀破坏与石化沙化；②减轻下游洪涝灾害；③减轻下游泥沙危害；④减轻风蚀与风沙危害；⑤减轻干旱对农业生产的威胁；⑥减轻滑坡泥石流的危害；⑦减轻面源污染
	促进社会进步	①土地生产率；②劳动生产率；③土地利用结构；④农村生产结构；⑤环境容量；⑥促进群众脱贫致富奔小康

续表

效益分类	计算内容	计算具体项目
生态效益	调蓄地表径流	①减少洪水流量；②增加基流流量
	改良土壤理化性质	①改善土壤物理化学性质；②提高土壤肥力
	改善近地层气候	①改善贴地层的温度湿度；②改善贴地层的风力；③净化空气
	促进生物繁育	①提高地面林草被覆程度；②促进生物多样性；③增加植被固碳量

7.4.2 水土保持管理数据库

我国七大江河流域的水土流失和土壤侵蚀问题是关系流域生态环境、经济发展，甚至是七大江河流域实现可持续发展的大问题。水土流失的类型复杂多样，包括水蚀、风蚀、冰川侵蚀、冻融侵蚀、重力侵蚀等各种类型，并且有大量的滑坡、泥石流、崩岗等山地灾害。可见，流域的水土保持工作是一个长期而艰巨的任务。

1. 水土保持信息

1）社会经济数据

社会经济数据是水土保持评价的基础，按照数据内容的不同，划分为农村基本情况和农业经济指标，涉及数据项为 22 项。

农村基本情况有：总人口、乡村人口、乡村劳力、耕地面积、粮播面积、粮食总产、棉花面积、棉花总产、油料面积、油料总产。

农业经济指标有：农用机械总动力、化肥施用量（折纯量）、农村用电量、农作物总播种面积、水果产量、全年造林面积、现价农业总产值、农业总产值、林业总产值、牧业总产值、渔业总产值、农民人均纯收入。

2）自然环境背景数据

自然环境背景数据包括降水、蒸发、温度、植被、土地利用数据，涉及数据项为 17 项。包括：降水量月总值、降水量月平均值、降水量月最大值、降水量月最小值；月蒸发量；温度月总值、温度月平均值、温度月最大值、温度月最小值；植被总盖度、经济林面积、水土保持林、草地面积；总土地面积、农地总面积、林地总面积、牧地总面积。农地包括粮食作物、经济作物、其他作物；林地包括乔木林、灌木林、经济林；牧地包括人工草地、天然草地。

3）水土流失数据

水土流失数据主要包括水土流失强度、类型及水力、风力和冻融等侵蚀的面积、侵蚀模数和侵蚀量等，涉及数据项为 8 项，包括水土流失总面积、轻度侵蚀面积、中度侵蚀面积、强度侵蚀面积、极强度侵蚀面积、剧烈侵蚀面积、土壤侵蚀量、土壤侵蚀模数。

4）水土保持数据

水土保持数据包括水土流失治理和水土流失治理投资数据，涉及数据项为 21 项。

水土流失治理数据包括累计治理和新增治理面积，具体包含四田合计、水土保持林、种草、经济林、封山育林。水土保持林包括用材林、经济林、灌木林。四田指水平梯田、水平埝地、坝地、造田造地。累计保存面积计算方法在不考虑措施生效时间和使用期限的情况下，单项措施在某年的累计保存面积，其计算公式如下：

$$S_b = \sum S_w \cdot \eta_b \quad (7\text{-}1)$$

式中，S_b 为某项措施在某年的累计保存面积（hm^2）；S_w 为措施完成面积（hm^2）；η_b 为措施保存率（%）。

水土流失治理根据投资来源分为国家投资、地方投资和群众投资。根据投资去向分为小流域治理、示范推广、林草、四田建设、沟道治理、科研与规划、宣传教育、预防监督、其他。

2. 水土保持信息结构

根据不同的设计要素，建立不同的数据库，设计不同的字段。采用表的方式进行数据组织，各种数据表都存在一个数据库文件中便于文件的管理。层图形信息与属性信息通过指定的关键字段来建立关联关系（表 7.2～表 7.7）。

表 7.2　降水数据表结构

字段名	字段类型	字段长度	小数位数	单位	主键
年份	整型	4			Y
地、市、县名称	字符型	6			Y
各县区行政代码	整型	6			Y
降水量月总值	浮点型	8	2	mm	
降水量月平均值	浮点型	8	2	mm	
降水量月最大值	浮点型	8	2	mm	
降水量月最小值	浮点型	8	2	mm	

表 7.3　蒸发量数据表结构

字段名	字段类型	字段长度	小数位数	单位	主键
年份	整型	4			Y
地、市、县名称	字符型	6			Y
各县区行政代码	整型	6			Y
蒸发量	浮点型	8	2	mm	

表 7.4　温度数据表结构

字段名	字段类型	字段长度	小数位数	单位	主键
年份	整型	4			Y
地、市、县名称	字符型	6			Y
各县区行政代码	整型	6			Y
温度月总值	浮点型	8	2	℃	
温度月平均值	浮点型	8	2	℃	
温度月最大值	浮点型	8	2	℃	
温度月最小值	浮点型	8	2	℃	

表 7.5　植被数据表结构

字段名	字段类型	字段长度	小数位数	单位	主键
年份	整型	4			Y
地、市、县名称	字符型	6			Y
各县区行政代码	整型	6			Y
植被总盖度	浮点型	8	2	%	
经济林面积	浮点型	8	2	10^3hm^2	
水土保持林	浮点型	8	2	10^3hm^2	
草地面积	浮点型	8	2	10^3hm^2	

表 7.6　土地利用数据表结构

字段名	字段类型	字段长度	小数位数	单位	主键
年份	整型	4			Y
地、市、县名称	字符型	6			Y
各县区行政代码	整型	6			Y
总土地面积	浮点型	8	2	亩*	
农地总面积	浮点型	8	2	亩	
林地总面积	浮点型	8	2	亩	
牧地总面积	浮点型	8	2	亩	

*1 亩≈666.67m^2。

表 7.7　水土流失数据表结构

字段名	字段类型	字段长度	小数位数	单位	主键
年份	整型	4			Y
地、市、县名称	字符型	6			Y
各县区行政代码	整型	6			Y
水土流失总面积	浮点型	8	2	km^2	
轻度侵蚀面积	浮点型	8	2	km^2	
中度侵蚀面积	浮点型	8	2	km^2	
强度侵蚀面积	浮点型	8	2	km^2	
极强度侵蚀面积	浮点型	8	2	km^2	
剧烈侵蚀面积	浮点型	8	2	km^2	
土壤侵蚀量	浮点型	8	2	$10^4t/a$	
土壤侵蚀模数	浮点型	8	2	$t/(km^2 \cdot a)$	

将属性数据赋予一定的空间属性，是实现数据空间分析与查询的重要基础。本系统中，由于空间数据和属性数据分别存储于不同的数据库中，需要将它们以一定方式关联起来，使各属性数据的统计单元能够与相应的空间单元相对应，实现空间数据与属性数据的统一。具

体实现方法是通过指定的关键字段来关联，使空间数据与属性数据建立一一对应关系，实现空间数据与属性数据双向查询检索。

7.4.3 系统功能

当前，已在国内主要江河流域实施了多个水土流失综合治理工程，并在重点防治区建成了水土保持监测站网，同时利用 RS 的周期性和视域广的特点、GIS 强大的信息管理和分析功能，以及 GNSS 的高精度定位的特点，使流域内的有关水土流失的大量信息得到统一管理，并应用 GIS 技术来管理动态监测数据、进行水土流失预测、生态环境效益分析，从而提供及时可靠的决策依据。本系统的功能结构如图 7.4 所示。

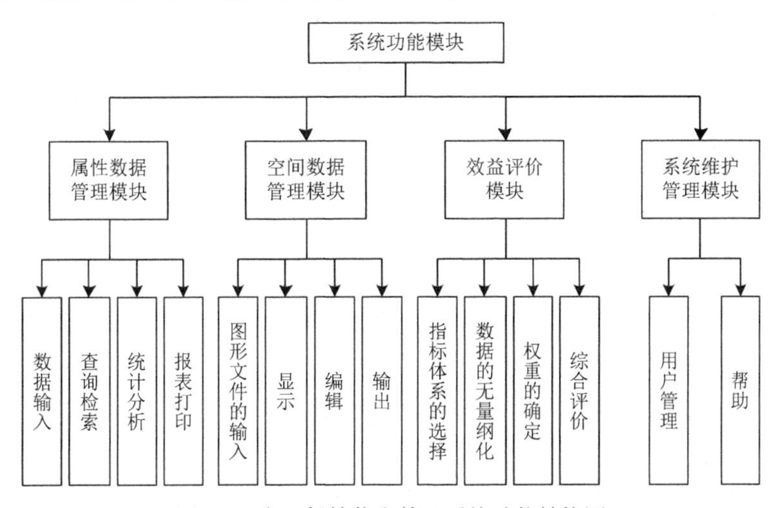

图 7.4　水土保持信息管理系统功能结构图

1. 属性数据管理

属性数据管理能完成基本的社会经济、水土流失和水土保持概况等数据的输入、浏览、统计、汇总和报表的自动生成，可以用 SQL 条件进行查询，实现属性数据与空间数据的双向查询。包括水土保持数据查询、数据维护、数据统计、数据分析及报表打印等功能。本模块的设计是为了方便数据的维护、查询、统计、汇总，并可制作各种报表及对水土保持项目流程、规划等进行管理。

（1）数据输入。用户可以针对所在区域，按照一定规范和格式，将水土保持有关各项数据输入系统，并定期进行更新数据，有维护权限的用户还可以对数据进行修正。

（2）数据查询。可以根据不同的需求和查询条件，在属性数据库中查询包括某省各县区的水土流失、治理情况、社会经济情况等有关信息，并进行简单的分析。

（3）数据维护。维护所有数据库表：系统为每个用户设置了数据维护的权限，只有拥有数据维护权限的用户才可以根据自己的权限高低，做相应的维护工作。

（4）报表打印。可以直接将数据库中的各表打印出来，也可以将根据查询条件统计出来的各种报表进行设计打印。同时设计了水土保持工作中的一些常用表单，以方便不同单位使用。

2. 空间数据管理

空间数据管理能完成地图文件的转入、显示、编辑等功能，可对图形进行放大、缩小操作，以及对图层的增加、删除进行控制操作，能对各层进行图例编辑，实现专题层的制作。

空间数据管理以行政图为底图背景，可叠加水土流失相关图层，流失专题图、影像图等图层，提供图文属性数据查询、各类相关信息调阅，空间信息定位，可以处理各类地理信息的统一分析、不同年度流失情况对比，提供地图打印输出功能等。主要功能如下。

（1）地图工具：具有无级缩放地图、拖动地图、地图标尺、地图导航、面积计算、距离计算、图层自动显示或隐藏、地图打印输出等功能。

（2）点信息查询：可以使用条件查询或地图直接点击查询两种方式查询点信息，如各县的有关信息，实现图形信息与属性信息之间的双向查询。

（3）面信息查询：可在地图上框选、圆选或任意多边形选择一定的区域，将选定区域涉及的各县、市的信息自动显示。

（4）地理位置定位：属性列表中的对象可以通过地图定位功能与图层中的对象自动对应。

（5）专题查询：选定要查询信息的类型，如土地利用、降水量图、DEM 图、土壤侵蚀模型的 K 因子图、C 因子图、R 因子图进行专题地图空间分类查询。

3. 效益评价

效益评价是在建立的水土保持数据库的基础上，选用适宜的评价指标体系和评价模型，评价水土保持的生态、经济、社会效益，为合理评价水土保持及有关决策和规划提供依据。

（1）指标体系的选择。用户可根据所在区域面临的社会、经济和环境问题，以及水土保持项目实施的目标，选择不同的指标体系。

（2）指标的无量纲化。对效益评价中涉及的数据及评价指标进行标准化，消除量纲对效益综合评价的影响。

（3）确定权重。用户可根据不同的研究区域、项目要解决的主要问题，对相应的指标确定权重。权重可以采用专家评分法，也可以根据灰色系统关联等方法客观赋值。

（4）综合评价功能。在上述基础上，可以选择层次分析法或其他综合评价方法，评价水土保持的综合效益。本系统提供层次分析法分析程序，其他方法用户可以根据需求，自行拓展。

第 8 章　地质信息系统

地质是关于地球的物质组成、内部构造、外部特征、各层圈之间的相互作用和演变历史的知识体系，是研究地球及其演变的一门自然科学。随着空间信息技术的发展，以及多种信息技术的应用，信息技术已经渗透到地质研究工作的全过程，形成了关于地质信息本质特征及其运动规律和应用方法的地质信息科学，主要研究在应用计算机和通信网络技术对地质信息进行获取、加工、集成、存储、管理、提取、分析、处理、模拟、显示、传播和应用过程中所提出的一系列理论、方法和技术问题。由于地质体、地质现象、地质过程本身的极端复杂性及其地质数据的多源、多类、多维、多量、多尺度、多时态和多主题特征，建立获取、处理、存储、显示和分析地质数据的地质信息系统是一项庞大而复杂的系统工程，对信息进行有效管理、实现智能决策支持是其关注的重点。

8.1　概　　述

信息技术的引入极大地改变了地质学家的工作模式，使地质工作者面临的对多源地质数据的采集、配准、存储、分析、综合与检索工作，变得形象直观、灵活多样、快速准确，使各种地学模型的生成和发展，在技术上有了主要的支撑系统。因此，地质信息科学是地质学与信息科学交叉融合的产物，它的发生和发展是地质学定量化和地矿勘察信息化的要求。

8.1.1　地质信息

地质泛指地球的性质和特征，主要指地球的物质组成、结构特征、构造格局、相互作用、演化过程等，包括地球的圈层分异、物理性质、化学性质、岩石性质、矿物成分、岩层和岩体的产出状态、接触关系，地球的构造发育史、生物进化史、气候变迁史，以及矿产资源的赋存状况和分布规律等。地质信息可定义为反映地球及其各子系统的物质组成信息、结构特征信息、构造格局信息、相互作用信息、演化过程信息等的总称。

1. 地质数据

地质数据是指地质工作或地质科学研究中所产生的大量地质观测值，包括数字、文字、图件、表格等。

1）地质数据的获取

地质数据的获取途径分为直接获取和间接获取。直接获取是数据收集者通过目测、工具、仪器等直接对地质对象进行观测和度量，获得的是各种原始观测值，可以是定性数据或定量数据，或二者兼之。地学工作者难以通过直接的方法获取全部数据，更多的时候是通过对别人直接或间接获取的数据进行收集而获取，也通过对直接获取的数据进行处理获取新的数据。地学领域采用的技术方法众多，按学科就可分为地质、地球物理、地球化学、遥感等，每种方法所获数据反映的是地质实体一方面的特征。每一学科中又可分为数种，如地球化学方法中按地质实体的差异可分为岩石（矿）、土壤、水系沉积物、水体、同位素、气体等；按方法的差异可分为化学分析、仪器分析、核地球物理、显微热分析等，每种方法中又包含若干次一级的方法，如仪器分析又可按仪器类型的差别进一步分为光学分析、电化学分析、色谱分析、质谱分析、发射光谱、微电子束分析等方法。

2）地质数据的特点

地质过程具有漫长的时间、广阔的空间，以及地质因素多种多样、错综复杂等特点。地质过程的每个阶段都伴随着新地质作用产物的出现，旧地质作用产物的改变甚至消失。面对广大的地质空间，人类的生产活动范围显得如此渺小，以至在野外观测取样所获得的资料和数据仅仅是地质过程或地质体全貌的一小部分。因此，地质数据具有下列特征。

（1）大多数地质数据是区域规律性变化因素、局部空间规律性变化因素和偶然性因素综合影响的结果，即

$$x_i = a_i + b_i + \varepsilon_i \tag{8-1}$$

式中，x_i 为地质数据；a_i 为区域趋势分量；b_i 为局部异常分量；ε_i 为随机误差。

当规律性变化因素起主导作用时，地质数据表现为空间坐标的函数，它们在一定的空间方向上明显地发生规律性的变化。例如，由补给源到沉积中心，碎屑物颗粒由粗到细的变化规律；矿体厚度沿一定方向增厚或变薄的变化规律等。当随机因素占主导作用时，地质数据主要表现为随机性，其变化与空间位置没有明显的关系。总之，地质数据既受确定性法则支配，又在很大程度上受概率法则制约。

（2）大多数地质数据是根据一定的理论和方法（如数理化理论），由定性描述资料转化而成的。例如，用二态数据 1 和 0 表征不同岩石颜色、不同时代地层、不同性质岩体等定性资料的出现与否；用信息量、含矿概率、矢量长度、因子得分等表征岩石结构构造、矿物组合、不同性质断层等定性资料指示成矿的相对重要性。

（3）地质数据是通过一定方式的抽样取得的，用它代表目标总体势必会有一定的误差，通常称其为抽样误差。只有把抽样误差限制在一个较小的范围内，地质数据才是有意义的。由于抽样是随机的，抽样误差因带有随机性而遵从一定的概率分布，可以用数理统计中的“区间估计”对抽样误差作出评价。误差区间大小取决于 $t\dfrac{s}{\sqrt{n}}$，当样本容量 n 不变，可靠程度 t 一定时，地质数据的均方差 s 越小，其代表性则越好。若 t 和 s 固定不变，提高数据代表性的唯一途径是增加观测数量 n。因此，在处理地质数据之前，必须对其进行可靠性评价。当置信区间不太宽、可靠程度不很低时，才能用其估计目标总体的数学特征。

此外，地质观测单元或样品体积的大小不同，得到的地质数据也不同。一般来讲，观测单元或样品体积越大，其地质数据的可靠程度越高，概率分布越接近于正态分布。因此，对同一目标总体而言，抽样总体的观测单元或样品体积不同，其地质数据的意义是不一样的。

（4）地质作用过程不同，由其产生的地质数据的统计分布特征也不一样。只有事先查明地质数据的概率分布特征，才能选择有效的数学方法对其进行处理。此外，由于多种地质因素经常作用在同一个空间上，地质数据往往表现为多个单一总体叠加的混合分布总体。在处理地质数据过程中，有必要按照一定的比例把混合分布总体筛分成某一分布总体来进行研究。

（5）还有一些特殊的地质数据，如“方向数据”、“比”和“定和数据”等，都有自己的

特点，需采用特殊的统计分析方法对它们进行研究。

3）地质数据的类型

对于地质数据，研究者从不同角度出发进行了不同的分类。从统计学观点出发，通常将数据分为定性和定量数据；从信息系统出发，将数据分为数值数据和文献数据；从数学定量方法出发，分为纯量、向量、定和及坐标数据；从数据与研究对象之间的关系出发，分为地址性、归属性、准则性及因素性数据；从数据的应用出发，分为原始数据和方法数据；从各专业学科出发，又分为地质、地球化学、地球物理、遥感影像等数据；从数据的意义和数量观念的完整程度出发，分为名义型数据、有序型数据、间隔型数据及比例型数据等。

（1）名义型数据。这种数据没有数量的概念，也没有大小、多少的区分，只起一种代码作用。例如，用“1”“2”“3”分别表示“红色”“黄色”“灰色”的岩石；用“A”“B”“C”分别表示“硅化”“绢云母化”“黄铁矿化”等蚀变类型。地质学领域中有大量研究对象，如不同时代地层、不同性质岩体、不同产状的断裂和褶皱、岩石的结构构造等，经常用名义型数据来表征。

（2）有序型数据。这种数据有大小、多少之分，而且从大到小或从多到少有一个按等级排列的顺序，但不同等级间的级差在绝对数量上是不等的。例如，摩氏硬度计由滑石到金刚石的 10 种矿物代表 10 种不同的硬度级别,分别由 1 到 10 组成一个由低到高的矿物硬度有序数列。但各相邻矿物之间的绝对硬度差很不一样，金刚石和刚玉之间一级的绝对硬度差，比从滑石到刚玉共九级之间的绝对硬度差还要大很多。地质学领域中不同级次的成矿远景区、不同级别的矿产储量和资源量、不同级别的物化探异常、矿床的不同勘探类型等经常采用这种有序型数据。

（3）间隔型数据。这种数据不仅能够比较其大小，而且对于相同的间隔来说，级差的绝对数量是相等的。例如，2 比 1 大，而且 2 与 1 之间和 2 与 3 之间相差均为 1。但间隔型数据没有自然零值。例如，海拔为 0m 并不代表高程的绝对零值或没有高度，它仅仅是取相当于海平面的高度 0m。因此，可以有–100m、–500m 等标高。地质学领域中的许多问题，如地层或矿体的空间位置、物化探异常等都属于间隔型数据。

（4）比例型数据。它是具有绝对零值的间隔型数据，不仅可以计算出两数值的差，还可以算出相差的倍数。因此，比例型数据反映的数量概念最完整，意义最明确。例如，矿体厚度测量值，当其为 0 时，意味着矿体不存在或尖灭（矿体逐渐变薄以至消失）了，不可能有负的厚度值。化学组分含量的化验值也属于比例型数据。但值得注意的是，某元素含量为 0 时，在大多数情况下并不意味着该元素不存在，而反映的是该元素含量低于分析方法的分析灵敏度。

以上四类数据中，前两类一般称为“定性数据”，后两类称为“定量数据”。定性数据一般都是离散的，定量数据主要为连续型的，当然也有一部分是离散的。

2. 地质变量

地质变量是指参与建立数学模型的成分和参数。地质数据是构置地质变量的基础。当人们在野外观测某种地质现象时，在不同地段它的表现总是不同的。例如，追索一条断裂，中心部位断裂带可能较宽，两端可变窄或分叉。又如，某种岩石在一个地段出露较多，而追索到另一地段时，该种岩石出露可能渐渐减少甚至完全缺失；矿石、岩石的某种组分，如矿物或元素在不同地段测得的含量不同等。这种随着空间位置（或时间）不同，表示某一地质现象可取不同数值的量叫做地质变量。

1）地质变量的特点

（1）由于地质作用的长期性和多期性，所有地质体都是多种地质因素综合作用的结果。对各种地质现象观测取样得到的地质变量，反映的是区域规律性变化因素、局部空间规律性变化因素、偶然性因素综合作用特征。当规律性变化因素起主要作用时，地质变量在一定的时间或空间方向上，明显地发生规律性的变化。当偶然性因素起主导作用时，地质变量因具有随机性，其变化与空间位置没有明显的关系。由此可见，地质变量既受确定性法则支配，又在很大程度上受概率法则制约。因此，在研究地质变量时，不但需要有确定性的数学方法，更重要的是，需要运用概率论和数理统计的理论和方法。

（2）地质变量中有一部分是定量数据，不但能够给出清晰的数量概念，而且可以直接比较其大小，彼此间的差异也可以用精确的数值来表示。但是，由于地质作用的复杂性，大量地质现象很难用具体的数值来表征，只能对其进行定性描述。这就是说，人们赖以解决地质问题的观测资料绝大部分是定性描述资料。因此，需要把定性描述资料转化为地质数据，并用专门的理论和方法对这些数据进行正确的处理。

（3）地质作用发生在漫长的时间和广阔的空间上，野外观测取样得到的资料和数据，仅是地质变量总体的一个微小部分。人们利用这一小部分地质变量来发现地质作用规律。

2）地质变量的类型

地质变量按性质可分三类：①定量型，又可分为连续型和离散型；②定性型，主要有二态（0，1）和三态（−1，0，1）；③方向型，以方位角 0～360°来表示。地质变量按其应用时取值方法的不同可分为观测变量、乘积变量、综合变量和伪变量四种类型。

a. 观测变量

对各种研究对象直接进行观测和度量所获得的各种原始观测值，可以是纯量或向量，纯量按取值方式可分为连续型和离散型变量。根据数据的意义和数量概念的完整程度，又可以分为名义型数据、有序型数据、间隔型数据及比例型数据四种。按其性质又可分为定性的、半定量的和定量的三种。

（1）定性数据。这类变量没有数量概念，也没有上下、早晚、大小的区分，只能定性地说明地质现象的性质和状态。例如，矿体的形态被描述为层状、透镜体状、不规则状，断层的性质被描述为压性、张性、扭性，岩石颜色被描述为红、黄、灰、黑，矿物结构被描述为全自形晶、半自形晶、它形晶等。矿体的形态、断层的性质、岩石的颜色、矿物的结构等都是定性变量，这种变量一般用名义型数据表示，多用于逻辑运算。

（2）半定量变量。这类变量含有大小、上下、早晚等顺序或等级概念，但不同级序间的级差在绝对数量上是不相同的，各级之间也不存在比例关系。例如，各时代地层自下而上按自然数顺序赋值，表征地层形成的早晚和空间排列特征；按矿物分级的摩氏硬度表征矿物硬度相对大小；用自然数从小到大顺序表示的矿床勘探类型、表征勘探难度的逐渐增大等，都属于半定量变量。半定量变量一般用有序型数据表示。

（3）定量变量。这类变量不但能够说明地质现象的性质和状态，而且有明确、清晰的数量概念，既能比较其大小，又能精确地表示变量间的差异。例如，岩层厚度、矿体规模、矿石比重、元素含量、岩石孔隙度、电阻率等，都是定量变量。定量变量一般由间隔型数据和比例型数据表示。

b. 乘积变量

乘积变量是指原始观测变量的乘积。有些地质环境不仅由所在的单个观测变量来表征，还有可能用共存的两种变量提供更为重要的隐蔽信息。例如，在一个单元中，太古宙沉积岩和铁矿层的共存可能定义其他的沉积相；酸性火山岩和较高的重力异常的共存可能表示一个古火山中心；夕卡岩矿床多产于花岗闪长岩和石灰岩两种岩石类型的接触带；用钻孔控制的矿体考察储量变化趋势特征时，用品位和厚度的乘积作为指示变量。再如，宁芜地区火山岩岩石化学成分中，K_2O 和 Na_2O 的比值反映了不同的火山岩类型及玢岩铁矿含矿的差异性；宁芜某些玢岩铁矿矿体中 V_2O_5/TFe 的空间变化能反映不同裂隙的控矿构造。这里比值是另一种形式的乘积变量，即一个变量与另一变量的倒数的乘积。

c. 综合变量

综合变量是指将几个地质因素或标志的原始观测值加以综合，构成一个具有特定地质意义的新变量。这种综合不是某种测量数值的简单反映，也不是若干标志的孤立集合，而是经过地质人员深思熟虑的综合分析，用数量表示某种地质意义明确的综合概念和结果特征。综合变量还可以起到减少变量、简化数学模型的作用。例如，某金矿体前缘晕的指示元素是 Hg、Sb、As、Ti，尾晕的指示元素是 Ag、Cu、Pb、Zn，由于样品中单个元素的含量变化很大，用单个元素表示原生晕的性质十分困难，而用各元素的和，Hg+Sb+As+Ti 及 Ag+Cu+Pb+Zn 则能很好地指示矿体的前缘晕和尾晕。它们的比值（Hg+Sb+As+Ti）/（Ag+Cu+Pb+Zn）更能清晰地指示矿体可能存在的空间位置。可见，几个单个变量的和，有时会指示更加明确的地质意义。又如，在胶东地区，只有当胶东群地层、北东向断裂构造、中生代花岗岩同时存在时，才有可能发生金矿化作用。因此，上述三种地质因素的乘积构成一种新的变量，指示该区金矿化的必要形成环境。白云鄂博铌稀土铁矿床中，沉积-变质作用成因的独居石具有钕高镧低的特点，而热液作用成因的独居石恰好相反，具有钕低镧高的特点。因此，二元素的比值，即一个元素同另一个元素倒数的乘积构成了一个指示不同矿化期的地质变量。类似的，花岗闪长岩与石灰石的乘积指示夕卡岩性矿床必要的形成环境。酸性火山岩和较高的重力异常的乘积，指示古火山中心的可能存在等，都表明 n 个单个变量的乘积有时能提供更为清晰的地质信息。再如，某金矿床包括两个矿化阶段，最佳地球化学标志组合分别为 Au-Ag-Bi-Te 和 Au-Ag-Cu-Pb-As-Zn。对矿石中化学元素含量进行因子分析，第一主因子轴突出了 Au、Ag、Bi、Te，第二主因子轴突出了 Au、Ag、Cu、Pb、As、Zn，则第一、第二主因子的得分构成了两个新变量，指示两个矿化阶段的地球化学特征。因此，这种通过某种方式形成的综合变量，不但能够明确地指示某种地质意义，而且有减少变量、简化数学模型的作用。

d. 伪变量

为了便于计算，人为地附加一个变量，令其在各样品中取值为一个常数，通常取值为 1，这样的变量称为伪变量。例如，在多元回归中求回归系数时，常在原始数据矩阵中加上一行或一列取值为 1 的伪变量，会给计算带来很大方便。引进伪变量纯属是计算技巧上的要求，而不影响计算的结果。

3）地质变量的选择

开展地质研究的基本条件之一是必须有一组地质变量。但是，自然界有许许多多、形形色色的地质变量，需要从中选取一小部分来进行地质研究。在进行地质变量选取时，应注意以下几个方面。

（1）选取地质变量的根本原则是，在地质问题所限定的范围内，选取那些与地质问题的性质或所欲达到的目的密切相关的变量。如果进行的是对某一类型矿床的统计预测，则根据已知的成矿模式选取那些与该类型矿床密切联系的控矿地质因素和找矿标志。例如，对斑岩型铜矿开展统计预测时，首先把选择变量的空间范围限制在斑岩体分布的范围内，然后选取与该类型矿化相关联的岩浆岩相标志、垂直和分带标志、断裂裂隙系统标志、蚀变岩标志、矿物组合标志、地球化学标志等。如果没有现成的成矿模式，应首先在研究区开展地质研究，建立矿床形成地质概念模型。在此基础上，选取与矿床有成因联系的地质标志。例如，对胶东招远金矿化带土壤地球化学异常的致矿性进行评判时，根据前人资料了解到该区发育石英脉型和蚀变岩型两类金矿床。在选取变量之前，必须进一步了解二者在成因上是独立的，还是有一定联系的。如果是独立的，必须找出它们各自的控矿地质、地球化学因素。选取变量时，也必须选取两套标志。如果二者有成因联系，还需要进一步研究它们在成因联系上的密切程度，看能否用二者共有的地质、地球化学标志来进行评判。为解决上述问题，在矿化带范围内开展了控矿地质条件研究，建立了矿床形成地质概念模型。模型反映出该区金矿化只有一个成因类型，即中温热液充填型。石英脉型和蚀变岩型是同源、同因含金热液在迁移演化过程中，所处裂隙性质及相应的物理化学环境不同形成的两个自然类型。于是，根据类型中指出的各矿化阶段的地球化学标志组合，选取了一组最佳控矿地球化学标志来进行异常致矿性评判。

（2）在解决地质问题时，要求研究对象的地质构造环境、地质作用过程和机理等，与用以建立数学模型的已知地区（样本）相类似。在此基础上，应保证所选取的变量有较好的代表性：①被选取的变量在横向和纵向上应有较好的代表性。横向代表性是指变量的可利用性在水平空间上能扩展多远。纵向代表性指变量的可利用性在垂直方向上能扩展多深。一般用变量在空间上的变异度来衡量，变异度大，变量在空间上外推的范围小。变异度小，变量在空间上外推的范围大。因此，应尽量选取空间变异度小的变量，以保证在已知区（或样本）建立的数学模型应用于研究区的效果。②选取的变量应具备观测取样单位、观测取样方法、分析测试条件、数据水平、精度等的一致性。

（3）由于地质研究程度所限，对某种矿床成矿规律的认识比较模糊时，应尽可能多得选取变量，以免漏失重要的地质信息。

（4）选取变量应采用地质研究和数学分析相结合的手段。对于数学方法选出的地质意义不十分明确的变量，应进一步研究其地质意义，看它是否是与研究对象有关的重要隐蔽地质信息。如果还看不出它的地质意义，则应检查该变量的取值和变换方法，看是否是数学处理过程中造成的错误。

用于地质变量选择的数学方法，大致可以概括为：

（1）几何作图法。通过几何作图，直观地显示变量与研究对象之间的关系。然后加以对比分析，决定取舍。这种方法大致分为点聚图法和雷达图法两类。

（2）相关系数法。计算简单相关系数、偏相关系数、秩相关系数。

（3）信息量计算法。

（4）秩和检验法。它能检验某地质变量在已知两同分布总体中的观测值差异是否显著；如果显著，这些变量可以作为判断变量，否则不能选用。秩和检验是把已知两总体的样品混在一起，变量值按由大到小的次序排列并统计其秩，求出样品数较少的总体的秩的和，然后根据两总体各自的样品数给定。由秩和检验表查出秩和上限、下限，若落在上限和下限之外，则认为该变量在两总体中的差异显著，可选作判别变量。

（5）用于二态变量选择的地质向量长度分析法、相关系数比值法、变异序列法。

（6）各种多元统计方法，如主成分分析法、各种序贯分析法、回归分析、逐步回归、逐步判别、序贯判别等。

4）地质变量的变换

对地质变量进行变换的目的主要是：①使地质变量尽可能呈正态分布；②统一地质变量的数据水平；③使两变量间的非线性关系变换为线性关系；④用一组新的为数更少的相互独立的变量代替一组有相关联系的原始地质变量。对地质变量进行变换，必须遵从两项原则：①防止变换后的数据产生有偏估计，丢失大量信息或造成假象；②不破坏数据与母体间的相互关系，即变换后数据之间的相关程度保持不变。

不同的变换方法达到的目的不同。不同的数学模型对地质变量的要求也不同，大多数多元统计分析方法都要求地质变量总体服从多元正态分布，要求变量的数据水平一致等，如判别分析要求变量呈正态分布；回归分析要求因变量呈正态分布，要求各自变量和因变量之间有足够的相关关系；聚类分析要求各变量数据水平一致，变量间互相独立等。因此，地质变量的变化一定要根据数学模型的要求，有的放矢地去进行。

为了使数据水平一致，可对原始数据进行标准化、极差化或均匀化变换。对于偏态分布的原始数据，通过对数变换、平方根变换、反余弦或反正弦变换使其接近正态分布。对于非线性相关数据，可通过作散点图、视点的分布趋势拟合曲线，然后用该图像的方程作适当变换，变换为大致呈线性关系。为了使原始变量的个数减少且互相独立，可进行 R 型主成分分析。

a. 统一变量类型的变换

（1）定量变量转化为定性变量。有时，指示地质意义的不是变量的具体数值，而是某些数据区间。例如，经统计，某类型矿床大多数分布在距离花岗岩体 150～400m 内。这时，距花岗岩体距离这一地质变量，在指示矿体出现可能性方面，只有两种状态是有意义的，即 150～400m 距离指示矿体可能出现，其他距离指示矿体不可能出现。在两类距离内部，变量的具体数值是没有意义的。因此，可把距离转化成二态变量，即

$$D_{\mathrm{i}}=\begin{cases}1 & \text{距离花岗岩150~400m}\\ 0 & \text{其他距离}\end{cases} \tag{8-2}$$

有些统计分析方法的运算，要求变量具有定性数据。例如，逻辑信息分析法要求变量具有 1、0 二态数据；特征分析法要求变量具有 1、0 二态数据或+1、0、−1 三态数据。某些离散型变量分布模型的模拟，要求变量为计数值 0，1，2，…的形式。因此，需要把定量变量变换成有关数学方法要求的定性数据的形式。

（2）定性变量变换为定量变量。定性变量 0、1 数值经过矢量长度分析、条件概率分析、找矿信息量分析等处理，可以转化为定量变量。此外，基于日本学者林知己夫等提出的处理定性数据的数量化理论，一组定性变量根据数量化理论Ⅰ可以构成相当于回归值的综合变量，根据数量化理论Ⅱ可以构成相当于因子得分的综合变量。有时，为了计算上的需要，把定量变量的数值区间转化为一个数值，如用组中值代表数值区间。

b. 统一变量量纲的变换

如果变量间数值不在同一个数量级范围内，把它们放在一起计算时，会因参加计算的各变量的权值不同，导致数量极大的变量更加突出，而掩盖数量级较小的变量。这种计算结果是没有意义的。因此，在计算之前，必须把所有的变量统一在同一个量纲上。方法主要有：①标准化变换。它的几何意义在于把变量的坐标原点移到重心（平均值）位置。变换后变量的平均值为 0，方差为 1。对于两个不同的变量而言，它们在标准化变换前后的相关程度不变。因此，这种变换适合于量纲和数量大小不同的连续型数据，如品位数据、岩石化学分析数据、元素的含量、岩层厚度等。②极差变换。变换的几何意义相当于把变量的坐标原点移到极小值的位置上。变换后变量的极差为 1，所有数据统一在[0，1]的变化范围内。并且，变换前后的两个不同变量之间的相关程度不变。极差变换又称规格化变换或正规化变换，适合于量纲和数量大小不同的连续型变量。③均匀化变换。变换后变量的数值在 1 的附近变化，其数学期望值为 1，变量与平均值之差的期望值为 0。均匀化变换又称平均值计量变换，适合于比例型变量，如长度、体积、质量等数据的变换。

c. 正态变换

正态变换是把非正态分布的原始数据转化为正态或近似正态分布的变换。

（1）对数变换。地质工作中，应用最多的是自然对数变换或常用对数变换。由于这类数据具有明显的左偏倚特征，很可能出现接近 0 的值，取对数时，会出现很大的负值。为克服这个缺点，在取对数之前，先把每个数据乘上一个常数c。对数变换适合于遵从对数正态分布的变量，如有色、稀有、贵金属及微量元素含量等。

（2）平方根变换。主要用于具有泊松分布的离散型变量，如单元内矿点个数、单位面积内落下的陨石个数、露头个数、距主断裂带的距离等。这类数据的平均值和方差相等，变换后方差与平均值无关，但使数据变异度变小。

（3）反正弦和反余弦变换。反正弦变换能使弱右偏的不对称分布接近于正态分布；反余弦变换能使弱左偏的不对称分布接近于正态分布。变换后的数据由 0～90°的角度表征。反正弦和反余弦变换适合于具有相对百分比数据，通过变换把相对百分比分布曲线的尾端拉长，将曲线的中段压缩，使之趋于正态分布。经过这种变换的两个变量，其相关性与变换前相比略有差异。

以上三种方法都属于使偏态变量接近于正态的变换方法，具体选用何种方法，应首先考察数据的概率分布曲线，区分它是左偏还是右偏。若是右偏，则用反正弦变换；若是左偏，按长尾收敛程度选择变换方法：左偏偏度大的采用对数变换，偏度中等的用平方根变换，弱左偏用反余弦变换。

d. 线性变换

地质变量之间有各种各样的关系。其中，二变量之间的线性关系最为重要。在实际应用中，经常需要把变量的非线性关系转化为线性关系。变换的方法是在直角坐标系中作图，根据点的分布趋势考查它接近于哪一种函数的图像，再用该函数对其进行模拟并进一步进行线性变换。常见的函数有双曲线函数、幂函数、指数函数、对数函数。

8.1.2　地质信息系统

地质信息系统是一种面向地质信息的特定空间信息系统。它是在计算机硬件、软件系统支持下，对地质空间中有关地质数据进行采集、储存、管理、运算、分析、表达和描述的技术系统。地质信息系统作为地质信息技术体系的核心，是融合了多种地质信息相关技术的系统集成。

1. 地质信息系统的特征

针对其他信息系统而言，地质信息系统具有以下显著特征。

1）功能的多主题

地质学科体系的宏大性特点和地质现象的多主题特点，决定了地质信息系统功能的多主题特点。

2）功能的复杂性

复杂性主要表现在两个方面：一是地质现象复杂。从性质上看，包括物理的、化学的、生物的；从规模上看，大至全球甚至是太阳系的宏观现象，小到原子和离子的微观过程。同时，地质学涉及生物、气象、天文、地理等一系列学科，知识领域极其广阔。二是地质作用发生和延续的时间一般很长，如矿物、岩石的形成，海陆的变迁，山脉的隆起，洋底的扩张等。这些物质的运动需时较长，一般以百万年为单位来计算，如喜马拉雅山脉，从海底隆起至今约有 25 百万年；大西洋的形成至今约 200 百万年；有些地质作用看起来其表现时间很短，如地震、火山爆发等，但能量的聚集需要很长时间。因而，人们难以对正在进行的地质作用的全过程做完整的观察，对于地质历史中的地质作用更不可能直接了解。地质系统的复杂性和地质作用的长期性，决定了地质信息系统的复杂性特点。

3）应用的区域性

地质现象遍布全球的每一角落，而各处自然地理环境极不一致，有的是高山，有的是平原，有的是深海，有的是沙漠和戈壁，有的是冰盖和雪原，因此地质现象具有强烈的地区特色。此外，还有若干地质现象发生在地下深处，难以直接进行观察。地质现象强烈的地区特色，决定了不同地质信息系统应用的区域性特点。

4）数据的复杂性

（1）多源、海量数据。地质数据的来源主要有露头观测、岩心描述、物理测井、采样化验、物理-力学测试、日常生产记录、水文地质调查、地球物理勘探、遥感、地球化学勘探、综合研究与编图，以及已有的各种勘察和研究成果。

（2）空间多维。运用构造解析方法和时空建模技术重构地质系统不同空间维度、不同空间尺度的形态结构，是地质信息系统义不容辞的研究目标和重要任务之一。

（3）属性多维。地质研究过程中可获得的属性信息越来越丰富（地质、物化和遥感信息等），这些信息往往量大且标度不统一。这些复杂、定量化的属性信息本质是研究区属性的多维数据，其中的任何一维（一列）数据均表示研究区的某一个属性特征。

（4）多时态。现今获取和观察到的大量地质信息和实例，都是地质构造演化过程中某一幕（阶段）的地质表现，是地质构造演化过程最后一幕的综合结果或某一次地质事件的具体产物。早期的地质信息或地质作用所发生的过程可能被后期地质作用所改造、叠加或抹除。多时态的地质信息，是完整地观察或再现地质构造变形演化过程及其内在动力机制的必要和基础。

2. 地质信息系统的分类

根据不同的分类要求，地质信息系统具有多种分类方法（图 8.1）。按主题，可分为基础地质信息系统、水文地质信息系统、工程地质信息系统、地质资源管理信息系统、地质环境信息系统、地质灾害管理信息系统等；按尺度范围，可分为全球性的、区域性的和局部性的；按区域性质，可分为城市地质信息系统、矿区地质信息系统、石油地质信息系统、煤田地质信息系统、铀矿地质信息系统等。

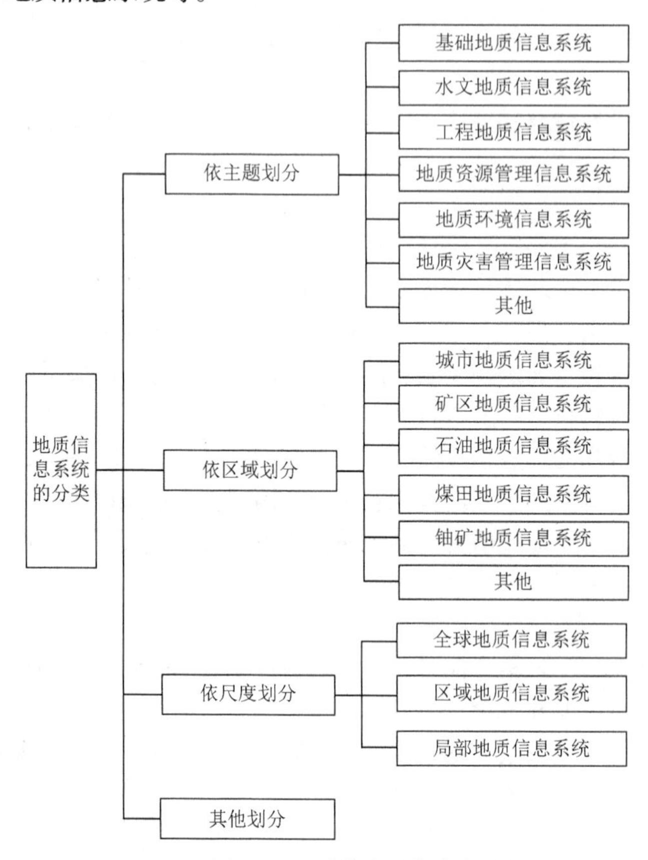

图 8.1　地质信息系统分类图

3. 地质信息系统的建设

当前，地质信息系统软件主要分为工具型、应用型两种类型。其中，工具型地质信息系统也称地质信息系统开发平台或外壳，它是既具有地质信息系统基本功能，又提供二次开发或定制开发能力，并可支持其他系统调用或用户进行二次开发的操作平台，而应用型地质信息系统是根据用户的需求和应用目的而设计的解决一类或多类实际应用问题的地质信息系统，它除了具有地质信息系统的基本功能外，还具有解决地质空间实体及空间信息的分布规律、分布特征及相互依赖关系的应用模型和方法，如地质灾害监控与预警信息系统、水资源管理信息系统等，多针对专题的、面向特定地区问题的解决。

不同的应用型地质信息系统间固有个性特征的存在，决定了地质信息系统应用软件难以运用传统信息系统基于拷贝的批量分发方式进行软件开发。目前，应用地质信息系统多专门开发。然而，不同的应用型地质信息系统间功能虽有所不同，但都具有地质信息系统基本功能，都采用了类似的数学建模手段进行模型的构建。这种共性特征的存在，决定了基于同一平台复用开发的可能；而个性应用的存在，可通过定制技术来解决。

随着信息化的深入，多个应用型地质信息系统并存的现象越来越普遍，传统上各应用型地质信息系统单独二次开发的模式因存在的诸多问题而无法满足工作需要。将地质信息系统应用提升到平台层次，是多个应用之间避免资源浪费，实现数据共享，有效支持复用，打破“信息孤岛”最有效的方法和手段；而基于定制的软件用户化技术的发展使地质信息系统开发成本及对用户知识技术水平的要求都大大降低了。为此，通过共性、个性功能的区分与划分，开发地质信息系统定制平台，提供多层次的共性功能复用与个性功能的快速定制，实现基于平台的地质信息应用及开发具有重要的研究意义和应用价值。

地质信息系统开发，特别是在多个应用系统并存的情况下，应尽可能地“把握共性，提炼个性”，在最大程度实现共享与复用的基础上，充分提高系统的开放性、灵活性与可扩展性。个性化的功能随对象不同具有不同的表现，即具有易变性，易变的个性功能则要求系统具有充分的柔性，通过灵活的定制与配置操作满足不同用户个性化界面、功能及空间数据的需要；而共性的功能不随对象的改变而改变，即具有固定特性，固定的共性功能则需要通过形成共享平台，较好地支持多粒度、多层次的复用。两者的共同点都在于通过提高复用能力，提高系统开发效率。两者的不同点在于前者关注基于平台的个性功能定制开发问题；后者则关注基于平台的共性功能的复用。平台是灵活定制的基础，定制是平台个性化高效应用的保障。两者综合而成定制平台，提供了一个完整的“共性平台+个性化插件”问题的高效解决方案，可有效促进多应用型地质信息系统的高效开发、最大复用、避免资源浪费、促进规范制定与实施、实现数据共享及打破“信息孤岛”等问题的解决，实现地质应用的敏捷开发（图 8.2）。

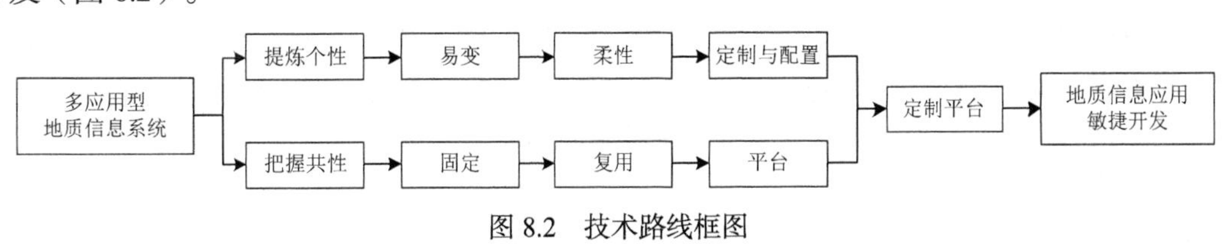

图 8.2　技术路线框图

地质信息系统定制平台，是为了实现集成数据定制与配置、界面定制与配置、功能定制与配置、用户角色权限管理等功能的人机交互的地质信息定制平台系统，可满足用户快速定制开发地质应用需求，其主要功能模块如图 8.3 所示。

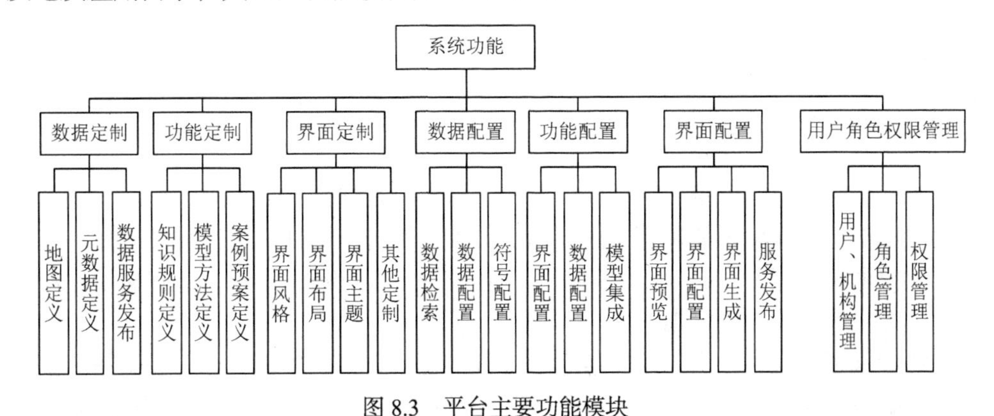

图 8.3　平台主要功能模块

4. 地质信息系统的功能

1）基本功能

地质信息系统的本质是地质学研究对象与研究内容的信息化管理与应用，其基本功能主要包括以下几个方面。

（1）地质信息的采集、分类与编码。根据地质信息特点及采集设备、采集方法的不同，进行地质信息的分类组织和有效编码，是地质信息建库的基础，是地质信息管理和应用的前提。

（2）地质信息的加工、管理、存储、共享与交换。地质数据的多源、异构、多维、多尺度等特点，决定了地质信息的加工与整理工作比较复杂。系统、规范、一致的地质信息加工与整理是地质信息管理的基础；而高效、安全的数据存储、共享与交换则是地质信息应用的客观要求。

（3）地质信息的管理、索引与查询。海量的地质数据管理与应用，需要高效的索引机制和快速、多样的查询方法支持。今后，随着地质决策、地质可视化等数据密集型应用的不断深入，势必会不断提出更高要求。

（4）地质信息的表达、可视化。多样的地质信息表达手段，特别是可视化表达手段，是快速获取地质信息、有效促进地质规律认知的基础和核心。地质信息表达方法的不断创新和探索，将成为今后地质信息系统研究与应用的热点。

（5）地质信息的解析、建模与模拟。不同主题、不同区域地质体的经济、快速、高质量建模，将是今后地质信息系统研究与应用的重点所在。当前，解析构造学对地质构造变形机制与变形模式研究的不断深入和地层对比、地层恢复等空间推理方法的不断丰富，为复杂地质构造智能解析与快速建模应用提供了一定的工作基础。

（6）地质信息产品管理。地质信息产品管理，是直接与用户打交道的环节。相关功能的实用性和界面的友好性，是体现地质信息系统产品价值的关键所在。今后，随着地质信息表达和地质分析研究的逐步深入，地质信息产品体系将不断完善，地质作用功能将不断丰富。

2）应用功能

目前，地质信息系统的应用主要集中在地质资源管理、工程建设适宜性评定、地质灾害危险性评价、地质灾害风险管理、地质工程选址、地下空间利用规划、地质功能区域规划、地质环境监测、地质安全生产管理、决策支持等多个方面。随着地质信息系统研究的不断深入，今后将有更多的地质应用功能不断涌现。

（1）地质资源管理。地质资源是可持续发展的重要保障之一。地质信息系统可有效管理收集、整理、分析得到的各类资料，分析金属矿产、非金属矿产、建筑材料、地热、地下水、旅游地质资源等六大类主要地质资源的种类、分布、储量及开发利用现状，进行资源保障能力评价，提出科学合理的开发建议。

（2）工程建设适宜性评定。工程建设适宜性评定就是根据城乡发展的要求，对可能作为城乡发展用地的自然环境条件及其工程技术上的可能性与经济性，进行综合质量评定，以确定用地的建设适宜程度（不可建设用地、不宜建设用地、可建设用地、适宜建设用地），为合理选择成像发展用地提供依据。

（3）地质灾害危险性评价。地质信息系统可在地质灾害调查资料汇总和编图的基础上，明确滑坡、崩塌、地面塌陷（岩溶、采空）、江岸侵蚀淤泥等主要地质灾害类型的分布范围、规模、地质背景条件及诱发因素，进行易发性分区；对重点地区进行危险性评估，合理规划和部署监测网络，实时提供地质灾害预警和风险预报。

（4）地质灾害风险管理。从总体上讲，国外对地质灾害风险管理的研究主要体现在以下几个方面：①借助现代先进的科学技术手段和方法深入系统地研究地质灾害的致灾机理，继续加强对单体地质灾害风险的特点、成因机理、预测预报及防治处理等方面的深入研究；②重视灾害制图技术方法的应用，采用现代技术对中小流域地质灾害风险进行区域性评价，划分地质灾害危险性等级；③典型地区区域地质灾害预警系统和灾害管理信息系统建设取得显著进展，区域地质灾害预警系统研究在国际上迅速发展。

相对于国外而言，国内对地质灾害风险管理的相关研究起步较晚。20 世纪 30～70 年代多以地震灾害研究工作为主。“八五”期间，我国的地质灾害调查工作才全面开展，重点集中在滑坡、崩塌、泥石流、地面沉降、岩溶塌陷、土壤侵蚀、土地荒漠化、矿区灾害等。80 年代，人们开始从内外力型地质灾害链入手分析其成因。90 年代后，学者们对我国地质灾害的类型、特征、影响因素、分布状况和区域发展规律等进行了深入的研究，提出了许多新理论、新观点，为地质灾害的研究发展提供了有利的依据。

（5）地质工程选址。研究三维地质统一数据模型建模技术，实现对地下三维空间复杂地质体、地质现象与典型人工构筑物的统一建模与表达，可支持研究地面上下构筑物对水文地质、工程地质、环境地质等产生的影响和改变，并且对受此影响和改变可能引发的地面建筑物和地下构筑物的安全隐患做出必要的预测，从而更有效支持进行城市重大工程及地下工程的科学选址。地质工程选址主要包括：地铁工程选址、隧道工程选址、垃圾填埋场选址、防空工程选址等。

（6）地下空间利用规划。随着我国经济的高速发展和城市化进程的加速，城市发展和土地资源短缺的矛盾日益突出，而缓解城市发展与有限的地面空间之间矛盾的最佳途径就是合理开发城市地下空间，这对于我国城市的发展至关重要。在城市化高速发展的今天，城市地下空间是城市可持续发展重要资源的观念应当成为城市发展的指导原则，城市地下空间开发规划应成为城市规划的重要组成部分，而加强城市地下地质结构的调查和问题研究是地下空间开发与利用的技术保证。

（7）地质功能区域规划。主要包括地质灾害防治规划、资源开发与利用规划、地质勘察规划、地质环境保护与治理规划等。

（8）地质环境监测。从科学意义上讲，实施地质环境监测是由“环境”本身的可变性特征决定的。地质环境的变化是一个从量变到质变的过程。掌握地质环境的变化情况和发展趋势，除了进行长期的、系统的监测工作外，别的途径难以实现。它是一项长期的、不间断的工作，通过建设监测站网，获取地质环境连续变化的数据，可以密切注意地质环境的变化和发展趋势，掌握地质环境演变的规律和特点，以助于人们预测其未来的发展趋势，预测和预警即将出现的地质环境问题或地质灾害，最大限度地避免生命和财产损失。当前我国开展的地质环境监测工作，主要包括地下水动态监测、突发性地质灾害监测、缓变性地质灾害监测、矿山地质环境监测和水土地质环境监测等。

（9）地质安全生产管理。由于地质安全生产人员和勘探设备等的流动性较大，野外作业环境条件恶劣等，在整个生产过程中不确定的因素很多，地质安全生产管理任务与责任重大。地质信息系统可有效支持地质生产部门的安全生产管理，提供安全评价、事故应急、风险预警等功能。

（10）决策支持。地质信息系统可对研究区地质条件、资源状况及其可利用性、安全性等进行分析、预测和评价，进而为其合理开发、利用提供决策支持。

8.2　区域地质调查

区域地质调查（也可简称“区调”）是一项具有战略意义的综合性基础工作，其工作内容涉及地学的各个领域。它的进展与研究程度的高低，不但是衡量一个国家地质工作和地质科学技术总体水平的重要标志，也是制约国家资源预测与评价和地质工作服务于经济建设能力的重要因素。传统的区域地质调查，是通过连续的野外地质路线观测和观察，将获得的第一手基础资料记录在纸介质的记录簿上，并把相应的地质观测点及界线标注在地形图上。获取的野外地质观测数据和信息基本上是处于分散的和非动态的，极大地制约了资源信息的充分发挥和利用。因此，数据的采集理论和技术方法的研究，已成为实现地质数据获取全过程信息化迫切需要解决的问题。由于地质内容的复杂性，野外数据采集的数字化、地质调查的基本工作方式和流程信息化一直是地质调查工作信息化难度最大的工作。

8.2.1　区调业务分析

近些年，区调领域最大的进展就是信息技术的广泛应用。GIS、GNSS、RS 等技术的广泛应用，极大地提高了区域地质调查的工作效率，改进了地质填图的质量，使地质调查领域信息化难度最大的区域地质调查实现了全过程的信息化。结合 GIS 进行区调的主要业务流程如下。

1）资料准备阶段

该阶段是对已有资料的收集和综合处理阶段。区调并不是从零开始的工作，而是在大量背景资料的基础上开展的，因此在进行野外工作之前必须做好必要的数据准备工作。包括收集测区的地质、遥感、物探、化探、钻孔、科研等资料，并进行综合分析和处理。

由于采用 GIS 作为核心技术的思路，因此在该阶段必须为 GIS 建立相应的数据基础。主要工作包括将地形图中的不同要素进行分类，然后依据区调工作的需要进行初步分层，对于一些非数字化的地形图还需要进行矢量化等工作以便建立空间数据库，同时对地形图中的大量说明性信息及为区调工作准备的数据进行录入，通过传统关系型数据库进行管理，并通过相关字段进行属性数据和空间数据的关联。

2）设计编写阶段

该阶段以资料准备阶段收集的资料为基础，利用 GIS 提供的空间信息和属性信息及其他图件信息，参照相关标准编写区调设计文本。该阶段的工作与传统区调方法不同之处在于必须充分考虑由于采用 GIS 技术而改变了的传统工作流程及时间安排。

3）野外工作阶段

目前，国外进行数据采集的方式主要有数据记录器、条形码录入、触摸屏、GNSS、声音驱动记录仪、集成 GNSS/数据记录仪等。在我国选择数据记录仪和 GNSS 进行数据采集比较切合实际。该阶段是区调工作的核心，对各种地质现象、地质界线进行描述和定位，并绘制草图，该过程可以采用手工绘图然后扫描或直接在计算机上进行绘图。

4）成果编审阶段

地质图是区调最重要的成果，贯穿区调工作的始终，它是区调工作的重点。其中，地质剖面图在区调中的作用尤为重要，每幅地质图至少测绘 10 余条剖面，而目前还没有成熟的与

GIS 结合紧密的剖面图绘制模块。因此，应开发基于 GIS 的自动化程度较高、功能完善、能在实际生产工作中应用的地质剖面和地质图绘制软件。

以上所叙述的各个阶段中，GIS 的观念贯穿始终，这是现代化区调工作的最大特点。应当指出的是，在基于 GIS 的区调中，各种数据库的建立是至关重要的。由于区调数据量大，数据种类繁多复杂，所以应引用大型关系数据库进行管理，并与 GIS 有机地结合，按不同数据内容分别建库，如点位、构造、岩石、地层、花岗岩、火山岩等。对于各种测试样品，其化验分析结果相对滞后于野外工作，应根据样品类别，如化石、重砂、化学分析、同位素、薄片等，分别进行建库。

区调中 GIS 系统的应用与传统区调工作相比具有较大的优越性，主要表现在以下几个方面。

（1）地质资料检索查询十分方便。无论在区调工作过程中，包括室内的资料准备阶段和野外工作阶段，还是在区调成果的后期使用中，采用基于 GIS 技术管理的相关区调成果，包括图件和其他属性数据，在查询检索中完全可以利用数据库的查询操作完成，大大提高了工作效率。

（2）图幅内容的更新改版更加方便。随着科学技术的进步，一些新理论、新认识、新发现不断出现，原有地质图的内容必须进行修改补充。利用 GIS 在计算机上可以很容易地对地质图进行编辑，而不需要重新从头做起，只需在原图基础上稍作修改即可完成图幅的更新改版。

（3）有利于图幅内容的充分开发利用。以原有地质图为基础，根据用户需求可灵活地输出不同层次的内容，如地理底图的各个图层（交通、河流、行政区划界线、等高线、各种注记等）、地质内容的各个图层（地层、构造、岩石、矿产等）。用户可根据自己的需要选择不同的图层，然后叠加自己的内容，如水文、环境、土地、工程、林业、城市等，形成各种专题地图。输出图件的样式、种类、专业内容及属性选择、图幅比例尺等具有更大的灵活性。

（4）有利于目标区总结及小比例尺编图。在完成一个重点成矿区或重要地质研究区的填图以后，可利用 GIS 技术把这些图件拼接起来，编制小比例尺的地质图，在空间上进行综合分析研究，对目标区进行成矿预测或基础地质问题研究。

8.2.2 区调数据库

1. 数据内容

区调数据主要包括收集到的资料及野外实测的数据。考虑成果的综合性，除收集常规的地质、矿产资料外，还应收集水资源、土地、植被等资料，并按所建立的 GIS 数据模型，来描述工作区内不同地质体、不同资源信息的空间位置（几何信息）及与之相关的性质信息（属性信息）。

建模的方法应符合系统对数据的要求。目前，常见的 GIS 数据库模型以关系型数据库、层状数据库及网状数据库为主，以关系型数据库最为实用，也较符合区调的需要。在建模工作开始时，应确定数据库中每一个记录的字段类型及宽度，以确保信息输入的速度并减少作业的出错率，如野外手绘图数据的每一记录字段及类型：点号、点位、坐标、航片号、点性、描述等。

除常规地质数据外，天文、气象、水文、植被、人文、旅游、土地等信息，也应分别建库，形成相应的数字地图，为野外工作做准备。除了建立数据库所需的数据外，一般还需要如下几类数据。

（1）物探资料，如航磁、重力资料。

（2）化探资料，如区域水系沉积物测量资料。

（3）卫星图像。卫星图像是了解区域构造及岩石类型的有效手段。采用卫星资料，运用相关遥感处理软件，对构造及岩石类型解译效果良好。

（4）地理地形资料。包括水系、地表等高线、区域交通位置、居民地、图外整饰等分别建立图层并扫描输入计算机（若有数字化地形资料可以直接利用）。文字资料分类别录入，建立相应数据库，然后用地理编码把图层和相应数据库连接起来，赋予每个图层中的图元以相应属性，建立地理地形资料库系统。后期填图工作中微机连图的地形底图、设计及报告中的交通位置图、地质图的简编地形图等均可从该系统中输出。

（5）地质、矿产及水文工程方面的资料。主要对可利用的样品、产状及钻孔等资料分别建立相应数据库，便于利用。如果这些资料已建立数据库，则可直接利用。

收集的大部分资料将来要进入 GIS 的数据库系统中，因此在资料收集过程中必须注意以下几个方面的内容：①图纸或电子地图的精度必须满足区调的要求。区调填图的目标比例尺往往决定了搜集资料的精度。如果是纸质地图资料，地图的图面必须整洁，没有严重褶皱或破损。②多个不同专题的地图，由于来自不同单位，或由同一单位的不同部门制作完成，可能有坐标类型不统一等情况，因此必须对数据进行精确的配准。③在设计数据库的过程中尽量采用几何数据与属性数据分开管理的方式，避免采用文件型方式管理。资料收集后需要对相关的图形要素进行合理的信息编码，以便将来实现几何数据与属性数据的相互调用。

2. 建库流程

1）常规数据管理

区调数据库的建立包括以下几个阶段：图层的数字化及预处理、拓扑处理、整图编辑、属性数据的处理等。

（1）地理图层数字化与编辑。将简化地形图（薄膜图）扫描成 TIF 文件，不作图层预处理，根据地理图层的分层直接数字化。按照地理底图的出版要求进行点、线、面编辑。

（2）地质图层的预处理。在进行地理图层数字化和编辑的同时，进行地质图的图层预处理。地质图层预处理的方法是：将地质编稿原图复印数份，根据图层划分方案，分层进行点、线、面的图层处理。要数字化的点、线用彩笔标在图上，当不同图层在一张图上时，分别用不同颜色表示，标记图元编号。当面状图元的内容复杂时，用彩笔上色，标记多边形的图元编号。地质图层的预处理需注意以下几点：同一类的地质内容尽可能数字化在一个图层上；预处理的图件越少越好；对于复杂多边形必须上色加以区分；各图层预处理图件应有简单的说明；图元编号必须清楚地标记在图上相应的位置。

图元编号的编码原则是：点线编号在预处理图上从左到右、从上到下顺序编号，多边形编号按地质情况从新到老顺序编号，图元编号从 1 开始编流水号。

（3）地质图层的数字化与编辑。按照地质图层预处理结果分层数字化，用数字化线完成其编辑。不同属性的地质界线，数字化时用不同颜色表示，目的是输入图元编号方便。将数字化的地质界线、断层、内图框线添加在一起，做仔细的编辑。编辑内容包括：光滑各种线条，编辑相交点、悬挂点及构成区域的各种线封闭等。在编辑好的点线图元上，按照图层预处理图件，输入图元编号，为连接属性数据库做好准备。图元编号输完后，将全部图层按出版要求编辑线型和颜色。

（4）拓扑处理。将编辑好的与形成地质体多边形有关的线文件添加在一起，作自动剪断线。在屏幕上作剪断线检查，没有剪断的线作交互式剪断。进行拓扑处理，按照多边形图层预处理图逐个检查拓扑后形成的多边形是否正确。若发现有不正确的多边形，检查原因，返回线编辑，重做拓扑处理，直到完全正确。

（5）属性数据卡片的编写与录入。在地质图层录入的同时，地质人员填写属性卡片。需结合图层预处理结果，熟悉地质报告、说明书，参考实际资料和野外记录本等所有文字资料，准确客观地填写各数据项的数据。

2）多媒体数据的管理

在区调野外工作中会采集大量的包括特殊地质现象的现场照片、素描图、视频、音频等多媒体数据。区域地质调查中所涉及的多媒体信息，其应用与空间位置密切相关，而GIS应用模型属于空间模型的范畴。根据GIS具有不仅可以像传统的DBMS一样管理数字和文字（属性）信息，而且可以管理空间信息，并对多种空间信息进行综合分析、解释及解决空间实体之间相互关系的特点，由不同图层的设置和属性关联来实现多媒体数据的存储、组织和索引，使文件管理系统与图层及相应属性表结合，即将多媒体资料以文件系统的方式存储，用图层属性表的不同字段把某一要素或图像、文本文件、工程文件、程序连接起来。

目前所有的GIS商业平台软件都没有系统提供解决多媒体数据表达的有效方法。但是，只要采用的GIS平台提供二次开发的接口，就都可以实现多媒体信息的连接。多媒体数据的存储一般包括以下两种方式。

（1）多媒体数据以文件的方式保存在计算机硬盘中，该方式适合单机的工作模式。所有多媒体数据以某一特定文件名保存在硬盘的由文件夹和子文件夹构成的系统中，而在数据库中保存该文件的名称及相应的文件地址。由于多媒体数据往往与某一相应的空间位置相对应，如某一个断层的视频数据或某一个褶皱的素描图等。因此，对于这些多媒体数据往往有一个GIS图元要素与之对应，图层中一般有表征多媒体数据对应的空间位置的点数据。空间数据与属性数据通过唯一的编码来联系，属性数据中的文件地址信息提供数据读取接口，运用相应的程序开发实现多媒体的展示。

（2）多媒体数据保存在数据库的某一个字段中。目前的关系型数据库中都含有一种用于存储长二进制数据的字段，因此在数据存储过程中，可以将多媒体数据转化为二进制的方式，然后将该数据写入数据库的长二进制字段中，这样就可以在需要时调用该多媒体文件。需要注意的是，保存在数据库的长二进制数不可以直接调用，必须在硬盘中将这些二进制数据转换为原来的数据格式。

8.3　地质灾害评价信息系统

地质灾害评价是指在一定的面积范围内，根据区域地质条件背景、地质灾害诱发因素及人类活动情况，对区域地质灾害发生的空间、时间和可能造成的危害、损失所作出的各种分析和判断。它包括区域易发性评价（以基本地质条件的分析为主）、区域危险性评价（在易发性基础上考虑人类活动等诱发因素）和区域风险性评价（在危险性基础上考虑生命和财产的损失）。从模型方法的角度来看，易发性评价与危险性评价没有本质区别，它们都是风险性评价的基础。

8.3.1 地质灾害评价模型

区域地质灾害评价模型经历了定性模型、半定量模型到定量模型的发展。定性模型主要是基于专家的野外现场经验判断，直接从现场调查得出的易发性和危险性结果，或者根据各影响因素分区图来做出判断。定量模型基于控制灾害要素与地质灾害之间的数学表达，采用二元或多元回归等方法获得地质灾害的评价结果。目前，常用的区域地质灾害评价模型主要有经验-半经验模型、数理统计模型及其他模型。

1. 经验-半经验模型

经验-半经验模型是充分利用专家丰富的经验，主要基于定性或半定量的模型。早期应用较多的主要是地貌分析法与参数合成法。目前，模糊综合评判模型在国内应用较广，特别是基于 AHP 权重计算的模糊综合评判模型应用最多，也最为成功。

1）地貌分析法

地貌分析法是最简单的定量评价方法，由地质专家根据自己的知识和在相似地区的工作经验对研究区的地质灾害危险性直接作出判断，分区分级。它的主要优点是：可以同时考虑大量的参数；可以应用于任意比例尺的区域和单体斜坡稳定性评价；时间短、费用少。主要的缺点有：主观性较强，不同的调查者或专家得出的结果往往无法进行比较；隐含的评价规则使结果分析和更新困难；需要详细的野外调查。

2）参数合成法

专家选择影响地质灾害的因子，并编制成图。根据个人经验，赋予每个因子一个适当的权重。最后进行加权叠加或合成，生成地质灾害危险性分区图。该方法的优点是：大大降低了隐含规则的使用，定量化程度提高；整个流程可以在 GIS 的支持下快速完成，使数据管理标准化；可以应用于任意比例尺。缺点是：应用于大区域评价时，操作复杂；权值的确定仍有较大程度的主观性；模型难以推广。

3）模糊综合评判模型

为克服专家强制打分可能存在的主观不确定性过多甚至导致错误的发生，将模糊数学理论引入其中，发展了模糊综合评判模型。该模型应用模糊关系合成的特性，从多个指标对被评价事物隶属等级状况进行综合性评判。它把被评价事物的变化区间进行划分，又对事物属于各个等级的程度作出分析，使得对事物的描述更加深入和客观。模糊综合评判的基本模型公式为 $\boldsymbol{B}=\boldsymbol{A}\cdot\boldsymbol{R}$。式中，$\boldsymbol{B}$ 表示评判结果向量，是对每个被评判对象综合状况分等级的程度表示，由 $\boldsymbol{A}$ 与 $\boldsymbol{R}$ 在适当算子下合成而得；$\boldsymbol{A}$ 表示评判要素权向量；$\boldsymbol{R}$ 为模糊关系矩阵。应用模糊综合评判模型进行地质灾害评价的关键在于 $\boldsymbol{A}$ 与 $\boldsymbol{R}$ 的确定。

2. 数理统计模型

数理统计模型运用现代数理统计的各种方法和理论模型，通过对现有地质灾害及其环境的宏观调查和统计分析，获得其发育分布的统计规律，根据所建模型的外推性进行预测评估。

（1）双变量统计模型。双变量统计模型是通过假定各因子之间没有相关性，将每个评价因子与地质灾害的分布进行叠加运算，计算每个因子的权重，考虑的是单个评价因子与地质灾害的发生情况（密度、面积比、体积比等）这样的“双变量”。根据计算评价因子权重方法的不同，主要模型包括信息量模型、概率指数模型、证据权重模型、模糊逻辑模型等。

（2）多变量统计模型。在多变量统计模型中，所有的相关因子都以一定大小的网格单元或地貌形态单元作为样本单元，并确定每个样本单元中有没有地质灾害存在，从而形成一个矩阵，然后用多次回归或判别分析方法对矩阵进行分析。目前，应用较多的是逻辑回归模型。

3. 其他模型

基于地质灾害复杂性的特点，引用处理复杂问题比较有效的非线性科学理论、人工智能理论来预测评估地质灾害的发展。目前，发展应用较多的有人工神经网络模型、支持向量机、分形理论模型、灰色聚类模型等。其中，神经网络、支持向量机与数理统计模型一样，均是建立一种映射，这种映射表示为从评价因子到灾害发生与否的一种函数关系，然后利用该映射对整个区域进行评价。分形理论模型与灰色聚类模型则是从系统复杂性的角度考虑问题，通过一定的算法准则将一些评价指标分成若干类，使得这些类别的结果可以和地质灾害的发展具有更好的对应关系。

8.3.2　地质灾害数据库

地质灾害数据内容如下。

1）孕灾环境、致灾因子数据

基础地理数据，包括地形、地貌、土地利用数据等；水利数据，包括主要江河、湖泊、水库等水文、水功能区划等信息；气象数据，包括气象站降水数据等；地震数据，包括地震断裂带、潜在震源区及其震级、历史破坏性地震等信息；其他数据，包括崩塌、滑坡编目数据，各种影像数据等。

2）承灾体数据

与地质灾害相关的社会经济等信息，主要包括人口、居民点、经济发展水平等；基础设施数据，包括工业、农业、电力、交通、通信、水利等；减灾致灾设施数据，包括地质灾害与地震等的防御设施（网络）等；区域防灾群体意识数据，包括区域性群体防灾减灾意识、防灾宣传教育水平等。

3）灾情数据

灾害直接损失情况，包括人员伤亡、财产损失等；灾害间接损失情况，包括工厂停产、职工失业、资源破坏等。

4）救灾工作数据

救灾工作数据包括救灾资金、物资投入信息及救灾措施等信息。

在 GIS 中，上述地质灾害数据可分为两大类型，即空间数据和属性数据。空间数据又分为矢量数据和栅格数据，属性数据又分为灾害属性和环境属性。地质灾害空间数据中的矢量数据包括：基础地理信息数据（包括行政区划图、交通、水系、居民点等）、土地利用现状图、降水插值图、地层岩性、断层构造，以及解译调查的崩塌、滑坡灾害数据。地质灾害空间数据中的影像数据有：卫星影像数据，主要包括可见光、近红外、热红外、雷达数据等；记载数据，主要包括航空影像、LiDAR、高光谱等。灾害属性数据主要记录滑坡崩塌、农田破坏、道路工程毁坏、水利等基础设施破坏的基本属性信息。环境属性数据用来记录土地利用现状、基础地理信息、降水、地形地貌等基本属性。

在空间数据库设计中，表述空间数据、属性数据及它们之间关系最好的工具是实体-联系模型（E-R 模型）。在地质灾害空间数据的 E-R 模型中，实体主要为滑坡等地质灾害信息、各承灾体信息及各种孕灾致灾因子。各实体具有以下设计的属性：①滑坡体等地质灾害信息，其属性包括调查编号、解译编号、名称、发生时间、坐标等信息。②承灾体，包括土地利用类型、公路工程、水利工程等。土地利用类型破坏信息，其属性包括类型编号、灾害类型、受灾面积等；道路损坏信息的属性有道路编号、灾害类型、损坏程度等；水利工程破毁信息的属性有工程编号、灾害类型、损坏程度等。③孕灾、致灾，包括坡度、岩性、降水、地震、相对高差、水系、人类工程活动等，将孕灾致灾信息依次设计相应的编号等属性。

地质灾害涉及的空间数据较多，部分空间数据又具有不同的比例尺、不同的坐标系和投影。因此，在数据库逻辑设计中，可将空间数据按照逻辑结构划分为总库和子库，进而根据空间数据库的数据结构，在各个分库中详细规划要素集和要素类（图 8.4）。总库为地质灾害风险评估的空间数据库，然后根据数据类型划分各子库，不同类型的数据组成对应的子库，分别为矢量数据库、数字高程模型数据库、栅格地图数据库、影像数据库。由此划分之后，每个子库也称为相应空间数据的要素集，在同类数据的要素集下，按照空间数据库的数据结构规划要素类。在空间数据库中，要素类是具有相同的属性和相同的几何标识类型的要素集合，如水系、道路、土地利用类型等。

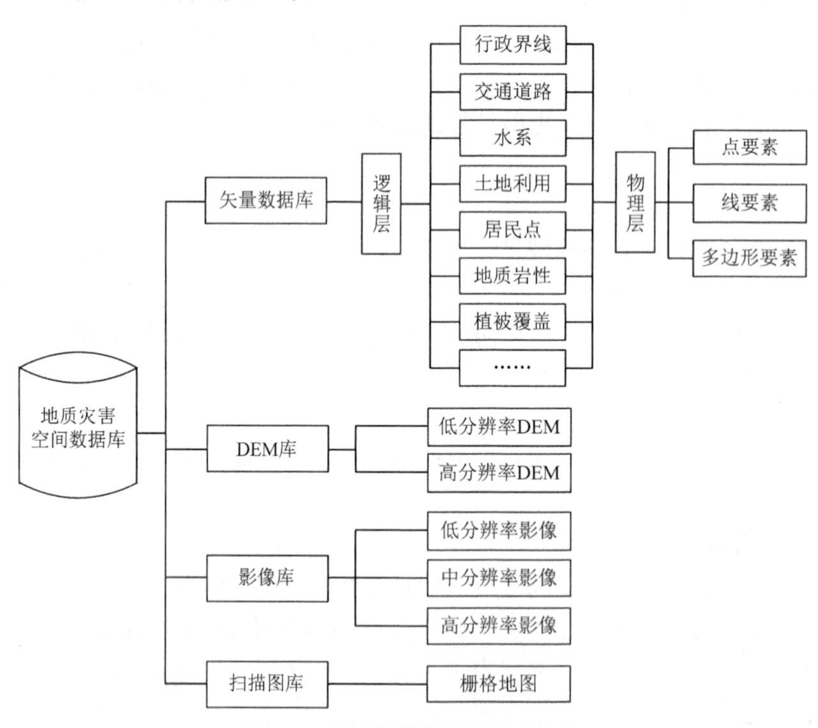

图 8.4　空间数据库逻辑层次结构

8.3.3　地质灾害评价建模

地质灾害评价建模包括以下几个方面：基础数据的处理、空间分析、空间建模等。

1）基础数据处理

对于收集的基础数据，由于涉及不同的比例尺、不同的空间参考系统（坐标系统、投影方式）、不同的格式（矢量、栅格、表格），不仅需要格式的转换、投影变换，还需要通过大量的空间分析操作来提取地质灾害风险评估需要的地貌信息。基础数据的处理涉及的关键空间分析技术有遥感数据信息提取、地形建模、水文分析及地质数据的综合分析等。

遥感数据除了解译和提取滑坡等灾害信息数据外，主要应用还包括利用遥感影像波段数据提取植被覆盖等信息。在地形因子的空间建模中，主要为利用数据提取各种地形因子。在水文数据建模中，主要体现在利用数据提取水流方向、汇流累计量、水流长度、河流网络、河流分级及流域分割等。基础地质综合研究中，主要表现为根据地层年代岩性，借助空间查询与分析、合并等操作生成工程地质岩组，利用表面分析和距离分析实现断层、褶皱等新构造对滑坡影响程度的分析。

2）空间分析

对地质灾害分析来说，最常用的空间分析有叠置分析、邻域分析、空间变换等（图 8.5）。在地质灾害研究中，叠置分析常用来提取空间隐含信息，它以空间层次理论为基础，将代表不同主题、坡度、相对高差、岩性、遥感影像等的数据层进行叠置产生一个新的数据层面，其结果为综合了多个层面要素所具有的属性。邻域分析主要为缓冲区分析，为了分析水系、公路、地裂缝等与滑坡、崩塌灾害之间的关系，将其做一定缓冲距的缓冲区分析，统计分析灾害点的空间分布特征。在空间数据中，由于矢量数据包含了大量的拓扑信息，数据组织复杂，所以空间变换十分烦琐；而栅格数据结构简单规则，空间变换比较容易，通常采用单点变换、邻域变换和区域变换等方法。

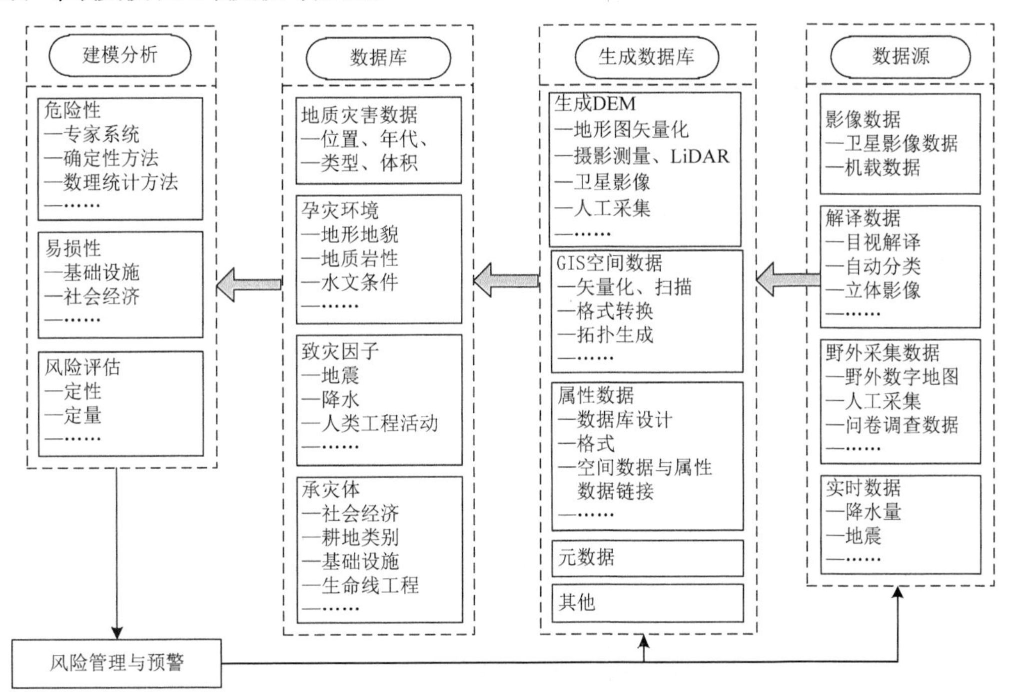

图 8.5　地质灾害空间数据分析流程

在地质灾害分析中，受各种复杂环境的影响，常规的方法无法对空间中所有的点进行观测，通常是根据要求获取一定数量的采样点，如降水观测、地面高程等。这些点的分布往往不规则，分布不均匀，若要获得未知点的精确值，就需要采用空间差值来实现。插值方法按其实现的数学原理可以分为两类：一类是确定性插值方法；另一类是地统计插值，也就是克里格插值。

地质灾害数据库中的栅格数据，如遥感影像数据、数字高程模型数据及派生的地形因子数据等，其数据结构简单、直观，非常利于计算机操作与处理，是 GIS 常用的空间基础数据格式。栅格数据空间分析主要包括距离制图、密度制图、表面生成与分析、单元统计、邻域统计、分类区统计、重分类、栅格计算器等功能。地质灾害风险评估中使用较普遍的是分类区统计、信息重分类与栅格计算器。

3）空间建模

地质灾害风险分析空间建模的基础数据包括：研究区的崩塌滑坡等地质灾害数据、降水数据、地质岩组、断层构造、土地利用、水系数据、道路数据、基础地理信息数据、遥感影像数据、栅格化的数据等。其中，矢量数据经缓冲区分析、叠置分析、重分类及栅格化等空间分析过程，形成相应的栅格图层；基于自动提取坡度、坡向、相对高差等功能，利用遥感影像提取数据，降水数据和灾害点数据经空间插值处理获取，然后经重分类分别形成新的图层；最后将各图层进行加权叠加分析获取地质灾害风险评估的结果（图 8.6）。

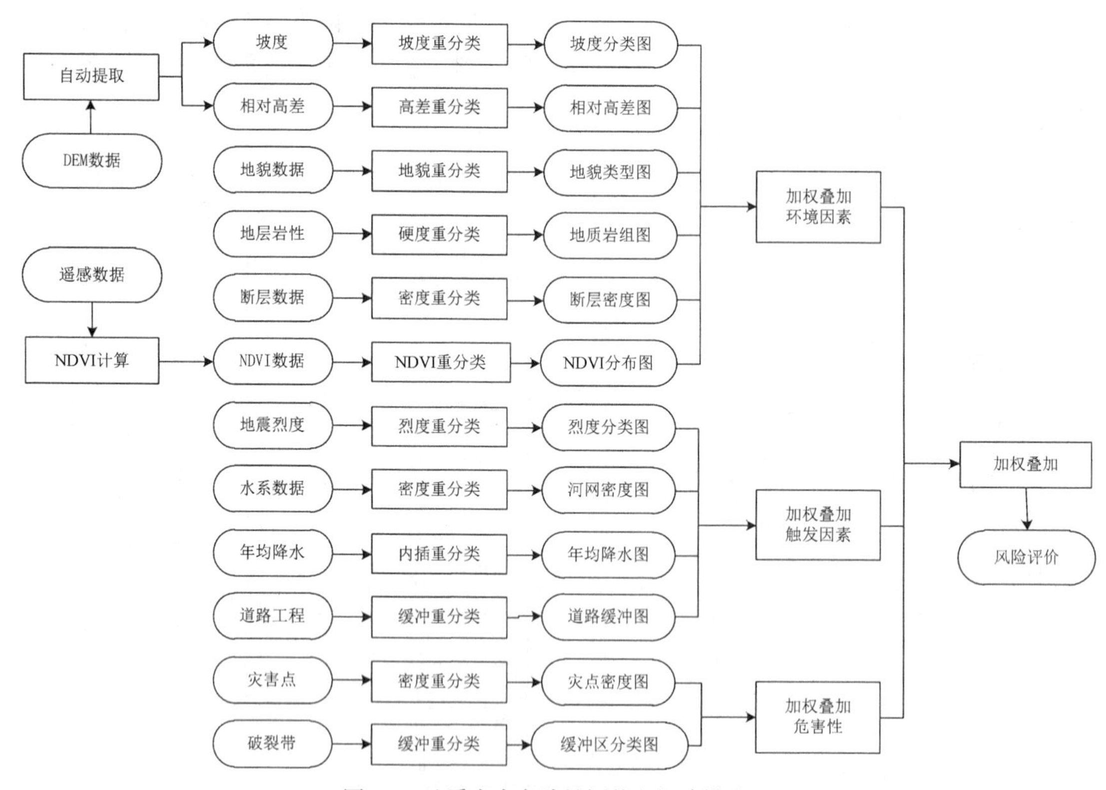

图 8.6　地质灾害危险性评价空间建模流程

8.4　矿产资源评价信息系统

矿产资源评价，就是使用不同的方法，尽量搜集评价区尽可能多的信息（地质、地球物理、地球化学、遥感信息等），在成矿理论的指导下，提取有利的成矿信息，并对各种成矿信息进行综合分析，以确定成矿有利地区或找矿靶区并估算其资源量等。

8.4.1 矿产资源评价模型

1. 矿区成矿评价模型

矿区成矿预测评价是一项在矿区范围内通过对控矿地质要素、矿化信息、成矿规律进行全面分析研究，从而对矿床及其深部和外围的资源做出综合预测和评价的系统方法。

1）整体结构

成矿预测的基本结构参数可大致概括为六大类，即构造参数、岩浆岩参数、沉积参数、变质（包括成岩）参数、古地热参数和成矿参数。这六类基本参数均由许多具体的参数组成，从数据管理系统的角度来看，即六个实体集。每两个实体集之间分别由“构造-岩浆演化”“构造-沉积演化”“构造-变质演化”“构造-地热演化”“构造-成矿演化”“岩浆-变质演化”“岩浆-地热演化”等综合分析工作关联起来。这些综合分析本身，也为描述对象集（实体集），即为更高层次综合分析的子实体集。

2）描述对象集

成矿预测涉及的参数众多，因此其描述对象集的构成十分丰富。根据目前国内外成矿预测实践，描述对象集常见的参数子集大致有21种。每一种参数子集都由一系列属性组成，而多种属性都可再分解为一些次级属性。

（1）构造参数的属性。主要包括：基础参数，如区域构造特征、矿区构造特征；分析参数，如构造格架、构造应力场、构造演化。

（2）岩浆岩参数的属性。主要包括：基础参数，如区域岩浆岩特征、矿区岩浆岩特征；分析参数，如岩浆岩格架、岩浆旋回、岩浆演化。

（3）沉积参数的属性。主要包括：基础参数，如区域沉积特征、矿区沉积特征；分析参数，如地层格架、沉积相、沉积演化。

（4）变质参数的属性。主要包括：基础参数，如区域变质特征、矿区变质特征；分析参数，如变质岩格架、变质相、变质演化。

（5）地热参数的属性。主要包括：基础参数，如区域地热特征、矿区地热特征；分析参数，如地热梯度、地热场、地热演化。

（6）成矿参数的属性。主要包括：基础参数，如区域成矿特征、矿区成矿特征；分析参数，如成矿条件、矿源岩（层）、成矿演化。

（7）构造-岩浆演化的属性。主要包括：不同构造发育区的岩浆岩分布和演化特征；不同岩浆岩分布区的构造演化特征；岩浆岩分布对构造演化的影响；构造演化对岩浆作用的控制或影响；岩浆作用的演化对构造演化的影响。

（8）构造-沉积演化的属性。主要包括：不同构造发育区的沉积岩分布和演化特征；不同沉积岩分布区的构造演化特征；沉积岩分布对构造演化的影响；构造演化对沉积作用的控制或影响；不同沉积构造特征及分布；不同沉积构造运动性质与特征；不同沉积构造的演化。

（9）构造-变质演化的属性。主要包括：不同构造发育区的变质岩分布和演化特征；不同变质岩分布区的构造演化特征；变质岩分布对构造演化的影响；构造演化对变质作用的控制或影响；变质作用的演化对构造演化的影响。

（10）构造-地热演化的属性。主要包括：不同地质时代的构造热事件特征；不同构造发育区的地热场特征及演化；不同地热演化区的构造特征及深部背景；构造演化对地热场的控制或影响；地热场特征及演化对构造演化的影响。

（11）构造-成矿演化的属性。主要包括：不同构造发育区的矿体或矿床特征；不同矿体或矿床的构造特征；构造演化对成矿作用的控制或影响；成矿作用及演化对构造演化的影响。

（12）岩浆-变质演化的属性。主要包括：不同岩浆岩发育区的变质岩分布与演化特征；不同变质岩分布区的岩浆岩分布与演化特征；岩浆活动对变质作用的控制或影响；变质作用的演化对岩浆活动的影响；岩浆-围岩接触交代作用特征。

（13）岩浆-地热演化的属性。主要包括：不同地质年代的岩浆热事件特征；不同岩浆岩发育区的地热场特征及演化；不同地热演化区的岩浆作用特征及深部背景；岩浆热液的物理化学特征；岩浆作用对地热场的控制或影响；地热场特征及演化对岩浆作用的影响。

（14）岩浆-成矿演化的属性。主要包括：不同岩浆岩发育区的矿体或矿床特征；不同矿体或矿床的岩浆岩的围岩特征；岩浆作用演化对成矿作用的控制或影响。

（15）沉积-变质演化的属性。主要包括：负变质岩的原岩特征；沉积物埋藏史；沉积物成岩作用史。

（16）沉积-地热演化的属性。主要包括：不同地质时代的岩浆热事件特征；不同沉积岩层位或分布区的热导率及地热场演化；不同地热演化区的沉积作用及沉积岩特征；沉积作用对地热场的控制或影响；沉积物热演化史与岩层有机质成熟史；沉积水（沉积成因的热流体）物理化学特征；地热场特征及演化对成岩作用的影响。

（17）沉积-成矿演化的属性。主要包括：不同沉积岩层位或发育区的矿体、矿床特征；不同矿体或矿床的沉积岩的围岩特征；沉积型矿源层及其成矿条件分析；沉积作用对成矿作用的控制或影响；沉积水（沉积成因的热流体）的成矿作用演化。

（18）沉积-岩浆演化的属性。主要包括：不同时代火山-沉积岩分布与演化；不同沉积岩层位或发育区的岩浆岩（包括火山岩）分布和演化；同沉积期岩浆（火山）作用及演化；海底喷流（气）与含矿热液演化；沉积环境及其演化对火山作用的影响；火山作用及其演化对沉积作用的影响。

（19）变质-地热演化的属性。主要包括：不同地热演化区的变质作用及变质岩特征；不同变质岩层位或分布区的热导率及地热场演化；变质（热）流体的物理化学特征；地热场特征及演化对变质作用的影响。

（20）变质-成矿演化的属性。主要包括：不同变质岩层位或发育区的矿体、矿床特征；不同矿体或矿床的变质岩的额围岩特征；矿源层及其成矿条件分析；变质作用对成矿作用的控制或影响；变质（热）流体的成矿作用演化。

（21）地热-成矿演化的属性。主要包括：不同地热演化区的矿体、矿床特征；不同矿体或矿床的地热场演化特征；岩层有机质热演化史；各种类型热流体（地质流体）的复合成矿演化史；地热场对成矿作用的控制或影响；成矿作用对岩层热导率和地热场的影响。

2. 地质异常法矿体预测模型

地质异常是在物质成分、结构构造或成因序次上与周围环境有着明显差异的地质体或地质体组合。其表现形式不仅在物质成分、结构构造和成因序次上与周围环境不同，还经常表现在地球物理场、地球化学场及遥感影像异常等的不同上。如果用一个数值区间（或阈值）来表示背景场，凡是超过或低于该阈值的场就构成地质异常，它具有一定的空间范围和时间界限。大型、超大型矿床都分布在大大小小不同级别的地质异常中。因此，地质异常理论的研究对寻找大型、超大型矿床有独特的作用。

地质异常是在不同地质历史时期演化发展的产物。地质异常形成的地质时代、构造背景、地质环境和岩石类型，决定了异常的性质及其赋存的矿产资源种类和规模。因此，地质异常具有空间和时间上的演化序列。地质异常的尺度水平不同，其表现的形式也不一样，大到如板块的俯冲带和地缝合线（板缘构造），小到岩石、矿物、矿物内的包裹体甚至矿物的各种超微结构。有的是有形的，如地质体的不连续界面或不同地质体的分界面、地质体内部及外部特征突然变化或突出变化的部位，以及不同成因地质体的嵌入；有的是无形的，如单位面积或体积内各种地质体或同一地质体不同属性组合熵异常，地质体的构造复杂程度、相互间的相似或关联程度等。有形的地质异常可以直观地判断，而无形的地质异常要通过分析、综合才能识别。

矿体定位预测的地质异常法，是在地质异常致矿思想的指导下，综合多学科信息，以非线性科学和信息技术为手段，以圈定不同尺度和不同类型的地质异常为途径，逐渐逼近工业矿体的一种新的定量成矿预测方法。由于不同尺度地质异常对不同等级矿产资源域（体）有对应控制关系，利用地质异常进行矿体定位预测，可归纳为对“5P”找矿地段的圈定。“5P”地段，即成矿可能地段、找矿可行地段、找矿有利地段、矿产资源体潜在地段和矿体远景地段。通过各种方法圈定的具有成矿基本条件的地质异常地段都是“成矿可能地段”。在成矿可能地段中，有可能找到预期矿床的异常（或异常带）地段，即“找矿可行地段”；而结合更多找矿信息（物化探异常、重砂异常等）所确定的最有希望找到预期矿床的地段，即“找矿有利地段”。在找矿有利地段内，运用中大比例尺地质物化探综合信息所圈定的矿化显示地段，称为“矿产资源体潜在地段”。其中，通过地质工程（槽探、坑探、钻探）、基岩化探、电磁测井等手段圈定的矿化地段，称为“矿体远景地段”。

矿体定位预测的地质异常法工作流程如图 8.7 所示。

（1）搜集资料。搜集研究区内与成矿有关的地质、矿点分布、地下岩性和构造、地球化学、航磁、重力等地球物理和遥感等资料。如有可能，在缺乏资料的地区，补充采集资料。据此进行综合研究确定现代地质环境。

（2）确定矿床类型。根据下列两个方面的研究确定在上述地质环境中可能形成的矿床类型。将研究区内的地质环境与全球范围内已知的某种矿床类型有关的或与研究区内已知的矿床矿点的地质环境对比。

（3）建立找矿模型。建立这些矿床的描述性模型。列出所有的地质、地球物理、地球化学、遥感等找矿标志。

（4）模型的定量化与转换。从每一个描述性模型中，选择出能确定该类型矿床存在与否的重要标志和一般性标志，并将其定量化，包括单个空间关系的确定和量化，以及多个空间关系集成的量化，确定空间分析的方法并转换成 GIS 可以表示和处理的形式。

（5）建立空间数据库。用第一步所搜集的信息建立数据库（空间数据库与属性数据库），并用 GIS 实现集成管理与灵活检索。建库时要解决现存数据的集成问题：比例尺、定位与投影方式、数据精度与格式等。

（6）成矿信息的提取。根据量化后的模型，通过对专题数据的处理，如应用 GIS 的空间与属性双向检索的功能处理地质数据，对其他专题数据进行处理，如坡度、坡向的运算，物探、化探数据异常的确定，遥感数据的解译等得出参与综合分析的单个条件的空间信息。

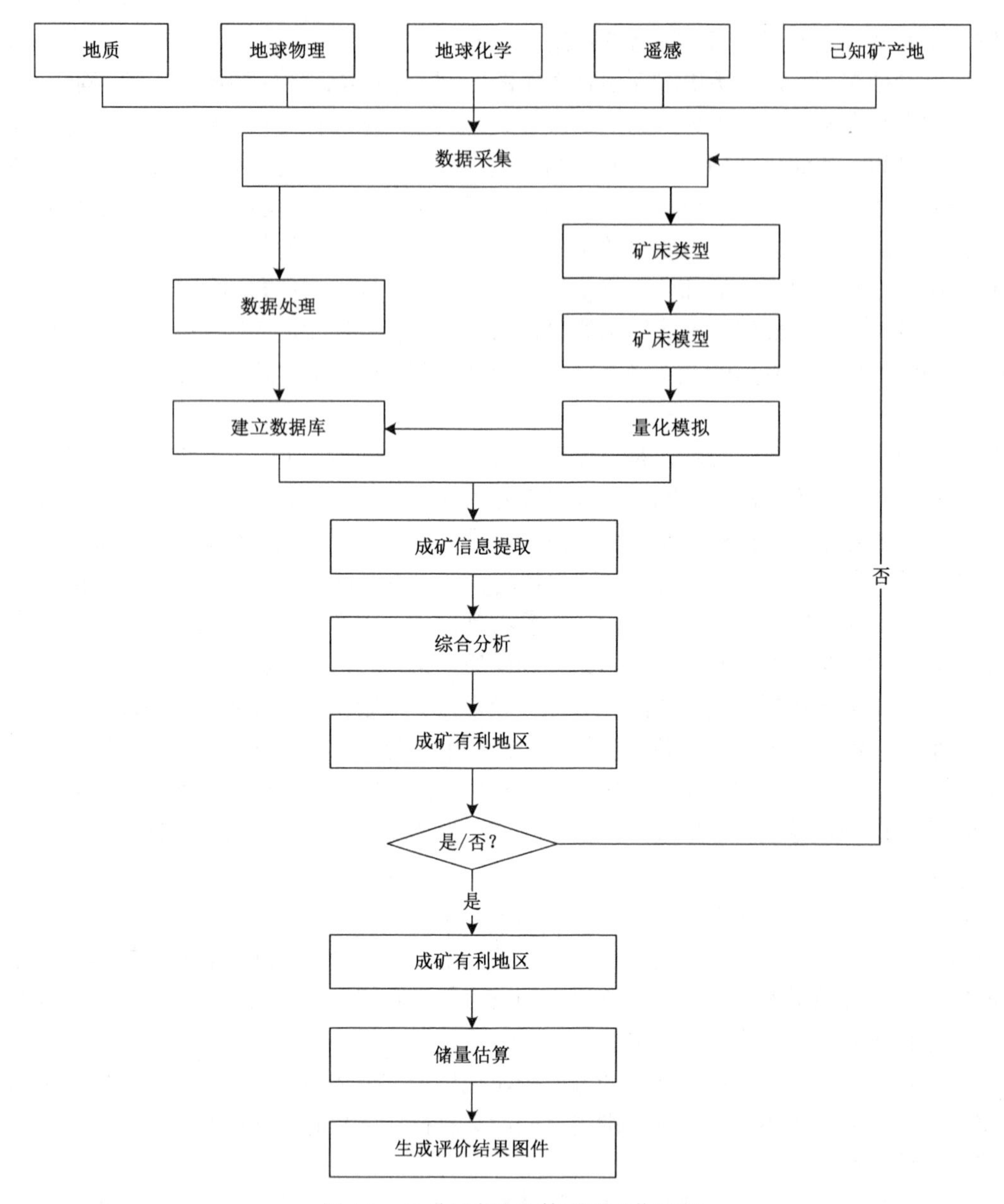

图 8.7　地质异常法矿体预测工作流程

（7）综合分析。根据所选的空间分析方法，应用 GIS 进行综合分析得出最终结果确定找矿有利地区或靶区。

（8）预测资源量或储量。根据确定的特征信息与成矿模型、预测模型计算资源量。

（9）编制成果图件。实际上，在确定找矿靶区之后，预测的成果图件已经基本完成。此时，可根据输出的要求进行制图整饰。

随着地质异常研究的深入，找矿异常信息由少到多，找矿靶区范围由大到小，靶区级别由低到高，找矿成功概率逐渐增大，靶区的经济价值也逐步增加。这是一种有序性很强的定量成矿预测方法，易于实现成矿预测的自动化。因此，利用数学和空间信息分析处理技术来不断完善其理论和方法，提高成矿预测的精度和自动化、智能化及可视化程度，是十分必要的。

8.4.2 系统功能

1. 系统的主要功能

本系统主要应用于矿产资源评价及矿产勘察领域，是为区域矿产资源综合评价人员提供资源评价数据信息综合和资源潜力制图的计算机辅助工具软件。系统以地质矿产调查多元地学空间数据库为基础，开发出能够辅助矿产资源评价人员进行数据综合、成矿多元信息提取和资源潜力定量评价的工具，能够对建立在 GIS 平台上地质、物探、化探、遥感、矿产等多元空间数据库进行信息深加工，提取指示和识别某种矿床存在和储存规模的深层次信息。

系统的功能主要是满足两个方面的需求：第一，解决地学深层次成矿信息的提取和分析，即提供深入研究各种多元找矿信息的方法；第二，解决多元信息的综合问题，即研究各种成矿信息在成矿作用过程中贡献大小的模型。成矿信息深层次分析功能主要包括地质、物理、化学、遥感单一学科的信息处理和各学科之间相互关系的研究，如对区域化探异常强化、分解、综合等分析模型和异常或岩体对成矿的影响范围等的研究；信息综合实质上是要解决各专题信息的权重及其组合形式的问题，矿产资源评价的数学方法是其基础。

矿产预测是矿产资源潜力评价的最后阶段，也是矿产资源潜力评价的最终目标。本系统在矿产预测中的工作流程，大致包括以下六个步骤：矿产预测方法类型的选择、预测要素分析与建模、预测单元划分、预测要素变量的构置与选择、定位预测和定量预测（图 8.8）。

1）矿产预测方法类型的选择

系统给出六种矿产预测方法，即沉积型、侵入岩体型、火山岩型、变质型、复合内生型和层控内生型。在预测工作中，不同的矿产预测类型应选择不同的矿产预测方法，以满足实际工作的需要，具体选择何种类型，一般取决于矿产预测底图。

2）预测要素分析与建模

在区域预测要素图的基础上，通过分析已知矿床（点）与预测要素之间的关系，通过定性和半定量分析，确定对成矿有利的预测要素，并初步确定预测要素的重要程度，从而建立起区域矿产预测模型。主要内容包括：地质构造或异常要素与已知矿床（点）之间的关系或不同预测要素之间的关系分析、缓冲区分析、属性查询（模糊查询）和空间查询等。在上述方法对预测要素分析的基础上，建立本地区矿种矿产预测类型的区域预测模型。

3）预测单元划分

预测单元划分的方法主要有两种：地质单元法和网格单元法。在划分预测单元的过程中，可以选择地质单元法，也可以使用网格单元法，这取决于两个因素：一个是预测工作区面积的大小；一个是预测任务的具体要求。

4）预测要素变量的构置和选择

（1）变量的构置。预测要素变量是随时间、空间的变化而发生变化的地质现象或地质特征的量化标志，是构成资源特征与地质找矿标志之间统计关系的基本元素。预测要素变量的提取应首先考虑那些与所研究的地质问题有密切关系的地质因素，在矿产资源预测中，所选择的地质变量应该在一定程度上反映了矿产资源体的资源特征。本系统中，除了可以将属性表中任何一个属性作为变量并可对其做数学运算外，还给定了几个重要的深层次变量，如熵值、密度等，这些变量对于矿产预测有着重要的作用。

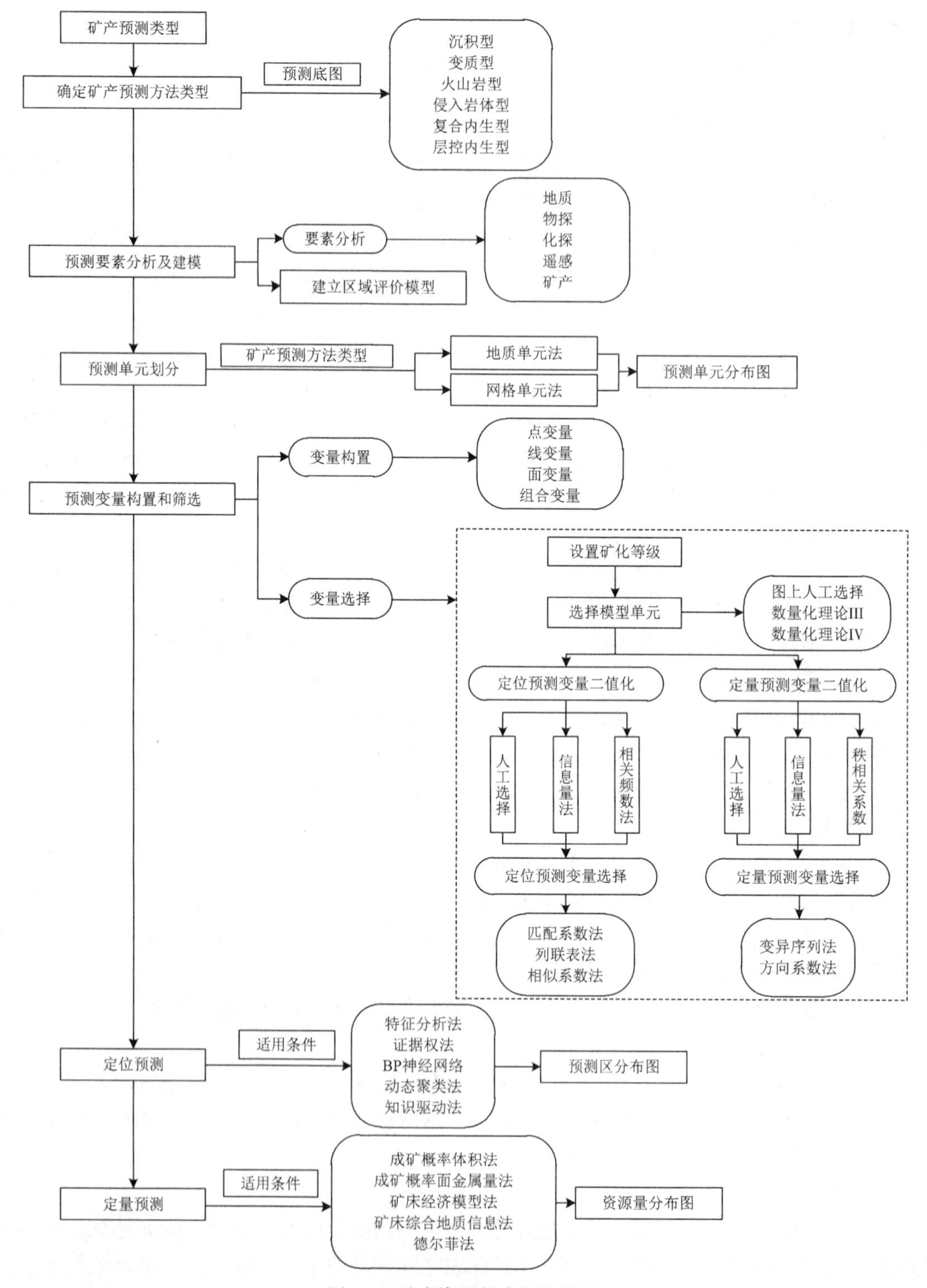

图 8.8　矿产资源综合评价流程

（2）变量的选择。变量的筛选一般经历以下四个步骤：①设置矿化等级。设置矿化等级的主要目的是选择模型单元及进行变量筛选。②选择模型单元。选择模型单元的目的主要是筛选定位和定量预测的变量。本系统提供了三种模型单元选择的方式，分别是图上人工选择、数量化理论Ⅲ和数量化理论Ⅳ。③预测变量二值化。在本系统中，许多资源靶区定位、定量预测数学模型要求输入二态数据。定量变量离散化的准则是，离散化后的二值化变量能够最大限度地反映资源特征的变化。变量二值化包括两大类：一类定位预测变量的二值化，包括人工输入二值化区间法、找矿信息量法和相关频数比值法；一类是定量预测变量的二值化，包括人工输入变化区间法、秩相关系数法和找矿信息量法。④优选预测变量。优选变量的目的是去除那些次要的变量，使评价模型变得更加稳定、预测结果更为可靠。本系统提供了三种筛选定位预测变量的方法，分别是匹配系数法、列联表法和相似系数法；两种可用定量预测变量的筛选，分别是变异序列法和方向导数。

5）定位预测

定位预测，是指在定位预测变量选定的基础上，根据合适的数学地质方法，确定每个预测变量的权重，从而最终计算出每个预测单元的成矿有利程度，再根据地质单元的成矿有利程度或成矿概率，确定预测单元所属的矿产资源靶区级别，从而达到预测区优选的目的。本系统主要提供了特征分析法、证据权重法、BP 神经网络、动态聚类分析、知识驱动法等。

6）定量预测

资源量估算是矿产预测的重要目标之一，本系统给出了五种用于定量预测的估算方法，即成矿概率体积法、矿床地质经济模型法、成矿概率面金属量法、矿床模型综合地质信息定量预测法和德尔菲法，可基本满足定量预测的要求，具体方法的选择，则依据具体成矿地质条件而定。

2. GIS 在系统中的作用

GIS 作为成矿分析的辅助工具，可解决以下两个方面问题。

第一，信息提取。目前，矿产资源评价信息资料越来越多，综合性越来越强，难度也越来越大，大量的地质、地球物理、地球化学、遥感信息需要进行深层次研究，有效地、快捷地把矿致异常、非矿致异常区分开，衡量一个地质作用的复杂程度等，需要在 GIS 平台上构筑相应的模型，进行成矿信息的条件提取。

第二，信息的综合分析。矿产资源评价过程中需要进行大量信息的综合分析，即从地质图件中圈定“5P”地段、确定各证据权并利用这些证据因子进行矿产预测，这可以利用 GIS 建立适当的模型，进行成矿信息的叠加、综合。其中：①地质异常与综合信息处理实现了网格单元或体单元的地质信息提取、变量的转换、空间分析，如矿产与地层、构造的关系分析，断层走向的自动计算，也提供了信息综合进行资源评价的一系列方法模型，如证据权法、信息量法、人工神经网络法等。②在中大比例尺成矿预测中，物探的重磁资料在揭示深部地质结构等方面起着相当大的作用。重磁资料处理在功能上几乎覆盖了从空间域与频率域位场转换、异常的分离到界面反演的全部常规处理软件，此外还提供了单元网格内各种统计参数的提取。区域化探资料的处理包括许多预处理方法、单元素统计分析与多变量元素组合分析，如衬值异常计算、C-A 分形异常下限的确定、变差函数计算与结构套合功能、普通克里格与泛克里格分析、聚类分析、判别分析、对应分析方法等。③在遥感找矿实践中，往往有两个信息处理阶段：一是基于遥感图像的处理；二是对遥感解译的线、环构造的深层次处理与信息提取。以遥感找矿为目的的图像处理方法主要包括图像增强和图像分类两个方面。对遥感地质解译结果的线、环构造的处理，其目的是将定性的地质解译结果定量化，以满足数字找矿的要求。定量化的过程就是研究和确定关于解译结果的某种特征的过程。而它们线、环构造的特征可分为两类：统计特征和结构特征。统计特征有构造密度、中心对称度、失真指数、优益度、密度功率谱、方位熵等。

第9章　林业资源管理信息系统

林业是在森林资源开发中发展起来的产业，是保护和改善人类生存环境的重要支柱，具有促进社会经济的发展和调节生态环境的双重作用。由于森林在空间分布上具有辽阔性、在时间分布上具有动态性等特点，GIS成为林业资源经营与管理重要的技术手段。将GIS技术应用于林业资源管理，对林业信息进行采集、处理、分析和应用，实现了林业信息的存储与分析，以及对林业资源质和量的变化的动态监测与规划，可改变长期以来林业资源粗放经营管理的局面。

9.1　概　　述

9.1.1　林业与经营管理

1. 林业的内涵

1）林业

林业是培育、管理、利用、保护和恢复森林及其他林产品的科学和技术，从而达到满足人类的经济效益和环境需求目标。在人和生物圈中，林业通过先进的科学技术和管理手段，从事培育、保护、利用森林资源，充分开发森林的多种效益，且持续经营森林资源，促进人口、经济、社会、环境和资源协调发展，是一项基础性产业和社会公益事业。林业具有生产周期长、见效慢、商品率高、占地面积大、受地理环境制约强、林木资源可再生等特点。林业关系生态环境的保护、木材和其他林产品的获取，在国民经济建设、人民生活和自然环境生态平衡中，均有特殊的地位和作用。世界各国通常把林业作为独立的生产部门，在中国林业属于大农业的一部分。林业生产以土地为基本生产资料，以森林（包括天然林和人工林）为主要经营利用对象，整个生产过程一般包括造林、森林经营、森林利用三个部分，也是综合性的生产部门。林业生产与作物栽培、矿产采掘等既有类似性，又不相同。保护森林资源，改善生态环境，是生态州建设的主要目标，也是林业建设的一项重要内容。

2）森林

森林是以木本植物为优势种的大面积区域，不同的国家对森林有上百种精确的定义，包括对森林密度、高度、土地利用类型、生态系统功能等因素的规定。在我国森林的定义是，由乔木或直径1.5cm以上的竹子组成且郁闭度在0.20以上，或者以符合森林经营目的灌木组成且覆盖度在30%以上的植物群落。森林是地球上最大的陆地生态系统，是全球生物圈中重要的一环，是地球上的基因库、碳储库、蓄水库和能源库，对维系整个地球的生态平衡起着至关重要的作用，是人类赖以生存和发展的资源和环境。森林是以乔木为主体的生物群落，是集中的乔木与其他植物、动物、微生物和土壤之间相互依存、相互制约，并与环境相互影响，从而形成的一个生态系统的总体。它具有丰富的物种，复杂的结构，多种多样的功能，被誉为“地球之肺”。森林作为陆地上面积最大、分布最广、组成结构最复杂、物种资源最丰富的生态系统，其价值不仅决定了森林生态系统在陆地生态系统的主体地位，也决定了其与人类、社会和经济发展多渠道的关联。在林业建设上森林是保护、发展，并可再生的一种自然资源，具有经济、生态和社会三大效益。

森林按其在陆地上的分布，可分为针叶林、针叶落叶阔叶混交林、落叶阔叶林、常绿阔叶林、热带雨林、热带季雨林、红树林、珊瑚岛常绿林、稀树草原和灌木林。按发育演替可分为天然林、次生林和人工林。按起源可分为实生林和萌芽林（无性繁殖林）。森林经理[①]上将树种、测树因子、组成结构、年龄等基本一致，且与邻近的森林有明显区别的森林地段称为林分。按树种组成可分为纯林和混交林。按林业经营的目的可分为用材林、防护林、薪炭林、经济林和特种用途林。按作业法可分为乔林、中林、矮林。按林龄可分为幼林、中龄林、成熟林和过熟林。按年龄结构可分为同龄林和异龄林。

3）林业科学

林业科学是研究森林和合理利用森林的一门科学。林业科学研究使人类对森林的自然特性和社会功能的认识不断深化，同时，人类社会对森林的开发和利用又引导和推动了林业科学研究的发展，使林业科学研究的方向和领域随着人类社会的发展逐步完善。林业科学涉及生态、物理、社会、政治和管理科学等方面。现代林学成了以森林生态系统的营建、经理为研究对象，以发挥森林生态系统的生态环境功能为核心，全面发挥森林生态系统的多种效益和多种功能为目的的学科。现代林业科学包括的范围更加广泛，如多目标林业管理、木材和燃料的提供、野生动物栖息地的提供、自然水质的管理、旅游景观的保护、生物多样性的管理、水土流失的控制和碳循环中碳“汇”的保护。

目前，在高校开设的林业专业中，狭义的林业专业仅指林学一个专业，广义涉林的专业还包括木材科学与工程、森林工程、林产化学工程与工艺、生态学、园林、环境科学、森林资源保护与游憩、农林经济管理等。

2. 林业经营管理

林业生产的主要任务是科学地培育经营、管理保护、合理利用现有森林资源与有计划地植树造林，扩大森林面积，提高森林覆盖率，增加木材和其他林产品的生产，并根据林木的自然特性，发挥它在改造自然、调节气候、保持水土、涵养水源、防风固沙、保障农牧业生产、防治污染、净化空气、美化环境等多方面的效能和综合效益。林业主管部门主要职责如下。

（1）全国林业及其生态建设的监督管理。组织开展森林资源、陆生野生动植物资源、湿地和荒漠的调查、动态监测和评估，并统一发布相关信息。拟订林业及其生态建设的方针政策、发展战略、中长期规划和起草相关法律法规并监督实施。制定部门规章、参与拟订有关国家标准和规程并指导实施。

（2）制定全国造林绿化的指导性计划，指导各类公益林和商品林的培育，指导植树造林、封山育林和以植树种草等防治水土流失，指导、监督全民义务植树、造林绿化工作。承担林业应对气候变化的相关工作。

（3）组织编制并监督执行全国森林采伐限额，监督检查林木凭证采伐、运输，组织、指导林地、林权管理，组织实施林权登记、发证工作，拟订林地保护利用规划并指导实施，依

① 森林经理（原词为德文 Fors teinrichtung），同“森林经营”一词。

法承担应林地征用、占用的初审工作，管理国有森林资源，承担国有森林资源资产产权变动的审批工作。

（4）拟订全国性、区域性湿地保护规划，拟订湿地保护的有关国家标准和规定，组织实施建立湿地保护小区、湿地公园等保护管理工作，监督湿地的合理利用，组织、协调有关国际湿地公约的履约工作。

（5）组织拟订防沙治沙、石漠化防治及沙化土地封禁保护区建设规划，参与拟订相关国家标准和规定并监督实施，监督沙化土地的合理利用，组织、指导建设项目对土地沙化影响的审核，组织、指导沙尘暴灾害预测预报和应急处置，组织、协调有关国际荒漠化公约的履约工作。

（6）拟订及调整国家重点保护的陆生野生动物、植物名录，依法组织、指导陆生野生动植物的救护繁育、栖息地恢复发展、疫源疫病监测，监督管理全国陆生野生动植物猎捕或采集、驯养繁殖或培植、经营利用，监督管理野生动植物进出口。承担濒危物种进出口和国家保护的野生动物、珍稀树种、珍稀野生植物及其产品出口的审批工作。

（7）林业系统自然保护区的监督管理。在国家自然保护区区划、规划原则的指导下，依法指导森林、湿地、荒漠化和陆生野生动物类型自然保护区的建设和管理，监督管理林业生物种质资源、转基因生物安全、植物新品种保护，组织协调有关国际公约的履约工作。按分工负责生物多样性保护的有关工作。

（8）推进林业改革，维护农民经营林业合法权益的责任。拟订集体林权制度、重点国有林区、国有林场等重大林业改革意见并指导监督实施。拟订农村林业发展、维护农民经营林业合法权益的政策措施，指导、监督农村林地承包经营和林权流转，指导林权纠纷调处和林地承包合同纠纷仲裁。依法负责退耕还林工作。指导国有林场（苗圃）、森林公园和基层林业工作机构的建设和管理。

（9）监督检查各产业对森林、湿地、荒漠和陆生野生动植物资源的开发利用。制定林业资源优化配置政策，按照国家有关规定，拟订林业产业国家标准并监督实施，组织指导林产品质量监察，指导赴境外森林资源开发的有关工作。指导山区综合开发。

（10）森林防火指挥部的具体工作。组织、协调、指导、监督全国森林防火工作，组织、协调、指导武装森林警察部队和专业森林扑火队伍的防扑火工作，落实林业行政执法监管的责任，指导全国森林公安工作，监督管理森林公安队伍，指导全国林业重大违法案件的查处。指导林业有害生物的防治、检疫工作。

9.1.2　森林资源调查

森林资源，包括林地及林区内野生的动物和植物，其主体是林地及林木资源，主要包括林木资源、林地资源、林特产品资源、森林野生动物资源、旅游资源、森林内的其他资源，如森林土壤资源及岩石、矿产、水资源、大气资源、热能、光能等。以林地、林木及林区范围内生长的动、植物及其环境条件为对象的林业调查，简称森林调查。目的在于及时掌握森林资源的数量、质量和生长、消亡的动态规律及其与自然环境和经济、经营等条件之间的关系，为制订和调整林业政策，编制林业计划和鉴定森林经营效果服务，以保证森林资源在国民经济建设中得到充分利用，并不断提高其潜在生产力。

目前，我国森林在调查资源上有三个类别，分别为一类森林资源的调查、二类森林资源的调查及三类森林资源的调查。按调查的地域范围和目的，森林资源调查分为：以全国（或大区域）为对象的森林资源调查，简称一类调查；为编制规划设计而进行的调查，简称二类调查；为作业设计而进行的调查，简称三类调查。这三类调查上下贯穿、相互补充，形成森林调查体系，是合理组织森林经营，实现森林多功能永续利用、建立和健全各级森林资源管理和森林计划体制的基本技术手段。

1. 一类调查

一类调查主要是森林资源的连续清查。目的是从宏观上掌握森林资源的现状和变化。一般情况下，不要求落实到小地块，也不进行森林区划。当前大多采用以固定样地为基础的连续抽样方法。固定样地不仅可以直接提供有关林分及单株树木生长和消亡方面的信息，而且由于它本身是一种多次测定的样本单元，因此可以根据两期以至多期的抽样调查结果，对森林资源的现状，尤其是对森林资源的变化做出更为有效的抽样估计。工作步骤如下。

（1）确定抽样总体。通常采用两种办法：一种是以整个地区作为抽样总体，全面布设样地。这种方法可以对整个地区的地类和资源做出估计，但工作量较大。另一种是以林业用地作为清查总体，工作量小，但只能查清林业用地上的地类和资源状况。采用哪种方法，应视条件而定。

（2）样地布设。固定样地按系统抽样原则布设在国家地形图公里网交点上，每个固定样地均设永久性标志，按顺序编号，并须绘制样地位置图和编写位置说明文字。

（3）样地调查。除面积量测和一般情况记载外，还需测定林木的蓄积、生长量和枯损量。

（4）内业计算分析。主要是计算森林资源现状及变化估计值，做出方差分析并得出精度指标。为便于进行森林资源动态预测，还需得出生长、消耗的估计值。

（5）编制调查地区的资源统计表和说明书。包括森林资源统计表、森林资源消长表和森林资源连续清查报告。

2005 年起，我国森林资源一类调查增加了遥感影像判读的工作，主要是辅助固定样地调查，提高调查的精度。

2. 二类调查

二类调查包括区划、调查、调查成果分析三大部分。

（1）区划。林业基层企业的区划包括分场或营林区及林班。其中，林班是永久性经营单位，是二类调查的资源统计单位。林班区划方法分为自然区划、人工区划和综合区划。

（2）调查。以适用的地图如地形图、平面图或航空像片等为依据首先按区划的林班，设计调查方案和进行的路线。调查主要是在划分小班的同时进行目测与实测。小班是以经营措施一致为主要条件划分的。有近期航空像片时可先在室内勾绘，结合现场确定；也可对坡勾绘或深入林内在地形图等上勾绘。高度集约经营时，可通过实测划分小班。小班调查内容、项目可根据需要和实际情况而定。一般调查重点是蓄积量。小班蓄积量调查的常用方法有样地实测法、目测法、回归估测法与抽样控制总体法。因一般小班面积小，难以控制调查精度，抽样控制总体法的优点是在分别进行小班调查的同时，又以全场或营林区为总体结合进行抽样调查，以取得总体蓄积量的一定可靠性精度，而后与小班汇总资源对比，如发现误差过大时，再对小班蓄积量进行修正。样地实测多采用群状样圆、样方或角规点代替单个较大面积样地。目测调查时，除选典型地段外，还应按面积分散地选出一些目测点。此外，生长量、枯损量、天然与人工更新效果、土壤、病虫害、火灾危险等级、立地条件、珍稀动植物资源及有关经营效果等，也是小班调查的内容。

（3）调查成果分析。主要成果必须满足编制经营方案及林业区划或总体设计所需资料的要求。主要包括：地类面积，森林面积，用材林、近成熟、过熟林组成，树种蓄积，人工林及四旁树，经济林，竹林等资源数据；林相图，森林分布图等资料；调查报告说明书等。如是复查，对资源的动态变化应进行详细分析。

3. 三类调查

三类调查又称作业设计调查，是林业基层单位为满足伐区设计、抚育采伐设计等的需要而进行的调查。对林木的蓄积量和材种出材量要做出准确的测定和计算。调查过程中，对采伐木要挂号。根据调查对象面积的大小和林分的同质程度，可采用全林实测或标准地调查方法。调查结果要提出物质货币估算表。

9.1.3 林业地理信息系统简介

林业生产领域的管理决策人员面对各种数据，如林地使用状况、植被分布特征、立地条件、社会经济等，这些数据既有空间数据又有属性数据，对这些数据进行综合分析并及时找出解决问题的合理方案，借用传统方法不是一件容易的事，而利用 GIS 方法却轻松自如。林业 GIS 就是将林业生产管理的方式和特点融入 GIS 之中，形成一套为林业生产管理服务的信息系统。

1. 林业资源信息

林业资源信息主要指描述森林资源对象存在、变动、开发利用及管理的各种信息。其收集可分为以下几种主要模式，即固定样地连续清查、局部区域详查和逐级统计汇总，辅以航空和航天遥感资料分析。目前，已经建立了一些国家级的数据采集途径，如国家森林资源连续清查体系、荒漠化监测体系、野生动植物监测体系、湿地监测体系和森林火灾监测体系，为建立林业科技基础数据库提供了可靠的数据源。例如，森林资源连续清查体系在全国范围设置 26 万个固定样地，并进行了 20 多年的连续调查，这些数据能够在一定程度上记载 20 多年来我国森林在空间和时间上的变化，为分析研究我国森林资源结构和森林资源可持续发展政策提供了可靠的信息源。中国科学院的生态研究网络专门建立了几个以各种类型的森林生态为监测和研究对象的生态定位观测站。森林生态定位观测站也已经持续多年观测，它们能够为各项林业生态功能分析提供依据，这些定位观测站数据，还可以为各种林业专题分析提供基础。我国近年来新建的国家荒漠化监测体系，已经完成了本底调查，并展开了正常的荒漠化动态监测工作。其监测成果为我国荒漠化研究提供了可靠的基础数据。

目前，我国相关单位已经建立了一定规模的森林资源数据库，在通用基础数据库整合方面，国家林业局已经建立了 1∶400 万、1∶100 万和 1∶25 万覆盖全国的基础地图数据库和部分 1∶10 万、1∶5 万、1∶2.5 万和 1∶1 万的基础地图数据库；建立了覆盖全国的基于 TM 陆地资源卫星资料的森林资源图像背景数据库；正在建立基于 2.5m 分辨率的 SPOT5 卫星图像数据的森林资源图像背景数据库。在森林资源图形数据库整合方面，完成了多期国家森林资源连续清查数据库、1∶400 万比例尺森林资源分布图形数据库、天然林数据库、人工林数据库、森林历史火灾数据库、荒漠化类型数据库和生物多样性数据库等。这些数据库已经具备一定的使用价值，但是仍然需要进一步完善、改造和数据更新，以满足各方面的需求。

林业基础信息内容包括：全国森林资源综合统计、营林和生产、生态环境整合工程、森林资源连续清查、卫星林火监测、林业生态区域遥感监测基础和动态信息。林业信息数据比例尺为 1 : 100 万、1 : 25 万等，重要地区的信息精度更高，遥感影像的空间分辨率根据需要从 1000m 到 10m 或更高变化，时间分辨率从 1 年到月变化，信息的更新频率为 1 年或根据实际情况确定。

现阶段林业资源管理所需要的数据主要有三类。

1）基本情况数据

（1）自然条件包括：①森林经营对象的自然环境，如行政及地理位置、林区走势（山脉、海拔、坡度等）、地质结构、土壤类型、河流状况、森林分布、农林牧比例、生态平衡等；②自然因素（气象、气候、河川水系、地质土壤、植物动物等）；③与森林分布、发生、发展和消减之间的平衡关系。

（2）经济条件包括：①当地国民经济发展的方针和远景规划，林业在其中的地位和任务；②当地的农、林、牧、副、渔各业生产情况，以及与林业的关系；③当地工业生产情况及其对林业发展的需求；④森林与生态环境的关系（水土保持、涵养水源、防治风沙、风景保护等）；⑤当地土地利用规划的资料；⑥当地交通运输情况，与发展林业的关系；⑦当地人口密度，以及当地机关、企业情况，各种生活自用材、薪炭材的需要情况和可供林业劳动力的情况；⑧林权情况和存在问题。

（3）企业经营史包括：①森林经营机构的变动；②过去的森林经营工作；③过去森林采伐情况；④森林更新情况；⑤森林抚育情况；⑥林分改造工作；⑦森林保护工作；⑧林副产品利用情况；⑨森林对环境的影响；⑩林区基本建设和企业管理情况。

2）森林资源调查数据

一类调查（全国森林资源清查）：

（1）区域。省（自治区、直辖市）等行政区域；企业局（国有林区与林业局、集体林区与县）；其他行政单位或自然区划单位。

（2）目的。编制全国、省（自治区、直辖市）、大林区各种林业计划、预测趋势。

（3）内容。面积、蓄积量、各林种和各类型森林的比例，以及生长、枯损、更新、采伐情况等。

二类调查（规划设计调查）：

（1）区域。国营林业局、场、县（旗），并落实到森林经营活动的基本单位小班。

（2）目的。编制森林经营方案、总体设计、县级林业区划、规划、基地造林规划。

（3）内容。各地类小班的面积、蓄积量、生长量、枯损量调查；立地条件和生态条件的调查；有关自然、历史、经济、经营等条件的专业调查。

三类调查（作业设计调查）：

（1）区域。基层林业单位。

（2）目的。满足伐区设计、造林设计、抚育采伐设计、林分改造。

（3）内容。查清一个伐区内或一个抚育、改造林分范围内的森林资源数量、出材量、生长状况、结构规律等。

3）专业调查数据

设置标准地与选择标准木、解析木生长量调查、立地条件调查、其他调查（消耗量调查、出材量调查、抚育采伐调查、低产林改造调查、森林保护调查、森林更新调查、母树林及苗圃调查、林副产品调查、森林开发运输踏勘、野生动物资源调查、林业经济调查等）。

这些数据主要包括文本、数值、图形和图像信息，还包括一部分视频、音频信息。森林资源管理有多种数据，这些数据类型不同、来源不同，获取的方式方法也不相同。

2. 林业 GIS 的应用

林业 GIS 的应用主要有以下几个方面。

1）林业资源管理与动态监测

林业资源中森林的面积、蓄积、类型、林种、树种的结构和分布及变动情况等信息，过去只能从森林资源档案中的文字表格上获得，缺乏直观的空间数据，所以难以分析其变化及空间分布规律。GIS 以有效的数据组织形式进行数据库管理、更新、维护、检索查询，做到了图上的动态管理和监测，并以多种方式输出决策所需的信息。

林地面积、蓄积、地类、林分状态等林业资源总是处于不断的动态变化中，及时了解和掌握这类资源的现状和变化过程，就能有针对性地制定林业的生产方案、林业的方针和政策等。在传统的管理数据库中，这些变化仅从数量上反映出来，缺乏直观的空间数据反映，难以分析空间变化规律，也难以预测随时间变化的趋势，这给快捷、准确地做出决策带来困难，GIS 的应用正好解决了这一难题。森林资源动态监测系统采用了先进的经营管理模式，用 RS、GNSS 与 GIS 技术手段来共同完成林业资源的动态监测。RS 为地理信息系统动态地提供和更新各种数据，而 GNSS 可为 GIS 及时采集、更新和修正数据，实现了资源数据不断更新、经营管理的动态化和现代化。

2）森林经营与林业工程规划

在 GIS 的支持下，可对森林进行分类经营区划，实现森林分类经营区划的自动化、可视化及图形化。利用 GIS 进行科学、定量的退耕还林规划，将工程实施落实到可操作的山头地块，为县级退耕还林提供了科学依据。

森林工程上 GIS 的应用，通常是把森林工程信息通过数据输入、处理、编辑和转换等，建立森林工程地理信息系统基本图库和属性库。应用叠加和缓冲区生成技术，形成专题图；利用 GIS 的空间分析功能，结合数学模型和算法，解决木材运输最佳运行线路、木材合理流向。在伐区调查设计上应用 GIS 的叠加、缓冲区、裁剪等空间分析功能，制定解决多种空间约束下的伐区采伐顺序、皆伐面积形状与大小、木材流向划分等问题的最优决策，以确保森林生态系统综合功能的发挥。

3）森林灾害监测与管理方面

病虫害是林业生产中极具破坏性的生物自然灾害，它们的发生和影响总是与一定的地理空间相关。因此，需要对调查所获的病虫害发生及生态因子等数据进行分析和管理，以便对林业病虫害的控制管理活动做出正确的决策。利用 GIS 结合生物地理统计学可以进行害虫空间分布和空间相关分析，对害虫发生动态的时空进行模拟并作大尺度数据库的管理。例如，利用 GIS 对马尾松毛虫、棉铃虫等分别进行了比较深入的研究，组建了综合管理信息系统或专门的地理信息系统，建立了森林病虫害防治信息系统。

森林火灾是林业生产的重大灾害之一，及时的火险预警在林业生产中具有重要的意义。基于 3S 与通信技术集成应用，设计和开发了森林防火地理信息指挥系统，使之具有火点定位、火险预报、林火行为预报、林火信息发布等功能，为森林火灾指挥决策提供了先进的技术手段。

4）林业科学研究方面

GIS 在林业学科中的应用促进了学科的知识创新和理论深化研究，促成了各学科间的相互联系，极大地推动了林业系统科学及其分支学科的发展。同时，各学科的不断发展和深入反过来又需要 GIS 的不断完善，并为 GIS 提供实验基地。例如，为了便于更科学合理地管理某一区域的自然资源，需解决 GIS 同 GNSS、RS 及与专家决策支持系统的耦合问题，这将促进 GIS 技术的不断完善。GIS、RS 和 GNSS 的集成应用为林业生产管理和决策者快速地提供了精确的信息。林业生态系统是一个极其复杂的系统，对于这一系统的监测、模拟和科学管理等复杂问题应用传统的 GIS 是很难解决的，因为这些问题需要大量的知识与经验，GIS 与专家系统结合而成的智能 GIS 及神经网络模型将成为解决这些复杂问题的重要途径。

5）其他方面应用

林业是与自然环境息息相关的产业，林业中的许多问题都涉及空间关系。例如，在 GIS 技术支持下，绘出森林资源鸟瞰图，将森林生态系统和 GIS 技术结合，建立自然保护区亚洲象栖息地质量评价和生境监测技术系统，预测亚洲象的栖息范围及其相应变化等。在森林景观研究方面，利用 GIS 技术快捷准确地显示森林景观的动态变化，模拟不同管理措施和经营方案的效果，预测灾害因子对森林景观的影响，以为管理者提供决策方案。此外，GIS 还在野生动物管理、森林生态效益、林区综合开发管理、林政管理、林区人口管理及林区建设管理等方面发挥着重要作用。

3. 林业 GIS 的特点

森林的功能具有双重性，即森林既属于再生性的自然资源，又归类于陆地生态环境的主体部分。一方面，森林在空间分布方面具有分散性，而连同宜林荒山资源在内，在分布上具有辽阔性。森林在时间方面具有动态性，其中就森林生长更新来说，森林是再生性的自然资源。另一方面，森林自然灾害（森林火灾和病虫害等）频繁，人为破坏严重，使森林不断衰减，所以森林生态系统又具有脆弱性。此外，森林属木本植物，所以其周期性植物，应当认真遵循持续发展的原则，才能走上可持续发展的道路。鉴于森林的上述特性，林业 GIS 设计时需要考虑以下特点。

1）技术的集成性

由于森林及宜林荒山资源在空间分布上的分散性、辽阔性，时间分布上的动态性，生长周期上的长期性，林业 GIS 需要与遥感、统计抽样等技术互相结合，有机集成。首先从 GIS 数据源来说，除利用现有的各种地图外，需要充分利用遥感（航空、航天遥感）数据。航空摄影像片除提供地理空间数据外，由于能够较精密地测量和立体观察，还可提供部分有关林业的属性数据。卫星遥感种类丰富，且卫星遥感数据频度高并能做数字化分析，成本较低。当遥感技术无法获取数据时，需要统计抽样获取 GIS 数据源，特别是属性数据。统计抽样技术还应用于为建立 GIS 应用模型所需的基础数据和 GIS 精度评价所需的实地信息。抽样设计时需要充分利用遥感技术，以遥感为基础的抽样方案有分层抽样、多阶抽样、多相抽样和目的抽样等。在抽样作业中，利用 GNSS 确定地理信息位置。GIS 与 RS、GNSS 相互集成融合。此外，林业 GIS 还需要与计算机网络技术、专家系统等有机结合。

2）数据的多样性

整个自然环境的完整性取决于人们对环境结构、作业功能和动态变化的理解和尊重，而

GIS 的数据是多维的，使人们能完整地了解地球的自然资源，特别是森林既是自然资源又具有生态环境功能的双重性。林业 GIS 还涉及地学、生物学及生态环境等许多方面的相关数据。

3）信息的时效性

现实世界的时空特性，不仅需要 GIS 模拟静态信息，还需要动态信息的结合。由于森林所固有的动态性、自身的再生性及不利环境所带来的脆弱性，所以林业 GIS 很强调信息的时效性。特别是突然灾害，如发生林火，需要提供瞬间信息，为防灾抗灾提供决策。同时，由于森林生长周期相当长，需要进行长期监督和定期重复测定，以使森林资源持续发展。

4）信息的共享性

森林植被是陆地生态系统的主体和生态环境的屏障，国家山川秀美的标志物。生态环境又是人类生存和发展的基本条件，经济社会发展的基础。所以，森林植被受到社会的普遍关注，林业 GIS 信息需要为各方面所共享。而数据的标准化和网络技术的发展，为 GIS 信息共享提供了良好条件。

9.2　森林资源信息管理系统

森林资源信息管理是对森林资源信息在社会实践活动过程中的管理，是利用各种方法与手段，运用计划、组织、指挥、控制和协调的管理职能，对信息进行收集、存储和处理并提供服务的过程，以有效地利用人、财、物，控制森林资源按预定目标发展的活动。森林资源管理是林业的基础管理，是林业建设中各项决策的重要依据。建立森林资源信息管理系统，能全面提升我国森林资源管理的现代化水平，促进林业宏观决策科学化，加速林业管理现代化，适应林业跨越式发展的要求，是一项具有全局性、战略性的基础性工作。

9.2.1　系统数据库

1. 森林资源信息

森林资源信息是林业规划、决策的主要依据。可分为三类：第一类是森林自身的信息。包括各级经营单位森林资源的数量和质量，森林类型和各地类的空间配置，林龄和径级的分布、生长、枯损动态信息等。第二类是森林外部信息。包括林权、社会经济、自然条件、工程设备等。第三类是林业生产信息，包括与林业有关的道路、工程项目及育苗、造林、营林、采伐、加工的各项计划、报告、成本、实施效果等。森林资源管理一般分级进行，分为战略决策层管理、森林经营层管理和作业层管理。每个管理层有不同的决策问题，需采集、处理不同等级的信息。例如，基层林业单位，一般需要管理森林经营小班或林业个体户的资源信息，上级管理机构则需管理林场的森林资源信息。森林资源信息主要在生产管理中积累和更新，也通过各类森林调查系统地收集数据，进行数据处理、加工，并完成和输出上一个管理层次所需的信息，形成信息系统。

森林资源信息量大，内容复杂，数据形式多样。根据数据的不同特征，可分为属性数据和空间数据两部分。属性数据包括资源清查中各种调查统计数据、火灾数据、气象数据、野生动物调查数据、病虫害调查数据和社会经济数据；空间数据则是反映地理坐标位置的数据，如经度、纬度、海拔、时间，主要用来描述特征区域或目标的地理式地面特征，包括图形、图像等。

2. 森林资源数据库

森林资源数据库分为空间数据库和属性数据库。按类型划分，大体上包括三类数据库（图 9.1）：基础地理数据库、森林资源数据库和林业专题数据库。

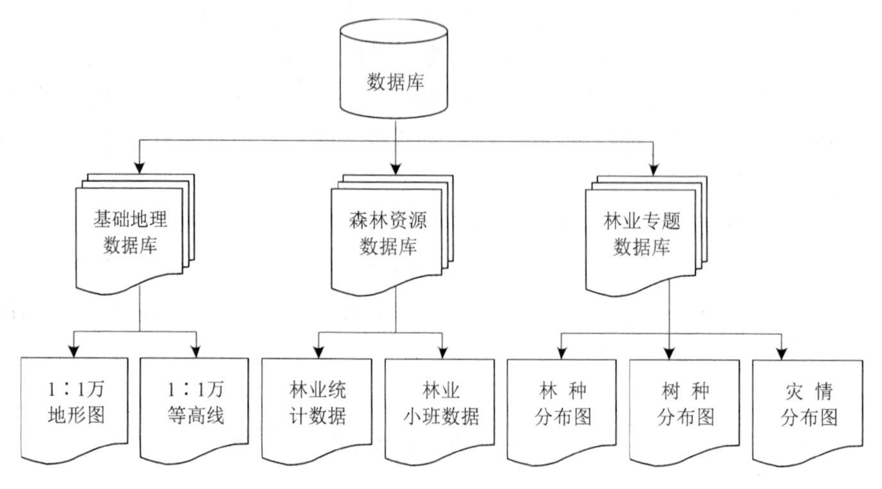

图 9.1　森林资源数据库结构

（1）基础地理数据库。基础地理数据库就是基础地形图数据。可以分为控制点、建筑物与构筑物、工矿及公共设施、道路与交通附属设施、管线与附属设施、水系与附属设施、行政区划与境界、等高线与高程点、地貌、植被等十大类，十类专题数据具有不同的空间特征。

（2）森林资源数据库。森林资源数据库主要包括森林资源统计数据和林业小班数据。其中，森林资源统计数据主要包括区域林业生产基本情况、林业资源、经济指标等；小班数据则主要是表示森林资源的空间分布状况特征。

（3）林业专题数据库。主要是利用各种基础底图，通过空间分析与叠加，得到林业生产部门所需要的林种、树种、病虫害及森林火险等专题图，直接为年度林业统计和日常决策分析服务。

（4）元数据。元数据是“关于数据的数据”，包括系统结构、功能、数据库的数据字典，以及数据格式、精度、内容描述、关联信息，确保规范化、一致性、科学性，方便数据共享应用和更新维护。

9.2.2　系统功能

本系统主要是为林业管理专业人员提供更加符合专业特征和专业规范的应用平台：①解决森林资源信息管理的计算机化，分析森林资源的空间分布状况和演变规律，使资源管理科学化；②为森林资源监测与经营管理提供基础信息和应用平台，并为林政管理、营林项目管理、生态公益林管理、森林公园管理、森林防火指挥、森林病虫害防治等的信息化打下良好的基础；③提供森林资源基础信息和信息管理平台，为国民经济的发展提供林业基础信息服务。

根据森林资源信息管理应用需求，本系统由数据库管理、基础应用和专题应用三部分组成，主要有数据监测采集、数据存储更新、统计分析和显示输出等功能（图 9.2）。

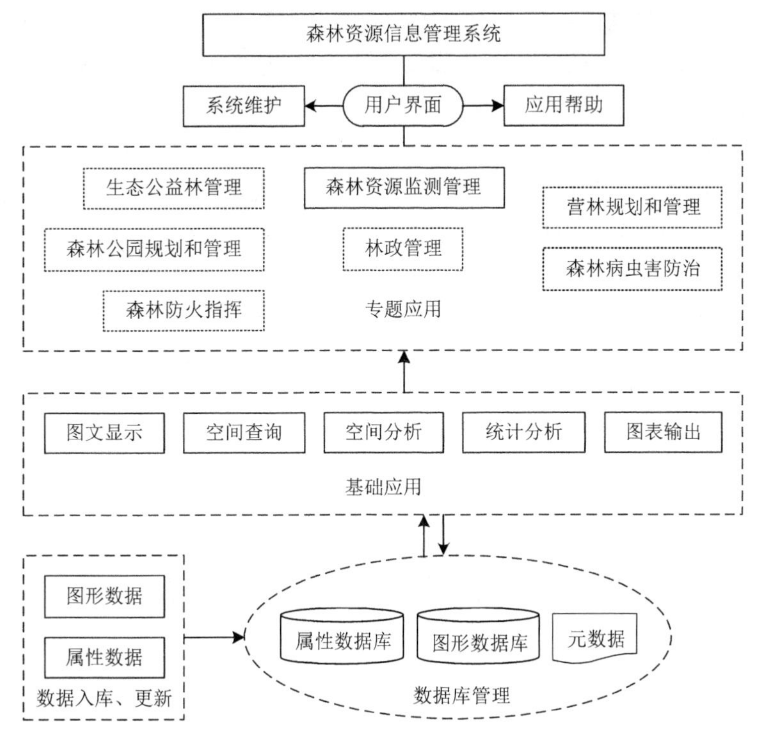

图 9.2　森林资源信息管理系统总体结构和功能模块

1. 主要功能

1）系统管理与维护

系统管理与维护是整个系统的神经中枢，搭建了整个系统的大框架，负责集成所有应用模块，并且肩负系统安全管理与维护工作。具体包括用户安全登录、数据源公共链接、应用模块调用、数据备份与恢复、安全日志管理等功能。所有用户都以统一的界面登录，经安全验证（角色和密码）后，进入系统功能主界面。用户按目的、任务选择功能按钮（系统根据不同权限屏蔽或打开某些功能按钮），调用功能模块，实质是链接各应用功能界面，同时共享数据源公共组件，使整个系统成为一个无缝的有机整体。

2）空间数据管理

空间数据管理的主要功能如下。

（1）地图数据录入：实现对森林资源调查地图的定向，对调绘的各类界线及小班等进行矢量化图形操作，并赋相应的属性，并对小班面积进行量算。

（2）地图数据检索、查询、编辑：按乡镇（林场）、村、小班号等属性进行面积查询，并实时浏览图形，对图形实现放大、缩小、平移、开窗、增减、整形等操作。空间数据与属性数据可实现双向查询，查询结果以元数据、专题图、统计图表等方式输出。

（3）专题图操作：根据乡镇、村、小班面积、权属、地类、树种等属性数据库的因子制作各种专题图，可分别操作，也可结合全区电子地图一起操作。

（4）地图数据统计：对数据信息按各种要求条件进行分类、统计和汇总。

（5）地图数据输出与转换：按各种查询结果，方便地输出电子地图、专题图及统计报表，并可将电子地图按通用格式与其他地理信息系统平台进行数据交换。

（6）地图数据更新与维护：实现资源数据动态更新和图斑更新，对已更新的小班进行面积量算，进行更新后的资源重新统计、汇总，同时可以相应地更新各专题图。实现本系统内数据与其他数据库系统间的数据交换。

3）属性数据管理

属性管理功能主要由主控模块和小班数据管理、档案管理、统计计算和打印输出统计表四大功能模块组成（图 9.3）。这四大功能模块之间既相互独立又通过样地信息库相互连接。主控模块包括软件初始化和主菜单设计两部分。采用这种菜单设计方式主要有两个优点：首先，使用方便，在需要访问某种功能时，只需双击或单击鼠标或按特定键就可以启动和运行。其次，菜单占用的空间小，如果不再需要使用菜单，就可以把它收缩起来，这样几乎可以不占用屏幕空间。

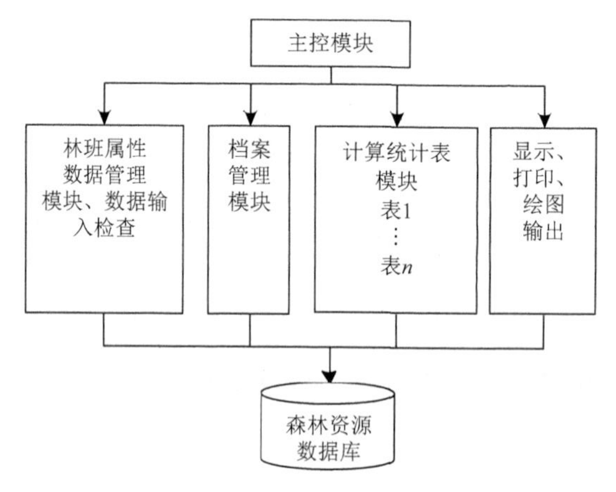

图 9.3　属性数据功能结构框图

小班属性数据管理模块由数据输入、数据检查、数据修改、数据查询和信息保存五个子模块组成（图 9.4）。

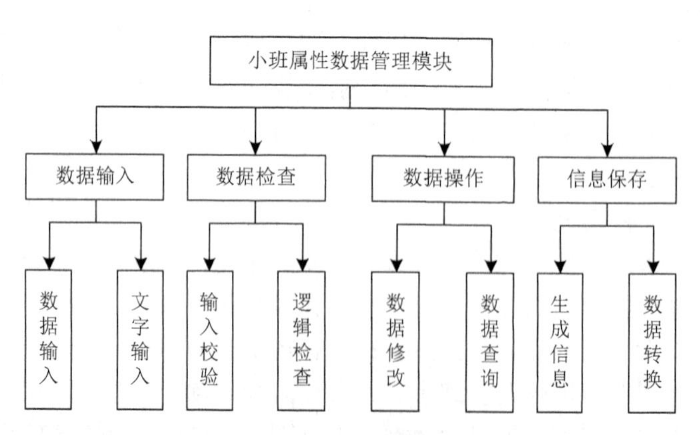

图 9.4　小班属性数据管理模块

（1）数据输入：都采用卡片式分别对文字和数据输入，运用可靠的输入方法，提供输入校验程序，确保作业的可靠性。

（2）数据检查：首先运用校验程序对输入的数据进行对比检查，查出其中的偶然性错误后再进行逻辑检查。逻辑检查包括样地因子和样地检尺的自检和对照检查，若是复查，还要进行与前一期的对照检查，这样可以不必逐个数据与样地卡片进行对照，就能把偶然性错误和逻辑错误都查出来。这种双轨作业方式既节省了人力，又节省了时间，还能提高输入数据的准确率。

（3）数据修改：单项数据修改方式和按条件批量数据修改方式。

（4）数据查询：数据查询方式和按条件数据查询方式。

（5）信息保存：通过生成信息库子模块对原始数据库进行计算，生成派生因子，最终生成信息库，然后转换成文本件，以备计算统计表时使用。运用多种数据转换格式，方便将数据转出供其他应程序使用。

档案管理模块主要由建档、删除和检索三个子模块组成。

（1）建档：把要存档的信息文件按存档要求加载到档案参数库中。

（2）删除：分为逻辑删除和物理删除。逻辑删除是把已在档案的信息库文件参数从档案库删除，如想恢复，还可以通过建档子模块重新加载到档案中来；物理删除是把删除信息除掉，信息将全部丢失不能恢复。

（3）检索：具有强大的档案查询功能。包括按时间查询、按地点查询、按存档号查询、按关键字查询等，并可按要求打印出所需信息。

4）报表与制图输出功能

报表与制图输出功能主要是制作各类标准统计报表、专题图，并按标准打印输出，也可直接打印输出统计分析与查询的结果（包括地图和统计数据），有以下具体应用。

（1）按标准格式制作各类专题图，如森林资源现状图、生态公益林分布图、优势树种分布图、林种组成专题图、林木长势分布图、林木直接经济效益分布统计专题图、害虫分布和扩散模拟图等，并能实现共享打印。

（2）按标准格式制作各类统计报表，如林业结构分析表、营林基本情况统计表、红树林生长情况统计表、生态公益林资源统计表及与林业统计年鉴相关的报表等，并实现网络共享打印。

（3）对统计分析与查询处理的结果，包括图形和属性进行打印输出。

5）多媒体演示功能

多媒体演示采用地理信息系统技术和多媒体技术，以电子地图为主索引，组织相关多媒体信息（视频、音频及图片、动画等），全方位地演示森林资源面貌，动态演示区域内林业发展现状与规划目标、生态公益林分布与森林公园展示、林业管理设施与科技实力，为各级领导和用户了解及支持本市林业发展提供详尽的基础信息。

2. 专题应用功能

1）森林资源信息管理

根据森林资源地域空间和时间特性，提供一个多维林业空间数据组织与管理技术才能更好地监测管理森林资源。传统的小班卡片、森林分布图、林相图和有关表格等在手工作业方式下已不适应现代的森林资源监测管理要求。运用GIS建立一体化森林资源的空间、属性数据库，并开发森林资源空间信息的知识表达、存储与分析处理应用系统，是目前森林资源监测管理的发展方向。

GIS能提供对森林资源地理信息进行综合有效地空间管理、空间检索和空间分析的强大功能。监测管理内容是以小班为单元的森林资源信息，系统对林业地理信息提供录入、编辑、管理、分析、接口、输出等功能。

2）森林资源的动态监测

森林资源总是处在动态变化过程中，及时准确地掌握资源现状及动态变化规律，可为林业发展战略，经营决策、管理对策的制订提供可靠依据。森林资源的监测与管理主要是在建立完善的一、二类森林资源调查体系的基础上，选择有代表性的林区布设固定样地，每隔一定时期对样地各主要测树因子、生长环境等诸因子进行测定，以掌握森林资源现状和动态变化规律，为森林资源的管理和经营提供可靠依据。

GIS 不但能提供资源统计数据，而且能提供图形数据，实时监测林地变化情况。当森林资源发生变化时，通过 GIS 对图形数据和属性数据的及时修改，实现同步更新。例如，某些小班完全或部分采伐作业后，小班调查因子发生了变化，对数据进行修改，将有林地变为采伐迹地。无林地小班，经造林、检查合格后，在计算机中修改，将原来的无林地变为未成林造林地。这样就产生了最新的林相图和资源数据，年年都有新数据，延长了调查数据的使用寿命，下次调查时，只对某些有变化的小班进行补充性调查和专题性调查，保持了小班位置相对稳定和调查数据的连续性，符合科学经营管理模式，经济效益显著。森林资源动态监测体系结构如图 9.5 所示。

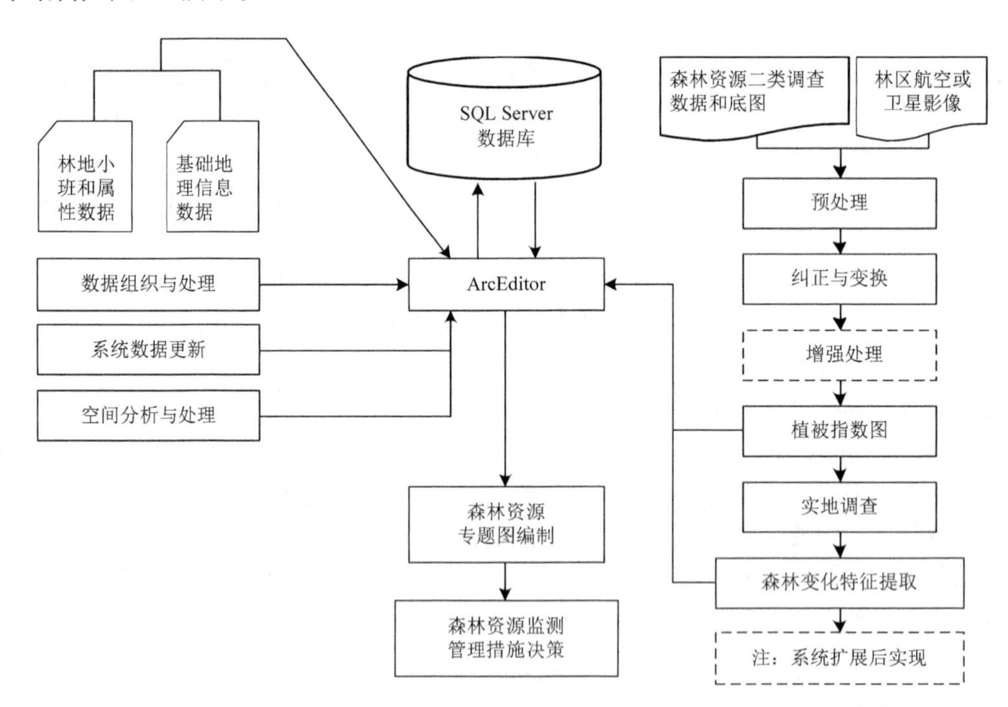

图 9.5　森林资源动态监测体系结构

3）森林资源动态变化的统计

运用 GIS 的图形数据叠加功能，以小班多边形为范围，对不同时期图形元素分别作数量、平均值、最小值、最大值、标准偏差等项目计算，最后以小班内优势树种为类别进行分类汇总，即可对森林资源动态变化状况进行提取和统计。以参加计算的调查小班为基准，分别对几个代表性树种进行统计分析，以历年的小班调查数据值为自变量、近期的小班调查数据值为因变量来进行回归分析，分析结果表示森林资源动态变化分析的结果。将结果反映到林业专题地图中，用不同的着色表示森林生长优势区域、采伐迹地和造林更新区域。通过先检索属性数据，将森林资源发生变化的小班赋以不同的值以示区别，再进行属性数值运算。然后将运算结果（属性）变成以图形方式输出得到的森林专题图，以直观反映森林资源的变化情况。

运用遥感影像处理软件将经过图像解译处理、资源动态变化分析后的图像制作图件输出，制作成的卫星图像地图将作为监测的基本图和样地点布设的载体，也是地物判释和分类的基础图件，能给森林资源二类调查提供辅助和检验。制作图件时，通过对灰度的拉伸反映突出森林植被的特征，同时反映森林资源动态变化区域的区分表示。

对森林资源发生变化的区域设立样地，在区域内样地间距 D 可按公式 $D=\sqrt{A/n}$ 来计算。其中，A 为区域面积；n 为公里网交点。对样地的判释要求人员应经过专门的技术训练，熟悉监测地区的森林资源状况。样地调查应当按森林资源调查有关规则进行。

4）天然林保护工程管理及封山育林

实施天然林保护工程，“两类三划分”必须要落实到可操作的地块，并可进行动态管理。封育区域的确定涉及一些地理地貌和社会经济及人为活动等因素。GIS 的分析设计可兼顾多种要素，采用 DTM 和森林分布图及专题图叠加，区划出合理且易实施的封育区域。

借助于 GIS 制定详细的采伐计划，确定有关采伐的目的、地点、树种、林种、面积、蓄积、采伐方式和更新措施。制定采伐计划安排，制作采伐图表和更新设计。应用地理信息系统，可以清楚地把握各地、各林业局及林场，乃至各林班、小班的森林资源状况，下达森林采伐限额指标可做到有的放矢。同时，可以确定各小班的森林经营及采伐方式，实现以小班为单位的动态经营管理。

用缓冲分析方法进行河岸防护林、自然保护区、林区防火隔离带等公益林的规划，确定防护林的比例和相应的分布范围。根据森林资源分布状况和自然、社会经济分布特点及社会经济需求进行空间属性分析，可以确定不同林种的布局。一方面根据森林资源的地形地貌、立地条件分布特点、林木生长各个阶段的经济和生态效益特点，利用 GIS 和相关的技术确定合理的龄组结构；另一方面指定相应的森林时序结构的调整方案并落实到具体的山头地块，在大力造林、绿化、消灭荒山的同时，按照龄组法调整龄组结构，加速林木成熟，使各龄组比重逐步趋向合理，充分发挥林地的生产潜力。

利用 GIS 强大的数据库和模型库功能，检索提取符合抚育间伐的小班，制作抚育间伐图并进行 GIS 的空间地理信息和林分状况数据结合，依据模型提供林分状况数据，如生产力、蓄积等值区划和相关数据，据此按林分生产力进行基地建设。GIS 可通过分析提供森林立地类型图表、宜林地数据图表、适生优势树种和林种资料，运用坡位、坡面分析，按坡度、坡向划分的地貌类型结合立地类型选择造林树种和规划林种，指导科学造林。

5）森林资源计划系统

林业土地变化包括林地类型和林地面积两方面。GIS 借助于地面调查或遥感图像数据，实现了地籍管理，将资源变化情况落实到山头地块，并利用强大的空间分析功能，可及时对森林资源时空序列、空间分布规律和动态变化过程做出反应，为科学地监测林地资源的变化、林地增减，掌握征占林地的用途和林地资源消长提供了依据。

森林资源计划系统较之信息系统有更多的数学模型作为定量手段，用于进行预估和决策。经营强度高的林业单位累积了各类型林分的最优经营模型，它的管理信息系统利用这些模型提出林分经营计划。因此，林业工作人员必须为每个林分确定类型，以便选择经营模型。按照最优的数学模型对各林分进行经营管理，不仅可以提高生产效益，还提高了管理信息系统的数据更新、预估和决策精度。

6）森林资源制图

制图是一项技艺性强且工作量极大的工作，在制作植被分布图时，GIS 把地图的信息源依海拔、坡向、坡位、坡度、土壤类型、年降水量等分成不同的“层”，使每一层与一定立地上的植被相联系，从而简化、连贯了植被成图工作。GIS 将地图分为点状图、线状图、面状图、等值线图等四大类，利用其图形操作模块，通过图形的组合、叠加、复合，实现地图的拼接、剪裁、缩放等各种功能，从而制作出用户所需的各种复杂的专题图（图 9.6）。

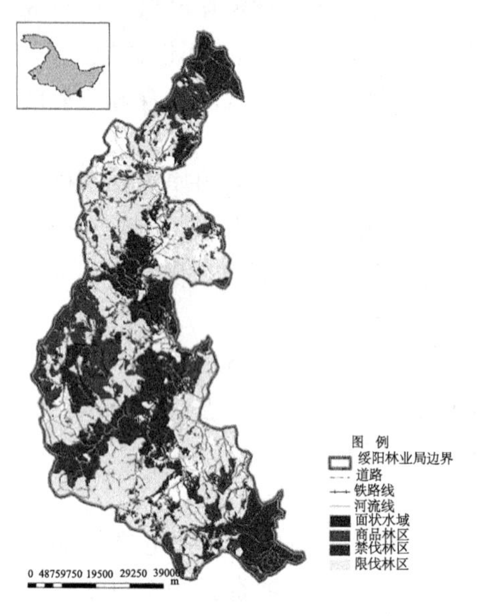

图 9.6　森林分类经营区划图

引自：黑龙江省绥阳林业局；面积，484145hm²

9.3　森林防火管理系统

森林防火管理系统是集 GIS 技术、GNSS 技术、RS 技术、现代通信技术、计算机网络技术、多媒体数据库技术、实时监控技术、显示控制技术等高新技术于一体，具有数据输入、空间数据库管理、属性数据库联结、空间查询与分析、图形输出、专题图制作等功能，用于地理信息、资源信息管理和防火指挥、热点信息查询、防火设施、防火队伍管理、防火档案管理及应用的系统，其目的是提高扑火指挥的科学技术水平，达到火灾快速定位、快速部署指挥、快速汇报和管理方便、准确、直观的要求。它的建立使森林防火走向了一个崭新的阶段，它能够为森林防火信息的获取、管理和查询、检索等提供方便、快捷的工具和支持。GIS 不仅为森林防火的日常管理提供服务，而且一旦当森林火灾发生时，可保证森林火警的接、处警的快速响应，实现森林火灾的快速定位，及时了解翔实的火场及其周围的地理和资源环境，在辅助决策系统的支持下，制定合理的扑火方案，实现扑火力量的最优配置，缩短扑火出动时间，提高扑火效率，把森林火灾造成的损失尽可能地减少到最低限度。系统的建立和使用将使得森林防火工作从传统的经验型的定性管理转化为自动化、标准化、规范化的定量管理，极大地提高森林防火管理的效率和现代化水平，进一步提高森林防火决策的科学性、合理性。

9.3.1　系统架构

本系统综合利用影像数据和矢量数据，为各级党政领导和防火指挥员提供了一个指挥扑救较大森林火灾的技术平台，辅助扑火指挥员对火情做出正确的判断，同时可以监测各个火点的状况，避免火灾的发生。系统要求能够综合地展示森林资源，实现发生森林火灾时段的火点快速定位、扑火路径分析，通过叠加空间地理数据库（如道路、水系、居民点、地名、防火路、瞭望台、森林扑火队、小班森林资源数据库等），利用高分辨率遥感数据建立三维景观模型、森林防火电子沙盘，将虚拟现实技术应用于森林防火指挥中，可以及时了解火场情况，为森林火灾的扑救指挥提供科学的辅助决策。

如图 9.7 所示，森林防火管理系统可以有效地管理森林资源中各种具有空间属性的环境信息，其提供了强大的信息存储、编辑、查询和制图等观念；具有直观、可视性强等特点。可以对林火预测预报、火险等级预报和林火扑救指挥、实时监测进行快速和重复的分析测试，便于制定决策、进行科学和政策的标准评价。而且可以有效地对多时期的林火信息状况及林火变化进行动态监测和分析比较，同时提供最佳扑火路径，也可将数据收集、空间分析和决策过程综合为一个共同的信息流，明显提高工作效率和经济效益，为解决森林防火决策提供技术支持。

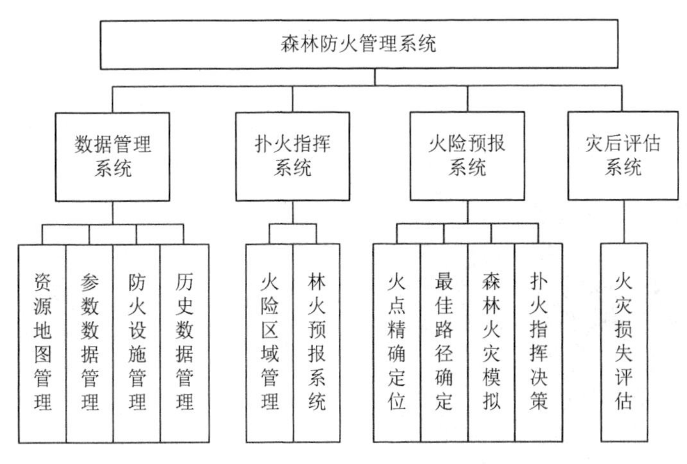

图 9.7　森林防火管理系统的构成

9.3.2　系统功能

1. 防火设施数据显示与管理

利用 GIS 技术进行林区信息管理、防火点建设规划，提供林火扑救辅助决策，较大程度提高了灭火效率，减少了经济损失，同时比较准确地评估了由火灾造成的经济损失。

1）森林资源的显示

本系统综合利用遥感影像和矢量数据，提供了强大的三维地形显示功能，多维度展示了森林资源，图 9.8 为航摄影像图，可以真实地展示森林资源的分布、各处的林木生长情况等。

在航摄影像图上，可以叠加一层矢量数据，使用户更精确地了解森林资源的林种、经费、所属管理单位等信息，如图 9.9 所示。

为方便森林资源的展示、分析、管理，系统可以方便地设置多条路线，以飞行的模式观察全市或指定路线的森林资源。在飞行观察过程中，可以暂停、控制观察的高度、角度，方便细致地分析某一容易发生林火的地区。

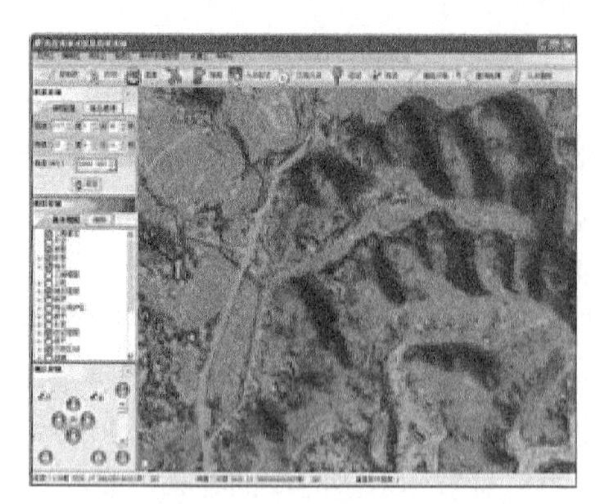

图 9.8　航摄影像展示森林资源

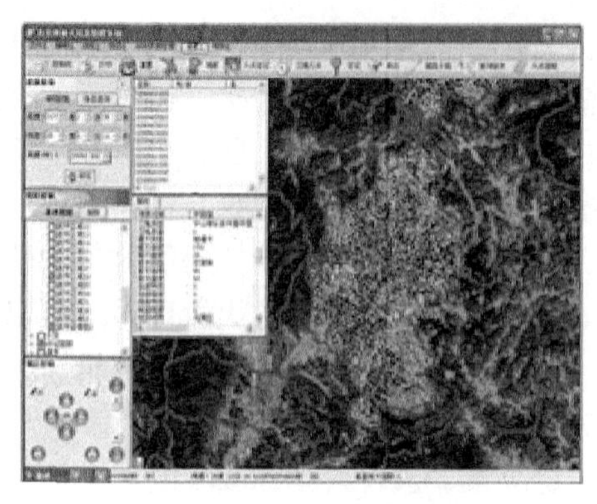

图 9.9　叠加矢量数据

2）森林资源的查询

森林资源管理是对系统的矢量数据进行管理、查询，如图 9.10 所示的上杭庐峰乡的林斑数据。

3）勾绘小路

在森林茂密的地区，一些小路会被树木遮挡，系统可以通过勾绘小路的功能，对原有的矢量道路信息进行补充。描绘的小路可以保存，再次打开系统会自动加载，如图 9.11 所示。

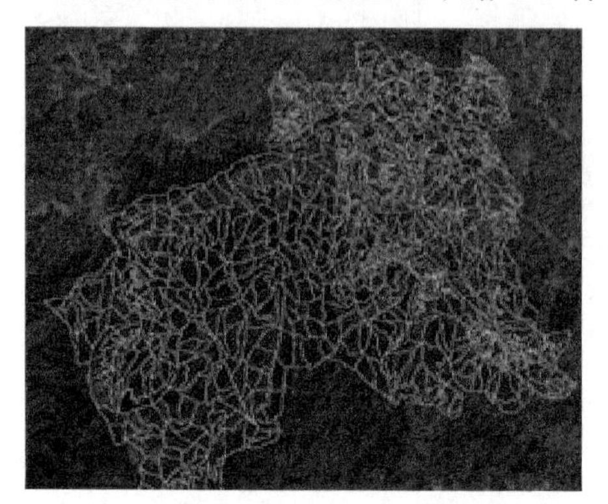

图 9.10　上杭庐峰乡林斑数据图

图 9.11　描绘路径图

4）点状地物的补充

对于矢量数据中没有标出的地物，用户可以手动补充到系统中，并可以添加相关的说明信息，如图 9.12 所示。

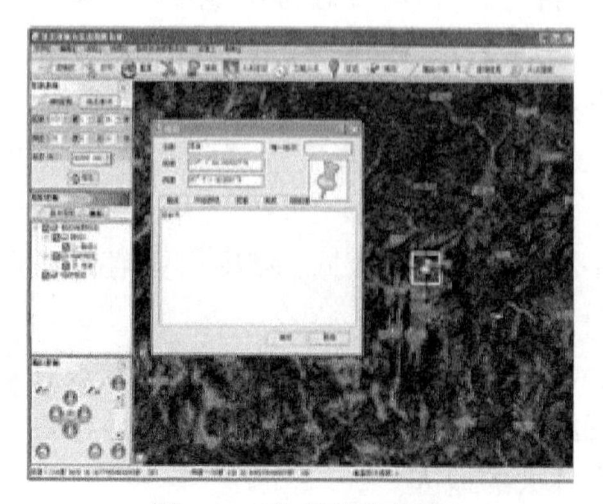

图 9.12　点状地物标注

5）火险区域管理

根据各区域发生火灾的难易程度和危害程度划分不同的管理区域，对较易发生火灾和危害程度较大的区域实行重点管理。

2. 林火点预警与监测

1）林火预报预警

利用 GIS 数据库，结合地形因子、林区物候、可燃物特性等数据，调用相应区域天气数据和预报因子数据库，建立森林火险预报模型，完成森林火险等级预报，如图 9.13 所示。

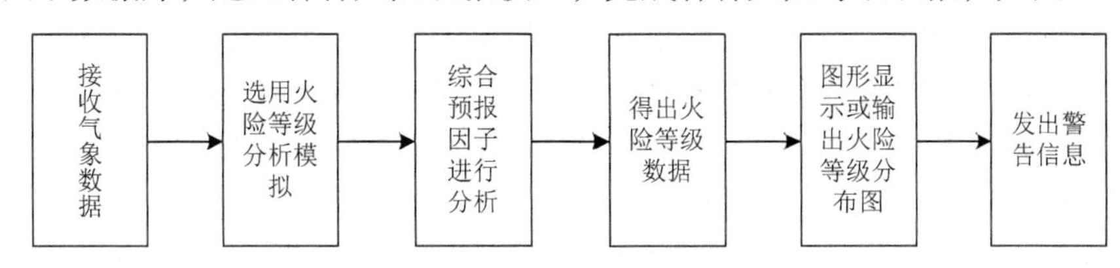

图 9.13　森林防火预报原理

2）林火点监测

对于森林火灾的监控，传统的做法是人为瞭望、根据烟的风向判断火灾地点。这样做，不但很难在火灾初期发现火情，而且观测的距离、观测的时间都受到自然条件的限制，很难满足监测的需要。经常是在人们发现森林火灾和报警之前，火灾就已失去控制，造成重大的损失。

（1）遥感卫星监测。中分辨率成像光谱仪（moderate resolution imaging spectrometer，MODIS）卫星遥感图像因具有高光谱分辨率、高时间分辨率、中等空间分辨率及免费接收的特点，在大范围的森林火点识别及其动态监测方面发挥着重要作用。利用 MODIS 遥感图像反演得到的地表亮温，可以构建森林火点识别的绝对模型、差值模型和背景模型。绝对模型应用方便，但因为阈值定的过高，可能会漏判许多温度不是很高的火点；差值模型应用 4μm 和 11μm 两个波段来综合判断，弥补了绝对模型阈值过高的不足，精度明显提高；背景模型从邻近像素上进行高温点识别，相对较为复杂，但具有最高的识别精度。综合运用这三个模型来进行森林火点识别，成功率可达到 80%左右，表明基于 MODIS 卫星遥感图像进行森林火点识别具有一定可靠性，但精度有待提高。

（2）飞机或无人机监测。无人机通过不同航高可实现高空间、大面积监测，也可实现低空间较小范围精确监测，也可多架、多次同时对上万平方千米测区进行监测。通过多光谱分析，得到大面积测区的各项监测数据，以面信息结合传统点信息，从而为整个林区火情提供依据。

（3）人工 GNSS 定位。当某处发生林火以后，巡林员可以根据 GNSS 测得的位置精确定位林火地点。这样可以将从 GNSS 获得的坐标地点迅速在电子沙盘上定位显示出来，方便后续的分析与指挥。

（4）远程地面红外林火自动探测系统。远程地面红外林火自动探测系统利用计算机、人工智能、网络、通信、3S 技术等高科技技术，实现了基于嵌入式技术的火点自动搜索、跟踪、红外地面林火探测定位，并且利用无线传输系统进行数据传输，结合地理信息系统进行视场和火点地理坐标的直观显示，利用伪彩色处理方法进行灰度图像信号处理，降低了浓烟遮盖对林火探测的影响，通过阈值进行报警，在地理信息系统上实现小班定位显示，从而提高了火源目标鉴别的准确率，解决了国内现有森林防火应用方面人力监测困难的问题。远程地面红外林火自动探测系统通过热像仪、可见光监测等装置，对半径 10km 以内的林场实施实时监控。一旦某地发生火情，系统会在半分钟内把火情发生时间、地点、当地气象情况和火灾发展的趋势等相关信息传送回防火指挥部。系统还会根据火灾情况，制订出扑火作战方案，为指挥人员作出判断提供科学依据。依据地理信息系统进行视场扫描和火点地理坐标的显示，可以实现火点在小班的精确定位，定位误差小于 70m。

3. 扑救指挥

（1）灾情分析。可以根据提供的各种坐标定位，并叠加到森林资源分布图上，观察火点范围内的森林资源、道路、水源、居民点和地形数据，为扑救工作提供火场环境信息。发现火警信号后，通过以下方式确定火点地理位置：可在卫星监测火点云图上叠加地形图，用来判断火点性质和属地关系；也可在图上进行定位，显示火点位置和火点范围。

（2）扑火指挥决策。在扑火调度指挥工作中，提供图文并茂的全方位信息，使指挥员能够方便快捷地在电子地图上查询火场环境信息、扑火力量情况和防火专题信息，分析火场发展态势，评估火灾损失，制定扑火方案，为科学地决策指挥提供辅助支持。

（3）森林火灾模拟。将多次标绘的火场态势图按时间顺序排列，显示火情发生和发展的变化过程。根据火险等级预报和火行为分析模型，在给定假设参数后，进行火行为模拟分析，能够模拟一定时间段的火场蔓延结果，得出林火蔓延趋势图，预测火情发展态势，为林火的扑救工作提供科学的预测信息。

（4）最佳路径确定。GIS 服务器接收到林火报警服务器发给的信息后，就会在电子地图上以醒目的符号或标识标注出火点的位置，同时提供出从附近的护林点到起火点的最佳路线，为救火灭火赢得时间。同时，可根据扑火队伍 GNSS 跟踪监控系统配套显示平台，读取 GNSS 数据，并将 GNSS 数据转发到当地指挥中心 GNSS 服务器中，建立 GNSS 数据库，访问 GNSS 服务器，然后在电子地图上显示扑火队伍位置。

（5）GNSS 自主导航和实时监控。通过实时 GNSS 定位接收、数字通信手段，将当前的定位信息以图标的方式在移动计算机图形窗口内显示并标注移动轨迹，达到自主导航目的，同时将定位信息通过通信手段传输到指挥中心，使指挥中心实时监控，并在电子地图上清晰、实时地了解车辆的位置、速度、方向等，记录车辆的行驶轨迹，提高信息化程度，加强对车辆、人员的管理。

4. 森林火灾灾后评估

1）灾后评估概况

根据国家规定的火灾损失评估标准和计算方法，利用高分辨率卫星遥感图像、航测图片、GNSS 数据，通过计算机勾绘出火场范围，计算出过火面积，统计出损失的林地面积和蓄积。经统计，可以得出森林火灾直接损失。利用地理信息专题数据库建立火灾损失评估数学模型，估算综合经济损失，这是制定恢复重建总体规划的基础，为灾后恢复和重建工作提供了行为依据，也可作为研究林火灾害的历史资料。

森林火灾损失估算包括过火面积、蓄积损失、经济损失，以及在扑火过程中的各种经济投入等，最难的两块是森林过火面积和各树种木材蓄积量。森林过火面积用 GIS 比较容易实现，而各树种木材量必须在 GIS 的基础上建立木材蓄积估算模型。以小班为最小单位，解译过火地历史遥感数据和其他相关资料数据作为基础数据，以树种、林龄、龄组、郁闭度、地位级等数据为参数建立估算模型。通过估算模型和过火森林历史数据可快速得出过火森林的详细信息和火灾损失。

过火森林合理的灾后育林规划是非常重要的，利于资源的持续发展，主要包括林种分布、道路预留、隔离带等。林种分布主要是按照土地类型选择适合树种；道路预留便于后期护理和采伐；隔离带可以把森林分成块状，自然阻止火灾蔓延。这部分规划通过 GIS 的地图功能和空间分析功能很容易实现。

2）灾后评估算法

灾后评估算法的输入是地图上被火烧的区域图元，输出是过火面积和总损失。整个流程以数据库相连，数据库之间的数据交换与关联以图层信息和地理信息进行空间计算分析和统计来实现，具体的算法流程如图 9.14 所示。

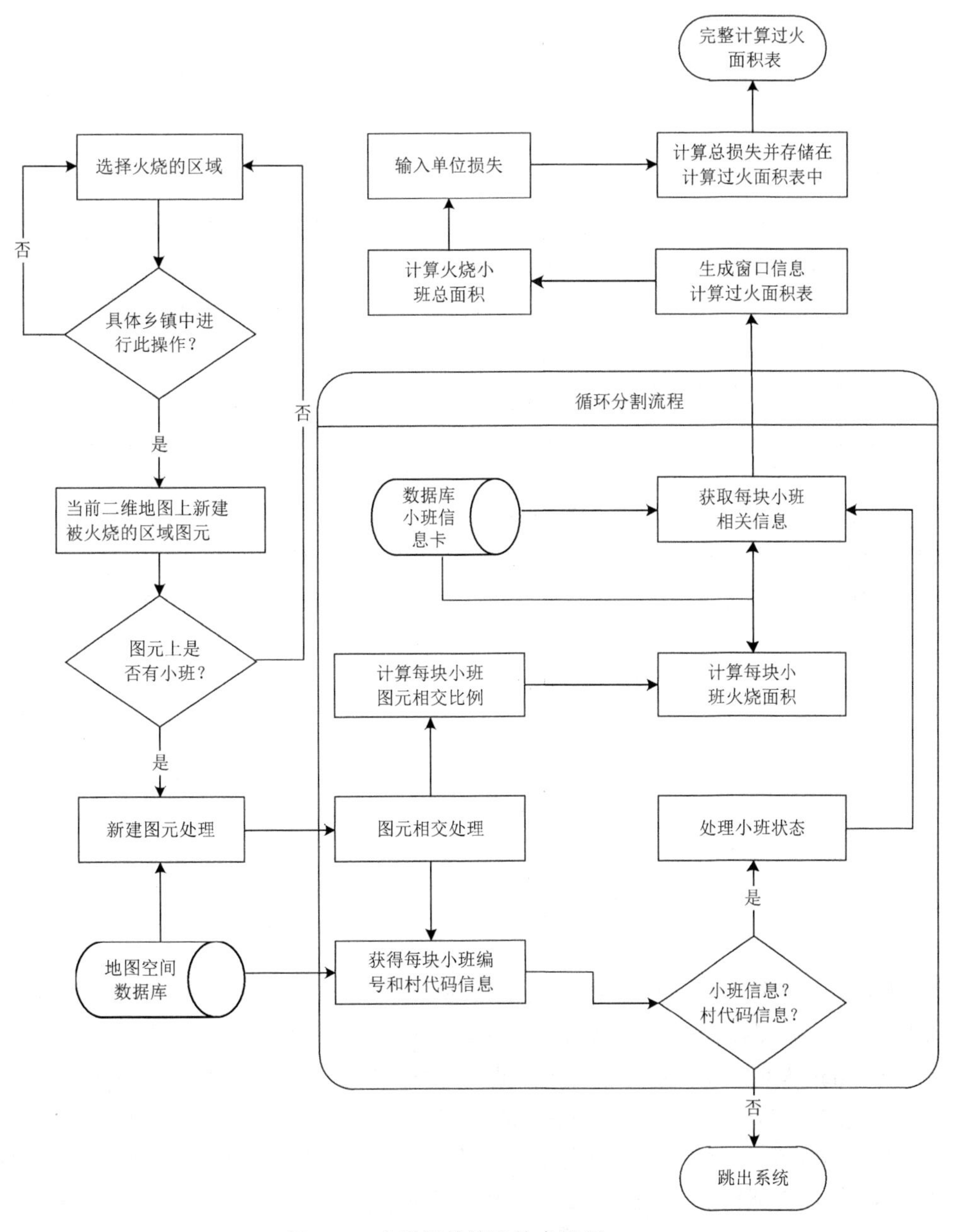

图 9.14 灾后评估算法技术流程

灾后评估技术流程的核心算法主要包括：新建图元处理，图元相交处理，计算图元比例，获得小班编号、村代码和林火损失等，见图 9.15。

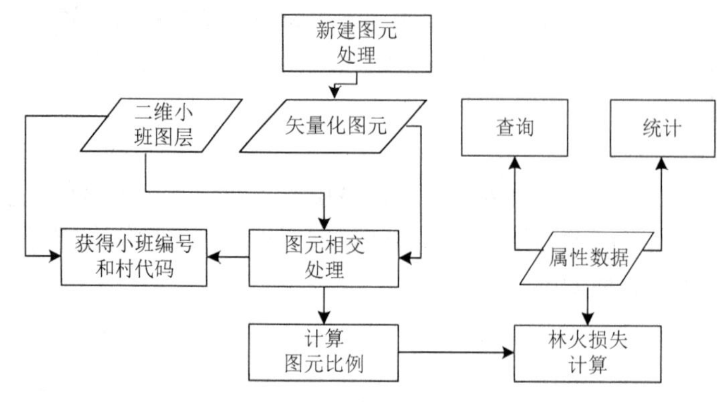

图 9.15　核心算法技术流程

9.3.3　森林火灾蔓延模型

自 1946 年 W.R.Fons 首先提出林火蔓延的数学模型以来，世界上许多国家都提出了林火蔓延模型。林火蔓延是一个多相、多组分可燃物在各种气象条件（温度、风向和风力等）和地形影响下燃烧和运动的极其复杂的现象。对林火蔓延，至今所做的研究多是根据现场观察和实验室实验，抓住某些重要因素，按照统计或物理规律，建立相应的数学模型，来估计林火的属性。目前，林火蔓延模型可以分为基于能量守恒定律的 Rothermel 模型（物理机理模型）、澳大利亚的 McAthur 模型（统计模型）、加拿大林火蔓延模型（半机理半统计模型）、王正非的林火蔓延模型、物理模型等五种，每个模型的应用都有一定的局限性。林火蔓延模拟在这些林火蔓延模型的基础上设计计算机算法，模拟火场边界线随时间的发展变化过程。在实际应用过程中，无论使用哪种类型的模型和算法进行林火蔓延模拟，都离不开地理信息系统。在林火蔓延模型基础上以 GIS 为平台的林火蔓延模拟已成为林火行为预测预报的主要方向。

1. 森林火灾蔓延数学模型

林火蔓延模型是指在各种简化条件下进行数学上的处理，导出林火行为与各种参数间的定量关系式。

1）基于能量守恒的 Rothermel 模型

Rothermel 模型的公式为

$$R=\left(I_{\mathrm{R}}\cdot\xi\right)\left(1+\phi_{\mathrm{w}}+\phi_{\mathrm{s}}\right)/\left(\rho_{\mathrm{b}}\varepsilon Q_{\mathrm{ig}}\right) \tag{9-1}$$

式中，R 为林火蔓延速度（m/min）；I_{R} 为火焰反应强度[kJ/（min · m^2）]；ξ 为火蔓延率（无因次）；ϕ_{w} 为风速修正系数；ϕ_{s} 为坡度修正系数；ρ_{b} 为可燃物的体密度；Q_{ig} 为有效热系数。

Rothermel 模型是基于能量守恒定律的物理机理模型，由于其抽象程度较高，因而具有较宽的适用范围，但在实际应用中，它也有一定的局限性，主要表现在模型中假定森林的材质和湿度等在研究区内是均一的，即使对于复合林，也只是根据比例进行加权平均得到一个统一的指标。但在实际情况下，微观尺度上的可燃物是很难达到均匀的。Rothermel 采用了加权平均法获得可燃物的参数，后 Francis 又对空间可燃物异质的林火蔓延做出了估计。考虑可燃物配置的获取费时费力，采用了可燃物模型来描述参数以便进行林火蔓延计算。当可燃物床层的含水量超过 35%时，Rothermel 模型就失效了。Rothermel 模型本身是一个半经验模型，因为模型的一些参数需要实验来获取，而且模型要求的输入参数达 11 项，基本运算公式有 19 个，参数间又有嵌套关系，在我国大部分地区不具备预报这些参数的条件。

2）澳大利亚的 McArthur 模型

McArthur 模型公式如下：

$$R = 0.13F \tag{9-2}$$

式中，R 为较平坦地面上的火蔓延速度。对于草地，F 具有如下形式：

$$F = 2\exp\left[-0.405 + 0.987\ln D' - 0.0345H_{\mathrm{a}} + 0.0384T_{\mathrm{a}} + 0.0234U\right] \tag{9-3}$$

式中，F 为火险指数；D' 为干旱码；H_{a} 为气温；T_{a} 为相对湿度；U 为在10m 高处测得的平均风速。

对于存在坡度的地面，它的速度计算公式为

$$R_{\mathrm{a}} = R\exp(0.069a) \tag{9-4}$$

式中，a 为坡度；R 为初始速度；R_{a} 为有斜坡上的速度。

McArthur 模型是 Noble I. R.等对火险尺的数学描述。它不仅能预报火险天气，还能定量预报一些重要的火行为参数，是扑火、用火不可缺少的工具，但它可适用的可燃物模型比较单一，主要是草地和桉树林。适宜具有地中海气候的国家和地区，对我国的南方森林防火具有一定的参考价值。

3）加拿大林火蔓延模型

加拿大林火蔓延模型是加拿大火险等级系统（Canadian forest fire danger rating system，CFFDRS）采用的方法。根据加拿大的植被情况，可燃物可划分为五大类：针叶林、阔叶林、混交林、采伐基地和开阔地，并被细分为 16 个代表类型。通过 290 次火观察，总结出多数可燃物蔓延速度方程（ROS）。不同类别可燃物有不同蔓延速度方程，但所有方程都以最初蔓延指标（ISI）为独立变数，它与细小可燃物含水量和风速有关，如针叶林的初始蔓延速度方程为

$$\mathrm{ROS} = a\left(1 - \mathrm{e}^{b \cdot \mathrm{ISI}}\right)^{c} \tag{9-5}$$

式中，ROS 为可燃物蔓延速度；a、b、c 分别为不同可燃物类型的参数；ISI 为初始蔓延指标。对于在斜坡上蔓延的火，其蔓延速度只需要乘以一个适宜的蔓延因子即可，蔓延因子可用下式表示：

$$S_{\mathrm{f}} = \mathrm{e}3.533(\tan\phi)\cdot 1.2 \tag{9-6}$$

式中，S_{f} 为蔓延因子；ϕ 为地面的坡度。

加拿大林火蔓延模型适于统计模型，它不考虑火行为的物理本质，而是通过收集、测量

和分析实际火场和模拟实验的数据，建立模型和公式。其优点是能方便而形象地认识火灾的各个分过程和整个火灾的过程，能成功地预测出和测试火参数相似情况下的火行为，能较充分地揭示林火这种复杂现象的作用规律。它的缺点是该类模型不考虑任何热传机制。由于缺乏物理基础，当实际火情与试验条件不符时，统计模型的精度就会降低。

4）元胞自动机模型

空间离散特征使得基于元胞自动机（cellular automaton，CA）模型的林火模型在与遥感影像、地面数字模型和栅格型 GIS 集成方面具有天然优势。基于 CA 的林火模型的时空离散、并行计算及规则简单等特性，使得这种模型在利用计算机进行计算和可视化方面更加快速、方便。基于 CA 的林火模型通常采用随机计算方式，使得林火的蔓延更加真实，如基于 CA 的林火模型可以模拟出曲曲折折、具有分形特征的燃烧范围线，这种特征与实际情况更加相似。

基于 CA 的林火模型 GeoCA-fire 是一个二维的元胞自动机模型，基于以下假定条件：森林均匀分布，材质单一；地形为平原，即不考虑地形的影响因素；风向随机。这时，基本模型可表述为：①元胞空间。元胞空间是实现地理空间依照一定分辨率划分的离散网格，每个单元为正方形单元，与 GIS 中的栅格结构基本一致。②元胞状态。元胞状态表示地表相应单元所处的状态。这里每个元胞具有四种状态，0 代表无森林覆盖；1 代表未燃森林；2 代表正在燃烧的森林；3 代表已经燃烧过的森林。③转换规则。转换规则就是林火的蔓延规则，即再燃元胞的扩散规则。假定在燃元胞可以一次点燃周围邻居中的所有未燃森林，那么可以定义如下规则：如果 $n_{ij(t)}=0$ 或者 3，则 $n_{ij(t+1)}=n_{ij(t)}$；如果 $n_{ij(t)}=2$，则 $n_{ij(t+1)}=3$；如果 $n_{ij(t)}=1$，则 $n_{ij(t+1)}=2$。若 $\forall n'_{(t)}=2, n'\in\Omega$，$\Omega$ 为元胞的邻居集合；否则 $n_{ij(t+1)}=1$。$n_{ij(t)}$、$n_{ij(t+1)}$ 分别表示位置 (i,j) 处 t、$t+1$ 时刻的元胞状态。

此林火蔓延模型是一个非常基本的模型，它是对现实的高度简化，林火蔓延表现为由火点向四周呈圆形扩散，基本上反映的是一种理想化的林火蔓延过程。而模型的通用性和模型的效果往往在一定程度上是矛盾的，因此，在应用时，就必须对其做出扩散以增加实用性。扩展模型的出发点仍是从元胞空间和元胞状态两个方面考虑，元胞空间与基本模型一致，元胞状态除了所研究的森林燃烧情况外，还需要扩展为多个变量，分别表示森林本身的材质状况、森林湿度、地形坡度和风速风向等自变量因素，这些状态变量与 Rothermel 模型基本一致，这样扩展的模型就成为一个具有多变量的元胞自动机模型，其转换规则也进行了相应的扩展。其中，运用 Rothermel 模型来计算元胞八方向上的蔓延概率，并用随机数产生方法来确定元胞是否被点燃。在元胞自动机基本模型中，当未燃单元相邻元胞有在燃烧状态元胞时，则它被点燃，即被点燃的概率为 1，而实际上它未必一定燃烧，扩展模型中应用随机数法产生的随机数与当前元胞被点燃的可能性进行比较后再确定元胞是否被点燃，这更加符合林火蔓延的特性。

2. 森林火灾蔓延模拟算法

1）火焰燃烧绘制算法

火焰燃烧绘制算法是根据现实中火焰燃烧的特性，用数学的方法描述火焰粒子在计算机中是如何生成的，以及在模拟火焰燃烧的过程中火焰粒子是如何运动的。火焰燃烧绘制算法的思想如下。

（1）根据用户输入的模拟火焰燃烧的初始值，得到要模拟火焰燃烧初始点的坐标(X,Y,Z)。在(X,Y,Z)处绘制火焰粒子。

（2）计算火焰粒子的运动方向。由于火焰燃烧时火苗的窜动具有随机性，因此，引入随机函数 Rand ( )。在程序运行时，函数 Rand ( ) 会随机产生一个数，这里用 PS 来表示，且 PS 属于（0，1）。假设(X',Y',Z')是火焰粒子的下一位置坐标，则火焰粒子在下一时刻的位置为$X'=X\cdot \mathrm{PS},Y'=Y\cdot \mathrm{PS},Z'=Z\cdot \mathrm{PS}$。

（3）使用 Render 函数绘制粒子从该时刻的运动位置到下一时刻的位置，并定义每个粒子的寿命和起始位置，计算每个粒子在速度和方向上的变化。

（4）随着时间的增加，火焰粒子不断地移动形成燃烧的火焰。

2）火焰蔓延速度算法

森林火灾中很难对火灾蔓延进行全面预测，只能根据以往的火灾状况和点火实验得到的数据，总结出大致的模型。火灾发生后的蔓延速度要根据一小段时间内的地理环境要素和林火蔓延到下一位置的坡度、坡向计算。火焰蔓延速度的算法如下。

（1）在随机获得的最初像元的初速度基础上，根据发生火灾地区的参数（干旱程度、林火湿度、风速、风向、坡度等），计算火焰在各个方向上的蔓延速度。公式如下：

$$R=0.13F \tag{9-7}$$

$$f=2\exp\left(-0.405+0.987\ln D'-0.0345H_{\mathrm{a}}+0.0384T_{\mathrm{a}}+0.0234U\right) \tag{9-8}$$

$$R_{\mathrm{a}}=R\exp\left(0.069a\right) \tag{9-9}$$

（2）保存 8 个方向上火焰蔓延的速度，然后计算 8 个方向上火点粒子下一时刻的坐标。

（3）根据下一时刻的平面坐标，获取所在点的高程值。根据初始点与下一时刻的高程值计算坡向。火焰如果遇到上坡，燃烧速度较快，火势较猛，下坡则相对较慢。

3. 森林火灾蔓延可视化

森林火灾是火焰从着火点开始向四周扩散的过程，而火蔓延的速度与当时当地的气温、湿度、风速、地面坡度及干旱程度等参数有关。这就需要根据当时当地的气象状况，设定一系列参数来模拟。否则，所选择的算法就不能真实反映情况。计算机模拟森林火灾的算法不单单是对其蔓延速度的模拟，还有对火焰和火灾区域进行模拟。

森林火灾蔓延模拟是根据东、南、西、北、东北、西北、东南、西南这 8 个方向的速度来进行火灾区域的绘制的，配合火焰粒子模拟火焰的燃烧，可以直观地了解整个火灾的发生及蔓延过程。首先根据 McArthur 模型计算出火灾向 8 个方向蔓延的初始速度，再按照这 8 个方向每两个方向之间分布 9 个火点，共 72 个火焰粒子，绘制火焰粒子。火焰粒子在 OpenGL 中是一个矩形框，通过面向观察者不停地运动来形成火焰。然后，按照火灾持续时间的递增计算出下一时刻火灾将会蔓延到的位置，根据这一位置的坡度、坡向和下一时刻气温、湿度、位置上方 10m 高的风速及干旱程度来计算出火灾下一时刻的蔓延速度。随着时间的递增不断地绘制火焰粒子，火灾区域就会随之扩大，而且每向下一时刻绘制火焰粒子时都要计算每两个火焰粒子之间的距离，如果超过一定的距离（在这个距离内看不出火灾失真的效果）就需要在这两个火灾粒子内增加一个新的火焰粒子，避免火灾模拟失真，用到布种技术。接着还要绘制火烧区域和火灾区域，火烧区域绘制是在整个火烧范围内都有火焰效果；火灾区域绘制是使整个火烧区域被火烧过而呈现黑色。最后，还要利用布告板技术，使火焰粒子始终面朝着观察者方向。这样，即使当前的三维地形旋转到任何角度，也不至于使粒子呈现出其本来的二维形状，布告板技术可以自动调整粒子方向，使其始终朝着观察者，从而达到较为真实的效果。

第10章　农业地理信息系统

农业是人类衣食之源、生存之本。农业生产的对象是动植物，需要热量、光照、水、地形、土壤等自然条件。不同的生物，生长发育要求的自然条件不同，农业生产具有明显的地域性。GIS 应用于农业领域，从最初的国土资源管理、农业资源信息管理、区域农业规划、农作物估产研究、区域农业可持续发展研究、农业生态环境监测、农业生产潜力研究到现在的精确农业等方面。

10.1　概　　述

10.1.1　农业

1. 农业的概念

农业是国民经济中一个重要的产业部门，它是通过培育动植物产品从而生产食品及工业原料的产业。农业属于第一产业。利用土地资源进行种植生产的部门是种植业；利用土地上水域空间进行水产养殖的是水产业，又叫渔业；利用土地资源培育采伐林木的部门，是林业；利用土地资源培育或者直接利用草地发展畜牧的是畜牧业；对这些产品进行小规模加工或者制作的是副业。它们都是农业的有机组成部分。对这些景观或者所在地域资源进行开发并展示的是观光农业，又称休闲农业。这是新时期随着人们的业余时间富余而产生的新型农业形式。

广义农业包括种植业、林业、畜牧业、渔业、副业五种产业形式；狭义农业是指种植业，包括生产粮食作物、经济作物、饲料作物和绿肥等农作物的生产活动。

土地是农业中不可替代的基本生产资料，劳动对象主要是有生命的动植物，生产时间与劳动时间不一致，受自然条件影响大，有明显的区域性和季节性。农业是人类衣食之源、生存之本，是一切生产的首要条件。它为国民经济其他部门提供粮食、副食品、工业原料、资金和出口物资。农村又是工业品的最大市场和劳动力的来源。

2. 农业的分类

中国农业的生产结构包括种植业、林业、畜牧业、渔业和副业；但数千年来一直以种植业为主。由于人口多，人均耕地面积相对较少，粮食生产尤占主要地位。

（1）种植业，即狭义农业。包括粮食作物、经济作物、饲料作物和绿肥等的生产。种植五谷，其具体项目，通常用“十二个字”即粮、棉、油、麻、丝（桑）、茶、糖、菜、烟、果、药、杂来代表。在国外，种植业一般同畜牧业合在一起，统称为农业。

（2）林业。林业是指保护生态环境、保持生态平衡，培育和保护森林以取得木材和其他林产品、利用林木的自然特性以发挥防护作用的生产部门，是国民经济的重要组成部分之一。

（3）畜牧业。畜牧业是农业的组成部分之一，与种植业并列为农业生产的两大支柱。它是利用畜禽等已经被人类驯化的动物，或者鹿、麝、狐、貂、水獭、鹌鹑等野生动物的生理机能，通过人工饲养、繁殖，使其将牧草和饲料等植物能转变为动物能，以取得肉、蛋、奶、羊毛、山羊绒、皮张、蚕丝和药材等畜产品的生产部门。区别于自给自足家畜饲养，畜牧业的主要特点是集中化、规模化，并以营利为生产目的。畜牧业是人类与自然界进行物质交换的极重要环节。

（4）水产业，即渔业。包括养殖渔业和捕捞渔业（沿岸渔业、近海渔业和远洋渔业）两大行业。水产业是指利用各种可利用的水域或开发潜在水域，以采集、栽培、捕捞、增殖、养殖具有经济价值的鱼类或其他水生动植物产品的行业，对水产的处理、市场营销也是水产业的重要部分。

（5）副业。中国农业中的副业，在不同时期有不同性质和内容。它主要指农业生产者在主要生产活动以外经营的其他生产项目。“副业”是相对于主业而言的。副业内容涉及采集、捕猎、种植、养殖、农产品加工、建筑、运输、生产服务和生活服务等许多方面。1979 年以后，农村开始进行经济体制改革，许多由农业合作经济组织和农民个人经营的副业已发展成为各种乡镇企业。

3. 农业经济管理

农业经济管理是对农业生产总过程中生产、交换、分配与消费等经济活动进行计划、组织、控制、协调，并对人员进行激励，以达到预期目的的一系列工作。它是运用现代的农业科学和经济科学的研究成果，遵循自然和经济规律，对农业生产总过程中的生产、交换、分配和消费等经济环节，进行领导、组织、决策、指挥和调节。

农业经济管理是国家领导和管理农业发展的重要方面。其主要任务就是要按客观经济规律和自然规律的要求，在农业生产部门中合理地组织生产力，正确地处理生产关系，适时地调整上层建筑，以便有效地使用人力、物力、财力和自然资源，合理地组织生产、供应和销售，妥善地处理国家、企业和劳动者之间的物质利益关系，调动广大农业劳动者的积极性，提高农业生产的经济效益，最大限度地满足社会对农产品的需要。其内容包括：充分利用各种农业自然资源和社会经济贫源、合理组织农业生产与正确处理生产关系和上层建筑两个方面。在组织农业生产力方面，如正确确定农业各部门的生产结构；处理农、林、牧、副、渔五业的相互关系；正确地利用农业各种资源、生产资金和生产资料等。在处理生产关系和上层建筑方面，正确管理国家、地方和企业之间，地方与地方之间，企业与企业之间及企业与个人之间，个人与个人之间在生产、交换、分配和消费等方面的相互关系。

农业经济管理的主要任务就是要按客观经济规律和自然规律的要求，在农业生产部门中合理地组织生产力，正确地处理生产关系，适时地调整上层建筑，以便有效地使用人力、物力、财力和自然资源，合理地组织生产、供应和销售，妥善地处理国家、企业和劳动者之间的物质利益关系，调动广大农业劳动者的积极性，提高农业生产的经济效益，最大限度地满足社会对农产品的需要。

农业经济管理的内容包括整个农业部门的经济管理和农业企业的经营管理。前者包括农业经济管理的机构和管理体制、农业经济结构管理、农业自然资源管理、农业生产布局管理、农业计划管理、农业劳动力资源管理、农业机械化管理、农业技术管理、农用物资管理、农产品流通管理和农业资金管理等宏观经济管理。后者包括集体所有制农业企业和全民所有制农业企业的经营管理，如计划管理、劳动管理、机务管理、物资管理、财务管理和收益分配等微观经济管理。宏观的农业经济管理与微观的农业经济管理，是整体和局部的关系，两者相互依存、相互促进、相互制约，两者都涉及完善生产关系、调整上层建筑、合理组织和有效利用生产力的问题。

10.1.2　农业信息化

农业信息化是指在农业领域全面发展和应用现代信息技术，使之渗透到农业生产、市场、消费及农村社会、经济、技术等各个具体环节的全过程。信息技术在农业上的应用大致有以下方面：农业生产经营管理、农业信息获取及处理、农业专家系统、农业系统模拟、农业决策支持系统、农业计算机网络等。农业中所应用的信息技术包括：计算机、信息存储和处理、通信、网络、多媒体、人工智能、3S 等。

1. 农业信息

农业系统学认为，农业的基本要素有四个：①农业生物要素；②农业环境要素；③农业技术要素；④农业经济要素。按照农业系统学原理，农业信息系统的基本结构应该由农业生物信息、农业环境信息、农业技术信息和农业经济信息四个部分构成。

（1）农业生物信息。根据其基本属性大体分为农作物、林木、畜禽动物、水产、菌藻五大类。农业生产以农业生物的全部或局部为产品，这是农业生产的一个极其重要的特征。农业生物信息包括各种作物的面积、产量，各个品种的面积、产量，畜禽、水产的种类、饲养量，各种林木的种类、面积、蓄积量等。

（2）农业环境信息。对农业有重大影响的环境因子主要有气候、土壤、地形、水文与生物（昆虫、鸟类、菌类、杂草等）。农业环境在农业中的基本功能是为农业生物提供能源、物质和生存条件，没有农业环境绝不可能有农业生物，也就不可能有农业。在农业环境信息中，农业气候信息与气象信息在各种农业系统工程中有着特别重要的意义。因为气象条件每年、每月、每日都在变化，并且对农业生物、农业生产、农业技术的影响都很大。土壤信息包括土壤种类质地、土壤有机质、土壤养分、水分变化、土壤温度等，在作物布局与栽培管理方面关系很大。病虫害的信息在作物育种、栽培、病虫防治中是很重要的。另外，农业环境破坏与污染方面的信息，不论在宏观农业还是微观农业的系统工程中都不能忽视。

（3）农业技术信息。农业技术主要有三大类：①农业种植技术。主要有轮作布局技术；土壤耕作技术；留种繁殖技术；栽培管理技术；育种改良技术；植物保护技术；农具、农机的改进技术；化肥、农药、农膜的改进技术；设施农业技术；保鲜加工技术。②农业动物技术。主要有畜舍建造技术；渔场、鱼池建造技术；留种繁育技术；饲养管理技术；饲料技术；水产捕捞技术；畜禽屠宰分割技术；保鲜加工技术；育种改良技术；疾病防治技术。③农业微生物技术。主要有菌种、藻种繁殖技术；菌藻培养设施技术；管理技术；保鲜加工技术；育种改良技术；病虫害防治技术。

（4）农业经济信息。农业经济信息包括农产品产量（计算与统计、产量变化、产量与需求关系等）；农产品质量；农产品价格；农产品市场；农业劳动力（劳动力数量比例、劳动生产率、工资等）；农业土地（数量、质量、价格、利用与管理等）；农业资金（资金分配、资金利用等）；政府的农业财政投入（国家对农业的支持、农业投资比重、变化、效益等）；农业技术成本；农业技术增产增收效益；农业技术的适用性和适应性；农业体制（国家对农业的管理体制、土地制度等）；农业计划（农业长远规划及年度计划）；农业政策；农业组织等。

2. 农业信息化建设内容

农业信息化建设主要包括农业要素的信息化、农业过程的信息化和农业管理的信息化三个方面的内容。

1）农业要素的信息化

农业系统由农业生物要素、农业环境要素、农业技术要素和农业社会经济要素共同构成，每一类又包含多个因素，如农业环境要素中，土壤类型方面有红壤、棕壤、黄壤和褐土等因素，而同一类型的土壤又有土层厚度、有机质含量和土壤水分等因素；生物要素中，作物种类方面有水稻、小麦和玉米等要素；而同一种作物的生长发育又含有光合、呼吸、蒸腾和营养等因素。所有这些因素，在传统农业中直接用属性表达，而在数字农业中，均需按照数字信息化的要求和标准，用二进制的数字 0、1 表达，这一过程称为农业要素的数字信息化。

2）农业过程的信息化

农业过程有其内在规律，并与外部环境有着密不可分的联系。农业中各种农业过程的内部规律和外部联系可以利用农业模型来予以揭示和表达。农业模型使农业科学从经验的认知提高到理论的概括，可以进行许多传统农业试验无法进行的研究，节约农业研究的经费与时间，使农业研究的成果在更大的地理范围和更长的时间范围内推广应用。目前，农业模型几乎遍及农业的各个领域，包括作物生长发育、栽培管理、作物育种、品种适应性、园艺学、土壤学、农业资源环境、昆虫学、植物病理学、畜牧学、草原管理学、兽医学、水产学、林学、农产品加工、储存、保鲜、农业经济学和农业宏观规划等，这些成为整个农业科学界普遍接受与采用的方法。

3）农业管理的信息化

农业管理大致包括农业行政管理、农业生产管理、农业科技管理及农业企业管理。按照信息化的要求，目前已经形成由农业信息技术支撑的各类农业管理系统，如农业数据库系统，对各级各类农业数据进行科学、集中的管理，包括农业生物数据库、农业环境数据库及农业经济数据库；农业规划系统，应用各种数学规划方法对农业问题进行辅助决策；农业专家系统，充分利用专家经验对某些农业决策提供支持；农业模拟优化决策系统，将农业过程的模拟与农业的优化原理相结合，提供农业决策的支持。

3. 农业信息的基本构成

1）农业信息标准化建设

我国农业领域经过长期的科研和生产实践，积累了大量的农业数据信息。但是，对农业信息描述、定义、获取、表示形式和信息应用环境等尚未形成统一的标准，利用率低。因此，数字农业建设要求开展农业信息标准化工作，对农业信息活动的各个环节都实行标准化管理，将信息获取、传输、存储、分析和应用有机衔接在一起，切实、有效地开发和利用农业信息资源，扩大信息共享范围。

农业信息标准化是农业标准化体系的重要组成部分。它是紧密围绕农业信息技术的发展，瞄准精确农业、智能农业、设施农业和虚拟农业等新型的农业生产方式而展开的。广义的农业信息标准化是指对农业信息及信息技术领域内最基础、最通用、最有规律性、最值得推广和最需共同遵守的重复性事物和概念，通过制定、发布和实施标准，在一定范围内达到某种统一或一致，从而推广和普及信息技术，实现信息资源共享。它有利于农业信息资源的较好开发利用和农业信息产业的形成。狭义的农业信息标准化仅指农业信息表达上的标准化。

2）农业信息实时获取与处理

农业信息是实现数字农业过程中最重要的基础信息设施建设的内容之一。农业建设要充分依靠各种农业信息的支持，而农业资源分布、农业生产信息等大部分农业数据是基于空间分布的。因此，在信息化的农业时代，快速准确地获取农业信息资源，并进行开发利用也就成了人们的工作重点。随着科学技术的发展，农业信息获取的手段也不断改进，RS 技术和 GNSS 的有机配合，使得实时、高精确定位的农业信息获得成为了可能，结合计算机网络技术快速、准确的数据传输能力，以及地理信息系统强大的数据处理能力，为农业的信息基础提供了技术保障。

3）农业信息数据库建设

农业信息数据库是实施农业信息化的基础，主要包括基础数据库、专业数据库、模型库、知识库、方法库和元数据库。基础数据库中存储基础地理数据库（包括行政、地形、地质、地貌、植被、土壤和土地利用等）、水文气象数据库、社会经济数据库和遥感影像数据库等；专业数据库包括标准法规数据、农业生物数据、农业环境资源数据、农业经济数据和收费数据等，它是农业信息数据库的核心；模型库、方法库和知识库中分别存储数字农业相关的专业模型及其参数、数据处理方法的公式和解决具体问题的知识规则；元数据库中存储以上各类数据的元数据，是实现信息资源共享的前提。

4）信息服务平台建设

农业信息化涉及农业生产、农业管理的各方各面，这样一个庞大的系统工程必须有先进的技术手段和框架体系作为支撑，并使各个部分构成一个有机整体，以实现数据、农业模型及知识等多层次资源的高度共享和集成。信息服务平台能有效解决高吞吐量的计算、远程数据访问与服务和分布式异构环境及协同计算等难题，是实现共享机制的关键，其主要功能是应用服务和资源管理。信息服务平台由信息服务中间件、模型库、知识库和资源服务管理器等组成。

5）农业信息管理系统建设

农业信息化的另外一个主要方面，就是农业信息管理系统建设，包括农业各子专题系统的建设，如土壤水分监测子系统、肥力监测子系统、病虫害监测子系统、自动灌溉子系统、农业机械传感控制子系统、影像识别子系统、作物长势监控子系统、自动/人工智能化监测系统和决策支持系统等，它存在于数字农业系统中的各个阶段。这些都需要综合利用 RS、GIS、GNSS 及 Internet 技术和农业电子、电气化技术，从而实现现代化的高效农业生产。

4. 农业信息化的特点

农业信息同时具有信息和农业的特点，不同于一般的信息。其特点有：

（1）农业信息化是多领域、多学科技术综合利用的产物。农业信息化是地球科学技术、信息科学技术、空间科学技术等现代科学技术与传统农业工作交融的前沿学科，是交叉形成的综合技术体系。它是卫星遥感遥测技术、全球定位技术、地理信息系统、计算机网络技术、虚拟现实技术和自动化的农机技术等高新技术与地理学、农学、生态学、植物生理学、土壤学和气象学等基础学科有机的结合，综合利用这些技术实现农业过程中对农作物、土壤生产从微观（土壤养分、发育状况等）到宏观（作物病虫害、作物估产等）的管理与监测，从而实现农业生产空间信息的有效管理。

（2）农业信息化涉及多源、异构、多维、动态的海量数据。基础地理信息、农业资源信息、农业生产信息和农业经济信息等农业数据大部分是基于空间分布的，具有多源、异构、多维、多比例尺、动态和大数据量等特点。多源是指获取数据的途径多样，可以通过遥感、遥测和实地调查等不同的手段获取。异构是指数据格式不同，包括遥感影像、图形的栅格数据和矢量数据，还包括音频、视频和文本等格式的数据，多维是指数据高达五维，包括空间立体三维、时间维及相对五维空间。多维特性的时空数据必然导致数据是动态变化的（历史数据和现时数据）、海量的（多级比例尺空间数据）。对于多维、海量数据的组织和管理，特别是时态数据的组织与管理，需要时态空间数据库管理系统，它不仅能有效地存储空间数据，还能够形象地显示多维数据和时空分析后的结果。

（3）农业信息化要实现农业自然现象或生产、经济过程的模拟仿真和虚拟现实。农业信息化要在大量的时空数据基础上，综合运用各类农业模型，采用三维虚拟现实的技术手段，对农业生产、经济活动进行模拟，为管理阶层提供形象直观的方式，以便更好地进行农业宏观决策，如土壤中残留农药的模拟和农作物生长的虚拟现实、农业自然灾害及农产品市场流通的虚拟现实。

5. 农业信息化的构成

农业信息化建设，是有史以来最为复杂、知识综合集成、规模宏大的一项系统工程。农业信息化的实现和完成，将要经历一个较长的历史时期。农业信息化总体目标是：开发并运行支持宏观决策、支持生产经营的各种应用信息系统；构建满足宏观调控、微观导向和农村社会化服务要求的中国农业信息网络；造就一批农业信息人才和一支服务队伍。具体来说，一是要建成我国“农业信息快速路”，就是人们常说的“修路”，这条路要修到县、乡、农场，要与国家信息高速公路接轨，要加入国际信息互联网；二是要加速研制农业综合信息数据库群和农业综合管理及服务信息系统，就是“造车、备货”。有路必须有车、有货，这样才能实现农业经营管理、农业科学技术、农业基础设施全面信息化、自动化。因此，信息资源开发、利用，就是“造车、备货”。围绕此问题，有一系列富于挑战性的课题，需要引起注意。

1）农业信息资源数据库

农业信息网络若没有各种信息数据库的支撑，不可能发挥其应有的作用。中国是农业大国，农业信息资源极其丰富。其内容应包括农业自然资源信息、农业科技资源信息、农业管理信息、农产品市场信息、世界农业科技文献资源信息等。因此，必须加强各种农业信息资源的建设、有序管理与应用开发。要利用现代信息处理技术、数据仓库技术、多媒体技术，建立全国农业信息资源保障体系，中央要建立国家级农业信息资源库，各省要建立省级农业信息资源库。

2）农业信息监测与速报系统

应用星（航天遥感）、机（航空遥感）、地（监测网络）技术对主要农作物的长势与产量、土壤墒情、水旱灾害、病虫草害、海洋渔业、农业资源、生态环境等，进行监测、速报与预报。对世界各国主要粮食作物和主要经济作物、土地利用与土地覆盖和可参与分享的世界农业自然资源进行监测与速报研究。建立农业地理信息系统，将 3S 技术应用于农业、资源、环境和灾害的监测和速报。

3）建立国家虚拟农业（仿真农业）重点试验室

虚拟农业是 20 世纪 80 年代中期问世的，利用计算机技术、仿真技术、虚拟现实技术、多媒体技术设计出虚拟作物、畜禽鱼，然后实际培育出能与虚拟农产品相媲美（品质最佳、产量最高、抗病虫害能力最强）的真实作物，从遗传学角度定向培育农作物，如某种短秆穗大的粮食作物、带有某种特定滋味的水果等，并能阻断害虫食物通道，破坏其藏匿环境，防止其危害。虚拟农业的过程是一个相当复杂的过程，它将改变传统的育种和科研方式；虚拟农业是一个富有挑战性的研究课题，也具有令人振奋的应用前景。目前，世界上仅有少数几个研究机构的研究小组在开展这方面的研究，研究的内容是虚拟主要农作物、畜禽鱼的育种和管理。因此，要利用现代信息技术，建立"国家虚拟农业重点实验室"，开展虚拟农业的研究。

4）建立计算机农业专家决策支持系统

信息技术在农业经济调控管理上的应用不但是形势所需，而且将成为可能。它是农业信息化的重要组成部分，有重大的经济意义和实用价值。该系统包括不同的服务层次，如农业宏观决策、农业科学研究、农业生产管理等，其具体内容包括政策模拟、调控决策方案模型、粮食安全预警等。同时，要建立以主要农作物、畜禽、水产为对象的生产全程管理系统和实用技术系统，以促进农业生产的科学管理和先进技术的推广利用。在这方面，国际和国内都有一定的工作基础，但技术集成、作物生长机制与环境相互关系的研究还有待深化，系统决策的准确性与实用化还有距离，适合我国特定自然环境、品种特点的作物、畜禽水产的专家决策支持系统亟待加大研究力度，以适应农业集约化生产方式的需要。

5）建立基于网络和多媒体的农业技术推广体系

建立国家农业实用技术多媒体产品制作中心和网络服务系统。农业科教实用技术信息多媒体数据库，把十分复杂的农业技术，采用信息技术和多媒体技术，以极为简单的方式表现出来。它将以一种崭新的形式促进农业科技推广、科技咨询和农业教育的发展，有广阔的市场应用前景，并能产生较好的社会效益和经济效益。它既可以做成光盘、软盘、磁带，也可以储存在网络中心的磁盘阵列中，农业科教人员或农民只要有一台电脑和一条电话线，就可随意点播主机内存储的各种多媒体节目，资源共享，方便快捷。建立基于网络和多媒体的农业实用技术推广系统，是农民、农业科技推广人员和各级政府部门传播推广实用技术，普及农业科学知识的重要手段。

10.1.3　GIS在农业信息化中的应用

20世纪80年代中期，我国开始将GIS应用于农业领域，从最初的国土资源决策管理、农业资源信息管理、区域农业规划到现在的农作物估产研究、区域农业可持续发展研究、农业生态环境监测、农业生产潜力研究、"精确农业"等。

1. 农业资源调查与管理

农业资源是人们从事农业生产或农业经济活动所利用的各种物质与能量。农业资源调查就是针对农业资源的属性进行清查。GIS建立这些属性的空间和统计数据库，信息来源于土壤图、气候图、各种统计报表等。GIS将图形与数据库有机结合，可实现农业资源档案的计算机一体化，为农业资源自动化管理服务。利用GIS建成的信息系统较传统的数据库管理系统查询更科学、空间数据更新更及时，农业资源统计表和图形的同时输出使得信息更直观。

2. 进行农业区划

利用GIS进行农业区划，可以将现在的自然资源、社会经济数据库与GIS结合，快速形成各种农业区划统计图件，也可将 RS 技术与 GIS 相结合，利用 RS 的遥感结果，借助 GIS 的先进功能对不同区划方案进行动态模拟与评价，编绘出各种综合评价图、区划图等，直观定量地显示区划结果。

3. 开展农业土地适宜性评价

农业土地适宜性评价是通过对农用土地自然属性的综合鉴定，将农用土地按质量差异分级，以阐明在一定科学技术水平下，农用土地在各种利用方式中的优劣及对农作物的相对适宜程度，这是农业土地利用决策的一项重要基础性工作。利用 GIS 进行土壤适宜性评价就是将土壤类型、质地、有机质含量、氮磷钾含量等土地空间和属性数据进行整合，依据各个因素对作物生长的重要性赋予权重，在 GIS 中分析运算，生成土壤适宜性评价图，也可根据实际情况建立数学模型，进行农业土地适宜性的单因素评价和多因素综合评价，实现土地适宜性的分级。

4. 开展农业生态环境研究

GIS 在农业生态环境研究中应用广泛，主要有环境监测、生态环境质量评价与环境影响评价、环境预测规划与生态管理及面源污染防治等。就环境监测而言，依据 GIS 的模型功能，结合环境监测日常工作需求，建立农业生态环境模型，模拟区域内农业生态环境的动态变化和发展趋势，为决策和管理提供依据；就环境质量而言，由于污染源的区域性、污染物的流动性及区域梯度变化，用 GIS 作为支持系统可使环境质量评价结果更加科学和直观。

5. 进行农业灾害预测与控制

利用遥感、GIS 和计算机等技术对重大农业灾害进行综合测评，以为政府和有关机构提供及时有效、准确可靠的决策信息，使减灾、防灾、救灾等有更充分的科学依据，为农业生产和农村经济稳定发展提供有力保证。对于有灾害发生的区域，可以根据 GIS 空间信息计算出的大致受灾面积，进而估算该区域的经济损失。根据 GIS 的空间特性，对某一区域历史数据演变分析，对区域内灾害发生的基本规律、时空分布、危害程度等进行综合评价和模拟，并对灾害发展趋势进行预测，从而为防灾、减灾提供分析对策。

6. 进行农作物估产与监测

农作物估产和监测对国家及时了解农作物产量，制定粮食进出口政策和价格至为重要。其内容主要包括两方面：估算作物种植面积；由单产模型、长势遥感监测来确定估产模式。科学、准确地估产，提供数字化、图像化的农情，对政府进行科学、正确的决策具有重要意义。目前，由 RS、GIS、GNSS 构成的 3S 技术体系已被许多国家选用来进行农情监测分析。我国农作物遥感估产现已发展到小麦、水稻、玉米和牧草等多种农作物。

7. 在精确农业中的应用

精确农业是指运用遥感、遥测（如气温、土壤温度等的遥测）、GNSS、计算机网络、GIS 等信息技术、土壤快速分析技术、自动滴灌技术、自动耕作与收获技术、保存技术等定位到中、小尺度的农田，在微观尺度上直接与农业生产活动和管理相结合的高新技术系统。GIS 在精确农业中的应用主要包括以下几个方面：①GIS 是精确农业整个系统的承载动作平台和基础，各种农业资源数据的流入、流出及对信息的决策、管理都要经过 GIS 来执行；②GIS 作为精确农业的核心组件，将 RS、GNSS、专家系统、决策支持系统等组合起来，起到“容器”的作用；③在精确农业中，GIS 还用于各种农田土地数据，如土壤、自然条件、作物苗情、产量等的管理与查询，也能采集、编辑、统计、分析不同类型的空间数据；④作物产量分布图等农业专题地图的绘制和分析也都由 GIS 来完成。

10.2　农业资源调查与管理

农业资源是农业自然资源和农业经济资源的总称。农业自然资源含农业生产可以利用的自然环境要素，如土地资源、水资源、气候资源和生物资源等。农业经济资源是指直接或间接对农业生产发挥作用的社会经济因素和社会生产成果，如农业人口和劳动力的数量和质量、农业技术装备，包括交通运输、通信、文教和卫生等农业基础设施等。

10.2.1　农业资源调查

农业资源调查的目的在于查清资源的数量、质量和分布，揭示农业资源地域分异，为农业区划提供准确可靠的数据资料。鉴于农业资源种类多、涉及学科广、分布范围大且处于不断的动态变化之中，农业资源调查从组织实施到最终完成，实质上是一项巨大的系统工程。

1. 调查步骤

调查工作通常按以下步骤进行。

（1）调查的准备工作。包括编写调查任务书或制订调查计划资料，准备仪器和工具等。

（2）外业调查。顺利进行外业调查需事先做好内业准备，野外调查由于调查的对象不同有不同的调查内容和方法。土地利用现状调查的外业工作主要是外业调绘。在影像平面图、航片或地形图上调绘境界与土地权属、地类、线状地物等，填写外业手簿。土壤则主要是调查自然条件与农业生产情况，观察记载土壤剖面性态等。县级气候调查采取定点调查与流动调查相结合的办法，点、面、线结合，全面展开，点是按照当时公社或地形分片确定的；各片要有步骤地选择几个有代表性或不同类型的点做深入调查；线的调查是乘车途中，观察沿途景观、作物种类、季节特征等，应将三种调查结合起来进行，初步整理作业资料。

（3）室内资料整理或内业。包括资料的审查、计算和分析，航片转绘、面积量算、数据汇总、编制有关图件和说明书，写出调查报告等。

2. 调查方法

农业资源调查的方法很多。调查的方法有不同分类，可按学科和涉及的面分为综合调查和专题（门）调查；按调查范围分为全面调查和非全面调查；按时间分为一次性调查（一时调查、间断调查）和经常调查（连续调查）；按不同的特点分为普查、重点调查、典型调查、抽样调查。

如果说农业资源调查属综合调查，那么，水资源、气候资源、土地资源、生物资源、农业社会资源就属于专门调查。其调查方法可以采用常规调查方法，也可采用遥感方法。

1）土地资源调查

土地资源调查是整个农业资源调查的重点，也是进行农业区划、规划和因地制宜指导农业生产不可缺少的基础工作。

土地资源调查是以土地资源学的学科知识为基础，用遥感和测绘制图等技术，查清土地资源的类型、数量、质量、空间分布，以及它们之间的相互关系和发展变化规律的系列过程，用于综合农业区划、土地资源评价、国民经济发展规划的制定及土地资源的科学管理等。

2）水资源调查

水资源是通过大气水循环再生的动态资源。通常所说的水资源是指地表水（河川径流）

和地下水。目前，国内外均以本地降水所产生的地表、地下水总量定义为本地水资源总量。

地表水资源调查对象有：降水、径流、蒸发、泥沙、分区的地表水资源估算、主要江河年径流量、入海、出境、入境水量。

调查方法：首先是针对调查对象搜集必要的资料并进行审查，然后进行计算、分析、制图、制表，最后写出文字报告等。

地下水资源调查是在充分收集和分析有关资料的基础上，重点计算现状条件下，平原区、沙漠区、内陆闭合地区、山间盆地的浅层地下水多年平均总补给量、总排泄量和在充分、合理开发利用条件下的可开采量，一般山区的河川基流量、潜流量和泉水出露总量，深入分析降水、地表水、地下水间的相互转化关系。

3）气候资源调查

农业气候调查一般分为县、省和国家三级。

县级农业气候调查方法：①实地调查，包括定位、半定位气象观测，通过景观差异分析气候差异，进行物候主季节现象的路线考察；②搜集有关资料；③口头访问；④整编自建站以来的农业气候资料，同时对县境内记录年代不同的气象资料进行序列订正。

省级气候资源调查采用调查研究、资料统计、试验成果三结合的综合分析方法。分析和区划均从当地实际情况出发，针对农业生产发展中存在的和潜在的问题进行，对拟建为粮、油、棉、经济作物和畜牧基地地区的农业气候资源、灾害分布规律进行专题分析，对其生产潜力作出评价，并从合理开发利用气候资源、防御自然灾害方面提出措施建议。从农作物、种植制度、经济林木、畜牧等方面进行单项气候分析。在广泛调查访问和搜集资料的基础上进行农业气候鉴定，找出定量的农业气候指标，然后进行气候的农业鉴定。

国家级农业气候资源调查方法与省级类似。

4）草场资源调查

草场资源调查的内容包括：草场资源的类型、面积、分布和草场资源等级及草场载畜潜力；季节草场的分布、面积及畜草平衡情况和供水条件；各草场的分布、面积、类型及其利用情况；退化草场的分布、面积及其退化程度；建立人工草场的立地条件和方法；牧草资源和牧业生产现状。

调查方法包括：制订技术标准、调企准备、野外工作、内业工作等。

5）森林资源调查

森林资源调查分为三类：第一类为全国森林资源清查，一般以省（自治区、直辖市）大林区为单位进行：第二类为规划设计调查，以国营林业局、林场、县（旗）或其他部门所属林场为单位进行；第三类为作业设计调查，林业基层单位为满足伐区设计、抚育采伐设计等而进行的调查。

6）农作物产量调查

农作物产量调查包括预计产量调查和实际产量调查两种。国家统计部门规定各地采用全年分季预计（主要是对夏粮、早稻、春小麦、秋粮和主要经济作物的产量）、年末一次统计产量的办法。农作物产量调查的任务，主要是搞准产量、弄清情况。为此，必须有一套科学的调查方法，包括正确选定农作物产量调查点、用科学方法搞好田间测产、进行推算和综合分析。

7）农村社会经济统计调查

农业社会资源的调查离不开农村社会经济统计。农村经济统计的内容如下。

（1）农村基本情况。乡村的组织状况和住户、人口的变化。

（2）农村劳动力统计。反映农村劳动力利用情况，劳动力部门结构变化对劳动生产率的影响。

（3）农村生产条件统计。反映农业用地面积增减变化、农业机械装备水平、农业机械化程度、化肥、农村用电、农田水利状况、农村固定资产构成变化。

（4）农村生产统计。主要反映农业、林业、牧业和工业的产品产量和商业量。

（5）农村社会总产值统计。主要包括农业、农村工业、建筑业、交通运输业、商业产值、农村净产值、农村商品产值、农村各部门增加值统计，以反映农村经济总规模、总水平和发展速度，观察农村产业结构的变化。

（6）农村经济收益分配统计和经济效益统计。反映农村收入增减和各项费用变化，研究国家、集体、个人的分配关系，以及消费与积累的比例、税金、提留和农民纯收入的比例。

（7）农村住户调查。反映农民住房、收入、支出、出售产品和购进商品的情况、实物消费量变化情况、家庭成员受教育的程度。

（8）农村社会发展情况。包括文化卫生、教育、居住条件和社会福利等项目，如卫生院机构、通电乡数、中小学生和教师人数、通公路乡及公路里程等。

10.2.2　农业资源评价

农业资源评价是根据农业发展和社会、经济活动的需要，对农业资源的质量、适宜性、经济价值、开发利用的可行性和预期效果进行的综合分析评价。农业资源调查是评价的基础。查明农业资源的种类、数量、质量、分布、演变和资源要素的内外部联系，进而对其是否可以开发利用、开发利用价值与潜力大小、有利因素和不利因素、开发和改造的难易程度、投资的多少及效益的大小等进行综合分析评价。目的是为合理开发利用农业资源并进行科学管理，制定开发利用规划和评估、审批农业建设投资项目提供科学依据。

农业社会经济资源的具体评价方法甚多，具体采用何种方法，取决于评价的资源种类及评价精度的要求。常用的方法有下列几种。

1）比较分析法

比较分析法又称对比分析法。这种方法是把通过调查试验所搜集到的有关数据资料加以整理、归纳，把一系列性质相同的指标进行分析比较，以区别经济效果的大小，进而选择最优方案。这种比较，可以在不同地区、不同时间、不同技术措施之间进行。在方法上可采用平行对比、分组对比和动态对比。

平行对比法是从多方面进行经济效果的平等对比，如几种技术措施间经济效果的平行对比，某一技术措施对不同作物或在不同地区、不同年份所取得的经济效果的平行对比等。

分组对比法是研究各经济现象之间的依存关系的常用方法。通常将研究地区依一定的特征或结构进行分组，然后按组计算有关技术经济指标值。

动态对比法是一种动态数列对比分析方法。它是研究农业技术措施、方案或政策采用后经济效果在时间上的发展变化及其规律的一种方法。动态分析可以运用总量指标、平均指标或相对指标分别说明。

2）试算分析法

试算分析法是对新技术、新方案的经济效益进行预算的一种方法。试算分析法也称试算比较法。与比较分析法的不同之处是：比较分析法是用于事后比较，而试算分析法则为事前比较，且这种比较是建立在试算基础上的。比较分析法常用于总结经验教训，而试算分析法则往往用于预测和决策。

3）因素分析法

因素分析法又称连环代替法，是用来分析和分离两个或两个以上相互联系的因素，评价对象影响程度的一种方法。换言之，因素分析法是用来分析多个因素同时影响总体经济指标的一种方法。通过分析，找出各因素对总体指标的正反影响及影响程度，从而有针对性地采取改进措施。这一方法常用于某项指标实际完成情况和计划指标之间的分析比较，或不同时期同一指标实际完成情况的分析比较。

4）数学模型法

数学模型法是数学方法的应用，将对定性分析给予有力的佐证，应用较多的数学方法有回归分析、线性分析、投入产出技术、聚类分析等。

回归分析，特别是多元回归分析、逐步回归分析已成为农业区划研究中的常规手段。农业区域差异指数（产量、单位面积产量或产值等综合指标）与相关的社会经济因素、农业结构因素建立回归方程，可作为区划与预测依据。

线性规划方法是指在一定范围和数量的资源及市场多样需求的约束条件下，以目标函数最大（纯收益、商品产值等）或最小化（成本、总投入等）为前提，使资源利用总体上经济效益最好。

10.2.3　农业资源管理系统

农业资源管理系统是以农业资源开发、利用、整治、规划为主要目标，并且利用多学科的知识和研究方法对有关农业资源的各种信息进行收集、加工、存储、分析，及时为各级领导和综合经济部门提供辅助决策依据及现代化的信息服务。

1. 农业资源数据

农业资源数据是指反映和描述农业自然资源和社会经济资源的数量、质量、分布、潜力、开发利用状况及其相互关系等方面的各种物理量记录，包括数字、文字、图形、图像、音频、视频等。农业资源数据的显示形式有文本形式，如各种书籍、电子文本等；数字表格形式，如 Excel 表格、Dbase 等；图像形式，如卫星图像和航空图像等；图形形式，如地形图等；多媒体形式，如视频、音频等。农业资源数据具有较强的地理空间属性，其分类工作要在广泛收集农业资源调查、监测、评价、区划、规划、战略研究等各种农业资源数据和信息的基础上进行。

1）数字资料

（1）土地资源：主要包括土地利用调查、土壤调查、后备土地资源调查、土地资源分等定级等有关资料。

（2）水资源：主要包括地面水资源、地下水资源、江河水资源、湖泊水资源等有关资料。

（3）气候资源：包括气象系统的各类监测资料，重点放在影响农作物长势和布局的光温热等关键性因素上。

（4）种植业资源：主要包括品种资源、各种农作物的种植面积、单产、总产及其区域分布等。

（5）畜牧业资源：主要包括饲草饲料资源、主要品种资源、饲养数量及其分布等。

（6）草原资源：主要包括各种草类的数量、质量及其分布。

（7）林业资源：主要包括各种森林的面积、分布、蓄积量等各种清查数据。

（8）渔业资源：主要包括品种资源、各种水面的面积、质量、产量及其分布等。

（9）社会经济资源：主要包括劳动力资源、投入产出、经济效益、基础设施和设备、技术含量等。

（10）生态环境：主要包括土地退化、荒漠化、草原三化、灾害面积、生态结构、环境质量等。

2）图件资料

主要包括农业资源调查、监测、评价、区划、规划、战略研究等各种农业资源信息的图形图像数据。

3）文本资料

主要包括农业资源调查、监测、评价、区划、规划、战略研究等各种农业资源信息的文字报告、分析材料、法规及其执行情况、音频、视频等各种信息。

4）地理空间基础信息资料

主要包括国家基本比例尺地形图的数字地形数据和数字高程数据、各种专题地图的数字底图数据及有关的图像数据等。

2. 县级农业资源管理系统的功能

县级农业资源管理系统为县级领导机关对资源的管理、利用及保护等综合研究服务，为制订县中长期发展规划提供科学依据，为科研人员、各级管理人员提供服务。因此，系统必须具备如下的功能。

1）农业资源数据的存储

建立农业资源管理系统的目的之一，是要收集整理存储资源数据。当前，已对各类资源进行了多种形式的考察调查，取得了极其丰富的资料，但传统的信息处理方式使许多重要的资料成为死资料，不能为使用者提供及时准确的材料。因此，农业资源信息系统要收集、整理现有资料，并能不断补充更新和存储充足的资源数据。

2）农业资源数据的检索

检索功能主要是指从数据库中直接查找出用户所需用的基本资料数据和经过加工变换后的派生数据。

3）农业资源的数量统计

按行政区划或自然区域对不同类的资源数量进行统计，以满足区域开发研究与规划的需要。利用数据库系统提供的基础数据，可迅速输出面积、产量、积温、人口等各种指标。

4）输出报表

对不同资源的分类、调查、统计报表，国家已制定了许多标准，并已用计算机进行了汇总。因此，系统必须能完成国家要求的各类资源的统计制表工作。

5）资源综合评价与分析

主要是运用流量、关联、统计、模拟等方法对本县农业资源的生态效益与环境效益进行综合评价与分析，如农业开发项目的优选、对各种生态环境进行开发利用或改造引起某类资源变化趋势的预测、自然-经济-社会效益的综合评价、适度经营规模的探讨等。

6）决策支持

要利用数据库的优势，用数学与系统工程的方法，进行资源定量分析研究，建立一系列资源经济开发规划模型，如农林牧合理结构模型、作物布局优化模型、产量产值预测、畜禽饲料平衡等。

7）数学模型库

模型库为满足资源的综合研究，应提供各类应用程序及数学模型，如提供回归分析、聚类分析、线性规划、非线型规划、模糊评判、各种预测模型等。

8）县镇村三级管理

对全县范围内乡镇村的基本情况，如行政干部、技术人员、人口分布、行政区划、资源利用现状及农林牧生产情况等设计管理模块，每一子模块都有众多的功能进行选择，这样各级管理决策部门就能非常方便地对全县基本情况有相当的了解。

10.3　农用地适宜性评价

农用地适宜性评价是土地适宜性评价的一种类型。其基本原理是在现有生产力经营水平和农业耕作利用方式条件下，以土地自然要素与社会经济要素相结合作为评价因子，采用科学方法综合分析土地各构成要素对作物生长的适应性与限制性，以此反映土地对作物的适宜程度、质量高低及其限制强度，从而对农用地进行分类定级。

10.3.1　概述

农用地适宜性评价结果可直接服务于农业生产的宏观管理与微观控制，对于农业生产乃至整个社会经济的可持续发展均具有重要的实践意义。因此，农用地的土地适宜性评价一直以来备受国内外众多学者的关注。

1. 工作程序

一般而言，土地适宜性评价可分为室内准备及资料收集、适宜性评价、成果整理三个阶段，具体进行土地适宜性评价的步骤可分为：明确评价目的、组织技术力量及准备评价用品、评价对象的选择、资料的收集、评价因素的选择、评价因子极限指标的确定与指标分级、评价因子图的制作、评价单元的划分、评价因素权重的确定、土地适宜类的确定、土地适宜等级的确定、土地限制型的确定、评价结果的核对、面积量算、平差与统计、土地适宜性评价的制作、评价成果的分析与评述等。下面简单介绍土地适宜性评价中几个关键的步骤。

1）评价对象的选择

为了保证评价工作省时省工省费用，且达到质量好、准确度高的要求，通常应进行评价对象的选择，即根据评价的目的，剔除一些不必参与评价的土地利用现状类型。

2）土地适宜性评价因子的选取

评价因子的选取是土地适宜性评价的关键步骤，参评因子选择的科学和正确与否，直接关系评价结果的准确度和可信度。因此，应对地形、地质、气候、土壤及社会经济等评价因素进行分析，选择合适的参评因子进行土地适宜性评价。参评因子选取方法有专家调研法、主成分分析法、极小离差法、极大不相关法、最小均方差法等，在这些方法中，应用最广泛的是专家调研法。

3）评价因素的选择及其指标分级

评价因素的选择是土地适宜性评价的关键步骤。参评因子选择的科学和正确与否，直接关系评价结果的准确度和评价工作量的大小。因此，应对地形、地质、气候、土壤及社会经济条件等评价因素进行分析，进而选择合适的参评因子进行土地适宜性评价。常用方法有经验法、多元线性回归分析法、逐步回归分析法及主成分分析法。可用于参评因子选择的数学方法有通径分析法、灰度分析法、岭回归分析法、稳健回归分析法和主成分回归分析法等。在诸多土地适宜性评价因子中，某些评价因子存在着极限指标。当这些因子的变化超过极限指标时，土地就会失去某种利用价值或根本无法实现持续高效土地利用，主要包括海拔、坡度、有效土层厚度、质地、pH、含盐量和土壤侵蚀强度等。参评因子等级划分的方法通常有经验法和模糊聚类分析法。各参评因子等级划分的数量无统一规定，主要受评价目的和方法的制约。一般而言，参评因子的等级划分以 4～5 个为宜。

4）评价因子权重的确定

评价因子权重的确定是土地适宜性评价中重要的一环，它直接决定最后的结果，一个科学的确定权重的方法才能得到最后科学的决策方案。现在确定权重的方法很多，大体上可以将权重确定方法分为主观方法和客观方法。主观方法主要是依据专业人员以往的经验做出判断，最后确定各因子的权重，主要有专家打分法、层次分析法、排列比较法。客观方法主要是依据已有的或是推导的计算公式，计算出各个因子的权重而不掺杂个人的意见和经验，主要有主成分分析法、模糊综合评价法、熵值法等。现在应用最广泛的是专家调查法和层次分析法。

5）评价模型

在 GIS 中，目前采用较多的是多因子加权叠加分析法，评价模型如下：

$$S=\sum_{i=1}^{n}W_iX_i(i=1,2,3,\cdots,n) \tag{10-1}$$

式中，S 为适宜性等级；W_i 为权重；X_i 为影响因子。

多因子加权叠加分析法是 GIS 中最流行的评价模型，特别是以 ArcGIS 为代表的 GIS 软件，可以快速准确地进行叠加分析。各个因子的数据作为一个单独的图层保存到 GIS 软件中，经过指标量化和分级后，将区域内所有图层按照多因子叠加分析模型进行叠加分析即可获得整个区域内的综合情况，再按照规划将最后结果进行分级即可得到设计者想要的各种数据。

2. 评价方法

1）经验法

评价人员与当地科技人员和有实际经验的人讨论，并依据研究区的具体情况和自己多年土地利用的经验，决定如何将各单项土地质量的适宜等级综合为总的土地适宜等级。该方法的优点是能考虑数学方法所不能包括的各种非数量因子及具体变化情况，缺点是要求评价者对当地条件、土地质量状况和作物生物学特性有丰富的知识，只有这样才能做出正确的判断，但是也不可避免地造成评价结果的主观性。这些局限加上新方法、新技术的发展，经验法的受用面越来越小。

2）极限条件法

该方法主要强调主导因子的作用，运用“木桶原理”，将单项因子评价中的最低等级直接作为综合评价的等级。极限条件法简单易操作，能很好体现个别极端决定土地利用适宜性的因素，但该方法未考虑在一些情况下，土地某种性质的不足可被其他部分所弥补。

3）数学方法

数学方法以权重法为中心，即确定各个参评因子及其权重，然后对两者的乘积加总，以和作为分等级的根据。主要分为多因素综合评定法和模糊综合评判法。

（1）多因素综合评定法（指数和法）。该方法将各参评因子按其对土地适宜性贡献或限制的大小进行经验分级或统计分级并赋值，然后用各参评因子指数之和来表示土地适宜性的高低。最后按照指数和大小排序，以经验确定指数和的分等界线。其中，各参评因子及其权重系数的确定可依据回归分析法、层次分析法、专家征询法等。采用这些数学方法都是为了获得尽量准确的权重和、指数和，以期尽量准确地评价适宜性等级，而且非数量化质量性状数量化和不同计量单元无量纲化使各参评因子间具有了明显的可比性；缺点在于较极限条件法增加了大量计算，在地类复杂、评价单元数量较多的区域工作量明显增加，同时不能考虑非数量因子的具体变化情况，而以和值计算土地质量综合指数往往会掩盖某些特别限制因子对评价目标所造成的质的影响。

（2）模糊综合评判法。这种方法用于评价的原理，是对参评因子和适宜性等级建立隶属函数，对参评因子的评价由参评因子对每个适宜性等级的隶属度构成，评定结果是参评因子对适宜性等级的隶属值矩阵；参评因子对适宜性的影响大小用权重系数表示，构成权重矩阵，将权重矩阵与隶属值矩阵进行复合运算，得到一个综合评价矩阵，表示该土地单元对每一个适宜性等级的隶属度。模糊综合评判方法较好地体现了主导因素和综合分析的相结合，比较符合客观实际，通过对参评因素隶属度的计算和模糊矩阵的复合运算得出评价单元对应于各等级的隶属度，其计算过程无需再掺入人为因素，减少了主观性的干扰。但是，根据实地采集的调查数据对模糊综合评判模型进行验证，会发现模型存在一定的误差，有一部分正确的样本数据却得不到正确的结果。

4）人工智能方法

人工智能方法基于自学习、自适应系统的样本学习机制，如人工神经网络方法、遗传算法、元胞自动机等。基于神经网络来构造模糊系统，建立了土地适宜性评价的模糊神经网络模型；根据神经网络误差反向修正的原理，设计和推导了该模型的学习算法，并通过实验证明该模型应用于土地适宜性评价具有高效、客观、准确等优点。将计算智能理论引入土地评价领域，构建土地适宜性评价模型：首先基于模糊逻辑和人工神经网络构造了一个模糊神经网络模型，然后采用改进的遗传算法进行训练，能够快速收敛到最优解，对初始的规则库进行修正，形成了一个自学习、自适应的评价系统。

10.3.2　基于 GIS 的农用地适宜性评价

GIS 的兴起为土地适宜性评价带来了技术上的革新，它将空间数据和属性数据完美地结合在一起，并且具有强大的空间分析能力，这使得对土地这种空间复杂系统的分析、评价更具科学性。因此，GIS 技术在土地适宜性评价中的应用得到迅速发展，并表现出了强劲的势头。例如，评价单元的划分，传统的评价是以土地类型、土地利用类型等为划分单元，因而要求较高的专业技术水平，评价结果受人为因素影响大，而 GIS 技术的引入与运用，把研究区域分成一定数量的网格，将每个网格作为一个基本的评价单元，逐网格地进行评价，从而相对降低了人为的主观性影响，其最终评价成果也可实现在二维空间上的表达。

目前，在农用地适宜性评价中，GIS 技术应用已实现与数学方法、模型结合，评价方法也经历了从简单的叠加分析到多指标分析再到人工智能及多种方法综合的过程。指标的选取和标准化、权重的确定及如何将 GIS 和决策过程结合，始终是评价方法研究的关键。为了更好地发挥 GIS 在土地适宜性评价中的作用,GIS 从专家型向开放式社会化方向发展势在必行。利用 GIS 进行土地适宜性评价的过程中，存在技术和政策两方面的困难。现实世界与用于表达模拟现实世界的数据（地理对象和相关属性）之间总是存在误差，这就导致准确性问题出现。并且，在评价过程中用户很容易被误导，只考虑地理对象本身而忽略了它所代表的现实世界。因此，不能忽视主观信息和客观信息的综合处理，分析评价中结合群众的参与意见，在 GIS 中恰当地表达公众意见是问题解决的关键，但公众参与过程中又涉及可达性、责任与义务等问题。

10.4　农作物监测与估产

农作物（简称“作物”）长势监测与产量估算是农业遥感的两个重要研究领域，监测农作物生长过程与趋势是农业遥感更为重要的任务。对农作物长势的动态监测可以及时了解农作物的生长状况、土壤墒情、肥力及植物营养状况，便于采取各种管理措施，从而保证农作物的正常生长。同时，可以及时掌握大风、降水等天气现象对农作物生长的影响及自然灾害、病虫害将对产量造成的损失等，为农业政策的制订和粮食贸易提供决策依据，也是农作物产量估测的必要前提。

10.4.1　作物长势监测

作物长势是指作物的生长状况与趋势。作物长势可以用个体和群体特征来描述，获取作物长势的传统方法是地面调查，现代农业生产中则主要利用遥感技术监测作物的生长状况与趋势。作物长势的遥感监测充分体现了遥感技术宏观、客观、及时、经济的特点，可为田间管理提供及时的决策支持信息，并为早期估测产量提供依据。特别是随着 3S 集成应用技术、高分辨率卫星资料和大数据计算技术等的快速发展，作物长势遥感监测信息已成为指导农业生产不可或缺的重要信息。

1. 作物长势遥感监测数据

1）多光谱遥感数据

多光谱是指包含可见光和不可见光的光谱，常用的有可见光、近红外、中红外、远红外和超远红外等，多光谱图像是指由电磁波谱中所包含的所有波段电磁波所形成的图像。多光谱遥感影像虽然空间分辨率低，但时效性较好，因而在大面积作物长势监测中使用较多，其中以 NOAA/AVHRR、SPOT/VEGETATION、EOS/MODIS、FY 卫星数据应用最为广泛。中高空间分辨率遥感影像也被用于区域范围的作物长势监测，且可与低空间分辨率影像融合提高长势监测的精度，此类数据主要包括 Landsat 卫星 MSS/TM/ETM/0LI 数据、HJ 卫星 CCD 数据、IRS 数据等，以及更高空间分辨率的 SPOT 影像、Quickbird 影像等。

2）高光谱遥感数据

高光谱遥感是当前遥感技术的前沿领域，它利用很多很窄的电磁波波段从感兴趣的物体获得有关数据，它包含了丰富的空间、辐射和光谱三重信息。它是在电磁波谱的可见光、近红外、中红外和热红外波段范围内，获取许多非常窄的光谱连续的影像数据的技术。其成像光谱仪可以收集到上百个非常窄的光谱波段信息。

高光谱成像相对多光谱成像来说具有更丰富的图像和光谱信息。高光谱反射率或植被指数与作物的多种生化、物理参数具有显著的相关关系，通过高光谱遥感技术反演作物长势农学参量可准确监测作物长势。受数据获取条件和获取成本的制约，高光谱遥感数据应用于大面积作物长势监测存在困难，但利用高光谱遥感数据反演作物生化组分含量、监测作物生长状况是当前研究热点。

3）微波遥感数据

微波遥感是传感器的工作波长在微波波谱区的遥感技术，利用某种传感器接收各种地物发射或者反射的微波信号，借以识别、分析地物，提取地物所需的信息。常用的微波波长为0.80～30.00cm甚至更长。其中，又细分为K（1.67～1.11cm）、Ku（2.50～1.67cm）、X（3.75～2.50cm）等波段。微波遥感的工作方式分主动式（有源）微波遥感和被动式（无源）微波遥感。微波遥感的突出优点是具有全天候工作能力，不受云、雨、雾的影响，可在夜间工作，并能透过植被、冰雪和干沙土，获得近地面以下的信息。可利用航空、航天微波影像反演作物的叶面积指数（leaf area index，LAI）、生物量、含水量等农学指标，进行长势监测和产量预报。微波遥感数据的应用有效弥补了多光谱和高光谱数据时效性和全天候等方面的不足。

2. 作物遥感监测原理

遥感监测作物的原理建立在作物光谱特征基础之上。常用的植被指数有归一化植被指数、差值植被指数、比值植被指数和双差值植被指数等。归一化植被指数NDVI是最为常用的指标，即NDVI=（NIR−R）/（NIR+R），其中，R为可见光敏感波段的反射率；NIR为近红外敏感波段的反射率。归一化植被指数与作物的叶面积指数有很好的相关性，在作物的长势监测中，已被作为反映作物生长状况的良好指标。

作物长势监测是农情遥感监测与估产的核心部分，其本质是在作物生长早期阶段就能反映出作物产量的丰歉趋势，通过实时的动态监测逐渐逼近实际的作物产量。作物长势遥感监测是建立在绿色植物光谱理论基础上的。同一种作物，由于光、温、水、土等条件的不同，其生长状况也不一样，在卫星照片上表现为光谱数据的差异：绿色植物对光谱的反射特性为在可见光部分有强的吸收带，近红外部分有强的反射峰，这可以反映出作物的生长信息，判断作物的生长状况，从而进行长势的监测。

3. 作物实时长势监测

农田的洪涝、干旱、病虫草害、土壤肥力、冻害等是影响作物产量丰歉的主要原因，遥感影像能实时和大范围监测作物的长势，为农业部门决策者和田间管理人员提供及时的农情信息，便于人们采取各种措施，以减轻灾害、增收增效。作物长势遥感监测信息系统，是对作物的整个生长过程进行系统监测和管理，利用软件工具，将遥感数据、地形数据、气象数据、作物资源数据和社会经济数据进行综合集成，实现数据管理、信息查询、作物长势监测、过程分析及决策服务等功能的计算机信息管理系统。对作物长势、种植面积、产量估计、灾害发生等采用遥感技术监测，可及时、准确、全面地为相关人员提供农情信息。

1）地块面积估测

粮食是国民经济建设的基础，及时掌握、获取主要作物的种植面积，能够准确预测粮食产量，对于加强作物生产管理、制定国家粮食政策、确保我国粮食安全具有重要意义。传统的人工获取作物种植面积的方法存在效率低的问题，遥感估算法获取的影像通常存在同物异谱、异物同谱、混合像元等现象，这导致估测的种植面积存在不确定性。遥感技术的快速发展，使获得适合面积的高时空分辨率影像估测成为可能。对遥感影像进行数字化分析，可以准确地量算地块面积。采用空间抽样方法获取中等空间分辨率影像对作物种植面积进行了估测，结果表明，在 95%置信度下监测精度可达 95%以上。

2）作物生长状况监测

遥感图像是反映并预测作物生长状况的重要信息来源。以遥感数据为基础的作物生长状况监测可以涵盖多个方面：作物生长变化、植被盖度变化、作物生物量估测、作物健康状况及元素含量等。利用遥感监测作物生长状况，可以通过将获取的高分辨率影像进行图像拼接和融合后与相关数据进行分析获取结果。同时，可以通过建立评估模型和诊断模型来进行作物生长状况监测，如通过影像生成多时段高分辨率作物表面模型来监测作物生长变化。目前，可见光成像传感器难以实现作物元素含量的监测，可通过高光谱或红外多光谱成像像机结合获取的图像建立的模型估测葡萄园叶片类胡萝卜素含量；也可以通过计算出相关指数来进行作物生长状况监测，计算出其 NDVI 值为监测作物生长状况提供信息；还可以通过计算植被指数及分析指数之间的关系来了解植被盖度。

3）作物灾害监测

基于遥感灾害监测能够提高灾害监测能力，提供灾情数据，提升预警监测水平。我国目前作物灾害监测大多停留在传统的人工阶段，该方法劳动强度大、效率低，受主观因素影响大，所以监测结果存在很大的不确定性。高分辨率影像具有监测农业和环境变化的特点。通过高光谱图像，能够宏观、微观地分析作物病虫草害。通过影像建立数字表面模型，可以确定积雪变化对基地植被健康状况和空间分布的影响。此外，高时空分辨率遥感能够很好地提高农田水分胁迫的管理。

10.4.2　作物产量估算

作物产量估算是指利用遥感技术预估某一作物产量的方法。卫星遥感技术具有快速、宏观、准确、客观、及时、动态等特点，在大范围作物长势监测和产量预测等方面具有得天独厚的优势。

1. 作物遥感估产原理

作物遥感估产的原理是建立在绿色植物光谱理论基础上的。绿色植物对光谱的反射特性在不同波段有差异，如植物叶片组织对蓝光（470nm）和红光（650nm）有强烈的吸收，对绿光尤其是近红外线有强烈的反射。然而，由于被植物叶冠反射并到达卫星传感器的辐射量与太阳辐射、大气条件和叶冠背景等许多因素有关，所以不能用单一的光谱测量来量化植物生物物理参数。通常采用两个或多个波段资料的组合，这些波段间的不同组合方式就被称为植被指数。遥感估产就是通过收集、分析各种作物不同的光谱特征，利用卫星传感器记录地表信息、辨别作物类型，提取不同作物的植被指数信息，建立植被指数与作物产量间的相关关系，对作物进行估产的。

2. 作物遥感估产步骤

作物产量估算方法最早是以光合生产潜力的简单估算为主的；而后又以统计模型为主，

即建立作物产量与气温、降水等气象因子的关系。20 世纪 70 年代中期～80 年代初期，机理模型开始发展并逐步走向成熟，如 ELCROS、SUCROS、WOFOST 和 CERES 等。遥感估产方法出现于 20 世纪 80 年代中期，它主要是通过建立遥感测得的作物信息（光谱信息）与产量间的关系来估算作物产量，并将遥感信息与机理模型融合用于区域作物产量的预测。根据遥感估产的原理，其大致可以分为以下几个步骤：①选择合适的遥感数据，用遥感数据识别作物类型并计算作物面积；②用遥感数据监测作物长势；③提取植被指数，结合其他资料进行产量评估。

1）遥感数据的选择

遥感估产自产生以来，采用的数据来自不同的卫星资料。常用的有 NOAA/AVHRR、LandsatTM、SPOT 和 MODIS。LandsatTM 和 SPOT 图像空间分辨率虽然较高，但其覆盖面积小，周期长，所需费用也较高，因而在遥感估产中的应用受到限制。而 NOAA 卫星空间分辨率低，但其覆盖面积较大，时间分辨率较高，并且费用低，一直是大面积遥感估产所选用的主要卫星资料。近年来，MODIS 数据由于其较多的波段和较高的分辨率，正在成为大面积遥感估产的主要资料。

2）遥感指数的选择

传统的估产方法使用的估产模型一般为气象模型或作物模型，选择的指数一般为气象因子，如温度、降水、日照等。而在遥感估产方法中，光谱植被指数得到了成功的应用，特别是红波段与近红外波段定义的归一化差值植被指数 NDVI 是目前应用最广泛的植被指数。NDVI 是植物生长状态及植被空间分布密度的最佳指示因子。此外，比值植被指数 RVI、差值植被指数 DVI 和增强型植被指数 EVI 等也被广泛应用。最终选择哪个植被指数作为监测作物长势的估产指标，必须经过 2～3 年的数据拟合、试估产后才能确定。

3）作物类型的识别与面积估算

遥感估产中作物类型的识别和面积估算主要是根据遥感信息源的不同，进行监督或非监督分类，结合目视解译，从而区分土壤、植被、水体等下垫面类型，进而运用不同的植被指数、不同时相的遥感信息、作物生长规律区域背景资料等信息进行作物类型的判定，并估算不同作物类型的面积。

4）作物长势监测及产量估算

作物长势监测指对作物的苗情、生长状况及其变化的宏观监测。作物长势监测是农情遥感监测与估产的核心部分，其本质是在作物生长早期阶段就能反映出作物产量的丰歉趋势，通过实时的动态监测逐渐达到实际的作物产量估测。

遥感监测常常受卫星遥感数据空间分辨率、时间分辨率等因素的影响，且遥感信息大多反映的是瞬间物理状况。作物生长模型是对作物生长、发育、产量形成过程中的一系列生理生化过程进行数学描述，是一种面向过程、机理性的动态模型。但是，当作物模拟从单点研究发展到区域应用时，空间尺度的增大导致模型中一些宏观资料的获取和参数的区域化方面存在很多困难。遥感信息与作物生长模型的耦合应用可以解决作物长势监测和产量预测等一系列农业问题，越来越受到相关研究人员的关注，已经逐渐成为一个重要的研究领域。因此，随着作物模型和遥感技术的迅速发展，将两者结合、进行互补性的研究是很有意义的。

3. 基于作物生长模型的估算

准确的作物长势动态监测和产量预测对于保障粮食安全，促进农业可持续发展具有非常重要的意义。20 世纪 60 年代以来，随着计算机技术和光合作用测定技术的发展，作物模拟技术也得到了相应发展，国际上出现了许多作物生长机理模型（以下简称作物生长模型或作物模型），较著名的有荷兰的 SUCROS 模型、WOFOST 模型和美国的 CERES 系列模型等。作物机理模型是从土壤、植被、大气系统的物质和能量传输转化理论出发，对作物生长环境及作物生长、发育、产量形成过程中的光合、呼吸、蒸腾、养分吸收及运输等一系列生理生化过程进行数学描述，动态模拟作物的生长发育过程，并揭示其与作物品种、生长环境、管理措施等各种影响因子的相互关系。作物生长模型作为改造传统农业的有效工具，它的出现和广泛应用标志着世界农业发展进入了信息时代。

卫星遥感估产具有快速、宏观、动态等优点。随着遥感技术的不断发展，将遥感信息应用到作物长势监测及产量估算的研究不断增多。大量的农田试验和理论研究表明，不同波段遥感数据的组合（如植被指数Ⅵ）能够提供反映作物长势的有效信息。但是，遥感数据的获取受到卫星运行周期和天气因素的影响，在作物整个生长季中只能获得有限个、离散的观测数据，无法揭示作物生长发育和产量形成的内在机理，以及作物生长与气候、土壤、环境的关系，而这恰恰是作物模型的优势所在。

作物生长模型主要是从土壤、植被、大气系统物质和能量的传输和转化理论出发，以光、温、水和土壤等条件为环境驱动变量，应用数学物理方法和计算机技术，对作物生长、发育和产量形成过程中的光合、呼吸、蒸腾和营养等一系列生理生化过程及其与气象、土壤等环境条件的关系进行数学描述，动态模拟作物的生长发育过程。作物生长模型综合了大气、土壤和作物遗传特性等自然环境因素，以及田间管理等影响作物生长的人为因素，是一种面向过程、具有时间动态性的生态模型。通过给出模型所需的驱动数据集、初始数据集和参数集，作物生长模型就可以模拟作物生长发育过程、最终产量及相关的生物物理化学和环境过程。

将遥感和作物生长模型这两种具有互补性的技术结合起来，利用遥感反演数据驱动作物生长模型，或者校正、反推作物生长模型的有关参数值，解决了作物生长模型在区域应用时输入数据获取困难的问题，提高了作物生长模型的区域应用能力。近年来，将实时的遥感信息与作物模型相结合，实现区域作物生长的动态监测、灾害预警，尤其是产量预测，已受到国际上的广泛关注，被看做是最有发展前途的估产方法。

10.5 精细农业

精细农业也称为精准农业、精确农业，是以信息技术、生物技术、工程技术等一系列高新技术为基础的面向大田作物生产的精细农作技术,已成为发达国家 21 世纪现代农业的重要生产形式。

10.5.1 精细农业的来源

精细农业技术体系的早期研究与实践始于 20 世纪 80 年代初期，当时发达国家从事作物栽培、土壤肥力、作物病虫草害防治的农学家在进行作物生长模拟模型、栽培管理、测土配方施肥和植保专家系统应用研究与实践中，为进一步揭示出农田内小区作物产量和生长环境条件的明显时空差异性，提出对作物栽培管理实施定位、按需变量投入，或称“处方农作”。另外，传统农业的发展在很大程度上依赖于生物遗传育种技术，以及化肥、农药、矿物能源、机械动力等的投入。化学物质的过量投入引起生态环境和农产品质量下降，高能耗的管理方式导致农业生产效益低下、资源日益短缺，在农产品国际市场竞争日趋激烈的时代，这种管理模式显然不能适应农业持续发展的需要。这种农业资源与环境的压力促使科学家和农民努力寻求一种在继续维持并提高农业产量的同时，又能有效利用有限资源、保护农业生态环境的新的可持续发展农业生产方式，并进行了多种探索，提出了多种解决途径，如自然农业、有机农业、生态农业等，最终催生了精细农业这一基于信息和知识的现代农业管理与经营理念或技术。精细农业已成为合理利用农业资源、提高农业作物产量、降低生产成本、改善生态环境的一种重要的现代农业生产形式。

精细农业是由信息技术支持的根据空间变异，定位、定时、定量地实施一整套现代化农事操作技术与管理的系统。其基本涵义是根据作物生长的土壤性状，调节对作物的投入，即一方面查清田块内部的土壤性状与生产力空间变异；另一方面确定作物的生产目标，进行定位的“系统诊断、优化配方、技术组装、科学管理”，调动土壤生产力，以最少的或最节省的投入达到同等收入或更高的收入，并改善环境，高效地利用各类农业资源，取得经济效益和环境效益。精细农业是信息技术在农业中的应用，是一种以知识为基础的农业管理系统，是关于农业管理系统的战略思想。它的全部概念建筑在“空间差异”的数据采集和数据处理上，核心是根据当时当地作物实际需要确定对作物进行化肥或农药等投入。

精细农业的核心是，获取农田小区作物产量和影响作物生长的环境因素实际存在的空间和时间差异性信息，分析影响小区产量差异的原因，采取技术上可行、经济上有效的调控措施，区别对待，按需实施定位调控的“处方农业”。

精细农业本身是一种可持续发展的理念，是一种管理方式。但是，达到这个目标，需要三方面的工作：首先，获得田间数据。其次，根据收集的数据做出作业决策，决定施肥量、时间、地点。最后，由机器来完成。这三个方面的工作仅凭人力是无法很好完成的，需要现代技术来支撑，并且最终需要利用机器人等先进机械来完成决策。这两点结合即平时所说的农业信息化和农业机械化。

人们对精细农业的理解包含以下几个共同点：①精细探察差异，采取针对性调控措施，随时随地挖掘潜力，达到全局优化；②以 GNSS、GIS、RS、决策支持系统（decision support system，DSS）、先进传感技术、智能控制技术、计算机软硬件技术、网络技术、通信技术等作为高新技术手段；③通过合理调控，提高效率来提升正面效果，抑制负面效应，全面提高经济效益、社会效益和环境效益。

精细农业与传统农业相比，主要有以下特点。

（1）合理施用化肥，降低生产成本，减少环源污染。精细农业采用因土、因作物、因时全面平衡施肥，彻底扭转了传统农业中因经验施肥而造成的三多三少（化肥多，有机肥少；氮肥多，磷、钾肥少；三要素肥多，微量元素少），氮、磷、钾肥比例失调的状况，因此有明显的经济和环境效益。

（2）节约水资源。目前，传统农业因大水漫灌和沟渠渗漏对灌溉水的利用率只有 40%左右，精细农业可由作物动态监控技术定时定量供给水分，通过滴灌微灌等一系列新型灌溉技术，使水的消耗量减少到最低限度，并能获取尽可能高的产量。

（3）节本增效，省工省时，优质高产。精细农业采取精细播种、精细收获技术，并将精细种子工程与精细播种技术有机结合起来，使农业低耗、优质、高效成为现实。一般情况下，精细播种比传统播种增产 18%～30%，省工 2～3 个。

（4）作物的物质营养得到合理利用，保证了农产品的产量和质量。精细农业是利用 RS 技术宏观控制和测量，采用 GIS 技术采集、存储、分析、输出地面或田块所需的要素资料，以 GNSS 技术将地面精细测量和定位，再与地面的信息转换和定时控制系统相配合，产生决策，按区内要素的空间变量数据精确设定和实施最佳播种、施肥、灌溉、用药、收割等多种农事操作的一种现代动态管理系统。这个系统可以实现在减少投入的情况下增加产量、降低成本、减少环境污染、节约资源和保护生态环境，实现农业的可持续发展。

10.5.2　精细农业的技术体系

精细农业技术体系包括信息获取与数据采集、数据分析与可视化表达、作业决策分析和精细农田作业的控制实施等主要组成部分。

1）数据采集

精细农业技术是通过产量测量、作物监测及土壤采样等方法来获取数据的，以便了解整个田块的作物生长环境的空间变异特性。①产量数据采集。在农作物收获的同时，实时记录每一小区的产量，记录数据还包括产量数据对应的位置信息和其他必要的农产品特性信息（如谷物含水量等）。②土壤数据采集。土壤信息一般包括土壤含水率、土壤肥力、土壤有机质含量、土壤 pH、土壤压实程度、耕作层深度等。土壤采样及采集土壤特性数据时也需要记录位置信息。③苗情、病虫草害数据采集。记录作物长势或病虫草害的分布情况。④其他数据采集，如地块边缘测量，农田近年来的轮作情况、平均产量、耕作和施肥情况，作物品种、化肥、农药、气候条件等有关数据。

2）数据分析

采集的数据一般以文本表形式表示，需要利用一些数学方法进行处理，生成分布图。①产量数据分布图。由于产量数据是通过连续采样获得的。一般需要对数据进行预处理，以消除采样测试误差。②土壤数据分布图。由于土壤采样是非连续的采集，需要估计采样点之间的数据，这种估计过程称为插值。③苗情、病虫害分布图。该数据采样既不像产量测量那样连续采样，也不像土壤采样那样以栅格形式采集，而是在行走中人为定点，记录数据。

3）决策分析

精细农业技术是根据田间采集到的不均衡空间分布数据及有关作物的其他信息，经过决策分析来控制投入方式和施用量。决策分析是精细农业的核心，直接影响精细农业技术的实践效果。GIS 被用于描述农田空间的差异性，而作物生长模拟技术则被用来描述某一位置上特定生长环境下的生长状态。只有将 GIS 与模拟技术紧密地结合在一起，才能制订出切实可行的决策方案。作物生长模拟技术是利用计算机程序模拟在自然环境条件下作物的生长过程。作物生长环境除了不可控制的气候因素外，还包括土壤肥力、墒情等可控因素。GIS 提供田间任一小区、不同生长时期的时空数据，利用作物生长模拟模型，在决策者的参与下提供科学的管理方法，形成田间管理处方图，指导田间作业。

4）控制实施

精细农业技术实施的目的是科学管理田间小区，降低投入，提高生产效率。支持精细农业技术的农业机械设备包括精细收获、精细播种、精细施肥、精细除草及精细灌溉机械等。

10.5.3 精细农业的关键技术

精细农业是基于田间小区农作条件的空间差异性来实现优化作物生产系统目标的，一个完整的精细农业技术体系的建立，需要有多种技术知识和先进技术装备的集成支持。

1）全球导航卫星系统（GNSS）

精细农业的数据采集、数据分析、决策分析、控制实施等四个主要技术，都离不开精确定位。精细农业广泛采用全球导航卫星系统来实现信息获取和实时准确定位。卫星导航技术可以在精细农业的各个环节发挥作用，包括精细播种、精细施肥、精细喷药、精细灌溉、精细收割等。

2）地理信息系统技术

GIS 是构成农作物精细管理空间信息数据库的有力工具，田间信息通过 GIS 系统予以表达和处理，是实施精细农业的关键技术之一。在精细农业中，GIS 主要用于建立农田土地管理、土壤数据、自然条件、生产条件、作物苗情、病虫草害发生发展趋势、作物产量等的空间信息数据库和进行空间信息的地理统计处理、图形转换与表达等，为分析差异性和实施调控提供空间分布信息，支持制定处方决策方案。GIS 能够生成多层农田空间信息分布图，将其纳入作物生产管理辅助决策支持系统，与作物生产管理和长势预测模拟模型、投入产出分析模拟模型及智能化作物管理专家系统一起，并在决策考的参与下根据产量的空间差异性，分析原因、做出诊断、提出科学处方，落实到 GIS 支持下形成田间作物管理处方图，分区指导科学的调控操作。

3）遥感技术

RS 技术是精细农业实践中支持大面积快速获得田间数据的重要工具。它利用高分辨率传感器，在不同的作物生长期实施全面监测，根据光谱信息，进行空间定性、定位分析，为定位处方农作提供了大量的田间时空变化信息。精细农业实践中，RS 虽不能直接测量土壤水分、植物冠层营养水平、籽粒与生物产量等信息，但可通过多光谱测量推断出结果。由测量引导推理的过程，需利用数据分析工具寻求传感数据与土壤或植物的相关关系，一旦这种关系建立起来，就可以对大面积的条件进行推理。现有的 RS 软件均与流行的主要 GIS 软件具有数据通信接口，容易将 RS 分析与图像数据组装到 GIS 图层中支持作物生产管理决策分析。

4）农田信息采集与处理技术

农田信息包括过去积累的信息和作物生产过程中实时收集的信息，合理利用这些信息必须首先从获得信息的方法入手。尽量以低成本的方法获得多方面的生产信息，为农业生产提供更多的决策依据。这些信息包括：产量数据，土壤数据（含水率、肥力、有机质含量、压实程度、耕作层深度），苗情、病虫草害数据及其他数据（如地块边缘测量，农田近年来的轮作情况、平均产量、耕作和施肥情况，作物品种、化肥、农药、气候条件等）。

5）变量作业控制技术

精细农业是基于时空变异的现代农业经营、管理技术，因此变量作业控制技术（variable rate technology，VRT）是精细农业的核心。VRT 是指安装有计算机、DGPS 等先进设备的农机具，可以根据它所处的耕地位置自动调节货箱里某种农业物料投入速率的一种技术。VRT 技术可以实现变量调整的内容包括：施肥量、除草剂或杀虫剂施用量、农药施用量、灌水量、耕地深度、播种量和产量评估等。智能化变量作业机械是实践精细农业的标志。

VRT 包括基于作业处方图和基于传感器两种。下面介绍基于作业处方图的变量作业技术。为得到作业处方图，首先必须全面获取作物产量、土壤参数等的时空变异信息，还要根据植物生长模型及气象等环境条件，预测作业的发芽率、长势及养分需求。然后综合上两步的分析结果，利用 GIS 和决策支持系统（DDS）得到所期望的作业处方图。由于这张处方图是建立在试验分析基础上的，因此它与实际的农田需要（如施肥需求量）总是存在一定差异。因此，人们期望在条件允许的情况下应用现代传感技术实时监测作物（或土壤）的需肥量，然后实时控制机器进行变量作业，从而实现更精细的因时、因地、按需施肥，但这种基于传感器的 VRT 技术需要具备能实时监测作物需要或土壤成分或病虫草害分布的技术与设备，达到实用程度还有一定的困难。

第 11 章　地下管线管理信息系统

地下管线是城市现代化的重要基础设施，包括给水、排水、电力、电信、燃气等多种管线及其附属设施，是城市的“血脉”和“神经”。地下管线信息管理系统是在计算机软件、硬件、数据库和网络的支持下，利用 GIS 技术实现对地下管线及其附属设施的空间和属性信息进行输入、编辑、存储、查询统计、分析、维护更新和输出的计算机管理系统。该系统可以充分利用地理信息技术，采集、管理、更新和维护地下管线数据，开发利用地下管线信息资源，促进地下管线信息交流和资源共享，推动城市现代化建设和管理。

11.1　概　　述

11.1.1　地下管线与管理

地下各类管网、管线是一个城市重要的基础设施，是城市的“主动脉”，它不仅具有规模大、范围广、管线种类繁多、空间分布复杂、变化大、增长速度快、形成时间长等特点，更重要的是它还承担着信息传输、能源输送、污水排放等与人类生活息息相关的重要功能，也是城市赖以生存和发展的物质基础。

1. 城市地下管网

地下管线及其附属设施按照功能可分为长输管线和城市管线两类，长输管线主要分布在城市郊区，其功能主要是为城市经济和社会发展提供能源和能量供应；城市地下管线主要分布在城市建成区内的城市道路下，其功能主要是承担城市的信息传递、能源输送、排涝减灾、废物排弃等任务，是发挥城市功能、确保社会经济和城市建设健康、协调和可持续发展的重要基础和保障。城市地下管线是指城市范围内供水、排水、燃气、热力、电力、通信、广播电视、工业等管线及其附属设施。城市管线可分为给水、排水、燃气、热力、电信、电力、工业和综合管沟（廊）八大类，每一大类还可以根据传输或排放物质的差异或其功能的差异分为不同的小类，具体分类见表 11.1。

表 11.1　城市地下管线分类

管线大类	管线小类
电力	供电、照明、电车、信号、广告、直流专用线路
电信	市话、长途、广播、有线电视、专用
给水	供水、直饮水、循环水、消防水、绿化水、中水
排水	雨水、污水、雨污合流
燃气	煤气、天然气、液化气
热力	热水、蒸汽、温泉

续表

管线大类	管线小类
工业	氢气、氧气、乙炔、原油、成品油、航油、柴油、乙烯、排渣
综合管沟（廊）	管沟、管廊

2. 地下管线管理现状及存在问题

城市管网系统大致可以分为财政投资管网和自用管网，其中，财政投资管网一般由政府出资或招商投资建设，由规划、建设、环保审批；而自用管网则是由各个所属产权单位投资、建设和管理，其所有权属于本公司。各类地下管线所有权分属于不同的产权单位，虽然地下管网建设实行规划、报建、审批、勘察及验收等管理程序，但由于地下管网建设涉及的行业较多，各个单位在进行路面开挖、管网铺设、管网连接时，都是各侍其主，导致地下管网处于无序管理状态。其管理产权的所属问题，造成了两类管网相互不沟通。地下管网规划属于行业规划，虽然有些单位报相关部门进行了批准、验收，内部也有比较规范的巡查、维护制度，但是地下管网种类繁多、交叉纵横、错综复杂，投资主体多，又属不同行业管理，相互交叉、相互干扰、相互破坏的状况时常出现。在管网维护方面，大多数城市管网依然按照“哪个单位建设哪个单位维修”的方式运行。

长期以来，种种原因致使地下管线管理滞后于城市建设发展，地下管线施工、运维过程中各类事故层出不穷，各类地下管线档案资料和信息管理混乱，损失巨大，成为我国城市建设和经济发展的瓶颈。主要问题包括以下方面。

1）管理体制机制不顺，管理责任不清

一是法律法规不完善，管理缺乏依据。现阶段只有相关部委及地方政府制定了有关城市地下管线管理的政策规定，缺乏约束力，并且不完善，造成城市政府相关部门对地形管线管理方面的职责不明，没能建立地下管线有效管理的社会机制，没能统筹协调和科学做好地下管线管理工作，文件中规定管理内容难以落到实处。我国与发达国家在地下管线法规建设方面的差距还较大。

二是产权分散，多头管理。很多城市没有明确的综合协调管理部门，城市地下管线的权属分散在多个单位，在市场经济体制下，各管线权属单位为了各自利益大规模投资地下管线建设，抢夺有限的地下空间资源，由于投资主体不同，各单位多从本单位利益出发，各自为政，使建设和管理缺乏系统性、统一性。在地下管线建设过程中，各阶段的管理分属规划、建设、管理等不同的政府部门，由于各部门职能不明晰、缺乏统一的协调管理，没有一个专门的机构来统筹地下管线的建设，导致建设过程中各项目不能很好地衔接，有一些项目甚至没有进行规划就直接开工建设了。

三是地下管线档案移交机制尚未形成。部分城市对地下管线档案移交没有约束性规定，地下管线工程建设单位基本不办理报建手续，导致管线资料残缺不全，很多地段的管线无资料可查。

2）缺乏科学规划和有效监管

科学规划意识薄弱，在我国城市建设中，长期以来一直存在重地上、轻地下，重审批、轻监管等倾向，对于地下管线这种隐蔽的非形象工程的规划和建设，这种倾向更加突出。规划、设计、建设、施工、维护、改建缺乏统一的协调和有效监管，各行其是，经常出现管线打架、临时变更设计、新老管线叠加等现象，存在诸多事故隐患。地下管线种类繁多，产权投资分属管理，规划建设与资金投入不同步，各管线产权部门又缺乏统筹协调，造成重复开挖，“马路拉链”不断出现，既影响道路使用寿命，损害城市形象，也给百姓交通、生活带来各种不便。

有效监管力度不够，地下管线建设施工部门不按规划要求进行施工，工程竣工不进行竣工测量，或竣工测量图纸资料不能及时按照规定汇交档案管理部门入档或信息管理部门更新的现象经常出现，但主管部门缺乏有效监管手段和法规。

3）系统重复建设，信息难以共享

城市各专业管线管理部门为了工作方便，都积极建设本专业部门的地下管线信息管理系统，但由于缺乏统筹协调，各专业的数据格式、数据标准、信息平台等各行其是，形成信息孤岛，信息无法共享，无法形成综合管线信息系统。同时，没有建立有效的地下管线动态更新机制，动态更新不及时，不能提供完整、准确、现势的管线信息。

4）信息资料不全，管线事故不断

全国地下管线信息不清的现状普遍存在，包括对原有地下管线没有及时普查、建档；对新增地下管线信息未能及时入库更新，甚至不按规定进行地下管线竣工测量。同时，地下管线的资料信息大多保存在权属单位，既不规范，也不健全。目前，大多数城市各类地下管线及其档案由各产权单位进行封闭式管理，没有实行集中统一管理。强电管网资料由电力部门管理，城市供水管网资料由自来水公司管理，城市市政排水管网资料由建设部门负责，而弱电管网资料则分别由中国电信等各管线产权单位各自管理。加之现有地下管线信息流通不畅、数据不够完善，各管线产权单位未能及时建立齐全、完整、准确的地下管线档案资料和更新地下管线图，因此，原有的地下管线资料已不能反映目前地下管线现状。城市规划部门在审批地下管线规划时，经常出现管线“打架”现象；建设施工中经常发生管线被挖断事故，引起停水、停电、停气及通信中断，造成严重的经济损失和不良社会影响。

11.1.2　地下管线信息化

近年来，城市地下管线管理工作已经引起政府层面的高度重视。城市管理者逐渐接受了“城市规划，一半在地上，一半在地下”，以及“城市现代化的基础是地下建设现代化”等城市规划建设理念，逐步意识到地下管线信息化在城市建设中的重要作用。

1. 地下管线信息化的作用与意义

（1）城市地下管线信息是城市规划、建设和管理过程中不可缺少的重要基础资料。大量城市建设工程都需要城市地下管线资料，如城市道路建设、旧城区改造、轨道交通建设、河道治理、排水管网改造等工作都离不开城市地下管线信息。

（2）地下管线信息化是“数字城市”乃至“智慧城市”的重要组成部分。“智慧城市”是城市信息化战略的关键环节，而包括地下管线信息在内的城市基础数据采集，是“智慧城市”建设的基础。地下管线数据采集、自动化入库、动态更新等一整套方法和技术措施，不仅对于城市地下管线的科学化管理有着重要现实意义，而且对于城市治理智慧化也具有重要的推动作用。

（3）城市地下管线信息化是城市防灾减灾与应急工作的重要基础。作为城市决策的重要基础资源，地下管线具有隐蔽性和不确定性，在城市安全、应急、防灾减灾中占重要地位。

地下管线信息能够有效辅助城市建设，最大限度避免市政设施问题导致的城市突发安全事故产生。同时，也可以在突发管线事故的应急决策中提供基础信息支持，保证城市应急工作科学、高效和及时开展。

（4）城市地下管线信息化工作是城市发展到一定阶段必然要关注的内容。发达城市开发利用地下空间的历史经验表明，当人均 GDP 达到 3000 美元后，城市发展对地下空间的需求明显加大，主要是对地铁、综合管廊、地下停车、地下道路、地下市政基础设施方面的需求明显增多。因此，地下管线信息是城市现代化发展的重要资源。

总之，城市地下管线信息化作用和意义重大，体现了一个城市现代化建设的思路和目标，体现了城市管理的科学性和决策水平。

2. 地下管线信息化的关键点

1）收集数据，建立体系

城市地下管线信息化工作的前提是收集地下管线数据，一般通过开展地下管线普查方式全面采集城市地下管线现状数据。获取地下管线数据后，可以同步建设地下管线信息管理系统进行管理，并利用地下管线数据资源为城市建设服务。这是国内大部分城市地下管线信息化建设的进程，能够实现一个城市地下管线信息化管理从无到有的原始积累。完成该项工作后，一般应建立地下管线数据动态更新管理维护的体系，从地下管线信息化管理的体制、机制、标准、规范、平台建设等各方面建设来保证地下管线数据的可持续动态更新与管理，发挥地下管线信息服务于城市规划、城市建设和城市管理的巨大作用。

2）完善标准，建设平台

作为地理信息的重要组成部分，地下管线信息在城市 GIS 领域占有重要地位，而城市地下管线信息化管理的基础是地下管线数据的标准化。缺乏数据标准，地下数据采集将失去依据，地下管线信息共享和维护工作就无从开展。因此，目前地下管线数据标准化的任务是进一步结合各城市实际情况，不断组织完善地下管线数据标准建设，包括按照不同用途对地下管线要素进行分类、分层的标准，以及在地下管线和综合管廊的点、线、设施的属性结构和图形图示、元数据等方面统一分类与编码，并充分考虑与现行相关专业的数据标准协调一致，保证数据的权威性。

城市地下管线信息化的重要途径是以 3S 等技术为支撑建立地下管线数据管理及应用的地下管线信息服务平台。建设平台是提供地下管线信息服务的基础，是数字城市建设的核心组成部分。因此，需要根据社会不同层面实际需求完善和统一管线信息平台的功能要求，进一步规范利用平台开展管线信息管理与应用的业务流程，统一规范用户间的数据技术标准、信息交换与服务标准和系统安全运行保障体系，为搭建城市地下管线信息集成应用和共享框架奠定基础。

3）规范制度，保证更新

建立行之有效的管理机制，是实现地下管线信息动态管理的保障。行之有效的管理机制就是根据不同部门性质、工作需求及工作职能职责，研究行之有效的方式方法和制定措施，将地下管线信息源源不断地汇集到数据统一管理部门，实现信息的相对集中、统一和高效管理。

地下管线信息集中统一管理，需要采用统筹兼顾的方式，在充分认识综合信息管理和各专业信息管理的共性及差异的基础上，建立共建共享机制，制定统一的技术标准，逐步将各部门建立的子信息系统纳入综合管理，实现信息资源共享。

根据地下管线工程建设的特点，地下管线规划管理部门及地下管线信息管理单位应建立市政管线规划审批和验收相结合的动态管理机制。此外，由于历史遗留问题，各地在地下管线信息管理方面掌握的信息还是不够全面，应建立普查机制，适时地申请组织地下管线信息普查，通过重点区域和重点种类管线普查工作，全面掌握地下管线现状。在已进行过地下管线普查工作的地方，应建立修补测机制，组织专业队伍对地下管线信息不全面的地区或者信息现势性差的地区进行修补测，及时更新地下管线信息数据库，保证地下管线信息数据的现势性。

4）数据挖掘，深度服务

各地在进行地下管线信息收集整理管理的过程中，不能仅仅对数据进行管理，还应该积极利用管理的数据为城市规划、建设与管理提供服务，各地应根据自己的特点，加强服务，为各单位提供数据支持。因此，地下管线信息化发展的一个重要方向是数据挖掘和信息增值服务，也是城市地下管线信息化未来发展的方向。目前，城市地下管线数据的应用仅限于数据管理和提供最基础的服务，局限于作为城市建设过程中的地下管线背景图，与发达国家能够对地下管线信息进行深层次挖掘与应用存在较大差距。今后应进一步挖掘地下管线信息在支持城市规划、建设、环境容量与承载能力分析与评价方面存在的潜力，突显其不可替代的作用，实现地下管线信息更深层次应用的价值。

11.1.3　地下管线数据库

为了便于地下管线数据的探测记录及数据管理，一般情况下并不需要根据各专业设计相应的数据表，而是根据各种地下管线数据属性特征，设计综合的管线点和管线段表结构。

1）管线点数据表结构

管线点数据表用于描述管线点的相关属性，此数据表的结构如表 11.2 所示。

表 11.2　管线点数据表的结构

序号	字段名称	类型	宽度	小数位	备注
1	项目编号	字符	10		必填
2	项目名称	字符	50		必填
3	管点编号	字符	18		必填
4	管线点类别	字符	4		必填
5	*X* 坐标，单位 m	双精度		3	必填
6	*Y* 坐标，单位 m	双精度		3	必填
7	地面高程，单位 m	双精度		3	必填
8	管偏井的点号	字符	18		
9	旋转角，单位度	双精度		4	必填
10	对象编码	字符	6		必填
11	特征点	字符	20		
12	附属物	字符	20		
13	地面建（构）筑物	字符	20		
14	特征点材质	字符	10		
15	配件规格	字符	20		

续表

序号	字段名称	类型	宽度	小数位	备注
16	附属物类型	字符	20		
17	接口方式	字符	20		
18	井底深，单位 m	双精度		2	
19	井盖形状	字符	8		
20	井盖材质	字符	10		
21	井盖尺寸，单位 mm	字符	20		
22	接入管数	长整型			
23	管线点地址（道路名称）	字符	80		必填
24	管线点道路编码	字符	30		
25	权属单位代码	字符	4		必填
26	埋设日期	日期			必填
27	图幅号	字符	11		必填
28	探测单位代码	字符	4		必填
29	探测日期	日期			必填
30	更新日期	日期			必填
31	排水井内水深	双精度		2	
32	排水井内泥深	双精度		2	
33	灯头数	长整型			
34	灯杆高度，单位 m	双精度			
35	可见性	字符	4		必填
36	现状	字符	1		必填
37	数据来源	字符	1		
38	位置	长整型	1		必填
39	运营单位代码	字符	4		必填
40	备注	字符	100		

2）管线段数据表结构

管线段是指两个管线点组成线段，每条管线段上只有两个管点，即线段两端点。管线段数据表用于描述管线段的相关属性，数据表的结构如表 11.3 所示。

表 11.3　管线段数据表的结构

序号	字段名称	类型	宽度	小数位	备注
1	项目编号	字符	10		必填
2	项目名称	字符	50		必填
3	起点管线点号	字符	18		必填
4	起点管线埋深，单位 m	双精度		2	必填

续表

序号	字段名称	类型	宽度	小数位	备注
5	终点管线点号	字符	18		必填
6	终点管线埋深，单位 m	双精度		2	必填
7	管线种类	字符	4		必填
8	对象编码	字符	6		必填
9	材质	字符	10		必填
10	材质使用寿命	长整数	1		必填
11	线芯材质	字符	10		
12	接口方式	字符	20		
13	管径或断面尺寸，单位 mm	字符	20		
14	电压值，单位 kV	字符	20		
15	压力	字符	8		
16	电缆条数	长整型			
17	总孔数	长整型			
18	已用孔数	长整型			
19	流向（“+”起点到下一点；“−”下一点到起点）	字符	1		
20	管线段地址（道路名称）	字符	80		必填
21	管线段道路编码	字符	30		
22	埋设方式	字符	8		必填
23	埋设日期	日期			必填
24	权属单位代码	字符	4		必填
25	探测单位代码	字符	4		必填
26	探测日期	日期			必填
27	更新日期	日期			必填
28	管线段编号	字符	24		必填
29	线型	字符	1		必填
30	套管尺寸	字符	20		
31	现状	字符	1		必填
32	数据来源	字符	1		
33	是否长输	长整型	1		

续表

序号	字段名称	类型	宽度	小数位	备注
34	是否预埋	长整型	1		
35	管线长度，单位 m	双精度		2	必填
36	是否按规划	长整型	1		
37	运营单位代码	字符	4		必填
38	备注	字符	100		

11.1.4　地下管线信息采集与整合

地下管线数据源是实现地下管线信息化管理的基础，数据源有两种：一种是管线及其管线资料均存在；另一种是有管线无管线资料。管线及其管线资料均存在的情况细分为管线资料准确（如管线测量单位所保存的成果资料）和管线资料不够准确（如管线权属单位所保存的管线图，一般为管线示意图或图形精度较低的管线图）。

城市地下管线的信息一般包括：类别、走向、埋深、高程、偏距、规格、材质、传输物理特征（压力、流向、电压）、建设年代、权属单位及管线附属物等。地下管线数据的采集分为外业和内业方法，外业主要是通过地下管线探测和管线测量方法，获取地下管线的数字化信息；内业主要是通过数字化归档管线纸质资料实现。采用外业或内业获取的数据，要符合每个城市地下管线数据标准和地理信息数据建设规范。

地下管线信息采集实际是一个在内业归纳整理已有地下管线资料的基础上实施外业地下管线探测的过程，可以分为内业管线资料调绘、外业管线探查、外业管线测量、内业数据加工处理和管线数据成果整理五个部分。

1. 内业管线资料调绘

地下管线内业资料调绘是由各专业管线权属单位辅助组织有关专业人员对已埋设的地下管线进行资料收集，并分类整理、调绘编制现状调绘图，为野外探测作业提供参考和有关地下管线属性依据的过程。地下管线信息的采集包括城市地下管线普查和专用管线探测两种技术方法，内业管线资料调绘是针对专用管线探测而言的，对于管线普查来说，相对应的过程包括管线资料汇交和对管线资料数据的整合。

收集的地下管线资料类型包括：地下管线设计图、施工图、竣工图、栓点图、示意图、竣工测量成果或外业探查成果；技术说明资料及成果表；报批的红线图；已有基本比例尺地形图。对所收集的资料应进行整理、分类，将管线位置、连接关系、管线构筑物或附属物、规格、材质、电缆根数、压力、建设年代等管线属性转绘到基本比例尺地形图上，编制成地下管线现状调绘图。

2. 外业管线探查

地下管线探查应在现有地下管线资料调绘工作基础上，采用实地调查与仪器探测相结合的方法，在实地查明各种地下管线的敷设状况，即管线在地面上的投影位置和埋深；同时应查明管线类别、走向、连接关系、偏距、材质、规格、压力、电缆根数、管块孔数、权属单位、建设年代及附属设施等，绘制探查草图并在地面上设置管线点标识。

管线探查主要通过对管线点信息的获取实现的，管线点包括线路特征点和附属设施（附属物）中心点（无特征点的直线段上也应设置管线点，其设置间距城市建成区不超过 100m，郊区不超过 200m；当地下管线弯曲时，应在圆弧起讫点和中点上设置管线点，当圆弧较大时增加管线点保证地下管线的弯曲特征），特征点包括分支点、转折点、起讫点、变坡点、变材点、变径点、上杆、下杆等，附属设施包括各种窨井、闸井、仪表井、接线箱、变压箱、人孔、手孔等。视觉形态上管线点可分为明显管线点和隐蔽管线点，明显管线点的信息应进行实地调查和量测，隐蔽管线点应利用仪器探查、开挖或打样洞方法确定其位置和埋深。

实地调查应在地下管线现状调绘图所标示的各类地下管线位置基础上，对出露的地下管线及附属设施进行实地详细调查、量测和记录。具体包括点位设置、埋深量测、偏距量测、规格量测、材质调查、建（构）筑物和附属设施调查及其他属性调查。

仪器探查是在现状调绘和实地调查的基础上，根据不同的地球物理条件，采用物探、打样洞探测或直接开挖的方法进行探查。地下管线探查应遵循从已知到未知、从简单到复杂，优先采用轻便、有效、快速、成本低的方法；复杂条件下采用多种探查方法相互印证。

3. 外业管线测量

地下管线测量工作包括控制测量、已有地下管线测量、地下管线竣工测量和测量成果的检查验收。地下管线测量前，应收集测区已有控制点和基本比例尺地形图资料，对缺少控制点的测区，应建立基本控制网并对已有控制点进行检测。地下管线点的平面位置测量可采用解析法或 GPS-RTK 法。地下管线点的高程测量可采用水准测量，也可采用电磁波三角高程测量。

控制测量包括平面控制测量和高程控制测量。平面控制测量应在等级控制网基础上布设三级导线或导线网，也可采用 GNSS 测量；等级控制点密度不足时应按照规定加密等级控制点。高程控制测量应从等级控制点起算并布设附合水准线路，不超过 2 次附合，水准路线闭合差不应超过 $\pm 10\sqrt{n}\text{mm}\left(n\text{为测站数}\right)$。

地下管线测量内容包括对管线点的地面标志进行平面位置测量和高程连测、计算管线点的坐标和高程及编制管线点测量成果表。

4. 内业数据加工处理

地下管线数据处理包括：录入或导入工区地下管线探查成果资料；导入工区地下管线测量成果资料；对录入或导入的探查或测量成果资料进行检查；地下管线数据处理；地下管线图形检查；地下管线图形与属性数据库生成；建立元数据库。

地下管线探查成果资料录入工作完成后，应对录入的数据进行 100%核对，并应改正录入过程中产生的错误。检查内容一般包括：管线探查数据中的重复点号；管线点测量数据中的重复点号；管线探查数据与管线点测量数据点号的一致性；测点性质、管线材质的规范性；管线埋设的合理性。一般情况下，应利用管线数据处理软件进行数据检查。

5. 管线数据成果整理

管线数据成果一般包括综合地下管线图编绘、专业地下管线图编绘、地下管线横断面图编绘和编制地下管线成果表。

综合地下管线图编绘内容应包括专业管线、管线的附属设施和基本比例尺地形图。综合地下管线图上应标注以下内容：①管线点的编号；②各种管道应标注管线规格，燃气管线标注压力；③电力电缆应标注电压，沟埋或管埋时，应标注管线规格，直埋电缆标注缆线根数；

④电信电缆应标注管块规格，直埋电缆标注缆线根数。

专业地下管线图按照地下管线类别编绘，应根据对应专业的地下管线图形数据与基本比例尺地形图数据叠加编绘。内容应包括对应专业的地下管线、对应专业地下管线的建（构）筑物和基本比例尺地形图。专业地下管线图的标注与综合地下管线编绘图类似。

地下管线横断面图应根据断面测量的成果资料编绘。内容应包括地面地形变化、地面高程、路边线、各种管线的位置及相对关系、管线高程、管线规格、管线点水平间距和断面号等。

地下管线成果表应该依据探查与测量成果编制，管线点号应与图上点号一致。同时，应分专业进行整理编制、装订成册，并应在封面标注图幅号。

11.1.5　地下管线管理信息系统

管线管理信息系统汇集地下综合管线及设施和基础地理信息，实现了数据输入、数据编辑、属性查询、数据统计、综合分析、资料输出、管线管理、信息发布等多种功能。实现管线及相关设施、基础地理信息的动态管理，为规划、建设及各有关部门提供服务，为管线规划、抢险、改扩建决策提供了技术支持。建立数据的动态更新机制，使系统数据的更新维护规范化、标准化，从而保证系统数据的现势性。

1. 系统运行模式

系统采用客户端/服务器（C/S）网络架构+浏览器/服务器（B/S）网络架构+掌上电脑（PDA）模式构建，C/S 运行模式主要实现地形、管线及设施数据管理，包含数据录入、编辑和更新、查询统计、分析、数据库备份恢复、系统管理等模块；B/S 运行模式，实现管线及设施信息发布，包含地图控制、数据的查询、统计、分析、系统管理等功能模块。

1）C/S 模式

C/S 结构具有良好的人/机交互能力，对图形数据具有很强的处理和编辑能力，对于空间数据具有存取效率高的特点，方便用户开展管理工作。系统在厂内各部门之间建立了 C/S 架构的局域网，主要由负责数据编辑/更新和系统维护等涉及大数据量的专业技术人员使用，用来进行系统配置、数据录入/建库/编辑、数据备份等工作。

2）B/S 模式

B/S 结构下的主要命令执行、数据计算都在服务器上完成，而且应用程序也安装在服务器，客户机几乎是零安装零维护，大大减少了系统管理员的工作量，而且这种方式对客户端的用户数没有限制。同时，由于所有日常办公操作均可通过浏览器完成，大大降低了基层办公人员的计算机技术要求（会使用计算机打字、上网即可）。

3）PDA

PDA 具有 GNSS 定位功能。GNSS 技术有助于管网的动态管理。GNSS 的数据采集和实时定位功能，一方面，能解决管网 GIS 系统数据来源问题，加强管网巡检和维护；另一方面，能更有效指挥和决策外业现场管网巡查和事故应急抢修。GNSS 管网巡检抢修系统（图 11.1）以先进的 GNSS/GIS 为依托，在提供管网数据的读取，地图浏览、查询、地图定位、数据采集等重要功能的同时，着力解决管网日常巡检维护、管网抢修中最优关阀方案显示、阀门的快速定位、抢修路线的制订等问题。本系统为供水管网中的爆管事故抢修提供了一套可靠的解决方案。

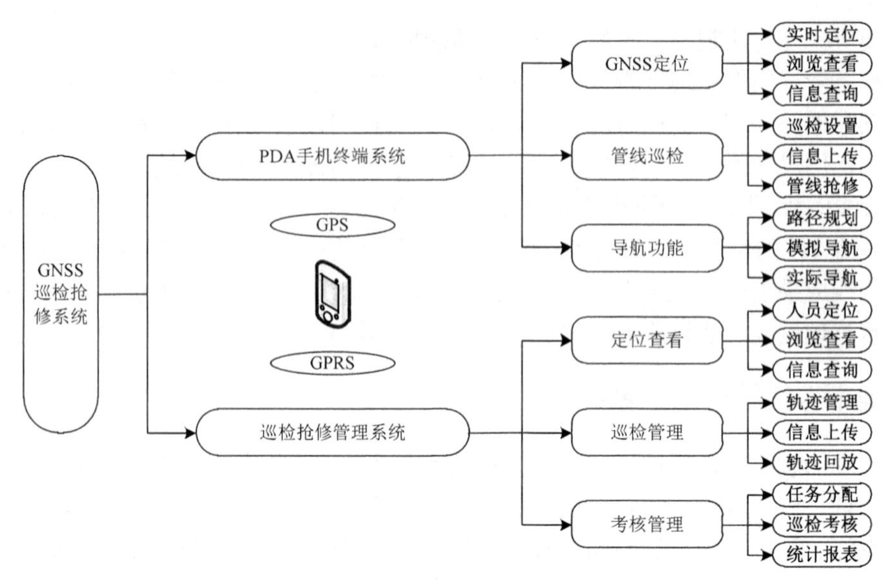

图 11.1　GNSS 管网巡检抢修系统

采用 C/S+B/S+PDA 模式开发的综合管线地理信息管理系统，采用多级分布式开发方式，三层结构，即表现层、业务逻辑层、数据层相互独立，最终用户不直接与数据库发生关系，不需要了解所访问数据库的技术细节，而把着眼点放在所要浏览的数据结果上，应用人员更容易提出对系统的要求并参与设计。

2. 系统体系结构

系统采用标准的三层体系结构：①数据层。采用 Oracle 数据库系统，实现各类数据的高效存储和管理。②逻辑层。通过空间数据引擎，负责数据库系统业务逻辑的实现，如空间数据的存取、表现和操作等。③表现层。城市市政设施管理系统，满足管理部门对市政设施日常管理的需求，如图 11.2 所示。

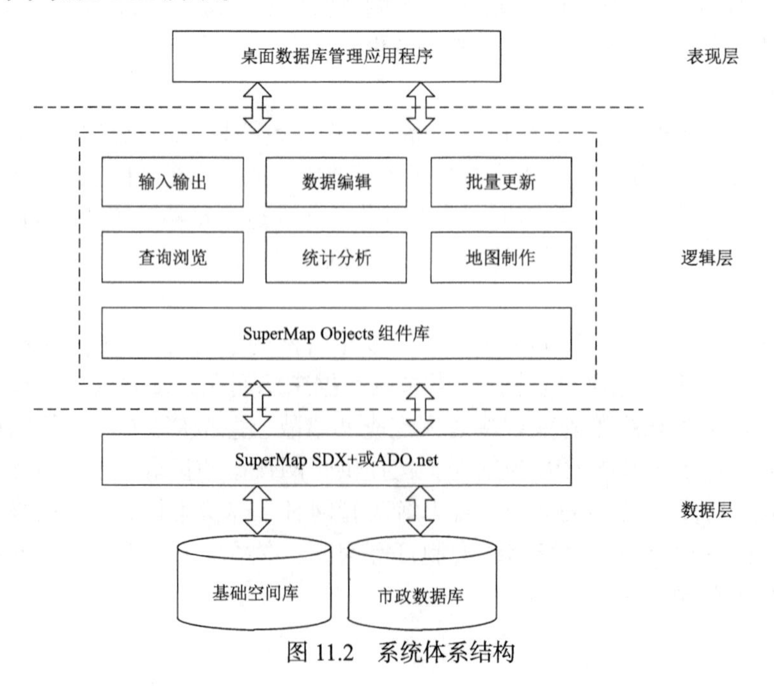

图 11.2　系统体系结构

数据层由存储空间数据、属性数据、多媒体数据等各类市政数据的关系数据库 Oracle 构成，用户对数据的访问请求，通过表现层的应用软件提供的用户界面输入，并经业务逻辑层中的各种应用服务器转换为对数据层的数据服务器的请求，数据层的服务器处理完请求后，将结果通过业务逻辑层，返回给表现层，由表现层显示和输出用户所需的结果。

3. 系统数据分类与分层

系统涉及的数据包括基础地形数据和管线及相关设施数据。

（1）基础地形数据。基础地形数据是最基本的地理信息，包括各种平面高程测量控制点、建筑物、道路、水系、境界、地貌、植被、地名及某些属性信息等，用于表示企业的基本面貌并作为各种专题信息空间定位的载体。

（2）管线及相关设施数据。地下管线及相关设施数据包括空间及属性信息等，如给水、排水、电力、通信等地下管线的空间及属性信息。

根据具体情况和用户需求，各类数据采用分层的办法存放。分层有利于数据管理和对数据的多途径快速检索与分析。对于地形信息，通常按区域、控制点、主要建筑物、次要建筑物、道路、水系、境界、地貌、植被、注记等分层。对于管线信息，按不同的专业管线进行分层，如分成给水、排水、电力、通信等；如有特殊要求，可按要求进行分层。

数据分层的原则为：①同一类数据放在同层；②相互关系密切的数据尽可能放在同层；③用户使用频率高的放在主要层，否则放在次要层；④某些为显示绘图或控制地名注记位置的辅助点、线、面的数据，放在辅助层。

4. 系统功能

系统将利用物探技术、测绘技术、计算机技术、GIS 技术，把管线信息以数字的形式获取、存储、管理、分析、查询、输出、更新，为建设与发展提供准确的地下综合管线基础资料。系统以地形图库和管网数据库为基础，并在此基础上，建立了数据输入、地图管理与编辑、管网数据管理、管线规划管理、管线建设管理、管网安全管理和管网工程档案管理等模块，如图 11.3 所示。

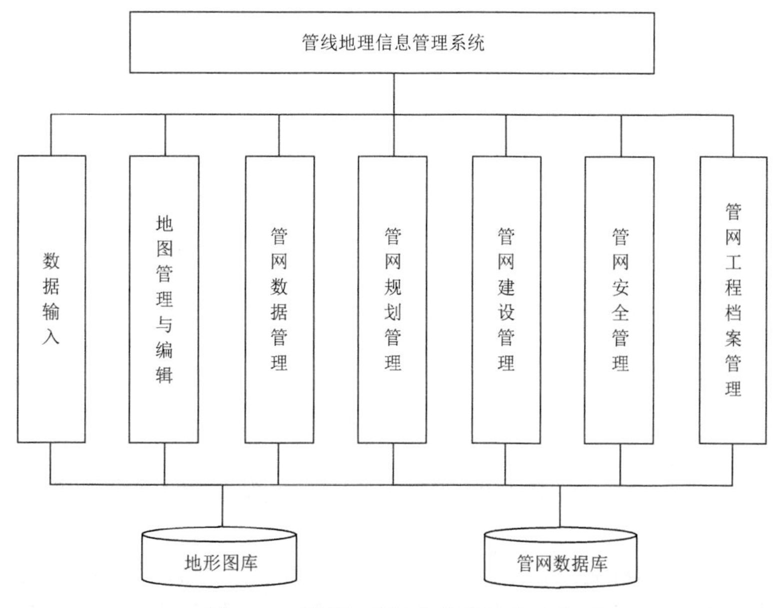

图 11.3 管线地理信息管理系统功能

11.2　管线管理业务分析

11.2.1　地下管线数据管理系统

1. 业务描述

地下管线数据管理主要是管线数据的更新、编辑、检查入库。在系统用户进行管线数据更新入库时，要对数据源进行检查，包括空间参考检查、必填项检查、规范性检查、管线点线拓扑关系检查等；检查合格后，数据管理员可以将数据更新至管线现状库中，从而完成地下管线数据更新入库工作。

1）数据更新

城市地下管线数据的更新主要有两种方式：一种是应用比较多的竣工测量方式；一种是系统数据交换方式，与各个专业管线管理部门进行数据交换，以保证数据的现势性。

竣工测量方式更新主要针对专业管线单位没有开发专业管线管理信息系统或者没有与地下管线信息化平台之间的接口，可以利用竣工测量方式对综合管线数据进行更新，与管线的探测类似，要求实施竣工测量单位严格按照相关国家规范来进行，成果则可以直接转换入库。地下管线更新流程可分为六个阶段，分别是资料准备、管线变更信息发现汇总、外业探测与成图、更新成果检查、管线数据入库更新、提交成果与使用阶段。各阶段环环相扣，如图 11.4 所示。

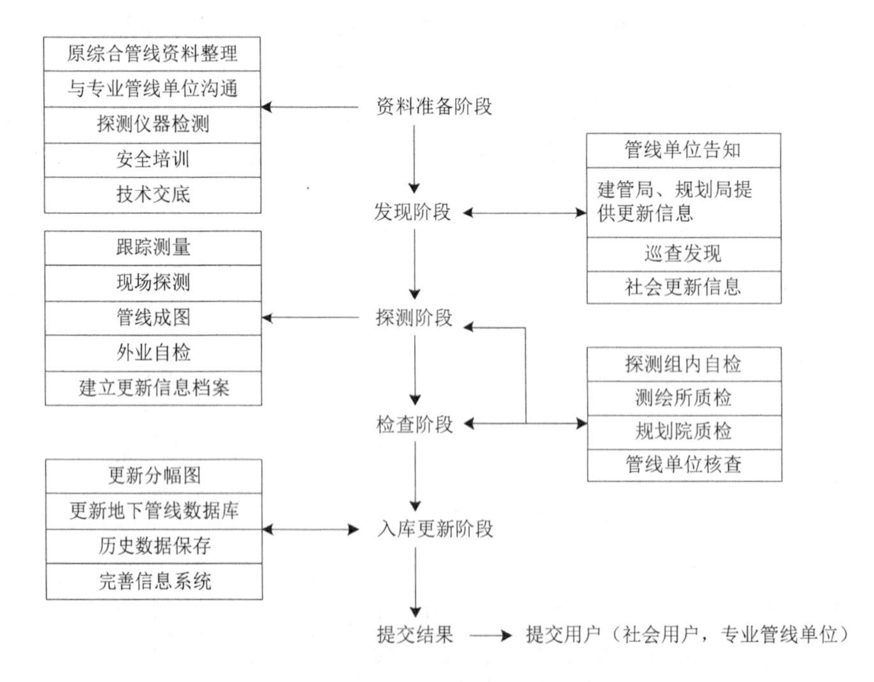

图 11.4　管线数据更新流程图

利用数据交换方式对综合管线数据更新是基于城市地下管线信息化平台建设目标的考虑，数据更新与交换标准的设计主要针对各个专业管线管理部门的应用系统，数据更新主要通过从专业管线应用系统中，抽取综合管线相关的数据来完成对综合管线的更新。而各个专业管线公司对其他类型管线信息的需求也可以通过城市地下管线信息化平台通过数据交换实现。

2）数据检查入库

管线数据入库前应对其进行全面数据质量检查，并对检查的错误进行改正。地下管线点的测量精度、地下管线竣工图的绘制、测量质量评定标准应符合技术要求，地下管线数据库的属性填写应正确无误。数据检查与更正是数据建库中至关重要的一步。管线数据质量检查的内容划分为五个部分，即数据精度检查、规范检查、完整性检查、逻辑性检查、拓扑关系检查。

（1）数据精度检查。包括属性数据的精度检查和空间数据的定位精度检查，如空间定位坐标 X、Y 的精度是否满足要求、埋深的定位精度是否满足要求、管径值的取值精度是否满足要求、地面高程值的取值是否满足要求等。其中，属性数据的精度检查主要是对各项属性数据的取值精度是否达到相关标准规范的要求的检查，一般采用编写计算机程序自动化检查的方法来完成。而空间数据的定位精度一般采用实地验证坐标定位方式，检验明显点和隐蔽点的坐标是否与实际地理位置相符，以及通过开挖验证方式检验埋深取值是否满足相关精度要求等。数据精度检查主要包括探查记录检验、明显管线点的检验、隐蔽管线点的物探精度检验、数学精度评定、开挖验证检验等。探查记录验证是通过检验样本图管线点调查表是否填写完整、准确，与外业调查草图是否一一对应，对原始草图不符的地方或疑问的地方进行实地检验；明显管线点检验是通过开井检验的方法，管线检验员检验是否有漏查及管线属性调查错误的问题；隐蔽管线点的精度检验采用探测仪重复探测，当隐蔽管线点地物标记存在后，通过重复探测直接测定误差。

（2）数据规范检查。主要是对管线属性数据填写规范进行检查，如管线材质、附属物、表名称、各表的属性、管线探查精度表地下管线中心埋深、水平位置限差、埋深限差、管径等属性值的填写或取值是否符合标准规范要求等。规范性检查一般都依据相关标准规范进行，使得各检查项都具有一定的规则和规范，非常利于编写计算机程序来自动完成检查。但要求检查程序设计过程中必须充分理解标准规范的内容，清楚各项规定之间的内在联系，从而为提高查错程序的准确性和效率奠定基础。

（3）数据完整性检查，是指对管线种类、要素内容、有无遗漏和重复、数据项的完整性、实体类型的完整性和名称的完整性等进行检查，如管类是否缺失、管线点或管线段是否缺失、各表属性字段是否完整、各必填属性是否完整等。完整性检查可根据相关标准规范的要求编写相应的程序对管线种类的数据项完整性、实体类型完整性、名称完整性等进行检查，但对于数据错漏、要素内容等完整性检查则更多采用计算机成图后，通过经验人员人工判别方式来完成。

（4）数据逻辑性检查。主要是对各类专业管线之间存在的内在逻辑关系进行检查，如电信类管线的总孔数应大于已用孔数或未用孔数、排水管线中的雨水篦子和雨水井之间的水流方向一般由雨水篦子流向雨水井、雨水井一般必须有流出方向、三通管线点应有三个连接方向、起止管线点有且只有一个连接方向、架空管线的埋深值应为负值等。管线数据的逻辑管线复杂多样，必须通过计算机自动与人工确认相结合的方式来检查。通过计算机程序截取可能存在逻辑性错误的相关记录，然后通过人工判别确认是否真的存在逻辑错误，尽量避免检查遗漏或误报错误信息情况的发生。

（5）数据拓扑关系检查。主要是对管线数据的空间位置关系及管线连接关系等进行检查，该项检查采用程序检查过滤结合成图后人工判别、分析的方法。通过程序自动检查是否存在孤立管线点、无点线、重复管线点、重复管线段、微小管线段、无法接边的管线等。可视化是数据关系检查的有效手段，通过计算机程序自动成图，由具有经验的人员采用人工判别方式对数据的具体关系是否正确进行进一步检查。

2. 系统功能

系统的功能主要是满足城市地下管线数据管理需求。系统功能主要包括系统管理、可视化、查询统计、空间分析、数据更新与编辑等。

（1）系统管理。主要包括以下功能：①系统登录与退出，用户名、密码输入登录系统并分配权限，退出系统；②用户管理，系统用户的新增、修改、删除或密码设置；③角色管理，系统用户角色的配置及系统角色权限的设置；④日志管理，系统的重要性操作必须进行日志记录；⑤数据字典管理，系统中管线相关分类编码标准字典设置。

（2）GIS 基本功能。主要包括以下功能：①地图浏览，地图缩放、平移等操作；②地图书签，以书签方式记录不同地图位置和比例尺，使地图能够快速定位；③鹰眼，开设小窗，以全市地图为底图，显示主屏幕地图在全市域的位置；④空间量算，包括距离和面积量算；⑤图层管理，包括图层显示隐藏及调整图层上下显示顺序；⑥地图标注，设定是否标注及标注内容、样式和位置等；⑦数据加载，能够加载多种格式数据，包括 shp、dwg 等文件数据和 GDB 库文件数据。

（3）可视化功能。主要包括以下功能：①专题图管理，制作专题图，打印输出；②符号库管理，制作和管理符号库。

（4）查询统计功能。主要包括以下功能：①道路定位，根据道路名称关键字，显示符合条件的道路，并进行地图定位；②地名地址定位，根据输入的地名地址进行地图定位；③坐标定位，根据输入的坐标进行地图定位；④点击查询，通过鼠标点击要素进行属性显示；⑤综合查询，根据输入关键字对某图层符合条件的要素进行列表显示，并能够显示要素详细信息和地图定位；⑥SQL 查询，设置复杂的 SQL 语句，对要素进行查询，以列表显示符合查询条件的结果，点击查询结果可显示详细信息并进行地图定位；⑦管点统计，按照管点特征、附属物、年代等属性进行指定范围内的数据统计；⑧管线统计，按照管线类别、权属单位、道路名称、管径属性等统计制定范围的管线数据量、长度，或分类别统计。

（5）空间分析功能。主要包括以下功能：①横断面分析，以横断面图形和列表分析某路段管线横断面分布情况；②纵断面分析，以纵断面图形和列表分析道路某处某类管线的纵向分布情况；③垂直净距分析，分析选中管线间的垂直净距，并能够与净距标准进行比较；④水平净距分析，分析选中管线间的水平净距，并能够与净距标准进行比较；⑤爆管分析，模拟管线发生爆管后，根据爆管通过管线逻辑连通情况分析需要关闭的阀门；⑥连通分析，判断管段的连通性；⑦覆土分析，根据管线类别要求，将管线起点终点埋深与相关标注进行比对，对于未能按照标准要求的进行高亮显示。

（6）数据更新与编辑功能。主要包括以下功能：①数据检查，对管线数据进行空间参考、规范性、必填项、拓扑关系等检查；②数据编辑，提供管点、管线图形及属性编辑功能；③数据导入，将检查好的标准格式文件数据导入数据库中；④数据导出，根据查询范围对管线相关数据按照要求进行多种格式导出，如 shp、mdb、dwg 等。

11.2.2　地下管线规划管理系统

1. 业务描述

根据《中华人民共和国城乡规划法》，规划管理主要包括规划制定、规划许可、规划监督三方面内容，由各地规划行政管理部门负责实施。

1）规划制定

规划制定过程中，城市地下管线规划内容主要在各类行业的专项规划和管线综合规划中体现。各行业的专项规划由规划部门和该行业的管线权属单位合作完成。例如，城市燃气总体规划由城市规划部门与主要燃气管线权属单位配合完成，规划应确定气源、输气干管、用气区域等。城市管线综合规划通常由规划部门单独完成。首先，需要进行现场勘察，确定现状管线种类及概况。然后，以城市道路规划图为基础，通过管线普查图、城市管线竣工档案等获取现状管线资料。最后，进行管线的规划，包括所有地下管线在道路上的平面位置、管线管径、排列顺序；排水管道还要进行水力计算，确定管径、各个检查井高程等；在道路的交叉口还要进行管线竖向设计。

2）规划许可

在规划许可阶段，管线工程的建设单位需持有关批准文件向规划部门申请办理规划设计方案审查、建设工程规划许可证。城市管线工程在规划设计前，建设单位可从规划部门获取涉及区域的地下管线现状资料，也可委托具有相应资质的单位进行探测，查明地上地下管线分布情况，并在办理项目报建时一并将资料保送规划部门，规划主管部门审查管线规划许可申请人提交的申请资料是否符合管线综合规划、规划设计或其他相关规划要求，检查设计管线与原有现状管线信息情况，符合要求的发放管线工程规划许可证；未查明管线现状资料的，或未根据管线现状资料进行规划设计的，规划部门不予办理项目的规划审批。

3）规划监督

地下管线规划监督的主要工作包括管线规划验线、竣工规划核实、竣工测量等。规划验线是规划监督管理实践中比较常用的方法，一些地方规定（如《浙江省城乡规划条例》）中对规划验线的内容进行了明确规定。通过对建设单位的规划放线进行验线，来监督建筑放线是否符合规划许可要求，起到事先预防的作用。工程竣工规划核实是房屋建筑工程竣工验收的前置程序，规划核实意见书也是办理房产登记手续的重要文件，但在地下管线管理中，因为没有产权登记制度，所以在工程竣工规划核实方面执行力度较弱、实施较为困难。竣工测量作为工程竣工验收的配套工作，是收集管线竣工资料的重要途径。但在《中华人民共和国城乡规划法》中没有明确规定，各地规定力度不一，竣工测量在地下管线规划管理实践中没有发挥重要作用，导致地下管线基础数据缺失较为严重。

2. 系统功能

该系统以服务城市管线规划管理为核心，以加强城市管线的合理规划和推进管线与新（改、扩）建道路的同步设计为目的，实现管线规划编制成果管理和管线工程规划审批。

管线规划管理系统的主要功能如图 11.5 所示。

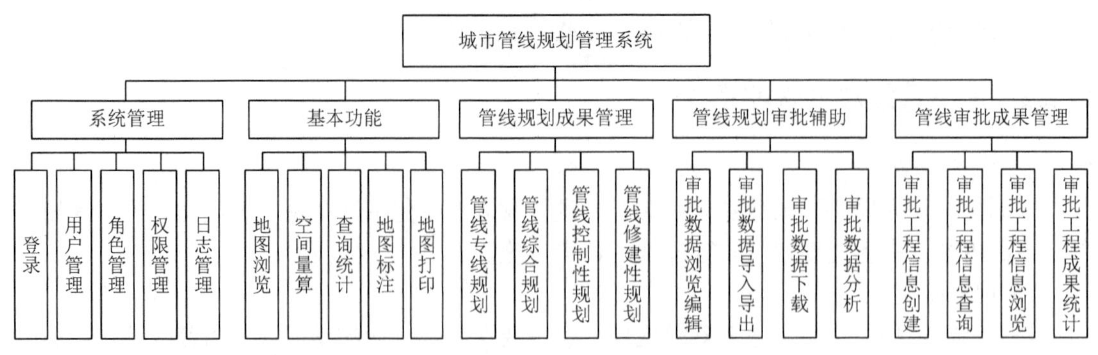

图 11.5　城市管线规划管理系统图

功能设计中系统管理和基本功能与地下管线数据管理系统类似，此处不再赘述，以下重点对其他几个功能模块进行介绍。

1）管线规划成果管理

管线规划成果管理包括管线专项规划、管线综合规划、管线控制性规划和管线修建性规划的管理，即在系统中能够对四类规划数据实现数据的规划信息查询、展示、数据服务创建和发布，为其他管线管理工作提供上位规划依据。

2）管线规划审批辅助

管线规划审批辅助功能重点是在地下管线规划的审批过程中提供决策依据和参考。主要包括以下几个方面：①管线规划审批数据浏览，即可在基础底图上叠加管线规划审批数据，并通过鼠标点击或移动，查看管线工程基本信息及规划审批信息，还可以查看相关文档、表格或图件。AutoCAD 或 ArcGIS 数据格式的规划红线、规划方案图件都可在底图上浏览。②管线审批数据编辑，可实现在管线规划审批图层中新绘制或加载 CAD 文件，并添加管线工程信息，删除或修改已有线状管线工程项目图形文件及相关信息。③管线规划审批数据导入导出，即可按照用户选择导入 CAD 或 ArcGIS 文件，并进行相应数据检查，导出用户指定范围或编号的规划审批数据。④管线规划审批数据分析，可对规划方案进行横纵断面分析、水平垂直静距分析、覆土分析和交叉口分析，对规范方案进行碰撞检测，实时检测出选定规划管线与现状管线的碰撞情况，便于设计和审批人员进行分析评估。

3）管线审批成果管理

管线审批成果管理主要包括审批工程信息的创建、查询、浏览、统计和数据服务发布。①审批工程信息创建，即创建审批工程信息表，根据审批工程录入相关信息，如时间、施工单位、审计单位等，完成审批工程创建。②审批工程信息查询，即根据输入工程的时间、地址等相关属性查询审批工程信息，也可以根据工程信息具体查看管线工程图文资料。③审批数据统计，可以完成年度规划审批成果统计或根据自定义信息进行管线审批成果统计。④管线审批工程数据服务，是将管线数据信息和成果进行数据发布，便于其他系统进行规划审批，成果共享。

11.2.3　地下管线建设管理系统

1. 业务描述

按照《中华人民共和国建筑法》《建设工程质量管理条例》《建设工程安全生产管理条

例》及配套工程建设相关法律规定，各城市建设行政管理部门负责地下管线的建设管理，管线建设单位、权属单位及施工单位共同参与。

管线工程的建设，必须按照管线年度建设计划组织实施，管线年度建设计划是管线建设的依据。建设项目现场施工，需要严格遵照施工设计进行，施工设计包含初步设计和施工图设计两个阶段。年度建设计划、施工设计的编制需要参照管线专项规划确定的发展目标、规划原则、容量预测、设施及管线总体布局，以及建设规划和实施措施，严格遵守管线控制性详细规划规定的详细规划范围内管线的容量、管径、位置、走向和主要控制点标高的控制要求，并且同管线修建性详细规划制定的管线容量、管径、位置、走向、长度和控制点标高，管线附属设施（检查井、设备箱等）的平面位置，以及管线敷设、设施设置方式和工程造价估算等指标保持一致。

此外，在管线建设计划、施工、验收、档案管理等环节需要对施工单位进行全过程的监督与管理，确保工程的施工质量。在管线工程施工前，需要进行施工的前置管理，即管线工程施工注册管理；管线工程建设完成后，需要进行管线工程竣工测量和档案汇交。

总之，城市管线建设管理设计的相关业务可以概括为：管线年度建设计划编制、管线综合设计、施工许可、工程施工安全质量监管及工程竣工验收备案。

1）管线年度建设计划编制

为了统筹城市地下管线与城市道路同步建设，避免重复开挖既有道路进行管线工程施工，合理利用道路地下浅层空间资源，营造和谐人居环境，推进城市管线有序建设，城建主管部门需要编制年度城市管线建设计划。

2）管线综合设计

新（改、扩）建城市快速路、主干道、景观路、桥梁、隧道、轨道交通等城市道路建设项目必须同步进行地形管线综合设计，在编制修建性详细规划、初步设计、施工图设计阶段必须同步组织管线综合规划和管线综合设计。

道路建设单位负责组织编制修建性详细规划阶段管线综合规划、初步设计阶段管线综合设计、施工图设计阶段管线综合设计。管线权属单位和管线建设单位配合，及时提供专业管线建设需求，组织做好管线综合设计各阶段相关工作。

3）施工许可

地下管线工程属于建设工程范畴，适用于建设部《建筑工程施工许可管理办法》，管线工程的设计、施工、监理等企业需要按照规定具有相应资质，各类工程技术人员需具备相应职业资格。

地形管线建设单位准备好申请材料，申请办理完建设工程规划许可、工程施工及监理招投标等相关手续后方可办理建设工程许可。地下管线工程涉及掘路、占道的还需要提前办理掘路、占道许可手续。另外，地下管线在办理施工手续前还应按照相关规定到地下管线档案管理部门获取既有管线资料，并制订详细的安全防护方案征求管线单位意见，以防施工过程中挖断其他管线。

4）工程施工安全质量监管

按照《建设工程监理范围和规模标准规定》《建设工程质量管理条例》《建设工程安全生产管理条例》《房屋建筑和市政基础设施工程质量监督管理规定》等相关规定，地下管线建设工程应实施工程建设监理，并纳入住房和城乡建设主管部门的工程质量监管和安全监管机构的安全监管范畴。

5）工程竣工验收备案

《城市地形管线工程档案管理办法》（建设部令第 136 号）规定：地下管线工程覆土前，建设单位应当委托具有相应资质的工程测量单位，按照《城市地下管线探测技术规程》（CJJ61）进行竣工测量……地下管线工程竣工验收前，建设单位应当提请城建档案管理机构对地下管线工程档案进行专项预验收。核实通过后需要到建设部门办理竣工验收备案手续；未经规划核实或核实不合格的，建设单位不得组织竣工验收，建设部门不得组织竣工验收备案，管线工程不得投入使用。各城市的地下管线管理办法中对竣工验收备案基本都做了明确规定，但实践中仍存在诸多不符合规定或不进行备案的项目，这给后期管线信息管理造成了较大困扰。

2. 系统功能

该系统以管线工程管理为核心，促进管线与新（改、扩）建城市道路同步建设，控制开挖既有道路单独进行的管线建设，加强在各类工程施工中对既有管线的安全保护。系统功能上除了地图浏览、图层管理、空间量算、查询定位、管线分析、管线统计、地图绘制标绘等 GIS 基本功能外，重点介绍年度计划、综合设计、施工注册三个模块。

（1）年度计划。管线工程年度计划编制需要利用城市管线专项规划、城建项目数据库、道路项目前期工作计划、城建年度计划等资料，建立管线年度建设计划数据库，统筹安排城市道路和城市管线建设，包括城建计划公告、年度计划初报、年度计划初审、征求意见、年度计划下发等功能。

（2）综合设计。综合设计为建设单位、管线权属单位和设计单位的三阶段综合设计（修建性详细规划、初步设计和施工图设计）提供方案查询、方案导入、方案展示、方案对比、方案分析、方案导出、评审意见管理等功能。从管线施工设计到施工工程中各管线综合设计利用 BIM 技术，进行管线综合方案的三维建模，通过管线碰撞，分析设计图纸存在问题，针对问题分析排水、给水、电力、燃气等各管线专题图，对管线项目进行布局，达到深化设计方案的目的，最终得到理想方案。

（3）施工注册。管线施工注册管理模块以加强在各类工程建设活动中对既有管线的安全保护，明确各类工程建设、施工、监理单位和管线权属单位的责权利关系，规范管线施工为目的，提供管线建设管理单位、施工单位和权属管理单位之间的实时信息共享和沟通交流，确保建设施工顺利进行。重点功能包括：①项目注册，即对于同步建设管线项目而言，道路建设单位辅助填报工程概况，确定管线工程时序安排，给道路工程关联的管线权属单位权限。②信息披露，管线建设单位披露管线建设项目的工程编号、工程名称、工程概况、工程内容、工程联系人及联系方式等，并在电子地图上标注位置。③挖掘许可，对于同步建设管线项目而言，道路建设单位上传占道挖掘许可。对于既有道路开挖项目，由管线建设单位上传占道挖掘许可。④施工控制，查看施工单位发布的施工进度信息，查看巡查人员上报的巡查记录信息。

11.2.4 地下管线安全监管系统

1. 业务描述

建设管网安全运行监督系统，以系统对接形式实现对供水、供热、燃气、供电等管线运行情况的实时监控，发现问题自动报警，及时调度处理。建立统一的视频监控系统，接入包括供水、燃气、供热、通信等管网相关监控设备信号，基于地理信息系统集中显示、监控、控制，实现对城市管网主要路段、重点部位、敏感区域、多发地段的实时监控，并与应急指挥系统集成。

管网安全运行监督系统实现了对供水、排水、燃气、热力等地下管线行业的城市运行方面的指标数据的综合分析，并据此进行风险分析，可以将城市运行指标数据进行分项展示、区域展示和综合展示，把分析结果直观地展现在决策者面前作为预测预警或事件处置的依据，实现对城市运行特征的总体监测和预测预警，能够实时、动态地掌握城市运行状态，准确地统计任意时间周期内各行业的运行情况，任意时间周期内监测信息的曲线流量图和曲线走势图，提前预测未来一段时间的运行情况。整合地下管线各行业的资源，能够获取重大危险源、关键基础设施和重点防护目标的空间分布及运行状况等有关信息，进行监控，分析风险隐患，预防潜在的危害。

2. 系统功能

地下管线安全运行监督系统主要是实现运行信息的接入、运行信息综合处理、运行信息展示、运行预测预警、运行预警信息管理等功能。运行信息的接入实现将业务系统的监测数据接入汇总到运行监督系统中；运行信息综合处理是实现对运行信息的分析统计等处理功能；运行信息展示通过报表与图标的形式实现对运行信息的多种方式展示；运行预测预警根据综合处理结果进行运行状况的预警；预警信息管理则是对预警指标信息与预警模型等信息的管理。

1）运行信息接入

运行信息接入功能要实现的是把各权属单位业务系统监测数据接入汇总到管网安全运行监督系统中来。管网安全运行监督系统接入数据时不是直接连接到各监测设备获取数据，而是通过建立与各管线权属单位的数据共享交换接口来进行数据的实时抽取。无论是实时获取的数据，还是定时获取的数据，系统都能够对数据进行显示、存储，并可以作为运行信息综合处理的基础。

2）运行信息综合处理

运行信息的综合处理实现了对运行信息的统计分析等综合处理功能。统计行业运行情况状态信息，生成运行状态图表；统计各单位设施的使用情况信息，预测新一天设施的资源保障需求信息，提出资源调配建议等；统计、分析行业运行重大事件信息，生成重大事件报告；统计各单位指挥中心的请示报告信息，生成请示报告电文流转表和执行状态表；统计上级指令信息和请示报告的批复信息，生成上级指令信息和批复电文流转表和执行状态表。

3）运行信息展现

运行信息的展现实现了数据展现与地图展现两部分的信息展示功能。

数据展现通过运行运营数据平台对数据的采集和分析，把分析得到的结果传送到城市运行监测预警系统中予以展示。从指标维、时间维、地区维多维角度出发，提供基于时间粒度、管理区域、横比/纵比/环比/同比等多个角度的多张展现的统计图表样式及曲线流量图。监测数据的展现模式包括报表显示、各类型图表、报警声光提示、视频实时显示。数据统计报表时间维度上可提供按日、周、月、年等时间粒度报表和图表，空间地域上可以提供按照行政区化、业务部门、重点区域等空间维度报表和图表，以及根据各项监测值的监测维度报表和图表。支持自定义展示内容模式：①支持动静态报表，满足报表日后多维分析的需求。②提供多种报表格式，有最符合人类思维模式的树图、企业常见的表格视图和图表视图，报表视图可以两两配合使用，同时显示，提供参数化报表、周期报表、报表订阅、报表导出、报表浏览与管理等功能。③支持多种图表类型，具有丰富的图表展现类型，如条状图、柱状图、线图、饼图、堆叠图等，并且每一种类型都可以用 3D 效果显示，形象直观。

地图展现主要实现了地图定位与展示等功能。地图定位将监测信息在地图上定位，并立即显示该监测信息的主要信息，包括监测地区的照片、单位、责任人、联系电话等，可以在显示结果中直接对责任人进行语音调度。地图展示将所有监测信息在地图上进行展现，不同类型的监测信息以不同颜色的图标区分显示，可以很直观地看出监测信息的分布情况、密集区域等。

4）运行预测预警

预测预警系统实现了城市运行监测信息的早期预警、趋势预测和综合研判。

在相关单位协助下，预测预警系统根据当前掌握的信息，运用综合预测分析模型，进行快速计算，对事态发展和后果进行模拟分析，预测可能发生的次生、衍生事件，确定事件可能的影响范围、影响方式、持续时间和危害程度等，并结合相关预警分级指标提出预警分级的建议。系统的预警实现有自动预警与辅助预警两种形式：①自动预警是基于当前城市运行信息，结合历史数据，当某个或某组指标数据达到预警临界值时，进行自动预警，提供包括预警信息、建议处置方式及对应处置预案。预警通过直观的方式实现，如短信提醒、声音告知、屏幕闪烁显示等。②辅助预警用于在预警事件响应过程中，结合辅助性的分析工具和手段，为人工进行预警事件评估和处理提供辅助决策依据，包括综合预测分析、预警模型管理等。

结合辅助性的分析工具和手段，对监测数据进行自动预警或人工辅助预警。各行业的预警事件可根据不同的预警级别进行事件报警，能在GIS平台上准确定位事件地点，并通过预警模型预测该事件所影响的区域和用户，从GIS平台上展现出所影响的区域，转入应急指挥系统。

5）运行预警信息管理

运行预警信息管理主要实现对预警分级指标的管理与预警模型的管理等。

预测预警系统的根本目的就是通过对突发公共事件的各种历史数据、统计数据和监控数据进行趋势分析模拟预测，对人员伤亡、经济损失、重要工程受损情况、重点防护目标及次生灾害发生可能性等进行综合研判。而综合研判的最终目的就是对突发公共事件进行分级，启动相应预案执行。

将突发公共事件进行分类并数字化，使在系统中能够根据综合研判结果，快速确定事件的预警级别是预警分级指标管理的功能。预警分级指标管理是对突发公共事件分类信息的数字化过程，实现分级指标检索、添加、修改、查看、删除等功能。

预警模型管理实现了对相关模型的快速定位并查看模型信息，实现了模型添加、修改、删除等功能，实现了对模型信息的编辑。突发公共事件的预测和分析，都是建立在科学的预测模型基础上的，预警模型提供用户对模型相关信息进行维护的功能。

6）数据安全

为了保证系统数据的安全，系统中实现了对数据的备份。对管线数据宜做到每天进行差异备份，每星期进行增量备份，每月进行完全备份等。对于系统的备份文件宜进行一式两份的备份并进行异地保存。系统的备份功能同时记录备份的内容与备份日志。

11.2.5　地下管线工程档案管理系统

1. 业务描述

系统建设包括档案数字化及整理、信息存储、信息利用、系统维护等模块。档案数字化及整理模块主要是对归档的档案信息进行整理、分类、维护等处理；信息存储模块主要是负责对档案进行分类存储、安全存储、长期存储；信息利用模块主要是对档案信息的有效利用，使得管网及档案综合业务办公系统、管线及档案公众网的用户在任何时间和地点可以方便地查询权限许可的档案信息；系统维护模块主要是负责维护档案信息的正常运行，保证档案信息安全。

2. 系统功能

1）档案数字化管理

档案数字化及生产管理系统包括纸质档案数字化、数字化生产管理功能。①纸质档案数字化建立了一个集文件高速扫描、模数转换、修版、OCR 识别、正文录入、校对、著录、审核等为一体的纸质档案数字化生产线。②档案数字化由档案格式转换、著录、校对、审核组成。将纸质档案数字化，生成符合档案管理标准的数字化存储格式。③数字化生产管理包括对档案数字化生产流程、人员与质量的管理。

2）档案整理编目

实际档案工作中，经常是首先收集零散文件（收集工作可能是文书部门、档案部门或 OA 办公系统完成的），然后进行组卷归档。这一过程可以在整理编目子系统中完成，可以完全依照自己的方式收集资料，在归档前库中存放所有内容完整或不完整的文件、案卷，最后按用户所需要的方法分类、组卷、归档。①档案采集：根据全宗号和年度等条件，采集各种类型的档案。②档案整理：档案的完整性、正确性检查、档案的添加与编辑。③组卷归档：自动立卷和档案归档。④关联挂接：在不同类型（文字、照片等）的档案件之间建立双向关联。⑤审核入库：审核整理编目的结果，通过后自动加载到档案正式库。

3）档案内容管理

档案管理针对归档后的电子档案信息进行日常的管理工作，包括数据管理、数据著录、档案数据库整理等。系统根据用户对档案保密的要求高低程度，选择安全全文数据库（SCGRS）或普通全文数据库（CGRS）对档案全息内容进行统一管理，如档案著录项、全文、扫描件、多媒体等信息的管理。档案数据库的管理：数据库设计与组织、数据库日常维护、档案数据库信息交换等。

4）档案查询统计

档案查询统计模块提供档案著录查询、分类查询、借阅信息查询、档案归还查询、分类汇总、年度汇总等功能。

5）档案利用

档案利用模块提供档案借阅登记、查阅登记、归还登记信息的存储、查阅等。①档案借阅管理：档案的借阅、催还、归还管理、借阅情况统计。②档案检索：著录项检索、全文检索、渐进检索、复合检索、图文声像关联检索等。③档案浏览：档案全文浏览、扫描件浏览、附件浏览。④专项打印：对案卷目录表、卷内文件目录表和备考表等进行打印。⑤专题编研：专题库管理、档案在线编研。

6）档案保管移交

档案保管移交模块实现了城建档案的销毁档案登记、丢损档案登记、档案流水登记簿、档案移交登记等功能。

7）数据备份

档案的管理、数据的安全非常重要，为了避免在使用过程中的意外，系统提供了多种数据备份的方式，可以对某一个档案库的数据单独备份（单库备份），也可以对整个数据库一起备份（整库备份）。同时，还可以在系统设置的数据库自动备份，确保数据安全。

8）系统维护

系统维护主要完成与系统运行相关的各种数据维护工作，包括案卷密级调整、保存期限调整、案卷分类调整、目录树调整、数据导入、数据导出、权限管理、系统参数设置和维护、日志管理、界面定义等。系统设置与维护为整个档案管理系统提供了全部后台支持，是档案管理系统的基础平台。它提供了档案类型、全宗、分类结构的定制，可以满足用户的各类档案资源的管理需求，并可以满足系统的扩展需求。同时，将归档文件整理的规则形成系统的控制设置，使得整个归档流程规范化、标准化。

9）数据安全

为了保证系统数据的安全，系统中实现了对数据的备份。对管线数据宜做到每天进行差异备份，每星期进行增量备份，每月进行完全备份等。对于系统的备份文件宜进行一式两份的备份并进行异地保存。系统的备份功能同时记录备份的内容与备份日志。

11.3　三维地下管线管理信息系统

随着我国城镇地下管线管理信息化的不断深入，传统的二维城市地下管线管理信息系统，已根本无法满足人们对地下管网、管线大数据信息分析、表达、应用的实际需要。采用虚拟仿真技术，融地上、地下建筑规划管理模块于一体，全面实现了地下管线数据信息的二、三维一体化，以及同步动态更新空间数据与专业属性数据。实现城市三维地下管线的可视化管理，支持业务办公和辅助决策等，可满足城市管线管理人员和技术专业人员的规划设计、方案设计、施工图设计等不同阶段的需要。

采用三维 GIS 技术，将地上三维建筑和地下管网信息融入管理系统之中，并采用三维模拟技术对地下管线进行翔实的展示，实现了城市决策信息资源的可视化，全面提升了城市地下管线基础数据的管理水平，既可实现对局部地区地下管线空间分布状况的查阅，又可对城市区域地上地下管线进行全景模拟浏览，全面实现城市地下管线的三维显示与管理，使得本来在平面显示下错综复杂的管线变得更加清晰明了。

三维地下管线管理信息系统大大降低了施工中地下设施的矛盾与事故隐患，减少了规划失策所造成的经济损失；面对城市突发应急事故，可在第一时间了解灾害发生地周边管线的分布情况，协助管理者快速协调调用相关资源并完成应急处置，最大限度地确保将突发公共灾害事故的危害降至最低限度，充分体现出辅助决策的科学性和先进性，提高了政府应对公共安全和突发公共事件的处置能力。

在实现地下管线的三维可视化管理、存储、查询、分析、定位等功能基础上，系统还可用于对单种管线情况的研究和各种管线整体分布情况的多种专业分析（如垂直净距分析、水平净距分析、覆土深度分析、道路扩建分析、范围拆迁分析及最短路径分析等）；管理人员使用系统可以指导工程施工，业务人员可以用做新区规划或管线设计的工具，大量节省了规划审批中挖路断面、确定管线走向的时间和费用，提高了管线工程规划设计、施工与管理的准确性和科学性。

城市三维地下管线管理系统以计算机网络为载体，通过对城市地下各类管线基础数据资源的有效整合，实现了数据管理部门和应用部门之间对数据资源“集中管理、分部应用”的共建共享。

11.3.1　数据库建立

在管线设计成果入库方面，突出支持管线 CAD 图、实测数据、二维 GIS 等多种格式数据的标准导入，严格管线监理检查机制，并能灵活处置各种异常数据，具有管线数据编辑功能和历史数据管理功能。

1. 审核及入库

本系统具有各类二、三维管线成果数据审核入库功能，实现二维的平面坐标、埋深、管径等成果数据（包括管线 CAD 图、实测数据、二维 GIS）以标准格式导入，兼容三维、二维、矢量和位图等多种数据格式，并依据相关标准规范对管线进行检测，确保管线建设科学合理。审核功能包括覆土深度检测、水平垂直净距检测、连通性检测和管线负荷检测。通过审核的管线覆土深度、水平垂直净距、连通性、管线负荷检测等成果进行入库管理，实现二、三维一体化与地下管线管理。

2. 管网标注

管线标注主要包括坐标标注、属性标注、流向标注等，如图 11.6 所示。

坐标标注：可在管网任意结点位置上进行坐标信息标注，也可对所选定的实体结点坐标信息进行标注。坐标标注的样式为固定的，不可修改。

属性标注：在设定管线或管点标注属性内容后，可对管线或管点的属性进行标注。标注方法简便快捷，既可通过标注字段选择对话框对所选择的某个实体进行单个自行选择标注，也可实现对所选实体的多个字段信息进行组合标注。

流向标注：可根据管网中各设施的开闭情况及管线的拓扑信息，由管网系统自动计算出每根管线中的介质流向，并将流向标注在三维场景中。

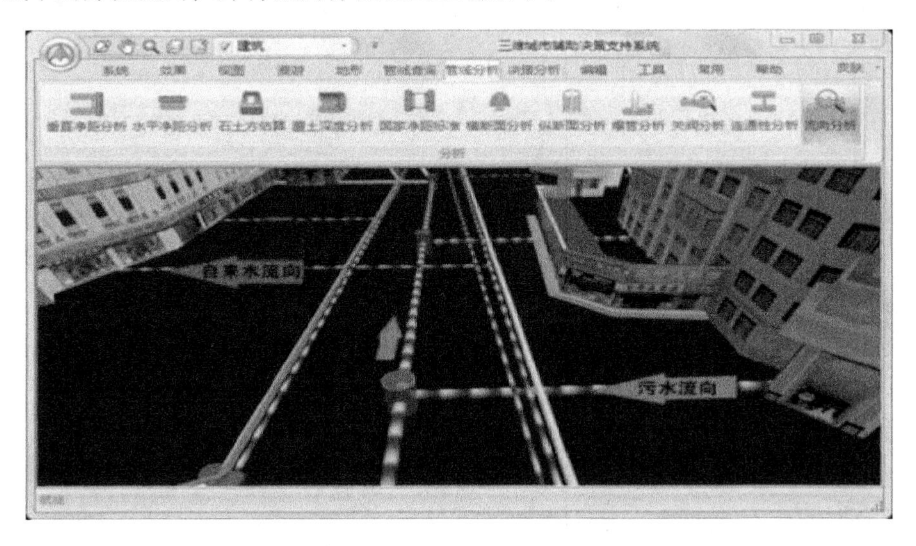

图 11.6　管线流向标注三维效果示意图

3. 丰富规范的管件模型库

系统提供标准尺寸、规格的模型库（如法兰、流量计、弯头、蝶阀、止水阀等），如图 11.7 所示，既方便用户在指定位置添加管件，又可大大节省建模的时间。

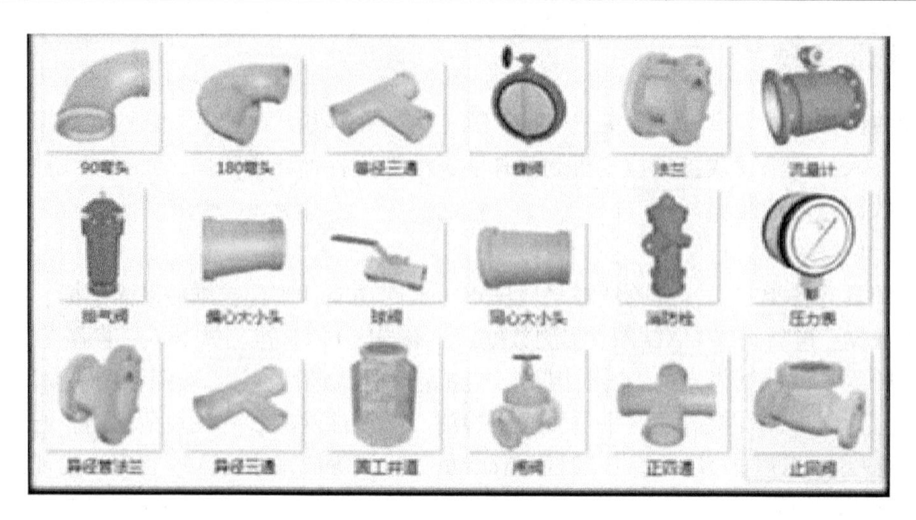

图 11.7　管件模型库

4. 三维管网模型编辑与维护

三维管网模型管理软件在三维场景中可以任意编辑管线模型（添加、移动、废弃），实现管线模型结点坐标的自由拖动，以及对管线属性数据（类型、覆土深度、埋深、管径、材质等）的更新维护。管网数据的动态更新包括图形更新和属性更新等内容，系统提供各类管线的转换、绘制和编辑功能，新增的管线可以方便存入系统；属性更新是指编辑修改各类管线的属性，如图 11.8 所示，使得城市地下管线的内容不断丰富，加速了系统从审核、检测到使用的过程，提高了工作效率。

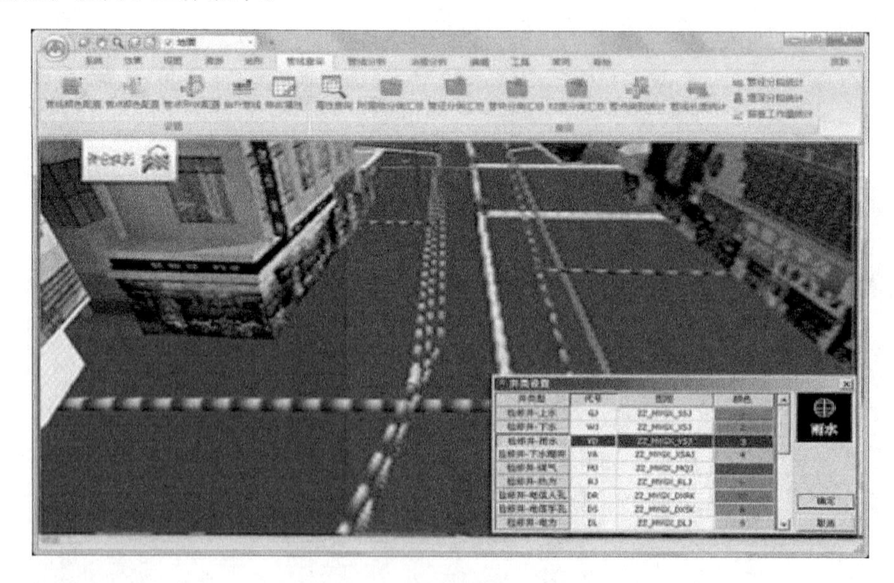

图 11.8　管网数据的动态更新图

5. 管网建模与整合

入库的管网业务数据包括：管线竣工资料、探测结果、实时监测数据和历史数据等。系统以关系型数据库存储为基础，自动关联三维管线模型和业务数据库，生成管网空间拓扑关系图和批量生成三维管线模型、关联属性数据库，如图 11.9 所示。

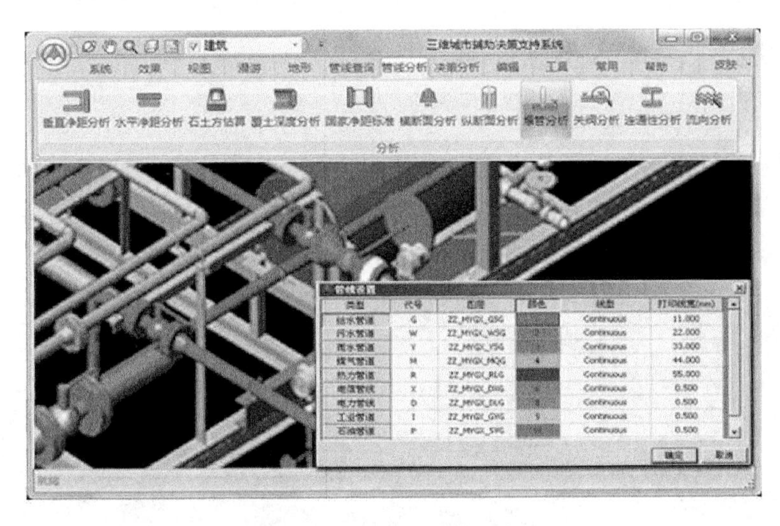

图 11.9　管网自动建模示意图

6. 管网布置

（1）管道布置。在管道布置方面，系统可对管道的净空高度、通道宽度、基础标高等数据进行提取，并参照国家《城市工程管线综合规划规范》（GB 50289—1998）和《化工装置设备布置设计工程规定》（HG/T 20546—2009）进行比对，对违反规定超出标准的管线及管点部位给出高亮显示，同时给出一个解决方案，如架空、埋深或管沟敷设，如图 11.10 所示。

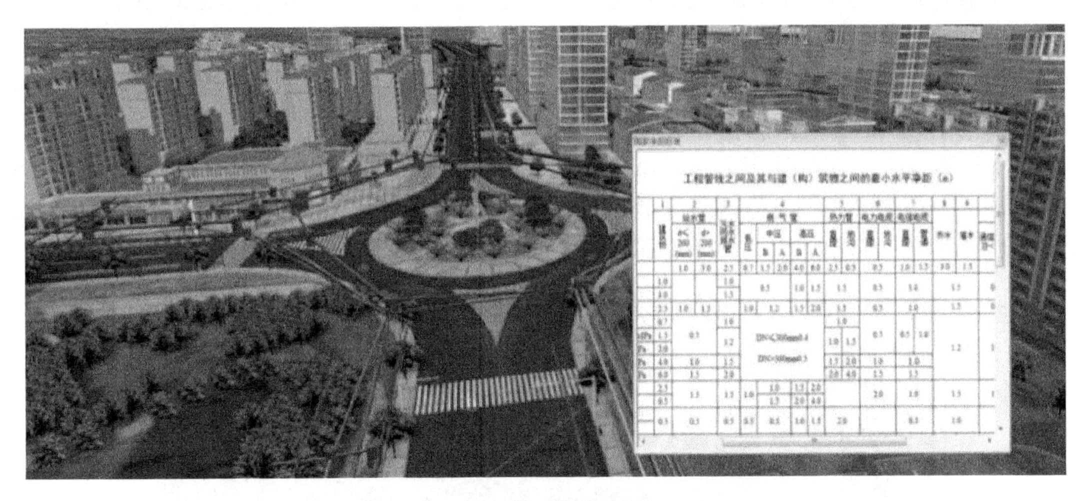

图 11.10　管道布置与标准比对示意图

（2）阀门布置。在阀门布置方面，系统可对阀门的具体布设位置进行优化，选择在容易接近、便于操作、维修的地方，对成排管道（如进出装置的管道）上的阀门采用集中布置；对平行布置管道上的阀门，选择中心线取齐；对于减少管道间距的阀门，采用错开布置。

（3）连接件布置。在连接件布置方面，系统可对管网内所有连接件布放的位置进行优化和自动提取，选择在看得见、便于安装焊接和检修维护的位置上，以避免连接件不合理设置现象的发生。

11.3.2　三维地下管线管理信息查询

1. 地上地下全景三维可视化

系统采用三维技术，以三维叠加的形式将地面上的建筑、绿地、道路、周边设置和地下三维管网细节信息完整地、逼真地展现出来，从而构建了一个虚拟城市地上地下的整体三维场景，使得错综复杂的管线变得更加清晰明了，如图 11.11 所示。

图 11.11　地上地下全景模拟图

2. 管网查询

系统具备强大的属性查询、区域查询、条件查询、图形查询、管线检测等功能。

（1）属性查询。在查询功能模块中，用户只需选中要查询的管线、管点或地物后，即可显示出所选实体的属性信息，实现了即查即所得的快速检索形式，并可将查询结果直接生成图表或导出 Excel 格式文件。

（2）区域查询。鼠标确定某一区域，即可实现对该区域的矩形、多边形、圆形等各种形式的查询。查询结果在图上以高亮度显示并以列表形式显示出查询结果信息，可直观详细地查看到所选管线的起始埋深、终止埋深等多种属性信息，如图 11.12 所示。

图 11.12　区域查询示意图

（3）条件查询。采用勾选管线图层的方式，即可快速设置完成所需的查询条件，查询结果以列表形式在图中进行显示。

3. 办公管理

办公管理是行政办公服务功能，它是以计算机技术和网络技术为基础，提供不同个体、部门、单位之间的信息交流、协作和协同的基本信息平台，对现有业务模式进行有效的信息化整合，将全面提升办公业务的规范化和办公效率。办公管理功能：通过综合办公系统进行考勤管理、资源管理、工作计划、会议管理和个人档案管理等，不仅可实现日程监控，而且可使部门之间的协作更高效。

11.3.3　三维地下管线管理信息分析

管网综合分析是城市规划设计中必不可少的重要组成部分。管线综合分析功能包括：管线长度统计分析，横断面分析、纵断面分析、覆土深度分析、爆管分析、水平净距分析、垂直净距分析、开挖分析、连通性分析、开关阀门分析、道路扩建分析、范围拆迁分析及最短路径分析等。

1. 管网统计

1）管线长度统计

系统具备管线长度自动统计的功能，可实现指定区域内满足管线长度范围内的管线个数、总长度统计，并可将所统计出的结果直接生成图表或导出 Excel 格式文件。

2）区域统计

系统对任意指定的某一区域内管网的所有管线数量、管线长度、管点数量进行详细的区域管网信息综合统计，并将统计结果直接生成图表或导出 Excel 格式文件。

2. 三维管网模型拓扑分析

在三维管网模型上实现拓扑分析，为爆管分析、开挖分析、覆土深度分析等提供技术支撑，如图 11.13 所示。

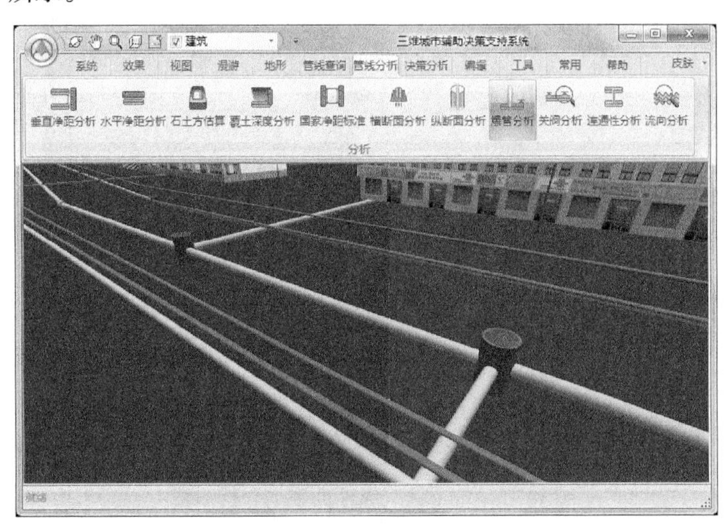

图 11.13　三维管网模型拓扑分析图

3. 纵横断面分析

1）横断面分析

系统可根据任意选取的两点直接生成地下管线横断面分析图，并从主视图中查看到该位置上的管道材质、埋深、管径、长度、历史年代信息及管线间距等信息，且支持图层、数据的 Excel 文件导出和打印等功能，如图 11.14 所示。

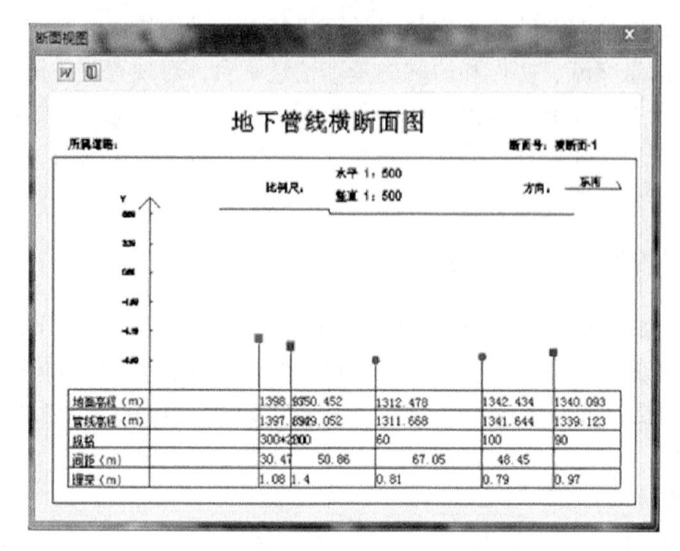

图 11.14　地下管线横断面数据分析图表

2）纵断面分析

纵断面分析与横断面分析的目的一样都是用于对管线、管点的分析，在任意指定的位置上直接生成纵断面剖视图，并从视图中查看管道材质、埋深、管径、历史年代、间距等信息。同时，在主视图中高亮显示所选管线，如图 11.15 所示。

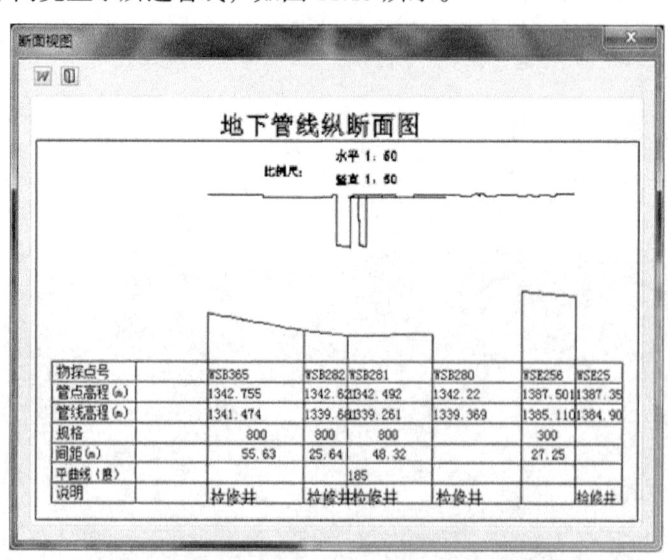

图 11.15　地下管线纵断面数据分析图表

从这个剖面上可清晰直观地看到管线的纵断面情况，包括距离地面的高度及所选管线的距离等信息，且支持纵断剖面图层、数据的 Excel 文件导出和打印等功能。

4. 覆土深度分析

由于地下管线在不同地区受到气候、土壤等环境因素的影响不同，不同地区对管网深度做了严格规定，系统不仅能够快速查询分析出所选区域内各类管线的覆土深度，还能够对覆土深度是否满足国家标准和行业规定进行显示，同时具有调阅相关标准并与所查询出的违规管线铺设数值进行比对，覆土深度分析、数据的 Excel 文件导出和打印等功能，如图 11.16 所示。

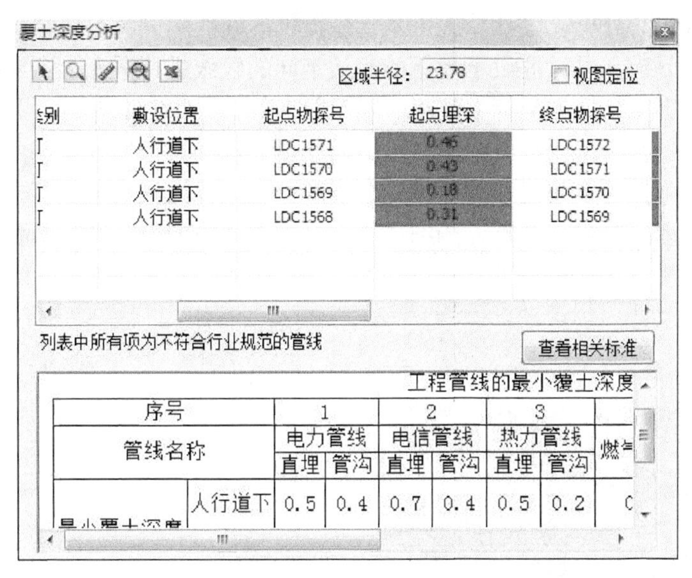

图 11.16　相关标准比对图表

5. 爆管分析

城市压力管线爆管是时常发生的灾害性事故，若处置不及时或出现过失，将会给城市带来重大的经济损失，给社会造成极大的负面影响。系统充分考虑了管线设计与道路设计、总图设计之间的密切关系，依据管线拓扑信息及爆管位置，自动快速分析和识别出受影响的管段和地区，并显示出受到影响的用户情况和需要进行调压的片区，主要功能包括：高亮度显示受影响的管线，关闭受影响的管线，关闭需要关闭的阀门等。三维地形图识别展示如图 11.17 和图 11.18 所示。

图 11.17　压力管线爆管分析图

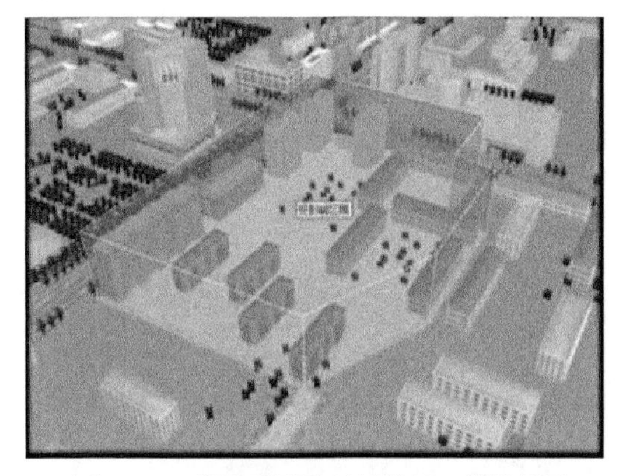

图 11.18　爆管受影响区域分析三维效果图

6. 水平垂直净距分析

管线的合理间距根据施工、检修、防压、避免相互干扰及管道表井、检查井大小等因素决定的。凡属压力管线均与城市干线网有密切关系，如城市给水管、电力管线、燃气管、暖气管等管线均需要与城市主干管相衔接；凡重力自流的管线与地区排水方向及城市雨污水主干管相关联。水平、垂直净距分析功能基于国家规划管理规范，依据规划、设计等多个部门编制管线资料，统筹安排各自的合理空间，解决诸管线之间或与建筑物、道路和绿化之间的矛盾，又可为各管线的分析、设计、施工及管理提供准确的辅助决策支持。

（1）垂直净距分析，可对埋设于地下的交叉走向的管线进行分析，判断其在地下的上下关系，计算其在投影交叉处的坐标、高程、相距距离等，最终判断其埋设是否符合国家标准规范。在实际应用过程中，用户可根据自己的实际需要选择一个所要查阅的区域，选取管线或管点后，系统即可自动生成管线垂直净距分析图，且计算出该区域内管线、管点之间的垂直净距，并对不合理的管线、管点检测结果高亮显示在主视图中，具体数据也会在图表中标出，如图 11.19 和图 11.20 所示。

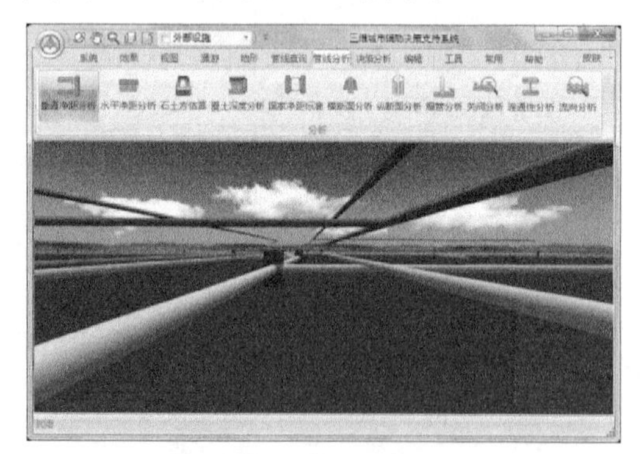

图 11.19　垂直净距分析三维效果主视图

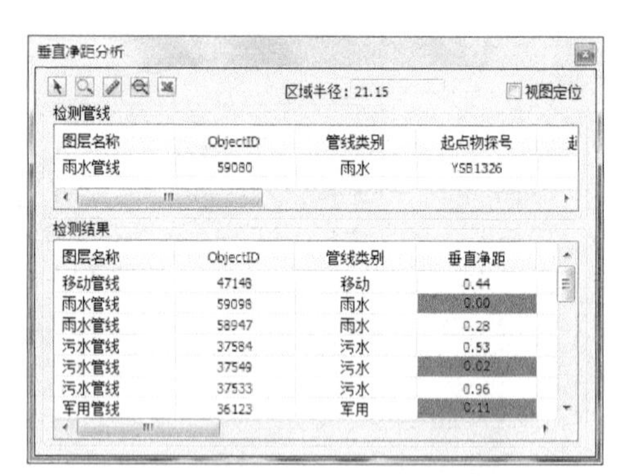

图 11.20　垂直净距分析数据图表

（2）水平净距分析。水平净距分析与垂直净距分析的方法基本相同，不同的是分析管线、管点之间的水平距离关系。根据实际需要择一个所要查阅区域，选取管线或管点后，系统即可自动生成一个管线水平净距分析视图，且同时计算出该区域内管线间的水平净距。不合理的管线检测结果可在主视图中高亮显示，具体数据在图表中标出。此外，系统还提供图层、数据文件的导出和打印等功能，如图 11.21 和图 11.22 所示。

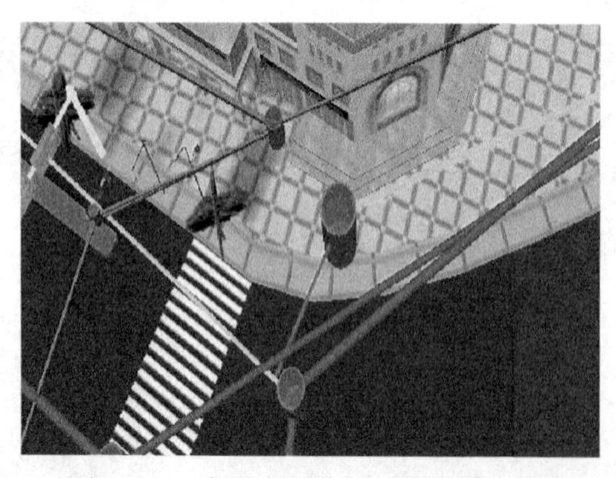

图 11.21　水平净距分析三维效果主视图

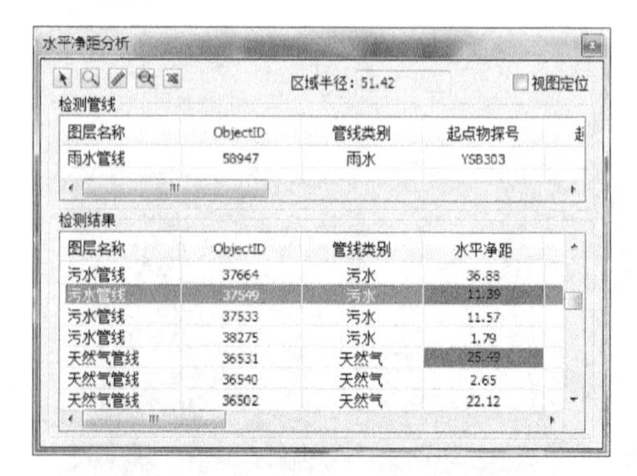

图 11.22　水平净距分析数据图表

7. 开挖分析

管线、管点开挖过程中存在着诸多的实际问题，如开挖地点的准确性、开挖面积的大小、开挖深度等，针对地下管线、管点地面开挖经常出现的问题，系统提供了任意区域内的沿路开挖/自定义开挖两种地面开挖模拟模式，同时可自由设置开挖深度和边界范围、三维地形自动塌陷、暴露出地下管网的分布情况，为施工的组织和指挥者提供决策支持，如图 11.23 所示。

8. 连通性分析

连通性分析是针对某一根管线与多个管线连接关系的分析，可对管线连接的位置、连接的数量、流向、流量及管线的属性进行详尽的分析，这有助于避免和降低市政建设过程中地下设施的矛盾与事故隐患，提高管线工程规划设计、施工与管理的准确性和科学性，还可大大缩短规划周期，有效避免和减少因规划设计、日常维护和工程抢险指挥失策所造成的经济损失。

图 11.23　开挖分析地段三维效果主视图

主要功能是根据指定的两条管线，分析出连通这两条管线的所有管线。开挖分析结果可在主视图中直接显示出来，也可对连通性分析图层、数据文件进行导出和打印，如图 11.24 和图 11.25 所示。

图 11.24　连通性分析三维效果主视图

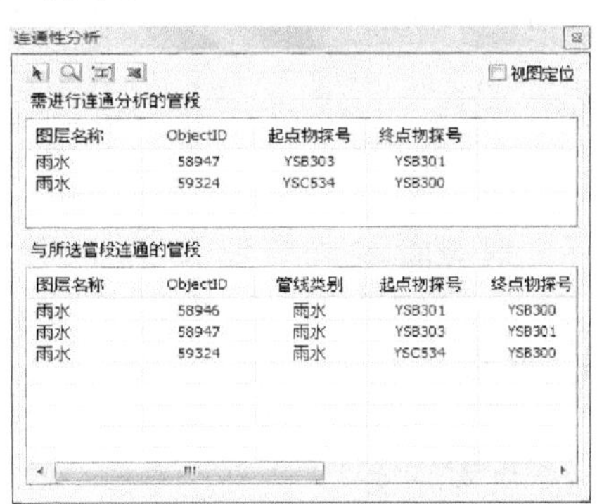

连通性分析

视图定位

需进行连通分析的管段

图层名称	ObjectID	起点物探号	终点物探号
雨水	58947	YSB303	YSB301
雨水	59324	YSC534	YSB300

与所选管段连通的管段

图层名称	ObjectID	管线类别	起点物探号	终点物探号
雨水	58946	雨水	YSB301	YSB300
雨水	58947	雨水	YSB303	YSB301
雨水	59324	雨水	YSC534	YSB300

图 11.25　连通性分析数据图表

第12章　警用地理信息系统

警务工作与地理位置息息相关，如治安管理、人口管理、指挥调度、警卫任务管理、警卫驻地管理、交通流量监测及城市反恐等，这些都具有很强的空间特征。警用地理信息系统是以公安信息网络为基础，以警用电子地图为核心，以地理信息技术为支撑，以服务于公安业务管理、信息共享和决策支持的可视化为目标的重要信息化基础设施，是地理信息技术与公安信息系统相结合的产物，是公安信息化的高端应用，可以有效地拉动公安信息整合、信息共享，实现部、省、市互联互通，全面提升公安信息化应用水平。它是利用地理信息系统技术所特有的空间分析功能和强有力的可视化表现能力，使警务数据信息和空间信息融为一体，通过监控各种警务工作元素在空间的分布状况和实时运行状况，分析其内在的联系，合理配置和调度资源，从而提高各个部门快速响应和协同作战能力，实现辅助分析、决策和指挥调度的信息系统。

12.1　概　　述

12.1.1　警察概念

1. 警察与公安工作

“公安”一词起源于法国大革命时期的“公共安全委员会”，后来被很多国家用来命名自己的警察机构。“公安”广义上是指人民警察，分为公安部门管理的公安警察(即狭义“公安”，包括治安、户籍、刑侦、交通等)、国家安全部门管理的国家安全警察、劳改劳教部门的司法警察及法院、检察院系统的司法警察四大类。公安工作是我国人民民主专政政权工作的重要组成部分，是依据党和国家的政策、法律及公安法规保卫国家安全与社会治安秩序的专门工作。公安工作是由多种分工、多个层次联结而成的一个工作系统。

2. 警察机关职责

维护公共治安就叫公安，警察也包括公安的意思。世界上只有少数国家这样称呼，国际上一般统称“警察”。“警察”与“公安”并没有任何实质意义上的区别。此外，还有一些其他部门的公安部门，有别于地方政府的公安局，如铁路公安、森林公安、民航公安等。

公安局承担公安机关的工作职责，具体包括：①预防、制止和侦查违法犯罪活动。②防范、打击恐怖活动；维护社会治安秩序，制止危害社会治安秩序的行为。③管理交通、消防、危险物品；管理户口、居民身份证、国籍、出入境事务和外国人在中国境内居留、旅行的有关事务。④维护国家。

3. 警务类别

（1）治安。预防、发现和制止违法犯罪；维护公共场所的治安秩序；管理特种行业；管理危险物品；处理一般违法案件等。

（2）户籍。管理户口，包括户口登记、户口迁移、有关身份证的管理问题等。

（3）刑事犯罪侦查警察。主要任务就是侦查刑事案件。

（4）交通。指挥交通；预防、处理违章和交通事故；管理车辆和驾驶人员。

（5）巡逻。巡警的任务范围十分广泛。巡警设置的目标是“一警多能，一警多用”。巡逻警察执行任务的形式就是巡逻（另外，防暴警察属于这个警种，有的地区称为“巡警防暴警”）。

（6）外事。接触的通常是指出入境事务的警察。通常是指公民办出境通行证、因私护照（因公不是在此）并进行管理等。

（7）经济犯罪侦查（独立警种）。主要任务就是侦查经济案件。

（8）公共信息网络安全监察。监察互联网，打击网络犯罪。

（9）禁毒（独立警种）。负责涉毒犯罪的侦查。

（10）警务。监督警察内部纪律的特殊警察，有着“管警察的警察”和“警中警”的称呼。

（11）监所。就是看守所（不是监狱）的管理警察。

（12）科技。公安部门内专门负责技术研发的人员，正式称呼前要冠以“专业技术”一词。

（13）公安法医。有一部分从事司法医学勘验工作的法医是公安部门的编制内成员，是有警衔的，也算是警察。

公安部门还有边防、消防和警卫三个警种，他们实行军事化管理，是通常所说的“武警安全部队”。

12.1.2　公安信息化

公安信息化，是指在公安部的统一规划组织下，广泛应用先进的信息技术，开发和综合利用公安信息资源，建设覆盖全国各级公安机关的信息通信网络和应用系统，建立和完善公安信息化运行管理机制，培养公安信息化人才，以确保维护稳定、打击犯罪、治安管理、队伍建设和服务社会等各项公安工作健康发展，从而加速推进公安工作现代化的进程。公安信息化可理解为对传统的警务方式进行改造，把公安信息作为重要的警力，使各级公安部门都拥有现代信息技术，组成一个高效能的公安系统，提高公安机关的协调与快速反应能力，满足社会对公安机关长久以来的期望。公安信息化的核心是公安信息资源的开发利用，实质是信息资源共享，关键是信息技术应用。

1. 公安信息的特点

公安信息除了具有一般信息所具有的客观存在性、可识别性、可传递性、可转换性、可压缩性、可扩充性、可存储性、载体显示性、可分享性等特性外，还具有以下特性。

（1）广泛性。公安信息源是广泛的，社会的政治、经济、军事、文化活动，社会的历史、文化、科技知识，自然地理，生态、气象等情况都与公安工作有着密切的关系，无论哪一方面的信息都可以成为公安信息。

（2）随机性。无论是刑事犯罪案件，还是治安案件，无论是治安事件，还是治安灾害事故，其发生都有着一定的突发性和随机性，事前很难做出准确的预测。治安状态的这种突发性和随机性，决定了公安信息的随机性。

（3）时效性。治安形势的任何变化都会发出内容不同的新信息。不断出现的新信息在不断地否定原有的信息，使得原有信息失去可利用的价值。因此，人们每一次获得的信息都具有一定的时效性。

（4）隐蔽性。公安信息有些可以公开地收集和发出，而有些出于斗争的需要则必须以隐蔽的方式收集和传输，因此公安信息具有一定的隐蔽性。

（5）复杂性。社会现象是错综复杂的，社会上所出现的现象有真也有假。敌对势力和一些犯罪分子为了实现其罪恶目的和逃避打击，往往制造假象，散布虚假信息。人们所收集到的信息是复杂的，其中有真实的，也有虚假的，是真是假，需要进行辨别。

（6）保密性。某些公安信息事关国家的安全和人民群众的生命财产，一旦泄漏，就有可能造成严重后果。因此，保守公安信息秘密，是公安信息工作的必然要求。

2. 公安信息化需求

公安机关作为政府的一个职能部门，其职责是实现对社会的有效管理和服务。公安信息化要服务公安机关，但不能仅服务公安机关，还必须为整个社会提供服务。公安信息化可分为两部分：一部分是内部信息化，主要目的是提高管理水平，降低管理成本；另一部分是外部信息化，通过信息化增强公安机关打击犯罪、维护社会稳定的能力，为社会民众和企事业单位提供优质高效的服务等。

1）内部信息化需求

基础通信设施和网络平台建设需求：包括公安通信基础设施建设和公安专用计算机网络建设。公安通信基础设施建设主要包括：①建设和改造公安电话网，全部连接公安部至全国各省（自治区、直辖市）、各地市和各县市的公安机关。②建设和改造公安有线数据通信设施，要覆盖全国各省（自治区、直辖市）、各市，尽量拓展到县、乡。③建设和改造公安卫星通信设施，支持视频、语音和数据通信。④建设和改造公安移动通信设施，包括移动语音通信和移动数据通信。公安专用计算机网络建设包括：①公安骨干计算机网络的建设。骨干网分为三个级别：一级网，连接公安部及各省（自治区、直辖市）公安厅；二级网，连接省（自治区、直辖市）公安厅与直属机构及所辖市公安局；三级网，连接市公安局与县局及基层科、所。②公安局域网建设的主要需求。公安部、省公安厅和市公安局二级管理机构的所在地都需要建立局域网。

公安信息系统是依托公安专用计算机网络的应用系统，基本需求：促进公安信息的规范化管理，建设一定数量的具有重要应用意义的公安业务和办公信息系统，促进公安业务和办公的信息化，实现信息共享和综合利用；增强信息系统的网络通信能力，促进公安信息通信和业务办公的网络化。

2）外部信息化需求

公安信息化必须实行社会化，但是公安机关作为一个特殊的政府部门，与其他政府机关有着较大的区别，这就是公安工作具有保密性质，因此公安信息化要依托社会化，但绝不能依赖社会化。对于一些专业性较强的业务和涉密业务，公安机关要具有自主开发、管理和维护能力，以确保信息安全，确保公安机关具有坚强的战斗力。

（1）人口管理信息系统的建设需求，包括常住人口信息系统、暂住人口信息系统、旅店业信息系统。

（2）刑侦信息系统的建设需求，以案件为主线的刑事案件信息系统，要求具有案件的查询统计和分析功能、具有服务于串、并案和案件档案管理等功能；以人员为主线的违法犯罪人员信息系统，实现违法犯罪人员及涉案人员的快速查询认证比对。其他还有涉案物品管理系统、指纹自动识别系统和刑事犯罪信息综合系统等。

（3）出入境管理信息系统的建设需求，包括证件签发管理、各类出入境人员管理、出入境人员及证件的管理。

（4）监管人员信息系统的建设需求，包括看守所在押人员信息系统、拘役所服刑人员信息系统、行政（治安）拘留人员信息系统、收容教育人员信息系统、强制戒毒人员信息系统、安康医院被监护人员信息系统。

（5）交通管理信息系统的建设需求，包括公安交通管理信息系统、道路交通违章信息系统、进口机动车信息系统、道路交通事故记录信息系统、机动车辆目录代码信息系统、车辆/驾驶员转籍信息系统。以全国公安计算机三级主干网络为依托，以车辆档案、驾驶员档案、违章记录、事故等信息共享查询为主线，以地市级交通管理业务应用为基础，实现具有跨地区、跨部门的交通管理信息的高度共享、异地信息电子交换、业务数据的汇总及监督管理。

（6）办公厅的管理信息系统建设需求：①公安部指挥中心综合管理信息系统，将各种信息进行收集、传递、分析、反馈和处置；在各级指挥中心之间实现有线、无线保密通信联络，传送语音、文字、数据和图像信息，利用处置突发事件预案和警用地理信息数据库，辅助领导同志直观地协调、指挥、处置突发事件和重大事件。②建立公安统计信息系统，逐级建立统计信息实体库和汇总库，为公安各警种提供统计分析资料。③建立公安机要综合通信信息系统。实现公安部与全国各地公安机关的传真、数据保密通信。加快公安部指挥中心综合管理信息系统建设，带动公安部办公厅的管理信息系统的发展，在网络化的基础上提高各系统的应用水平，强化统计规范，关联各警种的信息系统，建设覆盖全公安系统的统计信息系统。

（7）全国公安快速查询综合信息系统的建设需求：①CCIC 系统，即违法犯罪人员信息系统、在逃人员信息系统、失踪及不明身份人员（尸体）信息系统、通缉通报信息系统、被盗抢丢失枪弹信息系统、涉案（收缴）枪弹信息系统、被盗抢丢失机动车（船）信息系统、涉案（收缴）机动车（船）信息系统。②公安基础信息系统，包括常住人口索引信息系统、枪弹档案信息系统、出入境口岸检查信息系统、全国机动车（船）索引信息系统、全国机动车驾驶员索引信息系统。

3. 公安信息化构架

公安信息化建设，从应用功能的角度分析，可以分为三个层次（图 12.1）：第一层次，全国公安通信网络和全国公安应用系统部分及开展的网上追逃、网上打拐等刑侦功能。第二层次，实现与其他执法部门信息共享，通过政论机构间的广域网向全国其他执法机关和部门提供数据服务。同时，为劳动、民政、银行、保险等部门提供必要的基础信息服务。同样，全国公安机关也可以通过信息网络从其他有关部门获取需要的信息。第三层次，是公安机关在国际互联网上的公众信息网站，在网上实现与社会的信息共享，在网上公开警务，依法行政，履行服务与管理职能。

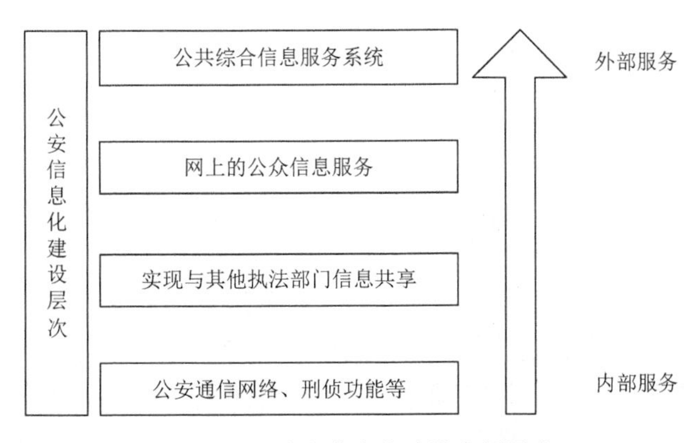

图 12.1　公安信息化建设应用层次

从上面的层次划分情况分析，公安部门作为我国社会治安保障机构，具有其特殊的职能。

因此，信息化的建设也相应地围绕着职能需要来逐级深入。首先是通过信息化的建设，来提高公安部门刑侦、追逃、监管等重要基本职能。对于这种情形分析，公安信息化，首先是内部信息化，通过内部专用通信网的建设，来提高公安部门的业务处理效率。而随着信息化建设的不断完善及社会对相关公安公共信息的需求增加，一些涉及广大民众的公安公共信息服务系统，也要相继发展起来，从而形成一个完整的、内外部信息相结合的公安信息系统。

从系统组成的角度，可以把公安信息化系统抽象地分为四个层次，两个体系和一个门户（图 12.2）。

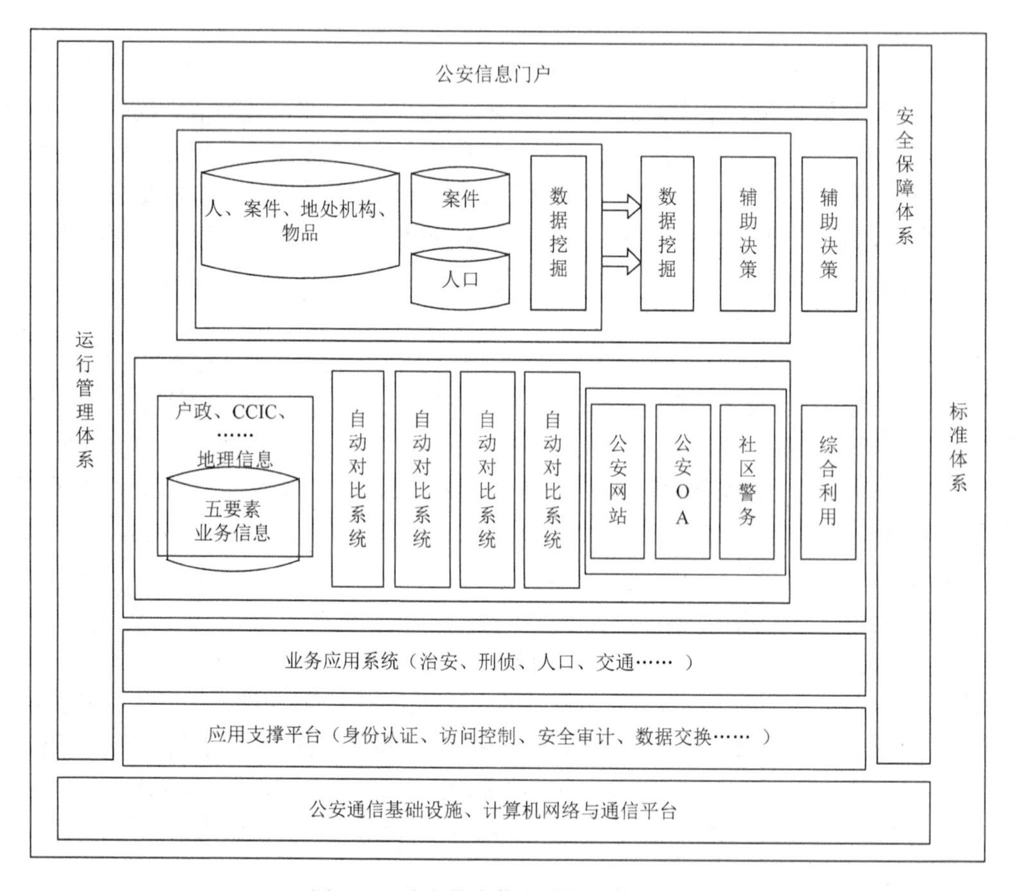

图 12.2　公安综合信息系统总体结构图

应用支撑层：由各项应用共用的基础服务构成，如数据传输、请求代理、身份认证等。

业务应用层：公安的各个业务应用系统。

综合应用层：基于综合信息数据库和业务数据库群，提供跨业务、跨部门信息的综合应用系统，如综合信息查询、比对报警等。

辅助决策层：采用数据仓库技术，以直观、丰富的展现形式引导用户观察和分析他们所关心的信息，为领导决策提供宏观性、趋势性的信息支持。

两个体系：安全保障体系、运行管理体系。安全保障体系，包括网络和系统的安全运行机制及安全管理机制等。运行管理体系，指以公安信息中心为核心的组织机构、岗位职责和管理规范等。

一个门户：公安信息门户，以公安网站为平台，用动态、个性化的方式集成公安的各种应用系统，通过统一的安全访问策略，为广大公安干警提供方便、快捷、安全的信息服务。

12.1.3 警用地理信息

警用地理信息是公安警务活动和警务管理工作中直接或间接与空间位置相关信息的总称，它是开展基于空间位置的警务分析应用的基础。目前，公安部为警用地理信息系统提供了相关的标准和指导方案，很多城市也在积极开展警用地理信息系统建设。为保证将来不同城市间的警用地理信息能够互通共享，需要在数据组织方面建立统一的标准，因此有效地采集和组织警用地理信息就显得尤为重要。警用地理信息的生产本质上没有脱离传统地理信息生产的范畴。

1. 警用地理信息分类

根据公安部颁发的《城市警用地理信息分类与代码》（GA/T491—2004），警用地理信息按照数据来源、数据内容、数据应用范围、数据更新维护分工特点划分为基础地理信息、警用公共地理信息、业务专用地理信息。基础地理信息是指由基础测绘提供的地理信息，如道路、植被、水系和居民地等；警用公共地理信息描述多个业务警种关心的、具备地理实体特征的信息，其信息为该地理实体的基本信息，如人员信息、案（事）件、公共场所、城市交通、分区、门牌号码、单位、动态信息、基础设施；业务专用地理信息描述业务单位内部应用反映业务管理特征的地理信息，包含以下内容。

（1）业务警种的组织（机构）信息：指描述业务警种各单位的所在地、管辖范围、责任点、责任线路、责任区、警力分布等可在地图上标注的信息，如巡警的巡逻线路与辖区等。

（2）警用基础设施信息：由业务警种自己建设、管理或关心的，有固定地理位置，在较长时间内不移动的物品，如消防栓、红绿灯、图像监控头等的所在地信息。

（3）业务管理的人员（或对象），如重点人口信息、“法轮功”人员等所在地信息。

（4）业务管理的案（事）件，如刑事与行政案件发生地信息。

（5）业务管理的场所、线路和区域，如治安重点防控区域的分布信息。

（6）业务管理的（或业务所需要的）物品，如爆炸物、剧毒物、放射物等管制物品所在地，警用装备存放地等信息。

（7）业务管理的机构（或设施），如消防管理中的重点防火单位所在地信息。

（8）业务工作方（预）案信息，包括布控线路、布控范围、警力装备与部署情况等。

2. 警用地理的采集与更新

1）采集的标准

警用地理信息采集应遵循一定的标准规范，通常全市范围采用 1∶50000 比例尺的地形图数据；全省范围采用 1∶250000 比例尺的地图数据；市区建成区范围采用 1∶2000 比例尺的地图数据；核心区域采用 1∶500 比例尺的地图数据。坐标系采用 WGS-84 坐标，具有较强的现势性；卫星影像采用分辨率小于 1m 的影像数据。

地理信息的采集和使用过程中应遵循公安部颁布的如下相关标准。

（1）《城市警用地理信息系统标准体系》（GA/Z01—2004）。

（2）《城市警用地理信息分类与代码》（GA/T491—2004）。

（3）《城市警用地理信息图形符号》（GA/T492—2004）。

（4）《城市警用地理信息系统建设规范》（GA/T493—2004）。

（5）《城市警用地理信息数据组织及数据库命名规则》（GA/T530—2005）。

（6）《城市警用地理信息数据分层及命名规则》（GA/T532—2005）。

（7）《城市警用地理信息属性数据结构》（GA/T529—2005）。

（8）《城市警用地理信息专题图与地图版式》（GA/T531—2005）。

2）采集的内容

警用地理信息采集主要依托基础地理数据，建立与公安工作有关的地理空间数据库。以建筑物信息采集为例，建筑物是案情发生的场所之一，它有很多属性，警用地理信息系统所需要的建筑物信息主要包括联系电话、编码、业主、法人、楼高、层数、门牌号码、地面基点高程、地下室入口、建筑物入口及楼层平面图等。将警用地理信息系统中的建筑物信息根据重要程度划分为一般建筑物信息和重点建筑物信息。

（1）一般建筑物信息包括业主、法人、楼高、层数及门牌号码等。

（2）重点建筑物信息不仅包括一般建筑物的所有信息，还包括建筑物入口、地下室入口、楼层平面图、层高、建筑结构和安全出口等。

3）采集的方法

空间数据从采集形式上可以概括为非数字化数据和数字化数据，警用地理信息的采集要首先从当地测绘或者国土部门获取相应的基础地理信息。如果基础地理数据不是数字化数据，则需要进行矢量化，按照警用地理信息的组织原则进行校正，此项工作由市局负责。警用业务专题空间数据的采集由各个分局和派出所等具体业务单位以基础空间数据为底图制作。

警用地理信息属性数据采集旨在收集并整理基础地理信息属性数据和各种与警用相关的调查报告、文件、统计数据、实验数据，以及野外调研的原始记录等信息，这部分数据需根据系统的功能来确定哪些类型的数据是系统所必须的。对于采集的各种属性数据，包括电子和非电子属性数据要按照系统的设计分类妥善保存，以便属性数据制作的顺利进行。

4）数据更新机制

基础数据更新：由专业数据生产部门负责定期对基础数据进行局部或整体更新。基础数据要求最少一年能更新一次，有条件的地区宜一个季度更新一次。基础数据更新应该严格参照测绘行业数据生产流程与质量要求的相关标准。

警用公共数据采集更新：依据业务归口关系，由各业务主管部门负责进行实时动态更新。

业务专用数据采集更新：由相关业务部门负责进行实时动态更新。

3. 警用地理信息数据处理

警用地理信息系统涉及两部分的数据制作，即基础地理信息数据和警务专题数据制作。这两部分数据互为补充，基础地理信息数据是警务专题数据的基础，警务专题数据又对基础地理信息数据进行了一些补充。所以，两部分数据的处理方法各有不同。

对于基础地理信息数据，由于数据原有误差和平台可能存在差异，这一部分数据在导入数据库之前，要进行数据检查，如点状要素的检查、线状要素的补充、面状要素的闭合情况的检查等，对这些问题要进行修改、编辑工作。

对于所需警务专题数据，针对应用需求，从基础地理信息数据中提取一部分，另外一部分所需警务数据，进行野外调研及测量后要重新制作。

数据的提取：首先，是把城市规划、测绘和其他部门提供的基础地理信息数据，按照点、线、面、注记等物理图层进行划分。然后，针对公安部门的业务需求，如对道路、建筑的需求比较多，特别是建筑，将这一部分数据从基础地理信息图层提取出来，针对这一部分数据进行详细的数据调研，使提取出来的图形数据和调研后的文字数据相结合，制作相应的警用专题图层。

对于在原来的基础地理信息中不包含的有关警务数据，如交警需要的关于道路的标线、标志、隔离带、安全岛，消防关心的消防栓、管线等信息，以及公安关心的警务亭、岗亭、卡点、收费站、远郊警务站等的位置，要进行重新制作。制作方法可以通过实地测量后在地形图上重新标注。

属性数据的制作，是根据设计的属性信息的结构，把采集到的属性数据一一对应地录入系统中。同时，由于属性数据内容多且数据量大，其录入需要建立相应的质量检查机制，以确保属性信息的准确性。

整个数据制作过程中，需要按照既定的数据质量控制体系加以监督，保证数据的精度、逻辑一致性和完整性等达到规范和系统设计要求，尽量保证图形的直观性和美观性（如符号、线型、色彩等的设计）。

12.1.4　警用地理信息系统

警用地理信息系统（police geographic information system，PGIS）是利用地理信息系统技术所特有的空间分析功能和强有力的可视化表现能力，使警务数据信息与空间信息融为一体，通过监控各种警务工作元素在空间的分布状况和实时运行状况，分析其内在联系，合理配置和调度资源，从而提高各警务部门快速响应和协同处理能力的辅助分析、决策和指挥调度的信息系统。警用地理信息系统可以有效地拉动公安信息整合和共享，实现部、省、市互联互通，全面提升公安信息化应用水平。

1. 警用地理信息系统层次架构

1）部级警用地理信息系统

部级警用地理信息系统的定位：①满足部级 GIS 应用要求，实现对全国、省（自治区、直辖市）及省会城市警用地理信息的共享、交换和使用；②满足部级宏观决策分析，实现全国要情信息基于空间的综合分析和专题展现；③满足部级指挥调度要求，实现对发生重特大案（事）件和反恐应急事件的处置。

部级警用地理信息系统的数据要求：①全国范围内的应用宜采用 1∶4000000、1∶100000 和 1∶250000 比例尺，最宜采用第三种；②在全国范围内对重点区域，如省及边界等区域可采用 1∶50000 比例尺；③直辖市、省会城市及重点城市可采用 1∶50000 和 1∶10000 比例尺。

部级警用地理信息系统的建设内容：①建立统一的警用地理信息符号库和警用地理信息标绘系统，为全国各级公安机关提供一套完整的符号库和标绘系统；②构建空间数据共享与交换平台，实现全国 1∶2500000 比例尺的数据、省级警用地理信息数据与省会城市数据的交换、建库和管理；③构建以指挥调度为核心的预案管理、应急指挥和处置系统，实现对重大事件的处置；④构建全国三维地形可视化系统，为部级宏观决策和应急处置提供支撑；⑤实现对主要重点城市基于电子地图的图像监控；⑥为全国民警提供电子地图服务，浏览和查询全国、省、市及县的信息并提供路径分析服务；⑦与部宏观分析数据库连接，基于电子地图反映公安业务在全国的宏观情况。

2）省级警用地理信息系统

省级警用地理信息系统的定位：①满足省级宏观决策分析要求，实现全省警用地理信息共享和交换，以及基于空间的综合分析和专题展现；②满足省级应急联动指挥要求，实现对重特大案（事）件和应急事件的处置；③为全省开展业务的公安实战部门提供警用地理信息系统支撑。

省级警用地理信息系统的数据要求：①全省范围内的应用宜采用 1∶250000、1∶50000 和 1∶10000 比例尺，最宜采用第三种；②在全省范围内对省会和重点城市可采用 1∶5000 以上的更大比例尺；③在地级市可采用 1∶10000 以上的比例尺，有条件的城市可采用 1∶5000 比例尺；④有条件的省在全省可辅以中低分辨率遥感影像，如 30m 分辨率的 TM 影像及 5m 的 SPOT 影像。

省级警用地理信息系统的建设内容：①搭建全省警用地理信息网络共享与发布平台，实现全省警用地理信息资源共享与发布，以及全省多级电子地图体系管理；②建立全省警用地理信息数据库，直观再现全省地形情况、交通状况、公安机关布控堵截卡点，以及公安机关和警力的分布状况等；③建立与全省业务信息资源库的关联，实现基于区域的信息资源专题分析和可视化；④建立省级重大事件处置和应急指挥地理信息系统，实现预案管理、指挥态势标绘和动态推演、应急指挥及历史案件管理等；⑤为省级公安实战部门，如高速公路交通管理、边防管理及警卫管理等提供警用地理信息业务应用支撑，开展实战应用。

3）城市级警用地理信息系统

城市级警用地理信息系统的定位：①重点解决业务信息上图，电子地图作为业务信息的载体提供对业务信息定位、可视化展示，以及查询和专题分析；②利用地理信息特有的空间关联关系，建立多种业务信息之间的基于地图的关联，实现以地图关联业务信息寻找业务信息之间的分布规律和空间关系，为指挥决策、业务分析与规划提供依据；③利用地理信息实现对控制力量的动态管理与勤务监督，提高警务力量的科学化管理程度。

城市级警用地理信息系统的数据要求：①城区宜采用 1∶2000 的大比例尺，郊区可采用 1∶10000 比例尺；②在城区可辅以高分辨率的遥感影像，如 1∶2000 比例尺的航空影像及 1m 或 0.61m 分辨率的卫星影像；郊区可辅以中高分辨率的遥感影像，如 5m 或者 10m 分辨率的卫星影像，以及 1∶1000 比例尺的航空影像等。

城市级警用地理信息系统的建设内容：①建立基础电子地图数据社会化采集更新服务机制，为全市提供最新和最好的基础电子地图数据，为业务信息上图提供权威、可靠且最新的定位参考；②对业务信息上图需要的标准地点信息进行整理、更新和规范，为业务信息提供统一规范的地点数据字典、标准地点数据库，以及相应的匹配和比对软件，为业务信息上图提供自动且准确的定位参考；③依据标准地名地址数据库对综合查询数据库进行地址的规范化整理和比对，实现综合查询数据的信息上图；④整合现有无线 GNSS 定位资源，将各种无线 GNSS 定位信息统一接入并统一对外服务，实现无线 GNSS 定位信息上图；⑤建立业务信息上图的技术规范和工作机制，解决各单位业务信息中地点信息的不规范状况，为各单位业务信息上图提供技术手段；⑥建立上图业务信息共享和可视化服务机制，上图业务信息对全省（市）开放，以提供应用与服务；⑦建立"以地关联业务"服务机制，实现基于地图的业务信息关联和基于地图的各种业务信息综合查询服务；⑧将固定电话、报警及定位技术、有线无线调度技术，以及视频监控技术和电子地图进行有机结合，实现 110、119 与 122 报警固定电话地图自动定位和警力调度，以及重点区域视频图像监控。常住人口、暂住人口、重点人口和刑事案件等业务信息基于电子地图可视化查询和信息展现，为社会治安防控体系构建及有效运行提供预防、控制和打击的技术保障。

2. 警用地理信息系统功能

警用地理信息系统建设主要可以划分为三大层次：第一层次就是与公安业务相关的警用基础数据的管理，主要包括人口、社区、重点单位、设施、道路、桥梁、路线、事件、案件等；第二层次是警务指挥调度，主要包括图形化的指挥预案、GNSS 的实时调度、抓捕、卡口、疏散、路径分析等；第三层次是辅助决策分析，包括人口分布分析、警情分析、遥感影像分析、最优路径选择分析、三维分析、飞行任务管理等。

1）警用基础数据的管理

警用地理信息系统主要管理公安信息五要素，即以地为中心，实现人口、案事件、机构、物品的关联管理，实现信息的充分共享。围绕公安信息五要素，具体的应用模块如下。

（1）实有人口管理。人口管理是公安机关的核心管理，也是公安机关的基础工作。利用 GIS 技术建立的实有人口管理模式，可以在遥感图像和矢量地图上录入社区和房屋等信息，然后以房屋为基础录入门牌、实有人口等信息，实现“以图管房、以房管人、以人找房、图属互动”的管理模式；还能够实现基于地理信息系统的人口空间查询定位及统计。因此，GIS 在人口管理中的应用，可以实现人口信息的地图可视化、人口定位查询、周边查询、空间查询等人口管理中的查询定位及统计工作。

（2）案事件管理。通过 GIS 平台实现案件的综合查询、空间定位、案事件案发地上图等，有利于公安工作人员通过电子地图这一可视化工具进行侦破分析，从时间与空间上对案事件进行串并联。

（3）消防与警卫预案。GIS 平台的消防与警卫预案制作管理功能，实现了预案的制作管理科学化、可视化。针对重大的公共活动，如奥运圣火的传递，通过电子地图，制作出科学的消防与安保预案，实现优化部署，并可通过公安专用通信网，实现方案的网上部署，进行大范围的网上作战。

（4）视频监控管理。通过 GIS 平台调用部署在各重要位置的摄像头，实现兴趣点的可视化实时监控，迅速掌握监控范围内的案事件动向，为指挥中心提供辅助决策。将监控摄像头在电子地图上标注，从而在电子地图上直接调取相应的视频资料，实时监控或检索历史视频信息，通过云台来控制摄像头，实现摄像头图层的显示、摄像头图层列表、查询摄像头、选择摄像头、显示摄像头信息、视频显示、控制摄像头等功能，以及实现在大屏幕上显示电子地图。

（5）设施管理。对设备进行有效管理，如定位、定期维护、查询统计、制订巡视计划等，迅速查询事故地点附近所需的相关设备，如交通设施管理主要包括信号机、摄像机、电子诱导屏、电子警察、区域控制站、信号灯等交通设备的录入、属性查询定位，并能查看和修改详细信息等。

（6）重点场所管理。实现对重点场所、消防重点设施、消防设施、消防站、消防重点单位、化学危险物品、特种行业等可视化、查询、统计和专题分析。在消防系统的应用中，还可以根据区域情况，合理布局消防栓，并进行位置输入和查询等。同时，对于重点区域的管理，可以对外来人口等集中区域进行查询，并对这些区域作重点防控。

2）警务指挥调度应用

指挥调度是公安工作中非常重要的一环，特别是处理突发事件、案犯或嫌疑人追捕等。例如，犯人追捕，通过 PGIS 系统的地理空间信息可视化展示，可以轻松地掌握当时警车、警员的具体位置、分布情况，结合现场的电子地图，进行总体的指挥调度，从而为抓获犯人提供保障。

（1）指挥中心接处警。在 110、119、122 接处警指挥中心，GIS 软件系统能够根据语音系统、电话号码、移动电话或求救人的描述迅速在地图上标绘事故地点，帮助接警人员迅速判别事故发生地点。通过模糊查询定位，自动匹配辖区范围；通过报警电话号码快速定位；通过打电话的人提供的一些标志性建筑物（城市地标）来定位；通过门牌号码来定位等，这些技术的应用将为案发地点的定位提供高效支持。GIS 系统还能迅速查询事故周边的重要信息，并能在地图上清晰地显示，如派出所信息、移动巡警位置、消防队信息、重点单位、重要人口信息、医院等。这些信息在地图上清晰地显示，能够帮助接处警指挥中心对资源、信息准确地把握，并有利于制订准确的出警方案。当 110 接警中心接到报警电话时，平台即可在地图上显示出报警人当前的位置，指挥中心通过对报警位置周边警力分布查看、最佳路径分析等，迅速作出有效的反应，实现对受害人的有效救援与罪犯的有效打击。

（2）GNSS 车辆监控。警务车辆的 GNSS 监控是集中调度指挥的前提，能够从宏观上了解执行任务车辆的状态，并能够通过系统发送调度的指令，使警务车辆按照指挥中心的意图来执行任务。GNSS 车辆监控实现了多媒体数据与位置数据相结合，地理信息技术支持下移动目标定位查询与路径优化选择相结合。它作为目前一般常见的“定点监控”手段的补充方法，集人员（车辆）位置监控、地点移动查询、多媒体数据交互传输、路径优化选择四大功能为一体，可实现对人、车、船等移动目标的移动监控，起到对异常突发事件的指挥调度的实时辅助作用。

（3）应急预案。应急预案实现预案管理、动态预案制订、决策分析等功能，在地图上跟踪动态目标，了解现场警力的部署情况，并对警力进行新的调整，从而实现科学决策。同时，各级公安部门和其他部门在应急情况下需要进行数据资源的共享，所以系统应该参照相关的国家和地方的一些数据标准来建设。在指挥调度信息系统中，辅助决策系统中的重点场所、资源等的空间位置、应急预案分析等功能给指挥中心及领导提供了大量有用信息，为快速做出准确的决策起到了很好的帮助作用。

（4）救援路线分析。确定案发地点位置，同时根据警用地理信息系统提供的道路分析、路线分析、最短路径等制订最佳救援路线，辅助指挥中心对救援人员进行指挥和调度；绘制疏散路线，指挥受难者迅速撤离；定位紧急避难所；根据避难所的接收能力和距离、到达时间分配受难者，进行紧急救援物资的合理配给；可将救援计划和战术布置以图形和文字等多种方式传达到每一支救援、警备力量，从而迅速地执行紧急任务。

（5）交通流量控制。城市交通状况在电子地图上实现适时的分色显示，如用红色、蓝色、绿色代表不同的交通状况，并结合摄像头，实现交通的宏观调控，提高公路运行效率。可以实现对交通设施、警力部署、交通路况、交通事故的实时监控和可视化展示，并与交通诱导屏、信号控制系统实现基于地图的联动，进行交通流量的实时控制和调度。

（6）移动警用 GIS。针对移动警务应用和嵌入式设备的特点，为嵌入式设备量身定做，使资源紧缺的嵌入式设备同样实现 GIS 的功能。数据格式逻辑结构紧凑清晰，便于管理，而且不依赖于任何数据库技术，可移植性强，支持跨平台使用。能够支持导航、信息查询、网络路径分析等功能，公安干警在户外也能方便地使用 GIS 工具来工作。

3）辅助决策分析

（1）人口分布分析。人口分析是人口管理系统中的重要功能，包括区域分布、人口年龄分布、人口密度、年龄百分比、性别对比等。这些专题分析还可以应用到其他目标的分析，如犯罪发生地点分布、火灾发生区、火灾多发季节，通过这些统计分析，给出其未来发展变化的趋势，同时综合考虑经济、人口、交通等多种因素对案件进行分析。还可根据人口与房屋的关联，按时间顺序描绘出某人的住宿轨迹，便于进行相关的分析。

（2）警情分析。通过 GIS 平台的统计分析、案事件的综合分析，得出有利的宏观信息，从而在宏观上把握当前的情况，实现警力优化部署，增强防范与打击能力。可以对高发案地区、高危人员聚集区等进行针对性工作部署。传统的公安决策往往根据统计数据形成，总是滞后于犯罪形势的变化。当某种犯罪有趋向时，决策层很难做出快速的反应，这也就形成了周而复始的“专项斗争”警务运行模式。而这样的模式，在高额投入警务成本后，虽缓解了某个治安难题，但往往会带来其他更多、更大的难题。通过 GIS 强大的空间分析能力可以详细了解犯罪区域分布情况、案发轨迹和重防区域，更有助于警力的规划和分布；通过对犯罪高发区的地形、街区和道路分析，可战略性地设置路障和关卡。为辅助警情分析，还可以根据设定目标，进行专题图的统计分析。

（3）遥感影像分析。基于高分辨率遥感影像数据为背景的警用 GIS 系统，能够非常清晰地看到城市建筑物及周边设施的实际情况。遥感影像不仅能与地形图、地貌图、区划图等进行叠加显示，还可以进行窗口的对比显示，来辅助分析区域的实际情况。

（4）最优路径选择分析。可以分析计算出最优路径，以快速准确到达案发地点；还可以通过路径分析和模拟，用图形方式精确而直观地表示出在多种交通状态下，多个出警方案到达事故地点的时间。

（5）三维分析。对于特别重要的场所，通过仿真的三维场景，制作三维预案，并实现三维布警，以及地下、地表、空中立体的指挥防控体系，有效地进行警卫安保工作；运用三维技术对重点活动场所的地理环境进行模拟仿真；将重点场所的地形通过三维模拟出来，可以在警卫等工作中进行制高点分析，从而制订科学的警卫预案。

（6）飞行任务管理。警用直升机的飞行任务制定、飞行航迹等的记录管理是公安机关对直升机进行管理和调度的主要基础。警用直升机 GIS 系统可以帮助公安人员制定警用直升机飞行任务，同时结合机载 GNSS 对飞行航迹进行记录与管理，并有效地掌握飞行动态及某一区域内的警情，使警用直升机更好地开展警备飞行，提高战斗力，提供更加安全的保障。

3. 警用地理信息系统关键技术

1）中文地理编码技术

目前，公安行业已经建立了大量的数据库，如常驻人口数据库、重点人口数据库、刑侦数据库、110 警情数据库等，以及相应的业务应用系统。警用地理信息系统的建设必须和这些数据进行有效的结合，实现业务信息基于地理信息的可视化分析。

将公安业务数据定位到地图上实现可视化和综合地理信息应用，系统才能具有生命力和发挥应有的作用。将公安业务数据定位到地图上是解决警用地理信息系统可持续发展的关键。按照“公安五要素”模型，将警务信息抽象为人、案（事）件、机构、物品、地理位置五要素，公安涉及的所有信息可以按照该五要素进行分类。同时，对数据库研究发现，大部分公安业务数据库中都包含了地名地址信息。

而在实践中发现，每个模块都有相应的地址编码，即每个地址编码都有相应的地理坐标。建立基于地址编码比对和匹配技术的公安业务数据自动地图定位，是解决公安业务数据可视化的关键技术和手段。

中文地理编码技术主要用于解决大量中文地址信息的地图自动定位问题，由于中文地址命名规则混乱、历史渊源和习惯各异、中文连词等，中文地址相对于国外英文地址其编码、解析十分困难。中文地理编码技术研究需要解决地理编码、地址解析、地址匹配等三个方面的理论和技术问题。

（1）研究、分析和制定中文地址信息的基本规则和编码方式，这需要从公安部层面考虑，建立相应的标准规范。

（2）需要对中文地址信息进行地理位置采集、地理编码，建立标准地理编码数据库。

（3）需要研究中文地址串的智能语义解析算法，找地址最合适的解析路径和模型。

（4）需要研究智能化中文地址模糊匹配算法，解决地址输入中的错字、省略、缺少等情况，实现自然语言的地址和标准地理编码数据库的智能匹配，获得最精确的地理编码和地理坐标。

2）业务信息关联技术

对于警务活动中产生的非空间业务数据的地点信息，通过地理关联比对技术实现非空间业务数据的可视化，如暂住人口的居住地、案件的发生地。实现业务信息资源地理关联的常用方法如下。

a. 门牌号码方式关联

在与人、组织机构等相关的业务信息中包含地名地址信息，这类数据通过门牌号码实现关联。基本流程为：首先，构建标准门牌号码地址和编码库。其次，开发地址比对程序对公安业务数据比对，比对成功并符合精确度要求的数据自动生成地理坐标和地理信息编码。

可以利用门牌号码实现地理信息关联服务的业务信息有人员信息，包括常住人口、暂住人口、工作对象、内部单位人员信息、违法犯罪人员信息、文保单位人员信息、出入境人员信息、驾驶员信息、警卫对象、监管人员信息等。

b. “交通信息+路口/出入口”方式关联

在与交通管理、案事件、线路、卡口等有关的一类信息中，其地点信息的描述可以以“交通信息+路口/出入口”方式来描述，这类信息实现地理信息关联的主要流程为：首先，建立道路、立交桥、停车场、过街天桥、环岛、过街通道、公交汽车站点、城铁站等交通信息编码库和与之关联的出入口、路口编码库，并构建比对程序。其次，开发地址比对程序对公安业务数据比对，比对成功并符合精确度要求的数据自动生成地理坐标和地理信息编码。

可以利用交通信息+路口/出入口进行地理信息关联的业务信息有 122 报警信息、路线信息（如巡逻路段）、警务责任区、卡口信息、警力部署等。

c. “标志性点+方位”方式关联

在与报警、案事件、卡口、警力部署等有关的一类信息中，其地点信息可以以“标志点+方位”方式来描述，这类信息实现地理信息关联的主要流程为：首先，采集各种标志点包括建筑物、单位、设施等地理编码库和与之关联的方位信息库，并构建比对程序。其次，开发地址比对程序对公安业务数据比对，比对成功并符合精度要求的数据自动生成地理坐标和地理信息编码。

可以利用“标志点+方位”方式进行地理信息关联的业务信息有报警信息、卡口信息、警力部署等。

d. 业务标识码关联

利用比对率和准确率较高的业务数据库提供的业务标识码如身份证号码、驾驶员号码、案件编号等作为辅助比对方式，获得规范的地点要素和地理坐标。

主要适用于人员、电话号码、案件、物品等信息的比对。

3）空间数据共享与交换技术

部和省、省与市、部与市、市与区县局都可能发生空间数据的共享、交换、调用和服务的要求。空间数据共享与交换技术主要包括：①元数据技术，解决业务数据编目、查询和检索问题。②空间数据交换技术，解决多种来源数据的上传、下载、预订等问题。③数据采集技术，解决多业务警种数据分类采集和发布问题。④数据建库技术，解决数据存储、组织、管理问题。⑤图层共享服务技术，解决多业务警种数据按照热点、业务分类、标准分类等共享展示。⑥地图调用服务技术，提供地图服务接口，实现直接调用地图构建应用。⑦业务定制服务技术，为业务警种提供的数据建立快速发布应用的工具，实现业务信息的业务化查询和服务。⑧基于地的关联服务技术，以地为关联，将发生在该地的案件、居住在该地的人员、保存在该地的物品、该地的机构等进行关联分析。

4）系统之间的接口和关联服务技术

a. 与报警电话系统之间的关系

需要将报警号码定位到电子地图上，便于接处警人员快速定位案件发生地点。

固定电话报警：计算机电话集成（computer telephony integration，CTI）系统将报警电话从公众电话网接入后台，其传递的信息包括电话号码、地址等信息（常说的三字段）。地理信息系统需要开发一个接口，当交换机发生电话时，GIS 通过自身的地址比对技术将固定电话号码定位到地图上。

手机报警：当手机拨打 110 时，需要中国移动或者中国联通开通定位服务，即所有拨打 110 的手机自动获得其定位坐标，其精度在 200m 左右。地理信息系统需要开发一个接口，当发生手机电话报警时，根据中国移动和中国联通的定位网络协议，自动解析手机号码、定位坐标传递到 GIS 中，GIS 直接定位到地图上，并画出 200m 范围。

b. 与图像监控系统之间的关系

城市一般有数百、数千个摄像头，通过电子地图可选择需要监控的地点直接调取相应的图像资料，并可以通过云台控制摄像头。

城市图像监控系统前端视频采集传递到后台矩阵，矩阵再将视频信息分发到公安网络各个终端，并提供专门软件进行浏览和监控。在电子地图上将所有监控点标注，并录入其唯一编码和名称。视频监控系统提供专门的监控软件，并提供一个通过其唯一编码切换的视频的接口，在地理信息上点取该图元，可以获得其唯一编码，调用该接口切换图像。

c. 与无线 GNSS 定位系统之间的关系

将各种需要监控的重点车辆、巡逻车、巡逻摩托车、步行巡逻配备 GNSS 装备，通过无线网络传递到后台并接入地理信息系统中。

GNSS 接入系统有五种途径：一是通过 350M 无线手台；二是通过 CDMA1X；三是通过 GPRS 的 AGPS；四是通过 GNSS 手机；五是通过 800M 数字电台。地理信息系统需要解析各种无线协议获取定位坐标，并构建统一的定位信息分发服务器。

d. 与公安业务系统之间的关系

因为业务系统的数据非常庞大，如常住人口数据库，所以不可能按照传统的地理信息系统数据组织方式，将常住人口数据在地理信息系统中生成一个图层。同时，考虑现有业务系统正常运行，不可能修改原有系统的数据结构。此时建立地理信息系统和业务系统的关联关系，就要采取更有效的方法。采用地理编码方式实现业务信息和地理信息关联是非常有效的手段。

4. 警用地理信息系统的应用

1）指挥中心应用

指挥中心应用应提供固定电话、移动电话、电灯标杆、标志性建筑等的报警定位功能。应能够结合 GNSS 系统，实时接收 GNSS 车辆位置信息，实现对 GNSS 车辆的信息查询统计、实时监控、越界报警和轨迹回放。根据接警台提供的接报警案件分析结果，如某类案件在某个时段及某个区域（辖区、社区）的发案数量统计结果，生成多种形式（点密度图、等级渲染、饼柱图）的案件分布统计专题图。利用电子地图，查询报警周边资源信息，利用最短路径分析功能临时制订布控方案、设立布控点、建立追击路线和拦截圈，实现基于电子地图的重大警情辅助指挥调度。

2）实有人口应用功能

实有人口应用能够让用户通过点击门牌楼号来查看该住址对应的所有常住人口、暂住人口、人户分离、实有人口等信息。基于地图的人口信息查询、定位、实时维护，能够对常住人口、流动人口实现人员定位和居住地定位，并能够实现人口详细住址信息与地图定位信息的一体化实时更新维护；能够对重点人员（高危人群、前科人员）的空间分布情况进行统计专题图分析，并能从专题图上获取相应辖区或社区重点人员的数量及其姓名和暂住地址。以暂住人为主体，以时间和空间为主线，通过对暂住人口库中某暂住人口的多个暂住（变迁）地址的时空分析，系统在地图上可以实时动态地绘制出该人口的变迁地址和按时间顺序的变迁轨迹。

3）案事件管理功能

案事件管理应用应能够与案件数据库相关联，通过 GPS 设备采集或者手工标注的方式实现案发地空间位置坐标的地图定位和成图显示，实现多发性案件按发案区域（分局或派出所辖区或社区）、按案件类型及按时间段的数量统计和空间分布分析。在实现案件精确定位的基础上，通过指定某起案件的发生地为基点，罗列出周边一定范围内（一定时间范围内）发生的各类刑案，自动关联案件详细列表；由网上作战平台提供的串并案分析结果，生成相关联案件按时间顺序的串并案案发地轨迹。

4）交通管理应用功能

系统可以在电子地图上直观、醒目地显示实时道路交通速度信息，可选定查看多条道路的实时交通状况信息。系统可查看过去某一时间内的交通速度信息情况，用历史数据对全市道路进行交通速度信息渲染；以列表形式和滚动字幕方式显示城市主要路段的实时交通状况，内容包括主要路段的通行速度、时间；能够显示各类道路交通的分析图表，以方便、直观地查看城市道路交通服务水平、变化趋势，为道路交通管理、道路建设提供分析参考。

5）情报信息应用

利用地理信息技术可以开展轨迹分析、动态管控、犯罪制图分析。轨迹分析地理信息系统以电子地图为依托，直观展现人员、物品、车辆等的流动轨迹，并可以按照时空顺序动态推演。动态管控是以电子地图为依托，直观展现人员、物品、车辆等的流动轨迹，并可以按照时空顺序动态推演。犯罪制图分析是对犯罪的时空分布进行分析，分析犯罪热点、冰点及犯罪行为。

12.2　地名地址信息系统

地名地址信息就是运用计算机技术将地名地址按照统一的结构分类整理、存储到计算机中，并赋予空间坐标（X，Y），以方便查阅、检索、使用及与其他信息关联。地名地址信息是开展多种形式信息服务的基础，如地名地址查询和电话问路热线、地名地址网站建设、地名地址信息触摸屏、地名地址电子地图制作等。地名地址已成为人们日常活动中不可缺少的媒介，在物流、快递等行业及城市精细化管理中都得到了广泛的应用。为政府、企业和公众及时提供准确、翔实、全面、权威的地名地址信息，使其可视化，并达到在线服务，是公安户籍管理急需开展的工作之一，也是加快信息化城市建设进程的重要保障措施。

12.2.1　地名地址数据组织

1. 地名地址基本概念

通常，地名和地址在人们头脑中的意思是一样的，都对应着一个具体的空间位置实体。而实际上，地名和地址是既密切相关又存在一定差别的概念。

地名是根据国家有关法规经标准化处理，并由有关政府机构按法定的程序和权限批准予以公布使用的某一特定空间位置上自然或人文地理实体的名称。地名具有社会性、时代性、民族性和地域性等特性。地名表示的可以是地理空间中的面状实体、线状实体和点状实体。目前，地名数据是按照行政区、群众自治组织、居民点、建筑物、单位、道路、河流、湖泊、山峰、山脉、旅游景点等类型进行采集和管理的。实际上，需要采集、管理和应用的地名是根据社会服务需求不断扩展的。

地址是具有地名的某一特定空间位置上自然或人文地理实体位置的结构化描述，即一串结构化的文字字符。通常，地址内含国家、省份、城市或乡村、街道、门牌号码（或道路编号）、屋邨、大厦等建筑物名称，或者再加楼层编号、房间编号等。一个有效的地址应该具有独一无二的识别作用，有助于邮差等物流从业人员派送邮件或者上门收件。除了地名需要一定形式的地址描述外，对于建筑物，地址信息有时还需要细化到每个楼层、住户等详细信息。因此，地址数据是比地名数据更为全面、更为详细也更为复杂的数据，地址数据建设需要以地名数据建设为前提。

通常，地名及所需的行政区划数据由民政部门管理，门牌号码、建筑物编号、单元、楼层数目、房间编号由公安部门编制备案。

1）行政区划数据库

行政区划数据库设计依据国家标准《地名分类与类别代码编制规则》（GB/Tl8521—2001）、《国家地名数据库代码编制规则》（民地办发〔2010〕1 号）、《国家地名数据库建设指导意见》（民办发〔2006〕4 号）和《第二次全国地名普查试点工作规程》（修订版）。行政区划数据库内容分为专题地名和行政区划属性数据、空间图形数据和多媒体数据。专题地名和行政区划属性数据是指反映地名、行政区划、行政区域界线的文字、数字等相关数据。

行政区划包括区划、界线和界桩三方面内容。

（1）区划。区划包括行政区划概况、沿革、人口、面积、经济、城建等数据。①地级市行政区划属性：代码，标准名称，罗马字母拼写，登记人，登记单位，政府驻地，邮政编码，电话区号，总人口数，国内生产总值，财政总收入，村委会数，社区（居委会）数，区域面积。②县级市的行政区划属性：代码，标准名称，罗马字母拼写，登记人，登记单位，政府驻地，邮政编码，电话区号，总人口数，国内生产总值，财政总收入，村委会数，社区（居委会）数，区域面积。③乡镇的行政区划属性库：代码，标准名称，罗马字母拼写，登记人，登记单位，邮政编码，电话区号，总人口数，村委会数。

（2）界线。行政区域界线包括行政区域界线协议书、界桩登记表、界线联检成果及会议纪要，边界纠纷处理协议、平安边界建设成果等。总的要求是：每条数据的代码都要严格按照编制标准进行编排，标准名称要准确、完整，不能简写，其他项目也要做到准确无误。空间图形数据是指不同比例尺的矢量地图和遥感影像、行政区域界线矢量数据；地名标志、界桩等矢量数据。

（3）界桩。界桩是判定行政区域界线实地位置的重要法定标志物之一。管理保护好界桩是地方各级人民政府、社会各界和全体公民的义务。《行政区域界线管理条例》明确省、县两级陆地行政区域界线上界桩管理的政府职责和主管部门职责，管理依据，管理标准，任务分工，移动、修复、恢复、增设界桩的管理制度，界桩维护制度，处罚原则等，确保界桩的法律地位和作用。规范界桩管理，巩固勘界成果，有必要制定颁布有关界桩管理的规章，如河南省制定的《河南省行政区域界线界桩管护办法》。

行政区划在数据库管理中具有点（界桩）、线（界线）和面（区划）三种地理内容及其拓扑关系。

2）地名数据库

地名所对应的地理实体可归结为三类，即面状实体，如行政区划；线状实体，如道路；点状实体，如建筑物。

对于面状实体的地名，其地址可采用以下三种方式表示：①行政区划的政治、经济、文化中心等面状实体地名所在地的点位地址；②面状实体地名内标志性建设物的点位地址；③面状区域重心点的点位地址。

对于线状实体的地名，其地址可以采用以下两种方式表示：①线状实体中心点的点位地址；②线状地物的标志点的点位地址。对于点状实体的地名，其地址用其所在的实际地址即可。

3）地址数据库

地址是由行政区划+地名（街道）+门牌号码+建筑物编号+单元+楼层数目+房间编号共同组成的，如表 12.1 所示。

表 12.1　地名地址数据库层级结构

层级	中文名称	说明
1	市	**市
2	区/县	行政区名称
3	街道办/乡、镇	地址归属街道办，区属工业园、大学城名称/乡、镇
4	路、街（巷）的名称/行政（自然）村	国道、省道、市政道路名（含市、区属工业园、大学城内道路名称）/行政（自然）村的名称/街道所属工业园（区）名称
5	门牌号、大厦、小区名/村组	门牌编号[大厦（楼）/大院/学校/小区/厂区名称]、自然村、城中村的栋、号/村组名称
6	楼（栋）/阁	楼号（名称）/栋号（名称）/建筑物名称（编号）/厂房编号
7	单元/座号名	单元编号或名称/座编号或名称
8	层	所在楼层数
9	房号/方位	标准住宅房间号码/房间的挂牌名称

第 1 级：**市。

第 2 级：按市区的行政区划分。

第 3 级：按市区街道办划分。

第 4 级：路名、自然村、行政村的名称及街、巷、坊、弄、里。对于很长的路，会横跨多个街道办甚至跨区，则这些路会在第 3 级地址中存在；同时，一些村办小工业区，也可放在第 4 级中。

第 5 级：门牌号、楼盘名、建筑物名、城中村的栋、楼号、大院、小区、厂区、建筑群等。

第 6 级：栋、阁、主副楼；小区、建筑群、厂区等多栋建筑中的其中一栋单体建筑物。

第 7 级：单元、座；单体建筑中按楼梯口区分的单元、东西南北座等，常见于住宅小区。

第 8 级：楼层；楼层地址，即“–1 层、–2 层、1 层、2 层、3 层、架空层”。

第 9 级：房间号；房间编号，房间名称，或者其他用于表示地址的名称。

标准地址为用于表示地址的统一唯一名称，所有的非永久性名称均不应该作为标准地址。一般情况下，以下信息不能录入地址中：①客户信息、邮政编码、电话号码、受理信息、营销信息、业务信息；②非永久性的商铺名称、公司名称、单位名称；③指示性的地址描述，如旁边、附近、楼上、走 100m、隔壁、对面、××路与××路交汇处、路口等。

2. 地名地址数据组织

1）基本规定

（1）地理实体与地名地址数据的坐标系统为 2000 国家大地坐标系（CGCS2000），坐标单位为度。

（2）数据格式为便于读取的通用交换格式或公开格式（如 Shapefile）。

2）概念模型

地名地址信息以地理位置注记点来表达，可以利用该注记点实现相应地理实体的空间定位。与某一地理实体相关的自然与社会经济信息（如法人机构、POI、户籍……）可以通过地理实体标识码或地址匹配挂接或关联到这一位置注记点上。

地名地址数据包含标准地址、地址代码、坐标等信息，还需包括与其相关的地理实体的标准名称、地理实体标识码等信息。地名地址数据的概念模型如图 12.3 所示。

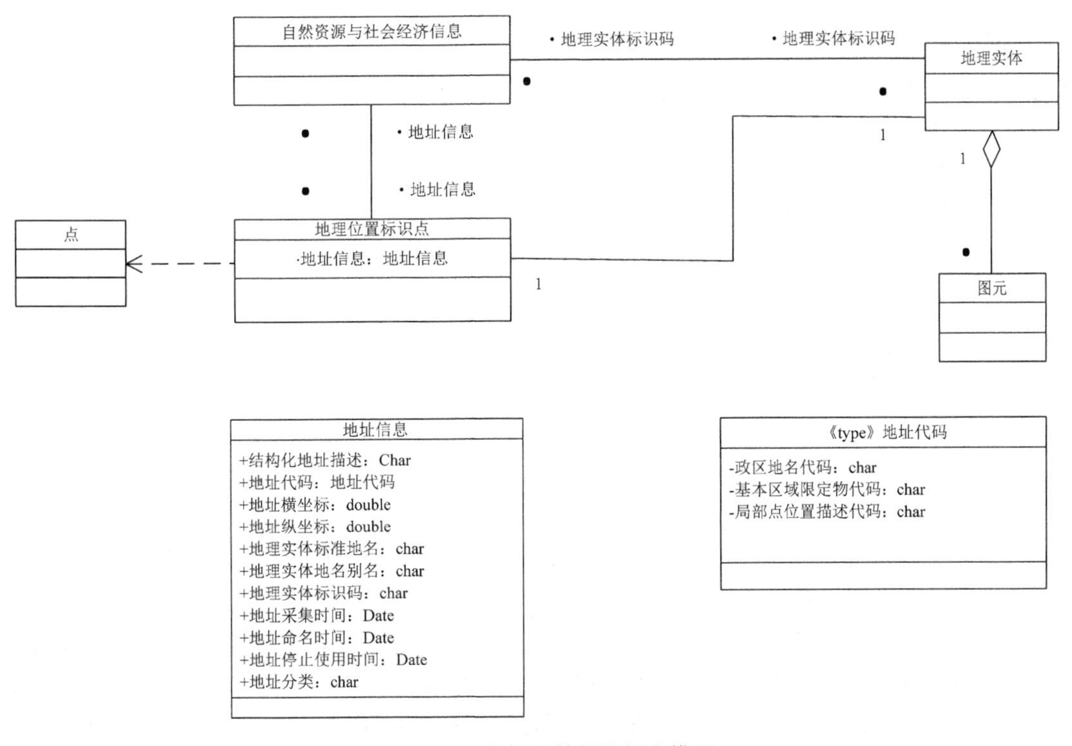

图 12.3　地名地址数据的概念模型

地理位置标识点的定义规则如下。

（1）区域实体地名的地理位置标识：行政区划的政治、经济、文化中心所在地的点位；

行政区划内标志性建设物的点位；面状区域的重心点点位。

（2）线状实体地名的地理位置标识：线状实体中心点的点位；线状实体中心线系列点的点位；线状地物（河流、山脉等）的标志点。

（3）局部点的地理位置标识：门（楼）址标牌位置的点位；标志物中心点的点位；兴趣点门面中心点或特征点的点位；自然地物（山峰……）中心点或标志点。

3）标准地址描述规则

标准地址采用分段组合的方式描述，由行政区域、基本区域限定物、局部点位置三大类要素构成。

<标准地址>：：=<行政区域名称>[基本区域限定物名称][局部点位置描述]

其中，

<行政区域名称>：：=<洲级><国家级><省级>[地区级]<县级>[乡级][行政村级]

<基本区域限定物名称>：：=<街>|<巷>|<居民小区>|<自然村>

<局部点位置描述>：：=<门（楼）址>|<标志物名>|<兴趣点名>

在基本区域限定物地名中，如遇使用小区名和街巷名描述均可的情况时，街巷名优先于小区名；局部点位置中，遇使用标志物名、兴趣点名和门（楼）址描述均可的情况时，门（楼）址优先标志物名、标志物名优先兴趣点名。

4）逻辑模型

地名地址数据表中，地名地址属性分为以下五种类型：①标识类属性，地名地址编码和分类编码描述，用于唯一识别对象和对象类型；②空间类属性，地名地址的坐标描述，用于描述地理实体的位置和形状；③地名类属性，地名地址名称的描述；④地址类属性，地名地址位置的结构化描述；⑤管理类属性，用于辅助对地名地址进行管理的属性。

3. 地名地址编码

1）行政区划代码编制

依据国家标准《中华人民共和国行政区划代码》（GB2260—2013）、《县以下行政区划代码编制规则》（GB10114—2003）、《民政统计代码编制规则》和《地名分类与类别代码编制规则》（GB/T 18521—2001）制定。数据库代码应做到不重、不漏，留有备用号。

国家地名数据库代码共有 20 位数字，分为四段。

第一段由 6 位数字组成，表示县级以上行政区划代码，执行《中华人民共和国行政区划代码》。

行政区划数字代码（简称数字码）采用三层六位层次码结构，按层次分别表示我国各省（自治区、直辖市、特别行政区）、市（地区、自治州、盟）、县（自治县、县级市、旗、自治旗、市辖区、林区、特区）。

数字码码位结构从左至右的含义是：第一层，即前两位，代码表示省、自治区、直辖市、特别行政区。第二层，即中间两位，代码表示市、地区、自治州、盟、直辖市所辖市辖区/县汇总码、省（自治区）直辖县级行政区划汇总码，其中：①01～20、51～70 表示市，01、02 还用于表示直辖市所辖市辖区、县汇总码；②21～50 表示地区、自治州、盟；③90 表示省（自治区）直辖县级行政区划汇总码。

第三层，即后两位，表示县、自治县、县级市、旗、自治旗、市辖区、林区、特区，其中：①01～20 表示市辖区、地区（自治州、盟）辖县级市、市辖特区及省（自治区）直辖县级行政区划中的县级市，01 通常表示市辖区汇总码；②21～80 表示县、自治县、旗、自治旗、林区、地区辖特区；③81～99 表示省（自治区）辖县级市。

为保证数字码的唯一性，因行政区划发生变更而撤销的数字码不再赋予其他行政区划。

凡是未经批准，不是国家标准的行政区划单列区、县级单位，代码的第三层即后两位必须设置为以 91 开始按顺序往下编制。

第二段的 3 位代码执行国家标准《县以下行政区划代码编制规则》。其中，第一位数字为类别标识，以“0”表示街道，“1”表示镇，“2 和 3”表示乡，“4 和 5”表示政企合一的单位。第二位、第三位数字为该代码段中各行政区划的顺序号。具体划分如下：①001～099 表示街道的代码，应在本地区的范围内由小到大顺序编写；②100～199 表示镇（民族镇）的代码，应在本地区的范围内由小到大顺序编写；③200～399 表示乡（民族乡）的代码，应在本地区的范围内由小到大顺序编写；④400～599 表示政企合一单位的代码，应在本地区的范围内由小到大顺序编写；⑤600～699 表示开发区等非法定单位代码，应在本地区的范围内由小到大顺序编写；⑥999 表示省、地、区（县）本级的代码，应在本地区的范围内编写。

第三段由 5 位数字组成，表示地名属性类别，执行《地名分类与类别代码编制规则》。

第四段为 6 位数字，表示附加码，具体代码段为 000000～999999，用以区分同一类别并且是同一行政区的地名并进行排序，如果前 13 位编码可以确定此地名的唯一性，则第四段代码用 000000 表示。

其具体格式为

第一段	第二段	第三段	第四段
（县级以上行政区划代码）	（县级以下行政区划代码）	（地名属性类别代码）	附加码

2）地名代码编制

按照《地名分类与类别代码编制规则》，地名类别代码采用数字型代码，分为四段，用 10 位阿拉伯数字表示（图 12.4）。第一段 4 位数字表示地名所指代地理实体的空间位置；第二段 4 位数字表示地名所指代地理实体的地理属性；第三段 1 位数字表示地名的使用时间；第四段 1 位数字表示地名的表示方式。

空间位置类别代码分为两层，分别用 1 位、3 位阿拉伯数字表示（图 12.5）。

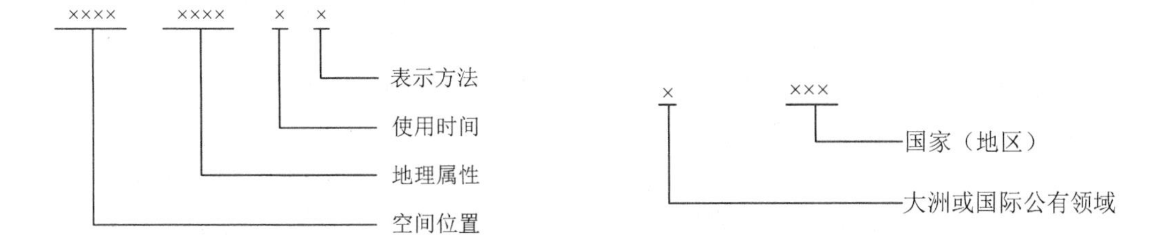

图 12.4　地名类别代码结构示意图　　图 12.5　地名空间位置类别结构示意图

表 12.2　大洲和国际公有领域代码

代码	地名所在位置
1	亚洲
2	欧洲
3	非洲
4	大洋洲
5	北美洲
6	南美洲
7	跨大洲
8	国际公有领域

空间位置类别代码第一层用 1 位阿拉伯数字表示大洲、跨大洲或国际公有领域，其代码见表 12.2。

空间位置类别代码第二层用 3 位阿拉伯数字表示国家（地区）。

国家（地区）的代码按《世界各国和地区名称代码》（GB/T 2659—2000）规定的数字代码。

大洲本身用 000 表示，如欧洲的代码为 2000。一个洲内的跨国地理实体用 999 表示，如亚洲跨国地名的代码为 1999。

跨洲地理实体用所跨大洲的代码表示，如跨亚洲、非洲和欧洲的地名的代码为 132。跨两个洲的第三位用 0 补齐，如跨亚洲和欧洲的地名代码为 120。但同一国家（地区）内的跨洲地理实体仍使用所在国家（地区）的代码。

国际公有领域中，南极洲的代码为 100，公海海域的代码为 200，天体的代码为 300。

地理属性类别代码分为门类、大类、中类、小类 4 层，分别用 1 位阿拉伯数字表示。如果中类不再细分，则它们的末位用“0”补齐。大类、中类、小类 3 层中的“其他”类别用 9 表示。使用时间类别代码用 1 位阿拉伯数字表示。现今地名的代码为 1，历史地名的代码为 2。

表示方式类别代码用 1 位阿拉伯数字表示。标准地名的代码为 1，地名简称的代码为 2，其他地名的代码为 3。

3）地址代码编制

为了实现邮件分拣自动化和邮政网络数字化，加快邮件传递速度，提高信件在传递过程中的速度和准确性，20 世纪 50 年代初，英国就开始研究邮政编码。邮政编码是邮电部门为实现邮政现代化而采取的一项措施，邮政编码是代表投递邮件的邮局的一种专用代号，也是这个局投递范围内的居民和单位通信的代号。我国采用四级六位编码制，前两位代表省（自治市、直辖区），第三位代表邮区，第四位代表县（市），最后两位数字代表从这个城市哪个投递区投递的，即投递区的位置。例如，邮政编码“130021”，“13”代表吉林省，“00”代表省会长春，“21”代表所在投递区。邮政编码只能表示一定的区域，不能精确代表一个地理实体地址，不能满足现代物流配送 GNSS 定位和智慧城市空间分析的需求。为此，将自然语言描述的地址位置信息与空间坐标相关联，生成在计算机中存储的编码，使得可以在地图上确定此地址数据所代表的地理实体的位置。这种高精度的“地址坐标编码”技术，使大量的社会经济数据变成带有空间坐标的空间信息，城市生活中的信息将空间化，从而进行更有效、更深刻的空间分析和决策应用。

“地址坐标编码”常用的方法是将地址 X 方向坐标和 Y 方向坐标取整转换成编码。为了便于人们记忆，减少编码位数，提高定位精度，往往采用相对坐标编码。以行政区划矩形左下角点作为参考点，计算地物地址 X 方向坐标和 Y 方向坐标相对值。

综合考虑行政区划的稳定性和邮政编码进行地址代码编制。行政区划选择区（县）级行政区划，我国区（县）级行政区划边界矩形一般在百千米范围。如果区（县）级行政区划边界矩形内任何一个地址的相对坐标 X 方向可以用 5 位数，Y 方向用 5 位数表示，那么在西部地区和城镇表示地址位置精度可控在 1～10m（在西部区域地址精度表示 10m，城镇地址精度要求 1m），与卫星定位精度相符合，如郑州美术馆点的地址编码：4101-12771-13266（图 12.6）。

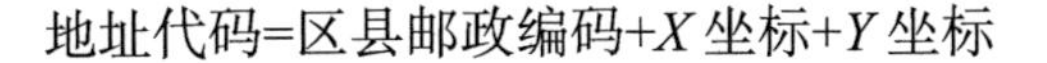

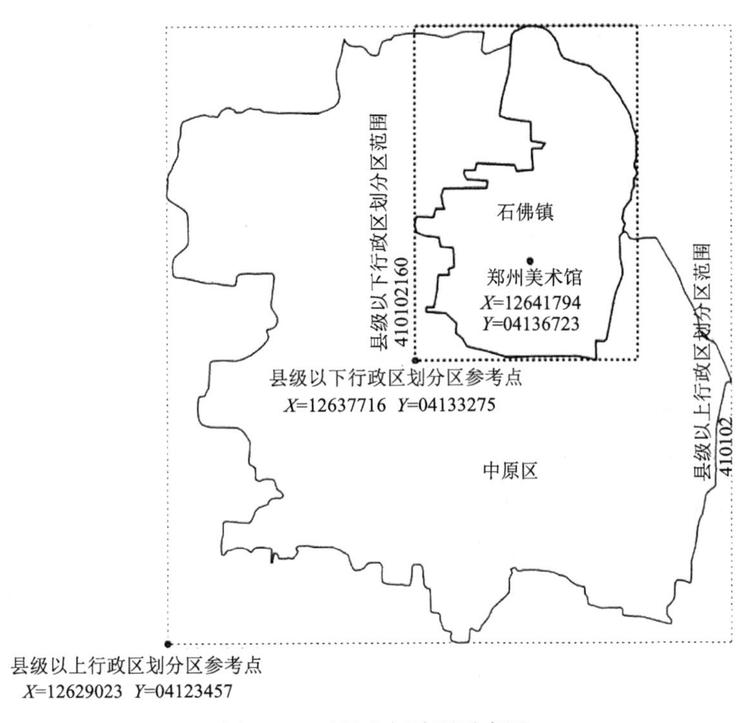

图 12.6　地址坐标编码示意图

12.2.2　地名地址数据库建库

第一步，建设完善全面的行政区划数据库，这项工作可以由民政部门所属的行政区划机构审核完成。第二步，在完善、可靠的行政区划数据的基础上，建设内容丰富的地名地址数据库，这项工作一方面可以从市民政局地名区划机构获取国家地名工程建设中所采集的数据；另一方面，可以通过行政部门下文的形式发到基层的居委会进行普查采集。第三步，在完善、可靠的地名地址数据库的基础上建设更为详细的地名地址数据库，这项工作也通过基层居委会的普查采集完成。

1. 地名地址普查

1）地名普查流程

地名普查以社区为单元划分，以社区为单元能保证门牌号数据采集时不遗漏。管辖区民警负责门牌号码数据的调查采集，管辖民警作为调查员，对门牌号的现势性比较了解，保障了采集的数据更全面可靠。公安负责门牌号的实施管理工作，使门牌号数据最具有权威性。公安系统有大量的门牌号码数据，减少了外业采集工作量，同时节约了成本（图 12.7）。

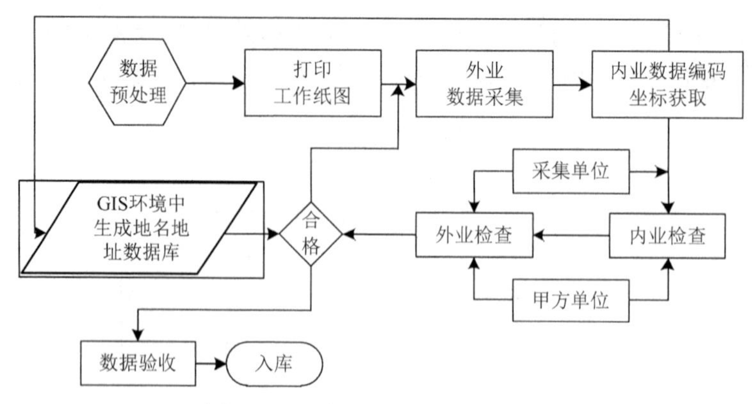

图 12.7　地名地址数据采集流程图

（1）数据预处理。对比例尺为 1∶500 全要素地形图进行处理，只保留房屋道路围墙栅栏注记图廓图层，其余数据删除。

（2）打印工作纸图。将处理后的 1∶500 地形图打印黑白纸图，作为调绘底图。

（3）外业数据采集。以处理后的 1∶500 地形图纸图为工作底图，沿街全部实地调查采集，在图上标记其位置名称门牌号码并进行拍照。

（4）基于 GIS 软件内业数据整理。依据调绘纸图，定位地名地址的平面位置，在属性字段中添加名称、门牌号码、代码地址等信息，形成数据库格式点文件，门牌号码依附于对应的道路，号码与对应的路名要写在一起，院落小区要构成面状要素，并形成标准地名地址数据库文件。

（5）成果验收。组织专家对城市地名地址数据建库进行验收，对地名地址建设的成果是否达到了设计要求，外业数据采集、内业建库的质量是否得到保障进行评审。

2）资料准备

地名地址采集以街区为单位，一般 1～2 人为一组，采集前需准备好该街区地图、证明材料、笔和文件夹。野外地名普查需要准备 1∶500、1∶1000 地形图和调查表。其中，核心城区房屋密集区域输出 1∶500 地形图作为工作地图，外围房屋较稀疏的区域采用 1∶1000 地形图，主要用于标注地名序号。

调查表用于记录地名要素名称及属性。图上序号和名称为必填；类别为 1～7，分别代表：1 为行政名称，2 为街巷，3 为小区，4 为门址，5 为标志物，6 为兴趣点，7 为其他地名要素。地名分类代码具体参见《地名分类与类别代码编制规则》，类别和地名分类代码两项一般可以根据名称来确定，野外调查时可不填写，如有特殊需要可在外业调查时填写。

3）外业调查

地名地址信息的外业采集按照要求进行，并将点位标注在调查用的图纸上，以便内业录入。调查时带上工作地图和调查表，进行野外实地踏勘并记录地名要素或去相关部门核实确认相关信息。具体调查方法如下。

（1）行政区界线，根据相关资料绘制界线图，走访相关乡镇、街道的行政主管部门（其中有乡政府、街道办事处、民政局、规划所和辖区的居委会、村委会等），为取得可靠的行政区划界线提供一定保障，不进行野外实地勘验。

（2）山体、河流等区域范围大的地理实体，根据地图等资料走访相关主管部门进行确认，不进行野外实地勘验。

（3）街道或巷弄的要素调查，在工作底图上绘制该街道或巷弄的中心线，绘制道路中心线做好起止标志，注上记录编号，在调查表中记录其名称。

（4）小区及工业区要素的调查，在工作底图上依据围墙、道路、河流等相关界线绘制其相应的范围线，注上记录编号，在调查表中记录其名称。

（5）门牌号的调查在现场逐个进行。门牌号定位点在工作图上的标注位置应与其对应门牌位置相一致，并在相应的建筑物对象内部，在标注位置注上记录编号。门牌号一般只采集民政部门认可的号码，一个建筑物如同时有两个及两个以上门楼牌时，应确认其一为最新门楼牌并只采集该门楼牌，在调查表中记录其名称。

（6）标志物、兴趣点及其他地名点的调查也在现场逐个进行。标志物等如果有对应门牌号的，其位置在工作图上以门牌号位置为准，在相应门牌号序号加注说明，以表示该门址内有几个标志物或兴趣点，并在调查表中该序号后记录相应的标志物或兴趣点的规范名称。

（7）与公安、房产等部门人员配合，对其区域内地名地址进行甄别、分析，修正地名地址的明显错误，并对不确定或不熟悉的地名地址信息进行标识。

2. 行政区划数据的内容与采集

1）行政区划数据的内容

行政区划数据来源于两个部门，即民政局区划地名办、国土资源管理局权籍处。民政局主持镇以上界线的勘界工作。国土资源管理局主持农村集体土地所有权发证工作、村级行政单元的发证工作。

行政区划数据的内容包括省（或省级市）、市（地级市）、县（县级市、区）、乡（镇、街道办事处）四级行政区划单位的相关信息。

2）行政区划数据的采集

行政区划的划分、设立、调整、管理由民政部门审批和管理，因此，民政部门掌握行政区划的最新数据，也是官方权威数据。采集内容如下。

（1）界桩采集。依据 2008 年 8 月颁布的《行政区域界线界桩管理办法》和毗邻双方人民政府签订的行政区域界线勘界协议书及其附图、界桩成果表，采集界桩点坐标和图表。

（2）界线采集。依据农村土地调查基础数据，采集线状地物时要以影像底图为基础，结合外业调查底图与记录手册。如果行政界线或者权属界线是调查底图中明显的地物界线，则根据影像将对应图层中的各级界线进行矢量化；如果行政界线是电子数据，则要对坐标系与投影参数进行检查，确定其可以满足数据库的建设要求，如果无法满足则要转换坐标变换投影，转换为 2000 国家大地坐标系；如果界线成果为纸质，要通过扫描使其矢量化，然后在对应图层绘制各级界线，并对数据的数学基础进行检查，最后转换为 2000 国家大地坐标系。利用计算机套合同一坐标系的遥感影像数据与矢量数据，再结合外业调查工作底图，确定各级行政界线、权属界线。

（3）区划采集。为了防止重复矢量化问题的出现，提升工作效率，可以利用 GIS 软件把闭合的行政界线直接封闭生成图斑，或把闭合的行政界线生成面状行政区。

3. 地名数据的内容与采集

1）地名数据的内容

地名信息归结为以下 26 种类型的地理实体名称及其重要的属性信息。

（1）行政区划：县（市）、区、乡（镇、街道办事处）。
（2）群众自治组织：村委会、居委会（含社区居委会）。
（3）居民点：自然村、城市居住小区。
（4）建筑物：各种类具有法人的公司、厂家、商店等实体单位。
（5）城市道路：包括各类城市公共道路，也包括居民点内部的街道、胡同。
（6）桥梁：河流桥梁、立交桥、跨街天桥。
（7）隧道：包括山岭隧道、水底隧道和地下隧道等。
（8）水库：包括人工水库、天然水库。
（9）堤坝：包括拦水的堤和坝。
（10）广场：政府修建并经营的面积较大的场地，包括大建筑前的宽阔空地。
（11）公园：政府修建并经营的供公众观赏和休息游玩的公共区域。
（12）涵洞：涵洞是公路或铁路与沟渠相交的地方使水从路下流过的通道。
（13）车站：包括火车站、汽车站。
（14）机场：民用机场。
（15）港口：民用港口。
（16）电站：各类发电的场站。
（17）文物古迹：古遗址、纪念地等。
（18）风景名胜区：自然风景区、自然保护区、历史文化保护区等。
（19）山脉：沿一定方向延伸，包括若干条山岭和山谷的山体。
（20）山峰：具有一定高度并具备名称的尖状山顶。
（21）河流：陆地上的江、河、川、溪、涧、沟等。
（22）湖泊：包括自然湖泊和人工湖泊。
（23）泉源：从地下流出的水源。
（24）岛屿：四面环水的自然形成或人工构筑的陆地区域。
（25）洞窟：自然形成的人可进入的地下空洞。
（26）滩涂：包括海滩、河滩和湖滩。

当然，随着社会的发展和服务的需要，地名实体的范畴会不断扩大。

2）地名采集方案

为了全面、准确、高效地采集庞大的地名数据，需要从以下三个方面展开工作。

（1）从民政、规划、公安、房产等相关部门的深入调研开始，弄清这些部门现有信息管理系统中地名地址信息的数量、结构，进而建立协助机制、开发接口程序，并对导出的地名地址数据进行全面的分析、总结。

（2）在对已经导出的相关部门地名地址数据分析、统计的基础上，找出数据的不足和遗漏情况，然后充分利用政府的组织和力量，将地名数据的核实、查漏补缺和新的采集工作逐步分解到区（县）、办事处、居委会、楼道等，通过各级组织进行全面、彻底的普查、登记和采集地名数据。

（3）建立一个具有一定专业的人员组织队伍，对通过普查得到的地名数据，按照科学的方法和手段进行进一步的抽查和审核。同时，通过互联网或街道居委会的公告栏进行公示，以保证地名数据的准确性。

地名数据的外业采集需要以现有的数据资源为基础，以专业技术人员为核心组织实施，主要有以下工作内容。

（1）数据资料的准备，需要充分利用现有的数据资源，包括各种大比例尺地形图、遥感影像资料等。

（2）工作草图编制，综合已有的信息资料，外业普查以此图件为工作图件。

（3）普查标准的制定，规范和统一外业普查人员的地名名称和标绘方法，以及后续外业普查成果的数字化整理入库，包括界线标注标准、地址门牌号标注标准、名称标注标准等。

（4）地名普查培训和技术指导。

地名数据数字化输入、地名要素的数字化输入以外业普查后的工作成果图（纸质）作为数字化底图和基础数据源，地名要素在数字化的过程中以注记方式进行标注，保证地名数据的准确性及属性的一致性，相关的地名属性信息通过数字化采集软件同时赋值，每一类地名要素在采集的过程中将自动添加标识识别码，其目的在于优化地名数据的整理、转换和入库工作，保证数据质量及其可靠性，提高地名数据库建库工作的效率。地名要素的数字化采集以社区为基本工作单位和分幅单位，即以社区为工作的空间范围，每一个社区对应一个文件。

地名数字化采集输入软件的主要功能是实现普查成果图（纸质）中地名要素的数字化输入，包括两部分内容：图形要素（主要表现为点、线、注记等）的输入、属性的录入。图形要素的输入以大比例尺地形图作为背景（新增要素多的普查图需要扫描），将地名要素逐个输入计算机中。地名数字化输入软件由地名数字化采集、地名属性编辑和数据交换三个主要模块组成。

4. 地址数据的内容与采集

1）地址数据的内容

从房产管理、物流邮件投送、户籍管理等方面的应用来看，地址信息仅有建筑、道路的地名数据是不够的，不能满足房产证办理、物流邮件投送、户籍管理及工商注册的详细地址数据需求。地址数据的内容除了每一个行政区划层级的地名和地名层级的地名都必须具有一个详细的地址数据外，地址数据的内容更多的是指每一栋建筑物的每一个单元、每一楼层、每一住户的详细信息，即建立精确到楼号、楼层、住户编号的地址数据。这是户籍管理、房产管理必需的数据内容，信息量非常庞大。地址数据的内容如下。

（1）门牌号码。门牌号码是一种地址标识，通常沿道路两侧按一定规则编号，门牌、楼牌按街路巷统一编号，不得重号。每个地区都有自己的门牌、楼牌管理办法及条例或暂行办法，由公安部门实施。门牌号码的点位宜采集在建筑物的入口处，楼牌号码的点位宜采集在建筑物的门口。当出现漏号、跳号时，应核对并填写漏号跳号记录表。

（2）楼号。楼群围建院墙并设有大门的，以院墙的大门为单位编门牌号，院内楼房由公安部门编号。按楼号由东向西或由北向南顺序编门号。

（3）单元号。一栋楼有单元，按单元门编号。单元的地址点位宜位于建（构）筑物单元门。

（4）层号。高层建筑分层编号。

（5）户号。一层内有若干住户，分户编号，如××××路78号02楼03单元04层06号。

2）地址数据采集方案

全面、准确地采集庞大的地址数据，仍需采用地名数据的组织方式，即先将已经采集入库的地名数据打印成文档分发到区（县）、办事处、居委会、楼道等，在进一步确认地名数据的同时对地址数据进行全面、彻底的普查登记。然后，需要建立一个具有一定专业的人员组织，对通过普查得到的地址数据，按照科学的方法和手段进行抽查和审核。但是，考虑地址数据的私有性，地址数据不需要公告公示。

12.2.3　地名地址数据库管理系统

系统功能框架主要由七部分构成：地理信息系统、行政区划管理、地名管理、地址管理、数据交换、系统管理和二次开发工具包（图 12.8）。

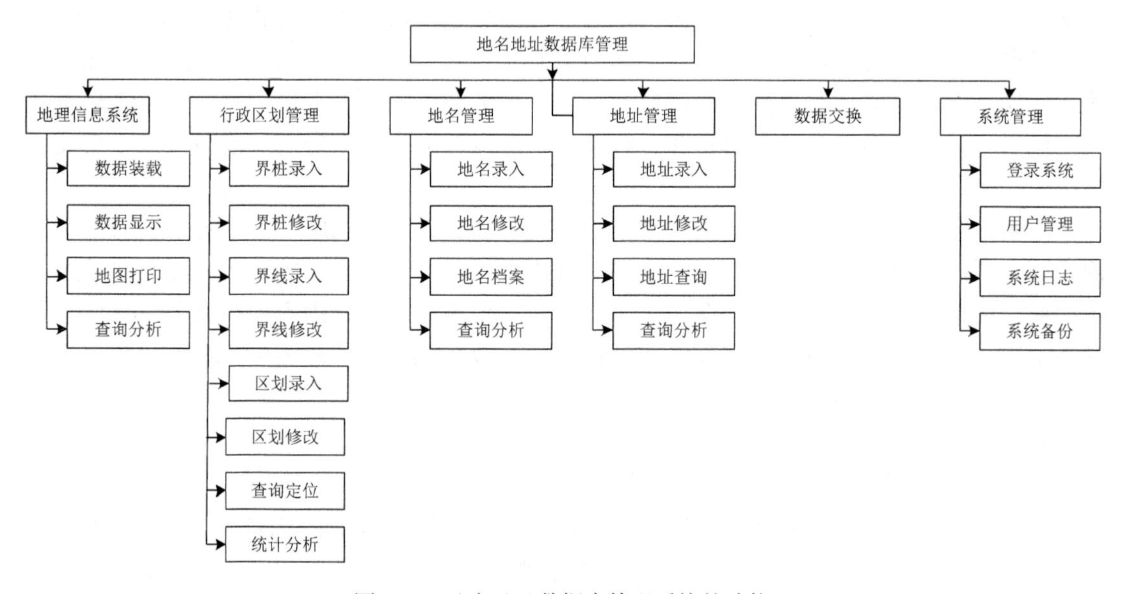

图 12.8　地名地址数据库管理系统的功能

1）GIS 功能

（1）导入导出。支持将地名地址数据入库、迁移、导出等功能；支持数据校核和查重检查功能。

（2）查询浏览。如图 12.8 所示，支持海量数据的查询浏览，支持目录树导航；支持多种查询方式，支持模糊查询，通过任意属性字段查询、组合查询等实现对多粒度、跨存储单元数据的查询和历史变更情况追溯查询；支持用户进行特殊查询条件自定义；支持对查询结果多方式保存和输出；支持按行政区、按属性、按时间等多维查询功能。

（3）编辑与处理。提供地名地址数据的新增和编辑等功能，并且提供编辑和处理辅助功能，如录入或编辑身份证号时，系统会自动检查是否有重复数据，并提示编辑处理人员。

（4）统计与分析。支持多维数据统计分析功能，可动态生成分析汇总报表；支持向导式数据统计汇总；可以自定义和保存统计规则，通过选择统计规则和统计对象实现数据的统计汇总；可实现对多粒度、跨存储单元数据的统计；统计汇总结果可表示成多种类型的图和表，并且可以输出成 Word、PDF、Excel、Jpeg 等多种格式。系统可以定制数据分析规则；能够与自然资源和空间地理信息库连接，支持对数据分析规则的定制；可以根据数据分析成果生成成果报告，并以 Word、Excel、PDF 等形式输出。

（5）元数据管理。支持元数据的入库；维护元数据与数据的关联；支持元数据浏览、查询、统计汇总功能；建立元数据目录，支持标准元数据目录服务；可实现元数据的输出与打印。

2）区划管理功能

（1）界桩管理功能。界桩在 GIS 中表示一个点，界桩的录入、删除、修改等操作都是对点的操作。

（2）界线管理功能。界线在 GIS 中表示一个线状地物，界线的录入、删除、修改等操作都是对线的操作。

（3）区划管理功能。区划在 GIS 中表示一个多边形，多边形地理实体操作分成两种状态：一种是没有拓扑关系，它的操作同线状地理实体操作；另一种是由线状地理实体坐标链的拓扑关系组成的多边形。它的几何位置和属性操作如线状地理实体，其拓扑关系数据通过人工或自动方式建立。

3）地名管理功能

地名所对应的地理实体可归结为三类，即面状实体，如小区、广场；线状实体，如道路、河流；点状实体，如建筑物、桥梁。

（1）点状地名管理功能。点状地名在 GIS 中表示一个点，点状地名的录入、删除、修改等操作都是对点的操作。

（2）线状地名管理功能。线状地名在 GIS 中表示一个线状地物，线状地名的录入、删除、修改等操作都是对线的操作。对线的操作主要表现在：对线状地名的几何位置的增加、删除和修改及线状地名属性的增加、删除和修改。

（3）面状地名管理功能。面状地名在 GIS 中表示一个多边形，一般情况没有拓扑关系，它的操作同线状地理实体操作。

4）地址管理功能

地址在 GIS 中大多情况下表示一个点。门牌号位置、楼和楼的单元位置用一个坐标点表示。这些点的录入、删除、修改等操作在 GIS 中都是对点的操作。楼层、户号的位置不使用坐标位置表示，一般用楼盘表表示。

5）数据交换

支持本系统与各类数据源的原始数据库的数据交换、更新与同步；支持历史数据的回溯与分析；提供数据交换接口，能够通过网络实现数据与其他应用系统的数据交换。

6）系统管理

（1）系统安全管理。系统具有用户与权限管理功能、数据备份功能、系统监控等功能。对系统的操作安全性和访问安全性进行管理，以保障应用系统正常、安全、可靠地运行，实现操作权限和访问的管理、分配和控制。支持数据库备份，对数据定期备份，使数据更安全，防止数据的丢失和意外损失。

（2）系统管理与维护。具有数据字典管理功能；支持系统和数据库的灵活配置；提供对于数据库的操作日志记录，并可对日志文件进行浏览，从而跟踪数据库中数据的使用状况。

7）二次开发工具包

系统能够提供标准 Web 数据服务接口；提供组件式二次开发接口，具有二次开发能力。

12.3　人口信息系统

人口信息是国家重要的基础信息之一。建设人口数据库，全面收集、整合个人社会行为轨迹信息，建设完备的人口基础数据库，实现行业部门间的信息共享，并充分利用人口信息资源，开发公共服务产品，可提高政府监管能力和服务水平；通过人口数据库加强社会管理，对实现社会信息化将起到积极推动作用。

12.3.1　人口数据库

人口数据库是有关自然人从出生到死亡整个人生过程中各种标识个人身份的基础信息，是为政府部门、企事业单位及公共服务提供统一、完整、一致的个人某一时刻的信息快照。人口信息涉及公安、卫生、人社、教育、民政、计生等众多部门。人口数据库建设，应严格按照“政府主导、部门联合、共建共享、互利互赢”的原则进行。以计生委的人口数据为基础，通过与公安局户籍系统对比形成人口数据库，在此基础上完善流动人口数据库。

1. 数据库概念模型

人作为实体对象，是一个具有时空和社会属性的实体对象。而人的社会属性是管理和服务部门在管理和服务中赋予人的特定的属性，如图 12.9 所示，一个人在从出生到死亡的整个生命周期中，不同的阶段由不同的部门管理，如出生由卫计部门管理、户口由公安部门管理、上学阶段由教育部门管理……因此，人口数据库应以人的全生命周期为主线，贯穿从生到死的整个过程，这才是一个完整的体系。人作为一个活动实体，同时又具有一定的时间和空间属性，决定了一个人分属于特定的时间段和特定的区域内。人不能因为部门管理的不同而被人为地分割为不同的实体对象来处理。

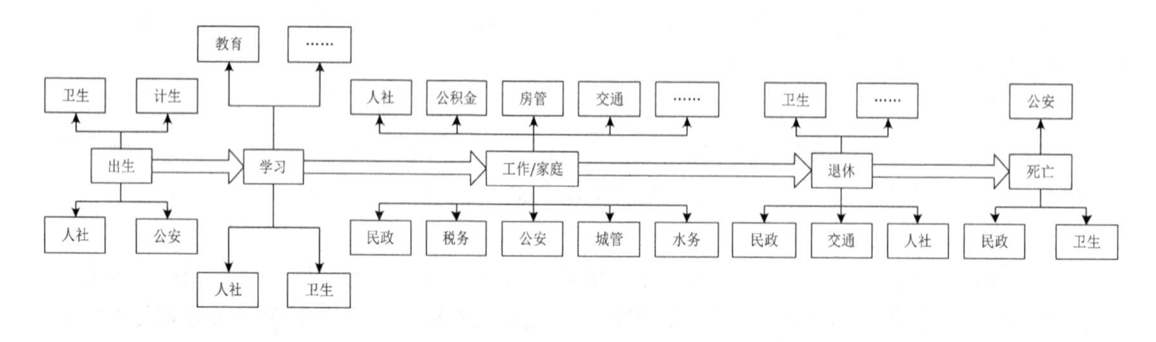

图 12.9　人的全生命周期与管理部门关系图

人口数据库以人为设计对象，是人的社会属性的集合，因此应以人的全生命周期为设计主线，从概念模型、逻辑模型、物理模型三个环节完整设计人口数据库架构。

1）概念模型设计

人作为一个具有社会属性的实体对象，属性由管理和服务部门赋予。人口属性信息包括居民身份信息、教育、婚姻、社保、工作、房产、金融等几百条。在人的众多属性信息中，部分属性信息因所处的年龄阶段不同而得失，部分因为空间的转移而得失或变更；部分信息在人的社会关系中被广泛使用，部分则极少涉及；部分信息决定着人的社会活动中的主要内容，部分则作为辅助。因此，为便于数据的管理和共享交换，根据人口属性信息的应用目的、范围和个人隐私程度不同，将人口数据库分为基本数据库和扩展数据库。

基本数据库：存储公民最基础的、相对变化频率较小、使用范围广泛，且个人隐私敏感度较低的信息，包括公民身份证号码、姓名、性别、出生年月日、民族等。

扩展数据库：存储部门间有特定的共享应用需求和个人隐私敏感度较高的信息，主要包括公民的法人信息、税务信息、金融信息、房产信息等。

如图 12.10 所示，图中中心区域的户籍、教育、社保和民政信息在人的社会活动中应用最广、权属最重，定义为人口基础数据。中心外围更多的是在人口基础数据之上因人的社会活动所处的领域和其进行的活动而获得的特定属性。这些属性只在特定的单位或行业使用，不被其他领域所需要，定义为人口扩展数据。

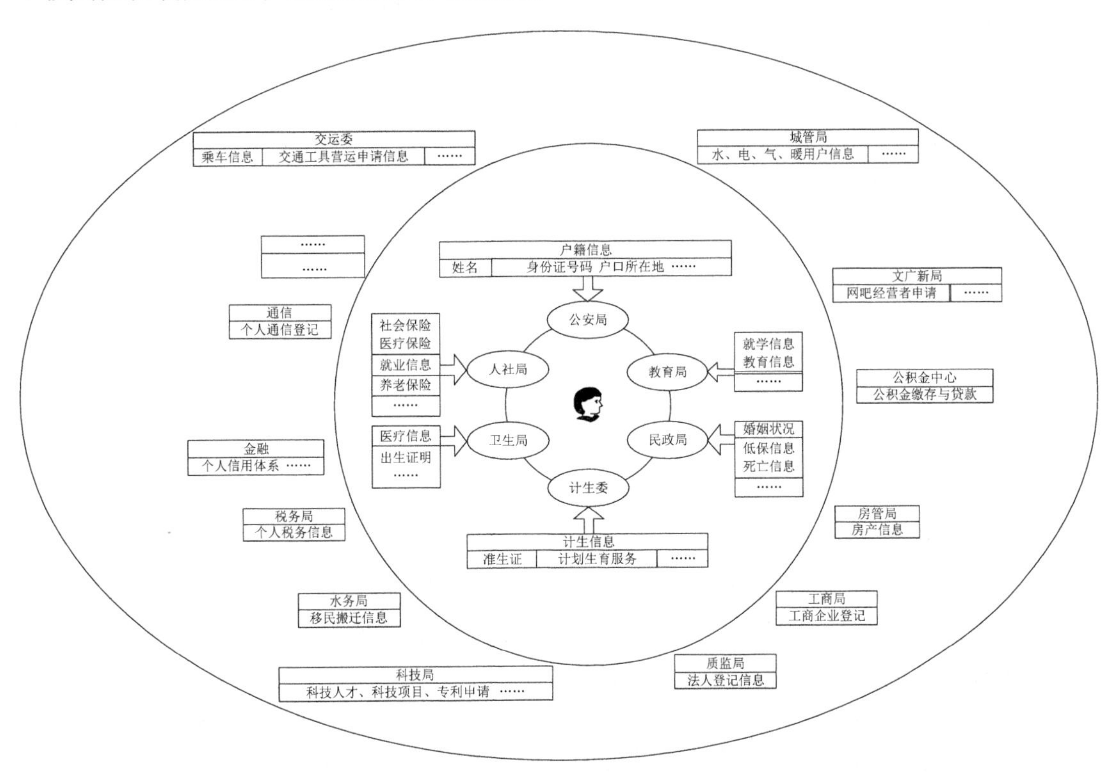

图 12.10 人口数据库定义

2）人口基本数据模型

人口基本数据是人口数据库核心，人口基本数据包括本地常住居民身份、流动人口、教育、社保、婚姻等信息，该信息贯穿人的整个生命周期。该信息模型所包含的内容如图 12.11 所示。

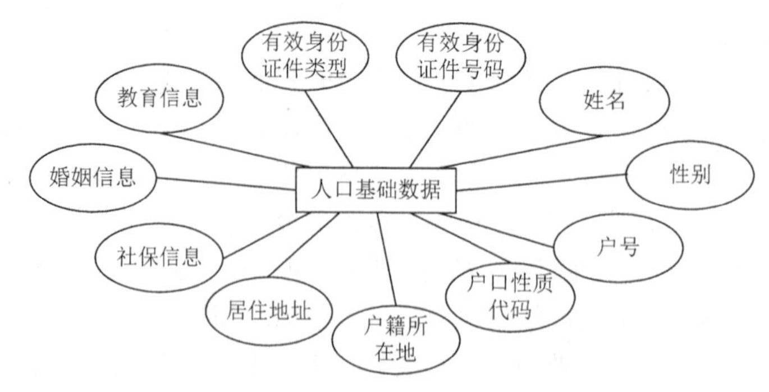

图 12.11　人口基本信息 E-R 模型

3）人口扩展数据模型

人口扩展数据模型是全面建设人口数据库的必需数据库，可以方便公安、计生、民政、卫生、教育、残联、人力资源和社会保障、统计等使用人口信息的部门及时准确地查询人口相关信息，不同部门可以共享相关的人口信息，确保各相关部门的人口数据的准确性和一致性。人口扩展信息具有数量大、来源多的特点。重点包括特别人员信息、家庭成员信息、社会化居家养老服务信息；健康状况信息；低收入家庭信息、救助信息；居住信息；金融信息；通信服务信息、税务信息、法人信息、房产信息等。重要属性建模如图 12.12 所示。

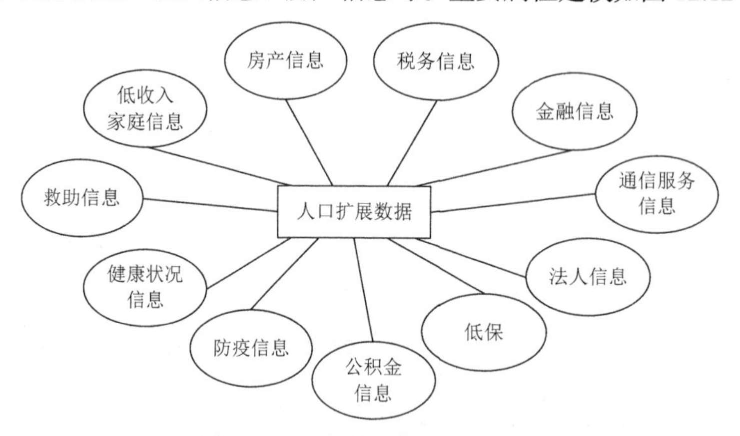

图 12.12　人口扩展信息 E-R 模型

4）人口数据概念模型

公安局、卫生局、民政局等各个局部应用面向的问题不同，关心的信息内容也不同，在集成中必须着力消除各个局部中的不一致问题，形成全系统中所有用户能够共同理解和接受的统一的概念模型。各个局部应用之间的冲突主要有如下三类。

（1）属性冲突，即属性值的类型、取值范围或取值集合不同，属性取值单位冲突。

（2）命名冲突。同名异义，即不同对象在不同局部应用中有相同名字；异名同义，即同一意义的对象在不同的局部应用中有不同的名字。

（3）结构冲突，如同一对象在不同应用中有不同抽象，或实体在不同应用中包含的属性个数和次序不同。

经过合并重构后，总体 E-R 模型集成局部分 E-R 模型，从全局视图展现人口数据库内实体和属性的关联关系。以人的身份证号码为主索引，实现基础信息与扩展信息关联，如图 12.13 所示。

人口基础数据与人口扩展数据通过身份证件号码为主关键字段，姓名为辅索引比对和关联。

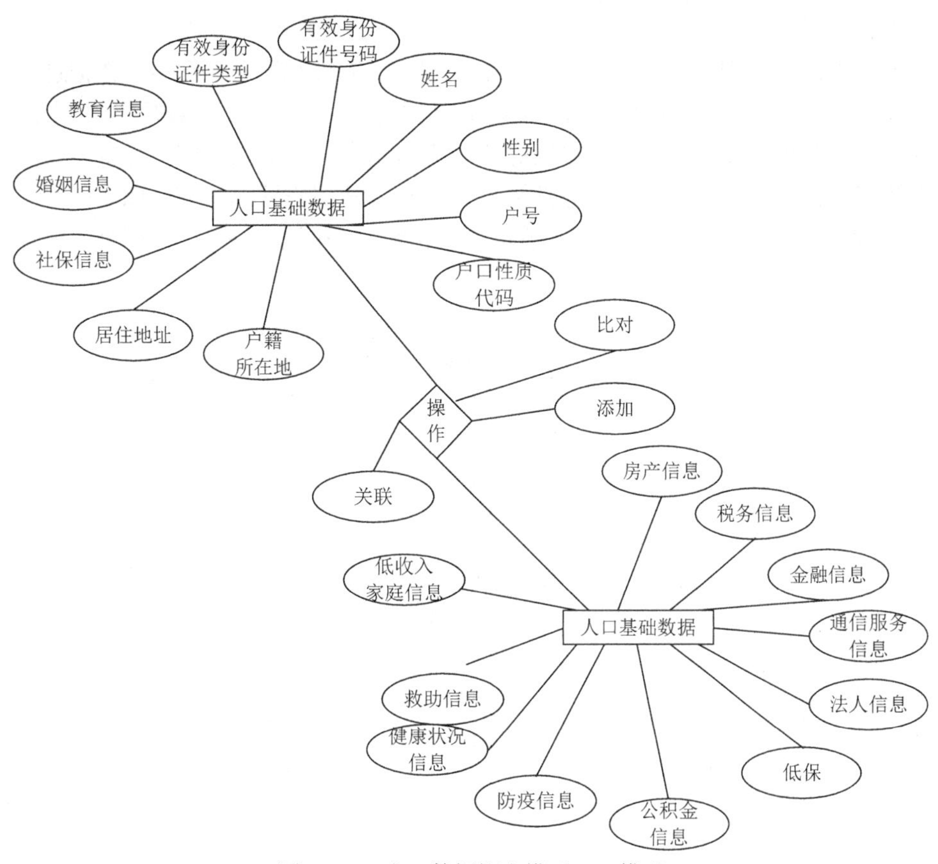

图 12.13　人口数据概念模型 E-R 模型

2. 数据采集

1）数据来源

人口基础数据来源为计生委、公安局、人社局、民政局、教育局等部门。

2）部门职责

在组织实施人口基础数据采集时，各相关部门不仅要认真完成自己职能范围内的工作，还必须密切配合相互协调。计生委：提供计生人口数据库，作为普查基本库。市信息资源中心：提供矢量电子地图、栅格电子地图的数据加工、整理与建库；标准地名地址库；牵头开发人口数据采集与核对系统和人口数据管理系统；配合计生委、社区管理局做好质量控制；牵头做好公安、民政、人社、教育、统计人口基础信息与普查数据比对，完成人口基础信息库入库工作，并组织验收。

相关数据提供单位及提供数据如下。

人口计生部门：总人口、死亡人口、已婚育龄妇女、婚姻、人口计划、怀孕、生育、避孕节育及流动人口等个案信息。

民政部门：结婚登记、协议离婚、收养子女信息、死亡信息。

卫生部门：医院接生信息、婴儿出生医学证明办理、新生儿筛查信息。

公安部门：新生儿落户、暂住人口、死亡人口、户籍迁移人口、流动人口等个案信息。个案信息包括姓名、出生年月、性别、身份证号码、户籍地、现居住地、工作单位等内容。

教育部门：大、中、小学学生入学登记及在校生等个案信息。

统计部门：上年度总人口、出生、死亡等人口数据。

3）数据比对与核查

以计生委人口数据为基础，与公安、卫生、教育、人社和民政等部门的数据进行比对，比对一致确认通过，比对不一致数据由相关权属部门协商处理，核实一致后通过（图 12.14）。

数据审核检查组主要是审核数据是否完整，人口信息的地址数据能否与空间数据进行关联，人工补充完善上述数据后，进行总体人口数据唯一标识码编码（唯一标识码一般按照人员身份证号+2 位顺序号自动生成，无身份证人员由普查小区编码+3 位顺序号生成），系统编码后自动入库。

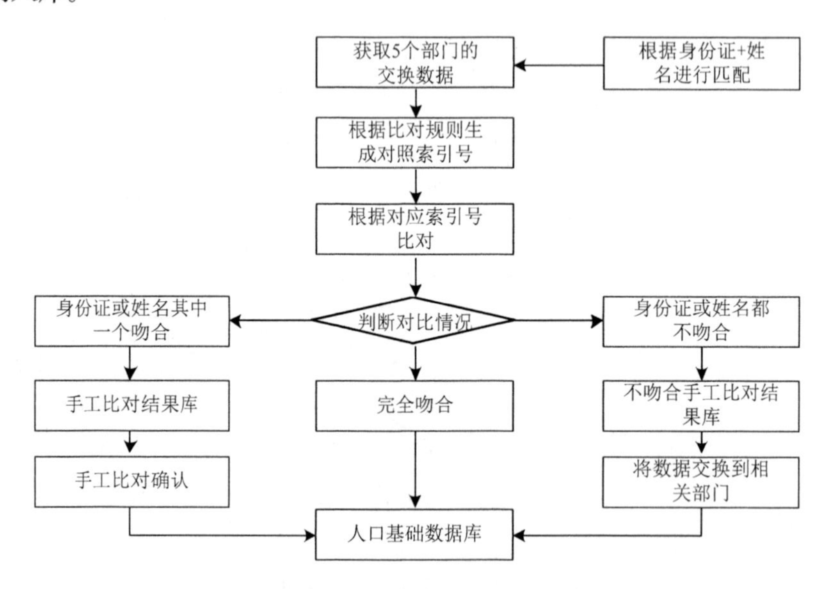

图 12.14　数据比对流程

4）数据空间化匹配

将采集到的人口数据表中的地址字段与城市地名地址库中的地址字段进行比对，实现人口数据的空间化匹配，达到人进房、房上图的目标。

3. 更新维护

1）人口数据库运维模式

人口数据库包含不同管理和服务部门所管理的数据，目前存储在不同的部门数据中心。人口数据库涉及数据库规划布局、数据采集加工、运行维护、组织管理，其过程管理已脱离了单个部门的管理范围，需要有完善的体制、机制来监督、协调和保证（图 12.15）。

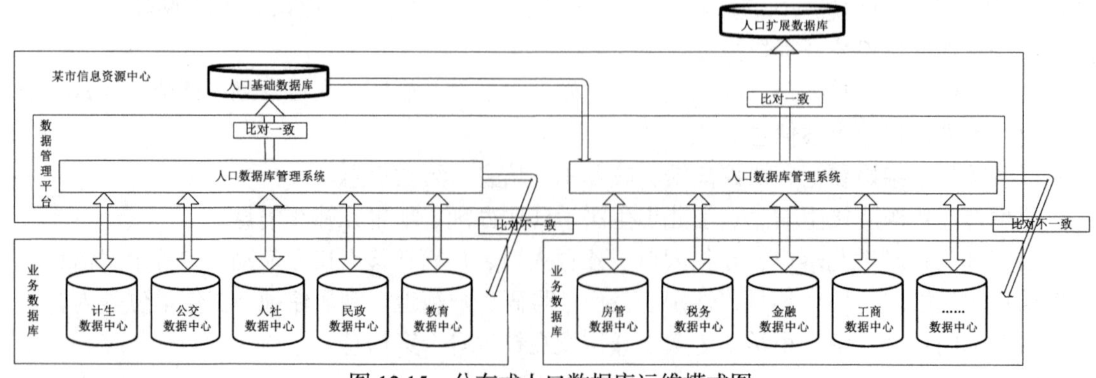

图 12.15　分布式人口数据库运维模式图

人口基础数据来源于分布在各个委局业务数据库，通过数据交换平台实现数据的抽取、比对、核实、交换，以实现数据的实时更新。

对于人口扩展数据库，通过人口数据库管理系统，获取人口基础数据库中共享得到的身份证、姓名等关键基础信息，比对房管、金融、税务等业务办理数据库，从而将相关信息与人关联，形成人口扩展数据库。人口扩展数据库部署在各业务管理部门数据中心或托管至城市信息资源中心。

2）人口数据库更新维护机制

数据更新包括批量更新、增量更新、同步更新等多种方式。由于各部门的数据管理机制不同，有部门垂直管理也有部门自己管理，为保持数据的完整性和一致性，建议与部门业务办理系统关联，实时更新数据。

3）更新流程

（1）人口基础数据更新流程。数据实行垂直管理的部门在更新垂直库（即省级业务库）的同时，将本部门负责的人口基础信息字段抽取一份到前置交换机中；数据自主管理的部门直接将本部门负责的人口基础数据字段抽取一份到前置交换机中。各部门数据在数据交换系统的支撑下，交换至数据中心待审核库，由人口基础数据库管理人员进行校准审核，导入正式库，从而实现基础层数据更新。人口基础数据更新流程如图 12.16 所示。

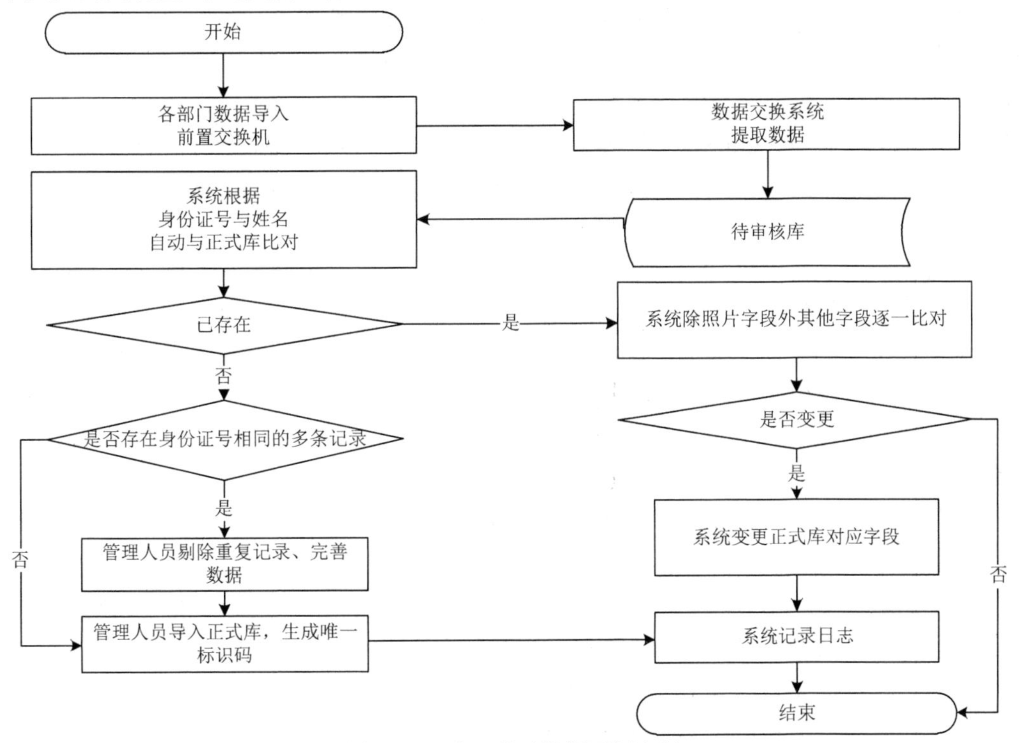

图 12.16　人口基础数据更新流程

（2）人口扩展数据更新流程。数据实行垂直管理的部门在更新垂直库（即省级业务库）的同时，将本部门负责的人口扩展信息表抽取一份到前置交换机中；数据自主管理的部门直接将本部门负责的人口扩展信息抽取一份到前置交换机中。通过数据交换系统交换到数据交换前置机进行发布，用户可通过目录服务系统查询并使用数据，扩展信息层更新流程如图 12.17 所示。

人口数据一旦建立并导入正式库，则不能删除，只能将数据变更为无效状态，并且只能由管理员操作。

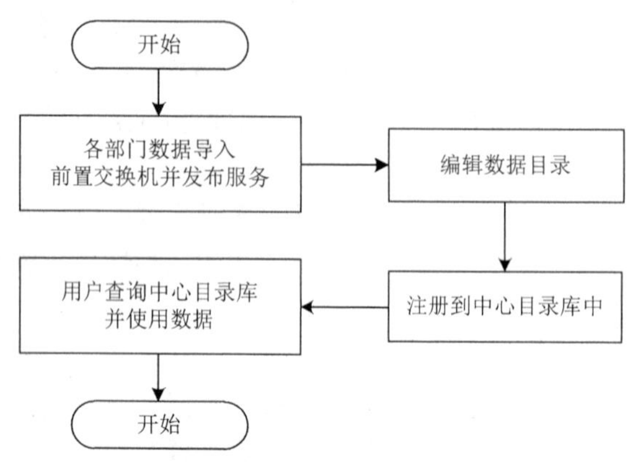

图 12.17　人口扩展数据更新流程

12.3.2　人口数据库管理系统

系统功能主要包含数据管理、数据交换、服务支撑接口等方面，具体如下。

（1）数据同步功能。能够与人口数据管理系统同步进行，导入最新的空间矢量、空间影像和全员人口数据，使数据采集人员能够快速直观地定位普查区域和建筑物库，以便按建筑物进行入户采集。同时，能够将采集和更新的人口数据导入人口数据管理系统。

（2）导入导出。支持将人口数据库数据入库、迁移、导出等功能；支持数据校核和查重检查功能。

（3）查询浏览。支持海量空间数据的查询浏览，支持目录树导航；支持多种查询方式，支持模糊查询，通过任意属性字段查询、组合查询等实现对多粒度、跨存储单元数据的查询和历史变更情况追溯查询；支持用户进行特殊查询条件自定义；支持对查询结果多方式保存和输出。支持按行政区、按属性、按时间等多维查询功能。

（4）编辑与处理。提供人口数据的新增和编辑等功能，并且提供编辑和处理辅助功能。

（5）统计与分析。支持多维数据统计分析功能，可动态生成分析汇总报表；支持向导式数据统计汇总；可以自定义和保存统计规则，通过选择统计规则和统计对象实现数据的统计汇总；可实现对多粒度、跨存储单元数据的统计；统计汇总结果可表示成多种类型的图和表，并且可以输出成 Word、PDF、Execl、Jpeg 等多种格式。系统可以定制数据分析规则；能够与自然资源和空间地理信息库接口，支持对数据分析规则的定制；可以根据数据分析成果生成成果报告，并可以 Word、XLS、PDF 等形式输出。

（6）专题空间数据管理。支持导入矢量和栅格空间数据，实现浏览、放大、缩小、测距等基本空间数据操作，支持人口数据采集区、采集小区、建筑物图斑的编码功能。在系统中能够检查人口基础数据与空间信息的地址关联，并能手工关联地址信息；能够根据指定的空间范围对人口基础数据进行查询和统计分析。

（7）元数据管理。支持元数据的入库；维护元数据与数据的关联；支持元数据浏览、查询、统计汇总功能；建立元数据目录，支持标准元数据目录服务；可实现元数据的输出与打印。

（8）交换与更新。支持本系统与各类数据源的前置交换数据库的数据交换、更新与同步，并能支持与平板电脑上部署的人口数据采集与核查系统的空间数据和属性数据的同步更新；支持历史数据的回溯与分析；提供数据交换接口，能够通过网络实现数据与其他应用系统的数据交换。

（9）系统安全管理。系统具有用户与权限管理、数据备份、系统监控等功能。对系统的操作安全性和访问安全性进行管理，可保障应用系统正常、安全、可靠地运行，实现操作权限和访问的管理、分配和控制。支持数据库备份，对数据定期备份，使数据更安全，防止数据的丢失和意外损失。

（10）系统管理与维护。具有数据字典管理功能；支持系统和数据库的灵活配置；提供对于数据库的操作日志记录，并可对日志文件进行浏览，从而跟踪影像库中数据的使用状况。

（11）系统开放接口。系统能够提供标准 Web 数据服务接口；提供组件式二次开发接口，具有二次开发能力。

12.4　应急指挥系统

依据我国应急预案框架体系，公共安全事件应急指挥中心是应急指挥体系的核心，各级政府建立了“突发公共安全事件应急指挥中心”。在处置公共安全应急指挥事件时，应急指挥中心需要为参与指挥的领导与专家准备指挥场所，提供多种方式的通信与信息服务，监测并分析预测事件进展，为决策提供依据和支持。应急指挥系统是指政府及其他公共机构在突发事件的事前预防、事发应对、事中处置和善后管理过程中建立的必要的应对机制系统，全面地提供如现场图像、声音、位置等具体信息。基于 GIS 的应急指挥系统通过与现代信息技术和网络技术的结合，可以建立起突发事件应急指挥系统与各个职能子系统的可靠互联，提高资源配置效率，实现有效的资源共享和海量应急信息的快速传递，满足决策部门应急统筹和多部门应急协同的需求。

12.4.1　突发事件与应急指挥

1. 突发事件

突发事件，在美国又被称为紧急事件，美国对突发事件的定义大致可以概括为由美国总统宣布的、任何场合、任何情景下，在美国的任何地方发生的需联邦政府介入，提供补充性援助，以协助州和地方政府挽救生命、确保公共卫生、安全及财产或减轻、转移灾难所带来威胁的重大事件。加拿大在其制定的应急管理法中将公共紧急事件分为公共财产紧急事件、公共秩序紧急事件、国际紧急事件和战争紧急事件四大类，并分别予以定义和制定相应的处理机制。在澳大利亚，突发事件又包括紧急事件和灾难，是指已经或即将发生的，威胁生命、财产、生态环境的，需要人们协同应对的重大事件或对社会造成重大破坏、危害的情况和状态。国际上对突发事件有代表性的定义是欧洲人权法院对“公共紧急状态”的解释，即一种特别的、迫在眉睫的危机或危险局势，影响全体公民，并对整个社会的正常生活构成威胁。

我国发布的《国家突发公共事件总体应急预案》中，突发公共事件是指突然发生，造成或者可能造成重大人员伤亡、财产损失、生态环境破坏和严重社会危害，危及公共安全的紧急事件。根据突发公共事件的发生过程、性质和机理，突发公共事件主要分为四类：自然灾害、事故灾难、公共卫生事件和社会安全事件。

结合上述对突发事件的相关定义，依据《国家突发公共事件总体应急预案》中突发事件的概念，突发事件定义为突然发生的，对社会财产、秩序等造成严重危害和重大破坏的紧急事件，而“城市突发事件”就是指发生在整个城市辖区内的突发事件。

2. 突发事件的特点

城市突发事件具有以下主要特点。

（1）不易察觉性。突发事件发生之前通常没有什么明显的征兆，或者由于征兆信息零散，不足以引起相关人员的注意。这种情况下，即将到来的突发事件往往不易被政府或各级管理机构察觉而做出必要的预警。例如，震惊世界的美国“9·11”事件就完全没有被美国当局所事先察觉，以至于带来不堪想象的恶劣后果。

（2）突发性。突发事件往往在人们未曾预料的时候暴发，发生的时间、地点、形式及公共危害程度等都很难预见，具有很大的偶然性和随机性，令管理机构防不胜防。

（3）危害性。由于突发事件常常是在人们毫无防备的情况下发生的，因此很容易给社会环境带来一定程度的破坏，严重的甚至危及人们的财产和生命安全。有时，即使突发事件已经被有效控制，但信息披露不及时等也可能造成人们心理上的恐慌和精神上的痛苦。

（4）紧迫性。突发事件的突发性决定了此类事件一旦发生就很可能超出正常的社会秩序和人们惯常的思维模式，如果不对其做出迅速的决策和采取有效的措施，随着事件破坏力的进一步升级，很可能造成不良影响迅速蔓延至整个地区甚至全国、全球，后果不堪设想。因此，在发生突发事件后，政府和相关的指挥管理机构必须立即做出反应，在关键时刻果断决策，紧急动员各方资源，尽可能在有限的时间内妥善地处理危机情况。

（5）高度复杂性。突发事件带来的问题往往是那些不常发生的或出人意料的非结构化问题，因此处理突发事件而进行的决策一般都属于非程序化决策，有时无法用经验性的知识和方法来对待。这是因为突发事件的诱因错综复杂，包括历史、经济、政治、文化、环境、社会等多方面。突发事件发生后，人们难以判断其影响范围、危害程度、解决途径等，这对突发事件的指挥管理机构的决策能力和组织能力要求很高，因为一旦处理不善，又可能带来新的更复杂的问题。

（6）社会性。突发事件的暴发所造成的巨大影响，不仅直接作用于社会民众，还往往会通过各种信息途径迅速传播，成为整个社会关注的焦点和热点。危害巨大的突发事件可能引起严重的社会危机，对社会基本的价值和行为准则产生威胁，甚至会影响整个社会的稳定。

（7）双重性。突发事件可能带来破坏性的影响，但有时也可能随之孕育着变革。如果管理者能够正视突发事件带来的危害，同时努力化解积极应对，不仅能够化险为夷，转危为安，还可以以此作为变革的契机，完善整个社会公共安全体系。

3. 突发事件的分类分级

我国的《国家突发公共事件总体应急预案》中，根据突发公共事件的发生过程、性质和机理，突发公共事件主要分为以下四类。

（1）自然灾害。主要包括水旱灾害、气象灾害、地震灾害、地质灾害、海洋灾害、生物灾害和森林草原火灾等。

（2）事故灾难。主要包括工矿商贸等企业的各类安全事故、交通运输事故、公共设施和设备事故、环境污染和生态破坏事件等。

（3）公共卫生事件。主要包括传染病疫情、群体性不明原因疾病、食品安全和职业危害、动物疫情，以及其他严重影响公众健康和生命安全的事件。

（4）社会安全事件。主要包括恐怖袭击事件、经济安全事件和涉外突发事件等。

各类突发公共事件按照其性质、严重程度、可控性和影响范围等，一般分为四级：级特别重大、级重大、级较大和级一般。

这里应该强调的是，突发事件的分类分级并不是对突发事件绝对意义上的划分。某一特定的突发事件可能同时属于多种类型，也可能由于其影响的蔓延扩散，引发其他类型突发事件。另外，突发事件具有高度复杂性，应该对相关的应急指挥机构分配相应的管理权限，同时根据地域的不同和资源情况的差异，对突发事件分级也应该有所区别。不同城市应该针对自身的实际情况在分级指标的构成、事件级别认定等方面，结合各种可能的因素，制订适合本区域具体情况的分级体系，并与时俱进及时地做出调整和更新。

4. 应急指挥模式

按照业务机制划分，城市突发事件应急指挥体系大致有四种模式：集权模式、授权模式、代理模式和协同模式。

1）集权模式

由市政府成立专门的城市应急联动中心，该中心代表政府全权行使应急指挥大权，将公安、消防、医疗等专项应急职能统一纳入进来。该模式的特征是政府牵头、集中管理，应急指挥中心是政府管理的一个部门，有专门的编制和预算，政府将所有指挥权归于应急指挥中心，在处理紧急事件时，有权调动政府的任何部门。国内第一个建设应急联动指挥系统的南宁市就效仿美国的应急联动中心。这种模式存在的最大问题是跨部门间的资源整合困难较大，整个应急指挥系统的运行机制有待改进。目前，国内尚无其他城市完全照搬此模式建设突发事件应急指挥系统。

2）授权模式

市政府利用现有的应急指挥基础资源，将应急联动的指挥权授予公安，以公安为基础，协同其他联动部门共同出警。在紧急情况下，公安代表政府调动各部门联合行动，并代表政府协调和监督紧急事务的处理。处理重大公共突发事件时，则由市政府出面成立应急小组协调各部门。此种模式在广州、上海等大城市经过多年的建设，已形成了一套比较成熟的应急联动指挥系统。

该系统由于保持了现有各个行政部门的体系，建设投资小，为国内大部分大城市所采用。然而，授权权限的大小是该模式的关键所在。当发生特大城市突发事件时，往往只有政府最高决策机构才能指挥协调各职能部门进行应急响应。没有政府牵头单靠一个部门是不现实的。正因为如此，授权模式只能作为我国应急指挥系统的一种过渡模式存在。

3）代理模式

政府成立统一的接警中心或呼叫中心，负责接听城市的应急呼叫，根据呼叫的性质，将接警记录分配给一个或多个部门去处理，并根据各部门处理情况反馈给报警人。代理模式以北京为典型代表，该模式适合于那些各个应急部门相对独立但部门本身都是体系完整而庞大，应急反应机制高度发达和成熟的情况。尽管代理模式由政府牵头，统一了紧急呼叫的入口，但还不是真正意义上的联动的应急指挥系统。

4）协同模式

该模式适合于中小型城市，政府对行政体制调整没有太多的权力，现阶段也很难保证大量资源来重构应急指挥体系。多个不同类型、不同层次的指挥中心和执行机构通过网络组合起来，按照约定的流程分工协作，联合指挥、联合行动。协同模式一般由一个政府指挥中心、多个部门指挥中心和更多基层远程协同终端构成，政府和部门之间信息互联互通，政府可以查看到应急事件的处理情况，各个部门之间也可互通应急数据。但是当突发事件发生时，只有应急数据的共享是远远不够的，还必须为决策准备许多历史参考和分析模型。

另外，各种专业数据由各个专业职能部门分别保存，某些敏感数据还存在保密问题。显然，简单的数据互联互通在突发事件应急指挥的实际操作中存在不少难题。如何在信息安全的前提下，保证向应急指挥系统提供足够的有效数据和辅助决策支持，是该模式需要进一步在实践中解决的问题。

上述四种突发事件应急指挥模式分别适用于不同的实际情况，没有绝对的优劣之分，都应该作为建立系统完善的城市突发事件应急指挥系统的必要参考。

5. 应急指挥系统

应急指挥系统可以分为组织构成和技术构成两大部分。组织构成是指建立应急管理体系中相应的权力机构和辅助机构。例如，以市长为最高决策人的应急管理委员会作为城市应急指挥的最高权力机构，由政府常设的各相关职能部门保证其日常运转，而由不同领域专家组成的专家委员会则作为应急管理体系中的辅助决策机构。技术构成主要是指城市突发事件应急指挥平台的建设，除了组织相关的专业技术队伍外，主要包括两个方面的建设：应急指挥系统软件的设计和相应的硬件配备。

应急指挥系统分为执行型应急指挥（简称执行型系统）和决策型应急指挥系统（简称决策型系统）两类。执行型系统的使用对象是市各应急响应职能部门的应急指挥中心，决策型系统的使用对象就是市级应急指挥中心。对于执行型系统尚不完善的城市，及时改造升级执行型系统是很必要的。然而，考虑城市公共安全的长远利益和根本大局，市级应急指挥系统建设还是必须以决策型系统为目标。

城市处于正常状态时，应急指挥系统通过常设的职能机构对全市的公共安全情况进行监控，利用应急指挥平台的信息管理功能，收集挖掘本地区各方面的安全实时信息，包括地震局、气象局、水利部门、交通局、公安局、民政局及当地相关职能部门发布的地区危机预测信息和周边地区危机动态报告。同时，各相关部门在平时负责检查各类安全事故隐患，并定期组织城市重大应急预案的演练，长期开展全民安全素质教育等。

城市中一旦发生突发公共事件，政府及相关应急管理机构必须及时高效地对突发情况进行迅速反应，成立由专人负责处理紧急事宜并有相关专业队伍提供支持的应急指挥机构，根据突发事件的等级高低，启动相应的应急预案，通过以指挥通信调度系统为基础的应急指挥平台快速、实时、准确地收集和处理应急信息，协调指挥全市各个相关组织单位和下属区县进行应急救援行动。

12.4.2　系统总体框架

1.构建指导思想

1）以人为本

无论是从最高决策者的角度考虑，还是从具体执行部门的角度考虑，应急的最高原则都应该是保护人民的生命安全。坚持以人为本，就是在任何情况下都要确保群众的人身安全，绝对不能拿生命冒险。任何应急救援活动的首要目标和应急措施都是保障人的生命安全，既包括受到突发事件破坏影响的人民群众的生命安全，还要充分考虑应急队伍自身的安全。

2）重在预防

应急指挥系统不仅具有对突发事件应急响应和处置的功能，同时其常设部门如市应急办更要重视突发事件的预警和预防，在事故即将形成或没有暴发之前，采取应变措施防范和阻止由预警期进入应急响应期；事故发生和扩大蔓延之前，通过预警期的活动迅速提高警备级别，动员准备力量，加强应急处置能力，把事故控制在应急预案所策划的特定类型或指定区域，确保事故在演化成危机前进入恢复期。

3）及时响应

由于突发事件的突发性、紧迫性和破坏性等特征，其社会危害扩散效应显著，应急响应速度与事故危害程度紧密相关，突发事件早期的应急救援工作对保护人员生命和财产安全、减小社会危害意义重大。所以，突发事件一旦发生，政府及有关应急指挥决策机构必须在极短的时间内做出正确的应急反应，争取一切控制事态发展的主动权。

4）统一指挥

应急指挥系统的组织结构在具体实践过程中，可能根据实际采用的运行模式的不同而略有区别。但是，在突发事件应急处置时，所有具体的应急响应执行部门和机构都必须服从最高应急指挥机构或授权单位的统一指挥和资源调配，以确保各参与单位既能够充分发挥自身的专业作用，又能够相互协调配合，提高整体效能。

5）应急联动

在具体的突发事件应急过程中，单靠主管职能部门一个部门的力量往往是很难解决问题的。应急实践中，政府的突发事件应急指挥最高决策机构应急委员会一般会根据事故类型对相应的主管职能部门授予其调动其他相关专业部门参与配合应急行动的权力，实现突发事件的应急联动，各部门发挥自身专业优势，部门间分工协作、资源互补。

2. 系统技术框架

应急指挥系统其核心作用是能实现紧急突发事件处理的全过程跟踪和支持，即在最短的时间内对破坏性的突发事件做出最快的反应并提供最恰当适合的应对措施，借助网络、可视电话、无线接入、语音系统等通信手段，及时传达到系统内的各个单位。应急指挥系统的技术平台建设首先要针对应急指挥工作的实际问题，考虑城市公共安全的主要需求。在强调作为人的各类利益相关者在城市突发事件应急管理中的参与的同时，还应该充分考虑现代物质技术手段在应急指挥中发挥的重要作用。在人的因素确定之后，技术和资源保障将成为城市突发事件应急指挥的关键（图 12.18）。

应急指挥系统技术需求有以下几点。

（1）系统的建设目标就是在充分预防及时预警的基础上实现快速反应和有效控制。足够的人力和物力资源及先进的技术手段是实现这一目标的重要条件。

（2）视频图像、多参数传感器和远程数据处理器等信息设备的配置是监测突发事件状态、传递实时应急信息的重要技术手段，有助于对突发事件发生发展进行全过程、全方位的实时监控。

（3）当事件、事故或灾害发生时，有关具体情况必须能够迅速传达到应急指挥中心。切合实际的应急预案和快捷畅通的通信网络可以有效协助应急指挥决策机构全面掌握事态发展，进行准确判断和正确决策，为采取有关措施赢得时间和空间。

（4）重大突发事件发生初期，必须在极短的时间内搜集、处理有关的信息，按照事先拟定的应急预案，对事故或灾害进行应急救援。因为应急反应刻不容缓，所以必须在最有限的时间内抓住战机，避免局面失控。为了加快应急反应速度，还需要系统地优化应急资源调度方案，科学预测突发事件的发展趋势和影响范围，合理组织应急救援队伍。

（5）突发事件发生后，需要及时协调组织有关单位及人员进行应急处置和救援工作，防止事故或灾害继续扩大蔓延；要合理安置灾民，对伤员要给予及时抢救和治疗，同时最大限度地保证财产安全等。突发事件的应急处置需要建立现场和指挥中心之间的无缝连接，要求有完备的应急物资保障体系作为后盾。先进的通信系统、交通设施及相应的决策支持手段，可以保证突发事件的控制和处理更加快捷高效。

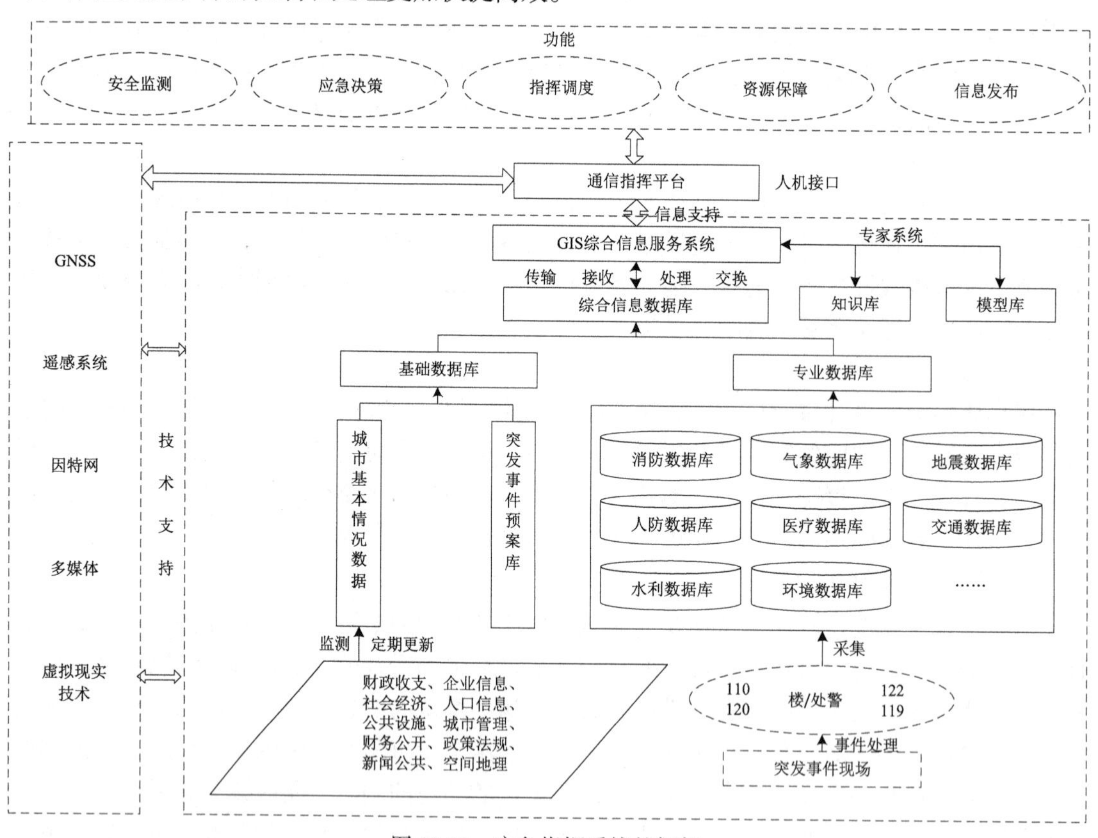

图 12.18　应急指挥系统的框架

应急指挥系统的主要功能包括：

（1）联动指挥网络功能。完成紧急突发事件处理的全过程跟踪和支持连接各主要联动单位分离的指挥系统及业务系统，形成统一的指挥调度，整合有线、无线、卫星、集群、计算机调度指挥系统；实时监测战局部署，联动单位作战分布图示，实时接收现场回馈的信息；支持各救灾部门之间的实时信息交换、存储和显示，从其他灾害监测部门获得离散灾害信息；实现应急资源的采集、更新、管理、共享、交换和整合，集中调度重要应急资源，支持应急反应的指挥和行动。

（2）基础信息管理功能。实现气象信息、洪水信息、地震信息、道路信息、分区的人口、财产、用地信息的输入、编辑、输出，以及危险化学品数据库、安全距离数据库、法律法规数据库、典型事故案例数据库、应急救援器材设备数据库和应急搜救消防站数据库的数据输入、编辑和输出。实现地图编辑、地图量算及地图输入、编辑、管理和输出等。

（3）安全规划辅助决策功能。实现对城市安全规划辅助决策支持的功能。可以为安全规划提供风险计算、危险目标风险分析、重点保卫防护目标风险分析和城市部分区域风险计算、整个城市风险计算等。

（4）应急救援辅助决策功能。实现城市应急救援辅助决策支持，包括应急救援物资、人员等各类应急救援力查询，事故应急救援过程记录，事故应急救援预案编辑和管理；灾害救助中各种应急救助预案信息数据库的建立，计算机辅助调度和辅助决策手段，快速分析和图形辅助查询；从数据库中抽取数据，运用数学模型和现场图形模块、联机分析和数据挖掘，生成所需的决策，提供关键区域及要害部位动态信息，支持指挥决断；近端、远端查询，实现各种资源的有效利用等。

第13章　数字城市和智慧城市

信息化的程度和水平已经成为衡量城市发展综合实力和文明程度的主要指标，信息化正在成为城市一切领域进步和发展的根本动力。城市信息化内容可以分为两个部分：一是城市如何信息化，即如何开展城市信息化建设，城市信息化又称城市数字化（数字城市）；二是信息时代的城市是什么样的，信息化对城市到底有什么影响，如何减少负面影响、如何利用信息化手段促进城市经济发展和社会进步、如何利用信息化手段提高城市管理水平、如何利用信息化手段推动城市可持续发展等（智慧城市）。

13.1　城市与城市信息化

13.1.1　城市与城市管理

现代城市作为区域政治、经济、文化、教育、科技和信息中心，是劳动力、资本、各类经济、生活基础设施高度聚集，人流、资金流、物资流、能量流、信息流高度交汇，子系统繁多的多维度、多结构、多层次、多要素间关联关系高度繁杂的开放的复杂巨系统。现代城市不仅具有海量的科学技术、巨大的物质系统，还包括了人的因素。如果说人是客观世界中最复杂的一个巨系统，那么众多人聚集在一起的社会系统就更为复杂了。

现代城市的复杂性决定了城市管理工作的复杂性。城市管理是指以城市这个开放的复杂巨系统为对象，以城市基本信息流为基础，运用决策、计划、组织、指挥、协调、控制等一系列机制，采用法律、经济、行政、技术等手段，通过政府、市场与社会的互动，围绕城市运行和发展进行的决策引导、规范协调、服务和经营行为。据统计，现代城市管理涉及的各类因素已达1012种，城市管理呈现出多维度、多结构、多层次、分系统，从宏观到微观的纵横交织、错综复杂的动态非线性等复杂巨系统特性。城市管理系统无疑是一类开放的复杂巨系统。

出于对城市管理这个复杂巨系统中人的因素的考虑，调动利益相关者在城市管理中的作用也至关重要。从参与角色上，城市管理的主体包括政府（包括各级政府、各城市管理相关部门）、企业（包括市场经济的各个主体）和市民（包括社区、民间组织、媒体和学术机构等）。城市管理在重视对复杂系统的科学认识基础上，应重视城市管理各能动主体的参与，通过政府、市场与社会的良性互动为市民提供优质高效的城市公共产品与服务，建立和谐的信息化城市管理新模式。

城市的日益繁荣与发展推动了城市管理的专业化分工，由专业的城市管理部门通过运行各个专业子系统对未来城市进行科学的管理。而随着城市系统的日趋复杂，现代城市运行及其管理日益表现出相互交错渗透、非匀质、非线形、非定常性复杂巨系统特性。以强调分解和简化的还原论，将城市系统分割成若干子系统，以专业运行部门为基本单位强化专业的运行管理方式已经不能适应时代的发展。因为城市运行各子系统之间的复杂交错性使其难以切割，而切开来的小系统已不是原来的系统了，对这个系统的点滴研究也很难进行综合。就城市水务系统的运行管理而言，它与城市基础设施系统、城市河湖生态系统、公用事业系统，甚至是随供排水一起铺设的各类电力、通信、热力等地下管线及其之上的道路交通都是交融在一起的。仅通过分解、简化手段来解决城市管理这个复杂性问题显得越来越力不从心。随着城市化进程的不断推进，城市（特别是大中型城市）发展与环境、资源的矛盾日益突出、交通拥堵越来越严重、环境污染越演越烈、能源难以为继、食品安全缺乏保障、医疗资源配置不合理等，这些问题严重约束着城市的进一步发展。

如何在加强城市专业管理的同时加强城市综合管理、综合协调，如何处理好城市管理中分权与集权、专业部门与系统整体的关系成为城市管理者案头难题。从建立城市管理综合执法机构到对建立高层次城市综合协调管理机构的探讨都充分反映了城市管理研究和实践中对专业化与整体性之间辩证关系的进一步认识。如何发挥城市运行的整体优势与聚集效应，使整个城市系统高效、有序地协调运行成为现代城市管理者着重思考的问题。而城市信息化的发展无疑为作为复杂系统的城市管理提供了新的机遇。

13.1.2　城市信息化

1. 城市信息化的内涵

城市信息化是区域信息化的核心，也是国家信息化的重要组成部分。城市信息化，是指在城市的经济、政治、文化和社会生活的各个方面广泛应用现代信息技术，深入开发和充分利用城市信息资源，完善城市信息服务功能，增强城市集聚辐射功能和综合竞争力，加速实现城市现代化的过程。城市信息化的实质是信息化在人类所居住的城市的全面实现，是城市经济社会形态发生重大转变的动态过程，这一过程不仅是城市经济结构和经济增长方式的转变，还是整个社会结构的全面变革。可以从以下三个方面来理解城市信息化的内涵。

（1）从社会发展角度看，城市信息化是促进城市社会形态由工业社会向信息社会演变的动态发展过程。这一过程中，通过电子计算机、通信和网络等信息化生产工具与城市劳动者的相互分工和合作，形成先进的信息生产力，并辐射和渗透到整个经济社会的各个方面。信息化深刻地改变着城市居民的劳动生产方式、生活方式、思维方式，使城市的社会经济结构从以物质和能量为重心转变为以信息和知识为重心，从而把城市从工业社会发展阶段推进到信息社会发展阶段。

（2）从技术和产业发展的角度看，城市信息化就是信息技术和信息产业在城市经济社会发展中的作用不断增强并占据主导地位的过程。在城市信息化进程中，一方面，信息技术自身的产业化，催生了包括微电子和计算机业、软件业、互联网产业、移动通信业、数字内容产业等新兴信息产业的发展壮大，使其取代传统制造业成为国民经济的主导产业，进一步促进城市经济快速增长；另一方面，信息技术的广泛渗透和信息产业的带动作用，推动传统产业部门升级改造，从而提高了整个城市经济运行系统的生产和管理效率，加速了社会各领域的全方位变革。

（3）从资源利用的角度看，城市信息化就是城市信息资源得以充分开发和利用，并取代物质、能源成为社会发展最重要的战略资源的过程。传统的工业革命以物质和能量资源为基础，因此造成了资源匮乏、环境污染等城市问题，而城市信息化通过大规模开发利用以知识和智力为主导的战略性信息资源，直接或间接地减少了物质和能量资源的消耗，进而实现了经济结构、社会结构和生活文化结构的优化。

2. 城市信息化建设基本构架

城市信息化是城市发展过程与信息化的有机结合。城市信息化的内容可归纳为四大部分。

（1）信息网络与资源，即要建设一个先进适用的城市信息交互网络及能在该网络平台进行交互使用的各类基础信息资源。信息基础网络是城市信息传输、交换和共享的必要手段，是城市信息资源开发利用和信息技术应用普及的基础。而信息资源也是基础设施的一部分，信息资源的开发利用是城市信息化的核心任务。城市信息基础网络建设要与城市信息资源开发利用密切结合。

（2）城市管理与运行。提升城市管理与运行的效率，是城市信息化的主要目标之一。而建立在一个先进适当的信息网络及准确适用的信息资源之上的城市管理体系，也是城市信息化建设的重要组成部分。它包括电子政务系统、城市应急救灾系统、城市规划管理系统、城市社会治安管理信息系统、城市交通管理信息系统、城市环境监控系统等。

（3）服务与社区。为民众提供高质、便捷、人性化的服务，是现代化城市应有的职能。服务与社区是最能体现城市信息化特色的建设内容，主要包括社会保障服务信息系统、医疗信息服务系统、科技教育信息系统、旅游娱乐信息系统、社区信息化服务系统等。

（4）产业与经济。一个城市的信息产业发展与该城市的信息化有着密不可分的关系，在技术、资金、人才等领域相互促进，相互补充。同时，大力推进信息技术和信息产品在城市的农业、工业和服务业等领域的应用，也有助于提升城市的产业竞争力。因此，建设发达、领先的信息产业，应用信息技术改造及提升传统产业的结构和素质也是城市信息化建设的重要内容。

上述四个部分之间既存在紧密的依存关系，又各自有自己的发展轨迹，而正是这种轨迹体现了城市信息化发展的规律。从技术角度来看，其遵循信息技术发展对社会影响的基本规律，即新技术创新和产生，从局部小规模开始，促使相应管理制度和体系的变革，而该变革又反过来促使技术的进一步成熟，这是一个螺旋式上升的过程，最终使得社会生产力达到一个相对稳定的高度，等待下一个技术变革的来临。技术只有与管理应用相结合才体现出其对社会生产力提升的价值。城市信息化遵循同样的规律。从城市发展的社会形态看，从农业社会、工业社会到信息社会，一方面，技术的创新改变了社会的基本形态；另一方面，社会进步反过来也促进了技术的进一步发展，体现在新技术产业的兴起、扩展和成熟稳定。

3. 城市信息化的构建

城市信息化是一项持久、复杂的系统工程，是一个循序渐进的过程，不可能一蹴而就，必须遵循其客观的发展规律，分阶段地逐步推行，从而使信息化建设与城市的发展相辅相成，最终走向相互匹配和协同发展。城市信息化的一般路径总体上分为初始、扩展、优化和成熟四个发展阶段，各个阶段并非截然分开，但也不能相互超越。而每一阶段在网络与信息资源、城市管理与运行、服务与社区、产业与经济等方面都表现出相应的特征。

（1）初始阶段：信息基础设施局限于点对点的传输模式，引入信息技术的初步应用，对产业和经济的拉动作用弱，城市信息化涵盖业务窄，系统不统一、孤立化，文档初步电子化和单一业务的计算机化，城市的管理与运行基本还停留在各自为政的层面。

（2）扩展阶段：随着信息技术的稳固和推广局部的应用广泛地使用起来，系统林立，部分业务流程实现集成化，并开始围绕市民提供服务。信息基础设施建设快速发展，但应用缺乏全局考虑，各单项应用之间互不协调，投资效益与预期相比常有偏差。该阶段技术标准与业务规范并不统一，信息未能充分共享，政府管理职能条块分割。信息产业初具规模，但对经济和社会发展的拉动作用尚未充分显现。随着信息化实践的发展，必须充分考虑在标准和规范基础上的数据集中管理和深度利用问题。

（3）优化阶段：网络基础建设已足够支持信息化的要求，对城市信息的分析和知识的生成、应用能力加强，提供多层次用户需求的服务，主要业务流程实现集成、优化。信息要素成为显著的生产要素。信息孤岛问题在技术层面基本解决，可进行必要的数据集中或者系统整合。但业务流程的合理性和优化成了最主要的信息化问题，通过优化流程来提高管理效益成为关键。它既是信息化发展的飞跃阶段，也是走向城市管理现代化的必由之路。

（4）成熟阶段：充分发挥信息技术和信息网络资源的效能，同时业务流程在现有信息技术层面达到最优化，实现了资源共享和协同工作。信息化涵盖城市全部社会经济领域，与城市发展相适配，系统化知识应用与服务创造新价值，是新的技术变革前的等待期。城市信息化成熟度模型可以用于判断城市信息化当前处于哪个成长阶段、向什么方向前进、采取何种管理策略指导信息化建设更有效，进而以一种可行、适当的方式转至下一生长阶段。在确立信息化发展路径过程中，根据各阶段之间的转换和各种特性的逐渐出现，运用城市信息化成熟度模型加以辅助是十分有益的。

4. 影响城市信息化的主要因素

影响城市信息化发展战略路径选择的主要因素包括信息技术、城市发展定位、外部社会经济环境及城市信息化建设现状等。

（1）信息技术。毋庸置疑，信息技术是城市信息化的基础技术要素。信息技术的发展为城市信息化建设提供了坚强的技术支撑，促进城市信息化系统应用水平和服务能力不断提升。对信息技术的发展进行预测，迎合信息技术发展规律，制订适当的城市信息化的信息技术应用方案是必要的。城市信息化的发展应体现技术、管理、应用，以及因技术不断发展而采取的动态观念。为此，城市信息化的目标应该是在特定技术阶段的阶段性目标。

（2）城市发展定位。一个城市的发展及功能优化必然要求与之相适应的城市信息化的有力支撑，而一个城市的信息化水平将直接影响城市的竞争力与整体魅力。各类型城市由于在等级、功能、规模、发展水平等方面的差异，需要有不同的城市发展战略及定位。城市定位的不同导致城市信息化路径选择的差异，从而影响城市信息化建设重点的选择次序。因此，分析城市未来的发展定位与发展规划，了解城市发展中所提出的对城市信息化的建设需求，是确立城市信息化发展战略路径的主要依据。

（3）外部社会经济环境。城市信息化的发展离不开城市所处的社会经济环境。国内外社会经济宏观趋势、国家地区的政策，以及人才、经济、产业、社会文化、科技状况等外部环境的变化，将直接影响城市信息化的发展，影响信息化的难度、所需要的建设时间、产业的选择、资金的投入等。因此，必须准确分析把握城市所处的社会经济环境，选择与经济社会环境相适应的信息化发展路径。

（4）城市信息化建设现状。城市信息化的现状直接影响城市信息化的未来。客观评估当前的城市信息化建设与应用现状是确立下一阶段城市信息化发展方向与发展重点的必要前提。通过对城市信息化水平的定量定性评估及与其他国内外有关城市的比较等，分析城市信息化建设的得与失、优势与劣势，为城市信息化未来发展路径的选择提供重要的参考。

城市信息化是一个不断探索和创新的过程，在新的社会经济背景下，运用新方法、新思路对城市信息化发展战略路径进行系统研究，具有重要的理论意义和实用价值。

13.2 数 字 城 市

数字城市是城市信息化的一个重要阶段。它利用现代信息技术，以空间信息为基础构筑数字平台，加载城市自然资源、社会资源、基础设施、人文、经济等有关的城市信息，实现对城市信息的综合分析和有效利用，通过先进的信息化手段支撑城市的规划、建设、运营、管理及应急，能有效提升政府管理和服务水平，提高城市管理效率、节约资源，为政府和社会各方面提供广泛的服务，促进城市可持续发展。

13.2.1 数字城市提出的背景

1998 年 1 月 31 日，美国副总统戈尔在美国加利福尼亚科学中心发表了题为“数字地球：21 世纪认识地球的方式”（The Digital Earth：Understanding our planet in the 21stCentury）的讲演，提出了数字地球概念。戈尔指出，人们需要一个数字地球，一个可以嵌入海量地理数据的、多分辨率的、真实地球的三维表示。

我国地学界的专家认识到数字地球战略将是推动我国信息化建设和社会经济、资源环境可持续发展的重要“武器”，并于 1999 年 11 月 29 日～12 月 2 日在北京召开了首届国际数字地球大会。从此，与数字地球相关相似的概念层出不穷。数字中国、数字省、数字城市、数字化行业、数字化社区等名词充斥报端和杂志，成了当前最热门的话题之一。甚至许多省、市把它作为“十五”经济技术发展的一个重要战略来抓。海南、湖南、山西、福建等省都已正式立项启动“数字海南”“数字湖南”“数字山西”“数字福建”工程，其他省区的立项更是如火如荼。

数字城市是数字地球的思想在城市范围的延伸和具体实现。它是数字地球的重要组成部分，也是数字地球这一巨大网络系统中的节点和枢纽，具有智能化、数字化和网络化的特征。事实上，数字城市就是城市信息化，它牵涉城市信息化建设的方方面面，不仅包括各种信息化基础设施（包括网络、数据库、信息系统、政策法规与保障体系等）的建设，还涉及信息化过程中所产生的社会经济关系和文化伦理观念的变化与调整。

13.2.2 数字城市概念与建设内容

1. 数字城市概念

数字城市是一个发展中的概念，尚没有一个统一权威的意见。数字城市的概念可以分广义和狭义两种。广义的数字城市概念，即城市信息化，是指通过建设宽带多媒体信息网络、地理信息系统等基础设施平台，整合城市信息资源，实现城市经济信息化，建立城市电子政府、电子商务企业、电子社区，并通过发展信息家电、远程教育、网上医疗，建立信息化社区。狭义的数字城市是指综合运用 GIS、遥感、遥测、网络、多媒体及虚拟仿真等技术，对城市的基础设施、功能机制进行信息自动采集、动态监测管理和辅助决策服务的技术系统，它具有城市地理、资源、生态环境、人口、经济、社会等复杂系统的数字化、网络化、虚拟仿真、优化决策支持和可视化表现等强大功能。

数字城市是以空间信息为核心的城市信息系统体系。空间信息是指与空间地理位置相关的数据及对应的人文、社会经济信息。城市信息系统体系则是指各相互联系的大量的城市信息系统的有机结合体。数字城市系统是一个人地（地理环境）关系系统，它体现人与人、地与地、人与地相互作用和相互关系，系统由政府、企业、市民、地理环境等既相对独立又密切相关的子系统构成。政府管理、企业的商业活动、市民的生产生活无不体现出城市的这种人地关系。城市的信息化实质上是城市人地关系系统的数字化，它体现“人”的主导地位，通过城市信息化更好地把握城市系统的运动状态和规律，对城市人地关系进行调控，实现系统优化，使城市成为有利于人类生存与可持续发展的空间。城市信息化过程表现为地球表面地理与统计的信息化（数字调查与地图），政府管理与决策的信息化（数字政府或电子政务），企业管理、决策与服务的信息化（数字企业或电子商业），市民生活的信息化（数字城市生活）。

2. 数字城市内容

数字城市的内容包括：技术组成、组织结构及应用等方面。

数字城市的技术体系结构包括：①数据获取与更新体系。包括城市地表、上空及地下等自然地理数据的自动获取系统，城市基础设施数据的实时获取和更新体系，城市人文、经济、政论等社会数据的变更与监控系统等。②数据处理储存体系。包括高密度、高速率的海量数据储存设施，多分辨率海量数据实时存储、压缩、处理技术，元数据管理技术，空间数据仓库等。③信息提取与分机体系。包括数据互操作、多元数据集成、信息智能提取分析、海量空间数据的智能提取与分析、决策支持等设施与技术。④网络体系。包括高宽带网络、智能网络，支持基于网络的分析式计算操作系统，基于对象的分布式网络服务，分布处理和互操作协议等。⑤应用体系。包括城市规划、地籍管理、城市防灾、城市交通等。同时，还包括城市网络生活方式等。⑥管理体系。包括专业人员小组、教育培训、安全管理、系统维护、标准与互操作规范、相关法规等。

数字城市组织结构，即数字城市工程将通过建设宽带多媒体网络、地理信息系统等基础设施平台，整合城市信息资源，建立电子政务、电子商务、社会保障等空间信息管理服务系统（图 13.1）。

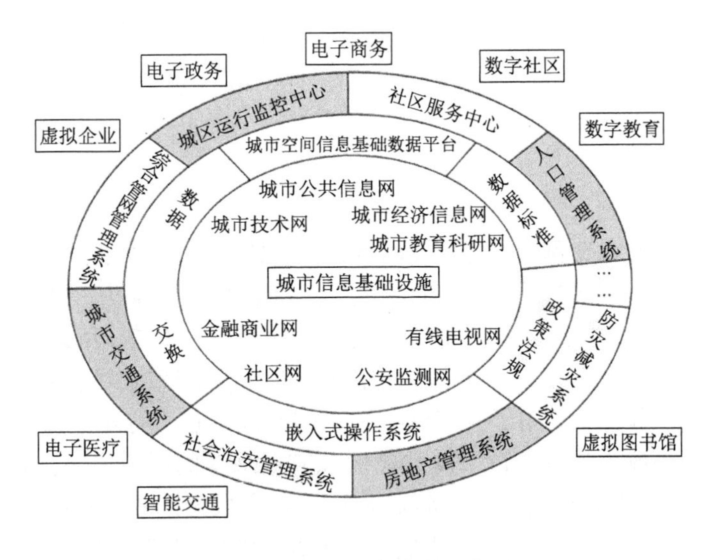

图 13.1　数字城市内容示意图

数字城市是城市信息技术的综合应用，也是当前信息技术应用最广泛的领域。就这个意义而言，数字城市应用十分广泛，归纳起来主要有十二个方面：电子政务、电子商务、城市智能交通、市政基础设施管理、公共信息服务、远程教育、社会医疗保障、社区管理、突发事件处理、城市环境检测、智能化小区、水网调配等。

从城市发展的角度看，有的学者认为，数字城市是一个由多种高新技术支持的计算机网络信息系统，它不仅能在计算机上建立虚拟城市，再现城市的各种资源分布状态，更为重要的是，数字城市能促进城市不同部门、不同层次之间的信息共享、交流和综合，减少城市资源的浪费和功能重叠，进而宏观、全局地制定城市规划和发展的整体战略。

13.2.3　数字城市的支撑技术

数字城市建设是一项系统工程，涉及城市科学、信息科学、空间科学、管理科学和地球科学等学科。它是以计算机技术、多媒体技术和大规模存储技术为基础，以宽带网络为纽带，运用遥感、全球定位系统、GIS、遥测、仿真虚拟等技术，对城市进行多分辨率、多尺度、多时空和多种类的三维描述，实现对城市生态环境的监控、模拟、推演、时空分析和评价，将城市中的文化资源、自然资源、社会资源及基础设施、人文地理等有关信息生动地呈现给城市居民，提高政府决策的科学性与效率，高质量服务居民生活。其本质上就是把城市的各种信息资源整合起来用于规划城市、预测城市、运营城市、监管城市，即利用信息技术手段把城市的过去、现状和未来的全部内容在网络上进行数字化虚拟实现。数字城市为人们创建了一个智能服务平台，通过信息流整合、有序化和优化其他资源，形成城市信息服务市场空间和资源配置中心。建设数字城市所需的许多技术已经具备或正在发展之中。从硬技术来看，主要有：计算机宽带网络、高分辨率对地观测技术、海量数据存储和互操作、虚拟现实等；从软技术来看，主要有空间数据挖掘、网络三维地理信息系统、决策支持系统和系统集成等。

1. 计算机宽带网络

通过计算机网络能够实现不同用户对网络资源的共享，把分布在广泛区域中的众多信息处理系统有机地连接在一起，构成一个规模更大、功能更强、可靠性更高的综合信息处理系统。数字城市的数据分布在不同的数据库中，由不同的部门负责构建和管理，只有通过高速网络才能真正实现数据的无缝操作。要传输海量数据，进行科学计算，宽带网络便成为数字城市是否能走向实用的关键。

2. 高分辨率对地观测技术

数字城市建设需要大比例尺、高精度的数据，这些数据将主要来自对地观测技术的发展。目前，对地观测技术将逐步实现多时相、多角度和高分辨率化。民用卫星对地观测的最高分辨率可达到1m，这与我国1∶10000比例尺地形图相对应，可以满足大多数城市用图的需要，这也是构筑数字城市的最基本的空间数据。高分辨率的卫星影像还可以作为其他非空间数据的载体和框架，用于实现这些数据的空间定位。另外，蓬勃发展的无人机数字摄影测量系统也将成为数字城市所需大比例尺数据采集的手段之一。数字摄影测量具有信息丰富、现势性好、速度快等特点，将成为数字城市数据采集与更新的来源之一。从数字摄影测量系统获取与提取加工的大比例尺数字地形和城市专题信息与城市地理信息系统一体化将是数字城市的主要特征。借助全球定位系统技术可以进一步提高遥感、遥测数据的精度。

3. 海量数据存储和互操作

数字城市的数据量是相当大的，既有空间的，如各类多光谱、多时相、高分辨率的城市遥感卫星影像、航空影像、大比例尺的电子地图；也有非空间的，如有关城市人口、经济、社会、资源、发展等方面的数据。因此，建设数字城市需要海量的存储技术。这些数据存放在不同系统、不同数据库中，其数据结构、数据格式也不尽相同。实现这些数据的共享、动态调用需要互操作技术。互操作包括两层含义：从狭义上讲，它是在保持信息不丢失的前提下，从一个系统到另一个系统的信息交换能力；从广义上讲，它是指不同应用（包括软、硬件）之间能够动态地相互调用，并且不同数据集之间有一个稳定的接口。

4. 虚拟现实技术

可视化是实现数字城市与人交互的窗口和工具，没有可视化技术，计算机的一堆数字是无任何意义的。数据可视化技术，为分析和查询数据库中数据展现了新的视野，有助于发现隐藏在其中的信息，为决策支持、宏观管理提供更加有力的支持。虚拟现实技术是近年来出现的高新技术，它综合集成了计算机图形学、人机交互技术、传感与测量技术、仿真、人工智能、微电子等科学技术，生成一个逼真的，具有视觉、听觉、触觉等效果的可交互的动态世界，人们可以对虚拟的实体进行操作，它为人类观察自然、欣赏景观、了解实体提供了媒介。

5. 空间数据挖掘

数字城市需要解决的一个关键问题是怎样从数字城市的海量数据中提取人们感兴趣的数据，发现数据之间的关系，甚至是潜在的、未知的数据特征，以提供决策支持的需要。利用数据挖掘技术，人们就能更好地认识和分析所观测到的海量数据；对获取的城市空间数据进行处理，从中挖掘出城市信息机理知识，进而认识城市系统的演化规律。

数据挖掘将人工智能、统计、计算机及数据库等技术紧密结合起来。数字城市中的数据大多包含空间数据，存储在空间数据库中，它们比一般的关系数据库和事务数据库具有更加丰富和复杂的语义信息。20 世纪 90 年代以来，以美国为首的发达国家积极开展数据挖掘技术和空间信息处理技术的基础理论研究和应用研究，进入 20 世纪 90 年代中期以后，空间数据挖掘的研究进一步深化。空间数据挖掘是指从空间数据库中提取出用户感兴趣的空间模式与特征，空间与非空间的普遍关系及其他一些隐含在数据库中的普遍的数据特征。空间数据挖掘技术，提高了数字城市的智能化水平，使数字城市真正成为智能化的空间咨询和决策支持系统。

6. 网络三维地理信息系统技术

地理信息系统技术是数字城市数据库管理的基础技术。另外，地理信息系统的空间信息表达和直观表现能力在处理城市复杂系统问题时，能帮助人们更好地建立大局观和模拟直接感受。目前，地理信息系统正从二维向多维动态及网络方向发展。因为 GIS 处理的地理对象，从本质上说是三维连续分布的，而且这些地理对象往往具有时间的属性，实时态，所以需要三维 GIS、四维 GIS 来精确地描述处理这些地理对象。在技术方面，一是基于 Client/Server 结构，如基于组件式软件技术的 ComGIS 具有可编程和可重用的特点，使 GIS 软件开发进入一个新的阶段，很大程度上推动了 GIS 软件的系统集成化和应用大众化，也很好地适应了网络技术的发展，提供了一种 WebGIS 的解决方案；二是 InternetGIS

或 WebGIS。总之，基于宽带网开放式、分布式、互操作地理信息系统是实现数字城市的关键技术之一。

7. 决策支持系统

数字城市的目的之一就是要利用现有的各种数据、信息，在综合、全面地分析后，为城市的规划管理和可持续发展提供决策支持。决策支持系统是在管理信息系统和运筹学的基础上发展起来的，概念是在 20 世纪 70 年代提出的。决策支持系统是利用数据库、人机交互进行多模型的有机组合，辅助决策者实现科学决策的综合集成系统。

目前，决策支持系统正在向智能决策支持系统、分布决策支持系统、群决策支持系统、高层决策支持系统，以及综合决策支持系统方向发展。与一般决策支持系统不同，数字城市所需的决策支持系统是空间决策支持系统。空间决策支持系统是面向空间问题领域的决策支持系统，它支持复杂的、结构性较差（如半结构化或非结构化）的空间问题并对此进行求解。空间决策支持系统是以地理信息系统和决策支持系统为基础的。作为决策支持系统与地理信息系统相结合的产物，空间决策支持系统也越来越受到国内外学者的重视。

8. 系统集成

数字城市的数据、计算和应用具有分布式的特点，因此它需要多数据库、多平台、多技术的集成。就系统集成而言，它是一种思想、观念和哲理，是一种方法策略，是一种一体化的解决方案。采用集成平台作为数字城市的框架结构具有很多优点：第一，集成平台所具有的协调和反馈机制可以使整个系统形成一个有机的整体，完成单独部件不能完成的功能，从而增强系统的整体性。第二，在统一的集成平台的基础上，多种信息可以共享，信息融合和深层次挖掘可以产生大量新的有用信息。第三，减少了集成的复杂度。第四，减少了各子系统的重复部件，减少了系统冗余，保持系统的一致性。第五，便于系统的维护和更新。所以，数字城市应该建立在集成平台之上。此外，各种数据标准的建立、决策模型的管理、信息平台的开发、城市运行管理技术，以及数字城市的信息安全保障机制等都是数字城市的关键技术。需要指出的是，这里的“硬技术”和“软技术”是相对而言的，划分不是绝对的。总之，数字城市的关键技术是相对联系、相辅相成、缺一不可的。数字城市所涵盖的各种技术虽然相互联系、相互依赖，但在实际应用中它们的联系还不够紧密，需要进一步加强这些关键技术的集成，充分发挥各自的优势，促进实际问题的解决。

13.2.4　地理空间框架与地理信息公共服务平台

随着数字城市的建设与应用，迫切需要有效整合城市多源地理信息数据，建立统一、权威的地理信息公共服务平台，为各类与地理位置有关的部门、行业提供信息的集成、分发、共享，促进社会全面发展。数字城市地理空间框架是基础地理信息资源及其采集、加工、分发、服务所涉及的政策、法规、标准、技术、设施、机制和人力资源的总称，是以公共服务为导向的国家空间信息基础设施，由基础地理信息数据、数据目录与交换体系、政策法规与标准体系、组织运行体系和公共服务体系等构成。其中，基础地理信息数据体系是数字中国地理空间框架的核心，也是国家自然资源和地理空间基础信息库的主要建设内容。建设数字城市地理空间框架，应用服务是宗旨，共建共享是关键，基础设施是支撑，政策法规标准是保障。

地理空间框架建设紧密结合城市实际情况，从满足城市人民政府及各部门应用决策需求出发，立足现有基础，综合运用地理空间信息技术，结合现代信息处理技术和网络通信技术，将多源、多维、多尺度的地理空间信息资源加以整合并充分利用，形成覆盖城市的地理空间数据集，建立面向政府、企业和公众服务的地理信息公共平台，提高基础地理信息服务保障能力，逐步完善城市信息化网络服务，确实推进以空间信息服务为核心的城市地理空间框架建设，以为城市信息化建设奠定基础，促进区域地理信息资源的共建共享和社会化应用。

1. 地理空间框架与地理信息公共服务平台需求

（1）专业应用系统建设对地理数据与技术需求。城市职能部门，如市应急办、综合执法局、规划局、信息办、发改委、省人防办等，在建设本部门专业应用系统时，需要地理信息数据和地理信息系统软件。为了实现地理数据和软件共享，需要建立统一、权威的地理信息公共服务平台，实现地理信息技术与知识的共享利用，充分发挥其在各行各业的应用价值。

（2）城市地理信息资源整合、更新与权威的需求。城市各职能部门单独建设空间信息系统，不仅重负投资，还导致各自为政，建设标准不规范，数据矛盾突出，维护更新困难。把分散的地理信息资源整合到全市统一的地理信息公共平台中，可以实现图层统一更新和维护，加大数据的重复利用性，避免委办局之间图层数据新旧不齐，并可为城市的数字化管理和应急处置奠定良好的基础。

（3）城市各部门业务系统的互联互通和数据共享的需求。城市各个职能部门业务之间不是孤立的，部门之间业务需要协同处理。由于技术和管理等方面的原因，各个部门数据无法实现互联互通，直接影响了城市管理和决策效率。建立地理信息公共平台，以公用基础地理空间数据为核心，实现基于平台的信息资源共享交换，在数据层面上实现省内各政府部门的互联互通，以提高省、市的信息化水平和综合管理服务水平。

（4）提高资源管理效能，满足政府宏观决策、科学管理和应急指挥的需要。城市地理空间框架的建设，可以方便、有效整合分散在城市各部门的数据资源，形成完整、统一的综合应急管理体系，为防灾减灾和突发公共事件的指挥、决策提供科技支撑，提高防灾减灾和应对突发公共事件的能力，提高城市应急管理的信息化水平。

2. 地理信息公共服务平台建设

地理信息公共服务平台以空间数据资源建设为基础，在有关政策法规规章、管理制度、技术标准规范及信息安全措施的约束和指导下，各政府职能部门在政务专网环境下，根据自身的业务需求，获取不同格式、不同图层、不同要素及不同属性的地理信息资源，实现空间信息的在线服务共享应用。公共服务平台总体框架可划分为基础设施层、数据资源层、服务平台层、业务应用层四个层次，以及政策法规与标准规范体系、安全保障体系两大支撑手段。

（1）基础设施层。基础支撑层是公共服务平台的载体，依托电子政务内网、电子政务外网、互联网和现有的基础设施软硬件环境建设。包括网络系统、服务器集群系统、存储备份系统等物理环境，以及专用计算机机房环境等。

（2）数据资源层。数据资源层由基础地理框架数据和业务专题数据两大部分组成。基础地理框架数据根据国家测绘地理信息局国家地理信息公共服务平台总体设计及其相关规范中的要求产生。业务专题数据则由相关委办局在实际业务过程中产生，是所有部门都要用的基础性、共享性资源。

（3）服务平台层。服务平台层是公共服务平台中实现地理信息服务的关键组成部分，是面向整个城市政府部门、企业及社会公众，搭建一个统一的、分布式、松散耦合的、以城市电子政务空间业务功能和信息服务为主的支撑平台。平台应采用 SOA 架构，其创建的地理信息服务可以很好地整合在政府电子政务、企业及社会公众的地理信息应用中。公共服务平台应提供对用户权限、服务权限、服务注册、服务监控、服务日志等进行统一管理的功能。公共服务平台对外应提供多种满足标准 Web 服务的访问接口，供各空间业务应用进行调用。

（4）业务应用层。业务应用层可分为面向公众、面向企业和面向政府政务的三大应用类型：①面向公众的应用主要为社会公众提供在线的基于空间位置的地图浏览、商业设施、服务网点查询、出行服务、GNSS 定位服务等一系列应用；②面向企业的应用为企业提供基础空间信息保障；③面向政府政务的应用是空间信息共享平台应用的重中之重，涉及大部分政府职能部门，从传统的如城市管理、规划、房产管理、国土资源、市政、园林绿化、公安、林业、农业、水利、环保、气象向卫生、工商、税务、统计、教育等新的应用部门扩展。

公共服务平台的总体框架要求：①平台应能提供丰富的数据资源，实现多源空间数据的无缝集成；②平台应提供符合 OGC 标准的地图服务，同时为了支持多样化的应用系统的建设，应兼顾扩展性和功能性；③平台应能提供满足 WebService 标准的空间分析功能服务，方便实现与业务功能的集成和整合；④平台对外应提供多种满足标准 Web 服务的访问接口，供不同类型的业务应用进行调用；⑤平台应提供在线、离线及移动等多种服务方式，以满足多种网络和安全环境下对服务使用的需求。

3. 基础地理信息数据库管理系统建设

主要是对海量、多源、异构、多比例尺、多时相的 DOM、DEM、DLG、DRG 等基础地理信息数据、三维模型数据、街景数据的综合高效管理。对分幅分层生产的数据进行整理，并能够进行合理组织展示。在平面方向，分幅的数据要组织成逻辑上无缝的一个整体；在垂直方向，各种数据通过一致的空间坐标定位能够相互叠加和套合。最终为海量数据的应用提供一个高效的管理平台。整体要求：①具有较好的数据安全策略；②能够支持海量数据的存储和更新；③能很好地完成海量空间数据（包括二维、三维数据和街道街景影像数据）的创建、存储、管理和应用；④满足数据管理应用的拓展需求，提供不同数据格式之间的相互转换功能，兼容主流平台数据产品格式。提供以下功能。

（1）数据转换。系统应根据目前行业现状实现 GIS 数据互转，另外对行业中经常存在的 AutoCAD 数据、国家标准数据交换格式 VCT 数据、E00 等数据与 shp 数据之间的转换也应提供支持。转换要求至少满足以下三个标准：一是基本要求，图元个数、坐标、属性、拓扑结构等保证转换前后一致；二是高级要求，符号、线型、填充、注释等保证转换前后一致；三是能够实现 GIS 数据之间的互转，并保证转换前后图形、属性保持一致。

（2）数据提取。ETL是数据抽取（extract）、转换（transform）、装载（load）的过程。使用GIS工具可以从数据源抽取出所需的数据，经过数据清洗，最终按照预先定义好的数据模型，将数据加载到目标数据容器中，该目标容器可以是数据库，也可以是某种特定的文件格式。该功能的主要核心在于数据转换规则的设计。ETL功能支持的主要数据转换规则包括针对属性项、字段、过滤语句的数据过滤操作，以及针对数据内容的运算处理操作，如数学计算、日期格式处理等。

（3）数据质量检查。系统对数据进行检查，约束、规范数据质量，同时在数据生产过程中，也需要进行数据质检的工作。基于数据字典和数据规范的要求，采用预定义的检查规则，以自动检查为主、人工交互为辅的方式，对目标数据的空间拓扑规则、数据模型、值域范围等技术项进行检查。通过对质检规则的灵活的增加、删除、修改，定制质检方案，减少人工干预的工作量，提高质检效率。

（4）数据入库。提供“栅格数据入库”“矢量数据入库”“地名入库”等多种数据类型的入库功能。

（5）数据更新。提供空间数据的更新操作，数据更新支持点、线、面数据的更新。支持用户选择导入数据源类型和目标数据源类型，填写目标数据相关参数，实现数据的更新，并能对历史数据进行管理。

（6）地名地址建库与匹配。提供地名数据库建库、数据入库检查、地名管理、地名地址匹配等功能。

（7）元数据管理。提供对元数据信息的录入、修改、删除，对元数据字段进行扩展；能够读取指定格式（文本、XML）的元数据信息，同时支持浏览数据源视图中每个图层的元数据信息，并将其导出。支持元数据的自动更新，当数据源中的数据进行了更新，对应的元数据信息也应更新。

（8）地图配图符号与模板。地理数据可视化需要提供标准的符号库，制作标准的符号库成果，供配图使用，统一符号标准体系并根据建设要求进行定制修改。按照公共服务平台的建设标准，数据组织、内容、符号展现方面的技术规范要求制作配图模板，按比例尺的大小，分级组织数据内容，逐级定义相应的数据符号化表现效果，统一设置标注的内容和方式，便于各委办局用户基于配图模板，可以快速完成基本的电子地图配图工作。

（9）缓存切片与服务发布。系统要求基础Web地图以切片的方式对地图进行发布。在公共服务平台的建设中，需要遵守OGC的WMTS规则，使用专业的切图工具进行切图及对切片进行发布。应支持mxd、sd、msd等文档发布为服务的功能，发布过程中，可以设定所要支持的服务，包括WMS、WCS、WFS、KML、Feature Access、Mobile Data Access、Net Analysis，设置服务运行时的参数、服务池化方式等。

（10）查询与统计。系统应支持实现图查属性、属性查图，支持高级用户自定义查询，并可保存查询方案，支持各种专题数据（饼图、直方图、折线图等）进行统计输出。

（11）空间分析。系统应提供多种空间分析方式，如缓冲分析、叠置分析、路径分析、坡度分析、通视分析、洪水淹没等高级分析功能。

4. 运维管理系统建设

运维管理系统是数字地理空间框架建设的重要组成部分，主要建设包括服务管理模块、安全管理模块、日志管理模块、系统监控模块、资源审核模块等。运维管理系统不仅应实现服务的管理和资源审核，还要保障平台正常、平稳和安全的运行。

1）服务管理模块

（1）目录管理。平台对服务的管理采用多视图分类管理，按服务类别和所属单位进行分类，方便用户对地理信息服务进行浏览和查询。

（2）服务管理。平台服务管理是对运维系统中所有本地服务和远程服务，进行管理和维护。主要功能应包括服务浏览、服务的启动、服务暂停、服务停止、服务重启、服务删除、服务检索、服务导入、服务导出和显示全部服务。

（3）服务发布。要求基于可视化界面，发布服务，并可预览所发布的服务，验证服务是否正常运行。服务发布后，用户可以根据实际需要，对所发布的服务名称、服务内容及与服务相关的属性参数等进行修改配置操作。平台允许将本地或远程数据发布成服务，数据源支持*.shp、Geodatabase 等常用格式。提供服务的统一发布平台，支持多样硬件支撑环境下的服务发布。

（4）服务聚合。平台要求能够针对不用来源的 GIS 服务进行聚合发布与管理，采用服务聚合结构能够聚合通过 GIS 服务提供者获取的多源、符合 OGC 标准的 GIS 服务，并通过该平台发布成新的服务节点。平台不仅可以进行服务的首次聚合，还可针对聚合后的服务与新的服务进行再次聚合，从而带给应用系统更高的业务敏捷性。

（5）服务注册与审批。平台需要对各个服务节点的服务进行统一注册管理，支持远程服务注册和本地服务注册。注册的服务需要规范的审批管理流程，只有管理员审批通过后方能对外发布，对已注册的服务支持删除修改等操作。

（6）服务申请与审批。平台对来自门户网站（政务版）的服务申请进行审批，只有审批通过后用户才能使用。

2）安全管理模块

（1）用户管理。只有系统管理员可以对系统的用户进行注册、删除、修改、查询、打印及输出功能。用户按照不同类型分为：普通用户、系统管理员、超级管理员。可以对用户的有效性进行灵活设置。用户可以按照不同的组织结构进行管理，组织结构可以根据实际业务情况进行灵活定制。

（2）权限管理。权限管理主要实现对用户访问服务资源和系统的功能操作进行管理，可以按照不同角色进行管理，服务管理内容包括服务访问的空间范围、图层、时间、约束条件、IP 等；操作权限主要是对用户使用系统的功能模块内容进行管理。

用户对服务的访问可以采用安全和非安全的方式，安全方式需要用户提供系统分配的令牌，有限制地控制用户的访问。

3）认证服务管理

用户登录系统需要进行身份安全认证，与国土局电子政务内网和外网用户认证系统连接，由其完成用户鉴权认证。认证服务包含 CA 认证服务和电子签名认证服务。

4）日志管理模块

系统日志管理模块需要实现平台运行日志管理和服务访问日志管理。通过对日志的管理、统计、分析、审计来跟踪系统的变化。

系统支持对不同服务节点的日志进行收割管理的功能。

5）服务监控

平台能够实时查看在线用户访问情况，监控各类用户的服务调用、并发访问、热点服务发现等内容。

6）服务器监控

平台能够实时查看各服务器的运行状态，包括 CPU、内存等各项性能监控。

7）服务节点配置管理

平台支持同时对多个服务节点进行运维管理,所受管的节点可以通过节点管理功能配置。平台可以实现对受管节点的服务进行维护管理。

8）系统配置要求

系统架构要可灵活配置，主要参数、服务元数据信息、系统字典、通用代码、集群类型、服务类型、安全监控参数等内容可以根据业务变更的需求灵活配置，无须修改系统代码。

5. 门户网站（政务版）建设

门户网站（政务版）主要实现服务注册与资源申请、电子地图浏览、网络电子地图基本功能、新闻展示模块、应用快速搭建。开发帮助：平台应提供详尽的开发帮助、文档，供开发用户参考。权限模块：平台应提供权限管理的功能，以便于业务部门对不同用户的权限进行管理。

（1）服务注册与资源申请。门户网站（政务版）应可以将自己、企业或单位的地图服务在公共服务平台中注册，利用公共服务平台的门户对外提供服务。使用者可以通过统一的空间信息资源“入口”进行搜索和查找元数据记录，并可以方便地申请他们有用的部分资源。注册需要严格的规则流程，满足相应的规范要求才能进行。

（2）电子地图浏览。门户网站（政务版）还应提供电子地图浏览的功能，基本内容包括地图浏览、查询、定位、兴趣点查询、空间查询、数据查询等相关功能。

（3）新闻展示模块。平台应提供新闻展示模块，以便于业务部门发布 GIS 的相关新闻及业务部门内部的一些新闻。

（4）应用快速搭建。平台应提供应用快速搭建功能，以便于不具有 GIS 开发能力或不需要自行开发 GIS 应用网站的政府部门快速搭建自己的业务应用或应急响应。快速应用搭建模板支持 JavaScript、Flex、Silverlight 等类型。

（5）开发帮助。平台应提供详尽的开发帮助、文档，供开发用户参考。

（6）权限模块。平台应提供权限管理的功能，以便于业务部门对不同用户的权限进行管理。

（7）服务类型。平台除了支持二维地图服务以外，还需要支持基于 GIS 的空间分析服务能力。

（8）开发接口。对系统中涉及的各种服务接口进行设计开发，并进行管理，便于为各种业务应用系统提供地图和专业的地理信息系统分析功能。

接口开发需严格遵循项目中制定的统一的接口规范要求:①提供符合 OGC 标准的 WMS、WFS、WCS 地图服务方式发布；②提供符合 Soap Web Service 或 Rest Web Service 方式的服务访问接口；③提供 JavaScript/Flex/Silverlight 等多种形式的开发 API 接口，要求各类接口具有完整的体系架构；④提供移动端 API（IOS、Windows Phone、Android 等）；⑤支持服务应用聚合的能力。

13.3 智慧城市

智慧城市是数字城市的智能化，是数字城市功能的延伸、拓展和升华，通过物联网把数字城市与物理城市无缝连接起来，利用云计算和网格计算技术对实时感知数据进行快速和协同处理，并提供智能化服务，主要表现为感知能力、逻辑思维能力、自学习与自适应能力、行为决策能力。

13.3.1 智慧城市概念

1. 从数字城市到智慧城市

在城市信息化进程中，数字城市成为推进城市信息化的标志性工程。自2000年开始，进行数字城市建设工作。10多年来，数字城市建设取得了巨大的成就：以空间位置为基准，用现代测绘技术与统计手段，实现了地球表面自然要素与人文要素数字化，构建了地理空间框架。数字城市地理空间框架已经投入使用，初步实现了地理信息的深层次应用。主要表现为：一是以空间位置为基准，用现代测绘技术与统计手段，实现了地球表面自然要素与人文要素的数字化（地理空间框架）；二是以政府部门办公自动化为目标，实现了政府管理与决策的信息化（电子政务）；三是以各种商贸活动为中心，实现了商品交易、金融结算、企业管理、决策与服务的信息化（电子商务）；四是以公众服务为目的，实现了市民生活的信息化（公众服务网）。实践表明，数字城市在城市管理中成为辅助政府决策、维护城市安全、处理突发事件的重要手段。数字城市在推动政府管理创新和提高政府科学决策水平、提升城市信息化水平和树立良好的城市形象、开拓信息产业新领域和推动经济社会发展、促进全社会的文明进步和改变公众工作学习生活方式等方面起到了很好的作用。

但是也应看到，数字城市建设尚存在实时动态信息感知和分析不足；缺乏对信息资源的建设与整合，信息资源和应用系统开发不足；综合决策支持不好，信息技术运用的水平还有待提高，智能响应控制程度不高；数字城市建设的法制体系尚不健全，信息安全存在隐患；跨部门、跨行业、跨领域联动协同不够；政府财力不足及人们的思想观念落后等问题，这些都将会制约数字城市的快速建设。造成这种状况的原因是多方面的，既有政策、体制和机制方面的问题，也有技术方面的问题。创新性地使用新一代信息技术、知识和智能技术手段来重新审视城市的本质、城市发展目标的定位、城市功能的培育、城市结构的调整、城市形象与特色等一系列现代城市发展中的关键问题，特别是通过智慧传感和城市智能决策平台解决节能、环保、水资源短缺等问题是智慧城市提出的背景。

2. 智慧城市内涵

智慧城市是数字城市发展的高级阶段。数字城市建设中面临着实时性获取、信息共享、业务协同和智能决策四大问题。物联网、云计算和智能决策新技术应用，为解决数字城市面临的上述问题提供了机遇，实现了城市的全面透彻的感知、宽带泛在的互联、智能融合和分析决策应用。智慧城市利用物联网、云计算、超级计算、移动互联网和下一代互联网等新技术的融合应用，弥补了数字城市建设中出现的问题，是数字城市的高级阶段和更友好模式。

智慧城市的核心是“感知化”、“互联化”、“协同化”和“智能化”。通过物联网实现物理城市全面、综合的感知和对城市运行的核心系统实时感测，实时智能地获取物理城市的各种信息，实现对城市信息的实时感知和对城市运行的精确控制，虚拟城市与现实城市的无缝连接；通过互联网实现感知数据的智能传输和存储，将多源异构数据整合为一致性的数据，构建智慧的数据基础设施；利用云计算这种新的服务模式，进一步强化城市多源异构数据融合与利用，实现信息服务的共建共享和资源集约利用，充分利用和调动现有一切信息资源，通过构架一个新型的服务模式或一种新的能提供服务的系统结构，解决多源异构海量数据处理问题；通过超级计算技术的应用进一步强化海量数据的高速运算能力，利用大数据技术，对实时感知数据进行快速和协同处理，对海量感知数据进行并行处理、数据挖掘与知识发现，实现对城市真实状况的仿真模拟、智能分析、综合复杂决策支持和预测，为人们提供各种层次，不同要求的低成本、高效率的智能化服务，实现全城数据关联和通过大数据挖掘实现科学决策和预测分析，从而产生智慧。

智慧城市是建立人、社会、资源与环境和谐发展的城市发展的新阶段，是促进新型工业化、信息化、城镇化、农业现代化同步发展的综合性载体。通过推进智慧城市建设，将信息技术全面嵌入、渗透和应用到城市生产和生活的各方面，强化对城市各类主体、要素和活动进行透彻感知和全面互联，实现对城市规划、建设、管理、运行和服务全过程进行深度整合、协同运行和科学决策支持，提高城市的土地、空间、能源等资源利用效率和城市综合承载能力；新一代信息技术在城市经济发展各个领域的深度应用，创新激励智能服务应用和新兴产业发展，促进城市生产组织方式集约和创新，推动产业结构调整和优化；运用云计算实现社会事业领域的资源整合和信息共享，创新社会管理模式，使治安防控、公共安全、应急管理、食品安全、社会诚信等社会管理更加高效，推进城乡基本公共服务均等化，将为市民提供一个更美好的生活和工作环境；通过移动互联网和下一代互联网技术的应用进一步延伸信息感知触角、提升信息交互效率，实现面向社会大众“随时、随地、随需”的智能服务；信息化为政府构建了一个更高效的城市运行管理环境，不同部门、不同行业、不同区域之间的数据融合、信息共享和业务协同水平显著增强，相应的政策、法规、标准、制度等日益完善，为企业创造了一个更有利的商业发展环境；物联网使土壤、水资源、植被和空气等智能监测和综合治理协同控制能力大幅提升，人与自然更加和谐，生态环境更加宜居，促进了新型城镇化和城市的整体可持续发展。

13.3.2　智慧城市总体框架

智慧城市建设主导与应用推动核心在政府。政府是一个政治体系，广义政府包括立法机关、行政机关、司法机关、军事机关，狭义政府仅指行政机关。随着国家的发展和社会政治、经济生活的日益复杂，政府的职能将不断扩大，政府机构也逐步完善。从中央到省、地市、县区、乡镇是树状管理；各级政府与职能部门采用树状管理；中央职能部门与各级职能部门之间也是采用树状管理。三个树状结构的交叉构成了政府管理的网状结构（图 13.2）。所以，智慧城市建设不是孤立的系统，从全局视角来说，每个城市都是网状结构的一个结点。从树状结构来看，每级政府结点既是上级政府结点的孩子，又是下一级政府结点的父亲。同时，又是本级职能部门结点的父亲；每级政府职能部门结点既是上级政府职能部门结点的孩子，又是本级政府结点的孩子，同时还是下一级政府职能部门结点的父亲。为了区别政府结点和政府职能部门结点，本书称政府结点为智慧中心，称下级政府和本级政府职能部门结点为智慧单元。这种划分不是绝对的，智慧单元又是下级政府的智慧中心，智慧中心又是上级政府的智慧单元。关键是从什么视角观看智慧城市。

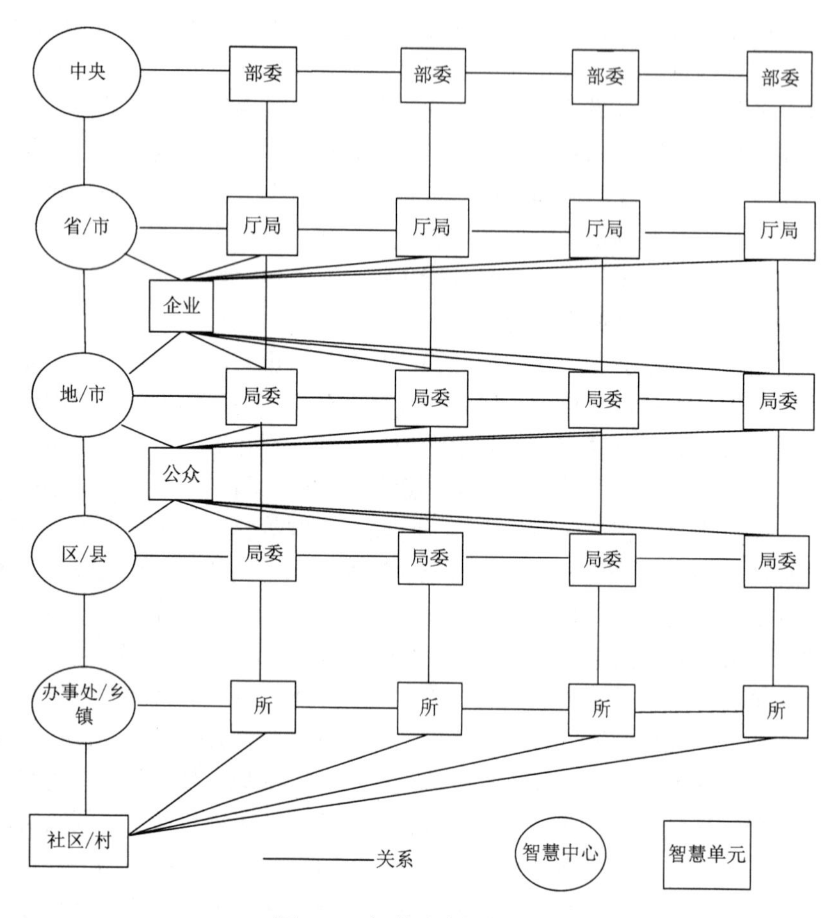

图 13.2　智慧城市结构网络

1. 智慧中心

智慧中心是智慧城市的核心。由于城市信息保密等级不同，城市信息化分不同的存储和处理区域。智慧城市的智慧中心采用三网三平台四中心架构（图 13.3）。三网：涉密网、政务网和公众网，涉密网和政务网与公众网物理隔绝，政务网和公众网两网之间采用物理隔绝。三平台：涉密数据交换平台、政务数据交换平台和公众数据交换平台，涉密数据交换平台、政务数据交换平台和公众数据交换平台实现涉密、政务和公众数据各自同步交换。四中心：涉密信息中心、政务信息中心、公众信息中心和数据备份中心，涉密信息中心处理和存储涉密数据，政务信息中心处理和存储非涉密政务数据，公众信息中心主要处理和存储企业、社会和市民数据。为防止系统出现操作失误或系统故障导致数据丢失，数据备份中心将全部或部分数据集合从中心主机的硬盘或阵列复制到同城和异地的存储介质。智慧单元分别部署在涉密网、政务网和公众网上。

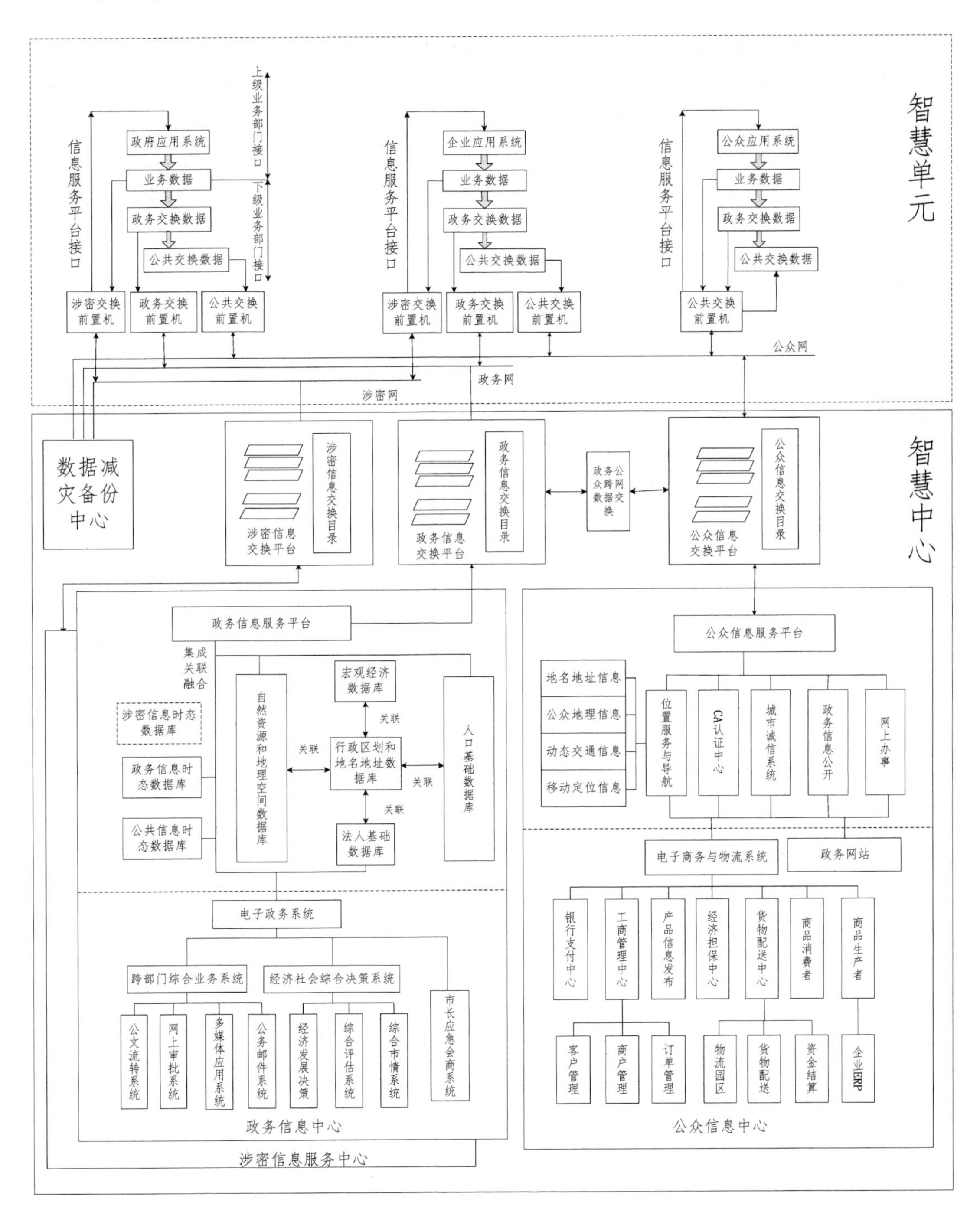

图 13.3　智慧城市系统架构

2. 智慧单元

智慧城市应用单元划分为下级政府、政府职能部门、市政服务企业和社会企业、市民与公众服务机构四种类型。智慧单元是信息采集者，从应用角度看智慧单元是智慧城市的用户。

政务部门在履行职能过程中产生和生成的信息资源是智慧城市主要的感知终端，主要包括：政务部门依法采集的信息资源、政务部门在履行职能过程中产生和生成的信息资源、政务部门投资建设的信息资源、政务部门依法授权管理的信息资源。

智慧单元在本部门业务系统进行分析和决策时，需要三个方面的信息源：一是政府或上级业务部门的指令；二是下级业务上报的专业数据；三是本区级其他部门共享信息数据。这些信息资源可通过城市数据交换平台所提供的两种模式（B/S、C/S）开发接口获取，利用二次开发接口支撑本部门的业务系统建设。企业公众建立企业业务系统时，也需要政府部门的信息作为支撑。

13.3.3 智慧城市技术体系

智慧城市技术体系可以通过“五纵五横”的立体框架来描述。“五纵”是指贯穿智慧城市建设各个层面的五个支撑体系，包括核心技术体系、智慧标准规范体系、安全保障体系、政策法规体系和运营管理体系。

1. 核心技术体系

核心技术体系划分为“五横”，分别为信息基础设施层、信息资源层、应用支撑层、应用层和决策层五个层面。

（1）信息基础设施。包括感知、通信网络、海量存储计算等基础设施。感知层在智慧城市里的主要功能是识别物体、采集信息，解决人类世界和物理世界的数据获取问题。采用传感器技术、条形码技术、智能终端（智能手机、平板电脑、智能电视、智能卡等）、RFID 技术、影像采集、卫星遥感、无人飞机摄影、三维激光雷达、卫星定位技术等实现对城市范围内人、事件、基础设施、环境、建筑等各方面元素的实时动态识别、信息采集。把传感器与通信网络相连接，形成物物相连的物联网，实现城市的全面感知。

（2）信息资源。包括基础数据库、专业数据库和数据库更新管理系统三个部分。基础数据库包括自然资源和地理空间基础数据库、人口基础数据库、法人单位基础数据库、宏观经济基础数据库和地名地址数据库。地理空间基础数据库是实现信息空间定位、空间分析的基础；以地理空间基础数据库为依托，以地名地址数据库为纽带，将五大基础数据库连接成一个有机的整体，为全面表达自然、社会、人类活动提供基础依据。专业数据库是在五大数据库基础上，建立的涉及土地、规划、房产、交通等各行业的专题数据库，主要用于城市各部门管理、决策及为社会提供行业数据服务。

（3）应用支撑。采用“逻辑集中，物理分散”的方式，建设信息资源目录，利用数据共享交换平台，统一数据标准，实现各部门和各行业业务数据的互联互通，将各类基础数据库和专业数据库形成一个有机整体。

（4）应用层。这是面向政府、企业和公众的信息服务层，各个业务部门根据自身的业务需求，利用应用支撑层提供的各种信息资源，建立自己的业务系统，包括电子政务、电子商务与现代物流、企业和社区管理等，它们是互相联系的完整的城市信息系统体系，直接服务政府、企业和公众。

（5）决策层。决策层是利用城市的各种基础和专业的数据库、各种决策模型组成的模型库，求解某一（或某些）领域问题所用知识组成的知识库，以人机交互方式进行半结构化或非结构化的方式，辅助决策者决策的系统。它为决策者提供分析问题、建立模型、模拟决策过程和方案的依据，调用各种信息资源和分析工具，帮助决策者提高决策质量和水平。

2. 智慧标准规范体系

在智慧城市标准体系建设中，还要通过各类技术标准、数据标准、接口标准、技术规程、作业流程的贯彻执行，实现各类应用系统的整合、集约和共享。智慧城市标准体系制定要充分吸收国际上相关标准规范，基于现有国家、行业、地方的标准规范，结合智慧城市建设所需，形成完善、实用、可行的智慧城市建设标准体系框架。

3. 安全保障体系

智慧城市所承载的信息资源涉及大量个人、企业和政府机密信息，利用信息安全设备、技术、法规和政策等措施保障信息网络、系统、内容被合法用户安全使用，并禁止非法用户、攻击者和黑客使用、偷盗、破坏这些资源。因此，智慧城市建设要求建立一种能够适应开放、共享、协作信息环境的新型信息安全体系，解决智慧城市在开放式、协同化、移动化环境中的信息安全保障难题。

4. 政策法规体系

智慧城市能否顺利推进关键取决于体制机制是否合理。智慧城市的实现过程中，完全依托行政管理、领导命令和伦理道德的约束来解决问题显然力不从心，而政策法规，尤其是法律的保障作用则带有决定性作用。

5. 运营管理体系

智慧城市运维是指采用相关的方法、手段、技术、制度、流程和文档等，对已经建立好智慧城市运行环境（如硬软件环境、网络环境等）、业务系统和运维人员进行综合管理。

13.3.4　智慧城市关键技术

1. 基于物联网的信息实时感知互联技术

无处不在的智能传感器，对物理城市实现全面、综合的感知和对城市运行的核心系统实时感测，实时智能地获取物理城市的各种信息。通过物联网将无所不在的智能传感器连接起来，通过互联网实现感知数据的智能传输和存储。“物联网”与互联网系统完全连接和融合，将多源异构数据整合为一致性的数据——城市核心系统的运行全图，构建智慧的数据基础设施。基于城市智慧信息基础设施（网络/网格、数据），使城市的各要素、单元和系统及其参与者进行和谐高效的运行，达到城市运行的最佳状态。

2. 基于云计算的多源数据关联和业务协同

云计算解决了如何搭建“信息资源关联交流平台”“信息孤岛”问题。数据集成、业务协同、门户集成等各类关联集成一直是城市信息化面临的难题。利用信息资源规划理论和方法，从技术、业务管理和资源配置等视角对城市所有信息资源进行全面梳理，对城市信息的采集、处理、传输、管理、分发服务和应用全面规划，制定相应的数据和技术标准；依据数据标准，修改、补全已有的数据，或通过数据转换，将原有数据库资源迁移到新数据库中去。全面表达城市从自然到社会的整个人类活动空间，使城市通过地址成为一个有机的整体。在统一的时空参考系统下，在城市地理空间数据集和城市基础数据集的基础上依次构建规划、土地管理、房产、环境、水务、生态、旅游、公安、交通、消防、人防、地震、气象、地下管网等专题数据，使城市空间数据、基础数据和各种专题数据实现空间和时间上的统一。利用云计算这种新的服务模式，充分利用和调动现有一切信息资源，通过构架一个新型的服务模式或一种新的能提供服务的系统结构，高效率地智能化服务。

3. 基于大数据的数据挖掘与智能分析技术

大数据时代，任何人都必须用数据来说话，大数据的本质是要用大数据思维去发掘大数据潜在价值，最重要的是学会驾驭大数据。智慧城市建设，必然产生大数据；大数据的应用必将推进智慧城市。运用并行处理技术对海量感知数据进行处理，对统计数据实时动态可视化分析，依据数据、信息、知识、智能的一体化的知识转换原理，为人们提供各种层次、不同要求的决策知识。主要研究多尺度、多层次下不同粒度的空间知识分类和表达；研究定性空间知识分析，进而研究不同场景、不同门类空间知识的推理机理；揭示地理空间知识推理的规律，探索地理空间知识分析、推理和数据挖掘的理论和方法，为智慧城市的空间知识表达、分析和推演奠定理论基础。

13.3.5　智慧城市建设的难点

物联网、云计算无疑是建设智慧城市的核心技术，而数据整合则是核心战略，也是建设的难点。这涉及如何有效聚集数据，并保证数据的准确及时有效，如何对数据进行挖掘与分析。基于此，实现城市的数据整合，需要建立数据的有效模型、城市的数据联网和虚拟城市的数据模型。另外，还需要有高性能数据分析和智能决策。智能感知、时空协同、泛在互联、数据活化、安全可信及服务发布等关键技术还在研究阶段。

1. 业务整合与协同

城市是一个整体，因城市管理复杂性和人的管理能力有限，不得不将城市管理分割，形成庞大的公务员体系。以分工为基础、以各司其职和层级节制为特征的行政体制，日益导致了行政业务之间、政府各部门之间、各地方政府之间、垂直部门与地方政府之间、各行政层级之间的分割，形成了“碎片化”的分割管理模式。随着网络化、信息化的快速发展，这种管理模式的缺陷日益凸显，既妨碍了政府整体效能的实现、加大了部门间协调的成本，又妨碍了服务政府的建设、给公众办事带来了极大不便。整体政府就是针对分割和“碎片化”问题产生的一种新型的政府管理模式和运作机制。整体政府以元素服从集合、部分服从整体的系统论为核心理念，以业务协同和资源共享为特征，以目标、机构、资源、业务、服务及其提供途径等要素的整合为内容，以网络信息技术为支撑。整体政府是当代行政改革的新理念，是变革分割管理模式、实现“跨部门协作”的一场革命，是 21 世纪公共服务改革最迫切的需求，成为了学术研究的热门话题。

1）业务流程整合

实现以跨部门业务协同为特征的流程再造。流程再造是一种系统的、综合的提高公共部门绩效的方法，它旨在运用网络信息技术重组组织结构、打破条块分割体制和部门界限，从而实现跨部门资源共享和业务协同。因此，流程再造是组织结构整合、信息资源整合和业务整合的基础。传统的以职能为中心的观念把业务流程人为地割裂开来，使业务流程消失在具有不同职能的部门和人员之中，导致多头指挥，影响作业效率，使公众无所适从，缺乏整体观念和有效的整合，产生了许多不创造价值的劳动。流程再造强调以流程为中心和打破部门界限，强调以整体流程全局最优为目标来设计和优化流程中的各项活动，强调跨部门的集成整合和网络化工作，强调将功能性的层级结构转化为跨功能的工作团队，强调运用网络信息技术打破传统层级传递信息和书面审核的工作方式，使政府行政组织的金字塔结构变成扁平式、无中心式的网络结构。因此，基于流程再造的业务整合是构建整体政府的重要途径。

2）业务协同

协同政务主要指的是政府部门之间的业务协同。政府本身是一个整体，是一个服务的整体，这就不能把政府分割成不同的政府部门。从政府的意义上面来说，虽然各个部门行使不同的职责，但是它是政府的组成部门，是属于整体的一部分，行政管理中多部门和多业务之间存在相互制约、协同和前驱后继关系，协同政务系统是指政府机构利用信息化手段，实现各类政府协作沟通的职能。其核心是：应用协同技术，提高跨组织的、动态的、政府事务处理的信息流效率，协调政府组织和公共管理。

协同政务的基础理论就是协同论。协同论采用多维相空间理论，建立了一整套的数学模型和处理方案，在微观到宏观的过渡上，描述了各种系统和现象中从无序到有序转变的共同规律，通过自己内部协同作用，自发地出现时间、空间和功能上的有序结构。

协同政务是一种全新的政府管理理念，它以系统论作为自己的理论基础，其目标是提高效率、增强效果和节约成本，在政府各职能部门之间实现业务界限的融合，实现政务流程在各个部门间的无缝衔接，消除不必要的障碍，在服务传输层面上提高公众服务的便捷性和满意度。

智慧城市建设作为一项覆盖所有政府公共部门，是涉及组织结构变革、信息资源整合、业务流程再造和服务提供方式改革等各项活动的系统工程，在当代中国更加具有现实意义。因为在中国，政府间关系所表现出的府际关系与部门间的关系问题、垂直部门与地方政府的关系问题、“诸侯经济”问题、法制不统一问题，都与长期以来形成和实行的分割管理模式有着密切的联系；地方分割、行业分割是加快城市管理信息化进程的主要障碍，在深化行政改革、加快市场化进程、深入发展市场经济体制和推动信息化广泛应用的今天，这些问题成为了严重制约智慧城市建设的瓶颈。

2. 数据挖掘与知识发现

政府决策方式由经验决策向科学决策转变，需要数据和知识为支撑。智慧城市的核心就是资源共享，将散落在各方的信息资源集合在一起，为政府决策、企业发展和城市居民服务。信息资源能否共享就成为衡量一个智慧城市发展水平的重要尺度。

1）数据集成

在城市信息化建设中，不少部门纷纷建立了自己的办公自动化系统（office automation，OA）和管理信息系统（management information system，MIS），有的也建立了地理信息系统，但各系统往往都是孤立的。由于是信息孤岛，自然也就不能达到互联互通。要解决这一问题，就必须实现 MIS、OA、GIS 的互联、互通、互动、共享，真正做到 MIS、OA、GIS 的无缝集成。数据集成是把不同来源、格式、特点性质的数据在逻辑上或物理上有机地集中，从而为业务应用提供全面的数据共享。通常采用联邦式、基于中间件模型和数据仓库等方法来构造集成的系统。

智慧城市建设要求数据从一个孤立结点发展成为不断与网络交换信息和进行商务事务的实体，数据交换也从政府内部走向了政府之间。同时，数据的不确定性和频繁变动，以及这些集成系统在实现技术和物理数据上的紧耦合关系，导致一旦应用发生变化或物理数据变动，整个体系将不得不随之修改。因此，进行数据集成面临适应智慧城市应用的复杂需求、有效扩展应用领域、分离实现技术和应用需求、充分描述各种数据源格式及发布和进行数据交换等问题。

2）数据融合

随着系统的复杂性日益提高，依靠单个传感器对物理量进行监测显然限制颇多。因此，在故障诊断系统中使用多传感器技术，进行多种特征量的监测（如振动、温度、压力、流量等），并对这些传感器的信息进行融合，以提高故障定位的准确性和可靠性。此外，人工观测也是故障诊断的重要信息源。但是，这一信息来源往往由于不便量化或不够精确而被人们所忽略。信息融合技术的出现为解决这些问题提供了有力的保障，为故障诊断的发展和应用开辟了广阔的前景，通过信息融合将多个传感器检测的信息与人工观测事实进行科学、合理的综合处理，可以提高状态监测和故障诊断智能化程度。

信息融合是利用计算机技术将来自多个传感器或多源的观测信息进行分析、综合处理，从而得出决策和估计任务所需信息的处理过程。充分利用传感器资源，通过对各种传感器及人工观测信息的合理支配与使用，将各种传感器在空间和时间上的互补与冗余信息依据某种优化准则或算法组合，产生对观测对象的一致性解释和描述。其目标是基于各传感器检测信息分解人工观测信息，通过对信息的优化组合来导出更多的有效信息。

还有一种说法是信息融合，就是数据融合。其实，信息融合的内涵更广泛、更确切、更合理，也更具有概括性。其不仅包括数据，还包括了信号和知识，由于习惯，很多文献仍使用数据融合。数据融合中心对来自多个传感器的信息进行融合，也可以将来自多个传感器的信息和人机界面的观测事实进行信息融合（这种融合通常是决策级融合）。提取征兆信息，在推理机作用下，将征兆与知识库中的知识匹配，做出故障诊断决策，提供给用户。在基于信息融合的故障诊断系统中可以加入自学习模块，故障决策经自学习模块反馈给知识库，并对相应的置信度因子进行修改，更新知识库。同时，自学习模块能根据知识库中的知识和用户对系统提问的动态应答进行推理，以获得新知识，总结新经验，不断扩充知识库，实现专家系统的自学习功能。

3）数据挖掘

数据挖掘是通过分析每个数据，从大量数据中寻找其规律的技术，主要有数据准备、规律寻找和规律表示三个步骤。数据挖掘的任务有关联分析、聚类分析、分类分析、异常分析、特异群组分析和演变分析等。

在人工智能领域，习惯上又将数据挖掘称为数据库中的知识发现，也有人把数据挖掘视为数据库中知识发现过程的一个基本步骤。知识发现过程由以下三个阶段组成：①数据准备；②数据挖掘；③结果表达和解释。数据挖掘可以与用户或知识库交互。

数据准备是从相关的数据源中选取所需的数据并整合成用于数据挖掘的数据集；规律寻找是用某种方法将数据集所含的规律找出来；规律表示是尽可能以用户可理解的方式（如可视化）将找出的规律表示出来。

一般而言，数据挖掘的理论技术可分为传统技术与改良技术两支。传统技术以统计分析为代表，统计学内所含序列统计、概率论、回归分析、类别数据分析等都属于传统数据挖掘技术。在改良技术方面，应用较普遍的有决策树理论、类神经网络及规则归纳法等。

4）知识发现

知识发现是从大量数据中发现潜在规律、提取有用知识的方法和技术。近年来，知识发现受到了国内外的普遍关注，已经成为信息系统和计算机科学领域研究中最活跃的前沿领域。云计算是一个集成的计算和资源环境，通过网络共享机制，将地理上分布的计算资源、存储资源和网络资源组织成一个虚拟的超级计算机。云计算提供了强大的计算能力，用户可以方便地使用网格所提供的集成的、动态的、可扩展的、可控制的、智能协作的服务。云计算的作用是将分散在网络上的信息及信息存储，处理能力以合理的方式粘合起来，形成有机的整体，以提供比任何单台高性能计算机都强大得多的处理能力，实现信息的高度融合和共享。

云计算的动态、分布式、可扩展的特性为分布式数据挖掘提供了强有力的基础平台，而云平台中的数据又具有大数据集、分布式和异构性的特点。因此，云计算环境下针对分布于各个站点的数据源中的知识发现是一个具有挑战性而又充满前途的研究性问题。

随着物联网技术的飞速发展，时间序列数据在现实生产和生活的各个领域中广泛存在，且存储规模呈现爆炸式增长。从海量时间序列数据中发现能够帮助人们决策且以前不知道或不易知道的模式、信息和知识是人们现阶段最急切的需求，也是时间序列数据挖掘研究的核心问题。目前，时间序列数据挖掘的研究尚处于起步阶段，很多研究问题还极富挑战性，很多挖掘算法还有待扩充和完善。

3. 智能分析与决策

1）行政决策

行政决策在行政管理中占有核心的地位。行政管理始终围绕着行政决策的制定、修改、实施和贯彻进行，它必须通过一定形式的行政决策来实现。因此，行政决策在整个行政管理的发展中起决定性的作用。随着我国政府职能从“管理型”向“服务型”转换的步伐不断加快，对现代化科学决策体系的建设也提出了更高要求。决策主体更多地由个人转为集体，在集思广益和民主协商的基础上，大量地采用科学化的决策手段，在决策过程中尽量减少主观随意及传统经验决策。“谋”“断”“行”相对分离是现代化科学决策体系的重要标志。

行政决策支持系统是现代行政决策组织体制架构的重要组成部分，它为行政决策中枢系统和行政决策咨询系统在发现问题、确定目标、拟定和选定行政方案及决策的信息反馈等整个行政决策过程中起到神经传递的作用。随着各级各类信息系统逐步发展起来并进行联网，其在为行政决策中枢系统服务方面正逐步发挥更加重要的作用，要求也越来越高。

（1）快速发现问题：辅助行政决策中枢系统和行政决策咨询系统在错综复杂的行政管理中快速发现问题并分清主次，做出正确的判断，集中精力及时处理主要任务，提高工作效率。

（2）为行政决策提供及时、准确、适量的信息依据：信息的不完备是影响决策主体进行理性判断和决策的直接原因之一，把适当、适量的信息提供给管理者，这样就改善了决策者的有限理性行政决策范围，有助于建立适当的行政决策控制幅度。高质量的决策，要求提供给它的信息必须真实客观；高效率的决策，又要求提供给它的信息必须准确快速。

（3）基于专业深度知识库，利用人工智能技术提高决策的效率及准确性：科学化的决策手段的目标是增加行政决策中的确定性，降低不确定性及风险程度；增加程序性决策的比重，尽最大可能地将经验决策转化为科学决策，并为危机决策提供准确依据。通过将经验转化为知识，形成专业深度知识库，利用人工智能技术驱动数据选择过程、知识发现过程和评价过程，既充分发挥了专家系统以知识推理形式解决定性分析问题的特点，又发挥了决策支持系统以模型计算为核心解决定量分析问题的特点，充分做到了定性和定量分析的有机结合，使得解决问题的能力和范围得到较大的扩展。

（4）建立决策快速跟踪反馈体系：做出行政决策后，决策活动并没有完结，还必须有一个反馈、评价和调整的过程。这就要求建立决策跟踪反馈制度，对行政决策的社会效果进行跟踪，搜集社会对行政决策的评价，做到上情下达、下情上达，并根据实施过程中反映出来的问题，适时进行调整和完善。而且，当经济社会变动及形势发生变化时，由于决策依据的前提改变了，决策也能够及时做出适当调整。

现代智能决策支持系统通过数据挖掘技术使政府部门可以在广泛了解政策所需信息的前提下进行决策，大幅度提高了行政决策的科学性、合理性和有效性。同时，该系统还提供了有效收集、分析所获数据的功能，保证公众和政府都可以及时、准确地掌握到有效信息，提高政府应对突发事件的快速响应能力及增强公众和政府之间沟通、通信的时效性，实现双方良性互动通信，这已成为电子政务建设的重要目的之一。

数字城市建设经过多年积累，已经在行政、业务和科研等方面储备了大量的政务信息资源，在此基础上启动的基于知识库管理技术的政务信息资源库建设和应用研究为基于数据挖掘技术的智能决策支持系统奠定了重要基础。

2）系统复杂性分析

（1）政务信息的复杂性。电子政务信息具有数据量大、来源广、结构复杂、动态性高等特点。信息技术的飞速发展使政府机构、企事业单位及公共网络上积累了海量的数据及信息，而这些数据每天都在不断地更新变化。同时，由于政府事务和管理涉及方方面面，数据都是从不同的部门、用不同的方式得到的，这也就决定了数据类型多样、表达方式多样、数据库异构、数据存储分布广等特点，并需要处理文本、图形、图像、互联网信息资源等半结构、非结构数据。

（2）数据挖掘任务的复杂性。电子政务中各阶层有不同的决策任务要求，如资源决策、管理决策、规划决策等。这就要求数据挖掘系统能够完成多种类型的数据挖掘任务，如分类模式、关联规则、序列模式、聚类模式的发现等，同时需要注意的是这些不同规则模式的发现包括了多方面的数据挖掘操作，这些操作所要求的数据源形式、输出、参数等各不相同。

（3）知识的表达和解释的复杂性。政府职能部门需要的是对工作具有积极指导、帮助意义的数据信息，就要求数据挖掘后形成的政务知识不但能够通过表格、直方图、散点图或自然语言文字报告等更容易理解的直观方式将信息模式、数据的关联或趋势多维地呈现给决策人员，而且在内涵上具有对复杂的动态社会环境做出及时响应和表现的能力，同时能够使决策人员方便地深入知识的数据结构中了解详尽的信息和情报支持，如历史的、当前的、未来的各种信息和情报资源。

模式识别、决策支持、知识发现和智能系统研究等领域中都面临很多复杂的不确定性问题的挑战，研究不确定性问题的知识表示、推理和学习方法，以实现正确地分类、提取有价值的知识和提供科学的决策支持等是当前人工智能领域的主要研究内容之一。决策支持已成为专家系统、智能决策支持、机器人行为选择和协调等研究的核心问题。由于决策环境多是动态的、复杂的且具有不确定性，难以有效地表示和处理，因而决策问题也是人工智能领域的一个研究难题。

13.3.6　智慧城市应用

1. 集约化、科学化城乡建设规划

通过强化城市建设跨部门数据整合和业务协同，针对城市规划、土地收储、用地出让补偿、建设工程、设施维护、房产管理等重点领域，利用先进、可靠、实用的信息技术和创新管理理念，推动城市工程项目规划、审批、建设、监管的全过程管理体系创新和平台建设，实现城市规划、建设、管理全过程的科学决策与土地集约使用。

2. 网格化、精细化城市运行管理

以提高城市运行管理水平为目标，强化资源整合、信息共享和业务协同，加快推进智慧交通、智慧城管、智慧社管、公共安全与应急、市场秩序监管、综合市情等重点工程建设，构建城市动态感知体系、安全运行体系和应急管理体系，实现城市管理网格化、精细化、智能化。

3. 均等化、便捷化社会公共服务

以提高基本公共服务水平为目标，加快推进政务服务、智慧民生、智慧社区、智慧旅游及社会服务等重点工程建设，积极推进政务公开、网上办事、网络问政等服务型政府建设，着力推进社保、医疗、教育、民政等均等化、便捷化社会公共服务，进一步提升城市宜居、宜业、宜商、宜游的综合承载能力和人民幸福指数。

4. 绿色循环低碳的生态文明建设

以人与自然、人与人、人与社会和谐共生、良性循环、全面发展、持续繁荣为基本宗旨，以改善生态环境质量和维护生态环境安全为目标，坚持生态环境保护与生态环境建设并举，加快推进智慧生态、智慧水务、智慧园林、智慧环保等重点工程建设，整合农业、林业、园林、环保、城建等部门资源，大力推进生态建设与环境保护专题公共数据库建设，开展生态建设与环保规划、节能节排综合监测、水资源综合管理、生态承载能力监测，进一步强化水资源、森林植被资源、大气环境、土地资源的保护力度，构建高端、高效、低碳、绿色的智能化城市生态资源环境保护体系，切实提高人民生活环境质量。

13.3.7　地理信息科学在智慧城市建设中的地位和作用

地理信息科学在智慧城市建设中的作用研究基于两个事实：一是人类生活在地球上，人类的一切活动都是在一定的时空（时间和空间）中进行的，而所有数据都是人类活动（社会、生产、生活……）的产物；二是从可视化角度讲，所有的大数据只有当其与地理空间数据集成后，才能直观地为人们提供大数据的空间概念。

1. 地理科学是智慧城市的理论支撑之一

城市是一种包含复杂物质要素、社会关系和活动内容的客体，以它为研究对象形成了许多学科，如城市地理学、城市经济学、城市社会学、城市规划学等。现代地理学是一门研究地理环境及其与人类活动之间相互关系的综合性、交叉性学科。它以分布、形态、类型、关系、结构、联系、过程、机制等概念构筑其理论体系，注重的是地理事物的空间格局与地理现象的发生、发展及变化规律，追求的目标是人地系统的优化，即人口、资源、环境与社会经济协调发展。城市地理学着重从空间观点研究个别城市或区域城镇体系的功能结构、层次结构和地域结构。地理信息科学从信息流的角度研究地球表层自然要素与人文要素相互作用及其时空变化规律，通过对地表各圈间信息的形成和变化机制及传输规律的研究，揭示地理信息的发生和形成及相互作用的机理。为了控制和调节城市系统的物质流、能量流和人流等，使之转移到期望的状态和方式，实现动态平衡和持续发展，人们开始考虑对其中诸组成要素的空间状态、相互依存关系、变化过程、相互作用规律、反馈原理、调制机理等进行数字模拟和动态分析，发现或者建立反映事物的数学模式，利用和发展数学工具对其进行分析、推理，从而获得对城市事物运动机理的认识，以达到预测和控制事物运动的目的，解决城市发展人口问题、住宅问题、就业问题、交通问题、治安问题、环境问题和经济产业问题等。

2. 地理信息科学是多学科融合、综合学科

地理信息系统描述和管理的对象是地理。现代地理学研究涉及自然科学和人文科学，在自然和人文之间架起一座桥梁。自然地理学的研究对象是自然地理环境，涉及水文、气候、植被（生物）、土壤、地貌、冻土和冰川等领域。人文地理是探讨各种社会、政治、经济和文化现现象的地理分布、扩散和变化，以及人类社会活动的地域结构的形成和发展规律的一门学科，包括社会文化地理学、政治地理学、经济地理学等。地理信息科学应用涉及城市、区域、土地、灾害、资源、环境、交通、水利（水务）、农业、产业、人口、文化、卫生、治安、住房、城市管理、基础设施和规划管理等领域的政府部门、企业规划、物流和大众出行服务。

地理空间数据涵盖了所有的数据类型。地理空间数据是描述地球表面一定范围（地理圈、地理空间）内地理事物的（地理实体）位置、形态、数量、质量、分布特征、相互关系和变化规律的数据，是地理空间物体的数字描述和离散表达。地理空间数据作为数据的一类除了具有空间特征、属性特征和时间特征三个基本特征外，还具备抽样性、时序性、详细性与概括性、专题性与选择性、多态性、不确定性、可靠性与完备性等特点。这些特点构成了地理空间数据与其他数据的差别。

地理信息系统开发应用了所有计算机技术。地理空间数据具有海量、空间、异构、多时态等特点。开发地理信息系统需要高效海量数据存储技术，最复杂的数据模型和结构、虚拟可视化技术、嵌入式和组件式、高速网络传输技术、并行计算处理、图形图像输入输出技术。地理学科也如饥似渴地吸收信息科学的精华，与计算机技术结合，形成了网络、嵌入式和组件式等各种各样的地理信息系统，同时推动了计算机信息科学与技术的发展。

3. 位置是智慧城市数据整合与关联基石

美国地理学家 Waldo Tobler 认为“Everything is related to everything else, but near things are more related than distant things”，即“任何事物都相关，只是相近的事物关联更紧密”（又称地理学第一定律）。在实践过程中，政府、军事和企业等不同部门，为了满足自身需求，从不同的应用、不同专业、不同角度地对地理事物和现象的信息进行描述和记录，但是要实现区域内自然和人文地理要素整体全息表达十分艰难。智慧城市建设作为一项覆盖所有政府公共部门的工程，其核心是建立全市域信息模型，构建城市核心系统的运行全图。城市数据深度整合就是针对分割和碎片化数据，以部分服从整体的系统论为核心理念，以业务协同和资源共享为特征，以目标、机构、资源、业务、服务及其提供途径等要素的整合为内容，以

网络信息技术为支撑，实现数据跨部门协作。

空间信息作为人、事和物之间相互关联的基本属性之一，以地理空间模型为基础，构建城市基础数据模型和城市全息数据模型。以城市全息数据模型为基础，构建城市时空大数据模型，即以城市为对象，基于统一时空基准，融合直接或间接相关联的城市各类数据。基于云计算的数据整合、关联分析和数据挖掘处理是智慧城市的灵魂。

4. 位置感知是智慧城市的物质基础

获取物体位置信息的技术叫做位置信息感知技术，基于位置的服务也叫做移动定位服务。位置服务是通过电信移动运营商的 GSM 网、CDMA 网、3G/4G、北斗定位系统和室内定位等来获取移动数字终端设备的位置信息，在地理信息系统平台的支持下，为用户提供的一种增值服务。位置服务两大功能是：确定用户的位置，提供适合用户的服务。基于物联网技术的信息感知，是智慧城市建设的物质基础。位置感知和物联网技术结合能够为智慧城市基础设施提供更加智能的技术手段，逐步构建城市智慧服务体系，从而进一步为城市民众提供有针对性的新服务和新模式。

5. 天空地遥感是感知城市环境变化的主要手段

天空地遥感感知在智慧城市里的主要功能是识别物体、采集信息，解决人类世界和物理世界的数据获取问题。采用传感器技术、条形码技术、智能终端（智能手机、平板电脑、智能电视、智能卡等）、RFID 技术、影像采集、卫星遥感、无人飞机摄影、车载/机载三维激光雷达等实现对城市范围内人、事件、基础设施、环境、建筑等各方面元素的实时动态识别、信息采集。把传感器与通信网络相连接，形成物物相连的物联网，实现信息数据的全面透彻感知和特征提取，为智慧城市环境变化检测和业务应用提供更多有价值的数据信息。

6. 可视化是智慧城市知识获取的主要途径

大数据可视化是数据挖掘与分析研究的热点，视觉信息感知可以辅助大数据分析。地理空间数据可视化是指运用计算机图形图像处理技术，将复杂的地理科学现象、自然景观、人类社会经济活动等抽象的概念图形化，以帮助人们理解地理现象、发现地理学规律和传播地理知识，提升人类地理空间认知能力，这是一个心智过程。可视化是人类感知世界的主要途径。人类日常生活中接受的信息 80%来自视觉，而图形图像是人类最容易接受的视觉信息。“一幅图胜过万语千言”，信息可视化技术可以使人们通过观看可视化的图形图像获取信息的内涵和潜在结构，这大大降低了人的认知负担。

7. 时空分析与过程模拟推演为决策提供依据

时空分析与过程模拟推演是地理学研究的基本方法，是把城市体系作为一个动态的复杂系统，用定性定量相结合的方法对它进行分解和简化，确定大系统和子系统所要实现的目标和制约条件，探讨系统的最优结构和功能。系统分析通常运用数学模型来反映城市系统的特征、结构和发展过程，运用地理信息技术把时空分布的地理现象、社会发展、空间环境及动态变化进行多分辨率、多尺度、多时空和多种类的三维描述，实现对城市生态环境的监控、模拟、推演、时空分析和评价，进行科学预测和辅佐决策，从而提高政府决策的科学性和效率。

8. 地理信息系统是智慧城市的核心软件支撑

智慧城市建设，是运用地理信息系统手段对城市进行多尺度、多时空和多种类的数据描述，以物联网为基础实现城市信息动态、实时、连续、全覆盖地获取，应用数学方法，结合智能科学的相关理论和技术，构建城市建设和发展空间决策模型，认识和解决城市发展过程中所遇到的相关非结构化问题，深入研究城市系统的结构特征，预测变化趋势，实现对城市建设和发展的监控、模拟、推演、时空分析和评价，提高城市建设决策的科学性和效率。地理信息系统使智慧城市除了拥有全方位的信息采集能力外，还具备更强有力的信息处理、分析、共享和协同等能力。在越来越多的智慧城市实践中，空间信息和以此为基础建立的空间信息共享、协同平台及其由此衍生的空间信息服务生态体系，已经发展成为智慧城市建设的核心支撑之一。

主要参考文献

陈晓. 2009. 应用 ArcGIS 制作林业专题图. 林业建设, (4): 43-45.
邓华锋. 2008. 中国森林可持续经营管理研究. 北京：科学出版社.
何楚林. 1997. 计算机编绘林业地图的技术方法研究. 热带林业, (3): 33-40.
黄敬梅, 任晓力, 王兆刚. 2008. 北京市抗旱信息管理系统分析. 北京水务, (3): 18-20.
李安波, 周良辰, 闾国年. 2013. 地质信息系统.北京: 科学出版社.
李芝喜. 1999. 西双版纳勐养保护区热带林保护 GIS 研究. 云南地理环境研究, (2): 60-67.
刘家彬, 张金亭, 胡石元. 2002. 土地信息系统理论与方法. 北京: 测绘出版社.
刘耀林. 2003. 土地信息系统. 北京: 中国农业出版社.
马喜堂, 杨庆君, 张行南. 2007. 聊城市防汛抗旱信息管理系统研究与应用. 山东水利, (12): 30-31.
庞治国, 李纪人, 徐美. 2003. 全国水环境信息数据库的设计与实现. 煤田地质与勘探, 31(2): 45-47.
曲卫东, 韩琼. 2005. 土地信息系统. 北京: 中国人民大学出版社.
邵立杰. 2011. 林业决策支持系统的统计评价研究. 哈尔滨: 东北林业大学硕士学位论文.
施斌, 等. 2006. 环境地质学中的 GIS. 北京: 科学出版社.
石军南. 2001. DEM 生成及其在森林公园规划中的应用. 中南林业调查规划, 20(1): 36-41.
孙建奇, 秦鸿儒, 高懿堂. 2001. 黄河流域水土保持信息的分类与采集. 中国水土保持, (12): 39-40.
汤国安, 杨昕, 等. 2010. ArcGIS 地理信息系统空间分析实验教程. 北京: 科学出版社.
王霓虹. 2002. 基于 WEB 与 3S 技术的森林防火智能决策支持系统的研究. 林业科学, 38(3): 114-119.
吴冲龙. 2007. 地质信息技术导论. 北京: 高等教育出版社.
吴冲龙. 2008. 地质信息技术基础. 北京: 清华大学出版社.
武刚, 卢泽洋, 吕洪利. 2001. 森林资源管理信息基础建设——森林资源基础信息管理系统的设计与实现. 北京林业大学学报, 23(3): 77-80.
肖克炎, 张晓华, 王四龙. 2000. 矿产资源 GIS 评价系统. 北京: 地质出版社.
杨永崇, 郭岚. 2009. 实用土地信息系统. 北京: 测绘出版社.
张琦建. 2010. 河南省国家防汛抗旱指挥系统防洪工程数据库建设实践与思考. 河南水利与南水北调, (11): 29-30.
赵鹏大. 2004. 定量地学方法及应用. 北京: 高等教育出版社.
赵鹏大. 2006. 矿产勘查理论与方法. 北京: 中国地质大学出版社.
周伟, 马金辉, 李成六, 等. 2011. 基于 GIS 的甘肃省黄河流域水资源管理信息系统的设计与实现. 节水灌溉, (11): 59-62.